W. Schäfer/K. Georgi

Mathematik-Vorkurs

Mathematik-Vorkurs

Übungs- und Arbeitsbuch für Studienanfänger

Von Prof. Dr. rer. nat. habil. Wolfgang Schäfer
und Oberstudienrat Kurt Georgi

unter Mitarbeit von
Dr. rer. nat. Christa Otto
Studienrat Rolf Schroedter
Dr. rer. nat. habil. Gisela Trippler
Dr. oec. Dieter Winkelmann

Springer Fachmedien Wiesbaden GmbH 1993

ISBN 978-3-8154-2038-6 ISBN 978-3-322-85928-0 (eBook)
DOI 10.1007/978-3-322-85928-0

Die Deutsche Bibliothek — CIP-Einheitsaufnahme

Schäfer, Wolfgang:
Mathematik-Vorkurs : Übungs- und Arbeitsbuch für Studienanfänger / von Wolfgang Schäfer und Kurt Georgi. Unter Mitarb. von Christa Otto ... — Stuttgart ; Leipzig : Teubner, 1993

NE: Georgi, Kurt:

Ursprünglich erschienen bei B. G. Teubner Verlagsgesellschaft Leipzig 1993

Umschlaggestaltung: E. Kretschmer, Leipzig

Vorwort

Das vorliegende Übungs- und Arbeitsbuch dient der Vorbereitung auf die Mathematik-Grundausbildung an Hochschulen im weitesten Sinne. Dabei stehen natur-, ingenieur- und wirtschaftswissenschaftliche Studiengänge im Mittelpunkt.

Es wendet sich sowohl an jene Leser, die sich frühzeitig entschlossen haben, ein mathematikintensives Studium zu beginnen, als auch an alle, die schon studieren und nun merken, was ihnen an Mathematikkenntnissen noch fehlt, und die das Fehlende möglichst schnell nachholen wollen.

Das Buch beinhaltet alle wesentlichen Stoffgebiete, die auch in den Mathematikprüfungen zum Abitur und zu anderen Formen der Hochschulreife von Bedeutung sind.

Da es in Deutschland kein "Einheitsabitur" gibt, sind die Kenntnisse, Fähigkeiten und Fertigkeiten im Fach Mathematik sogar bei Studienanfängern formal gleicher Bildungswege extrem unterschiedlich und nicht selten zu gering. Die Mathematikausbildung orientiert sich dann meist an einem "mittleren" Studenten. Die Folge sind außerordentliche Schwierigkeiten bei einem beträchtlichen Teil der Studienanfänger, und das nicht nur im Fach Mathematik, sondern auch in anderen Grundlagenfächern.

Oft ist das Scheitern eines Hochschulstudiums auf diese Anfangsschwierigkeiten zurückzuführen, während gute Mathematik-Vorkenntnisse für den Erfolg des Studiums und sogar für den beruflichen Erfolg entscheidend sein können.

Die Autoren kennen diese Probleme von beiden Seiten: aus der Sicht der Mathematik-Grundausbildung an Hochschulen und aus der Sicht der Vorbereitung auf das Hochschulstudium. Dabei haben sie auch jahrelang mit verschiedenen von ihnen entwickelten Lehrmaterialien Erfahrungen sammeln können.

Trotz großer Bemühungen war es aus Papiermangel früher leider nicht möglich, diese erprobten und erfolgreichen Lehrmaterialien zu einem Buch zu verdichten. Das geschieht nun im vereinigten Teubner-Verlag Stuttgart · Leipzig.

Den ersten Abschnitten sind nur kurze theoretische Einführungen vorangestellt, den späteren längere. Letzteres gilt vor allem für die Abschnitte 15 - 21, die dann schon Lehrbuchcharakter tragen. Jeder Abschnitt enthält eine Reihe instruktiver Lehrbeispiele (gelöste Musteraufgaben) und vor allem viele Aufgaben nebst Lösungen zum eigenständigen Üben. Somit kann der Leser überprüfen, ob er die einzelnen Teilgebiete wirklich schon in genügendem Maße beherrscht.

Die Frage, welche Abschnitte besonders wichtig sind, vor allem wenn man aus Zeitgründen eine Auswahl treffen muß, ist natürlich schwer zu beantworten. Aber die folgende Regel dürfte der Wahrheit nahekommen:

Die Abschnitte 1-4, 6 und 16 sind von fundamentaler Bedeutung, denn oft versteht man die "höhere" Mathematik recht gut, kann aber die gestellten Aufgaben nicht lösen, weil man die elementarsten Umformungen nicht beherrscht.

An den Hochschulen werden aber auch Kenntnisse vorausgesetzt, die über die Elementarmathematik hinausgehen. Dringend zu empfehlen sind daher für die lineare Algebra und die analytische Geometrie die Abschnitte 11 und 17 und für die Analysis die Abschnitte 20 und 21, wobei man teilweise auf die Abschnitte 15, 18 und 19 zurückgreifen muß.

Die Autoren möchten sich bei der B. G. Teubner Verlagsgesellschaft sehr herzlich dafür bedanken, daß dieses schon lange geplante Buch nun erscheinen kann. Ihr besonderer Dank gilt den Herren Dr. P. Spuhler und J. Weiß für ihr persönliches Engagement, ohne das die Herausgabe so schnell nicht möglich gewesen wäre. Herrn H. Rößler danken wir für die Mitarbeit bei der Herstellung der reproduktionsfähigen Druckvorlage.

Leipzig, Dezember 1992

Wolfgang Schäfer
Kurt Georgi

Inhalt

1 Elementare Rechenoperationen mit reellen Zahlen

1.1 Aufbau des Zahlensystems

1.1.1 Die natürlichen Zahlen

Zum Zählen, genauer zum Abzählen der Elemente endlicher Mengen, genügen die Zahlen 1, 2, 3, 4 usw. Die Gesamtheit dieser Zahlen, zu denen man noch die Null hinzunehmen kann, nennt man die Menge N der natürlichen Zahlen:

$$N = \{ 0, 1, 2, 3, 4, 5, 6, \ldots \} .$$

Wir kennzeichnen Zahlen im allgemeinen mit kleinen lateinischen Buchstaben a, b, c, ... Die Tatsache, daß n irgendeine feste natürliche Zahl sein soll, beschreibt man mit $n \in N$ (n ist ein Element der Menge N der natürlichen Zahlen).

An dieser Stelle sei auf den Unterschied zwischen Zahl und Ziffer verwiesen. Wir verwenden bei der uns gewohnten Darstellung von Zahlen im Zehnersystem die Ziffernmenge

$$N_{10} = \{ 0, 1, 2, 3, 4, 5, 6, 7, 8, 9 \}.$$

Eine Folge von Ziffern $a_i \in N_{10}$ kennzeichnet dann eine natürliche Zahl in folgender Weise:

$$a_n a_{n-1} a_{n-2} \ldots a_3 a_2 a_1 a_0 = a_n * 10^n + a_{n-1} * 10^{n-1} + a_{n-2} * 10^{n-2} + \ldots + a_3 * 10^3 + a_2 * 10^3 + a_2 * 10^2 + a_1 * 10^1 + a_0 * 10^0, \quad a_i \in N_{10}.$$

Man kann Zahlen aber auch mit beliebigen anderen Ziffernmengen darstellen. So werden zum Beispiel beim Dualsystem, das in der Informatik eine große Rolle spielt, zwei Ziffern verwendet:

$$N_2 = \{ 0, 1 \}.$$

In der folgenden Tabelle sind die ersten natürlichen Zahlen im Zehner- und Dualsystem gegenübergestellt:

Zehnersystem	Dualsystem
0	0
1	1
2	10
3	11
4	100
5	101
6	110
7	111
8	1000

Allgemein kennzeichnet hier eine Ziffernfolge $a_i \in N_2$ eine natürliche Zahl in folgender Weise:

$$a_n a_{n-1} \ldots a_2 a_1 a_0 = a_n * 2^n + a_{n-1} * 2^{n-1} + \ldots + a_2 * 2^2 + a_1 * 2^1 + a_0 * 2^0, \quad a_i \in N_2.$$

Beispiel 1.1:

$$59 \triangleq 1 * 32 + 1 * 16 + 1 * 8 + 0 * 4 + 1 * 2 + 1 * 1$$
$$= 1 * 2^5 + 1 * 2^4 + 1 * 2^3 + 0 * 2^2 + 1 * 2^1 + 1 * 2^0 = 111011$$

Es sollen nun die bekannten Grundgesetze der natürlichen Zahlen, die übrigens auch für reelle Zahlen und teilweise für komplexe Zahlen (Abschnitt 5) gelten, zusammengestellt werden.

I. Grundgesetze der Anordnung

1. Zwischen zwei natürlichen Zahlen a und b besteht genau eine der Beziehungen $a < b$, $a = b$, $a > b$.
2. $a = a$. (Reflexivität)
3. Aus $a = b$ folgt $b = a$. (Symmetrie)
4. Aus $a = b$ und $b = c$ folgt $a = c$. (Transitivität)
5. Aus $a \le b$ und $b < c$ folgt $a < c$.

II. Grundgesetze der Addition

1. Zu zwei natürlichen Zahlen a und b existiert stets die Summe von $a + b$ im Bereich der natürlichen Zahlen.
2. Aus $a = a'$ und $b = b'$ folgt $a + b = a' + b'$. (Eindeutigkeit)
3. $a + b = b + a$. (Kommutativgesetz)
4. $(a + b) + c = a + (b + c)$. (Assoziativgesetz)
5. Aus $a < b$ folgt $a + c < b + c$. (Monotoniegesetz)

III. Grundgesetze der Subtraktion

Definition 1.1:

Existiert zu zwei natürlichen Zahlen a und b eine natürliche Zahl x, die die Gleichung $a + x = b$ erfüllt, so heißt $x = b - a$ Differenz von b und a.

1. $x = b - a$ ist eindeutig bestimmt, falls es existiert.

IV. Grundgesetze der Multiplikation

1. Zu zwei natürlichen Zahlen a und b existiert stets das Produkt $a * b$ im Bereich der natürlichen Zahlen. Für $a * b$ schreibt man auch ab.
2. Aus $a = a'$ und $b = b'$ folgt $ab = a'b'$. (Eindeutigkeit)
3. $ab = ba$. (Kommutativgesetz)
4. $(ab)c = a(bc)$. (Assoziativgesetz)

5. $(a + b)c = ac + bc.$ (Distributivgesetz)
6. Aus $a < b$ und $c > 0$ folgt $ac < bc$ (Monotoniegesetz)

V. Division

Definition 1.2:
Existiert zu zwei natürlichen Zahlen a und b, wobei $a \neq 0$ ist, eine natürliche Zahl x, die die Gleichung $ax = b$ erfüllt, so heißt $x = \frac{b}{a}$ Quotient von b und a.

1. $x = \frac{b}{a}$ ist eindeutig bestimmt, falls es existiert.

1.1.2 Die ganzen Zahlen

Die Differenz zweier natürlicher Zahlen a und b ($x = b - a$) existiert im Bereich der natürlichen Zahlen genau dann, wenn $a \leq b$ ist. Um die Differenz auch für $a > b$ angeben zu können, erweitert man die Menge der natürlichen Zahlen um die negativen ganzen Zahlen. Diese erhält man dadurch, daß man die natürlichen Zahlen mit einem Minuszeichen versieht, also -1, -2. -3, . . .

Es gilt dann für $a > b$

$$a - b = -(b - a).$$

Alle unter Abschnitt 1.1.1 angegebenen Grundgesetze gelten auch in der Menge G der ganzen Zahlen,

$$G = \{ \ldots, -3, -2, -1, 0, 1, 2, 3, \ldots \},$$

und die Grundgesetze der Subtraktion können ergänzt werden um

III. Grundgesetze der Subtraktion (Fortsetzung)

2. Zu je zwei ganzen Zahlen a und b existiert genau eine ganze Zahl $x = b - a$, die die Gleichung $a + x = b$ erfüllt.

Bemerkung: Die Einführung der negativen Zahlen erfolgte natürlich zunächst auf Grund von praktischen Bedürfnissen, wie z. B. Rechnen mit Guthaben (positiv) und Schulden (negativ).

1.1.3 Die rationalen Zahlen

Der Quotient $x = \frac{b}{a}$ zweier ganzer Zahlen a und b, wobei $a \neq 0$ ist, existiert im Bereich der ganzen Zahlen nur dann, wenn b ein Vielfaches von a ist. Um den Quotienten auch dann angeben zu können, wenn die Division b : a nicht aufgeht, muß man die Menge der ganzen Zahlen um die Brüche erweitern, indem man den Ausdruck $\frac{b}{a}$, der zunächst nur symbolische Bedeutung hat, als Bezeichnung einer neuen Zahlenart auffaßt und Bruch nennt. Eine rationale Zahl ist also durch ein geordnetes Paar ganzer Zahlen gegeben. Es ist dabei zu beachten, daß der Bruch $\frac{cb}{ca}$ mit ganzem $c \neq 0$ dem Bruch $\frac{b}{a}$ äquivalent ist. In der Menge P der rationalen Zahlen, das ist die um alle Brüche $\frac{b}{a}$, $a \neq 0$, $b \neq 0$, a und b ganz, erweiterte Menge der ganzen Zahlen, gelten dann alle in den Abschnitten 1.1.1 und 1.1.2 angegebenen Grundgesetze ebenfalls, und die Grundgesetze der Division können ergänzt werden um

V. Grundgesetze der Division (Fortsetzung)

2. Zu zwei rationalen Zahlen $a \neq 0$ und b existiert genau eine rationale Zahl $x = \frac{b}{a}$, die die Gleichung $ax = b$ erfüllt.

Bemerkung: Natürlich erfolgte auch die Einführung der rationalen Zahlen zunächst aus praktischen Erfordernissen, mit Bruchteilen bestimmter Längen, Massen, Gewichte usw. zu rechnen.

Es sei noch erwähnt, daß jede rationale Zahl als endlicher bzw. unendlicher periodischer Dezimalbruch geschrieben werden kann.

1.1.4 Die reellen Zahlen

Mit den rationalen Zahlen wird nicht nur das theoretische Bedürfnis nach uneingeschränkter Ausführbarkeit der elementaren Rechenoperationen befriedigt, sondern auch das praktische Bedürfnis des Messens. Durch rationale Zahlen kann man die Länge jeder beliebigen Strecke beliebig genau angeben, oder, was das gleiche ist, in jedem noch so kleinen Intervall der Zahlengerade liegen unendlich viele durch Punkte dargestellte rationale Zahlen. Es kann aber nicht jede Strecke durch eine rationale Zahl genau gemessen werden, bzw. es entspricht nicht jedem Punkt der Zahlengeraden eine rationale Zahl.

So ist zum Beispiel die Länge x der Diagonalen eines Quadrates mit der Kantenlänge 1 nicht durch eine rationale Zahl angebbar. Für x erhält man nach dem Satz des Pythagoras die folgende Gleichung:

$$x^2 = 1^2 + 1^2, \text{ also } x = \sqrt{2}.$$

Im Abschnitt 8 wird indirekt bewiesen, daß $\sqrt{2}$ irrational ist. Man kann aber $\sqrt{2}$ beliebig genau durch rationale Zahlen einschachteln, z. B. in folgender Weise durch Dezimalbrüche:

Es ist klar, daß $\sqrt{2}$ zwischen 1 und 2 liegen muß, $1 < \sqrt{2} < 2$, denn es gilt $1^2 < 2 < 2^2$. Nimmt man nun die 1. Stelle hinter dem Komma hinzu, so findet man durch Probieren $1{,}4 < \sqrt{2} < 1{,}5$, denn es gilt

$(1{,}4)^2 = 1{,}96 < 2 < (1{,}5)^2 = 2{,}25$.

Berücksichtigt man noch die zweite Stelle hinter dem Komma, so findet man $1{,}41 < \sqrt{2} < 1{,}42$, denn es ist

$(1{,}41)^2 = 1{,}9881 < 2 < (1{,}42)^2 = 2{,}0164$.

Auf diese Weise erhält man eine Folge von Einschachtelungen, die man beliebig fortsetzen kann:

$$\begin{array}{c} 1 < \sqrt{2} < 2 \\ 1{,}4 < \sqrt{2} < 1{,}5 \\ 1{,}41 < \sqrt{2} < 1{,}42 \\ 1{,}414 < \sqrt{2} < 1{,}415 \\ 1{,}4142 < \sqrt{2} < 1{,}4143 \\ \vdots \\ 1{,}414213562 < \sqrt{2} < 1{,}414213563 \\ \vdots \end{array}$$

Allgemein kann man eine irrationale Zahl α durch eine Intervallschachtelung charakterisieren:

$\alpha = \{a_n, a'_n\}$.

Das ist eine unendliche Folge von rationalen Zahlenpaaren (a_n, a'_n) mit folgenden Eigenschaften:

$$a_n \le a'_n,\ a_{n+1} \ge a_n,\ a'_{n+1} \le a'_n,\ a_n < \alpha < a'_n,\ \lim_{n\to\infty} (a'_n - a_n) = 0.$$

Der Begriff der rationalen Zahl ist ein sehr tiefliegender Begriff, zu dessen Verständnis man den Begriff des Grenzwertes (lim) benötigt, der erst im Abschnitt 18 eingeführt wird.

Natürlich werden alle Intervallschachtelungen, die sich auf den gleichen Punkt zusammenziehen, als äquivalent angesehen.

In der Menge R der reellen Zahlen, das ist die um die irrationalen Zahlen erweiterte Menge der rationalen Zahlen, gelten die in den Abschnitten 1.1.1 bis 1.1.3 angegebenen Grundgesetze. Durch die reellen Zahlen werden alle Punkte der Zahlengeraden erfaßt. Sie befriedigen damit alle Bedürfnisse des Zählens und Messens.

Aber schon bei der Behandlung quadratischer Gleichungen reichen die reellen Zahlen nicht mehr aus. So hat die Gleichung $x^2 + 1$ keine reelle Lösung. Das macht eine weitere Erweiterung des Zahlenbereiches um die komplexen Zahlen, die im Abschnitt 5 behandelt werden, wünschenswert.

1.2 Abgeleitete Rechenregeln

In diesem Abschnitt sollen einige aus der Schule bekannte, aus den im Abschnitt 1.1 angegebenen Grundgesetzen für reelle Zahlen ableitbare Rechenregeln behandelt werden. Schwerpunkte sind dabei:

- die vier Grundrechenarten bei reellen Zahlen, insbesondere das Rechnen mit Klammerausdrücken, das Ausklammern gemeinsamer Faktoren aus Summen, die binomischen Formeln,
- die Beachtung der Unmöglichkeit der Division durch null,
- die Bruchrechnung, insbesondere das Kürzen und Erweitern sowie die Bildung des Hauptnenners, auch für solche Nenner, die aus Summanden mit bestimmten und unbestimmten Koeffizienten bestehen.

1.2.1 Addition und Subtraktion

Aus den Grundgesetzen der Addition und Subtraktion folgen solche Beziehungen wie

$$-(-a) = a, \qquad a - b = a + (-b)$$
$$(a + b + \ldots - c - d - \ldots) + (e + f + \ldots - g - h - \ldots) =$$
$$a + b + \ldots - c - d - \ldots + e + f + \ldots - g - h - \ldots$$

Das heißt:

Steht vor einem Klammerausdruck ein positives Zeichen, so können die Klammern ohne Veränderung der Vorzeichen weggelassen werden.
Steht hingegen vor einem Klammerausdruck ein negatives Zeichen, so müssen beim Weglassen der Klammern die Vorzeichen der Glieder umgekehrt werden.

$$(a + b + \ldots - c - d - \ldots) - (e + f + \ldots - g - h - \ldots) =$$
$$a + b + \ldots - c - d - \ldots - e - f - \ldots + g + h + \ldots$$

In entsprechender Weise können auch Klammern gesetzt werden.

Ferner sei an dieser Stelle auf den Absolutbetrag (kurz: Betrag) $|a|$ einer reellen Zahl a hingewiesen. Dieser ist der Abstand der reellen Zahl a vom Nullpunkt der Zahlengeraden. Er ist also a selbst, wenn a positiv ist, und er ist -a, wenn a negativ ist, denn -a ist dann positiv:

$$|a| = \begin{cases} a \text{ für } a \geq 0, \\ -a \text{ für } a < 0. \end{cases}$$

1.2.2 Multiplikation

Es gelten folgende Vorzeichenregeln:

$(+a)(+b) = +ab, \quad (+a)(-b) = -ab,$
$(-a)(-b) = +ab, \quad (-a)(+b) = -ab.$

Bei der Multiplikation von zwei Klammerausdrücken ist jedes Glied der einen Klammer mit jedem Glied der anderen Klammer unter Beachtung der Vorzeichenregeln zu multiplizieren:

$$(a + b + \ldots - c - d - \ldots)(e + f + \ldots - g - h - \ldots) =$$
$$ae + af + \ldots - ag - ah - \ldots + be + bf + \ldots - bg - bh - \ldots + \ldots - ce - cf - \ldots + cg + ch + \ldots - de - df - \ldots + dg + dh + \ldots - \ldots$$

Bei der Multiplikation von mehr als zwei Klammerausdrücken wendet man dieses Verfahren schrittweise an.

Beispiel 1.2:

$$(a + b)(c - d)(e - f - g) = (ac - ad + bc - bd)(e - f - g)$$
$$= ace - acf - acg - ade + adf + adg + bce - bcf - bcg - bde + bdf + bdg\,.$$

Als Spezialfall erhält man die bekannten binomischen Formeln:

$(a + b)^2 = a^2 + 2ab + b^2,$
$(a - b)^2 = a^2 - 2ab + b^2,$
$(a + b)(a - b) = a^2 - b^2.$

Diese lassen sich in folgender Weise anwenden:

Beispiel 1.3:

$4a^2 + 12\,ab + 9b^2 = (2a + 3b)^2,$
$a^2x^2 - 2abxy + b^2y^2 = (ax - by)^2 = (by - ax)^2,$
$16\,u^2 - 2v^2 = (4u + \sqrt{2}\,v)(4u - \sqrt{2}\,v).$

1.2.3 Division

Bei der Division hat man zu beachten, daß $b : a$ bzw. $\frac{b}{a}$ keinen Sinn für $a = 0$ hat. Eine Division durch null ist nicht möglich. Es ist daraus ersichtlich, daß die Gleichung $ax = b$ nur für $a \neq 0$ die eindeutige Lösung $x = \frac{b}{a}$ hat. Für $a = 0$ und $b \neq 0$ gibt es keine Lösung. Ist $a = 0$ und auch $b = 0$, erfüllen alle reellen Zahlen x die Gleichung $0 * x = 0$.

Bei der Division von Klammerausdrücken kann man nicht solche einfachen Regeln angeben, wie das bei der Addition, Subtraktion und Multiplikation möglich ist.

Man dividiert eine Summe durch einen Ausdruck, indem man jeden Summanden durch diesen Ausdruck dividiert:

Beispiel 1.4:
$(3a^2b - 6ab^2 + 12\,abc) : 3ab = a - 2b + 4c$ bzw.
$\frac{3a^2b}{3ab} - \frac{6ab^2}{3ab} + \frac{12abc}{3ab} = a - 2b + 4c$ für $ab \neq 0$.

Zu diesem Ergebnis kommt man auch durch Ausklammern gemeinsamer Faktoren:
$3a^2b - 6ab^2 + 12\,abc = 3ab\,(a - 2b + 4c)$

Beispiel 1.5:
$(3a^2b - 6ab^2 + 5c) : 3ab = a - 2b$ Rest $5c$ bzw.
$\frac{3a^2b}{3ab} - \frac{6ab^2}{3ab} + \frac{5c}{3ab} = a - 2b + \frac{5c}{3ab}$ für $ab \neq 0$.

Die Division einer Summe durch eine Summe kann zum Beispiel mit Hilfe der binomischen Formeln erfolgen:

Beispiel 1.6:
$(a^2 + 2ab + b^2) : (a + b) = a + b$ bzw. $\frac{(a+b)^2}{a+b} = a + b$ für $a \neq -b$.

Beispiel 1.7:
$(a^2 - b^2) : (a + b) = a - b$ bzw. $\frac{a^2 - b^2}{a + b} = a - b$ für $a \neq -b$.

Beispiel 1.8:
$(a^2x^2 - 2abxy + b^2y^2) : (by - ax) = by - ax$ bzw.
$\frac{(ax - by)^2}{by - ax} = \frac{(by - ax)^2}{by - ax} = by - ax$ für $ax \neq by$.

Auch hier sind Divisionen mit Rest möglich:

Beispiel 1.9:
$(a^2 - 2ab + 2b^2) : (a - b) = [(a - b)^2 + b^2] : (a - b) = a - b$ Rest b^2 bzw.
$\frac{(a - b)^2 + b^2}{a - b} = \frac{(a - b)^2}{a - b} + \frac{b^2}{a - b} = a - b + \frac{b^2}{a - b}$ für $a \neq b$.

Beispiel 1.10:
$(16u^2 - v^2) : (4u + \sqrt{2}\,v) = 4u - \sqrt{2}\,v$ Rest v^2 bzw.
$\frac{16u^2 - v^2}{4u + \sqrt{2}\,v} = \frac{16u^2 - 2v^2 + v^2}{4u + \sqrt{2}\,v} = \frac{16u^2 - 2v^2}{4u + \sqrt{2}\,v} + \frac{v^2}{4u + \sqrt{2}\,v} = 4u - \sqrt{2}\,v + \frac{v^2}{4u + \sqrt{2}\,v}$
für $4u \neq -\sqrt{2}v$.

Formalisierbar ist die Division zweier Polynome (vgl. Abschnitt 12):

$$\frac{P_n(x)}{Q_m(x)} = \frac{a_nx^n + a_{n-1}x^{n-1} + \ldots + a_1x^1 + a_0}{b_mx^m + b_{m-1}x^{m-1} + \ldots + b_1x^1 + b_0} = P_n(x) : Q_m(x),$$

wenn der Grad des Zählerpolynoms größer oder gleich dem Grad des Nennerpolynoms ist ($n \geq m$).
Wir setzen voraus $a_n \neq 0$, $b_n \neq 0$ und $Q_m(x) \neq 0$.

Ziel der "Partialdivision" der beiden Polynome ist, den Quotienten $P_n(x) : Q_m(x)$ in folgender Form zu schreiben:

$$\frac{P_n(x)}{Q_m(x)} = \text{Polynom } 1 + \frac{\text{Polynom } 2}{Q_m(x)} \quad ,$$

wobei das Polynom 2 einen geringeren Grad als das Polynom $Q_m(x)$ hat.

Dieses Ziel wird in folgender Weise erreicht:

1. Man dividiere die Glieder höchster Ordnung (vgl. Abschnitt 2)

   $\frac{a_n x^n}{b_m x^m} = \frac{a_n}{b_m} x^{n-m}$ und setze

   $$P_n(x) : Q_m(x) = \frac{a_n}{b_m} x^{n-m} + F(x), \qquad \text{(I)}$$

   wobei F(x) der noch unbekannte "Fehler" ist, der in folgender Weise ermittelt werden kann:

2. Man multipliziert die Gleichung (I) mit $Q_m(x)$ und erhält

   $P_n(x) = \frac{a_n}{b_m} x^{n-m} Q_m(x) + Q_m(x)\, F(x)$, also

   $$F(x) = \frac{P_n(x) - \frac{a_n}{b_m} x^{n-m} Q_m(x)}{Q_m(x)} = \frac{R(x)}{Q_m(x)} \text{ mit}$$

   $$\begin{aligned} R(x) &= P_n(x) - \frac{a_n}{b_m} x^{n-m} Q_m(x) \\ &= (a_n x^n + a_{n-1} x^{n-1} + \ldots) - \frac{a_n}{b_m} x^{n-m} (b_m x^m + b_{m-1} x^{m-1} + \ldots) \\ &= (a_{n-1} - \frac{a_n b_{m-1}}{b_m}) x^{n-1} + \ldots \end{aligned}$$

   R(x) ist ein Polynom, dessen Grad im Vergleich zu $P_n(x)$ mindestens um eins kleiner ist.

An dem folgenden konkreten Beispiel soll das Verfahren erläutert werden (dabei bedeutet (1), (2), (3), (4) die Folge der Schritte):

Beispiel 1.11:

$$\begin{array}{ccccc} & & (1) & & (4) \\ P_3(x) & : Q_1(x) & = \frac{6x^3}{3x} & + & \frac{R(x)}{Q_1(x)} \end{array}$$

(1) $(6x^3 + 5x^2 - 3x + 1) : (3x - 2) = 2x^2 + \dfrac{9x^2 - 3x + 1}{3x - 2}$

(2) $2x^2 (3x - 2) = \underline{6x^3 - 4x^2}$

(3) $R(x) = 0 + 9x^2 - 3x + 1$

Das oben angegebene Verfahren kann dann auf $R(x) : Q_m(x)$ angewendet werden, bis der Grad von $R(x)$ kleiner als der Grad von $Q_m(x)$ ist. Die Fortsetzung des Verfahrens soll durch die Fortsetzung von Beispiel 1.11 erläutert werden:

Beispiel 1.12:

$$\begin{array}{lrl} & & \quad(1)\quad(4)\quad(7)\quad(10) \\ & (6x^3 + 5x^2 - 3x + 1) : (3x - 2) = & 2x^2 + 3x + 1 + \dfrac{3}{3x - 2} \\ (2) & \underline{6x^3 - 4x^2 \qquad\qquad} & \\ (3) & 9x^2 - 3x + 1 & \\ (5) & \underline{9x^2 - 6x \qquad} & \\ (6) & 3x + 1 & \\ (8) & \underline{3x - 2} & \\ (9) & 3 & \end{array}$$

Das Verfahren wird noch an dem etwas umfangreicheren Beispiel 1.13 erläutert:

Beispiel 1.13:

$$\begin{array}{lrl} & & \quad(1)\quad(4)\quad(7)\quad(10) \\ & (18x^4 + 15x^3 + 0x^2 - 2x + 1) : (3x^2 + x - 1) = & 6x^2 + 3x + 1 + \dfrac{2}{3x^2 + x - 1} \\ (2) & \underline{18x^4 + 6x^3 - 6x^2 \qquad\qquad} & \\ (3) & 9x^3 + 6x^2 - 2x + 1 & \\ (5) & \underline{9x^3 + 3x^2 - 3x \qquad} & \\ (6) & 3x^2 + x + 1 & \\ (8) & \underline{3x^2 + x - 1} & \\ (9) & 2 & \end{array}$$

1.2.4 Bruchrechnung

Der Begriff des Bruches $\frac{m}{n}$ war zunächst zur Darstellung rationaler Zahlen für ganze Zahlen m und n definiert worden. Man kann diesen Begriff aber auch auf $\frac{a}{b}$ mit reellen a und b ausdehnen. In jedem Falle muß beachtet werden, daß der Nenner stets verschieden von null ist. So ist zum Beispiel $\frac{a}{b - c}$ nur sinnvoll für $b \neq c$. Der Bruch $\frac{a}{b}$ charakterisiert die gleich Zahl wie a : b. Schließlich sei noch bemerkt, daß man auch

Brüche bilden kann, bei denen Zähler oder Nenner Brüche sind. Beispiele:

$$a : \frac{b}{c} = \frac{a}{\frac{b}{c}}, \quad b \neq 0, c \neq 0,$$

$$\frac{a}{b} : c = \frac{\frac{a}{b}}{c}, \quad b \neq 0, c \neq 0,$$

$$\frac{a}{b} : \frac{c}{d} = \frac{\frac{a}{b}}{\frac{c}{d}}, \quad b \neq 0, c \neq 0, d \neq 0.$$

Bei Mehrfachbrüchen muß der Hauptbruchstrich klar erkennbar sein, denn es ist im allgemeinen

$$\frac{\frac{a}{b}}{c} \neq \frac{a}{\frac{b}{c}}.$$

Man kann jeden Bruch $\frac{a}{b}$, $b \neq 0$, mit einer Zahl $c \neq 0$ erweitern (Zähler und Nenner mit c multiplizieren) bzw. kürzen (Zähler und Nenner durch c dividieren), ohne seinen Wert zu verändern:

$$\frac{a}{b} = \frac{ac}{bc} = \frac{a : c}{b : c}, \quad b \neq 0, \quad c \neq 0.$$

Das Kürzen wendet man an, um Brüche zu vereinfachen, z. B.

$$\frac{8}{12} = \frac{2}{3}, \quad \frac{ax - ab}{ay - ac} = \frac{x - b}{y - c}, \quad a \neq 0, \quad y \neq c.$$

Dabei ist zu beachten, daß man nur Faktoren, nicht aber Summanden kürzen kann. So läßt sich zum Beispiel im allgemeinen der Bruch $\frac{a + c}{b + c}$ $(b \neq -c)$ nicht vereinfachen.

Es ist $\frac{a + c}{b + c} = \frac{a}{b}$ nur für $c = 0$ $(b \neq 0)$ und für $a = b$ $(a \neq -c)$.

Das Erweitern wendet man an, um mehrere Brüche auf einen gemeinsamen Nenner zu bringen. Denn nur Brüche mit gleichen Nennern lassen sich durch Addition oder Subtraktion in folgender Weise zusammenfassen:

$$\frac{a}{c} \pm \frac{b}{c} = \frac{a \pm b}{c}, \quad c \neq 0.$$

Wenn man dagegen Brüche $\frac{a}{b}$ und $\frac{c}{d}$ mit ungleichen Nennern $b \neq d \neq 0$ addieren oder subtrahieren will, so hat man sie vorher auf den gleichen Nenner zu bringen (gleichnamig zu machen). Ein gemeinsamer Nenner ist immer das Produkt aller Nenner (und natürlich Vielfache davon). Es gilt also zum Beispiel

$$\frac{a}{b} \pm \frac{c}{d} = \frac{ad}{bd} \pm \frac{cb}{bd} = \frac{ad \pm cb}{bd}, \quad b \neq 0, \ d \neq 0 \ \text{ bzw. } \ bd \neq 0.$$

$$\frac{a}{b} + \frac{c}{d} + \frac{e}{f} = \frac{adf + bcf + bde}{bdf}, \quad b \neq 0, \ d \neq 0, \ f \neq 0 \ \text{ bzw. } \ bdf \neq 0.$$

Man muß jedoch nicht immer das Produkt aller Nenner als gemeinsamen Nenner (Hauptnenner) wählen. Das soll zunächst einmal an aus der Schule bekannten Brüchen von ganzen Zahlen erläutert werden:

Beispiel 1.14: Bei $\frac{1}{2} - \frac{1}{3} + \frac{1}{5} - \frac{1}{6} + \frac{1}{15} - \frac{1}{36}$ kann man als Hauptnenner (HN) wählen:

$HN = 2 * 3 * 5 * 6 * 15 * 36 = 97\,200.$

Man kann aber auch die Nenner als Produkte von Primzahlen schreiben:

$$\begin{array}{lllll}
2 & = & 2 & & \\
3 & = & & 3 & \\
5 & = & & & 5 \\
6 & = & 2 * & 3 & \\
15 & = & & 3 * & 5 \\
36 & = & 2 * 2 * & 3 * 3 & \\
\hline
HN & = & 2^2 * & 3^2 * & 5 = 4 * 9 * 5 = 180.
\end{array}$$

Als Hauptnenner wählt man also das Produkt aus den mit den höchsten Potenzen auftretenden Primfaktoren, was die Rechnung natürlich sehr vereinfacht:

$$\frac{1}{2} - \frac{1}{3} + \frac{1}{5} - \frac{1}{6} + \frac{1}{15} - \frac{1}{36} = \frac{90 - 60 + 36 - 30 + 12 - 5}{180} = \frac{43}{180}.$$

Wie diese Vorgehensweise auch auf Brüche mit allgemeinen Ausdrücken angewendet werden kann, zeigen die folgenden Beispiele:

Beispiel 1.15: Bei dem Ausdruck

$$\frac{1}{a} - \frac{1}{b} + \frac{1}{ab} - \frac{1}{a^2b} + \frac{1}{ab^2},$$

der nur für $a \neq 0$, $b \neq 0$ einen Sinn hat, wählt man als Hauptnenner natürlich nicht

$$HN = a * b * (a * b) * (a^2 * b) * (a * b^2) = a^5 * b^5,$$

sondern wegen

$$\begin{array}{lcll}
a & = & a & \\
b & = & & b \\
ab & = & a & b \\
a^2b & = & a^2 & b \\
ab^2 & = & a & b^2 \\
\hline
HN & = & a^2 & b^2.
\end{array}$$

Somit ist

$$\frac{1}{a}-\frac{1}{b}+\frac{1}{ab}-\frac{1}{a^2b}+\frac{1}{ab^2}=\frac{ab^2-a^2b+ab-b+a}{a^2b^2}.$$

Beispiel 1.16: Bei dem Ausdruck

$$\frac{2}{a-2}+\frac{2}{a-1}-\frac{1}{a+1}-\frac{1}{a+2}-\frac{a+3}{a^2-1}-\frac{a+6}{a^2-4},$$

der nur für $a \neq \pm 1$, $a \neq \pm 2$ einen Sinn hat, wählt man wegen

$$\begin{array}{lcllll}
a-2 & = & (a-2) & & & \\
a-1 & = & & (a-1) & & \\
a+1 & = & & & (a+1) & \\
a+2 & = & & & & (a+2) \\
a^2-1 & = & & (a-1) & (a+1) & \\
a^2-4 & = & (a-2) & & & (a+2) \\
\hline
HN & = & (a-2) & (a-1) & (a+1) & (a+2) = (a^2-1)(a^2-4)
\end{array}$$

und erhält für den oben vorgegebenen Ausdruck

$$\frac{2(a^2-1)(a+2)+2(a^2-4)(a+1)-(a-1)(a^2-4)-(a-2)(a^2-1)}{(a^2-1)(a^2-4)}$$
$$-\frac{(a+3)(a^2-4)+(a+6)(a^2-1)}{(a^2-1)(a^2-4)}.$$

Der Zähler dieses Bruches ergibt Null. Damit ist der ursprüngliche Ausdruck dieses Beispiels nur eine kompliziert geschriebene Null.

Für die Multiplikation und die Division gelten die Regeln

$$\frac{a}{b}*\frac{c}{d}=\frac{ac}{bd},\quad b \neq 0,\ d \neq 0 \quad \text{bzw.} \quad bd \neq 0;$$

$$\frac{a}{b}:\frac{c}{d}=\frac{\frac{a}{b}}{\frac{c}{d}}=\frac{a}{b}*\frac{d}{c}=\frac{ad}{bc},\quad b \neq 0,\ c \neq 0,\ d \neq 0 \quad \text{bzw.} \quad bcd \neq 0.$$

Beispiel 1.17:

a) $$1 - \frac{1}{1 - a\frac{1}{1-\frac{b}{a}}} = 1 - \frac{1}{1 - \frac{a}{\frac{a-b}{a}}} = 1 - \frac{1}{1 - \frac{a^2}{a-b}} = 1 - \frac{1}{\frac{a-b-a^2}{a-b}} = 1 - \frac{a-b}{a-b-a^2}$$

$$= \frac{a-b-a^2-a+b}{a-b-a^2} = \frac{-a^2}{a-b-a^2} = \frac{a^2}{a^2-a+b}$$

für $a \neq 0$, $a \neq b$, $a^2 - a - b \neq 0$, d.h. $a \neq \frac{1}{2}(1 \pm \sqrt{1-4b})$.

b) $$\frac{\frac{a}{a-b} - \frac{b}{a+b}}{\frac{a}{a+b} + \frac{b}{a-b}} = \frac{\frac{a(a+b) - b(a-b)}{(a-b)(a+b)}}{\frac{a(a-b) + b(a+b)}{(a+b)(a-b)}} = \frac{a(a+b) - b(a-b)}{(a^2-b^2)} * \frac{(a^2-b^2)}{a(a-b)+b(a+b)}$$

$$= \frac{a^2+ab-ab+b^2}{a^2-ab+ab+b^2} = \frac{a^2+b^2}{a^2+b^2} = 1 \text{ für } |a| \neq |b|.$$

1.3 Übungsaufgaben

1. Zahlenarten und -darstellungen

1.1. In welchen Zahlenbereichen sind für die Zahlen a und b die vier Grundrechenarten ausführbar? Bemerkung: Hierbei ist als Minuend bzw. Dividend stets a, als Subtrahend bzw Divisor stets b zu wählen.

a) $a = 8, \quad b = 2$ c) $a = 7, \quad b = 0$
b) $a = 5, \quad b = 8$ d) $a = -6, \quad b = 1$

1.2. Vergleichen Sie die Zahlen a und b miteinander und geben Sie an, welche von beiden die größere ist!

a) $a = \frac{13}{17}, \quad b = \frac{169}{289}$ c) $a = \frac{888}{901}, \quad b = \frac{896}{911}$
b) $a = \frac{11}{21}, \quad b = \frac{121}{231}$ d) $a = -\frac{13}{12}, \quad b = -\frac{143}{130}$

1.3. Bilden Sie von den Zahlen a und b jeweils Summe, Differenz, Produkt und Quotienten! Geben Sie an, zu welchen Zahlenarten diese Ergebnisse gehören! Die Bemerkung zu Aufgabe 1.1. gilt auch hier.

a) $a = \pi, \quad b = 5$ c) $a = \frac{2}{3}, \quad b = \frac{3}{2}$
b) $a = \sqrt{2}, \quad b = \sqrt{2}$ d) $a = 0, \quad b = 1$

1.4. Stellen Sie im Dualsystem folgende Zahlen dar!

a) 28 b) 47 c) 73 d) 112

1.5. Ermitteln Sie folgende irrationale Zahlen durch Einschachtelung näherungsweise auf mindestens 5 Stellen genau!

a) $\sqrt{3}$ b) $\sqrt{18}$ c) $\sqrt{2}+\sqrt{3}$ d) $\frac{1}{\sqrt{2}}$

2. Auflösen additiver und multiplikativer Klammern

2.1. Lösen Sie folgende Klammern auf!

a) $7a - 3b + (-a + 2c) - (3c - 6b) - (6a - 3c)$
b) $5a + [7c - (2a - 3b)] - (4c - a + b)$
c) $7a - [3a - (7 + 5b)] + [a - (4 - 6b)] - (2a + 7b)$
d) $8a - \{a + [(3a - 2b) - (5a + 3b)] - [(-a + 6b)]\}$

2.2. a) $(-a)(b - a - c)$
b) $2a[a - (b - 3a)]$
c) $3(a + b + c) - 5(a + b) - c - 2(b - c - a)$
d) $|a| * (b - 2a) - |b| * (a + 2b)$

2.3. a) $(2a - b)(9a + 4b)$
b) $(9a - 2b)(7a - 3b)$
c) $(a + b - c)(a - b - c)$
d) $(3a + 2b)(4a - 3b)(5a - 7b)$

2.4. a) $(7a - 5b)(3a + 4b) - (5a - 9b)(4a - b)$
b) $(a + 4)(a - 2) - (a + 2)(a - 1)$
c) $(a + b)(c - d) - (a - b)(c + d)$
d) $(1 - a)(a - 1) - 2(a + 1)(a - 2)$

3. Binomische Formeln

3.1. Wenden Sie die binomischen Formeln an und vereinfachen Sie nach Möglichkeit!

a) $(-a + 3b)^2$
b) $(-1 + a)(a + 1)$
c) $(-a - b)(a - b)$
d) $(-1 + a)^2 - (1 - a)^2$

3.2. a) $(4a^2 - 3)(4a^2 + 3) - (3a - 4)^2 + (5a + 1)^2$
b) $(a^2 + b^2)^2 - (a^2 - b^2)^2$
c) $(3a + 2b - 5c)^2$
d) $(a + b - c - d)^2$

3.3. a) $49a^2 + 42a + 9$
b) $25a^2 + 40ab + 16b^2$
c) $169a^2 - 130ab + 25b^2$
d) $9a^4b^2 + 12a^2b + 4$

3.4. a) $(8a - b)^2 - 16a^2$
b) $81a^2 - 16(4a - 3b)^2$
c) $4a + 12\sqrt{ab} + 9b$
d) $(\sqrt{ab} - 1)(-1 - \sqrt{ab})$

3.5. a) $(a + b + 1)(a + b - 1)$
b) $(a + b)^2 + 2a + 2b + 1$
c) $a^2 - 2ab + b^2 - 2a + 2b + 1$
d) $a^2 + 2ab + b^2 - 4(a + b) + 4$

3.6. Vereinfachen Sie folgende Ausdrücke, indem Sie mittels quadratischer Ergänzung vollständige Quadrate bilden!

a) $4a^2 - 12a + 9b^2 - 24b = 0$
b) $16a^2 + 25b^2 - 128a + 50b = 0$
c) $3a^2 - 2b^2 - 2\sqrt{6}\,a + 2\sqrt{6}\,b = 0$
d) $4x^2 + 12xy - 9a^2 + 12ab = 0$

4. Ausklammern gemeinsamer Faktoren

Zerlegen Sie in den Aufgabe 4.1. bis 4.4. die angegebenen Ausdrücke in Faktoren und vereinfachen Sie soweit wie möglich!

4.1. a) $a + a^2$
b) $-a^2 - a$
c) $8ab + 20b^2$
d) $ab + ac - ad$

4.2. a) $a^2b^2 + ab + ab + 1$
b) $ab - ac - b + c$
c) $3a + 3 - 2a - 2 + 4b(a + 1)$
d) $8(7a - 5b) - 5c(7a - 5b)$

4.3. a) $3ac - 3bc - 2ad + 2bd + 4ac - 4bc - 7ad + 7bd$
b) $a^2b + ac - ab - c$
c) $15ab - 5a - 1 + 3b$
d) $4a^2 + 20ab + 25b^2 - a^2$

4.4. a) $(a^3 - a^2)(2a - 2a^2)$
b) $(-5a - 3b)^2 + (-5a + 3b)^2$
c) $(-5a - 10b)(-3a + 6b)$
d) $(-a - 1)(a - 1) - (a^2 - 1)$

4.5. Klammern Sie jeweils die größte Potenz von n aus (n = 1, 2, ...)!

a) $n^2 + n + 1$
b) $3n^2 - n + 2 - \frac{1}{n} + \frac{1}{n^2}$
c) $(1 - 2n)^3$
d) $(\frac{1}{4}n^2 + 3n - 1)^2$

5. Division von Klammerausdrücken

Führen Sie folgende Division durch!
Da die Division durch null nicht möglich ist, sind bei diesen und allen entsprechenden folgenden Aufgaben diejenigen Werte auszuschließen, die a, b, ... nicht annehmen dürfen.

5.1. a) $(10a^2 - 2ab + 16ac) : 2a$
b) $(25ab - 40b^2) : (-5b)$
c) $(28a^3 - 20a^2 + 32a) : (-4a)$
d) $(27a^2b - 63ab^2) : (-9ab)$

5.2. a) $(3a^2 + 5ab + 2b^2) : (a + b)$ c) $(3a^2 + 2a - 5) : (3a + 5)$
b) $(a^2 - 2ab - 3b^2) : (a - 3b)$ d) $(4a^2 - 7ab + 3b^2) : (4a - 3b)$

5.3. a) $(35a^2 + 24ab - 15ac + 4b^2 - 6bc) : (5a + 2b)$
b) $(15a^3 + 67ab^2 - 52a^2b - 28b^3) : (5a - 4b)$
c) $(21ax - 15bx + 9cx - 35ay + 25by - 15cy) : (7a - 5b + 3c)$
d) $(12a^2 + ab - 17ac - 20b^2 + 29bc - 5c^2) : (3a + 4b - 5c)$

5.4. a) $(a^3 + b^3) : (b + a)$
b) $(1536b^3 + 375a^3) : (25a^2 + 64\,b^2 - 40ab)$
c) $(144a^4 - 81b^2) : (27b + 36a^2)$
d) $(a^3 - b^3) : (a - b)$

5.5. a) $(9a^3 - 7ab^2 + 2b^3) : (3a + 2b)$
b) $(a^2 - 10a - 25) : (a - 5)$
c) $(a^3 - 2ab + b^3) : (a + b)$
d) $(24a^4 - 26a^3 - 76a^2 + 32a) : (4a^2 - 7a - 8)$

5.6. a) $(x^4 - x^3 - 5x^2 - 40x + 7) : (x^2 + 3x + 9)$
b) $(2x^2 - x + xy - y^2 + 2y - 2) : (2x - y + 1)$
c) $(13a^2b + 4b^3 - ab^2 + 10a^3) : (2a + 3b)$
d) $(3a^3 + 2a^2 - 7a^2b + 3a - 2ab + 4ab^2 - 4b + 3) : (3a - 4b + 2)$

6. Bruchrechnung

6.1. Ermitteln Sie den größten gemeinsamen Teiler folgender Brüche, indem Sie die Teilbarkeitsregeln anwenden sowie Zähler und Nenner in Potenzen von Primzahlen zerlegen!

a) $\frac{6\,732}{20\,196}$ c) $\frac{20\,520}{2\,280}$

b) $\frac{2\,730}{5\,005}$ d) $\frac{69\,069}{138\,138}$

6.2. Bestimmen Sie das kleinste gemeinsame Vielfache folgender Zahlen!

a) 3, 6, 9, 18, 27, 54 und 81 c) 5, 13, 16, 20, 26 und 42
b) 8, 12, 21, 42, 56 und 84 d) 120, 252, 264, 315 und 616

6.3. Addition und Subtraktion gleichnamiger Brüche

6.3.1. a) $\frac{1}{3} + 3\frac{1}{3} + 3 * \frac{1}{3} - 4\frac{2}{3}$

b) $\frac{3}{7} - \frac{1 - 6}{7} + 2\frac{1}{7} - 7\frac{2}{7}$

c) $10\frac{1}{5} - \frac{4 - 5}{5} - 5 * \frac{1}{5} + \frac{10 - 1}{5}$

d) $2\frac{2}{26} + \frac{5 - 3}{13} + 3\frac{33}{39} - 0 * \frac{25}{65}$

6.3.2. a) $\frac{a + 1}{a} - \frac{a - 1}{a} - \frac{1 - a}{a}$ c) $\frac{(a - b)^2}{ab} - \frac{1 - 2ab}{ab} - \frac{a^2 + b^2}{ab}$

b) $\frac{a + 1}{b} - \frac{a - b}{b} - \frac{b - a}{b}$ d) $\frac{(a - b)^3}{2ab} - \frac{(a + b)^3}{2ab}$

6.4. Addition und Subtraktion ungleichnamiger Brüche, Faktoren im Nenner

6.4.1. a) $5\frac{7}{12} + 1\frac{41}{72} + 2\frac{17}{24} + 9\frac{5}{9}$ c) $\frac{5}{18} + \frac{5}{6} - \frac{1}{3} + \frac{14}{27} + \frac{71}{81}$

b) $36\frac{14}{39} + 19\frac{4}{13} + 15\frac{5}{6} - 2\frac{19}{72}$ d) $\frac{15}{64} - \frac{77}{96} + \frac{1}{243} - \frac{3 - 8}{24} + 3\frac{1}{1296}$

6.4.2. a) $\frac{b + 5c - a}{6} - \frac{3a - 7b + 6c}{4} + \frac{4a - 5b + 7c}{3}$

b) $\frac{a - 9}{18} + \frac{a - 2}{6} + \frac{5(2a - 1)}{12} - \frac{3(a - 1)}{8} - \frac{2(3a - 4)}{9}$

c) $\frac{16b + 3a}{48} + \frac{7a - 8b + 9c}{24} - \frac{9a + 8b + 12c}{32}$

d) $\frac{4c - 3a}{12ac} + \frac{5b - 2c}{10bc} - \frac{b^2 - c}{4b^2 c} + \frac{4b^2 - 5a}{20ab^2} + \frac{2}{3a} + \frac{a - b}{5ab}$

6.4.3. a) $\frac{b}{a} + \frac{a}{b} - \frac{a^2 + b^2}{2b} - 1$

b) $\frac{5a - 6b}{30c^2} - \frac{b(5c^2 - 3a)}{15ac^2} - \frac{a}{4b} + \frac{a(3c^2 - 2b)}{12bc^2} + \frac{b}{3a}$

c) $\frac{3a^2 + 8b^2}{6ab} - \frac{a(4b - 5c)}{10bc} + \frac{4a - 5b}{10c} + \frac{b(3a - 2c)}{6ac}$

d) $\frac{4c - 3a}{12ac} + \frac{5b - 2c}{10bc} - \frac{b^2 - c}{4b^2c} + \frac{4b^2 - 5a}{20ab^2} + \frac{2}{3a} + \frac{a - b}{5ab}$

6.5. Addition und Subtraktion ungleichnamiger Brüche, Summen im Nenner

6.5.1. Setzen Sie für a nacheinander die angegebenen Werte ein und fassen Sie die so erhaltenen Brüche zusammen! Geben Sie danach die Ergebnisse der einzelnen Brüche allgemein an und schließen Sie diejenigen Werte aus, die a nicht annehmen darf!

a) $\frac{1}{a} + \frac{1}{a + 1} + \frac{1}{a + 2}$ mit a = 1, 2, 3

b) $\frac{1}{a - 2} - \frac{1}{a - 1} + \frac{1}{a + 1} - \frac{1}{a + 2}$ mit a = 3, 4, 5

c) $\frac{a}{a-1}+\frac{a}{a+1}-2$ mit a = 2, 3, 4

d) $\frac{1}{a+1}-\frac{1}{a-1}+\frac{1}{(a+1)^2}-\frac{1}{(a-1)^2}$ mit a = 2, 3, 4

6.5.2. a) $\frac{3a-1}{4a-1}-\frac{3}{4}$

b) $\frac{a-2}{a-3}-\frac{a-1}{a-2}$

c) $\frac{1}{a+1}+\frac{4}{3a+2}-\frac{3}{a+1}$

d) $\frac{10}{2a-2}-\frac{6a}{3a^2-6a}-\frac{9b}{3ab-9b}$

6.5.3. a) $\frac{3ax-3by}{6x^2y-6xy^2}-\frac{5a^2x+5aby}{10ax^2y+10axy^2}$

b) $\frac{6ab+9b}{6ab-6b}-\frac{6ab-4b}{6ab+6b}-\frac{10b^2}{12a^2b^2-12b^2}$

c) $\frac{1}{a^2-b^2}-\frac{2b^2}{2a^4-2a^2b^2}-\frac{b^2}{a^2b^2}+\frac{1}{a^2+b^2+2ab}$

d) $\frac{24a^2b-72ab^2}{60a^2b+24ab^2}-\frac{49a^2b-28ab^2}{35a^2b+14ab^2}-\frac{20a-10b}{10a-5b}$

6.5.4. a) $\frac{3a+b}{2a^2+2ab}-\frac{a^2+b^2}{2a^2b+2ab^2}+\frac{2a-5b}{4ab+4b^2}$

b) $\frac{a+2b}{3a^2-3ab}-\frac{1}{2b}-\frac{3b-a}{2ab-2b^2}$

c) $\frac{2a-5}{a+3}-\frac{3a-4}{a+2}+\frac{a^2+6a+10}{a^2+5a+6}$

d) $\frac{5a-2b}{3a+b}-\frac{88a^2+28ab+0{,}25b^2}{48a^2+7ab-3b^2}+\frac{24a+b}{16a-3b}$

6.5.5. a) $\frac{a}{b}+\frac{b}{a}-\frac{b^2}{a^2+ab}-\frac{a^2}{ab+b^2}$

b) $\frac{6a-5b}{8a^2+24ab+18b^2}-\frac{2a-b}{36a^2-81b^2}+\frac{3}{12a-18b}$

c) $\frac{2a+3b}{2ab+b^2}-\frac{4a^2+b^2}{4a^2b+2ab^2}-\frac{5a-b}{4a^2+2ab}$

d) $\frac{9a-b}{6a^2-2ab}-\frac{6a+b}{3ab-b^2}+\frac{1}{2b}$

6.6. Multiplikation von Brüchen

6.6.1. a) $3*\frac{1}{3}$

b) $b*\frac{1}{a}$

c) $\frac{5}{8}*\frac{8}{5}$

d) $\frac{0}{b}*\frac{b}{c}$

6.6.2. a) $\left(\frac{a}{3b}+\frac{3b}{a}\right)*3ab$ c) $\left(\frac{1}{2a}+\frac{1}{3b}\right)*(2a-3b)$

b) $\left(\frac{5a}{6bc}-\frac{6b}{7ac}+\frac{2c}{3ab}\right)*84abc$ d) $\left(\frac{2}{a}+\frac{3}{b}\right)*\left(\frac{a}{2}-\frac{b}{3}\right)$

6.6.3. a) $\frac{4a^2-9b^2}{21a^2b+14a^3}*\frac{7a+5ab}{6b-4a}$

b) $\frac{16a^4-a^2}{24a^3+8a^2}*\frac{36a^2+24a+4}{4a+1}$

c) $\frac{a^2+1}{(a+1)^2}*\frac{a^3+a^2+a+1}{(a^2+1)^2}$

d) $\frac{4ab-3a}{9ab-3b^2}*\frac{18a-6b}{4a^2+10ab}*\frac{8ab-6a}{4ab+10b^2}$

6.7. Division von Brüchen

6.7.1. a) $\frac{2}{3}:3$ b) $a:\frac{1}{b}$ c) $\frac{a}{b}:b$ d) $\frac{0}{a}:\frac{1}{b}$

6.7.2. Bilden Sie die Kehrwerte folgender Ausdrücke!

a) $\frac{a}{b}$ b) $\frac{a+1}{b}$ c) $\frac{1}{a}+\frac{1}{b}$ d) $\frac{1}{a+b}$

6.7.3. a) $\left(\frac{a}{2b}-\frac{2b}{a}\right):\frac{a}{a+2b}$ c) $\left(\frac{a}{b}+\frac{b}{a}\right):\left(\frac{a}{b}-\frac{b}{a}\right)$

b) $\left(1-\frac{2}{a}+\frac{1}{a^2}\right):\frac{1-a^2}{a^2}$ d) $\left(\frac{a+b}{b}+\frac{a+b}{a}\right):\left(\frac{1}{a}+\frac{1}{b}\right)$

6.7.4. a) $\frac{1-\frac{1}{a}}{\frac{1}{a}-\frac{1}{a^2}}$ c) $\frac{\frac{a}{a-b}+\frac{b}{a+b}}{\frac{a}{a+b}-\frac{b}{a-b}}$

b) $\frac{\frac{a}{b}+\frac{b}{a}+1}{\frac{a^2+b}{b}-\frac{a+b^2}{a}}$ d) $\frac{\frac{a}{1-a}+\frac{a+1}{a}}{\frac{a-1}{a}-\frac{a}{a+1}}$

6.7.5. a) $\frac{\frac{1}{a^3}-\frac{1}{b^3}}{\frac{1}{a^2}+\frac{1}{ab}+\frac{1}{b^2}}$ c) $\frac{\frac{a+b}{a-b}-\frac{a^2+b^2}{a^2-b^2}}{\frac{a+b}{a-b}-\frac{a-b}{a+b}}$

b) $\dfrac{\dfrac{x^2}{ab} + x\left(\dfrac{1}{a^2} - \dfrac{1}{b^2}\right) - \dfrac{1}{ab}}{\dfrac{x}{a} - \dfrac{1}{b}}$

d) $\dfrac{\dfrac{1}{16a^2} + \dfrac{1}{2ab} + \dfrac{1}{b^2}}{\dfrac{1}{8a} + \dfrac{1}{2b}} + \dfrac{\dfrac{1}{16a^2} - \dfrac{1}{2ab} + \dfrac{1}{b^2}}{\dfrac{1}{8a} - \dfrac{1}{2b}}$

6.7.6. a) $\dfrac{a + \dfrac{1}{1 - ab}}{1 - \dfrac{1}{1 - ab}}$

c) $1 - \dfrac{1}{1 - a\dfrac{1}{1 + \dfrac{b}{a}}}$

b) $\dfrac{1}{a - \dfrac{a}{1 - \dfrac{a}{a - b}}}$

d) $\dfrac{\dfrac{a + \frac{1}{4}b}{a - \frac{1}{4}b} - \dfrac{a - \frac{1}{4}b}{a + \frac{1}{4}b}}{1 + \dfrac{b^2}{16a^2 - b^2}}$

6.8. Vereinfachen Sie (evt. nach vorherigem Umformen) folgende Brüche durch Kürzen, falls dies möglich ist!

6.8.1. a) $\dfrac{35ac - 50bc}{7a - 10b}$

c) $\dfrac{34ax + 51bx - 119cx}{2a + 3b - 7c}$

b) $\dfrac{a - \sqrt{a}\, b}{b - \sqrt{a}}$

d) $\dfrac{a^2 - ab + ac}{b - a - c}$

6.8.2. a) $\dfrac{ax + bx + ay + by}{a + b}$

c) $\dfrac{91ab + 7b + 39a^2 + 3a}{13a + 1}$

b) $\dfrac{ab + \frac{1}{2}b - \frac{1}{2}a - \frac{1}{4}}{a + \frac{1}{2}}$

d) $\dfrac{ax + \dfrac{x}{b} - \dfrac{a}{y} - \dfrac{1}{by}}{\dfrac{1}{b} + a}$

6.8.3. a) $\dfrac{25a^2 - 130ab + 169b^2}{25a - 65b}$

c) $\dfrac{\frac{1}{4}a^2b^2 + 17ab + 289}{\frac{17}{2}\left(\frac{1}{17}ab + 2\right)}$

b) $\dfrac{2x^2 + 8xy + 8y^2}{(x + 2y)^2}$

d) $\dfrac{25a - 20\sqrt{ab} + 4b}{ab\,(\sqrt{a} - 0{,}4\sqrt{b})}$

6.8.4. a) $\dfrac{a^4 - b^4}{(a + b)^2\,(a - b)}$

c) $\dfrac{(a^2 - b^2)^2 - (a^2 + b^2)^2}{ab\,(a + b)}$

b) $\dfrac{(a+b)^4 - (a-b)^4}{a^2+b^2}$ d) $\dfrac{(a^2+b^2)^2\,(a^2-b^2)^2 + 2a^4\,b^4}{a^4+b^4}$

6.8.5. a) $\dfrac{(\frac{1}{9}a^2 + b^2 + \frac{2}{3}ab)\,(x^3 - 27\,y^3)}{(2b + \frac{2}{3}a)\,(x - 3y)}$

b) $\dfrac{(2x^2 - 20x + 50)\,(2a - 1)\,(a + \frac{1}{2})}{(1 - 2a)\,(2a + 1)\,(25 - x^2)}$

c) $\dfrac{(80 - 40ab + 5a^2b^2)\,(4 - ab)}{64\,(\frac{ab}{4} - 1)^3}$

d) $\dfrac{(32a^3b^2x - 18ax^3y^2) * 3by}{(12ab^2y + 9bxy^2) * 2ax}$

6.8.6. a) $\dfrac{(a + b + 1)\,(a + b - 1) + (a - b)^2 - 2(b^2 + \frac{1}{2})}{a + 1}$

b) $\dfrac{(4a + \frac{1}{4}b - 2\sqrt{ab})\,(2\sqrt{a} + \frac{1}{2}\sqrt{b})}{2\sqrt{a} - \frac{1}{2}\sqrt{b}}$

c) $\dfrac{(a + 1)^2 - b^2}{a^2 + 2ab + b^2 + 2a + 2b + 1}$

d) $\dfrac{(a - 1)^2 - (b - 1)^2}{a^2 + b^2 + 2ab - 4(a + b - 1)}$

6.9. Rechnen mit (-1)

a) Gegeben sei $a\dfrac{b - c}{d}$. Setzen Sie $a = -1$ ein und geben Sie für den so erhaltenen Bruch verschiedene Schreibweisen an!

b) Gegeben sei $\dfrac{5c - 3b - a}{1 - a}$. Klammern Sie im Zähler und im Nenner (-1) aus und kürzen Sie diese Zahl!

c) Erweitern Sie den Bruch $\dfrac{b^2 - a^2}{-a - b}$ mit (-1) und vereinfachen Sie ihn!

d) Gegeben sei $1 - \dfrac{25a^2 - 36b^2}{6b - 5a}$. Klammern Sie im Nenner des Bruches (-1) aus und vereinfachen Sie den Ausdruck!

2 Potenzen und Wurzeln

Der vorliegende Abschnitt dient vor allem der Wiederholung der Potenz- und Wurzelgesetze. Dabei kommt es hauptsächlich darauf an, Fertigkeiten bei deren Anwendung zu entwickeln. Es wird empfohlen, bei der Anwendung der Wurzelgesetze die Wurzeln grundsätzlich in Potenzen mit rationalen Exponenten umzuwandeln. Neben der formal richtigen Anwendung der Rechenregeln sollte streng auf die Voraussetzungen für deren Gültigkeit geachtet werden. Insbesondere darf nicht gegen die Definition der Wurzel verstoßen werden, nach der sowohl Radikand als auch Wurzelwert nichtnegative Zahlen sind. Bei der Anwendung der Potenzgesetze ist zu berücksichtigen, daß diese für Potenzen mit beliebigen reellen Exponenten nur gelten, wenn für die Basis positive Zahlen vorausgesetzt werden.

2.1 Potenzen mit ganzzahligen Exponenten

Definition 2.1:
Unter der n-ten Potenz einer beliebigen reellen Zahl a versteht man das n-fache Produkt von a mit sich selbst.
Man schreibt $a^n = b$.
Dabei heißt a die Basis, $n = 1, 2, 3, \ldots$ der Exponent und b der Potenzwert.

So ist zum Beispiel $a^1 = a$, $a^2 = a * a$, $a^3 = a * a * a$, ...

$$\text{Für } n = 0 \text{ legt man fest: } a^0 = 1 \text{ mit } a \neq 0. \qquad (2.1)$$

Es ist leicht einzusehen und mit Hilfe der Definition der Potenz zu beweisen, daß für beliebige reelle Basen (Einschränkungen s. u.!) a, b ∈ R und ganze nichtnegative Exponenten m, n ∈ N gilt

$$a^n * b^n = (a * b)^n, \qquad (2.2)$$

$$a^n : b^n = \frac{a^n}{b^n} = \left(\frac{a}{b}\right)^n, \ b \neq 0, \qquad (2.3)$$

$$a^n * a^m = a^{n+m}, \qquad (2.4)$$

$$a^n : a^m = \frac{a^n}{a^m} = a^{n-m}, \ a \neq 0, \ n \geq m, \qquad (2.5)$$

$$(a^n)^m = a^{n*m} \qquad (2.6)$$

Die Beziehungen (2.2) bis (2.6) sind die grundlegenden Potenzgesetze für ganzzahlige positive Exponenten. Diese Gesetze können leicht auf alle ganzzahligen Exponenten ausgedehnt werden, wenn man definiert

$$\frac{1}{a^n} = a^{-n}, \ n = 0, 1, 2, 3, \ldots, \ a \neq 0. \qquad (2.7)$$

Für Potenzen mit ganzzahligen Exponenten gelten die Potenzgesetze uneingeschränkt nur für nichtverschwindende reelle Basen, also für $a \neq 0$, $b \neq 0$. Die Bedingung $n \geq m$ ist damit überflüssig.

Die Potenzgesetze kann man auf umzuformende Ausdrücke, die ganzzahlige Exponenten enthalten, anwenden.

Beispiel 2.1: $\left(\frac{4a^{-3}\, b^0}{x^2\, y^{-1}}\right)^{-2} = (4a^{-3}\, b^0\, x^{-2} y^1)^{-2} = 4^{-2}\, a^6\, x^4\, y^{-2} = \frac{a^6\, x^4}{16y^2}$ für $abxy \neq 0$

Beispiel 2.2: $\frac{9^4 * (a^2 \sqrt{a}\, b)^2}{18^2 * (3ab)^3} = \frac{3^8 * a^4 * a * b^2}{2^2 * 3^4 * 3^3 * a^3 * b^3} = \frac{3a^2}{4b}$ für $a > 0$, $b \neq 0$

Beispiel 2.3:

$$\frac{3 - a}{a^{m-4}} + \frac{a^6 - a^5 + 2a^3 - 1}{a^{m+1}} - \frac{2a^2 + 1}{a^{m-2}} = \frac{a^5 (3 - a) + a^6 - a^5 + 2a^3 - 1 - a^3 (2a^2 + 1)}{a^{m+1}} =$$

$$\frac{3a^5 - a^6 + a^6 - a^5 + 2a^3 - 1 - 2a^5 - a^3}{a^{m+1}} = \frac{a^3 - 1}{a^{m+1}} \text{ für } a > 0$$

Bei der Addition und Subtraktion von Potenzen ist zu beachten, daß nur Potenzen mit gleicher Basis und gleichem Exponenten zusammengefaßt werden können.

Beispiel 2.4: $3a^n + 2a^n = 5a^n$

Beispiel 2.5:

$$4a^{n+1} + 2a^n + 5b^{n+1} - 3b^n - 3a^{n+1} + a^n - 4b^{n+1} + 3b^n = a^{n+1} + 3a^n + b^{n+1}$$

Schließlich sei noch darauf hingewiesen, daß zwischen Basis- und Potenzvorzeichen zu unterscheiden ist. Potenzen mit positiver Basis haben stets einen positiven Potenzwert, während Potenzen mit negativer Basis bei geradzahligem Exponenten positiv, bei ungeradzahligem Exponenten negativ sind.

Also gilt:

$(+a)^{2n} = +\, a^{2n}$, $\qquad (-a)^{2n} = +\, a^{2n}$,

$(+a)^{2n+1} = +\, a^{2n+1}$, $\qquad (-a)^{2n+1} = -\, a^{2n+1}$, $n \in N$.

2.2 Wurzeln und Potenzen mit rationalen Exponenten

Definition 2.2:
Die n-te Wurzel aus einer nichtnegativen Zahl a ist diejenige nichtnegative Zahl b, für die gilt $b^n = a$.

Man schreibt $b = \sqrt[n]{a}$, $n = 1, 2, 3, \ldots$ (2.8)

$a \geq 0$, $b \geq 0$. (2.9)

Dabei heißt a der Radikand, n der Wurzelexponent und b der Wurzelwert (Wurzel).

Mit Nachdruck sei nochmals darauf hingewiesen, daß Wurzeln nur aus nichtnegativen Radikanden $a \geq 0$ gezogen werden können und selbst einen nichtnegativen Wert $b = \sqrt[n]{a} \geq 0$ haben. Zur Begründung dieser Festlegung sei folgendes bemerkt:

1. Für gerades $n = 2, 4, 6, \ldots$ existiert bei $a < 0$ keine Wurzel b, die (2.8) erfüllt, weil eine gerade Potenz von b immer nichtnegativ ist.
2. Für gerades n und positives a hat die Gleichung $b^n = a$ grundsätzlich zwei reelle Lösungen. So hat zum Beispiel die Gleichung $b^2 = 4$, also $n = 2$ und $a = 4$, die Lösungen $b_1 = 2$, $b_2 = -2$. Um die Rechenoperation des Radizierens eindeutig zu gestalten, muß man sich für eine Lösung entscheiden, man gibt der positiven Lösung den Vorzug.
3. Für ungerades $n = 1, 3, 5, \ldots$ und $a \geq 0$ hat $b^n = a$ immer eine eindeutige nichtnegative Lösung, also $b \geq 0$.
4. Für ungerades n und negatives a hat $b^n = a$ immer eine eindeutige negative Lösung, also $b < 0$. So hat zum Beispiel die Gleichung $b^3 = -8$ die eindeutige Lösung $b = -2$.

Man muß also für gerade $n = 2, 4, 6, \ldots$ die Forderung $a \geq 0, b \geq 0$ unter allen Umständen stellen, weil sonst die Wurzel entweder überhaupt nicht existiert oder mehrdeutig wäre.

Für ungerades $n = 1, 3, 5, \ldots$ könnte man auf beide Forderungen verzichten. Man hätte dann allerdings den Nachteil, für alle möglichen Fälle viele verschiedene Wurzelgesetze aufstellen zu müssen. Ferner wäre eine Einordnung der Wurzelgesetze in die Potenzgesetze sehr schwierig. Daher trifft man auch bei ungeraden Wurzelexponenten n die o. a. Festlegungen und schreibt zum Beispiel für die eindeutige Lösung -2 von $b^3 = -8$ nicht $-2 = \sqrt[3]{-8}$, sondern $-2 = -\sqrt[3]{8}$.

Im Zusammenhang mit den erwähnten Voraussetzungen sei auf den Trugschluß

$$\sqrt{a^2} = a \tag{2.10}$$

hingewiesen. Die Quadratwurzel $\sqrt{a^2}$ ist für alle reellen Zahlen a definiert, während man für negative a nach (2.10) einen negativen Wurzelwert erhalten würde, was der Vorraussetzung $b \geq 0$ widerspricht. Im konkreten Falle käme man bei der Anwendung von (2.10) zu solchen Widersprüchen, wie z. B.

$$\sqrt{4} = \sqrt{2^2} = 2, \quad \sqrt{4} = \sqrt{(-2)^2} = -2, \quad \text{also } 2 = -2.$$

Statt (2.10) hat man demnach richtig zu schreiben

$$\sqrt{a^2} = |a| = \begin{cases} a \text{ für } a \geq 0 \\ -a \text{ für } a < 0. \end{cases} \tag{2.11}$$

Aus der Definition der Wurzel gemäß (2.8), (2.9) kann man die Gültigkeit der folgenden Wurzelgesetze für m, n = 1, 2, 3, . . . und a, b ≥ 0 herleiten:

$$\sqrt[n]{a} * \sqrt[n]{b} = \sqrt[n]{ab}, \qquad (2.12)$$

$$\sqrt[n]{a} : \sqrt[n]{b} = \frac{\sqrt[n]{a}}{\sqrt[n]{b}} = \sqrt[n]{\frac{a}{b}}, \; b > 0, \qquad (2.13)$$

$$\sqrt[n]{a} * \sqrt[m]{a} = \sqrt[n*m]{a^{n+m}}, \qquad (2.14)$$

$$\sqrt[n]{\sqrt[m]{a}} = \sqrt[n*m]{a}. \qquad (2.15)$$

Man erkennt, daß diese Wurzelgesetze den Potenzgesetzen (2.2) bis (2.6) ähnlich und mit ihnen vergleichbar sind. Tatsächlich lassen sie sich aus den Potenzgesetzen herleiten, wenn man Potenzen mit rationalen Exponenten in folgender Weise definiert:

$$\sqrt[n]{a} = a^{\frac{1}{n}} \text{ bzw. } \sqrt[n]{a^m} = (\sqrt[n]{a})^m = a^{\frac{m}{n}}, \qquad (2.16)$$

für a ≥ 0, n = 1, 2, 3, . . . , m = 0, 1, 2, . . .

So erhält man zum Beispiel (2.14) in folgender Weise:

$$\sqrt[n]{a} * \sqrt[m]{a} = a^{\frac{1}{n}} * a^{\frac{1}{m}} = a^{\frac{1}{n}+\frac{1}{m}} = a^{\frac{m+n}{mn}} = \sqrt[n*m]{a^{n+m}}.$$

Die Beziehung (2.16) kann auch auf negative m = -1, -2, . . . ausgedehnt werden, wobei entsprechend (2.7) gilt:

$$a^{\frac{m}{n}} = \frac{1}{a^{-\frac{m}{n}}}, \; a > 0. \qquad (2.17)$$

Uneingeschränkt für beliebige rationale Exponenten (n positiv ganz, m beliebig ganz) gelten die Potenzgesetze (2.2) bis (2.6) jedoch nur dann, wenn man nichtverschwindende Basen, also a > 0, b > 0, voraussetzt.

Beim Rechnen mit Wurzeln sollte man grundsätzlich gemäß (2.16) zu Potenzen mit rationalen Exponenten übergehen und die Potenzgesetze (2.2) bis (2.6) anwenden.

Die Notwendigkeit, die Voraussetzungen für die Anwendung der Gesetze beim Rechnen mit Potenzen und Wurzeln stets zu überprüfen, insbesondere die Nichtnegativität bzw. Positivität der Basen, läßt sich durch die folgende falsche Schlußweise demonstrieren:

$$\sqrt{-a} = (-a)^{\frac{1}{2}} = (-a)^{\frac{2}{4}} = \sqrt[4]{(-a)^2} = \sqrt[4]{a^2} = a^{\frac{2}{4}} = a^{\frac{1}{2}} = \sqrt{a}.$$

Gleichheit besteht jedoch nur für den trivialen Fall a = 0. Für a ≠ 0 ist entweder a oder

-a negativ und somit entweder $\sqrt{a}$ oder $\sqrt{-a}$ nicht definiert.

Die Anwendung der Potenzgesetze auf das Rechnen mit Potenzen mit rationalen Exponenten soll durch folgende Beispiel erläutert werden:

Beispiel 2.6: $\sqrt[3]{\sqrt{125}} = \left\{(125)^{\frac{1}{2}}\right\}^{\frac{1}{3}} = (125)^{\frac{1}{6}} = (5^3)^{\frac{1}{6}} = 5^{\frac{1}{2}} = \sqrt{5} = 2{,}2361$

Beispiel 2.7: Für positive a, b, c, d gilt

$$\frac{a^2\sqrt{b}\,c^{-2}}{\sqrt[3]{a^2}\,b^{-3}} : \frac{d^2\sqrt{c}}{\sqrt[5]{d}\,a^{-5}} = \left\{a^{(2-\frac{2}{3})}\,b^{(\frac{1}{2}+3)}\,c^{-2}\right\} : \left\{a^5\,c^{\frac{1}{2}}\,d^{(2-\frac{1}{5})}\right\}$$

$$= a^{(2-\frac{2}{3}-5)}\,b^{(\frac{1}{2}+3)}\,c^{(-2-\frac{1}{2})}\,d^{(-2+\frac{1}{5})}$$

$$= a^{-\frac{11}{3}}\,b^{\frac{7}{2}}\,c^{-\frac{5}{2}}\,d^{-\frac{9}{5}}$$

$$= \frac{\sqrt{b^7}}{\sqrt[3]{a^{11}}\,\sqrt{c^5}\,\sqrt[5]{d^9}} = \frac{b^3\sqrt{b}}{a^3\,\sqrt[3]{a^2}\,c^2\sqrt{c}\,d\,\sqrt[5]{d^4}}$$

Beispiel 2.8:

$8 * \sqrt[3]{343} - 4 * \sqrt[3]{125} + 5 * \sqrt[3]{8} - 5 * \sqrt[3]{729} =$

$8 * \sqrt[3]{7^3} - 4 * \sqrt[3]{5^3} + \sqrt[3]{2^3} - 5 * \sqrt[3]{3^6} =$
$8 * 7 - 4 * 5 + 5 * 2 - 5 * 9 = 1$

Beispiel 2.9:
$5 * \sqrt{63} - 2 * \sqrt{175} - \sqrt{343} + 3 * \sqrt{28} =$
$5 * \sqrt{7 * 3^2} - 2 * \sqrt{7 * 5^2} - \sqrt{7 * 7^2} + 3 * \sqrt{7 * 2^2} =$
$5 * 3 * \sqrt{7} - 2 * 5 * \sqrt{7} - 7 * \sqrt{7} + 3 * 2 * \sqrt{7} =$
$15 * \sqrt{7} - 10 * \sqrt{7} - 7 * \sqrt{7} + 6 * \sqrt{7} = 4 * \sqrt{7}$

Beispiel 2.10:
$\sqrt{a - \sqrt{a^2 - b^2}} * \sqrt{a + \sqrt{a^2 - b^2}} = \sqrt{(a - \sqrt{a^2 - b^2})\,(a + \sqrt{a^2 - b^2})}$
$= \sqrt{a^2 - (\sqrt{a^2 - b^2})^2} = \sqrt{a^2 - a^2 + b^2} = |b|$ für $|a| \geq |b|$

Für verschiedene Berechnungen ist es zweckmäßig, im Nenner eines Bruches auftretende Wurzeln zu beseitigen, d. h. den Bruch so umzuformen, daß der Nenner durch eine rationale Zahl gebildet wird ("Rationalmachen des Nenners").

Wenn im Nenner eines Bruches eine Wurzel $\sqrt[n]{a^m} = a^{\frac{m}{n}}$ als Faktor auftritt, so ist es für die Aufgabenstellung nur notwendig, den Fall $m < n$ ($m, n > 0$, ganz) zu betrachten. Man verfährt wie folgt ($N' \neq 0$, $a > 0$):

$$\frac{Z}{N} = \frac{Z}{N' \sqrt[n]{a^m}} = \frac{Z}{N' a^{\frac{m}{n}}} = \frac{Z * a^{1-\frac{m}{n}}}{N' a^{\frac{m}{n}} * a^{1-\frac{m}{n}}} = \frac{Z * \sqrt[n]{a^{n-m}}}{N' a} \tag{2.18}$$

Beispiel 2.11:

$$\frac{3}{2\sqrt[3]{3}} = \frac{3}{2 * 3^{\frac{1}{3}}} = \frac{3 * 3^{\frac{2}{3}}}{2 * 3^{\frac{1}{3}} * 3^{\frac{2}{3}}} = \frac{3^{1+\frac{2}{3}}}{2 * 3^{\frac{1}{3}+\frac{2}{3}}} = \frac{3^{\frac{5}{3}}}{2 * 3} = \frac{3^{\frac{2}{3}}}{2} = \frac{1}{2}\sqrt[3]{9}$$

Steht im Nenner eine Summe bzw. Differenz von Quadratwurzeln, $N = \sqrt{a} \pm \sqrt{b}$, so erweitert man den Bruch mit $\sqrt{a} \mp \sqrt{b}$ und erhält bei Verwendung der entsprechenden binomischen Formel mit $a > 0$, $b > 0$, $a \neq b$

$$\frac{Z}{N} = \frac{Z}{\sqrt{a} \pm \sqrt{b}} = \frac{Z * (\sqrt{a} \mp \sqrt{b})}{(\sqrt{a} \pm \sqrt{b}) * (\sqrt{a} \mp \sqrt{b})} = \frac{Z * (\sqrt{a} \mp \sqrt{b})}{a - b} \tag{2.19}$$

Beispiel 2.12:

$$\frac{1}{2 - \sqrt{3}} = \frac{2 + \sqrt{3}}{(2 - \sqrt{3})(2 + \sqrt{3})} = \frac{2 + \sqrt{3}}{4 - 3} = 2 + \sqrt{3}$$

Beispiel 2.13:

$$\frac{1}{\sqrt{2} + \sqrt{3}} = \frac{\sqrt{2} - \sqrt{3}}{(\sqrt{2} + \sqrt{3})(\sqrt{2} - \sqrt{3})} = \frac{\sqrt{2} - \sqrt{3}}{2 - 3} = \sqrt{3} - \sqrt{2}$$

2.3 Potenzen mit reellen Exponenten

Es sei hier nur erwähnt, daß die Potenzgesetze (2.2) bis (2.6) auch für beliebige reelle Exponenten m, n gelten, natürlich uneingeschränkt nur für positive Basen, also $a, b > 0$. Dazu muß jedoch die Potenz a^{α}, $a > 0$, für irrationales α noch definiert werden: Deshalb wird für $\alpha > 0$ und negative Exponenten festgelegt

$$a^{-\alpha} = \frac{1}{a^{\alpha}}, \ \alpha > 0.$$

Ist α eine irrationale Zahl, so ist sie gemäß Abschnitt 1.1.4 durch eine Intervallschachtelung $\alpha = \{a_n, a'_n\}$ mit rationalen a_n, a'_n definiert.

$$\text{Dann ist } \beta = \left\{ a^{a_n}, a^{a'_n} \right\} \tag{2.20}$$

ebenfalls eine Intervallschachtelung, deren Glieder unter (2.2) definierte Potenzen mit rationalen Exponenten sind. Im Unterschied zu den eigentlichen Intervallschachtelungen sind aber deren Glieder nicht notwendig rational. Die Intervallschachtelung (2.20) hat aber auch die Eigenschaft, sich auf einen einzigen reellen Punkt β zusammenzuziehen, der dann a^{α} gleichgesetzt wird, also

$$\beta = a^{\alpha}. \qquad (2.21)$$

Zum Beispiel ist mit $a = 2$, $\alpha = \sqrt{2}$ und unter Berücksichtigung der Folge von Einschachtelungen aus Abschnitt 1.1.4

$$2^{1} < 2^{\sqrt{2}} < 2^{2}$$

$$2^{1,4} < 2^{\sqrt{2}} < 2^{1,5}$$

$$2^{1,41} < 2^{\sqrt{2}} < 2^{1,42}$$

$$2^{1,414} < 2^{\sqrt{2}} < 2^{1,415}$$

$$2^{1,4142} < 2^{\sqrt{2}} < 2^{1,4143}$$

Die letzte Ungleichung bedeutet

$$\sqrt[10000]{2^{14142}} < 2^{\sqrt{2}} < \sqrt[10000]{2^{14143}}.$$

Also gilt

$$\beta = 2^{\sqrt{2}} \approx 2,664.$$

2.4 Zusammenfassung

Für $a > 0$, $b > 0$ reell und m, n ganz sowie α, β reell gilt:

$$a^{0} = 1, \quad \frac{1}{a^{\alpha}} = a^{-\alpha},$$

$$\sqrt[n]{a} = a^{\frac{1}{n}}, \quad \sqrt[n]{a^{m}} = (\sqrt[n]{a})^{m} = a^{\frac{m}{n}}, \; n > 0$$

$$a^{\alpha} * b^{\alpha} = (ab)^{\alpha},$$

$$a^{\alpha} * a^{\beta} = a^{\alpha+\beta}, \quad a^{\alpha} : a^{\beta} = a^{\alpha-\beta},$$

$$(a^{\alpha})^{\beta} = a^{\alpha * \beta}.$$

2.5 Übungsaufgaben

1. Pctenzbegriff, Addition und Subtraktion von Potenzen

1.1. Schreiben Sie als Potenzen!

a) $(-a^{-1}) * (-a^{-1}) * (-a^{-1}) * (-a^{-1})$

b) $-\left(\frac{1}{a^{-2}} * \frac{1}{a^{-2}} * \frac{1}{a^{-2}}\right)$

c) $-(b - a) * (a - b) * (a - b)$

d) $-(a^0 b) * (a^0 b) * (a^0 b) * (a^0 b)$

1.2. a) -3^{-4} b) $(-5)^3$ c) $(-2^{-1})^3$ d) $-\left(\frac{2}{3}\right)^2$

1.3. a) $12a^2b - 6ab^2 - 15a^2b + 6ab^2 - 7a^2b$

b) $(3a + 2b)x^4 - x^4(2b - 3a) + x^4(3a + 2b)$

c) $4(a - b)^2 + 2(b - a)^2 - 3(a - b)^2$

d) $18(a - 1)^3 - 3(1 - a)^3 - 15(a - 1)^3 + 4(1 - a)^3 + 3(1 - a)^3$

2. Multiplikation und Division von Potenzen mit gleicher Basis

2.1. a) $\frac{3a^{n+1} * 6x^{n+7} * 9b^{x+1}}{3x^n * 2b^{x+1} * 3a}$ c) $\frac{a^{x+1} * b^{x+3} * a^{3x-1} * b^{x+3}}{a^{x-2} * b^{3-x} * a^x * b^{x+1}}$

b) $\frac{a^{n+1} * a^{n+1} * a^n}{a^0 * a^n * a^{n-1}}$ d) $\frac{a^{3n-x} * b^{2n+x}}{a^{n+2x} * b^{2n-x}} * \frac{x^{3n+2} * y^{2n-1}}{x^{2n-3} * y^{n+1}}$

2.2. a) $\frac{18x^{a+4}}{2y^{5a+7}} : \frac{4x^{7-3a}}{9y^{8+5a}}$ c) $\frac{42a^2b^3 * x^{n+1}}{36c^3 * y^2 * z^{n-3}} : \frac{70a^3b^2 * x^{n+2}}{54c^2y^4 * z^{n-2}}$

b) $\frac{a^{5x-2y}}{b^{6m-1}} : \frac{a^{4x+y}}{b^{m-2}}$ d) $\frac{45xa^3 * 9y^n(a-1)^2}{9yb^3 * 30x^n(a+1)^2} : \frac{9y^{n-1}(1-a)^3}{24x^{n+1}(1+a)^2}$

2.3. a) $(x^{5n+3} + x^{4n+5} - x^{3n+4}) : x^{2n+3}$

b) $(143a^4b^5 - 221a^3b^5 - 247a^5b^4) : 13a^3b^4$

c) $(a^{n+1}b^{x-1} + a^nb^x + a^{n-1}b^{x+1}) : a^{n-2}b^{x-1}$

d) $(16a^8 - a^4b^2 + 9b^4) : (4a^4 - 5a^2b + 3b^2)$

3. Potenzieren von Potenzen, Multiplikation und Division von Potenzen mit gleichem Exponenten, Rechnen mit negativen Exponenten

3.1. a) $\left(1\frac{3}{4}\right)^2 : \left(2\frac{1}{3}\right)^2$ c) $\left(-\frac{1}{a^{-4}}\right)^{-5}$

b) $4^{-2} * \left(\frac{1}{4}\right)^{-4}$ d) $\left(\frac{3}{4}\right)^{-2} * \left(\frac{4}{3}\right)^{-3}$

3.2. a) $\frac{18^4 (a^2b)^2}{27^3 * (2a\sqrt{ab})^2}$ c) $\left(\frac{4b^2y^2}{6a^2x^2}\right)^3 * \left(\frac{8a^3y^2}{6b^3x^3}\right)^4 * \left(\frac{18b^3x^6}{16a^3y^3}\right)^2$

b) $\frac{(6ab)^3 * (5a^2b)^4}{2^4 * 3ab^2 * (25a\sqrt{b})^2}$ d) $\left(\frac{45b^2y^3}{24a^3x}\right)^2 * \left(\frac{6bx^3}{9ay^3}\right)^3 * \left(\frac{75b^3x^3}{36a^4y}\right)^2$

3.3. a) $\frac{(3a - 9b)^2}{81b^2 - 9a^2}$ c) $\frac{(4a^2 - 9b^2)^2}{(3a^2 - 2ab)^2} * \left(\frac{9a^2 - 4b^2}{2a^2 + 3ab}\right)^2$

b) $\frac{(6a - 12b)^2 * (3a + 6b)^2}{(6a^2 - 24b^2)^2}$ d) $\left(\frac{2xb^3}{3ya^3}\right)^3 * \left(\frac{15x^2a^3}{8y^3b}\right)^2 : \left(\frac{25x^3b^3}{12y^4a}\right)^2$

3.4. a) $\frac{27x^{-5} * y^{-6} * z^{-1}}{45x^{-4} * y^{-5} * z^0} * \frac{49x^{-2} * y^{-3} * z^{-4}}{42x^{-3} * y^{-4} * z^{-3}}$

b) $\frac{a^{-2} * x^{-4} * y^{-6}}{b^3 * c^{-4} * z^{-5}} : \frac{a^{-3} * b^{-5} * x^{-3}}{c^{-5} * y^6 * z^{-7}}$

c) $\frac{(ax - ay)^m * (3bx + 3by)^n}{(cx^2 - cy^2)^{m+n}}$

d) $\left(\frac{(x + y)^{3a-4}}{x^{a-1}y^2} : \frac{y^{2a-5}}{x^{4a-3}(x + y)^{3-2a}}\right)\frac{x^{4-3a}y^{3a-6}}{(x + y)^{a-2}}$

4. Unter welchen Bedingungen können folgende Zahlen Radikand einer Quadratwurzel sein?

4.1. a) $\pm a$ b) $\pm a^2$ c) $\pm a^3$ d) ab

4.2. a) $\pm(a - b)$ b) $\pm(a - b)^2$ c) $a^2 - b^2$ d) $a^2 + b^2$

5. Addition und Subtraktion von Wurzeln

5.1. a) $6\sqrt{27} + 2\sqrt{108} - 7\sqrt{75}$

b) $\sqrt{50} + \sqrt{8} - \sqrt{72} + \sqrt{18}$

c) $3\sqrt[4]{256} - 4\sqrt{49} - 7\sqrt[3]{27} + 2\sqrt[5]{32}$

d) $3\sqrt{50} - \sqrt{98} + 4\sqrt{288} + 14\sqrt{162} - \sqrt{25 - 9} * \sqrt{2}$

5.2. a) $\frac{x(2r^2 - 4x^2)}{\sqrt{r^2 - x^2}} - 8x\sqrt{r^2 - x^2}$

b) $\frac{r(4r^2 - 3rH)}{\sqrt{4r^2 - 2rH}} - 3r\sqrt{4r^2 - 2rH}$

c) $2\sqrt{(x - k)^2 + x^2} - \frac{(2x - k)^2}{\sqrt{2x^2 - 2kx + k^2}}$

d) $\frac{h^2 + (c - \frac{c}{2})^2 - (c + \frac{c}{2})^2}{\sqrt{h^2 + (c - \frac{c}{2})^2}} - \frac{h^2 + 2 * \frac{c^2}{4}}{\sqrt{h^2 + \frac{c^2}{4}}}$

5.3. a) $\sqrt{1 - x} + \frac{x + 1}{2\sqrt{1 - x}}$

b) $\frac{1}{(1 - x^2)\sqrt{1 - x^2}} + \frac{3x^2}{(1 - x^2)^2\sqrt{1 - x^2}}$

c) $\frac{\sqrt{a^2 - x^2}}{a^2 - x^2} + \frac{x^2}{\sqrt{(a^2 - x^2)^3}}$

d) $\frac{1}{x + \sqrt{x^2 + a^2}} + \frac{x}{(x + \sqrt{x^2 + a^2}) * (\sqrt{x^2 + a^2})}$

6. Multiplikation und Division von Wurzeln

6.1. a) $\sqrt{3 * 7} * \sqrt{3 * 5} * \sqrt{5 * 7}$

b) $(\sqrt{a} + \sqrt{b})(\sqrt{a} - \sqrt{b})$

c) $\sqrt{\frac{a^2 + b^2}{4}} : \sqrt{\frac{a^2 - b^2}{4}}$

d) $\sqrt{\frac{a^2 + b^2 + 2ab}{2}} * \sqrt{\frac{b^2 - 2ab + a^2}{2}}$

6.2. a) $(3 - \sqrt{2})(2 + 3\sqrt{2})$ c) $\sqrt{12x^2 - 12x} * \sqrt{3x^2 - 3}$

b) $\sqrt{8 + 2\sqrt{10}} * \sqrt{8 - 2\sqrt{10}}$ d) $\sqrt{a^2 + a} * \sqrt{ab + b}$

6.3. a) $\left(4^{-\frac{1}{4}} + \left(\frac{1}{2^{-\frac{3}{2}}}\right)^{-\frac{4}{3}}\right) * \left(4^{-0,25} - (2\sqrt{2})^{-\frac{4}{3}}\right)$

b) $\sqrt{6x^2 - 6} * \sqrt{\frac{3x - 3}{2x + 2}}$ c) $\frac{\sqrt{a + c} + \sqrt{b + c}}{\sqrt{a + c} - \sqrt{b + c}}$

d) $\frac{\sqrt{(a - b)^2 + a^2 + b^2 - 2ab}}{\sqrt{2(a^2 + b^2)(a^2 - b^2)}}$

7. Radizieren von Potenzen und Wurzeln

7.1. a) $\sqrt{0,04^5}$ b) $\sqrt[3]{4200}$ c) $\sqrt[3]{\sqrt[3]{8}}$ d) $\sqrt{\sqrt[4]{256}}$

7.2. a) $\sqrt[2n - 1]{a^{4n^2 - 1}}$ c) $\sqrt{\sqrt[3]{a^6 * b^{12}}}$

b) $\sqrt[4]{a^2 * \sqrt[3]{a^2}}$ d) $\sqrt[3]{\sqrt{a^6 * b^8}}$

7.3. a) $\sqrt[3]{(a - b)^3 (a + b)^4}$

b) $\sqrt{\frac{1}{8}a^2 + \sqrt{\left(\frac{a^2}{8}\right)^2 + \frac{a^4}{8}}}$ c) $\frac{4\pi r^3 - 8\pi r^3}{\sqrt{(4r^2 - 2r * \frac{4}{3} * r)^3}}$

d) $\pm\sqrt{\left(\frac{x_0\, y_1{}^2}{y_1{}^2 - y_2{}^2}\right)^2 - \frac{y_1{}^2\, x_0{}^2}{y_1{}^2 - y_2{}^2} - \frac{x_0\, y_1{}^2}{y_1{}^2 - y_2{}^2}}$

7.4. a) $\sqrt[4]{\frac{a}{b} * \sqrt[3]{\frac{b^2}{a} * \sqrt{\frac{1}{a^2}}}}$ b) $\sqrt[3]{a^3 * \sqrt{a^2 * \sqrt[5]{a^8 * \sqrt[4]{a^3}}}}$

c) $\sqrt{a * \sqrt[8]{a^5 * \sqrt[3]{a}}} : \sqrt[4]{a * \sqrt[3]{a^2 * \sqrt{a}}}$

d) $\frac{\sqrt[6]{a^5 * \sqrt[3]{a^2}}}{\sqrt[3]{a^2 * \sqrt[6]{a^4}}} : \frac{\sqrt{a^3 * \sqrt[9]{a^7}}}{\sqrt[9]{a^7 * \sqrt{a}}}$

8. Formen Sie folgende Brüche so um, daß ihre Nenner aus rationalen Zahlen bestehen!

8.1. a) $\frac{3}{4\sqrt{3}}$ b) $\frac{4}{\sqrt[3]{2}}$ c) $\frac{10}{3\sqrt{8}}$ d) $\frac{15}{\sqrt[11]{243}}$

8.2. a) $\frac{a^2}{\sqrt[3]{a^5}}$ b) $\frac{1}{\sqrt[9]{x^{13}}}$ c) $\frac{y^2\, x}{\sqrt{x^3\, y}}$ d) $\frac{ab}{\sqrt[7]{a^2\, b^3}}$

8.3. a) $\frac{13}{7 - \sqrt{10}}$ b) $\frac{6}{\sqrt{5} + 1}$ c) $\frac{15}{3 - \sqrt{6}}$ d) $\frac{16}{3 + \sqrt{5}}$

8.4. a) $\frac{8}{3\sqrt{2} + 4}$ b) $\frac{17}{3\sqrt{5} - 2\sqrt{7}}$ c) $\frac{6}{\sqrt{8} + \sqrt{5}}$ d) $\frac{6}{\sqrt{7} - \sqrt{3}}$

8.5. a) $\frac{3 + \sqrt{5}}{3 - \sqrt{5}}$ b) $\frac{3(\sqrt{5} - \sqrt{8})}{\sqrt{8} + \sqrt{5}}$ c) $\frac{3 + \sqrt{6}}{\sqrt{3} + \sqrt{2}}$ d) $\frac{4\sqrt{10} - 7\sqrt{3}}{\sqrt{10} - \sqrt{3}}$

8.6. a) $\dfrac{7\sqrt{5} + 4\sqrt{3}}{5\sqrt{3} + 2\sqrt{5}}$

c) $\dfrac{\sqrt{3 - \sqrt{2}}}{\sqrt{3 + \sqrt{2}}}$

b) $\dfrac{2\sqrt{6} + 3\sqrt{5}}{2\sqrt{6} - 3\sqrt{5}}$

d) $\dfrac{1 + \sqrt{2} + \sqrt{3}}{1 + \sqrt{2} - \sqrt{3}}$

3 Logarithmen

Der vorliegende Abschnitt dient der Erfassung des Begriffes Logarithmus und dem Erwerb von Fertigkeiten bei der Anwendung der Logarithmengesetze, wobei wiederum streng auf die Einhaltung der Voraussetzungen zu achten ist.

3.1 Begriff des Logarithmus

Zur Definition des Logarithmus $c = \log_b a$ einer positiven Zahl a zu einer positiven, von Eins verschiedenen Logarithmenbasis b geht man von folgender Gleichung aus:

$$b^c = a;\quad a > 0,\ \ b > 0, b \neq 1,\ \ c \text{ beliebig.} \tag{3.1}$$

Sind b und c vorgegeben, so ist a entsprechend Abschnitt 2 eindeutig bestimmt.

Sind a und b vorgegeben, so existiert unter den obigen Voraussetzungen eine eindeutig bestimmte reelle Zahl c, die die Gleichung (3.1) erfüllt. Diese nennt man dann den Logarithmus von a zur Basis b.

Definition 3.1:

Unter dem Logarithmus c einer positiven reellen Zahl a zu einer positiven, von Eins verschiedenen reellen Basis b versteht man diejenige reelle Zahl c, mit der die Basis b zu potenzieren ist, um a zu erhalten. Man schreibt dafür

$$c = \log_b a;\quad a > 0,\ \ b > 0, b \neq 1. \tag{3.2}$$

Die Beziehungen (3.1) und (3.2) sind also gleichwertig. Um Gesetze über Logarithmen entsprechend (3.2) zu erhalten, geht man in der Regel auf (3.1) zurück. Das soll am folgenden Beispiel näher erläutert werden, bei dem je zwei der Zahlen a, b, c vorgegeben sind und die dritte zu ermitteln ist.

Beispiel 3.1:

3.1.1. a) $2^x = 16;\qquad x = 4$, denn $16 = 2^4$.

b) $3^x = \frac{1}{9};\qquad x = -2$, denn $3^{-2} = \frac{1}{3^2} = \frac{1}{9}$.

3.1.2. a) $2 = \log_x 36$ ist gleichwertig mit $x^2 = 36$, also $x = 6$.

b) $-6 = \log_x \frac{1}{64}$ ist gleichwertig mit $x^{-6} = \frac{1}{64} = \frac{1}{2^6} = 2^{-6}$, also $x = 2$.

3.1.3. a) $x = \log_5 125$ ist gleichwertig mit $5^x = 125 = 5^3$, also $x = 3$.

b) $x = \log_{\frac{1}{2}} \frac{1}{16}$ ist gleichwertig mit $\left(\frac{1}{2}\right)^x = \frac{1}{16} = \left(\frac{1}{2}\right)^4$, also $x = 4$.

3.1.4. a) $5 = \log_3 x$ ist gleichwertig mit $3^5 = x$, also $x = 243$.

b) $-5 = \log_2 x$ ist gleichwertig mit $2^{-5} = x$, also $x = \frac{1}{2^5} = \frac{1}{32}$.

3.1.5. a) $2 = \log_x(-6)$ ist nicht definiert.
b) $x = \log_{-5} 125$ ist nicht definiert.
c) $\log_1 x$ ist nicht definiert.

Aus (3.1) und (3.2) folgt

$$a = b^{\log_b a}, \tag{3.3}$$
$$\log_b 1 = 0, \log_b b = 1. \tag{3.4}$$

Für die spezielle Basis b = 10 bzw. b = e = 2,71828 ... verwendet man folgende Symbole:

$$\log_{10} a = \lg a, \log_e a = \ln a. \tag{3.5}$$

Man nennt lg a den dekadischen Logarithmus von a und ln a den natürlichen Logarithmus von a. (Zur Zahl e vgl. den Abschnitt 18)

Oftmals läßt man auch bei Rechenregeln, die für alle Basen b gelten, die Angabe von b weg und schreibt

$$c = \log a. \tag{3.6}$$

Falls dabei das Symbol log mehrfach auftritt, hat man zu beachten, daß zwar eine beliebige, jedoch überall die gleiche Basis zu verwenden ist.

3.2 Logarithmengesetze

Aus der Definition des Logarithmus gemäß (3.1) und (3.2) kann man mit Hilfe der Potenzgesetze (2.3) bis (2.7) die folgenden Logarithmengesetze ableiten, die für beliebige, aber bei allen Logarithmen gleiche Basis $b > 0$, $b \neq 1$ und für positive Zahlen $x > 0$, $y > 0$ gelten:

$$\log(x * y) = \log x + \log y. \tag{3.7}$$
$$\log \frac{x}{y} = \log x - \log y \tag{3.8}$$
$$\log x^a = a \log x, a \in R, \tag{3.9}$$
$$\log \sqrt[n]{x} = \frac{1}{n} \log x, n = 1, 2, 3, \ldots \tag{3.10}$$

Die Herleitung dieser Formeln aus den Potenzgesetzen stellt eine empfehlenswerte Übung zur Vertiefung des Logarithmusbegriffes dar. Im folgenden soll die Bestätigung der Beziehung (3.7) vorgenommen werden.

$$\log_b (x * y) = \log_b x + \log_b y \tag{3.11}$$

ist gleichwertig mit

$$c = c_1 + c_2. \tag{3.12}$$

Nach (3.1), (3.2) gilt

$$c_1 = \log_b x,\ c_2 = \log_b y,\ c = \log_b (x * y) \tag{3.13}$$

bzw.

$$b^{c_1} = x,\ b^{c_2} = y,\ b^c = x * y. \tag{3.14}$$

Aus (3.14) folgt mit dem Potenzgesetz (2.2)

$$b^c = x * y = b^{c_1} * b^{c_2} = b^{c_1 + c_2}$$

und daher die Behauptung (3.12) bzw. (3.11).

Mit Hilfe der Logarithmengesetze (3.7) bis (3.10) kann der Logarithmus eines relativ kompliziert zusammengesetzten Ausdrucks auf Logarithmen einfacher elementarer Ausdrücke zurückgeführt werden und umgekehrt.

Beispiel 3.2:

$$\log \frac{2\sqrt{a+b}\,a^3b^2}{\sqrt[3]{c}\,(a+c)^2} =$$

$$\log 2 + \frac{1}{2}\log(a+b) + 3\log a + 2\log b - \frac{1}{3}\log c - 2\log(a+c)$$

Beispiel 3.3:

$$\log(a+b) + 2\log(a-b) - \frac{1}{2}\log(a^2 - b^2) =$$

$$\log\frac{(a+b)(a-b)^2}{\sqrt{a^2-b^2}} = \log\frac{(a^2-b^2)(a-b)}{\sqrt{a^2-b^2}} = \log\{(a-b)\sqrt{a^2-b^2}\}$$

Nun ist noch anzugeben, unter welchen Bedingungen diese Beziehungen gelten.

Im Beispiel 3.2 ist der auf der linken Seite der Gleichung stehende Logarithmus definiert für alle a, b, c, die folgende Ungleichungen erfüllen:

$a + b > 0$ (damit die Wurzel definiert ist und nicht Null werden kann, weil dann der Logarithmus nicht definiert ist),

$c > 0$ (damit die Wurzel definiert ist und der Nenner nicht Null ist),

$a + c \neq 0$ (damit der Nenner nicht Null ist),

$b \neq 0,\ a > 0$ (damit der Logarithmus definiert ist).

Der Logarithmus auf der linken Seite ist also insbesondere definiert für $a = 2,\ b = -1,\ c = 1$. Dafür ist aber die auf der rechten Seite der Gleichung stehende Umformung nicht zu realisieren, weil log b keinen Sinn hat. Damit die Umformung realisiert werden kann, muß statt $b \neq 0$ strenger $b > 0$ gefordert werden.

Im Beispiel 3.3 ist die linke Seite der Gleichung nur sinnvoll, wenn gilt:

$$a + b > 0, \; a - b > 0.$$

Dann ist auch $a^2 - b^2 = (a + b)(a - b) > 0$ und es sind alle in diesem Beispiel auftretenden Logarithmen definiert. Diese Beziehung gilt also für alle a, b, für die die beiden o. a. Ungleichungen erfüllt sind. Sie können wegen $a > -b$, $a > b$ auch zu $a > |b|$ zusammengefaßt werden.

Es sei noch darauf hingewiesen, daß man Logarithmen zu einer Basis b in Logarithmen zu einer beliebigen anderen Basis d umrechnen kann ($b > 0$, $b \neq 1$, $d > 0$, $d \neq 1$, $a > 0$). Es ist nach (3.3)

$$a = b^{\log_b a}.$$

Durch Logarithmieren dieser Gleichung zur Basis d folgt

$$\log_d a = \log_d b^{\log_b a} = (\log_b a)(\log_d b). \qquad (3.15)$$

Zur Umrechnung von dekadischen Logarithmen in natürliche Logarithmen und umgekehrt setzt man $b = 10$, $d = e$ bzw. $b = e$, $d = 10$ und erhält so

$$\lg a = (\lg e) * (\ln a) = 0{,}43429 \ln a, \qquad (3.16)$$
$$\ln a = (\ln 10) * (\lg a) = 2{,}30259 \lg a. \qquad (3.17)$$

3.3 Zusammenfassung

Für $a, b, x, y, d > 0$ reell, $n > 0$ ganz gilt:

$$c = \log_b a, \; b^c = a, \; b^{\log_b a} = a, \; a > 0, \; b > 0, \; b \neq 1,$$
$$\log_b 1 = 0, \; \log_b b = 1,$$
$$\log_{10} a = \lg a, \; \log_e a = \ln a, \; e = 2{,}71828\ldots,$$
$$\log(x * y) = \log x + \log y,$$
$$\log \frac{x}{y} = \log x - \log y,$$
$$\log x^a = a * \log x, \; a \in R,$$
$$\log \sqrt[n]{x} = \frac{1}{n} * \log x, \; n = 1, 2, 3, \ldots,$$
$$\log_b a = (\log_b d) * (\log_d a),$$
$$\lg a = (\lg e) * (\ln a) = 0{,}43429 \ln a,$$
$$\ln a = (\ln 10) * (\lg a) = 2{,}30259 \lg a.$$

3.4 Übungsaufgaben

1. Definition des Logarithmus
Wenden Sie die Definition des Logarithmus an und bestimmen Sie x!

1.1. a) $\log_7 49 = x$ c) $\log_5 \sqrt[6]{25} = x$
b) $\log_3 1 = x$ d) $\log_{0,5} \frac{1}{32} = x$

1.2. a) $\lg \frac{1}{10} = x$ c) $\lg \sqrt[3]{100} = x$
b) $\lg 10^{-\frac{1}{3}} = x$ d) $\lg \sqrt{\frac{1}{10}} = x$

1.3. a) $\log_x 8 = 3$ c) $\log_x 243 = 5$
b) $\log_x 25 = 2$ d) $\log_x 1024 = 10$

1.4. a) $\log_x 4 = \frac{1}{2}$ c) $\log_x \sqrt{10} = \frac{1}{2}$
b) $\log_x \frac{1}{5} = -1$ d) $\log_x \frac{1}{32} = -5$

1.5. a) $4^x = 64$ c) $9^x = 3$
b) $64^x = 64$ d) $8^x = 4$

1.6. a) $2^x = \frac{1}{8}$ c) $5^x = 0{,}04$
b) $3^x = \frac{1}{27}$ d) $10^x = 0{,}0001$

1.7. a) $\lg x = 3$ c) $\log_2 x = 6$
b) $\lg x = -2$ d) $\log_{0,5} x = 4$

1.8. a) $\ln x = 2$ c) $\ln x = -1$
b) $\ln x = \frac{1}{2}$ d) $\ln x = 0$

2. Anwendung der Logarithmengesetze
Wenden Sie die Logarithmengesetze an und legen Sie den Gültigkeitsbereich von a, b, c, d, m, n fest!

2.1. a) $\lg 2^4$ c) $\lg \sqrt{10}$
b) $\lg \left(\frac{1}{2}\right)^3$ d) $\lg \sqrt{\frac{1}{100}}$

2.2. a) $\ln(\sqrt{e})^3$ c) $\ln\sqrt{\frac{1}{\sqrt[3]{e^2}}}$

b) $\ln\sqrt{e^{3(\ln e^2 + \ln e^6)}}$ d) $\ln\sqrt{\frac{5e}{e^{\ln 5}}}$

2.3. a) $\lg\sqrt[7]{a^5}$ c) $\lg\sqrt[3]{\frac{ac^2}{bd}}$

b) $\lg\frac{a^2\,b^3}{c}$ d) $\lg\frac{a^2\sqrt{b}}{\sqrt{a^5\,b^3}}$

2.4. a) $\lg(a^4 - b^4)$ c) $\lg\frac{(a^2 - b^2)^2}{a^4 - b^4}$

b) $\lg(a^2 + b^2)^2$ d) $\lg\frac{a^2 - b^2}{(a^2 + b^2)^2}$

2.5. a) $\log\sqrt{\frac{1 - a}{1 + a}}$ c) $\ln\frac{\sqrt{a}\,b^{-2}}{\sqrt[3]{c}\,d^{-3}}$

b) $\lg\sqrt[n+1]{a^n\sqrt[m]{b^{-1}}}$ d) $\log 2\sqrt{3\sqrt[3]{a^2\,b\sqrt[4]{ac^2}}}$

2.6. a) $\frac{1}{3}\log(a + b) + \frac{1}{3}(a - b)^{-1}$

b) $\lg a + n\lg(a + b) + n\lg(a - b)$

c) $\lg a - \frac{1}{2}\lg b + \frac{4}{3}\lg c$

d) $\frac{1}{3}\lg(a^2 - b^2) - \frac{1}{2}\lg(a - b) - \frac{1}{2}\lg(a + b)$

2.7. a) $\frac{1}{3}\lg a + \frac{1}{3}\{\frac{1}{2}\lg(a + b) + \frac{1}{2}\lg(a - b) - \lg a - \lg b\}$

b) $\frac{1}{2}\lg(a^2 + b^2) - \frac{1}{3}\{\lg(a - b) + \lg(a + b)\}$

c) $\frac{1}{3}(\lg a + 3\lg b) - \frac{1}{2}(4\lg c - 2\lg d)$

d) $\frac{1}{2}\ln\left(\frac{b}{a} + \sqrt{\frac{b^2}{a^2} - 1}\right) - \frac{1}{2}\ln\frac{1}{b - \sqrt{b^2 - a^2}} + \ln\sqrt{a}$

3. Anwendung logarithmischer Grundformeln
Berechnen Sie x!

3.1. a) $x = \lg 5 * \lg 20 + (\lg 2)^2$ c) $x = 3 * 10^{-2\lg 3}$

b) $x = 2 * 10^{2\,\lg 2}$

d) $x = \left(100^{\frac{1}{2}\lg 49}\right)^{\frac{1}{2}}$

3.2. a) $x = \sqrt{10^{2 + \lg 9}}$

b) $x = \sqrt[3]{10^{4 - \frac{1}{2}\lg 100}}$

c) $x = \sqrt[3]{10^{\frac{1}{2}(\lg 2 + \lg 32)}}$

d) $x = \sqrt{\sqrt{10}^{\lg 16}}$

3.3. a) $x = \ln \dfrac{7{,}63}{\sqrt{e^3}}$

b) $x = \ln \dfrac{0{,}23}{2\,e^2}$

c) $x = \{(\sqrt[3]{e})^2\}^{\ln 8}$

d) $x = (\sqrt{e})^{3\ln 5}$

4 Goniometrie

Auch dieser Abschnitt trägt wiederholenden Charakter. Er dient vor allem dazu, Fertigkeiten bei Winkelberechnungen (goniometrische Berechnungen) im Grad- und Bogenmaß, bei der Anwendung der Winkelfunktionen für die Berechnung am rechtwinkligen und allgemeinen Dreieck sowie bei der Anwendung der trigonometrischen Formeln für die Umformung von trigonometrischen Ausdrücken zu entwickeln. Vorangestellt wird eine Zusammenfassung elementargeometrischer Begriffe und Gesetze.

4.1 Elementargeometrie

4.1.1 Punkt und Gerade

Punkt und Gerade sind die wichtigsten Grundbegriffe der Elementargeometrie. Diese abstrakten Begriffe lassen sich auch bei exakter Betrachtungsweise nicht definieren, wohl aber kann man die zwischen ihnen bestehenden Beziehungen in vielfältiger Weise in der Mathematik anwenden. Trotzdem versucht man, Punkt und Gerade der Anschauung zugänglich zu machen, wie dies im Bild 4.1 geschehen ist. Hierbei sind die Geraden mit g bezeichnet worden, die Pfeile deuten auf die unbegrenzte Ausdehnung hin. Sie werden bei der Darstellung von Geraden weggelassen, wenn dies nicht zu Mißverständnissen führen kann. Ein Punkt kann als Schnittstelle zweier Geraden aufgefaßt werden (Bild 4.1b).

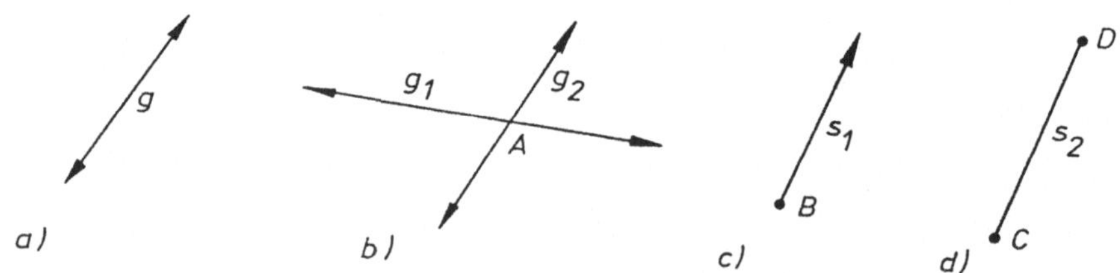

Bild 4.1

Es gelten solche Sätze, wie z. B.:

- durch zwei verschiedene Punkte ist genau eine Gerade bestimmt, die beide Punkte enthält;
- zwei nichtparallele und in einer Ebene liegende Geraden g_1 und g_2 schneiden sich genau in einem Punkt.

Ein Strahl s_1 ist ein durch einen Punkt B einseitig begrenztes Geradenteil (Bild 4.1c) und eine Strecke s_2 ein durch zwei Punkte, C und D, begrenztes Geradenstück (Bild 4.1d).

4.1.2 Winkel

Bringt man einen Strahl von seiner Anfangslage s_1 durch Drehung um S in die Endlage s_2 (Bild 4.2a), so nennt man die überstrichene Fläche das Innere, s_1 und s_2 die Schenkel sowie S den Scheitel des Winkels α. Erfolgt die Drehung entgegen dem Uhrzeigersinn, so heißt der Drehsinn und auch der Winkel positiv, andernfalls sind Drehsinn und Winkel negativ.

Man kann einen Winkel x in Grad messen,

$$x = a^\circ, \tag{4.1}$$

indem man den rechten Winkel, den zwei senkrecht aufeinander stehende Geraden g_1 und g_2 bilden (Bild 4.2b), gleich 90° setzt. Man kann einen Winkel x aber auch im Bogenmaß angeben,

$$x = b, \tag{4.2}$$

indem man den durch ihn bestimmten Kreisbogen durch den Kreisradius teilt. Dadurch erhält man x als unbenannte Zahl, was für viele Rechnungen von Vorteil ist. Ein im Bogenmaß angegebener Winkel x ist darstellbar am Einheitskreis (r = 1), wo er der Länge des zugehörigen Kreisbogens entspricht (Bild 4.2c).

Demzufolge entspricht einem Winkel von 360° der Umfang des Einheitskreises 2π. Daraus lassen sich die Umrechnungsbeziehungen zwischen Gradmaß und Bogenmaß aufstellen:

$$a^\circ = \frac{180^\circ}{\pi} b = 57{,}296^\circ\, b, \quad b = \frac{\pi}{180^\circ} a^\circ = 0{,}017453\, a. \tag{4.3}$$

Im Bild 4.2b sind die Winkel $90^\circ = \frac{\pi}{2}$ und $180^\circ = \pi$ dargestellt, im Bild 4.2d der Winkel $360^\circ = 2\pi$, und im Bild 4.2e ist ein Winkel, der größer 360° bzw. 2π ist, eingezeichnet.

Mit den folgenden Beispielen sollen einige Möglichkeiten für Winkelangaben genannt sowie Umrechnungen erläutert werden.

Beispiel 4.1: Der Winkel a = 47° 12' 36" ist im Bogenmaß anzugeben. Wir rechnen den Winkel zunächst in dezimale Teilung um, d. h. die angegebenen Minuten und Sekunden sind durch einen entsprechenden Dezimalbruch auszudrücken:

12' = 720", also insgesamt 720" + 36" = 756".

$1'' = \left(\frac{1}{3600}\right)^\circ$, demnach entsprechen 756"

$756 * \left(\frac{1}{3600}\right)^{\circ} = 0{,}21°$. Daraus folgt a = 47° 12' 36" = 47,21°.

Allgemein gilt: $\alpha' = \left(\frac{\alpha}{60}\right)^{\circ}$, $\beta'' = \left(\frac{\beta}{3600}\right)^{\circ}$.

Nach (4.3) ist dann b = 0,017453 ∗ 47,21 = 0,824.

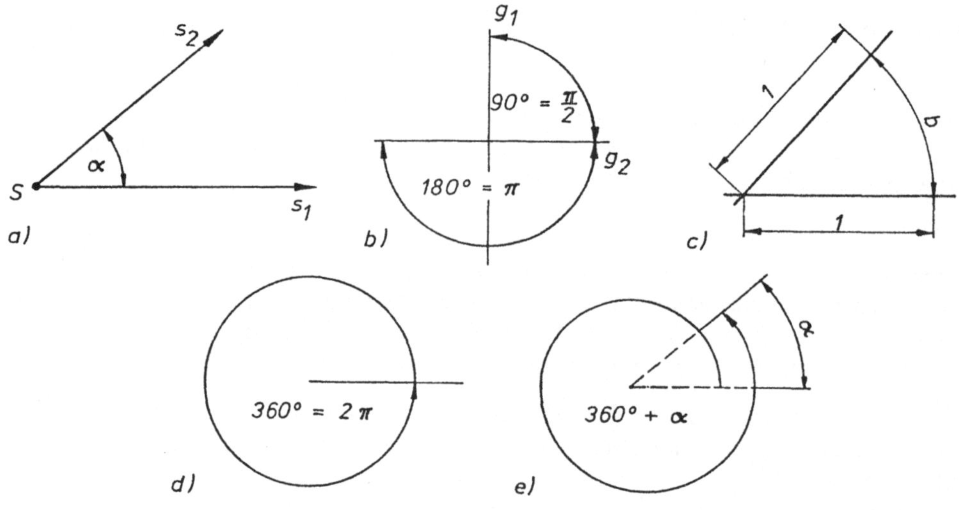

Bild 4.2

Beispiel 4.2: Der Winkel $\frac{\pi}{7}$ ist im Gradmaß (dezimale und sexagesimale Teilung) anzugeben.

Nach (4.3) ist $a° = 57{,}296° * \frac{3{,}14}{7} = 25{,}701°$.

Die Umrechnung von 0,701° in Minuten und Sekunden ergibt:

0,701° = 0,701 ∗ 60' = 42,06', 0,06' = 0,06 ∗ 60" = 3,6".

Also ist $\frac{\pi}{7} = 25{,}701° = 25°\,42'\,3{,}6''$.

4.1.3 Dreiecke

Durch die in einer Ebene liegenden Geraden g_1, g_2, g_3 wird im allgemeinen Falle ein Dreieck mit den Ecken A, B, C, den Seiten a, b, c und den Winkeln α, β, γ gebildet (Bild 4.3).

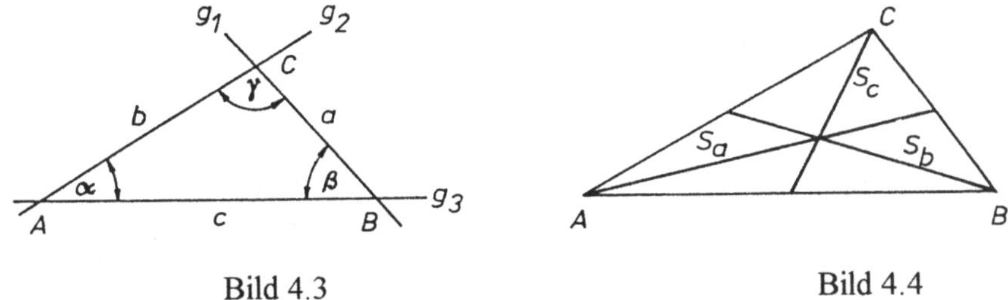

Bild 4.3

Bild 4.4

Es gelten folgende Sätze, die hier ohne Beweis angeführt werden sollen:

- Die Winkelsumme im Dreieck beträgt 180° (π).
- Ein Außenwinkel ist gleich der Summe der nichtanliegenden Innenwinkel. Deshalb ist die Summe der Außenwinkel 360° (2π).
- Die Seitenhalbierenden eines Dreiecks schneiden sich in einem Punkt, der zugleich der "Schwerpunkt" des Dreiecks ist. Die Seitenhalbierenden teilen einander im Verhältnis 1 : 2 (Bild 4.4).
- Die Mittelsenkrechten eines Dreiecks schneiden sich in einem Punkt, der zugleich der Mittelpunkt des Umkreises ist (Bild 4.5).
- Die Winkelhalbierenden eines Dreiecks schneiden sich in einem Punkt, der zugleich Mittelpunkt des Inkreises ist (Bild 4.6).
- Die Höhen eines Dreiecks schneiden sich in einem Punkt, der keine weitere Bedeutung hat (Bild 4.7).

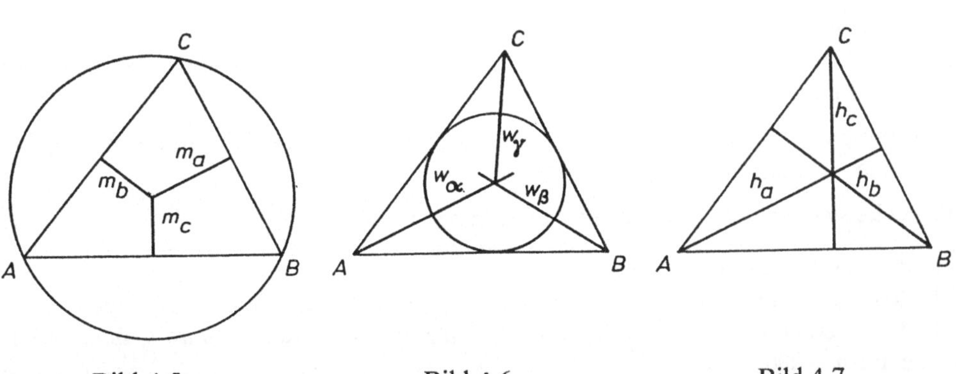

Bild 4.5

Bild 4.6

Bild 4.7

4.1.4 Kongruenz und Ähnlichkeit

Zwei Dreiecke Δ ABC und Δ A'B'C' heißen kongruent oder deckungsgleich,

$$\Delta\, ABC \cong \Delta\, A'B'C', \tag{4.4}$$

wenn sie so verschoben bzw. gedreht werden können, daß sie vollständig zusammenfallen (Bild 4.8).

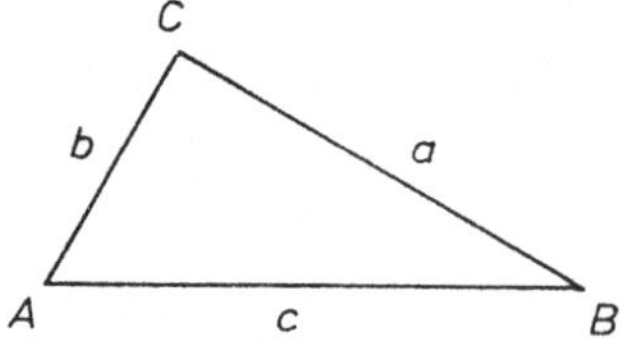

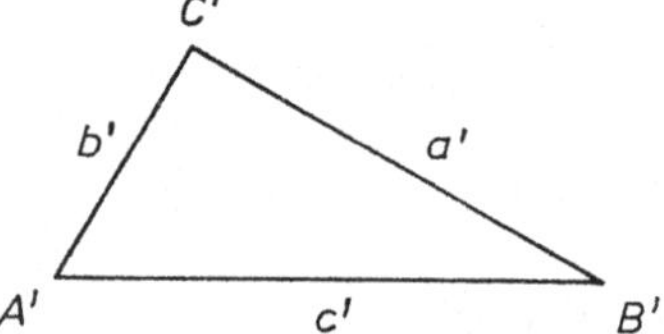

Bild 4.8

Sollen Dreiecke kongruent sein, dann müssen sie mindestens durch drei Hauptstücke (Seiten und Innenwinkel) in bestimmter Weise miteinander verknüpft sein. Dies kommt in den Kongruenzsätzen für Dreiecke zum Ausdruck:

Dreiecke sind kongruent, wenn sie übereinstimmen in

1. den drei Seiten (SSS),
2. zwei Seiten und dem von ihnen eingeschlossenen Winkel (SWS),
3. zwei Seiten und dem der größeren Seite gegenüberliegenden Winkel (SSW),
4. einer Seite und den beiden anliegenden Winkeln (WSW).

Es gilt auch die Umkehrung dieser Sätze, d. h., stimmen Dreiecke in den durch die Kongruenzsätze angegebenen Hauptstücken überein, so sind sie kongruent. Auf der Grundlage der Kongruenzsätze lassen sich eindeutige Dreieckskonstruktionen durchführen, was als eine Anwendung der Kongruenzsätze angesehen werden kann.

Ähnlichkeit zwischen zwei ebenen Figuren liegt dann vor, wenn diese in entsprechenden Winkeln übereinstimmen bzw. wenn einander entsprechende Seiten proportional zueinander sind.

Dies gilt auch für Dreiecke, wobei man - ausgehend von den Kongruenzsätzen - sogenannte Ähnlichkeitssätze aufstellen kann:

Dreiecke sind ähnlich, wenn sie übereinstimmen in

1. dem Verhältnis der drei Seiten,
2. dem Verhältnis zweier Seiten und dem von ihnen eingeschlossenen Winkel,
3. dem Verhältnis zweier Seiten und dem der größeren dieser Seite gegenüberliegenden Winkel,

4. zwei gleichliegenden Winkeln.

Die im Bild 4.9 gezeichneten Dreiecke sind ähnlich, d. h., es gilt

Δ ABC ~ Δ A'B'C'.

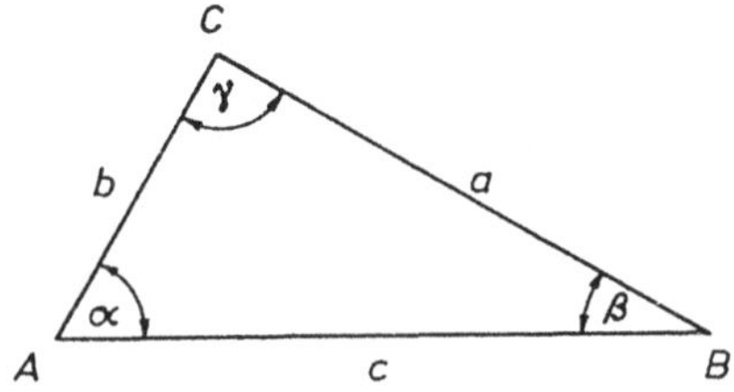

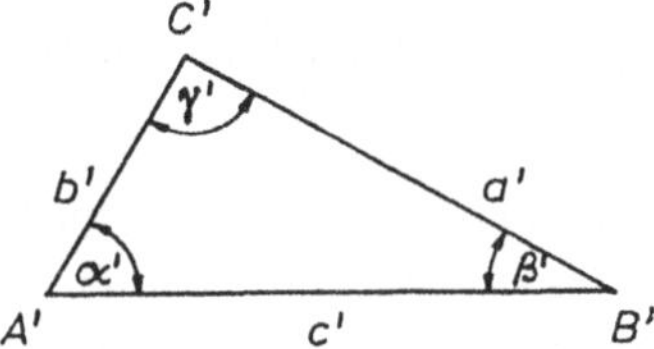

Bild 4.9

Verwandt mit den Ähnlichkeitssätzen sind die Strahlensätze.

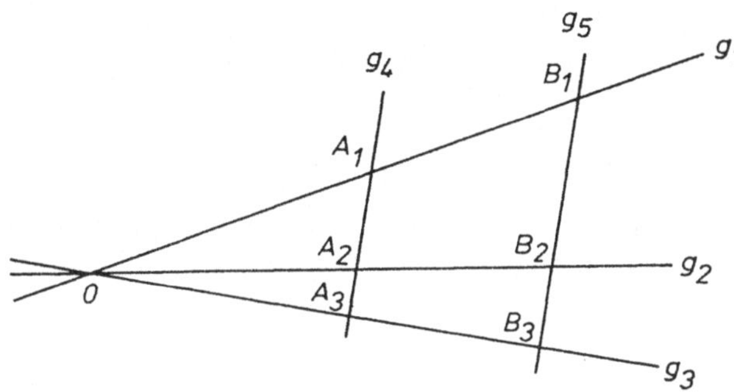

Bild 4.10

Werden drei sich schneidende Geraden g_1, g_2 und g_3 durch zwei parallele Geraden g_4 und g_5 geschnitten, so gelten mit den Bezeichnungen aus Bild 4.10 zum Beispiel die folgenden Beziehungen:

1. $\overline{OA_1} : \overline{OA_2} = \overline{OB_1} : \overline{OB_2}$, $\overline{OA_1} : \overline{OA_2} = \overline{A_1B_1} : \overline{A_2B_2}$, d. h.:
   Entsprechende Abschnitte auf den Strahlen stehen im gleichen Verhältnis.

2. $\overline{A_1A_2} : \overline{B_1B_2} = \overline{OA_1} : \overline{OB_1} = \overline{OA_2} : \overline{OB_2}$, d. h.:
   Entsprechende Abschnitte auf den Parallelen stehen im gleichen Verhältnis wie die

zugehörigen, vom Scheitel aus gemessenen Abschnitte auf Strahlen.

3. $\overline{A_1A_2} : \overline{A_2A_3} = \overline{B_1B_2} : \overline{B_2B_3}$, $\overline{A_1A_2} : \overline{B_1B_2} = \overline{A_2A_3} : \overline{B_2B_3}$, d. h.: Entsprechende Abschnitte auf den Parallelen stehen im gleichen Verhältnis.

Die Strahlensätze gelten auch, wenn mehr als zwei Parallelen auftreten bzw. wenn der Scheitelpunkt zwischen den Parallelen liegt (in diesem Falle sind die Strahlen durch Geraden zu ersetzen).

Beispiel 4.3: Es ist ein Dreieck aus den Seiten a und c sowie dem Winkel α zu konstruieren. Wir betrachten folgende Fälle:

1. $a > c$.
   Wir zeichnen $\overline{AB} = c$ und tragen in A den Winkel α an c an. Um B schlagen wir einen Kreisbogen mit a, der den freien Schenkel von α in C schneidet. (Bild 4.11)

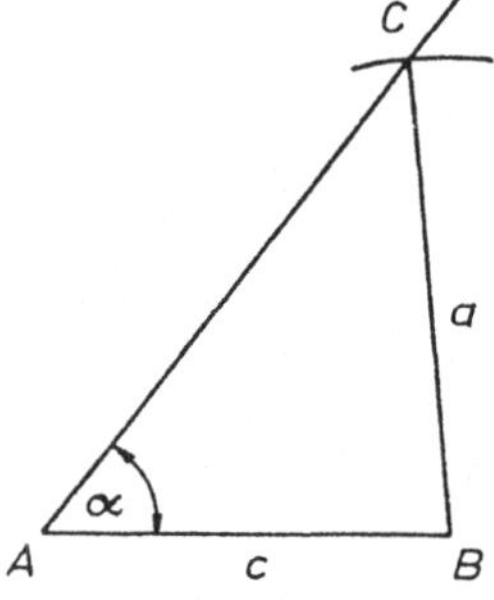

Bild 4.11

2. $a < c$.
   Hierbei gibt es drei Möglichkeiten (Bild 4.12):
   2.1. Der Kreisbogen um B mit a schneidet den freien Schenkel von α in zwei Punkten, wodurch die "Lösung" nicht eindeutig ist.
   2.2. Der Kreisbogen berührt den freien Schenkel von α.
   2.3. Der Kreisbogen schneidet den freien Schenkel von α nicht.

3. $a = c$.
   Der Kreisbogen mit a um B schneidet den freien Schenkel von α in zwei Punkten, nämlich in A und C.

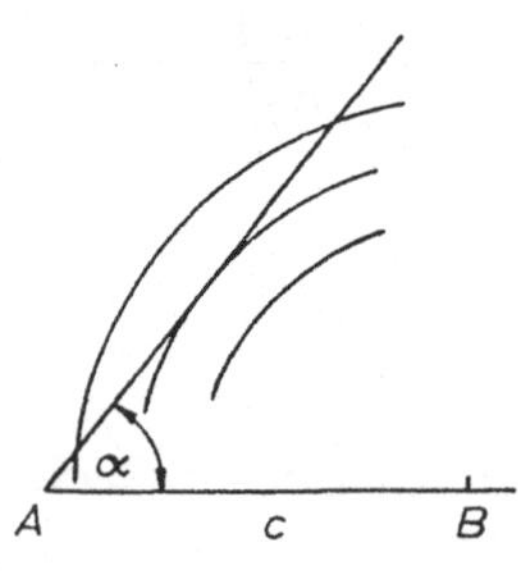

Bild 4.12

Um die Fälle 2. und 3. auszuschließen und stets zu einer eindeutigen Lösung zu kommen, ist die Voraussetzung $a > c$ im dritten Kongruenzsatz notwendig.

4.1.5 Das rechtwinklige Dreieck

Von den verschiedenen speziellen Dreiecken wird im folgenden nur das rechtwinklige betrachtet.

Im rechtwinkligen Dreieck wird die dem rechten Winkel gegenüberliegende Seite Hy-

potenuse genannt, die beiden anderen Seiten heißen Katheten.
Die für ein rechtwinkliges Dreieck üblichen Bezeichnungen sind dem Bild 4.13 zu entnehmen.

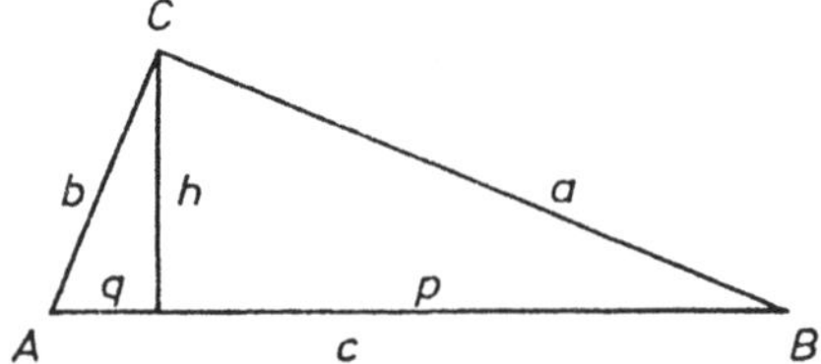

Bild 4.13

Am rechtwinkligen Dreieck gelten nachstehend aufgeführte Beziehungen, die hier ohne Beweis gebracht werden.

Satz des Pythagoras: Im rechtwinkligen Dreieck ist das Quadrat über der Hypotenuse gleich der Summe der Quadrate über den Katheten:

$$c^2 = a^2 + b^2 . \qquad (4.5)$$

Kathetensatz: Im rechtwinkligen Dreieck ist das Quadrat über einer Kathete flächengleich dem Rechteck aus der Hypotenuse und der Projektion dieser Kathete auf die Hypotenuse:

$$a^2 = p * c,\ b^2 = q * c. \qquad (4.6)$$

Höhensatz: Im rechtwinkligen Dreieck ist das Quadrat über der Höhe auf der Hypotenuse flächengleich mit dem Rechteck aus den Hypotenusenabschnitten:

$$h^2 = q * p. \qquad (4.7)$$

Beispiel 4.4:

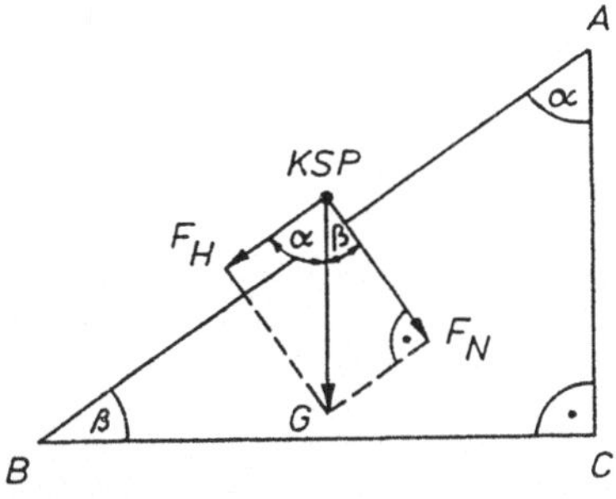

Bild 4.14

Das Bild 4.14 verdeutlicht die Zerlegung des Gewichtes G eines auf einer schiefen Ebene befindlichen Körpers (KSP = Körperschwerpunkt) in die parallel zur schiefen Ebene AB gerichtete Hangabtriebskraft F_H und die senkrecht auf ihr stehende Normalkraft F_N. Es ist zu zeigen, daß das Δ ABC dem durch KSP, F_N und G bestimmten Dreieck ähnlich ist.

Da $G \parallel \overline{AC}$ verläuft, bilden F_H und G den Winkel α. Weil $\beta = R - \alpha$ ist, bilden F_N und G den Winkel β. Beide Dreiecke stimmen außerdem im rechten Winkel überein, folglich sind sie ähnlich.

Beispiel 4.5: Es ist die Höhe in einem gleichseitigen Dreieck (Bild 4.15) zu berechnen.

Nach (4.4) gilt:

$$h^2 = a^2 - \left(\frac{a}{2}\right)^2,$$

$$h^2 = a^2 - \frac{a^2}{4},$$

$$h^2 = \frac{3}{4}a^2,$$

$$h = \frac{\sqrt{3}}{2}a.$$

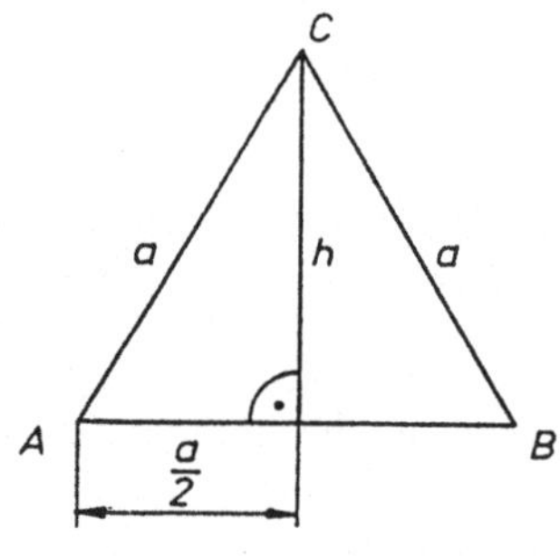

Bild 4.15

4.2 Seitenverhältnisse am rechtwinkligen Dreieck

Zur Winkelmessung eignen sich auch die Seitenverhältnisse, die sich bei einem rechtwinkligen Dreieck bilden lassen (Bild 4.16). Bezeichnen wir die dem Winkel α gegenüberliegende Kathete a als Gegenkathete von α, die Seite b als die Ankathete von α (analog bei β), so lassen sich folgende Seitenverhältnisse am rechtwinkligen Dreieck bilden:

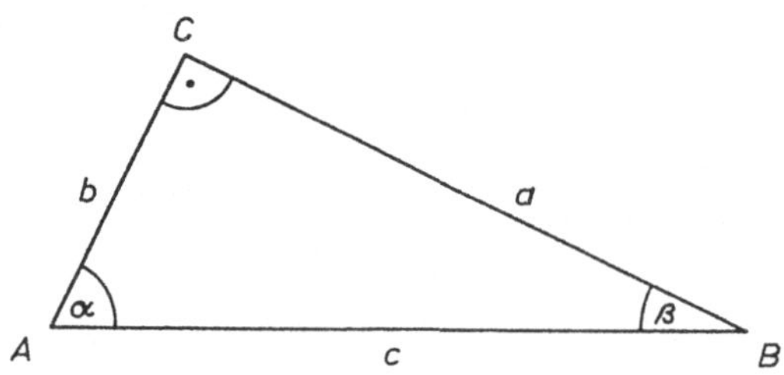

Bild 4.16

Sinus von α	$= \dfrac{\text{Gegenkathete}}{\text{Hypotenuse}}$ bzw.	$\sin\alpha = \dfrac{a}{c}$
Kosinus von α	$= \dfrac{\text{Ankathete}}{\text{Hypotenuse}}$ bzw.	$\cos\alpha = \dfrac{b}{c}$
Tangens von α	$= \dfrac{\text{Gegenkathete}}{\text{Ankathete}}$ bzw.	$\tan\alpha = \dfrac{a}{b}$
Kotangens von α	$= \dfrac{\text{Ankathete}}{\text{Gegenkathete}}$ bzw.	$\cot\alpha = \dfrac{b}{a}$

Wegen der Strahlensätze hängen diese Verhältnisse nur vom Winkel α ab. Berücksichtigt man, daß $\beta = 90° - \alpha$ ist, kann man folgende Beziehung aufstellen:

$$\sin\beta = \frac{b}{c} = \sin(90° - \alpha) = \cos\alpha,$$

$$\cos\beta = \frac{a}{c} = \cos(90° - \alpha) = \sin\alpha,$$

$$\tan\beta = \frac{b}{a} = \tan(90° - \alpha) = \cot\alpha,$$

$$\cot\beta = \frac{a}{b} = \cot(90° - \alpha) = \tan\alpha.$$

Hieraus ist zu ersehen, daß zur Ermittlung der vier Werte zwei Zahlentafeln genügen. Weiterhin ist erkennbar:

$$\tan\alpha = \frac{\sin\alpha}{\cos\alpha}, \quad \cot\alpha = \frac{\cos\alpha}{\sin\alpha} = \frac{1}{\tan\alpha} \tag{4.10}$$

und ferner, bei Beachtung des Satzes des Pythagoras,

$$\sin^2\alpha + \cos^2\alpha = 1, \tag{4.11}$$

$$1 + \tan^2\alpha = \frac{1}{\cos^2\alpha}, \quad 1 + \cot^2\alpha = \frac{1}{\sin^2\alpha}. \tag{4.12}$$

4.3 Die Winkelfunktionen am Einheitskreis

Im Abschnitt 4.2 stehen $\sin\alpha$, $\cos\alpha$, $\tan\alpha$ und $\cot\alpha$ nur für konkrete Seitenverhältnisse am rechtwinkligen Dreieck. Diese Ausdrücke sind insbesondere nur für $0 < \alpha < \frac{\pi}{2}$ $(0 < \alpha < 90°)$ definiert. Faßt man dabei α als unabhängige Variable auf, so stellen $\sin\alpha$ usw. Funktionen im Sinne von Abschnitt 15 dar und werden Winkelfunktionen genannt. In dem genannten Abschnitt sind auch die Graphen der Winkelfunktionen angegeben.

Um eine Erweiterung dieser Definition auf beliebige Winkel vornehmen zu können, führt man die Winkelfunktionen als vorzeichenbehaftete Strecken am Einheitskreis ein.

Dabei erhalten alle Strecken, die selbst oder deren Projektionen auf den Strahlen s_1 und s_2 liegen, das positive Vorzeichen, alle Strecken bzw. Projektionen von Strecken auf den Strahlen s_1' und s_2' das negative Vorzeichen.

Mit den Bezeichnungen des Bildes 4.17 können dann die Definitionen (4.8) für die Winkelfunktionen auf beliebige Winkel erweitert werden:

$$\sin\alpha = \overline{QP},\quad \cos\alpha = \overline{OQ},\quad \tan\alpha = \overline{AD},\quad \cot\alpha = \overline{BE}. \tag{4.13}$$

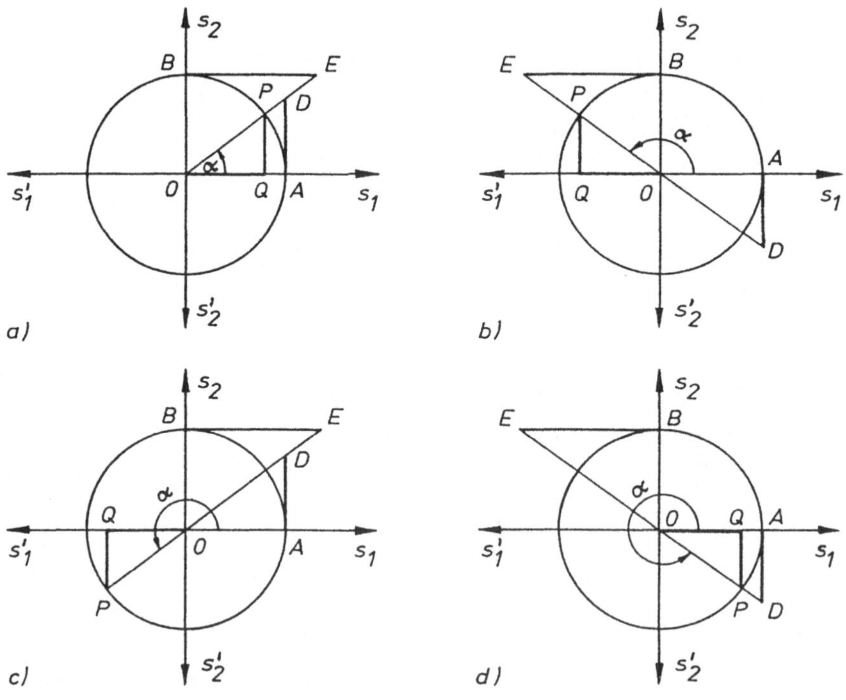

Bild 4.17

Für die Winkel α, die im ersten Quadranten liegen (Bild 4.17 a), fallen diese Definitionen mit den am rechtwinkligen Dreieck vorgenommenen zusammen.

Man beachte, daß α im Bogenmaß gleich der Länge des Kreisbogens AP ist, wobei α

bei mehrfacher Umdrehung auch größer als 2π sein kann.
Außerdem folgt aus den Definitionen (4.13), daß die Sinus- und Kosinusfunktion die Periode 2π (360°), die Tangens- und Kotangensfunktion die Periode π (180°) haben.

Es gilt also

$$\begin{aligned} &\sin(\alpha + 2\pi) = \sin(\alpha + 360^\circ) = \sin\alpha, \\ &\cos(\alpha + 2\pi) = \cos(\alpha + 360^\circ) = \cos\alpha, \\ &\tan(\alpha + \pi) = \tan(\alpha + 180^\circ) = \tan\alpha, \\ &\cot(\alpha + \pi) = \cot(\alpha + 180^\circ) = \cot\alpha. \end{aligned} \tag{4.14}$$

Allgemein gilt

$$\begin{aligned} &\sin\alpha = \sin(\alpha + 2k\pi) = \sin(\alpha + k * 360^\circ), \\ &\cos\alpha = \cos(\alpha + 2k\pi) = \cos(\alpha + k * 360^\circ), \\ &\tan\alpha = \tan(\alpha + k\pi) = \tan(\alpha + k * 180^\circ), \\ &\cot\alpha = \cot(\alpha + k\pi) = \cot(\alpha + k * 180^\circ) \end{aligned} \tag{4.15}$$

für alle ganzen $k = \ldots, -3, -2, -1, 0, 1, 2, 3, \ldots$

Tafel 4.1 Vorzeichen der Winkelfunktionen

	1. Quadrant $(0, \frac{\pi}{2})$	2. Quadrant $(\frac{\pi}{2}, \pi)$	3. Quadrant $(\pi, \frac{3}{2}\pi)$	4. Quadrant $(\frac{3}{2}\pi, 2\pi)$
$\sin\alpha$	+	+	-	-
$\cos\alpha$	+	-	-	+
$\tan\alpha$	+	-	+	-
$\cot\alpha$	+	-	+	-

Es gelten ferner folgende Beziehungen:

$$\begin{aligned} &\sin(\pi - \alpha) = \sin\alpha, && \cos(\pi - \alpha) = -\cos\alpha, \\ &\tan(\pi - \alpha) = -\tan\alpha, && \cot(\pi - \alpha) = -\cot\alpha, \\ &\sin(\pi + \alpha) = -\sin\alpha, && \cos(\pi + \alpha) = -\cos\alpha, \\ &\sin(-\alpha) = -\sin\alpha, && \cos(-\alpha) = \cos\alpha, \\ &\tan(-\alpha) = -\tan\alpha, && \cot(-\alpha) = -\cot\alpha. \end{aligned} \tag{4.16}$$

Beispiel 4.6: Man ermittle mit dem Taschenrechner die Werte der Winkelfunktionen für $\alpha = 446°$. Da α im Gradmaß angegeben ist, hat man den Umschalter auf "DEG" zu stellen und dann folgende Eingaben zu machen bzw. Tasten zu drücken:

Tastenfolge	Anzeige	Ergebnis
[446] [sin]	9,9756 - 1	sin 446° = 0,99756
[446] [cos]	6,9756 - 2	cos 446° = 0,069756

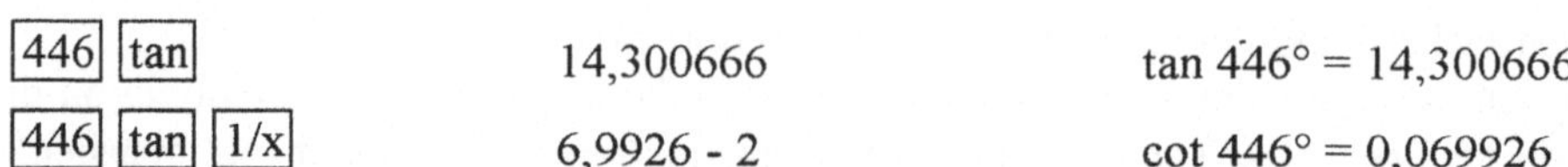

446 tan	14,300666	tan 446° = 14,300666
446 tan 1/x	6,9926 - 2	cot 446° = 0,069926

Tafel 4.2 Einige spezielle Werte für Winkelfunktionen

	sin α	cos α	tan α	cot α
$0 = 0°$	$\frac{1}{2}\sqrt{0} = 0$	$\frac{1}{2}\sqrt{4} = 1$	0	nicht definiert
$\frac{\pi}{6} = 30°$	$\frac{1}{2}\sqrt{1} = \frac{1}{2}$	$\frac{1}{2}\sqrt{3}$	$\frac{1}{3}\sqrt{3}$	$\sqrt{3}$
$\frac{\pi}{4} = 45°$	$\frac{1}{2}\sqrt{2}$	$\frac{1}{2}\sqrt{2}$	1	1
$\frac{\pi}{3} = 60°$	$\frac{1}{2}\sqrt{3}$	$\frac{1}{2}\sqrt{1} = \frac{1}{2}$	$\sqrt{3}$	$\frac{1}{3}\sqrt{3}$
$\frac{\pi}{2} = 90°$	$\frac{1}{2}\sqrt{4} = 1$	$\frac{1}{2}\sqrt{0} = 0$	nicht definiert	0

Beispiel 4.7: Man löse die Aufgabe des Beispiels 4.6 für $\alpha = 15$ (Bogenmaß).

Man hat den Umschalter zunächst in die Lage "RAD" zu bringen, sonst aber die gleiche Tastenfolge zu wählen (15 anstelle von 446). Man erhält dabei

sin 15 = 0,65028, cos 15 = - 0,759688,
tan 15 = - 0,85599, cot 15 = - 1,1682336.

Beispiel 4.8: In diesem Beispiel soll allgemein und konkret die Frage behandelt werden: Für welchen Winkel α haben die Winkelfunktionen einen vorgegebenen Funktionswert a?

Es geht also um die Lösung der Gleichungen

1. $\sin\alpha = a$,   2. $\cos\alpha = a$,
3. $\tan\alpha = a$,   4. $\cot\alpha = a$.

Dabei haben die Aufgaben 1. und 2. nur einen Sinn, wenn gilt $-1 \leq a \leq 1$, während bei den Aufgaben 3. und 4. a beliebig sein kann.

Eine "Grundlösung" α_0 der jeweiligen Aufgabe erhält man mit dem Taschenrechner durch folgende Eingaben bzw. Tastenfolgen (je nachdem, ob man α_0 im Gradmaß oder im Bogenmaß erhalten will, hat man den Umschalter auf "DEG" oder "RAD" zu stellen):

1. a F sin   2. a F cos
3. a F tan   4. a 1/x F tan

Dabei wird die jeweilige Grundlösung α_0 im Grad- oder Bogenmaß angezeigt.

Für a = - 0,55 erhält man folgende Grundlösungen:

1. $\alpha_0 = -33{,}367013° = -0{,}58236$,
2. $\alpha_0 = 123{,}36701° = 2{,}1531606$,
3. $\alpha_0 = -28{,}810793° = -0{,}5028432$,
4. $\alpha_0 = -61{,}189206° = -1{,}0679531$.

In den Fällen 1. und 2. kann wegen (4.16)

1. $\sin\alpha = \sin(180° - \alpha) = \sin(\pi - \alpha)$,
2. $\cos\alpha = \cos(-\alpha)$

noch jeweils die "Nebenlösung"

1. $\beta_0 = 180° - \alpha_0 = \pi - \alpha_0$,
2. $\beta_0 = -\alpha_0$

gewonnen werden.

Für den konkreten Fall a = - 0,55 heißt das

1. $\beta_0 = 213{,}367013° = 2{,}1531563$,
2. $\beta_0 = -123{,}36701° = -2{,}1531606$.

Alle Lösungen α erhält man dann wegen (4.15) in der Form

1. und 2. $\alpha = \alpha_0 + k * 360° = \alpha_0 + 2k\pi$,
$\alpha = \beta_0 + k * 360° = \beta_0 + 2k\pi$,

3. und 4. $\alpha = \alpha_0 + k * 180° = \alpha_0 + k\pi$.

Beispiel 4.9: Es ist $\sin x = \frac{1}{2}\sqrt{3}$. Es sind cos x, tan x, cot x zu berechnen.

$$\cos x = \pm\sqrt{1 - \sin^2 x} = \pm\sqrt{1 - \frac{3}{4}} = \pm\sqrt{\frac{1}{4}} = \pm\frac{1}{2},$$

$$\tan x = \frac{\sin x}{\cos x} = \frac{\frac{1}{2}\sqrt{3}}{\pm\frac{1}{2}} = \pm\sqrt{3},$$

$$\cot x = \frac{1}{\tan x} = \frac{1}{\pm\sqrt{3}} = \pm\frac{\sqrt{3}}{3}.$$

Beispiel 4.10: Wie groß sind die im Beispiel 4.4 angegebenen Kräfte F_H und F_N, wenn das Gewicht des sich auf der schiefen Ebene befindlichen Körpers 700 N und der Neigungswinkel β der schiefen Ebene 28° beträgt?

$\sin\beta = \frac{F_H}{G}$; $F_H = G * \sin\beta = 700\text{ N} * \sin 28°$

$= 700\text{ N} * 0{,}4695 = 328{,}65\text{ N}.$

$\cos\beta = \frac{F_N}{G}$, $F_N = G * \cos\beta = 700\text{ N} * \cos 28°$

$= 700\text{ N} * 0{,}8829 = 618{,}03\text{ N}.$

4.4 Sinus- und Kosinussatz

Diese beiden Sätze ermöglichen es, Berechnungen im allgemeinen Dreieck durchzuführen.

1. Sinussatz

Mit den Bezeichnungen des Bildes 4.18 ist

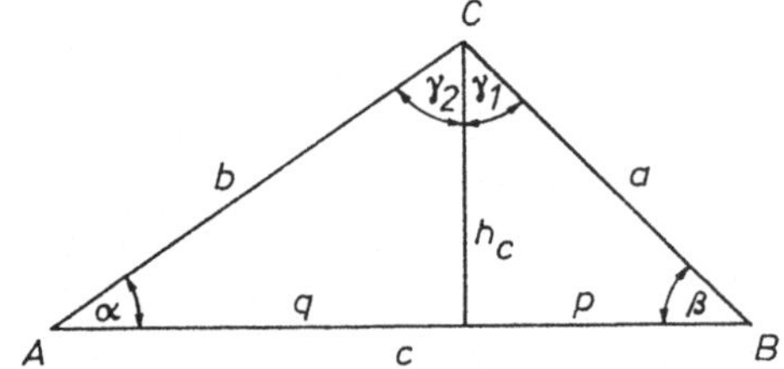

Bild 4.18

$\sin\alpha = \frac{h_c}{b}$, $\sin\beta = \frac{h_c}{a}$ und daher

$\frac{\sin\alpha}{\sin\beta} = \frac{a}{b}$ bzw. $\frac{a}{\sin\alpha} = \frac{b}{\sin\beta}$.

Es läßt sich in analoger Weise zeigen, daß allgemein gilt

$$\frac{a}{\sin\alpha} = \frac{b}{\sin\beta} = \frac{c}{\sin\gamma} \tag{4.17}$$

Der Sinussatz wird angewandt, wenn die Kongruenzfälle 3. oder 4. (siehe Abschnitt 4.1.4) vorliegen, d. h. wenn

- zwei Seiten und der der größeren Seite gegenüberliegende Winkel (SSW) oder
- eine Seite und die beiden anliegenden Winkel (WSW) gegeben sind.

2. Kosinussatz
Aus Bild 4.18 folgt

$$h_c^2 = b^2 - q^2$$

$$h_c^2 = a^2 - p^2$$

$$a^2 = b^2 + p^2 - q^2,\ p = c - q,$$
$$a^2 = b^2 + (c - q)^2 - q^2,$$
$$a^2 = b^2 + c^2 - 2cq + q^2 - q^2,\ q = b \cos \alpha,$$

also

$$a^2 = b^2 + c^2 - 2bc \cos \alpha.$$

Allgemein kann man zeigen:

$$\begin{aligned} a^2 &= b^2 + c^2 - 2bc \cos \alpha, \\ b^2 &= a^2 + c^2 - 2ac \cos \beta, \\ c^2 &= a^2 + b^2 - 2ab \cos \gamma. \end{aligned} \tag{4.18}$$

Der Kosinussatz wird angewandt, wenn die Kongruenzfälle 1. oder 2. (siehe Abschnitt 4.1.4.) vorliegen, d. h. wenn

- die drei Seite (SSS) oder
- zwei Seiten und der von ihnen eingeschlossene Winkel (SWS)

gegeben sind.

Beispiel 4.11: Wie lassen sich die Resultierende R zweier Kräfte F_1 und F_2 sowie der Winkel, den R mit der horizontalgerichteten Kraft F_1 bildet, berechnen? Außer F_1 und F_2 sei auch der von den beiden Kräften eingeschlossene Winkel bekannt.

Zur Erläuterung der Aufgabenstellung dient Bild 4.19, aus dem auch die eingeführten Bezeichnungen ersichtlich sind.

Danach sind im Δ ABC $F_1 = c$, $F_2 = a$ und $\beta = 180° - \beta'$ bekannte, $R = b$ und α gesuchte Größen.

Nach dem Kosinussatz (4.18) ist

$$b^2 = a^2 + c^2 - 2ac \cos \beta \quad \text{bzw.}$$

$$R^2 = F_2^2 + F_1^2 - 2F_1 F_2 \cos(180° - \beta')$$

und nach dem Sinussatz (4.17)

$$\frac{\sin \alpha}{\sin \beta} = \frac{a}{b} \quad \text{bzw.}$$

$\sin\alpha = \frac{F_2}{R}\sin\beta$, woraus sich α bestimmen läßt.

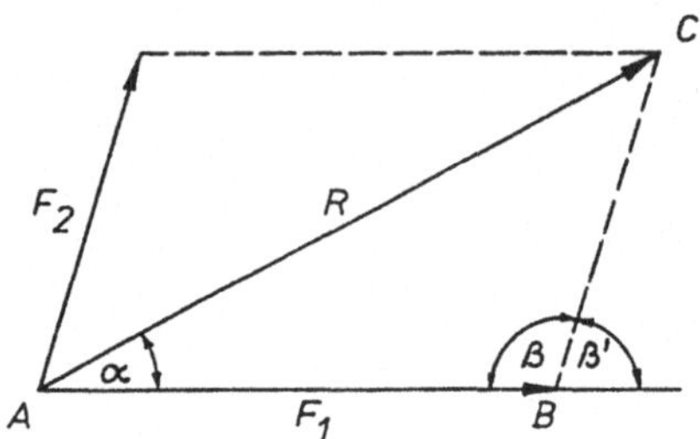

Bild 4.19

4.5 Trigonometrische Formeln

Für die Umrechnung von Winkelfunktionen gibt es außer den bereits angegebenen Formeln noch eine Anzahl von Beziehungen (Additionstheoreme), von denen hier nur einige angegeben werden sollen.
In entsprechenden Formelsammlungen findet man weitere.

$$\sin(x \pm y) = \sin x * \cos y \pm \cos x * \sin y, \tag{4.19}$$

$$\cos(x \pm y) = \cos x * \cos y \mp \sin x * \sin y, \tag{4.20}$$

$$\sin 2x = 2\sin x * \cos x,\ \cos 2x = \cos^2 x - \sin^2 x, \tag{4.21}$$

$$\sin 3x = 3\sin x - 4\sin^3 x,\ \cos 3x = 4\cos^3 x - 3\cos x, \tag{4.22}$$

$$\sin x + \sin y = 2\sin\frac{x+y}{2} * \cos\frac{x-y}{2}, \tag{4.23}$$

$$\sin x - \sin y = 2\cos\frac{x+y}{2} * \sin\frac{x-y}{2},$$

$$\cos x + \cos y = 2\cos\frac{x+y}{2} * \cos\frac{x-y}{2}, \tag{4.24}$$

$$\cos x - \cos y = -2\sin\frac{x+y}{2} * \sin\frac{x-y}{2}.$$

Der Nachweis dieser Beziehungen ist eine empfehlenswerte Übung. Hier soll nur gezeigt werden, daß gilt

Beispiel 4.12: $\cos(x + y) = \cos x * \cos y - \sin x * \sin y$.

Wir gehen aus von Bild 4.18 und setzen $\gamma_1 = x$, $\gamma_2 = y$, so daß $\gamma = x + y$.
Nach dem Kosinussatz ist

$2ab\cos\gamma = a^2 + b^2 - c^2$, $a^2 = p^2 + h_c^2$, $b^2 = q^2 + h_c^2$, $c^2 = (q + p)^2$,

$$= p^2 + h_c^2 + q^2 + h_c^2 - (q + p)^2,$$
$$= p^2 + h_c^2 + q^2 + h_c^2 - q^2 - 2qp - p^2.$$

Aus $2ab \cos \gamma = 2h^2 - 2qp$ folgt

$$\cos \gamma = \frac{h_c^2}{ab} - \frac{qp}{ab} = \frac{h_c}{a} * \frac{h_c}{b} - \frac{q}{b} * \frac{q}{a},$$
$$\cos \gamma = \cos \gamma_1 * \cos \gamma_2 - \sin \gamma_1 * \sin \gamma_2 ,$$
$$\cos (x + y) = \cos x * \cos y - \sin x * \sin y,$$

was zu beweisen war.

Beispiel 4.13: Es sind folgende Ausdrücke zu vereinfachen:

a) $y = \sin (\alpha - \frac{\pi}{4}) + \sin (\alpha + \frac{\pi}{4})$

Nach (4.23) ist die rechte Seite dieser Gleichung gleichwertig mit

$$2 \sin \frac{\alpha - \frac{\pi}{4} + \alpha + \frac{\pi}{4}}{2} * \cos \frac{\alpha - \frac{\pi}{4} - \alpha - \frac{\pi}{4}}{2} = 2 \sin \alpha \cos (-\frac{\pi}{4}) = 2 \sin \alpha \cos \frac{\pi}{4},$$

woraus $y = \sqrt{2} \sin \alpha$ folgt.

b) $y = \cos (\frac{3}{2} x + \pi)$

Nach (4.20) gilt $\cos (\frac{3}{2} x + \pi) = \cos \frac{3}{2} x * \cos \pi - \sin \frac{3}{2} x * \sin \pi.$

Da $\cos \pi = -1$, $\sin \pi = 0$ ist, erhält man $y = \cos (\frac{3}{2} x + \pi) = -\cos \frac{3}{2} x.$

Zu diesem Ergebnis gelangt man auch bei Anwendung von (4.16), wonach $\cos (\pi + \alpha) = -\cos \alpha$ ist.

Beispiel 4.14: Es ist die Gültigkeit der Gleichung $\sin \frac{\alpha}{2} = \sqrt{\frac{1 - \cos \alpha}{2}}$, $0 \le \alpha \le 2\pi$, zu beweisen.

Es ist $1 = \cos^2 \frac{\alpha}{2} + \sin^2 \frac{\alpha}{2}$ und $\cos \alpha = \cos^2 \frac{\alpha}{2} - \sin^2 \frac{\alpha}{2}$ und somit

$$\sqrt{\frac{1 - \cos \alpha}{2}} = \sqrt{\frac{\cos^2 \frac{\alpha}{2} + \sin^2 \frac{\alpha}{2} - (\cos^2 \frac{\alpha}{2} - \sin^2 \frac{\alpha}{2})}{2}}$$
$$= \sqrt{\frac{2 \sin^2 \frac{\alpha}{2}}{2}} = \sin \frac{\alpha}{2}.$$

4.6 Übungsaufgaben

1. Elementargeometrie

1.1. Folgende Winkel sind im Bogenmaß bzw. Gradmaß (dezimale und sexagesimale Teilung) anzugeben:

1.1.1. a) 15°	b) 225°	c) 105°	d) 277,5°
1.1.2. a) $\frac{\pi}{8}$	b) $\frac{\pi}{12}$	c) $2\pi + \frac{\pi}{2}$	d) $\pi - \frac{\pi}{3}$
1.1.3. a) 4,24°	b) 70,9°	c) 31° 17' 20"	d) 228,1923°
1.1.4. a) 5,19	b) 0,22	c)2,31	d) 1

1.2. Gegeben ist ein Dreieck mit a = 4,5 cm, b = 12,2 cm und c = 11,7 cm. Konstruieren Sie dieses Dreieck! Zeichnen Sie die Seitenhalbierenden, die Mittelsenkrechten, die Winkelhalbierenden und die Höhen sowie den In- und Umkreis!

1.3. Konstruieren Sie die folgenden Dreiecke!

a) a = 11,7 cm, b = 9,2 cm, $\gamma = 43{,}5°$
b) c = 16,1 cm, $\alpha = 84{,}6°$, $\beta = 51{,}9°$

Begründen Sie, weshalb beide Dreiecke ähnlich sind!

1.4. Einem gleichschenkligen, rechtwinkligen Dreieck ABC ist ein gleichseitiges Dreieck A'B'C' so einbeschrieben, daß $\overline{A'B'} \parallel \overline{AB}$ verläuft und C' auf $\overline{AB}$ liegt (siehe Bild 4.20). Geben Sie $\overline{A'B'} = \overline{A'C'} = \overline{B'C'}$ durch $\overline{AC} = \overline{BC}$ an!

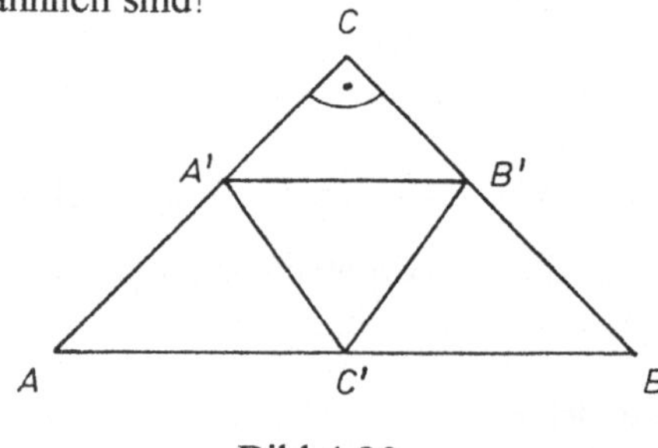

Bild 4.20

1.5. Einem rechtwinkligen Dreieck ist in der aus Bild 4.21 ersichtlichen Weise ein Quadrat einbeschrieben. Berechnen Sie die Seite des Quadrates aus den
a) Katheten,
b) Hypotenusenabschnitten!

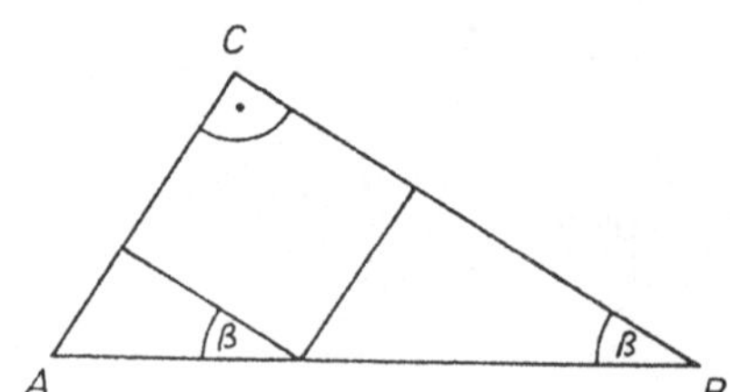

Bild 4.21

2. Bestimmen von Werten mittels Taschenrechners

2.1. Ermitteln Sie die Funktionswerte der Winkelfunktionen folgender Winkel:

a) $\alpha = 47° 15'$, b) $\alpha = -390°$, c) $\alpha = 7{,}784$, d) $\alpha = 13{,}195$.

2.2. Für welche Winkel α haben die Winkelfunktionen die folgenden Funktionswerte a?

a) $a = 0{,}8290$, b) $a = -0{,}2907$, c) $a = -2{,}145$, d) $a = 0{,}8660$.

3. Berechnungen am rechtwinkligen Dreieck

3.1. Von einem rechtwinkligen Dreieck $\gamma = 90°$ seien bekannt:

a) $a = 3$ cm, $b = 4$ cm
b) $a = 5$ cm, $c = 12$ cm

Welche Werte haben $\sin \alpha$, $\cos \alpha$, $\tan \alpha$, und $\cot \alpha$?

3.2. Bestimmen Sie die nicht angegebenen Winkel und Seiten der rechtwinkligen Dreiecke ($\gamma = 90°$), von denen die folgenden Größen bekannt sind:

a) $a = 50$ cm, $b = 78{,}1$ cm
b) $a = 40$ cm, $\alpha = 43° 36'$
c) $b = 70$ cm, $\alpha = 18° 55'$
d) $c = 65$ cm, $\beta = 59° 29'$

3.3. Berechnen Sie h_c, A sowie die restlichen Seiten und Winkel der durch folgende Angaben bestimmten gleichschenkligen Dreiecke ($a = b$, $\alpha = \beta$):

a) $a = 66$ cm, $c = 130$ cm
b) $c = 22{,}4$ cm, $\alpha = 47{,}8°$
c) $a = 38{,}9$ cm, $\gamma = 33{,}3°$
d) $c = 30{,}3$ cm, $\gamma = 48{,}2°$

3.4. Lösen von Sachaufgaben

a) Die Abfluggeschwindigkeit eines unter 45° zur Horizontalen geworfenen Körpers betrage $20\ \frac{m}{s}$. Berechnen Sie die horizontale und vertikale Geschwindigkeitskomponente!

b) Wie groß ist die Resultierende zweier senkrecht aufeinander stehender Kräfte von 200 N und 150 N? Welche Winkel bildet die Resultierende mit den Komponenten?

c) Wie hoch ist ein Baum, dessen Spitze von einer 27 m entfernt stehenden Person mit einer Augenhöhe von 1,60 m unter einem Winkel von 25° zur Horizontalen anvisiert wird?

d) Bei einer geraden Pyramide mit einer quadratischen Grundfläche von 100 cm^2 beträgt die Seitenkante 13 cm. Welche Höhe hat die Pyramide? Wie groß ist der Winkel, den eine Seitenfläche mit der Grundfläche bildet?

4. Berechnungen am beliebigen Dreieck

4.1. Berechnen Sie die übrigen Seiten und Winkel der Dreiecke, die durch folgende Größen bestimmt sind:

a) $a = 179$ m
$b = 208{,}3$ m
$\beta = 106°$

b) $c = 107{,}6$ m
$\alpha = 70{,}4°$
$\beta = 30{,}3°$

c) $a = 205{,}4$ m
$b = 252{,}8$ m
$\gamma = 47{,}5°$

d) $a = 135{,}8$ m
$b = 191$ m
$c = 73{,}9$ m

4.2. Lösen von Sachaufgaben

a) Zwischen den in gleicher Höhe liegenden Punkten A und B wird ein Drahtseil gespannt, an dem ein Körper mit dem Gewicht $G = 3250$ N befestigt ist. Welche Zugkräfte treten in den beiden Seilsträngen auf, wenn $\alpha = 28°$, $\beta = 41°$ ist (siehe Bild 4.22)?

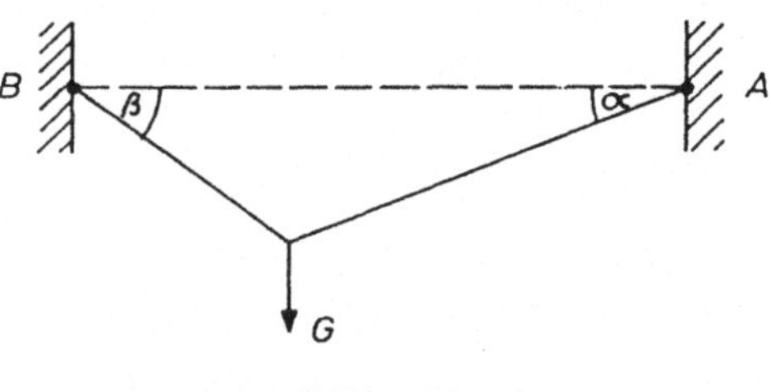

Bild 4.22

b) Drei Kräfte mit den Beträgen $F_1 = 167{,}5$ N, $F_2 = 112$ N und $F_3 = 157$ N bilden ein Dreieck. Wie groß sind die von den Seiten des entsprechenden Dreiecks eingeschlossenen Winkel?

c) Wie groß ist die Entfernung der Punkte A und B, zwischen denen ein Gebäude die gegenseitige Sicht versperrt, wenn $\overline{BC} = 75{,}25$ m, $\overline{AC} = 51{,}75$ m und $\measuredangle$ BCA = 71° 15' 45" ist (siehe Bild 4.23)?

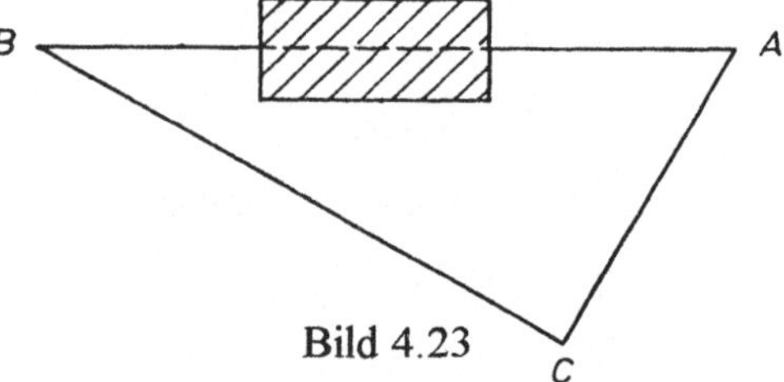

Bild 4.23

d) Zwischen zwei Eishockeyspielern S_1 und S_2 steht ein gegnerischer Spieler G, so daß S_1 den Puck über die Bande zu S_2 spielt (siehe Bild 4.24). Wie groß ist die Entfernung der beiden Spieler S_1 und S_2, wenn ihr Abstand von der Bande $a_1 = 2{,}5$ m bzw. $a_2 = 6{,}5$ m ist und der Puck unter einem Winkel von $\alpha = 42°$ an der Bande auftrifft?

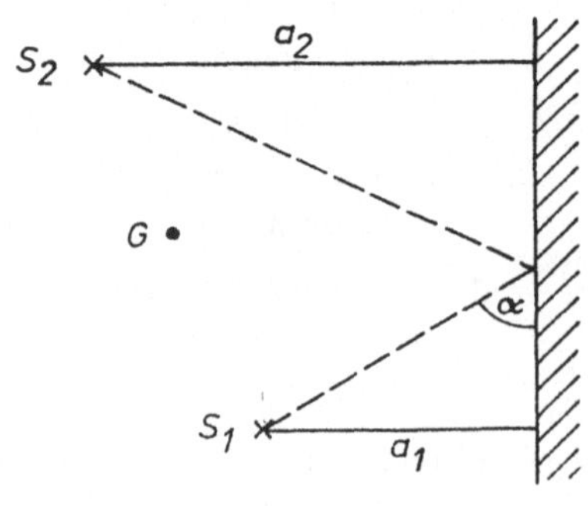

Bild 4.24

5. Anwendung trigonometrischer Formeln

5.1. Berechnen Sie jeweils die drei anderen Funktionswerte ohne Verwendung der Tafel oder des Taschenrechners, wenn gegeben ist ($0 < \alpha < 2\pi$):

a) $\sin\alpha = \frac{1}{2}\sqrt{2}$ b) $\cos\alpha = \frac{4}{5}$

c) $\tan\alpha = \sqrt{3}$ d) $\cot\alpha = -\sqrt{3}$

5.2. Beweisen Sie folgende Gleichungen!

5.2.1. a) $1 + \tan^2\alpha = \frac{1}{\cos^2\alpha}$ b) $1 + \cot^2\alpha = \frac{1}{\sin^2\alpha}$

c) $\cos\alpha * \sqrt{1 + \tan^2\alpha} = 1$ d) $1 + 2\cos\alpha = 4\cos^2\frac{\alpha}{2} - 1$

5.2.2. a) $\sin\frac{\alpha}{2} = \sqrt{\frac{1 - \cos\alpha}{2}}$ b) $\cos\frac{\alpha}{2} = \sqrt{\frac{1 + \cos\alpha}{2}}$

c) $\tan\frac{\alpha}{2} = \frac{1 - \cos\alpha}{\sin\alpha}$ d) $\cot\frac{\alpha}{2} = \frac{1 + \cos\alpha}{\sin\alpha}$

5.2.3. a) $\sin 3\alpha = 3\sin\alpha - 4\sin^3\alpha$

b) $\cos 3\alpha = 4\cos^3\alpha - 3\cos\alpha$

c) $\tan 3\alpha = \frac{3\tan\alpha - \tan^3\alpha}{1 - 3\tan^2\alpha}$

d) $\cot 3\alpha = \frac{\cot^3\alpha - 3\cot\alpha}{3\cot^2\alpha - 1}$

5.2.4. a) $\cos 2\alpha = \cos^4\alpha - \sin^4\alpha$

b) $\cos 2\alpha = \cos^2\alpha - 4\sin^2\frac{\alpha}{2}\cos^2\frac{\alpha}{2}$

c) $\cos 2\alpha = 1 - 8\sin^2\frac{\alpha}{2}\cos^2\frac{\alpha}{2}$

d) $\cos 2\alpha = \frac{1 - \tan^2\alpha}{1 + \tan^2\alpha}$

5.2.5. a) $\sin\alpha * \cos\alpha * \cos 2\alpha = \frac{1}{4}\sin 4\alpha$

b) $\frac{\cos 2\alpha}{\sin\alpha - \cos\alpha} = -(\cos\alpha + \sin\alpha)$

c) $\sin\alpha + \sin(\alpha + \frac{2\pi}{3}) + \sin(\alpha + \frac{4\pi}{3}) = 0$

d) $\sin^2(3\pi - \alpha) + \sin^2(6{,}5\pi + \alpha) = 1$

5 Komplexe Zahlen

Im Abschnitt 1 hatten wir das Zahlensystem bis zur Menge R der reellen Zahlen aufgebaut. Mit den reellen Zahlen war nicht nur das Zählen, sondern auch das Messen uneingeschränkt durchführbar.

Trotzdem erscheint, u. a. bei der Behandlung algebraischer Gleichungen (Gleichungen n-ten Grades),

$$x^n + a_{n-1} x^{n-1} + \ldots + a_1 x + a_0 = 0,$$

eine Erweiterung des Zahlenbereiches als wünschenswert (vgl. Abschnitt 12).

Schon die sehr einfache quadratische Gleichung

$$x^2 + 1 = 0 \text{ bzw. } x^2 = -1 \qquad (5.1)$$

hat keine reelle Lösung (keine "reale" Lösung), denn keine reelle Zahl kann quadriert negativ sein. Formal könnte man als "Lösungen" von (5.1) jedoch schreiben

$$x_1 = \sqrt{-1}, \quad x_2 = -\sqrt{-1}. \qquad (5.2)$$

Für $\sqrt{-1}$, was zunächst keine reale Bedeutung hat, wählt man das "Symbol" $j = \sqrt{-1}$, wobei also gilt $j^2 = -1$.

$$x_1 = j, \quad x_2 = -j \quad \text{bzw. } x_{1/2} = \pm j \qquad (5.3)$$

mit

$$j^2 = -1 \qquad (5.4)$$

"löst" also (5.1), denn es gilt

$$x_1^2 = j^2 = -1, \quad x_2^2 = (-j)^2 = j^2 = -1.$$

Weil j keine reale Bedeutung hat, nennt man dieses Symbol imaginäre Einheit.

Die Gleichung

$$x^2 + a = 0 \text{ bzw. } x^2 = -a, \; a > 0, \qquad (5.5)$$

kann man nun in folgender Weise formal lösen:

$$x_1 = \sqrt{-a} = \sqrt{a} * \sqrt{-1} = \sqrt{a}\, j,. \qquad (5.6)$$

$$x_2 = -\sqrt{-a} = -\sqrt{a} * \sqrt{-1} = -\sqrt{a}\, j.$$

Hier gilt wegen (5.4)

$$x_1^2 = a\, j^2 = -a, \; x_2^2 = (-\sqrt{a})^2\, j^2 = -a. \qquad (5.7)$$

Man verallgemeinert nun den Begriff der imaginären Einheit:

$z = bj$, b beliebig reell, $j^2 = -1$, heißt imaginäre Zahl.	(5.8)

Die imaginäre Einheit $z = j$ ist dann eine spezielle imaginäre Zahl ($b = 1$).
Zur Lösung einer allgemeinen quadratischen Gleichung

$$x^2 + px + q = 0, \quad p, q \text{ reell,} \tag{5.9}$$

geht man folgendermaßen vor (quadratische Ergänzung):

$$\left(x + \frac{p}{2}\right)^2 = x^2 + px + \frac{p^2}{4},$$

also gilt

$$x^2 + px + q = \left(x + \frac{p}{2}\right)^2 + \left(q - \frac{p^2}{4}\right) = 0, \tag{5.10}$$

$$\left(x + \frac{p}{2}\right)^2 = \frac{p^2}{4} - q \tag{5.11}$$

und, wenn man formal weiterrechnet,

$$\left(x + \frac{p}{2}\right)_{1/2} = \pm\sqrt{\frac{p^2}{4} - q},$$

also

$$x_{1/2} = -\frac{p}{2} \pm \sqrt{\frac{p^2}{4} - q}. \tag{5.12}$$

Für $p^2 = 4q$ erhält man die reelle "Doppellösung" $x_1 = x_2 = -\frac{p}{2}$; ist $p^2 > 4q$, so liefert (5.12) zwei verschiedene reelle Lösungen.

Ist also $p^2 < 4q$, so existiert keine reelle Lösung.

Mit Hilfe der imaginären Zahlen kann man aber schreiben

$$\sqrt{\frac{p^2}{4} - q} = \sqrt{\left(q - \frac{p^2}{4}\right)(-1)} = \sqrt{q - \frac{p^2}{4}}\, j.$$

Setzt man nun

$$-\frac{p}{2} = a \text{ (reell) und } \sqrt{q - \frac{p^2}{4}} = b \text{ (reell),}$$

so erhält man zwei "Lösungen" in der Form

$$x_{1/2} = a \pm bj, \quad a, b \text{ reell.}$$

Zahlen dieser Form nennt man komplexe Zahlen.

$z = a + bj$, a, b beliebig reell, $j^2 = -1$ (5.13)
heißt komplexe Zahl (die Menge der komplexen Zahlen wird mit K bezeichnet).

$\overline{z} = a - bj$ (5.14)
heißt die zu z konjugiert komplexe Zahl,

$|z| = \sqrt{a^2 + b^2}$ (5.15)
ihr Absolutbetrag (oder einfach Betrag),

$a = \text{Re}(z)$ bzw. $b = \text{Im}(z)$ (5.16)
ihr Realteil bzw. Imaginärteil.

Zwei komplexe Zahlen heißen gleich, wenn sie in Realteil und Imaginärteil übereinstimmen:
$a_1 + b_1 j = a_2 + b_2 j \Leftrightarrow a_1 = a_2, b_1 = b_2.$

Man kann komplexe Zahlen in der Ebene gemäß Bild 5.1 veranschaulichen.

Man rechnet mit komplexen Zahlen wie mit reellen Zahlen und beachtet $j^2 = -1$.

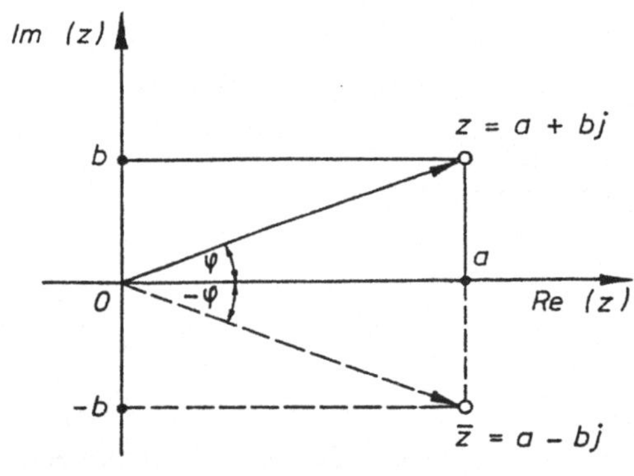

Bild 5.1

5.1 Summe und Differenz

$$z_1 \pm z_2 = (a_1 + b_1 j) \pm (a_2 + b_2 j) = (a_1 \pm a_2) + (b_1 \pm b_2) j \quad (5.17)$$

Beispiel 5.1: Gegeben sei $z_1 = 2 - 3j$, $z_2 = 3 + 2j$.
Es ist $z_1 + z_2 = 5 - j$, $z_1 - z_2 = -1 - 5j$.
Weiter gilt:

$\overline{z}_1 = 2 + 3j$, $\overline{z}_2 = 3 - 2j$,

$|z_1| = \sqrt{2^2 + 3^2} = \sqrt{13}$, $|z_2| = \sqrt{13}$,

$-z_1 = -2 + 3j$, $-z_2 = -3 - 2j$.

Die Addition (entsprechend auch die Subtraktion durch Addition von ($-z_2$)) kann entsprechend Bild 5.2 (bzw. 5.3) auch graphisch durchgeführt werden.

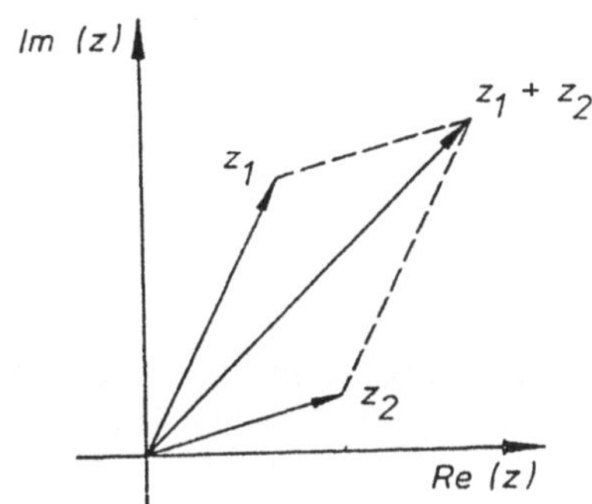

Bild 5.2

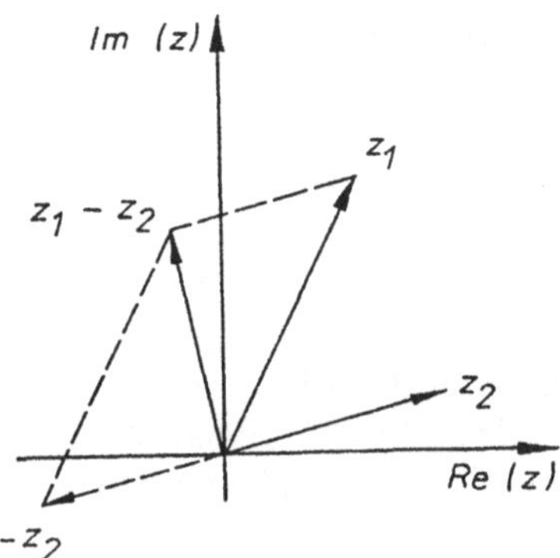

Bild 5.3

Es gilt wegen der Seitenverhältnisse am Dreieck:

$$\big|\, |z_1| - |z_2| \,\big| \le |z_1 + z_2| \le |z_1| + |z_2|. \tag{5.18}$$

Ferner gilt

$$\overline{z_1 \pm z_2} = \overline{z}_1 \pm \overline{z}_2 . \tag{5.19}$$

5.2 Produkt

Man erhält nach den üblichen Klammerregeln

$$\begin{aligned}(a_1 + b_1 j)(a_2 + b_2 j) &= a_1 a_2 + a_1 b_2 j + b_1 a_2 j + b_1 b_2 j^2 \\ &= a_1 a_2 + a_1 b_2 j + a_2 b_1 j + b_1 b_2 (-1).\end{aligned}$$

Es gilt also:

$$(a_1 + b_1 j)(a_2 + b_2 j) = (a_1 a_2 - b_1 b_2) + (a_1 b_2 + a_2 b_1) j. \tag{5.20}$$

Man überprüft leicht:

$$\overline{z_1 * z_2} = \overline{z}_1 * \overline{z}_2 , \quad |z_1 * z_2| = |z_1| * |z_2|. \tag{5.21}$$

Beispiel 5.2: Für z_1 und z_2 gemäß Beispiel 5.1 erhält man
$z_1 * z_2 = [2 * 3 - (-3) * 2] + [2 * 2 + (-3) * 3] j = 12 - 5j$,
$\overline{z}_1 * \overline{z}_2 = (2 + 3j)(3 - 2j) = (6 + 6) + (-4 + 9) j = 12 + 5j = \overline{z_1 * z_2}$.

Wegen

$z * \overline{z} = (a + bj)(a - bj) = a^2 + b^2 + (-ab + ab)j = a^2 + b^2$

und (5.16) gilt

$$z * \overline{z} = |z|^2 . \qquad (5.22)$$

5.3 Quotient

Um den Quotienten

$$z_1 : z_2 = (a_1 + b_1 j) : (a_2 + b_2 j) = \frac{z_1}{z_2} = \frac{a_1 + b_1 j}{a_2 + b_2 j}$$

auf die "Normalform" (5.13) $z = a + bj$ zu bringen, wendet man einen auf (5.22) beruhenden "Trick" an (Reellmachen des Nenners): Man erweitert den Quotienten mit dem konjugiert komplexen Nenner $z_2 = a_2 - b_2 j$:

$$\frac{z_1}{z_2} = \frac{z_1 * \overline{z}_2}{z_2 * \overline{z}_1} = \frac{(a_1 + b_1 j)(a_2 - b_2 j)}{(a_2 + b_2 j)(a_1 - b_1 j)} = \frac{(a_1 a_2 + b_1 b_2) + (a_2 b_1 - a_1 b_2) j}{a_2^2 + b_2^2} .$$

$$z_1 : z_2 = \frac{z_1}{z_2} = \frac{a_1 + b_1 j}{a_2 + b_2 j} = \frac{a_1 a_2 + b_1 b_2}{a_2^2 + b_2^2} + \frac{a_2 b_1 - a_1 b_2}{a_2^2 + b_2^2} j. \qquad (5.23)$$

Es gilt:

$$\left|\frac{z_1}{z_2}\right| = \frac{|z_1|}{|z_2|}, \quad \overline{\left(\frac{z_1}{z_2}\right)} = \frac{\overline{z}_1}{\overline{z}_2} . \qquad (5.24)$$

Beispiel 5.3: Beweis des zweiten Teils von (5.24):

$$\frac{z_1}{z_2} = \frac{\overline{z}_1 * z_2}{\overline{z}_2 * z_2} = \frac{(a_1 - b_1 j)(a_2 + b_2 j)}{(a_2 - b_2 j)(a_2 + b_2 j)} = \frac{(a_1 a_2 + b_1 b_2) + (a_1 b_2 - a_2 b_1) j}{a_2^2 + b_2^2}$$

$$= \frac{a_1 a_2 + b_1 b_2}{a_2^2 + b_2^2} - \frac{a_2 b_1 - a_1 b_2}{a_2^2 + b_2^2} j = \overline{\left(\frac{z_1}{z_2}\right)} .$$

Beispiel 5.4: Für z_1 und z_2 gemäß Beispiel 5.1 erhält man:

$$z_1 : z_2 = \frac{z_1}{z_2} = \frac{2 - 3j}{3 + 2j} = \frac{(2 - 3j)(3 - 2j)}{(3 + 2j)(3 - 2j)} = \frac{(6 - 6) - (4 + 9)j}{3^2 + 2^2} = -\frac{13}{13} j = -j .$$

5.4 Übungsaufgaben

1. Betrag und Darstellung

1.1. Stellen Sie die folgenden, in arithmetischer Form gegebenen komplexen Zahlen in der Gaußschen Zahlenebene dar! Berechnen Sie die Beträge dieser Zahlen!

a) $z = 1 - j$ b) $z = \sqrt{2} + \sqrt{2}\,j$

c) $z = 2\,(1 - \sqrt{3}\,j)$ d) $z = -1 - j$

1.2. Geben Sie die Lage folgender komplexer Zahlen in der Gaußschen Zahlenebene an, für die gilt:

a) $|z| > \sqrt{2}$ b) $|z| < \sqrt{2}$ c) $|z| < \sqrt{2}$ d) $|z| = r$

2. Addition und Subtraktion

2.1. Lösen Sie rechnerisch und zeichnerisch:

a) $(1 + 2j) + (2 + j)$ b) $(-2 + j) + (1 - 2j)$

c) $(1 - 2j) + (1 + 2j)$ d) $(-1 - 2j) + (2 - j)$

2.2. Lösen Sie rechnerisch und zeichnerisch:

a) $(2 + 5j) - 3j$ b) $(3 + 2j) - (5 + 2j)$

c) $(1 + 2j) - (1 - 2j)$ d) $j - (1 - 2j)$

3. Multiplikation und Division
Bei den folgenden Aufgaben sind a, b, c, d, x, y reelle Zahlen.

3.1. Berechnen Sie:

a) $(2 + \sqrt{3}\,j) * (3 - \sqrt{2}\,j)$ b) $(3 + 2\sqrt{2}\,j) * (3 - 2\sqrt{2}\,j)$

c) $(1 + \sqrt{5}\,j) * (1 - \sqrt{5}\,j) * (3 - 12\,j)$ d) $\sqrt{3 + \sqrt{7}\,j} * \sqrt{3 - \sqrt{7}\,j}$

3.2. Berechnen Sie:

a) $(x + y\,j)\,(2x + yj)$ b) $(\sqrt{x} + \sqrt{y}\,j)\,(\sqrt{x} - \sqrt{y}\,j)$

c) $\left(\frac{2}{3}a - 3bj\right)\left(\frac{4}{3}a + 5bj\right)$ d) $(c - \sqrt{d}\,j)\,(-c - 2\sqrt{d}\,j)$

3.3. Machen Sie die Nenner der folgenden Brüche reell!
(a, b sind reell)

3.3.1. a) $\frac{\sqrt{3} - \sqrt{2}\,j}{\sqrt{3} + \sqrt{2}\,j}$ b) $\frac{1 - 20\sqrt{5}\,j}{7 - 2\sqrt{5}\,j}$

c) $\frac{56 + 33j}{12 - 5j}$ d) $\frac{63 + 16j}{4 + 3j}$

3.3.2. a) $\frac{5j}{\sqrt{2} - \sqrt{3}\,j}$ b) $\frac{3 - 27\sqrt{5}\,j}{7 - 3\sqrt{5}\,j}$

c) $\frac{j - \sqrt{3}}{\sqrt{3}\,j - 2}$ d) $\frac{j}{8 - j}(j + 1)$

3.3.3. a) $\frac{3a + 4bj}{4a - 3bj} + \frac{4a - 3bj}{4a + 3bj}$ b) $\frac{\sqrt{a} + \sqrt{b}\,j}{\sqrt{a} - \sqrt{b}\,j} - \frac{\sqrt{b} + \sqrt{a}\,j}{\sqrt{b} - \sqrt{a}\,j}$

c) $\frac{\sqrt{1 + a} + \sqrt{1 - a}\,j}{\sqrt{1 + a} - \sqrt{1 - a}\,j} - \frac{\sqrt{1 - a} + \sqrt{1 + a}\,j}{\sqrt{1 - a} - \sqrt{1 + a}\,j}$

d) $(5 - j)(6 - j) + \frac{5 - j}{6 - j}$

4. Zusammengesetzte Aufgaben

Gegeben sind die komplexen Zahlen

$z_1 = \frac{1}{2}\sqrt{3} - \frac{j}{2}$ und $z_2 = -\frac{1}{4} - \sqrt{3}\,\frac{j}{4}$.

Berechnen Sie:

4.1. a) $z_1 + z_2$ b) $z_1 - z_2$ c) $z_1 * z_2$ d) $\frac{z_1}{z_2}$

4.2. a) $|z_1|$ b) $|z_2|$ c) $\overline{z_1} * \overline{z_2}$ d) $\frac{\overline{z_1}}{\overline{z_2}}$

4.3. a) $|z_1 + z_2|$ b) $|z_1 - z_2|$ c) $\overline{z_1} + \overline{z_2}$ d) $\overline{z_1} - \overline{z_2}$

4.4. a) $|z_1| * |z_2|$ b) $\frac{|z_1|}{|z_2|}$ c) $|z_1 * z_2|$ d) $\left|\frac{z_1}{z_2}\right|$

4.5. Geben Sie die Lösungen der folgenden quadratischen Gleichungen an!

a) $x^2 + (1 + j)\,x - 2\,(1 - j) = 0$

b) $x^2 + (3 - 2j)\,x + 3\,(1 - j) = 0$

c) $x^2 - \frac{j}{2}\sqrt{2}\,x + 1 = 0$

d) $16\,x^2 + 8\,(j + 1)\,x + 2\,(j + \frac{9}{2}) = 0$

6 Lineare Gleichungen mit einer Unbekannten

Die Grundform der linearen Gleichung mit einer Unbekannten x lautet

$$A\,x = a. \tag{6.1}$$

Dabei sind A, a ∈ R reelle Zahlen. Die Gleichung (6.1) lösen heißt, alle reellen Zahlen x anzugeben, die, in (6.1) eingesetzt, die Gleichheitsbedingung erfüllen.
Nach dem Grundgesetz IV.2. des Abschnittes 1 für reelle Zahlen kann man beide Seiten einer Gleichung mit der gleichen Zahl multiplizieren, ohne die Gleichheit zu verletzen. Da die Division durch $A \neq 0$ der Multiplikation mit $\frac{1}{A}$ äquivalent ist, ist

$$x = \frac{a}{A},\quad A \neq 0, \tag{6.2}$$

die einzig mögliche Lösung von (6.1).

Ist dagegen $A = 0$, so sind zwei Fälle zu unterscheiden:

1. $a \neq 0$: Dann lautet (6.1)
   $0 * x = a \neq 0.$
   Das stellt einen Widerspruch dar. Es existiert in diesem Falle keine reelle Zahl x, die die Gleichung (6.1) erfüllt.
2. $a = 0$: Dann lautet (6.1)
   $0 * x = 0.$
   Diese Gleichung ist für alle reellen x erfüllt.
   Man schreibt auch x = bel. (beliebig).

Es gilt also:

Die Gleichung (6.1) hat für $A \neq 0$ die eindeutig bestimmte Lösung (6.2).
Für $A = 0$ und $a \neq 0$ existiert keine Lösung.
Für $A = 0$ und $a = 0$ ist jede reelle Zahl x Lösung.

In diesen Feststellungen ist die gesamte Theorie der linearen Gleichungen mit einer Unbekannten enthalten.
Nicht immer ist aber eine lineare Gleichung mit einer Unbekannten in der Grundform (6.1) gegeben. Wir nennen jede Gleichung mit einer Unbekannten linear, wenn sie sich auf die Grundform (6.1) zurückführen läßt. Dazu wendet man neben dem schon erwähnten Grundgesetz IV.2. auch das Grundgesetz II.2. des Abschnittes 1 an. Man kann also zu beiden Seiten einer Gleichung eine beliebige Zahl addieren (bzw. von ihnen subtrahieren), ohne die Gleichheit zu verletzen.

Ist zum Beispiel eine Gleichung in der Form

$$a_1x - b_1x + c_1 - d_1 = a_2x - b_2x + c_2 - d_2$$

gegeben, so kann man auf beiden Seiten $b_2x + d_1$ addieren und $a_2x + c_1$ subtrahieren, so daß man erhält

$$a_1x - b_1x - a_2x - b_2x = c_2 - d_2 - c_1 + d_1. \qquad (6.3)$$

Hier stehen die x enthaltenden Glieder auf der linken Seite und die konstanten Glieder auf der rechten Seite der Gleichung.

Setzt man

$$A = a_1 - b_1 - a_2 + b_2, \quad a = c_2 - d_2 - c_1 + d_1,$$

so ist die Gleichung (6.3) identisch mit der Grundform (6.1).

Ist eine Gleichung in der Form

$$\frac{a_1x}{a_2} = \frac{b_1}{b_2}$$

gegeben (sie hat nur einen Sinn, wenn $a_2 \neq 0$, $b_2 \neq 0$ gilt), so kann man die Gleichung nach x auflösen, indem man sie mit a_2 multipliziert und im Fall $a_1 \neq 0$ durch a_1 dividiert:

$$x = \frac{a_2\, b_1}{a_1\, b_2}.$$

Beispiel 6.1: Die Gleichung $\frac{a^2x - b^2}{a} - \frac{a\,(b - ax)}{b} + \frac{b^2}{a} = a$
hat nur einen Sinn für $a \neq 0$, $b \neq 0$.

Um die Nenner zu beseitigen, wird die Gleichung mit dem Hauptnenner $a * b$ multipliziert, anschließend werden die Klammern ausmultipliziert:

$$b\,(a^2x - b^2) - a^2\,(b - ax) + b^3 = a^2b,$$
$$a^2bx - b^3 - a^2b + a^3x + b^3 = a^2b.$$

Nun wird die Gleichung geordnet und zusammengefaßt, x ausgeklammert:

$$a^2bx + a^3x = a^2b + b^3 + a^2b - b^3,$$
$$a^2\,(a + b)\,x = 2a^2b.$$

Wegen $a \neq 0$ kann durch a^2 dividiert werden:

$$(a + b)\,x = 2b.$$

Das ist die Grundform (6.1) der linearen Gleichung.
Falls $a + b \neq 0$ ($a \neq - b$), so ist

$$x = \frac{2b}{a + b}$$

die einzige Lösung.
Falls $a + b = 0$ ($a = - b$), so existiert wegen $b \neq 0$ keine Lösung.
Der Fall, wo unendlich viele Lösungen auftreten (x = bel.), ist hier wegen der Voraus-

setzung $b \neq 0$ nicht vorhanden.

Beispiel 6.2: Die Gleichung $\frac{x}{a} - \frac{a - x}{2bc} + \frac{a - x}{3c} = 1$

hat nur einen Sinn für $a \neq 0$, $b \neq 0$, $c \neq 0$.
Um die Nenner zu beseitigen, wird die Gleichung mit dem Hauptnenner 6abc multipliziert:

$6bcx - 3a(a - x) + 2ab(a - x) = 6abc.$

Weiter erhält man nach den bekannten Regeln:

$$6bcx - 3a^2 + 3ax + 2a^2b - 2abx = 6abc,$$
$$(6bc + 3a - 2ab)\,x = 6abc + 3a^2 - 2a^2b,$$
$$(6bc + 3a - 2ab)\,x = a\,(6bc + 3a - 2ab).$$

Das ist wieder die Grundform (6.1) der linearen Gleichung, und es gilt:

Für $6bc + 3a - 2ab \neq 0$ ist $x = a$ die einzige Lösung der vorliegenden Gleichung.
Für $6bc + 3a - 2ab = 0$ ist wegen $0 * x = 0$ jedes reelle x Lösung.

Also gilt

$$x = \begin{cases} a & \text{für } 6bc + 3a - 2ab \neq 0, \\ \text{bel.} & \text{für } 6bc + 3a - 2ab = 0. \end{cases}$$

Neben den hier behandelten Gleichungen, deren Linearität man leicht erkennen kann, gibt es noch Gleichungen, die vom Prinzip her nichtlinear sind, die man aber auf lineare Gleichungen zurückführen kann. Hier sind dann neben den Forderungen an die unbestimmten Koeffizienten a, b, c, ... oft noch Bedingungen an die Lösung x zu stellen.

Dazu drei einfache Beispiele:

Beispiel 6.3: Die Gleichung $(8x - 9)(3x - 4) - (5x - 6)^2 = (4 + x)(3 - x) - 9$

ist, weil sie quadratische Glieder in x enthält, zunächst eine quadratische Gleichung. Allerdings fallen die quadratischen Glieder nach dem Ausmultiplizieren weg. Es bleibt eine lineare Gleichung mit einer eindeutig bestimmten Lösung übrig:

$$24x^2 - 32x - 27x + 36 - (25x^2 - 60x + 36) = 12 - 4x + 3x - x^2 - 9$$
$$-x^2 + x = 3 - x - x^2$$
$$2x = 3$$
$$x = \frac{3}{2}$$

Beispiel 6.4: Die Gleichung $\frac{2x - a}{x - b} = 1$

hat nur einen Sinn, wenn die Lösung x die Bedingung $x \neq b$ erfüllt. Es gilt dann

$2x - a = x - b,$

$$x = a - b.$$

Wegen $x \neq b$ muß gelten $a - b \neq b$ bzw. $a \neq 2b$.
Die vorgegebene Gleichung hat also für $a \neq 2b$ die eindeutig bestimmte Lösung $x = a - b$ und sonst $(a = 2b)$ keine Lösung.

Beispiel 6.5: Die Gleichung $\frac{a}{x} + \frac{b}{x} - \frac{c}{x} = 1$

hat nur einen Sinn für $x \neq 0$. Unter dieser Voraussetzung gilt $x = a + b - c$. Das ist aber wegen $x \neq 0$ nur Lösung, wenn $a + b \neq c$ ist. Die vorgegebene Gleichung hat also nur für $a + b \neq c$ die eindeutig bestimmte Lösung $x = a + b - c$, sonst $(a + b = c)$ hat sie keine Lösung.

Beispiel 6.6: Bei der Behandlung der Gleichung

$$\frac{b^3 c^2 x - \frac{1}{a^2}}{121500\, ab^4 c^3} - \frac{a^2 x - \frac{1}{b^3 c^2}}{2880\, a^3 bc} + \frac{abcx - \frac{1}{ab^2 c}}{5400\, (abc)^2} = 0,$$

die nur für $abc \neq 0$ einen Sinn hat, soll vor allem das Ermitteln des Hauptnenners als kleinstes gemeinsames Vielfaches der Nenner wiederholt werden:

$$\begin{array}{ll}
121500\, ab^4 c^3 & = 2^2 * 3^5 * 5^3 * a\ \ b^4 c^3 \\
2880\, a^3 bc & = 2^6 * 3^2 * 5\ \ * a^3\ b\ \ c \\
5400\, a^2 b^2 c^2 & = 2^3 * 3^3 * 5^2 * a^2\ b^2 c^2 \\
\hline
\text{HN} & = 2^6 * 3^5 * 5^3 * a^3\ b^4 c^3 = 64 * 243 * 125 * a^3 b^4 c^3
\end{array}$$

Multipliziert man die Gleichung mit dem Hauptnenner, so fallen die Brüche weg, und man erhält:

$$16\, a^2 \left(b^3 c^2 x - \frac{1}{a^2}\right) - 225\, b^3 c^2 \left(a^2 x - \frac{1}{b^3 c^2}\right) + 120\, ab^2 c \left(abcx - \frac{1}{ab^2 c}\right) = 0.$$

Durch Ausmultiplizieren der Klammern, Zusammenfassen, Ordnen und Dividieren der bei x stehenden Faktoren ($A = 89\, a^2 b^3 c^2 \neq 0$) erhält man

$x = \frac{1}{a^2 b^3 c^2}$ für $abc \neq 0$ entsprechend der Voraussetzung.

Andere Lösungsmöglichkeiten gibt es für diese Aufgabe nicht.

Während in den vorangegangenen Beispielen die Nenner der einzelnen Brüche aus Faktoren bestanden, wollen wir im folgenden auch solche Beispiele betrachten, bei denen die Nenner aus Summanden bestehen, die u. U. durch Ausklammern in Faktoren zerlegt werden können.

Beispiel 6.7: Die Gleichung

$$\frac{a^2 (2bx - 1)}{a^4 b^2 x^2 - b^2} + \frac{b}{a^2 bx + b} = \frac{a^2 bx}{a^2 bx - b} + \frac{b^2 (2ax - 3)}{a^4 b^2 x^2 - b^2} - 1$$

gilt nur unter der Voraussetzung $|x| \neq \frac{1}{a^2}$, $ab \neq 0$.

Den Hauptnenner ermitteln wir wie folgt:

$$\begin{aligned}
a^4 b^2 x^2 - b^2 &= b^2 * (a^4 x^2 - 1) \\
&= b^2 * (a^2 x + 1)\ (a^2 x - 1) \\
a^2 bx + b &= b * (a^2 x + 1) \\
a^2 bx - b &= b * \qquad\qquad (a^2 x - 1) \\
\hline
\text{HN} &= b^2 * (a^2 x + 1)\ (a^2 x - 1) = b^2 (a^4 x^2 - 1)
\end{aligned}$$

Durch Ausklammern, Kürzen und Multiplizieren der Gleichung mit dem Hauptnenner erhält man:

$$\begin{aligned}
a^2 (2bx - 1) + b^2 (a^2 x - 1) &= a^2 b^2 x(a^2 x + 1) + b^2 (2ax - 3) - b^2 (a^4 x^2 - 1) \\
2a^2 bx - a^2 + a^2 b^2 x - b^2 &= a^4 b^2 x^2 + a^2 b^2 x - 3b^2 - a^4 b^2 x^2 + b^2 \\
2a^2 bx - 2ab^2 x &= a^2 - b^2 \\
2ab (a - b) x &= (a + b) (a - b) \\
x &= \frac{a + b}{2ab} \quad \text{für } a \neq b \text{ und } ab \neq 0 \text{ (dies ist laut Voraussetzungen stets erfüllt).}
\end{aligned}$$

Ist $a = b$, so kann x wegen $0 * x = 0$ beliebige Werte annehmen, ausgenommen diejenigen, die auf Grund der Voraussetzungen ausgeschlossen werden müssen. In diesem Fall darf der Betrag von x nicht übereinstimmen mit dem Quadrat vom Kehrwert der Zahl $a = b$.

Die für x getroffene Voraussetzung ist aber auch bei der Lösungsangabe zu berücksichtigen, d. h., es muß stets erfüllt sein:

$$\pm \frac{1}{a^2} \neq \frac{a + b}{2ab}.$$

Beispiel 6.8: Zwei Bahnstationen A und B sind 30 km voneinander entfernt. Von A aus fährt ein Güterzug mit einer konstanten Geschwindigkeit von $30 \frac{km}{h}$ in Richtung B. Von B aus fährt ein D-Zug mit konstanter Geschwindigkeit von $90 \frac{km}{h}$ nach A.

Wo und wann treffen sich beide Züge, wenn sie gleichzeitig abfahren?

Bei dem hier beschriebenen Sachverhalt spielen drei physikalische Größen eine Rolle: Weg, Zeit und Geschwindigkeit. Sie werden mit den Symbolen s, t und v bezeichnet.

Zur Veranschaulichung des Sachverhalts dient das Bild 6.1.

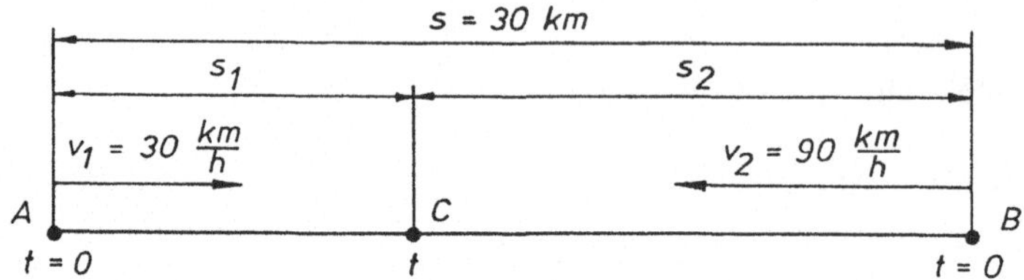

Bild 6.1

Die Frage "wo" bezieht sich auf den Treffpunkt C der beiden Züge. Er kann durch die Entfernung von A nach C (Weg s_1 des Güterzuges) oder durch die Entfernung von B nach C (Weg s_2 des D-Zuges) charakterisiert werden.
Die Frage "wann" bezieht sich auf den Zeitpunkt t des Zusammentreffens. Es ist sinnvoll, für t die Zeitdifferenz zwischen Start und Treffen zu wählen.

Es liegen hier drei Unbekannte vor: s_1, s_2 und t. Entsprechend dem o. a. Sachverhalt gelten folgende Beziehungen:

$$v_1 = \frac{s_1}{t}, \qquad v_2 = \frac{s_2}{t}, \qquad s_1 + s_2 = s\,.$$

Unter Verwendung der gegebenen Werte erhält man:

$$s_1 = 30\,t, \qquad s_2 = 90\,t, \qquad s_1 + s_2 = 30.$$

(Die Maßeinheiten werden hier weggelassen, und wir vereinbaren, daß Wege in Kilometern und die Zeit in Stunden angegeben werden!)

Das sind drei lineare Gleichungen für die drei Unbekannten s_1, s_2 und t, deren allgemeine Lösungsverfahren im Abschnitt 11 behandelt werden. Diese Gleichungen sind aber so einfach, daß man bei Kenntnis einer Unbekannten die anderen sofort berechnen kann. Man kann also das Problem leicht auf die Ermittlung einer Unbekannten aus einer Gleichung zurückführen. Als Unbekannte x kann man s_1 oder s_2 oder t wählen. Setzt man $s_1 = x$, so folgt aus der letzten Gleichung $s_2 = 30 - x$.
Das setzen wir in die ersten beiden Gleichungen ein und lösen beide nach t auf:

$$t = \frac{s_1}{30} = \frac{s_2}{90} = \frac{x}{30} = \frac{30 - x}{90}\,.$$

Es ist dann

$$\frac{x}{30} = \frac{30 - x}{90}$$

die lineare Bestimmungsgleichung für x, die leicht gelöst werden kann:

$3x = 30 - x,$
$4x = 30,$
$x = 7{,}5.$

Es gilt also $s_1 = 7{,}5$ km, $s_2 = 22{,}5$ km, $t = \frac{7{,}5}{30}\,h = \frac{1}{4}\,h = 15$ min.

Setzt man $s_2 = x$, so verläuft die Rechnung in folgender Weise:

$$s_1 = 30 - x, \quad t = \frac{s_1}{30} = \frac{s_2}{90} = \frac{30 - x}{30} = \frac{x}{90},$$

$3\,(30 - x) = x,$
$90 = 4x,$
$x = 22{,}5,$

$s_2 = 22{,}5$ km, $s_1 = 7{,}5$ km, $t = \frac{22{,}5}{90}\,h = \frac{1}{4}\,h = 15$ min.

Wählt man schließlich die Zeit als Unbekannte, also $t = x$, so gilt

$s_1 + s_2 = 30x + 90x = 30,$
$120\,x = 30,$
$x = \frac{30}{120} = \frac{1}{4}, \quad t = \frac{1}{4}h = 15$ min.
$s_1 = 30\,t = \frac{30}{4}$ km $= 7{,}5$ km,
$s_2 = 90\,t = 22{,}5$ km.

Die beiden Züge treffen sich demnach in 7,5 km Entfernung vom Punkt A $\frac{1}{4}$ h nach ihrer Abfahrt.

6.1 Übungsaufgaben

1. Lineare Gleichungen mit einer Unbekannten
Lösen Sie folgende Gleichungen und überprüfen Sie die Ergebnisse! Schließen Sie bei Aufgaben mit unbestimmten Koeffizienten diejenigen Werte von a, b usw. aus, die diese nicht annehmen dürfen! Geben Sie an, für welche Werte von a, b usw. die Gleichungen genau eine oder keine bzw. unendlich viele Lösungen haben!
Verfahren Sie sinngemäß auch beim Lösen von Gleichungen mit unbestimmten Koeffizienten aus den anderen Abschnitten!

1.1. Gleichungen ohne Brüche

1.1.1. a) $8\,(\frac{1}{2}x - 1) - 2\,(x - 1) = 0$

b) $(3 - x)\,(x + 4) - 9 = (3x - 4)\,(8x - 9) - (5x - 6)^2$

c) $2a\,(x + 3) = (3 + x)\,(5 + 2a)$

d) $3a - (7b + 11a) - (3x - 12b - 9c) = (3x - 8a) + 5b - (3c - 6x)$

1.1.2. a) $(a - x)\,(x + c) = 2c\,(a - x) - (b - x)\,(c - x)$

b) $a\,(x + 1)\,(ax + b) + b\,(a + bx)\,(1 - x) = x^2\,(a - b)\,(a + b)$

c) $(x + a)\,(a - x) - b\,(b - a) = (x + a)\,(b - x)$

d) $a^2\,(x - a) + ab^2 = b^2\,(x + b) - a^2\,b$

1.2. Bruchgleichungen mit bestimmten Koeffizienten und Faktoren im Nenner

1.2.1. a) $\frac{3x - 16}{3} + \frac{2x - 10}{5} = 3 - \frac{x + 1}{15}$

b) $4 - \frac{10 - 3x}{5} = 3 - \frac{10 - 7x}{10} + \frac{x}{2}$

c) $\frac{2x + 1}{2} + \frac{3x + 1}{4} + \frac{5x + 1}{8} = 1 - \frac{7x + 1}{8}$

d) $\frac{4x + 1}{3} + \frac{6x - 1}{2} = 5 + 5 * \frac{8x - 10}{9}$

1.2.2. a) $\frac{4x - 3}{20} - \frac{1}{12}\,(4x - 5) = 1 - \frac{3}{5}\,(2x + 11)$

b) $3\,(6\frac{1}{2} + x) - \frac{7}{3}\,(2x - \frac{19}{2}) - \frac{8}{3}\,x + \frac{5}{3} = 0$

c) $\frac{7x - 16}{3} - \frac{4}{5}\,(x + 1) + 6 = \frac{3x}{2}$

d) $\frac{3x}{4} - \frac{4}{3}\,(x - 4) = 3$

1.2.3. a) $\frac{3x - 7}{5} - \frac{7 - 4x}{7} = \frac{5x - 11}{10} - \frac{19 - 10x}{14}$

b) $\frac{17 + 4x}{10} - \frac{7 + x}{5} = \frac{7x + 13}{25} - \frac{5 + x}{20}$

c) $\frac{2x - 11}{15} - \frac{x}{5} + \frac{59}{40} = \frac{8x - 59}{30} - \frac{16x - 145}{24}$

d) $\frac{4x + 4}{5} - \frac{5x - 4}{55} = \frac{2x + 9}{4} - \frac{12x - 3}{44}$

1.2.4. a) $\frac{5x + 17}{3} - \left(\frac{3x + 8}{2} - 3\right) = \frac{3x + 12}{2} - \left(\frac{x + 4}{6} + 3\right)$

b) $2 - \left(\frac{3x + 8}{4} - \frac{2x + 2}{3}\right) = 1 - \left(\frac{7x + 20}{8} - \frac{2x - 7}{3}\right)$

c) $\frac{4 - x}{2} - \left(\frac{8 - x}{3} - \frac{x + 2}{4}\right) + \left(\frac{8 - x}{6} - \frac{3\,(2 + x)}{8}\right) + x = 1$

d) $\frac{10 - 14x}{8x} - \left(\frac{6}{5} + \frac{4}{2x}\right) = \frac{5}{8x} - \left(\frac{12}{5} + \frac{14x + 1}{10x}\right)$

1.3. Bruchgleichungen mit unbestimmten Koeffizienten und Faktoren im Nenner

1.3.1. a) $\frac{ax - 1}{bcx} + \frac{bx - 1}{acx} + \frac{cx - 1}{abx} = 0$

b) $\frac{ax - b}{bcx} + \frac{bx - c}{acx} + \frac{cx - a}{abx} = 0$

c) $\frac{3 (x - b)}{a} - \frac{2 (x - a)}{b} - 1 = 0$

d) $\frac{a - b^2}{x} - \frac{c - b^2}{x} - b = 0$

1.3.2. a) $\frac{bx - a}{a} + b = bx - 1$

b) $\frac{x - a}{a} - a = \frac{x - b}{b} - b$

c) $\frac{a + b}{x} - a = ab - \frac{a - b}{x}$

d) $\frac{ax^2 - bx + 1}{a} = \frac{bx^2 - ax + 1}{b}$

1.3.3. a) $\frac{bx - a^2}{a} + \frac{ax - b^2}{b} = \frac{b - ab}{a} + \frac{a - ab}{b}$

b) $\frac{20a - x}{5a} + \frac{6b - cx}{2b} = 10 - \frac{9c - ax}{3c}$

c) $\frac{a^3}{b} (x - 1) - \frac{b + c}{b} (1 - 2x) = b^2 (1 - x) + \frac{b + c}{b}$

d) $\frac{x (b - a)}{ab} + \frac{b (c - x)}{ac} = \frac{x + b}{a} - \left(\frac{b}{c} + \frac{x}{b}\right)$

1.4. Bruchgleichungen mit bestimmten Koeffizienten und Summen im Nenner

1.4.1. a) $\frac{5}{x + 2} + \frac{3}{2 (x + 2)} = \frac{1}{2} - \frac{7}{2 (x + 2)}$

b) $\frac{12x + 5}{16x - 15} - \frac{16x + 1}{15} = \frac{3 - 2x}{5} - \frac{2x - 1}{3}$

c) $\frac{10 - 2x}{3} + \frac{13 + 2x}{7} = \frac{14x + 26}{2x + 21} - \frac{17 + 8x}{21}$

d) $\frac{2x^n + 7x^{n-1}}{9} + \frac{7x^n - 44x^{n-1}}{5x - 14} = \frac{4x^n + 27x^{n-1}}{18}$

1.4.2. a) $\frac{8x + 7}{9x^2 - 4} = \frac{16}{15x - 10}$ b) $\frac{24 - 5x}{6 - 2x} - 5 = \frac{34 - 14x}{9 - 3x}$

c) $\frac{x + 4}{12x + 4} - \frac{x - 4}{3x + 1} = 5$ d) $\frac{10x - 11}{12x + 18} = \frac{3}{2} - \frac{4x + 1}{6x - 9}$

e) $\frac{x}{x - 2} - \frac{x - 2}{3x - 6} = \frac{1}{6}$ f) $\frac{8 - x}{5 - 10x} = 2 - \frac{5}{3 - 6x}$

g) $\frac{12x}{10x + 5} + \frac{6x - 10}{2x + 1} - \frac{2x + 25}{12x + 6} + \frac{10x - 1}{8x + 4} = 2$

h) $\frac{3x - 2}{5x + 10} - 10 = \frac{2x + 1}{3x + 6} + \frac{2\,(1 - 4x)}{x + 2}$

i) $\frac{6x - 1}{4x - 6} + \frac{10x - 7}{6x - 9} = 11 - \frac{14x + 1}{8x - 12}$

j) $\frac{3x}{2x - \frac{1}{2}} - \frac{16x^2}{3\,(4x - 1)} = \frac{4\,(1 - x)}{3} - \frac{4}{12x - 3}$

1.4.3. a) $\frac{x - 2}{x + 2} - \frac{x + 4}{x - 2} = 2\,\frac{x - 38}{x^2 - 4}$

b) $\frac{12}{x + 4} - \frac{x + 4}{x - 4} + \frac{x^2}{x^2 - 16} = 0$

c) $\frac{5x^2 - 120}{10 - x} + \frac{3x^2 + 80x}{10 + x} = \frac{2x^3 + 160}{100 - x^2}$

d) $\frac{15x + 2}{5x - 2} + \frac{25x - 2}{5x + 2} = \frac{200x^2 - 25x + 18}{25x^2 - 4}$

e) $\frac{16x^2 - 20x + 4}{4x^2 - 16} = \frac{2x - 1}{2x - 4} + \frac{3\,(2x + 1)}{2\,(x + 2)}$

f) $\frac{7x^2 + 8}{2\,(x^2 - 1)} = \frac{2\,(x + 1)}{x - 1} + \frac{3x - 4}{2x + 2}$

g) $\frac{16x^2 - 6x}{2x + 1} - \frac{6x}{1 - 2x} = \frac{32x^3 - 16x^2 + 4x + 16}{4x^2 - 1}$

1.4.4. a) $\frac{2x - 5}{x - 5} + \frac{3x - 5}{x - 9} = \frac{5x^2 - 39x + 30}{x^2 - 14x + 45}$

b) $\frac{2x - 9}{x - 12} + \frac{x - 6}{x - 24} = \frac{3x^2 - 87x - 36}{x^2 - 36x + 288}$

c) $\frac{11x + 6}{x^2 - 3x - 54} = \frac{3x - 14}{2x - 18} - \frac{3(x + 2)}{2x + 12}$

d) $\frac{7x - 15}{3x - 6} + \frac{8x - 21}{3x - 3} + \frac{10x + 21}{3x^2 - 9x + 6} = 5$

e) $\frac{1}{3x + 21} + \frac{1}{3(x - 5)} - \frac{x + 6}{4(x^2 + 2x - 35)} = 0$

f) $\frac{136x^2 - 4x - 266}{48x^2 - 32x + 5} = \frac{14x - 19}{4x - 1} - \frac{8x + 25}{12x - 5}$

g) $\frac{8x - 3}{6x - 4} + \frac{6x - 4}{10x - 6} = \frac{116x^2 + 10x - 34}{60x^2 - 76x + 24}$

1.4.5. a) $\frac{5x - 12}{2} = \frac{5\left(\frac{1}{2}x^2 + 3\right)}{x + 1} - \frac{7x - 10}{2x - 10}$

b) $\frac{28}{45 - 7x} = \frac{5}{x - 9} - \frac{9}{x - 5}$

c) $\frac{x + 6}{x - 2} + \frac{3x + 8}{x - 4} = \frac{4(x + 13)}{x + 6}$

d) $\frac{x - 13}{x + 3} + \frac{8x + 45}{x + 5} = \frac{9x + 7}{x + 2}$

1.5. Bruchgleichungen mit unbestimmten Koeffizienten und Summen im Nenner

1.5.1. a) $\frac{2a + x}{2a - x} = \frac{a + b}{a - b}$ b) $\frac{a - b}{2c - x} = \frac{a + b}{2c + x}$

c) $\frac{a}{a - 2x} - \frac{b}{b - 2x} = 0$ d) $\frac{x - \sqrt{a}}{x - \sqrt{b}} - \frac{x - \sqrt{a}}{x + \sqrt{b}} = 0$

1.5.2. a) $\frac{a}{x + b} - 1 = 1 + \frac{b}{x + b}$ b) $a - \frac{ax}{x - 1} = \frac{1}{a} - \frac{x}{ax - 1}$

c) $a + b + \frac{x}{a + b} = a - b + \frac{x}{a - b}$ d) $\frac{1}{a + b} + \frac{a + b}{x} = \frac{1}{a - b} + \frac{a - b}{x}$

e) $\frac{x}{ab} + ab = \frac{1}{a + b} + (a + b)x$ f) $\frac{ax}{b} + \frac{bx}{a} + \frac{2ab}{a + b} = \frac{(a + b)^2 x}{ab}$

g) $\frac{a + 1}{b}x + \frac{b + 1}{a}x + \frac{2ab}{a + b} = a + b + 1$

1.5.3. a) $\frac{2(6x^2 - 11a^2)}{4x^2 - 9a^2} = 5 - \frac{4x + a}{2x + 3a}$ b) $\frac{a}{1 - x} - \frac{b}{x + 1} = \frac{(a - b)(ab + 1)}{1 - x^2}$

c) $\frac{2a}{2 - x} - \frac{2b}{x + 2} = \frac{4 (a^2b + ab^2 + a - b)}{4 - x^2}$ d) $\frac{b - x}{a + x} + \frac{1 - x}{a - x} = \frac{a (1 - 2x)}{a^2 - x^2}$

e) $\frac{ax + b}{ab - b^2} - \frac{a - bx}{ab + b^2} = \frac{2 (ax + b)}{a^2 - b^2}$

f) $\frac{2a + ab^2 x}{a + ab^2x} - \frac{a^2 (3 - 2bx)}{a^2 - a^2 b^4 x^2} = \frac{b^2 (2ax - 1)}{a^2 - a^2 b^4 x^2} - \frac{ab^2 x}{a - ab^2 x}$

1.6. Bruchgleichungen, die Doppelbrüche enthalten

a) $\frac{\frac{2}{3}x - \frac{2}{3}}{\frac{2}{3} - x} - \frac{2}{3} = \frac{2}{3} - \frac{\frac{2}{3}x + \frac{2}{3}}{\frac{2}{3} - x}$ b) $\frac{\frac{3}{2} - \frac{1}{x}}{\frac{3}{2} + \frac{1}{x}} - \frac{\frac{2}{3} - \frac{1}{x}}{\frac{2}{3} + \frac{1}{x}} = \frac{\frac{3}{2} - \frac{2}{3}}{\frac{2}{3} * \frac{1}{x} + 1}$

c) $\frac{a - \frac{1}{x}}{a + \frac{1}{x}} - \frac{1}{x} = \frac{x - \frac{1}{a}}{x + \frac{1}{a}} - \frac{1}{a}$ d) $\frac{\frac{1}{a} - \frac{1}{x}}{\frac{1}{a} + \frac{1}{x}} = \frac{a - \frac{1}{x}}{a + \frac{1}{x}}$

1.7. Sachaufgaben

1.7.1. Die Summe aus dem Vierfachen einer Zahl und 14 ist 40. Wie heißt die Zahl?

1.7.2. Die Differenz aus dem Vierfachen einer Zahl und 4 ist gleich der Summe dieser Zahl und 14. Wie heißt diese Zahl?

1.7.3. Die Summe aus dem vierten Teil einer Zahl und dem Fünffachen der Zahl ergibt 42. Wie heißt diese Zahl?

1.7.4. Vermindert man das Vierfache einer Zahl um 2 und dividiert durch die um 4 verminderte Zahl, so erhält man 11. Wie heißt diese Zahl?

1.7.5. Die Summe aus dem Fünffachen einer Zahl und 3 ist doppelt so groß wie die Differenz aus dem Dreifachen dieser Zahl und 1. Wie heißt diese Zahl?

1.7.6. Die Differenz aus dem Vierfachen einer Zahl und 14 ist halb so groß wie die Summe aus dem Doppelten der Zahl und 8. Wie heißt diese Zahl?

1.7.7. Die Differenz aus dem Sechsfachen einer Zahl und 5, dividiert durch die Summe aus dem Vierfachen dieser Zahl und 5, ist 1. Wie heißt diese Zahl?

1.7.8. Der Zähler eines Bruches ist um 5 kleiner als der Nenner. Vergrößert man den Zähler um 23, den Nenner um 8, so erhält man den reziproken Wert des gesuchten Bruches. Wie heißt der Bruch?

1.7.9. Zerlegen Sie 25 so in zwei Zahlen, daß die Differenz ihrer Quadrate 125 ergibt.

1.7.10. Die Differenz zweier Zahlen beträgt 6, die ihrer Quadrate 180. Wie heißen die beiden Zahlen?

1.7.11. Zwei Zahlen verhalten sich wie 3 : 7. Dividiert man die zweite durch die erste, so erhält man 2 Rest 7. Wie heißen die beiden Zahlen?

1.7.12. Die Quersumme einer zweiziffrigen Zahl ist 12. Subtrahiert man 18 von dieser Zahl, so erhält man eine zweiziffrige Zahl mit denselben Ziffern, aber in umgekehrter Reihenfolge. Wie heißt die gegebene Zahl?

1.7.13. Ein Student will aus einer Zahl die Quadratwurzel nach dem Einschachtelungsprinzip ermitteln. Er wählt zunächst eine Zahl als Wurzel, deren Quadrat um 27 zu klein ist. Danach wählt er eine Wurzel, die um zwei größer ist als die zuerst angenommene. Das Quadrat dieser Wurzel ist um 33 zu groß. Wie heißt die Zahl, von der die Quadratwurzel ermittelt werden soll?

1.7.14. Eine Sportgemeinschaft besteht aus vier Sparten. Der ersten Sparte gehören 37 Sportfreunde an, während in den drei anderen Sparten $\frac{1}{5}$, $\frac{1}{4}$ bzw. $\frac{2}{7}$ der Mitglieder erfaßt sind. Wie groß ist die Anzahl der Mitglieder in der Sportgemeinschaft und in den Sparten?

1.7.15. Ein Angestellter verkauft an drei Tagen Broschüren, und zwar am ersten Tag $\frac{1}{9}$, am zweiten Tag $\frac{1}{6}$ und am dritten Tag $\frac{1}{4}$ seines Bestandes. Danach hatte er noch zwei Broschüren weniger als die Hälfte seines ursprünglichen Bestandes übrig. Wieviel Broschüren hatte er zum Verkauf?

1.7.16. Ein Schüler wird von einem Besucher nach seinem Alter befragt. Scherzhaft antwortet er: "Mein Vater, der vor drei Monaten seinen 55. Geburtstag feierte, ist jetzt um $\frac{1}{4}$ mehr als viermal so alt wie ich." Wie alt ist der Schüler?

1.7.17. Der Vater eines Schülers ist viereinhalbmal so alt wie sein Sohn. Beide zusammen sind 27 Jahre jünger als der einundsiebzigjährige Opa des Schülers. Wie alt sind Vater und Sohn?

1.7.18. In einer Rätselrunde sagt ein Schüler zum anderen: "Wenn ich zu dem in meiner Geldbörse befindlichen Geld 2,50 DM addiere, die Summe mit 5 multipliziere, von diesem Produkt 12 subtrahiere und die so erhaltene Differenz durch 11 dividiere, ist das Ergebnis 8,- DM." Wieviel Geld hatte der Schüler in seiner Geldbörse?

1.7.19. Von vier hintereinandergeschalteten Widerständen sind der erste und der zweite gleichgroß, der dritte doppelt und der vierte dreimal so groß wie jeder der beiden erstgenannten; der Gesamtwiderstand beträgt 1050 Ω, die angelegte Spannung 110 V. Wie groß sind

a) die Einzelwiderstände, b) die Stromstärke, c) die Teilspannungen?

1.7.20. Der Gesamtwiderstand zweier parallelgeschalteter Widerstände beträgt
a) 1000 Ω, b) 2000 Ω.
Der eine Widerstand beträgt 4000 Ω. Wie groß ist der andere?

1.7.21. Von drei parallelgeschalteten Widerständen ist der zweite doppelt so groß wie der erste und der dritte dreimal so groß wie der zweite. Wie groß sind die drei Widerstände zu wählen, damit der Gesamtwiderstand
a) 12 kΩ, b) 300 Ω beträgt?

1.7.22. Wie schwer muß eine im Wasser schwimmende Planke sein, wenn sie eine Tragfähigkeit von 750 N haben soll und die Wichte des verwendeten Holzes $4\,\frac{\text{N}}{\text{dm}^3}$ beträgt?

1.7.23. Der Kraftstoffbehälter für einen Zweitaktmotor enthält 40 l Kraftstoffgemisch. Wieviel Liter Benzin und wieviel Liter Öl befinden sich in dem Behälter, wenn das Mischungsverhältnis 1 : 33 beträgt?

1.7.24. Zur Verschönerung des Stadtzentrums einer Großstadt sind längs einer Straße 85 Bäume zu pflanzen. Da der ursprünglich vorgesehene und stets gleiche Abstand um einen Meter verringert werden muß, werden 20 Bäume mehr benötigt. Wie groß ist nunmehr die Entfernung zwischen den einzelnen Bäumen?

1.7.25. Die Spitzengruppe eines Straßen-Radrennens habe eine Länge von insgesamt 50 m. Sie fährt mit einer Geschwindigkeit von $45\,\frac{\text{km}}{\text{h}}$ über eine 425 m lange Brücke. Welche Zeit benötigt sie dazu?

1.7.26. Bei einem Skilanglauf startet der spätere Sieger $1\,\frac{1}{2}$ Minuten hinter dem Meister des vergangenen Jahres. Nach wieviel Kilometern überholt er diesen, wenn seine Durchschnittsgeschwindigkeit $5\,\frac{\text{m}}{\text{s}}$ und die des zu Überholenden $4{,}8\,\frac{\text{m}}{\text{s}}$ beträgt?

1.7.27. Der Start zum 200-Meter-Lauf innerhalb eines Sportfestes erfolgt mittels Pistole. Dabei steht der Starter 10 m hinter der Startlinie. Die Zeitnehmer am Ziel betätigen ihre Stoppuhren, sobald der Abschußrauch sichtbar wird. Wie groß ist die Zeitdifferenz, die man gegenüber dem akustischen Signal auf diese Weise ausschaltet, wenn die Schallgeschwindigkeit $340\,\frac{\text{m}}{\text{s}}$ beträgt?

7 Einige Grundbegriffe der mathematischen Logik

Als Logik bezeichnet man die Wissenschaft, die die Gesetze des richtigen Denkens erforscht. Die Logik beschäftigt sich mit den Elementen des Denkens (Begriffen, Urteilen, Schlüssen) sowie mit den Beziehungen zwischen ihnen. Im Rahmen dieses Abschnittes werden Grundbegriffe der grundlegenden Disziplin der mathematischen Logik, des Aussagenkalküls, dargestellt. Der Aussagenkalkül befaßt sich mit der Theorie der Wahrheitswerte und der Wahrheitsfunktionen.

7.1 Aussage, Wahrheitswert, Aussageform

Eine Aussage ist eine sinnvolle Zusammenfassung von Begriffen, die einen Sachverhalt - Verhältnisse der objektiven Realität - widerspiegelt und bei der es sinnvoll ist, die Frage nach dem Wahrheitswert zu stellen.
Eine Aussage ist wahr bzw. besitzt den Wahrheitswert w, wenn sie die objektive Realität richtig widerspiegelt. Andernfalls ist die Aussage falsch bzw. besitzt den Wahrheitswert f.
Wir betrachten Aussagen, die entweder wahr oder falsch sind (Satz der Zweiwertigkeit).*) Eine dritte Möglichkeit wird ausgeschlossen (Prinzip vom ausgeschlossenen Dritten). Demzufolge kann es auch keine Aussage geben, die gleichzeitig wahr und falsch ist, und keine, die weder wahr noch falsch ist (Prinzip vom ausgeschlossenen Widerspruch).

Beispiele für Aussagen und ihre Wahrheitswerte:

Aussage	Wahrheitswert
Leipzig liegt in Deutschland	w
Schiller war Mathematiker	f
7 ist eine Primzahl	w
7 ist eine gerade Zahl	f
7 / 42 (7 ist Teiler von 42)	w
$7 < 3$	f

Der Satz "Die Sonne scheint." ist keine Aussage im hier definierten Sinne; denn die Frage nach dem Wahrheitswert ist sinnlos, wenn nicht ausgesagt wird, wo und wann die Sonne scheint.

Die Wahrheit oder Falschheit einer Aussage ist nicht in jedem Falle bekannt. Zum Beispiel ist die Aussage, daß die Gleichung $x^n + y^n = z^n$ mit $n > 2$ durch keine von Null verschiedenen ganzen Zahlen x, y, z gelöst wird (Fermatscher Satz) weder bewiesen noch widerlegt. Für $n = 2$ sind Lösungen die sog. pythagoreischen Zahlen, z. B. $x = 3$,

*) Der Satz der Zweiwertigkeit ist keine zwingende Voraussetzung für den Aufbau der Aussagenlogik, man kann durchaus mehr als zwei Wahrheitswerte benutzen.

y = 4, z = 5.

Eine Aussageform ist ein Aussagesatz, in dem mindestens eine freie Variable vorkommt. Eine Aussageform ist weder wahr noch falsch. Aus einer Aussageform wird eine Aussage, wenn man für die Variablen Konstante einsetzt.

Beispiele für Aussageformen:

1. "Nabucco" ist eine Oper des Komponisten A.
   Ersetzt man die Variable A durch "Verdi", so entsteht eine wahre Aussage.
2. $x^2 + 2x + 1 = 0$
   Für x = -1 erhält man eine wahre Aussage, für z. B. x = + 1 eine falsche Aussage.
3. $x + y = 1$
   Diese Aussageform wird für unendlich viele Paare (x, y) zu einer wahren Aussage.

7.2 Verknüpfungen von Aussagen (Aussagenfunktionen)

Unter einer Aussagenfunktion versteht man eine eindeutige Abbildung aus der Menge der zweiwertigen Aussagen in die Menge der zweiwertigen Aussagen, d. h., durch Anwendung einer bestimmten Operation auf eine Aussage (z. B. Verneinung der Aussage) bzw. durch Verknüpfung zweier Aussagen durch Bindewörter (z. B. "und", "oder", "wenn, so", "genau dann, wenn") entstehen wieder Aussagen.

In der mathematischen Logik interessieren die Wahrheitswerte der Einzelaussagen und die daraus folgenden Wahrheitswerte der Aussagenverknüpfungen. Abstrahiert man aber von dem Inhalt der Aussagen, so gelangt man von den Aussagenfunktionen zu den Wahrheitsfunktionen. Darunter versteht man eine eindeutige Abbildung der Menge der Wahrheitswerte {w, f} auf die Menge {w, f}. Wir werden im folgenden fünf ausgewählte, die für die Anwendung bedeutendsten, Wahrheitsfunktionen behandeln.

Die **Negation** (Verneinung - ⟨lat.⟩) ordnet jeder Aussage ihre verneinte Aussage zu. Das Symbol der Negation ist ein Querstrich über der Aussage A: $\overline{A}$ und bedeutet "nicht A". Die Negation einer Aussage ist genau dann wahr, wenn die Aussage falsch ist; andernfalls ist sie falsch. Diesen Zusammenhang zwischen den Wahrheitswerten der Aussage A und $\overline{A}$ kann man auch in Form der Wahrheitswerttabelle darstellen

A	$\overline{A}$
w	f
f	w

Beispiel zur Negation:

Die Negation der Aussage A: "3 < 7" ist die Aussage $\overline{A}$: "3 ≥ 7". Da A wahr ist, ist

$\overline{A}$ falsch.
Die Negation der Aussage B: "Die Winkelsumme im Dreieck beträgt 360°." ist die Aussage $\overline{B}$: "Die Winkelsumme im Dreieck beträgt nicht 360°." Da B falsch ist, ist $\overline{B}$ wahr.

Die **Konjunktion** (Verbindung, Vereinigung - ⟨lat.⟩)ordnet zwei Aussagen ihre Verknüpfung durch "und" (im Sinne von "sowohl - als auch") zu. Das Symbol der Konjunktion ist $\wedge$. Es steht zwischen den beiden Aussagen A und B: $A \wedge B$ bedeutet "A und B". Die Konjunktion zweier Aussagen ist genau dann wahr, wenn beide Aussagen wahr sind, andernfalls ist sie falsch. Den Zusammenhang zwischen den Wahrheitswerten der Aussagen A, B und $A \wedge B$ kann man durch die folgende Wahrheitswerttabelle darstellen.

A	B	$A \wedge B$
w	w	w
w	f	f
f	w	f
f	f	f

Beispiel zur Konjunktion:
Die Konjunktion zweier wahrer Aussagen, A: "3 < 7" und B: "3 ist Primzahl", ist die wahre Aussage $A \wedge B$: "3 ist kleiner als 7 und Primzahl".

Die Konjunktion zweier Aussagen mit unterschiedlichen Wahrheitswerten, nämlich A: "3 < 7" (wahr) und B: "3 ist eine gerade Zahl" (falsch), ist die Aussage $A \wedge B$: "3 ist kleiner als 7 und eine gerade Zahl." Diese Aussagenverbindung hat den Wahrheitswert f.

Die Konjunktion zweier falscher Aussagen, A: "3 > 7" und B: "3 ist gerade", ist die falsche Aussage $A \wedge B$: "3 ist größer als 7 und eine gerade Zahl."

Die **Disjunktion** (Wahl, Entscheidung - ⟨lat.⟩) ordnet zwei Aussagen ihre Verknüpfung durch das nicht ausschließende "oder" zu. Das Symbol der Disjunktion ist $\vee$. Es steht zwischen den beiden Aussagen A und B: $A \vee B$ und bedeutet "A oder B".

Die Disjunktion zweier Aussagen ist wahr, wenn mindestens eine der beiden Aussagen wahr ist und nur dann falsch, wenn beide Aussagen falsch sind. Dieser Sachverhalt ist dargestellt in der folgenden Wahrheitswerttabelle:

A	B	$A \vee B$
w	w	w
w	f	w
f	w	w
f	f	f

Beispiel zur Disjunktion:
Die Disjunktion zweier wahrer Aussagen, A: "3 < 7" und B: "3/6" (3 ist Teiler von 6), ist die wahre Aussage A ∨ B: "3 ist kleiner als 7 oder Teiler von 6."

Die Disjunktion zweier Aussagen mit unterschiedlichen Wahheitswerten, nämlich A: "3 < 7" (wahr) und B: "3 = 7" (falsch), ist die Aussage A ∨ B: "3 < 7 oder 3 = 7." Diese Aussagenverbindung hat den Wahrheitwert w.

Die Disjunktion zweier falscher Aussagen, A: "3 > 7" und B: "3 ist gerade", ist die falsche Aussage A ∨ B: "3 ist größer als 7 oder eine gerade Zahl."

Die Disjunktion darf nicht verwechselt werden mit der Verknüpfung durch das ausschließende "oder" (entweder, oder), die auch dann falsch ist, wenn beide Aussagen wahr sind (1. Zeile der Wahrheitswerttabelle), genannt **Alternative** (lat.: Antivalenz).

Beispiel zur Alternative zweier wahrer Aussagen:
Die Alternative der Aussagen "3 < 7" und "3 ist eine Primzahl", nämlich "3 ist entweder kleiner als 7 oder eine Primzahl", ist falsch.

Beispiele zur Negation, Konjunktion, Disjunktion:

Aussage		Wahrheitswert
A	π ist ganzzahlig	f
B	π ist irrational	w
C	$\pi > 0$	w
D	$\pi < 3$	f

Aussagenverknüpfung		Wahrheitswert
$\overline{A}$	π ist nicht ganzzahlig	w
$\overline{C}$	$\pi \leq 0$	f
A ∧ C	π ist ganzzahlig und > 0	f
B ∧ C	π ist irrational und > 0	w
A ∨ C	π ist ganzzahlig oder > 0	w
A ∨ D	π ist ganzzahlig oder < 3	f

Die schaltalgebraische Realisierung der Konjunktion ist die Reihenschaltung zweier Kontakte (Bild 7.1).

Bild 7.1

Nur wenn beide Kontakte geschlossen sind, fließt Strom.

Die schaltalgebraische Realisierung der Disjunktion ist die Parallelschaltung zweier Kontakte (Bild 7.2).

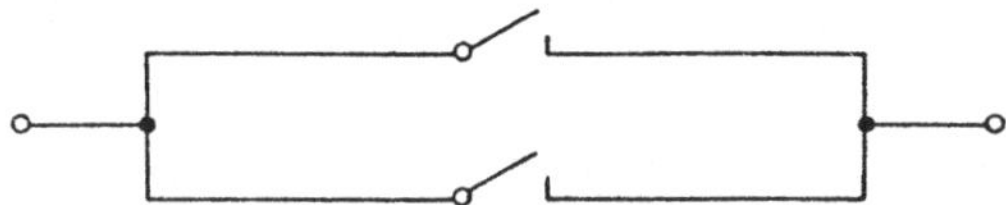

Bild 7.2

Nur wenn beide Kontakte offen sind, fließt kein Strom.

Die **Implikation** (Verflechtung, Einbeziehung - ⟨lat.⟩) ordnet zwei Aussagen ihre Verknüpfung durch "wenn, so" zu. Das Symbol der Implikation ist $\Rightarrow$. Es steht zwischen den beiden Aussagen A und B: $A \Rightarrow B$ und bedeutet "wenn A, so B" bzw. "aus A folgt B". Die Aussage A nennt man Prämisse (Voraussetzung - ⟨lat.⟩), die Aussage B Konklusion (Behauptung - ⟨lat.⟩).

Die Implikation zweier Aussagen ist genau dann falsch, wenn die Prämisse wahr und die Konklusion falsch ist, andernfalls ist sie wahr. Dieser Sachverhalt ist dargestellt in der folgenden Wahrheitswerttabelle:

A	B	$A \Rightarrow B$
w	w	w
w	f	f
f	w	w
f	f	w

Beispiele zur Implikation:

1. Eine Implikation wahrer Prämisse und Konklusion ist "wenn 4/8, so ist 2/8"; die Implikation besitzt den Wahrheitswert w.

2. Eine Implikation mit wahrer Prämisse, aber falscher Konklusion ist "wenn 4/8, so ist 3/8"; die Implikation besitzt den Wahrheitswert f (falsche Schlußweise).

3. Implikationen mit falscher Prämisse sind "wenn 4/6, so ist 2/6", "wenn 4/5, so ist 2/5". Unabhängig davon, ob die Konklusion wahr ist, wie 2/6, oder falsch, wie 2/5, besitzt die Implikation den Wahrheitswert w (aus Falschem kann Wahres oder Falsches geschlußfolgert werden).

Die Implikation ist die Grundlage der mathematischen Beweisführung (vgl. Abschnitt 8, direkter/indirekter Beweis).

Im Zusammenhang mit der Anwendung der "wenn, so" - Verknüpfung bei mathematischen Beweisen ist es wesentlich, daß aus einer falschen Aussage durch richtige Schlußweise eine wahre Aussage gefolgert werden kann (3. Zeile der Wahrheitswerttabelle der Implikation). Es ist zum Beispiel $-1 = +1$ eine falsche Aussage. Quadriert man jedoch beide Seiten der Gleichung, $(-1)^2 = (+1)^2$, so erhält man $1 = 1$, eine wahre Aussage. Deshalb darf eine Beweisführung nicht von einer Aussage ausgehen, deren Wahrheitswert unbekannt ist, also etwa von der zu beweisenden Aussage. Die Überführung der ursprünglichen in eine wahre Aussage beweist eben gerade noch nicht, daß damit auch die ursprüngliche Aussage wahr ist. Wir kommen im Abschnitt 8.1 darauf zurück.

Die **Äquivalenz** (Gleichwertigkeit - ⟨lat.⟩) ordnet zwei Aussagen ihre Verknüpfung durch "genau dann, wenn" bzw. "dann und nur dann, wenn" zu. Das Symbol der Äquivalenz ist $\Leftrightarrow$. Es steht zwischen beiden Aussagen A und B: $A \Leftrightarrow B$ und bedeutet "B genau dann, wenn A". Die Äquivalenz ist, wie es das Symbol auch ausdrückt, eine Implikation in beiden Richtungen: Aus A folgt B und aus B folgt A. Die Äquivalenz zweier Aussagen ist genau dann wahr, wenn beide Aussagen wahr oder beide Aussagen falsch sind. Dieser Sachverhalt ist dargestellt in der folgenden Wahrheitswerttabelle:

A	B	$A \Leftrightarrow B$
w	w	w
w	f	f
f	w	f
f	f	w

Beispiel zur Äquivalenz zweier wahrer Aussagen:
A: "Das Dreieck ist gleichseitig."
B: "Das Dreieck ist gleichwinklig."
$A \Leftrightarrow B$: "Das Dreieck ist genau dann gleichseitig, wenn es gleichwinklig ist."

7.3 Beziehungen zwischen den Aussagenfunktionen

Man nennt Verknüpfungen von Aussagen logisch gleichwertig, wenn bei übereinstimmenden Wahrheitswerten der verknüpften Aussagen die Wahrheitswerte der Aussagenverknüpfungen übereinstimmen. Die Gleichwertigkeit beweist man durch Aufstellen der vollständigen Wahrheitswerttabelle.

Im Zusammenhang mit der Äquivalenz wurde zum Ausdruck gebracht, daß die Äquivalenz eine Implikation in beiden Richtungen ist, mit anderen Worten: Die beiden Aussagenverknüpfungen $A \Leftrightarrow B$ und $(A \Rightarrow B) \wedge (B \Rightarrow A)$ sind gleichwertig. Der Beweis ist die Übereinstimmung der Wahrheitswerte in den Spalten 3 und 6 der folgenden Wahrheitswerttabelle:

A	B	$A \Leftrightarrow B$	$A \Rightarrow B$	$B \Rightarrow A$	$(A \Rightarrow B) \wedge (B \Rightarrow A)$
w	w	w	w	w	w
w	f	f	f	w	f
f	w	f	w	f	f
f	f	w	w	w	w

Die Gleichwertigkeit (Äquivalenz) kann auch durch das Äquivalenzsymbol ausgedrückt werden:

$$(A \Leftrightarrow B) \Leftrightarrow [(A \Rightarrow B) \wedge (B \Rightarrow A)].$$

Die Gleichwertigkeit von Aussagenverknüpfungen erlaubt es, die eine durch die andere zu ersetzen, was insbesondere bei der Vereinfachung komplizierter Verknüpfungen (Schaltalgebra) Anwendung findet.

Wichtige Beispiele für Äquivalenzen von Aussagenverknüpfungen sind die De Morganschen Regeln,

(1) $\overline{(A \wedge B)} \Leftrightarrow (\overline{A} \vee \overline{B})$,

(2) $\overline{(A \vee B)} \Leftrightarrow (\overline{A} \wedge \overline{B})$,

und die Distributivgesetze für Konjunktion und Disjunktion,

(3) $[A \wedge (B \vee C)] \Leftrightarrow [(A \wedge B) \vee (A \wedge C)]$,

(4) $[A \vee (B \wedge C)] \Leftrightarrow [(A \vee B) \wedge (A \vee C)]$.

7.4 Existenz- und Universalaussagen

Existenz- und Universalaussagen beziehen sich auf Aussageformen. Aussageformen sind Aussagesätze, die mindestens eine freie Variable enthalten (vgl. Abschnitt 7.1). Dabei bleibt die Frage offen, ob es (im interessierenden Variablenbereich) überhaupt Belegungen für die Variablen gibt, die die Aussageform zu einer wahren Aussage machen.

Beispiel: Die Aussageform $x^2 + 1 = 0$ wird für kein Element aus der Menge R der reellen Zahlen zu einer wahren Aussage. Die Aussageform $x + 1 = 0$ wird für $x = -1$ zu einer wahren Aussage.

Das Symbol $\exists x$ bedeutet "es gibt mindestens ein x". Mit der Aussageform und dem zugehörigen Variablenbereich gepaart, entsteht mit diesem Symbol eine Existenzaussage, nämlich die Aussage, daß es im Variablenbereich mindestens eine Belegung der Variablen gibt, die die Aussageform zu einer wahren Aussage macht.

Beispiele für wahre Existenzaussagen:

1. $\exists x \in R: x + 1 = 0$ (es gibt eine reelle Zahl x, für die $x + 1 = 0$ gilt) *)
2. $\exists x \in R: x^2 + 4x + 4 = 0$,
3. $\exists x \in R: x^2 - 4 = 0$ (es gibt sogar zwei reelle Zahlen, für die $x^2 - 4 = 0$ gilt: -2; + 2).

---

*) $x \in R$ bedeutet: x ist Element der Menge der reellen Zahlen R (vgl. Abschnitt 9.1).

Beispiel für die Verneinung einer Existenzaussage:

$\nexists$ x $\in$ R: $x^2 + 1 = 0$ (es gibt keine reelle Zahl x, für die $x^2 + 1 = 0$ gilt).

Es gibt auch Aussageformen, die für alle Elemente des Variablenbereichs zu einer wahren Aussage werden.

Beispiel: Die Aussageform "x ist durch 2 teilbar" wird für jedes Element aus der Menge G der geraden Zahlen zu einer wahren Aussage.

Das Symbol $\forall$x bedeutet "für alle x". Mit der Aussageform und dem zugehörigen Variablenbereich verknüpft, entsteht mit diesem Symbol eine Universalaussage, nämlich die Aussage, daß jedes Element des Variablenbereichs die Aussageform zu einer wahren Aussage macht.

Beispiele für wahre Universalaussagen:

1. $\forall x \in G: 2/x$,
2. $\forall x \in R, x > 1: x^2 > x$ (für alle reellen Zahlen x, die größer als 1 sind, gilt $x^2 > x$).

Beispiel für eine falsche Universalaussage:

$\forall x \in R: x^2 > x$.

Diese Aussage ist falsch, denn sie gilt nicht für $-0 \leq x \leq 1$, also nicht für alle reellen Zahlen x.

7.5 Notwendige und hinreichende Bedingung

Für das Symbol der Implikation $A \Rightarrow B$ ("wenn A, so B"; "aus A folgt B") gibt es insbesondere in der Mathematik auch die Formulierungen

a) "A ist eine hinreichende Bedingung für B",
b) "B ist eine notwendige Bedingung für A".

Die Formulierung a) besagt, daß die Wahrheit von A die Wahrheit von B nach sich zieht. Die Erfüllung der Bedingung A ist die Voraussetzung für die Erfüllung der Bedingung B. Für die Gültigkeit der Aussage B ist hinreichend, daß die Aussage A gilt.

Beispiele für hinreichende Bedingungen:

1. A: "Die Zahl n ist teilbar durch 6."
   B: "Die Zahl n ist teilbar durch 3."
   $A \Rightarrow B$: Hinreichend dafür, daß die Zahl n durch 3 teilbar ist, ist ihre Teilbarkeit durch 6.

Wenn n durch 6 teilbar ist, so auch durch 3. Das heißt noch nicht, daß n unbedingt durch 6 teilbar sein muß, um durch 3 teilbar zu sein, z. B. ist 9 nicht durch 6, aber durch 3 teilbar.

2. A: "$n > 7$",
   B: "$n > 6$".

$A \Rightarrow B$: Hinreichend dafür, daß eine reelle Zahl n größer als 6 ist, ist die Beziehung $n > 7$. Es gibt aber auch reelle Zahlen, die größer als 6 sind, obwohl sie nicht größer als 7 sind, z. B. 6,5.

Die Formulierung b) besagt, daß die Gültigkeit der Aussage B erforderlich ist, damit die Aussage A gilt. Wenn B nicht gilt, so gilt auch A nicht.

Beispiele für notwendige Bedingungen:

1. Notwendig dafür, daß eine Zahl n durch 6 teilbar ist, ist ihre Teilbarkeit durch 3. Eine nicht durch 3 teilbare Zahl n ist auch nicht durch 6 teilbar.

2. A: "Das Viereck ist ein Quadrat."
   B: "Das Viereck hat vier rechte Winkel."
   $A \Rightarrow B$: Notwendig dafür, daß ein Viereck ein Quadrat ist, ist seine Eigenschaft, vier rechte Winkel zu haben. Ein Viereck, dessen Winkel nicht sämtlich rechte sind, ist kein Quadrat.

Für das Symbol der Äquivalenz: $A \Leftrightarrow B$ (Implikation in beiden Richtungen) gibt es in der Mathematik auch die Formulierung "A ist eine notwendige und hinreichende Bedingung für B". Sie besagt, daß A genau dann gilt, wenn B gilt.

Beispiele für notwendige und hinreichende Bedingungen:

1. A: "Die Zahl n ist teilbar durch 6."
   B: "Die Zahl n ist teilbar durch 3 und 2."
   $A \Leftrightarrow B$: Notwendig und hinreichend dafür, daß die Zahl n durch 6 teilbar ist, ist ihre Teilbarkeit durch 3 und 2.

2. A: "Das Viereck ist ein Quadrat."
   B: "Das Viereck hat vier rechte Winkel und vier gleichlange Seiten."
   $A \Leftrightarrow B$: Notwendig und hinreichend dafür, daß ein Viereck ein Quadrat ist, sind seine Eigenschaften, vier rechte Winkel und vier gleichlange Seiten zu haben.

7.6 Übungsaufgaben

1. Beweisen Sie durch Aufstellen der Wahrheitswerttabellen die Äquivalenzen (1) bis (4) im Abschnitt 7.3!

2. Zeigen Sie durch Aufstellen der Wahrheitswerttabellen, daß die folgenden Aussagenverknüpfungen logisch gleichwertig sind:

   a) $(A \rightarrow B)$ und $(\overline{B} \rightarrow \overline{A})$,

   b) $(A \rightarrow B)$ und $(\overline{A} \vee B)$!

8 Beweismethoden

In der Mathematik werden, ausgehend von gewissen Voraussetzungen V, Behauptungen (mathematische Sätze) B formuliert und bewiesen. Voraussetzungen und Behauptungen sind Aussagen, ihre Verknüpfung im mathematischen Satz sind Implikationen: $V \Rightarrow B$. Der Beweis besteht im Nachweis des Wahrheitswertes w der Behauptung B, und bei diesem Nachweis wird B aus V und bereits bewiesenen Sätzen gefolgert. Für dieses Folgern gibt es verschiedene Methoden.

8.1 Der direkte Beweis

Beim direkten Beweis geht man von einer Aussage A aus, deren Wahrheitswert w bekannt ist, und folgert daraus die Aussage B. Die Aussage B ist dann ebenfalls wahr, denn aus einer wahren Prämisse kann man nur eine wahre Konklusion folgern (1. Zeile der Wahrheitswerttabelle der Implikation).

Die Folgerung einer falschen Konklusion aus einer wahren Prämisse ist falsch (2. Zeile der Wahrheitswerttabelle der Implikation).

Beispiel zum direkten Beweis:
V: $x \geq 1$,
B: $6x + 3 \geq 3x + 6$.

Beweis: Die Aussage A, deren Wahrheitswert w bekannt ist, ist die Voraussetzung $x \geq 1$. Daraus folgern wir durch Multiplikation mit 3: $3x \geq 3$, durch Addieren von 3: $3x + 3 \geq 6$, durch Addieren von 3x: $6x + 3 \geq 3x + 6$.

Beispiel für eine falsche Beweisführung:

Zu beweisen ist $\frac{a+b}{2} \geq \sqrt{a * b}$.

Aus der zu beweisenden Aussage folgern wir:

$$\frac{(a+b)^2}{4} \geq ab$$

$$a^2 + 2ab + b^2 \geq 4ab$$

$$a^2 - 2ab + b^2 \geq 0$$

$$(a - b)^2 \geq 0.$$

Die gefolgerte Aussage $(a - b)^2 \geq 0$ ist unbedingt wahr, aber die zu beweisende Aussage gilt nur unter den Bedingungen $a \geq 0$, $b \geq 0$. Deshalb ist, wenn man nicht aus einer wahren Aussage auf die zu beweisende Aussage schließen kann (direkter Beweis), der indirekte Beweis anzuwenden, den wir im folgenden Abschnitt 8.2 behandeln.

8.2 Der indirekte Beweis

Beim indirekten Beweis geht man von der Negation der Behauptung, A = "nicht Behauptung", aus und folgert daraus eine Aussage B, die falsch ist. Die Aussage A, also die negierte Behauptung, ist dann ebenfalls falsch; denn nur aus einer falschen Prämisse A kann man eine falsche Konklusion B folgern (4. Zeile der Wahrheitswerttabelle der Implikation). Die Folgerung einer falschen Konklusion aus einer wahren Prämisse ist falsch (2. Zeile der Wahrheitswerttabelle der Implikation). Wenn aber die Negation der Behauptung falsch ist, dann ist die Behauptung wahr.

Beispiele zum indirekten Beweis:

1. V: a, b reell, $a \geq 0$, $b \geq 0$,

   B: $\frac{a+b}{2} \geq \sqrt{a * b}$.

   Beweis: Die Negation der Behauptung ist $\frac{a+b}{2} < \sqrt{a * b}$. Daraus folgern wir durch Quadrieren $\frac{(a+b)^2}{4} < a * b$,
   durch Multiplizieren mit 4: $(a + b)^2 < 4ab$,
   durch Berechnen des Quadrates: $a^2 + 2ab + b^2 < 4ab$,
   durch Subtrahieren von 4ab: $a^2 - 2ab + b^2 < 0$.
   Die linke Seite der Ungleichung läßt sich darstellen als Quadrat eines Binoms und kann niemals negativ sein, d. h., $(a - b)^2 < 0$ ist falsch, damit ist $\frac{a+b}{2} < \sqrt{a * b}$ falsch, also $\frac{a+b}{2} \geq \sqrt{a * b}$ wahr.

2. B: $\sqrt{2}$ ist irrational.
   Beweis: Die Negation der Behauptung ist: $\sqrt{2}$ ist rational.
   Dann müssen zwei teilerfremde ganze Zahlen p, q ($q \neq 0$) existieren, so daß gilt: $\sqrt{2} = \frac{p}{q}$ bzw. $p^2 = 2q^2$. Damit ist p^2 eine gerade Zahl, und auch p ist eine gerade Zahl, denn nur das Quadrat einer geraden Zahl ist gerade, $p = 2p'$. Es folgt durch Quadrieren und Einsetzen
   $p^2 = 4p'^2$,
   $2q^2 = 4p'^2$,
   $q^2 = 2p'^2$,
   und aus der letzten Gleichung folgt, daß auch q gerade ist. Demnach sind p und q durch 2 teilbar, also nicht teilerfremd. Wenn aber keine teilerfremden ganzen Zahlen p und q mit $\sqrt{2} = \frac{p}{q}$ existieren, so existieren gar keine derartigen ganzen Zahlen.

8.3 Beweis durch vollständige Induktion

Die vollständige Induktion wendet man zum Beweis von Behauptungen an, die für alle natürlichen Zahlen n von einer bestimmten Zahl n_0 an ausgesprochen werden.

Beispiel 1: $\forall n \geq 0$ gilt $2^n > n$,

Beispiel 2: $\forall n \geq 1$ gilt $1 + 3 + 5 + \ldots + (2n - 1) = n^2$.

Dem Beweis durch vollständige Induktion liegt das "Prinzip der vollständigen Induktion" zugrunde: Wenn eine Aussage für eine natürliche Zahl $n = n_0$ gilt, und aus der Gültigkeit der Aussage für eine beliebige natürliche Zahl $n = k$ ihre Gültigkeit für $n = k + 1$ folgt, so ist diese Aussage wahr für alle natürlichen Zahlen $n \geq n_0$.

Demzufolge erfolgt der Induktionsbeweis in zwei Schritten:

1. Induktionsanfang
   Es wird gezeigt, daß die Aussage für $n = n_0$ richtig ist.

2. Induktionsschritt
   Es ist eine Implikation nachzuweisen. Der Induktionsschritt besteht daher aus den Teilschritten:

2.1. Induktionsvoraussetzung
   Es wird vorausgesetzt, daß die Aussage für $n = k$ gilt, und diese Voraussetzung V formuliert.

2.2. Induktionsbehauptung
   Es wird behauptet, daß die Aussage für $n = k + 1$ gilt, und diese Behauptung B formuliert.

2.3. Induktionsbeweis
   Es wird bewiesen, daß B aus V folgt: $V \Rightarrow B$.

Beispiel 1:
1. Für $n = 0$ gilt $2^0 = 1 > 0$.
2.1. V: $2^k > k$.
2.2. B: $2^{k+1} > k + 1$.
2.3. $V \Rightarrow B$: Aus $2^k > k$ und $2^k > 1$ folgt durch
   Addition $2^k + 2^k > k + 1$
   und daraus $2 * 2^k > k + 1$, $2^{k+1} > k + 1$.

Beispiel 2:
1. Für $n = 1$ gilt $1 = 1^2 = 1$.
2.1. V: $1 + 3 + 5 + \ldots + (2k - 1) = k^2$.
2.2. B: $1 + 3 + 5 + \ldots + (2k - 1) + (2k + 1) = (k + 1)^2$.
2.3. $V \Rightarrow B$: Aus der Voraussetzung folgt durch Addieren des Summanden $2k + 1$
   $1 + 3 + 5 + \ldots + (2k - 1) + (2k + 1) = k^2 + 2k + 1$
   und daraus durch Darstellung der rechten Seite als Quadrat eines Binoms $1 + 3 + 5 + \ldots + (2k - 1) + (2k + 1) = (k + 1)^2$.

8.4 Übungsaufgaben

1. Beweisen Sie direkt:

   a) Aus $a + \frac{1}{a} = b$ folgt $a^3 + \frac{1}{a^3} = b^3 - 3b$.

   b) Für zwei spitze Winkel α, β gilt
   $\sin(\alpha + \beta) < \sin\alpha + \sin\beta$.

2. Beweisen Sie indirekt:

   a) Für alle x, $0 < x < \infty$, gilt $\frac{3x - 4}{2x + 4} > -1$.

   b) $\sqrt{21}$ ist irrational.

3. Beweisen Sie durch vollständige Induktion:

   a) $1 + 2 + 3 + \ldots + n = \frac{(n + 1)\, n}{2}$

   b) $1^2 + 2^2 + 3^2 + \ldots + n^2 = \frac{(2n + 1)(n + 1)\, n}{6}$

   c) $2^0 + 2^1 + 2^2 + \ldots + 2^n = 2^{n+1} - 1$

9 Grundbegriffe der Mengenlehre

9.1 Der Begriff der Menge

Der in der Mathematik verwendete Mengenbegriff wird auch im täglichen Leben häufig gebraucht. Man spricht zum Beispiel von der Menge der Schüler einer Schule, der Menge der Bücher einer Bibliothek, der Menge der Planeten des Sonnensystems. Man gebraucht den Mengenbegriff also immer dann, wenn Objekte einer bestimmten Art, Objekte mit einer bestimmten Eigenschaft zu einer Gesamtheit zusammengefaßt werden sollen. In diesem Sinne spricht man auch in der Mathematik zum Beispiel von der Menge der ganzen Zahlen, der Menge der Lösungen einer Gleichung, der Menge der Punkte einer Kurve. Deshalb erklären wir den Mengenbegriff wie folgt:

Unter einer Menge versteht man die Zusammenfassung bestimmter, wohl unterschiedener Objekte unserer Anschauung oder unseres Denkens mit gemeinsamen Eigenschaften zu einer Gesamtheit.

Die Objekte, die zu einer Menge gehören, heißen Elemente der Menge. Mengen werden gewöhnlich mit großen lateinischen Buchstaben, ihre Elemente mit kleinen lateinischen Buchstaben bezeichnet. Ist x Element der Menge M, so wird das durch $x \in M$ (lies: x ist Element von M) symbolisiert. Ist x nicht Element von M, so schreibt man $x \notin M$.

Beispiel 9.1:

a) Es sei M_1 die Menge der Primzahlen.
Dann gilt: $7 \in M_1$, $8 \notin M_1$

b) Es sei M_2 die Menge der Lösungen der Gleichung
$(x + 1)(x - 2) = 0$.
Dann gilt: $-1 \in M_2$, $2 \in M_2$, $1 \notin M_2$.

Mengen kann man durch Aufzählen ihrer Elemente beschreiben, die man in geschweiften Klammern auflistet.

Beispiel 9.2:

a) Die Menge M_2 der Lösungen der Gleichung
$(x + 1)(x - 2) = 0$ ist $M_2 = \{-1, 2\}$.

b) Die Menge M_3 der geraden Zahlen ist
$M_3 = \{0, 2, -2, 4, -4, \ldots\}$.

Mengen kann man auch durch Angabe der Eigenschaft oder Eigenschaften ihrer Elemente beschreiben:
$M = \{x \mid \text{Eigenschaft}\}$ (lies: M ist Menge aller x mit der Eigenschaft ...)

Beispiel 9.3:

a) $M_1 = \{x \mid x \text{ ist Primzahl}\}$.

b) $M_2 = \{x \mid (x + 1)(x - 2) = 0\}$.

c) $M_4 = \{x \mid x \text{ ist reell und } 0 \leq x \leq 1\}$.

Die Menge, die kein Element enthält, heißt leere Menge und wird mit dem Symbol $\varnothing$ bezeichnet.

Beispiel 9.4:

$\{x \mid x \text{ ist ganzzahlig und } x^2 + x - \frac{3}{4} = 0\} = \varnothing$,

denn die Menge der Lösungen der Gleichung $x^2 + x - \frac{3}{4}$ ist

$\left\{x \mid x^2 + x - \frac{3}{4} = 0\right\} = \left\{\frac{1}{2}, -\frac{3}{2}\right\}$, enthält also keine ganzzahligen Elemente.

9.2 Relationen zwischen Mengen

Die wichtigsten Relationen (Beziehungen) zwischen Mengen sind die Gleichheit und das Enthaltensein.

> Zwei Mengen M_1 und M_2 heißen gleich,
> $M_1 = M_2$,
> wenn jedes Element der Menge M_1 auch Element der Menge M_2 ist und umgekehrt jedes Element von M_2 auch Element von M_1.

Gleiche Mengen enthalten also die gleichen Elemente.

Beispiel:
$M_1 = \{x \mid (x + 1)(x + 2)(x + 3) = 0\}$,
$M_2 = \{-1, -2, -3\}$.
Es ist $M_1 = M_2$.

> Eine Menge M_1 heißt Teilmenge (Untermenge) einer Menge M_2, bzw. M_1 ist in M_2 enthalten,
>
> $M_1 \subseteq M_2$,
>
> wenn jedes Element der Menge M_1 auch Element von M_2 ist.

Das Enthaltensein einer Menge M_1 in einer Menge M_2 schließt die Gleichheit mit ein. Soll die Gleichheit ausgeschlossen werden, so spricht man von echtem Enthaltensein.

> Eine Menge M_1 heißt echte Teilmenge einer Menge M_2,
> $M_1 \subset M_2$,
> wenn wenigstens ein Element von M_2 nicht zu M_1 gehört.

Beispiele:
1. $M_1 = \{-1, 1\}$ ist echt enthalten in $M_2 = \{-1, 0, 1\}$.

2. Die Menge aller Quadrate ist eine echte Teilmenge der Menge aller Vierecke.
3. Bild 9.1 zeigt zwei Punktmengen in der Ebene, und es gilt $M_1 \subset M_2$.

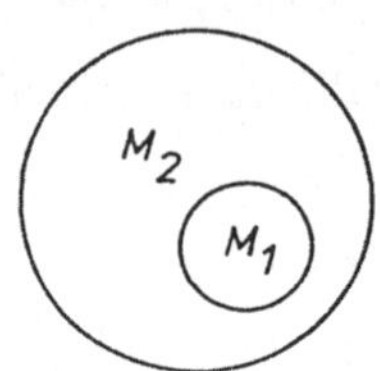

Bild 9.1

Die leere Menge ist in jeder Menge enthalten. Jede Menge ist in sich selbst (unecht) enthalten.

Eigenschaften der Gleichheit und des Enthaltenseins:

a) Reflexivität
Reflexiv heißen Beziehungen, die eine wahre Aussage ergeben, wenn sie zwischen einem Objekt und sich selbst aufgestellt werden.
Gleichheit und Enthaltensein sind reflexive Beziehungen: $M = M$; $M \subseteq M$. Das echte Enthaltensein jedoch ist keine reflexive Beziehung: $M \not\subset M$.

b) Symmetrie
Symmetrisch heißen Beziehungen, deren Bezugsobjekte vertauscht werden dürfen.
Die Gleichheit ist eine symmetrische Beziehung, aus $M_1 = M_2$ folgt $M_2 = M_1$. Das Enthaltensein ist keine symmetrische Beziehung: Ist $M_1 \subseteq M_2$, so kann die Beziehung $M_2 \subseteq M_1$ falsch sein, nämlich dann, wenn $M_1 \neq M_2$ ist.

c) Transitivität
Transitivität bedeutet Übertragbarkeit der Beziehungen.
Aus $M_1 = M_2$ und $M_2 = M_3$ folgt $M_1 = M_3$.
Aus $M_1 \subseteq M_2$ und $M_2 \subseteq M_3$ folgt $M_1 \subseteq M_3$.
Die Gleichheit und das Enthaltensein sind transitive Beziehungen.

9.3 Operationen mit Mengen

Die wichtigsten Operationen mit Mengen, die jeweils zwei Mengen eine dritte zuordnen, sind die Vereinigung, der Durchschnitt und die Differenz.

Unter der Vereinigung M zweier Mengen M_1 und M_2

$$M = M_1 \cup M_2$$

(gelesen: M_1 vereinigt mit M_2) versteht man die Menge aller Elemente, die wenigstens einer der beiden Mengen M_1 und M_2 angehören.

Jedes Element der Vereinigung $M_1 \cup M_2$ ist also Element von M_1 oder M_2 (im Sinne des nicht ausschließenden oder, vgl. Abschnitt 7.2), gehört also der Menge M_1 oder der Menge M_2 oder beiden an.

Beispiele:

1. In einer Gruppe Jugendlicher sei M_1 die Menge aller Jugendlichen mit Abitur, M_2 die Menge aller Jugendlichen mit Facharbeiterabschluß. Dann ist $M_1 \cup M_2$ die Menge aller Jugendlichen, die das Abitur oder den Facharbeiterabschluß oder beides besitzen.

2. $M_1 = \{k, a, r, l\}$, $M_2 = \{u, r, s, e, l\}$,
   $M_1 \cup M_2 = \{k, a, r, l, u, s, e\}$.

3. Bild 9.2 zeigt zwei Punktmengen in der Ebene, die a) punktfremd sind, b) gemeinsame Punkte enthalten, c) die Beziehung $M_1 \subseteq M_2$ erfüllen. $M_1 \cup M_2$ ist jeweils die durch die Schraffur gekennzeichnete Punktmenge.

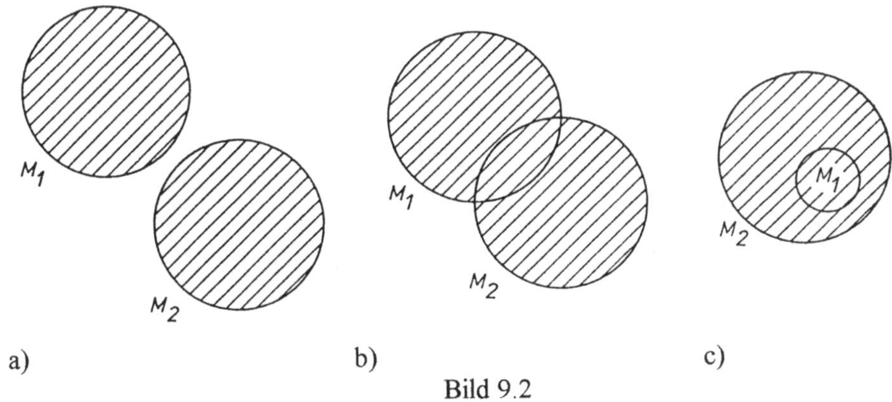

Bild 9.2

Für die Vereinigung gelten das Kommutativgesetz,

$$M_1 \cup M_2 = M_2 \cup M_1,$$

d. h., die Reihenfolge der zu vereinigenden Mengen ist vertauschbar, und das Assoziativgesetz,

$$(M_1 \cup M_2) \cup M_3 = M_1 \cup (M_2 \cup M_3) = M_1 \cup M_2 \cup M_3,$$

d. h., bei der Vereinigung von mehr als zwei (z. B. drei) Mengen ist die Reihenfolge der Vereinigungen beliebig.

> Unter dem Durchschnitt M zweier Mengen M_1 und M_2,
> $$M = M_1 \cap M_2,$$
> (gelesen: M_1 geschnitten mit M_2) versteht man die Menge aller Elemente, die zugleich beiden Mengen M_1 und M_2 angehören.

Jedes Element des Durchschnitts $M_1 \cap M_2$ ist also Element von M_1 und M_2 (im

Sinne von sowohl - als auch, vgl. Abschnitt 7.2).

Beispiele:

1. In einer Gruppe Jugendlicher sei M_1 die Menge aller Jugendlichen mit Abitur, M_2 die Menge aller Jugendlichen mit Facharbeiterabschluß. Dann ist $M_1 \cap M_2$ die Menge aller Jugendlichen, die sowohl das Abitur als auch den Facharbeiterabschluß besitzen.
2. $M_1 = \{k, a, r, l\}$, $M_2 = \{u, r, s, e, l\}$,
   $M_1 \cap M_2 = \{r, l\}$.
3. Bild 9.3 zeigt zwei Punktmengen in der Ebene, die a) punktfremd sind, b) gemeinsame Punkte enthalten, c) die Beziehung $M_1 \subset M_2$ erfüllen. $M_1 \cap M_2$ ist jeweils die durch die Schraffur gekennzeichnete Punktmenge.

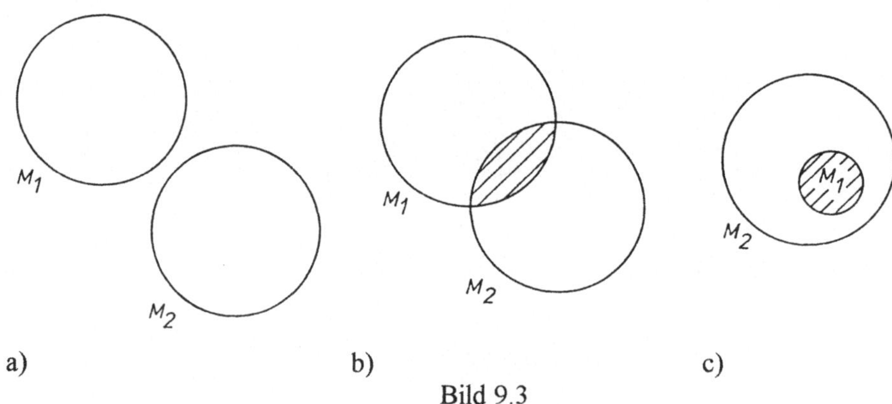

a) b) c)

Bild 9.3

Zwei Mengen, deren Durchschnitt die leere Menge ist, $M_1 \cap M_2 = \varnothing$ (vgl. Beispiel 3a) heißen disjunkt.

Für den Durchschnitt gelten, ebenso wie für die Vereinigung, das Kommutativgesetz,

$$M_1 \cap M_2 = M_2 \cap M_1,$$

und das Assoziativgesetz,

$$(M_1 \cap M_2) \cap M_3 = M_1 \cap (M_2 \cap M_3) = M_1 \cap M_2 \cap M_3.$$

Für die Mengenoperationen Vereinigung und Durchschnittsbildung gelten beide Distributivgesetze:

$$M_1 \cup (M_2 \cap M_3) = (M_1 \cup M_2) \cap (M_1 \cup M_3),$$
$$M_1 \cap (M_2 \cup M_3) = (M_1 \cap M_2) \cup (M_1 \cap M_3).$$

(Für die Rechenoperationen mit Zahlen, Addition und Multiplikation, gilt nur ein Dis-

tributivgesetz. Es ist
$a_1 * (a_2 + a_3) = a_1 a_2 + a_1 a_3$, aber $a_1 + (a_2 a_3) \neq (a_1 + a_2) * (a_1 + a_3)$.)

> Unter der Differenz M zweier Mengen M_1 und M_2,
> $M = M_1 \setminus M_2$,
> (gelesen: Differenzmenge aus M_1 und M_2) versteht man die Menge aller Elemente, die zu M_1, aber nicht zu M_2 gehören.

Die Differenzmenge $M_1 \setminus M_2$ ist also die Menge der Elemente, die von M_1 übrig bleibt, wenn man aus M_1 alle Elemente entfernt, die zu M_1 und M_2 gehören.

Beispiele:

1. In einer Seminargruppe sei M_1 die Menge der männlichen Studenten, M_2 die Menge der Studenten (beiderlei Geschlechts) mit der Note 1 im Fach Mathematik. Dann ist $M_1 \setminus M_2$ die Menge aller männlichen Studenten mit einer der Noten 2, 3, 4, 5, 6 in Mathematik und $M_2 \setminus M_1$ die Menge aller weiblichen Studenten, die im Fach Mathematik die Note 1 haben. Gibt es in der Seminargruppe nur männliche Studenten, so ist $M_2 \setminus M_1 = \emptyset$.
2. $M_1 = \{k, a, r, l\}$, $M_2 = \{u, r, s, e, l\}$,
   $M_1 \setminus M_2 = \{k, a\}$, $M_2 \setminus M_1 = \{u, s, e\}$.
3. Bild 9.4 zeigt zwei Punktmengen in der Ebene, die a) punktfremd sind, b) gemeinsame Punkte enthalten, c) die Beziehung $M_2 \subset M_1$ erfüllen. $M_1 \setminus M_2$ ist jeweils die durch die Schraffur gekennzeichnete Punktmenge.

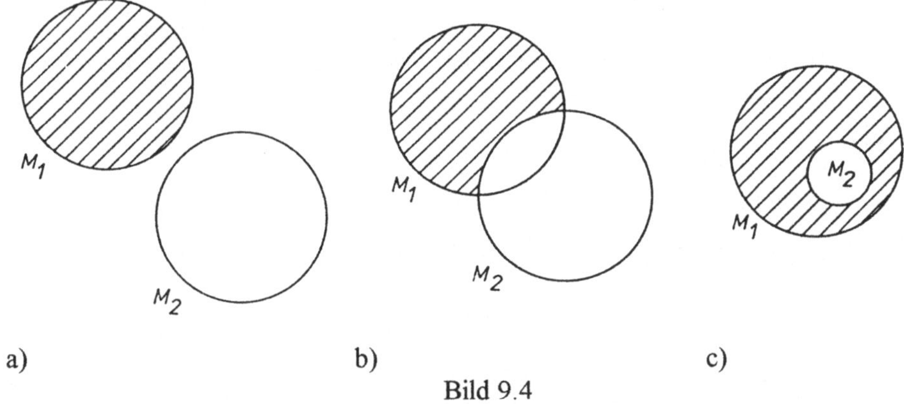

Bild 9.4

Wie die Definition der Differenz und die Beispiele zeigen, ist

$$M_1 \setminus M_2 \neq M_2 \setminus M_1.$$

9.4 Abbildungen

In diesem Abschnitt definieren wir zunächst den Begriff des Mengenprodukts und unter Verwendung des Produktbegriffs die Abbildung.

Unter dem Produkt (auch Kreuzprodukt M) zweier Mengen M_1 und M_2,
$$M = M_1 \times M_2,$$
versteht man die Menge aller geordneten Paare (x, y) von Elementen $x \in M_1$, $y \in M_2$.

Beispiele:

1. $M_1 = \{a, b\}$, $M_2 = \{1, 2, 3\}$,
   $M_1 \times M_2 = \{(a, 1), (a, 2), (a, 3), (b, 1), (b, 2), (b, 3)\}$,
   $M_2 \times M_1 = \{(1, a), (1, b), (2, a), (2, b), (3, a), (3, b)\}$.
   Wegen der geforderten Ordnung der Paare ist die Produktbildung nicht kommutativ, d. h., im allgemeinen gilt nicht
   $M_1 \times M_2 = M_2 \times M_1$.

2. R sei die Menge aller reellen Zahlen, geometrisch die Menge aller Punkte der Geraden. Dann ist R × R die Menge aller Paare reeller Zahlen, geometrisch die Menge aller Punkte der Ebene.

Unter einer Abbildung F versteht man eine Teilmenge des Produkts $M_1 \times M_2$ zweier Mengen, also eine Menge geordneter Paare von gewissen Elementen $x \in M_1$ mit einem oder mehreren Elementen $y \in M_2$.

Man sagt auch: Gewissen Elementen von M_1 sind ein oder mehrere Elemente von M_2 zugeordnet. Ist $(x, y) \in F \subset M_1 \times M_2$, so heißt x Originalelement und y Bildelement. Die Menge aller Originalelemente heißt Definitionsbereich D und die Menge aller Bildelemente Wertebereich W der Abbildung.

Beispiele:

1. $M_1 = \{a, b, c, d\}$ $M_2 = \{1, 2, 3, 4, 5\}$,
   Zuordnung von Elementen aus M_1 zu Elementen aus M_2 als Tabelle:

Originalelemente	Bildelemente
a	1, 2, 5
b	4
c	3, 4
d	2, 3, 4, 5

Bild 9.5 zeigt das Schema der Zuordnung.

Abbildung:

$F = \{(a, 1), (a, 2), (a, 5), (b, 4), (c, 3), (c, 4), (d, 2), (d, 3), (d, 4), (d, 5)\}$,
$F \subset M_1 \times M_2$ (Menge aller Paare der Elemente aus M_1 mit Elementen aus M_2).

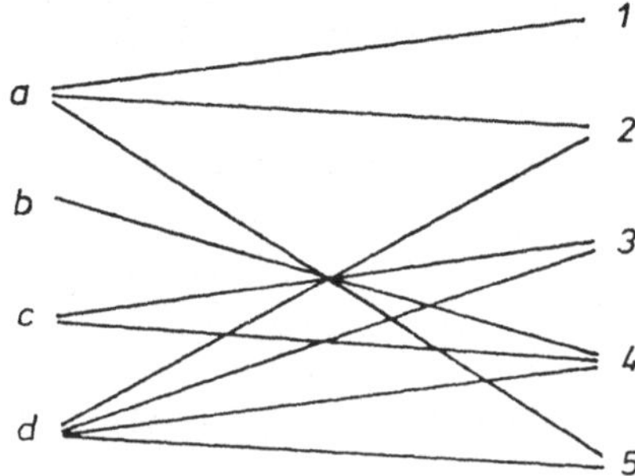

Bild 9.5

2. Es sei $M_1 = M_2 = R$ die Menge der Punkte der Zahlengeraden. Dann ist $M_1 \times M_2 = R \times R$ die Menge aller Punkte der Ebene. Eine Teilmenge der Menge aller Punkte der Ebene

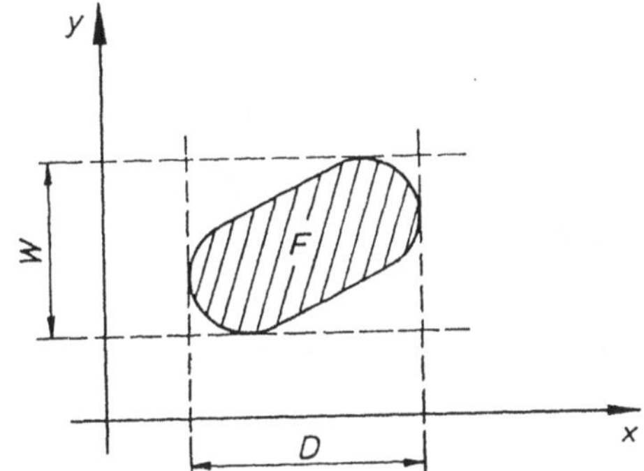

Bild 9.6

(siehe Bild 9.6, schraffiert) ist dann eine Abbildung F.

3. Jeder natürlichen Zahl a werde ihr Zweifaches, b = 2a, zugeordnet. Die so definierte Abbildung ist auch darstellbar in der Form
   $F = \{(a, b) \mid a \in N \wedge b = 2a\}$
   (N Menge der natürlichen Zahlen).
   Der Definitionsbereich ist die Menge aller natürlichen Zahlen, der Wertebereich die Menge aller geraden natürlichen Zahlen.

4. Es sei M_1 die Menge aller Lehrer einer Schule, M_2 die Menge der Spezialklassen dieser Schule. Die Zuordnung der Lehrer zu den Klassen, in denen sie unterrichten, ist dann eine Abbildung.

Wir unterscheiden vier Abbildungsarten. Ist $D = M_1$ und $W = M_2$, kommen also sowohl alle Elemente von M_1 als auch alle Elemente von M_2 in den die Abbildung F bildenden Paaren vor, wie im ersten Beispiel, so spricht man von einer Abbildung von M_1 auf M_2.

Ist $D \subset M_1$ und $W \subset M_2$, wie im zweiten Beispiel, so spricht man von einer Abbildung aus M_1 in M_2.

Ist $D = M_1$ und $W \subset M_2$, so spricht man von einer Abbildung von M_1 in M_2. Das dritte Beispiel ist eine Abbildung von N, der Menge der natürlichen Zahlen, in N.

Ist $D \subset M_1$ und $W = M_2$, so spricht man von einer Abbildung aus M_1 auf M_2. Das vierte Beispiel ist unter der Voraussetzung, daß nicht alle Lehrer der Schule in den Spezialklassen unterrichten, eine Abbildung aus M_1 auf M_2.

Beispiel 9.5: Wir betrachten durch Gleichungen beschriebene Kurven in der Ebene als Teilmengen des Mengenprodukts $R \times R$
(R Menge der reellen Zahlen, Punkte der Zahlengeraden).
Es ist

a) $y = 2x$
eine Abbildung von R auf R, denn es gilt $D = W = R$
(Bild 9.7),

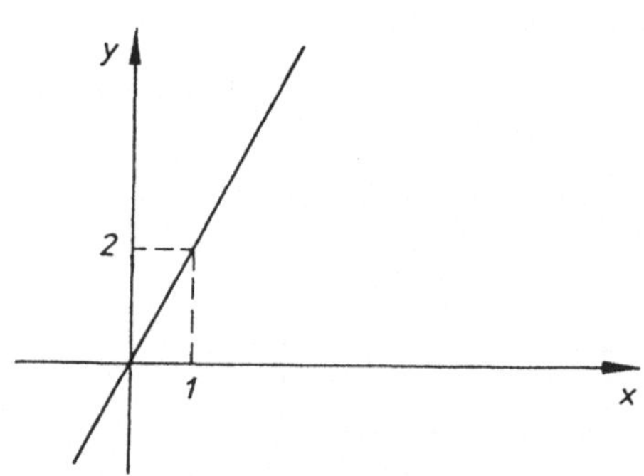

Bild 9.7

b) $y = x^2$
eine Abbildung von R in R, denn es gilt $D = R$, $W = [0, \infty)$
(Bild 9.8),

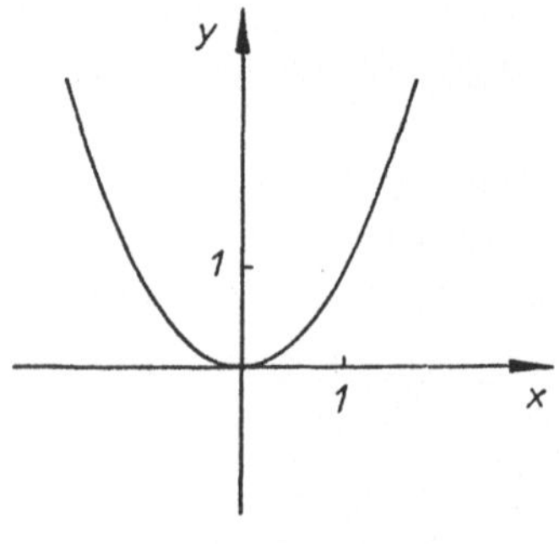

Bild 9.8

c) $y = \lg x$
eine Abbildung aus R auf R, denn es gilt $D = (0, \infty)$, $W = R$
(Bild 9.9),

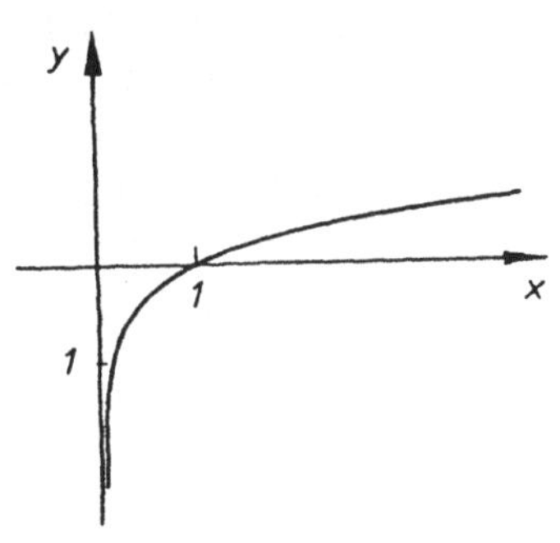

Bild 9.9

d) $y = +\sqrt{x}$
eine Abbildung aus R in R, denn es gilt $D = W = [0, \infty)$
(Bild 9.10).

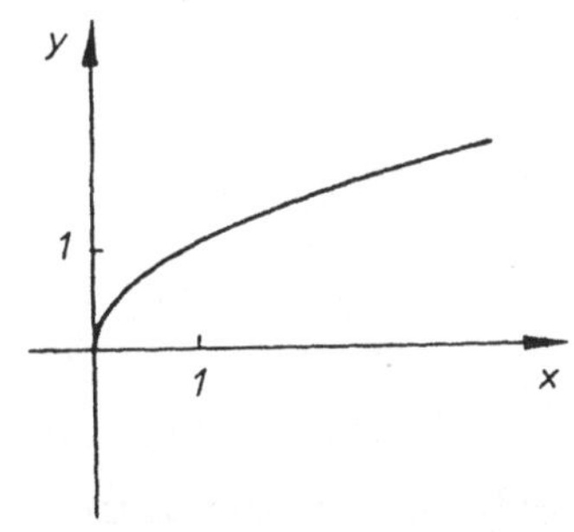

Bild 9.10

Eine Abbildung F heißt eindeutig, wenn jedem $x \in D$ genau ein $y \in W$ entspricht, d. h., wenn jedes $x \in D$ genau einmal in den geordneten Paaren auftritt. Eine eindeutige Abbildung heißt Funktion.

Beispiel 9.6:
Die in den Beispielen 5a bis 5d dargestellten Abbildungen sind sämtlich Funktionen. Dagegen ist durch die Gleichung
$x^2 + y^2 = 1$
(Einheitskreis, Bild 9.11)

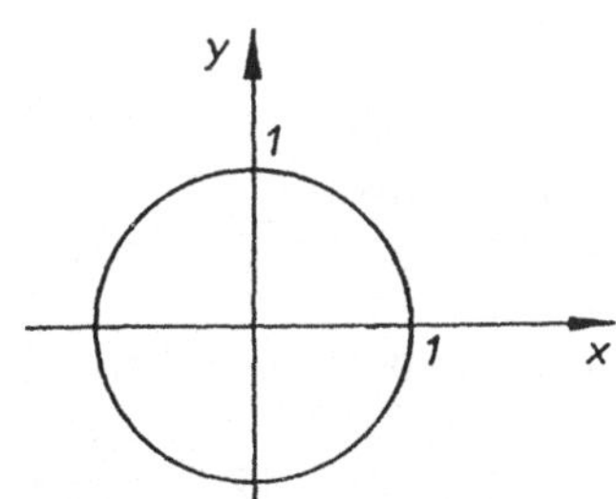

Bild 9.11

dargestellte Abbildung aus R in R (D = W = [- 1, 1]) keine Funktion, da dem Original x zwei Bilder $y = +\sqrt{1 - x^2}$ und $y = -\sqrt{1 - x^2}$ entsprechen.
Vertauscht man in den geordneten Paaren, den Elementen der Abbildung, die Reihenfolge der Elemente, so kommt man zur inversen Abbildung.

Die zu F inverse Abbildung F^{-1} ist die Menge aller Paare (y, x) mit $(x, y) \in F$.

Eine Abbildung F heißt eineindeutig, wenn F und F^{-1} eindeutig sind, d. h., wenn jedes $x \in D$ und jedes $y \in W$ genau einmal in den geordneten Paaren auftreten.

Die in den Beispielen 5a, 5c, 5d dargestellten Abbildungen sind eineindeutig, Beispiel 5b stellt keine eineindeutige Abbildung dar.

9.5 Übungsaufgaben

1. Stellen Sie die folgenden Mengen durch Aufzählen ihrer Elemente dar!

   a) $\{x \mid x$ ist Primzahl und $x < 20\}$,
   b) $\{x \mid x^2 + x - 6 = 0\}$,
   c) $\{x \mid x^2 + x - 6 = 0$ und $x > 0\}$,
   d) $\{x \mid x$ reell und $x^2 + 1 = 0\}$.

2. Untersuchen Sie die Zugehörigkeit der Elemente x, y, z zur Menge M!

   a) M Menge der Primzahlen,
   $x = 4, y = 5, z = 6$;
   b) M Menge der Lösungen der Gleichung
   $x^3 + x^2 - 6x = 0$,
   $x = 0, y = 2, z = 3$;
   c) M Menge der rationalen Zahlen, die im Intervall [-3, 3] liegen,
   $x = -2, y = \sqrt{2}, z = \frac{1}{3}$;
   d) M Menge der reellen Zahlen, die im Intervall [-3, 3] liegen,
   $x = -4, y = \sqrt{2}, z = 3$.

3. Welche Relationen bestehen zwischen den folgenden Mengen?

   a) M_1 Menge aller geraden Zahlen,
   M_2 Menge aller ganzen Zahlen;
   b) M_1 Menge aller Lösungen der Gleichung $x^2 + 2x - 3 = 0$,
   M_2 $\{-3, 1\}$;
   c) M_1 Menge aller durch 6 teilbaren Zahlen,
   M_2 Menge aller durch 3 teilbaren Zahlen,
   M_3 Menge aller durch 12 teilbaren Zahlen.

4. Geben Sie alle Teilmengen der Menge $\{a, u, t, o\}$ an!

5. Bilden Sie Vereinigung, Durchschnitt und beide Differenzmengen aus den folgenden zwei Mengen!

   a) $M_1 = \{k, a, m, e, l\}$, $M_2 = \{m, a, u, l, t, i, e, r\}$;
   b) $M_1 = \{2, 4, 6, ...\}$, $M_2 = \{3, 6, 9, \ldots\}$;
   c) $M_1 = \{x \mid x^2 + x - 2 = 0\}$ $M_2 = \{x \mid x^2 - 3x + 2 = 0\}$.

6. Bilden Sie Vereinigung, Durchschnitt und Differenz aus einer Menge M und der leeren Menge!

7. Bilden Sie Vereinigung, Durchschnitt und Differenz aus einer Menge M und sich selbst!

8. Es sei $M_1 = \{4, 8, 12\}$, $M_2 = \{3, 6, 9\}$,
   $M_3 = \{0, 2, 4, 6\}$, $M_4 = \{6, 12, 18\}$.
   Bilden Sie $M = [(M_1 \cup M_2) \cap M_3] \setminus M_4$!

9. Bilden Sie
   a) $M_1 \cup (M_1 \cap M_2)$, c) $M \setminus \varnothing$,
   b) $M_1 \cap (M_1 \cup M_2)$, d) $\varnothing \setminus M$.

10. Es sei
    $M_1 \cup M_2 = \{1, 2, 3, 4, 5\}$,
    $M_1 \cap M_2 = \{1, 3, 5\}$,
    $M_1 \setminus M_2 = \{2, 4\}$, $M_2 \setminus M_1 = \varnothing$.
    Bestimmen Sie M_1 und M_2!

11. Es sei
    a) $M_1 \cap M_2 = \varnothing$, b) $M_1 \subset M_2$.
    Bestimmen Sie $M_1 \setminus M_2$!

12. Es seien M_1, M_2 die Punktmengen der (halboffenen) Intervalle, $M_1 = [-3, 3)$, $M_2 = [1, 7)$. Bestimmen Sie
    a) $M_1 \cup M_2$, b) $M_1 \cap M_2$, c) $M_1 \setminus M_2$, d) $M_2 \setminus M_1$, e) $M_1 \times M_2$.

13. Es seinen $M_1 = \{1, 2, 3\}$, $M_2 = \{a, b\}$.
    a) Bilden Sie das Produkt $M_1 \times M_2$!
    b) Welcher Art sind die Abbildungen
       $F_1 = \{(1, a), (1, b)\}$,
       $F_2 = \{(1, a), (3, a)\}$,
       $F_3 = \{(1, a), (2, b), (3, b)\}$,
       $F_4 = \{(1, a), (2, a), (3, a)\}$,
       $F_5 = \{(1, a), (2, b)\}$?
       Geben Sie in allen Fällen D und W an!
    c) Geben Sie die inversen Abbildungen an!
    d) Welche der Abbildungen F_1 bis F_5 sind eindeutig, welche sogar eineindeutig?

10 Kombinatorik - Binomischer Satz

In den Abschnitten 10.1 und 10.2 werden als mathematische Hilfsmittel zur Formulierung des binomischen Satzes (Abschnitt 10.3) und für die Kombinatorik (Abschnitt 10.4) die Begriffe Fakultät und Binomialkoeffizient eingeführt.

10.1 Die Fakultät

Unter dem Symbol n! (gelesen "n - Fakultät") versteht man das Produkt der natürlichen Zahlen von 1 bis n:
$n! = 1 * 2 * 3 * \ldots * (n - 2) * (n - 1) * n$.

Zusätzlich wird definiert $0! = 1$.

Wie aus der Definition der Fakultät hervorgeht, gilt $(n + 1)! = n! * (n + 1)$.

Beispiele:

1. Es ist n! für n = 5: $5! = 1 * 2 * 3 * 4 * 5 = 120$.
2. Es ist $0! * 2! * 4! = 1 * (1 * 2) * (1 * 2 * 3 * 4) = 48$.
3. Es ist $\frac{5!}{3!} = \frac{1 * 2 * 3 * 4 * 5}{1 * 2 * 3} = 4 * 5 = 20$.
4. Es ist $\frac{(n+2)!}{(n-1)!} = \frac{1 * 2 * 3 * \ldots * (n-1) * (n) * (n+1) * (n+2)}{1 * 2 * 3 * \ldots * (n-1)}$
   $= n * (n + 1) * (n + 2)$.
5. Es ist $2 * n! = 2 * (1 * 2 * 3 * \ldots * n)$,
   $(2n)! = 1 * 2 * 3 * \ldots * n * (n + 1) * \ldots * 2n$.

10.2 Binomialkoeffizienten

Unter dem Symbol $\binom{n}{k}$ (gelesen: "n über k") versteht man einen Bruch aus zwei Produkten zu je k Faktoren:

$$\binom{n}{k} = \frac{n\,(n-1)\,(n-2)\,\ldots\,(n-k+2)\,(n-k+1)}{k!}$$

Die Zahl k ist eine natürliche Zahl, sie gibt die Anzahl der Faktoren im Zähler bzw. Nenner an. Im Nenner steht das Produkt der ersten k natürlichen Zahlen.
Die Zahl n ist eine reelle Zahl, sie gibt den ersten Faktor im Zähler an, der zweite Faktor heißt n - 1, der dritte n - 2 usw. bis zum k-ten Faktor n - k + 1.

Zusätzlich definiert man
$\binom{n}{0} = 1$, $\binom{n}{1} = n$.

Die Symbole $\binom{n}{k}$ wurden von Euler*) eingeführt und werden deshalb Eulersche Symbole genannt (vgl. Abschnitt 10.3). Berechnet man die Potenzen eines Binoms (Abschnitt 10.3), so erhält man die Symbole $\binom{n}{k}$ als Koeffizienten vor den einzelnen Summanden, weshalb man sie auch Binomialkoeffizienten nennt.

Beispiele:

1. $\binom{8}{3} = \frac{8 * 7 * 6}{1 * 2 * 3} = 56.$

2. $\binom{7{,}5}{4} = \frac{7{,}5 * 6{,}5 * 5{,}5 * 4{,}5}{1 * 2 * 3 * 4}.$

3. $\binom{2}{5} = \frac{2 * 1 * 0 * (-1) * (-2)}{1 * 2 * 3 * 4 * 5}.$

4. $\binom{-1{,}2}{3} = \frac{(-1{,}2) * (-2{,}2) * (-3{,}2)}{1 * 2 * 3}.$

5. $\binom{\frac{1}{3}}{2} = \frac{\frac{1}{3} * \left(-\frac{2}{3}\right)}{1 * 2} = -\frac{1}{9}.$

6. $\binom{2}{\frac{1}{3}}$ ist nicht definiert, da $\frac{1}{3}$ keine natürliche Zahl ist.

Eigenschaften der Binomialkoeffizienten

1. Für $n \in N$, $n < k$ gilt $\binom{n}{k} = 0.$

   Ist nämlich n eine natürliche Zahl und kleiner als k, so ist Null einer der Faktoren im Zähler.

2. Für $n \in N$, $n > k$ gilt

   $$\binom{n}{k} = \frac{n!}{k!\,(n-k)!} = \binom{n}{n-k}.$$

   Beweis:

   Man erhält durch Erweitern des Bruches $\binom{n}{k}$ mit $(n - k)!$

   $$\binom{n}{k} = \frac{n\,(n-1) * \ldots * (n-k+1)}{k!} * \frac{(n-k)!}{(n-k)!} = \frac{n!}{k!\,(n-k)!}.$$

*) Leonhard Euler (1707 - 1783), Schweizer Mathematiker, Physiker und Astronom

Man erhält weiter durch Anwenden dieses Ergebnisses auf den rechts stehenden Binomialkoeffizienten (für k ist n - k einzusetzen)

$$\binom{n}{n-k} = \frac{n!}{(n-k)!\,(n-n+k)!} = \frac{n!}{(n-k)!\,k!}.$$

3. Es ist

$$\binom{n}{k} + \binom{n}{k+1} = \binom{n+1}{k+1}.$$

Beweis:

Man erhält aus der Summe auf der linken Seite, indem man die Binomialkoeffizienten als Brüche schreibt, die Brüche addiert, gemeinsame Faktoren der Summanden im Zähler ausklammert und den Rest vereinfacht:

$$\binom{n}{k} + \binom{n}{k+1} = \frac{n\,(n-1) * \ldots * (n-k+1)}{k!} + \frac{n\,(n-k) * \ldots * (n-k+1)\,(n-k)}{(k+1)!}$$

$$= \frac{n\,(n-1) * \ldots * (n-k+1)\,(k+1) + n\,(n-k) * \ldots * (n-k+1)\,(n-k)}{(k+1)!}$$

$$= \frac{n\,(n-1) * \ldots * (n-k+1)\,[k+1+n-k]}{(k+1)!}$$

$$= \frac{n\,(n-1) * \ldots * (n-k+1)\,(n+1)}{(k+1)!}$$

Dieser Ausdruck definiert aber, schreibt man den letzten Faktor des Zählers als ersten, den Binomialkoeffizienten $\binom{n+1}{k+1}$.

10.3 Der binomische Satz

Unter einem Binom versteht man eine Summe aus zwei Gliedern: a + b. Der binomische Satz gibt an, wie Potenzen eines Binoms, $(a + b)^n$ mit natürlichen Zahlen n als Exponenten, in Summen entwickelt werden können. Berechnet man die Potenzen des Binoms a + b für die Exponenten n = 0, 1,2, 3, 4, 5, 6, so erhält man das folgende Ergebnis:

$$\begin{aligned}
(a+b)^0 &= 1 \\
(a+b)^1 &= a+b \\
(a+b)^2 &= a^2 + 2ab + b^2 \\
(a+b)^3 &= a^3 + 3a^2 b + 3a b^2 + b^3 \\
(a+b)^4 &= a^4 + 4a^3 b + 6a^2 b^2 + 4a b^3 + b^4 \\
(a+b)^5 &= a^5 + 5a^4 b + 10a^3 b^2 + 10a^2 b^3 + 5a b^4 + b^5 \\
(a+b)^6 &= a^6 + 6a^5 b + 15a^4 b^2 + 20a^3 b^3 + 15a^2 b^4 + 6ab^5 + b^6
\end{aligned}$$

. . .

In diesen Summenentwicklungen erkennt man Gesetzmäßigkeiten. Die Anzahl der

Summanden ist um eins größer als der Exponent des Binoms. Alle Summanden enthalten Produkte aus Potenzen von a und b, wobei die Summe der Exponenten a und b gleich n ist und bei Anordnung der Summanden nach fallenden Potenzen von a (steigenden Potenzen von b) die Exponenten bei a der Reihe nach n, n - 1, . . . , 1, 0, die Exponenten bei b 0, 1, . . . , n - 1, n sind. Die Koeffizienten der Potenzen des Binoms bilden das sog. Pascalsche*) Zahlendreieck:

$$\begin{array}{ccccccccccccc} &&&&&&1&&&&&& \\ &&&&&1&&1&&&&& \\ &&&&1&&2&&1&&&& \\ &&&1&&3&&3&&1&&& \\ &&1&&4&&6&&4&&1&& \\ &1&&5&&10&&10&&5&&1& \\ 1&&6&&15&&20&&15&&6&&1 \\ \ldots &&&&&&&&&&&& \end{array}$$

In ihm ist jede Zahl die Summe der beiden darüberstehenden Zahlen, weshalb es mühelos für weitere Exponenten n = 7, 8, . . . fortgesetzt werden könnte. Für sehr große Exponenten n ist diese Art der Ermittlung der Binomialkoeffizienten trotzdem recht mühsam.

Leonhard Euler erkannte durch kombinatorische Überlegungen die einheitliche Struktur dieser Koeffizienten. Der in der n-ten Zeile (n Exponent des Binoms) an k-ter Stelle, k = 0, 1, 2, . . . , n, stehende Koeffizient ist von der Form $\binom{n}{k}$ (weshalb im Abschnitt 10.2 die sog. Eulerschen Symbole als Binomialkoeffizienten eingeführt wurden).

Schreibt man das Pascalsche Zahlendreieck unter Verwendung der Eulerschen Symbole auf, so erhält man

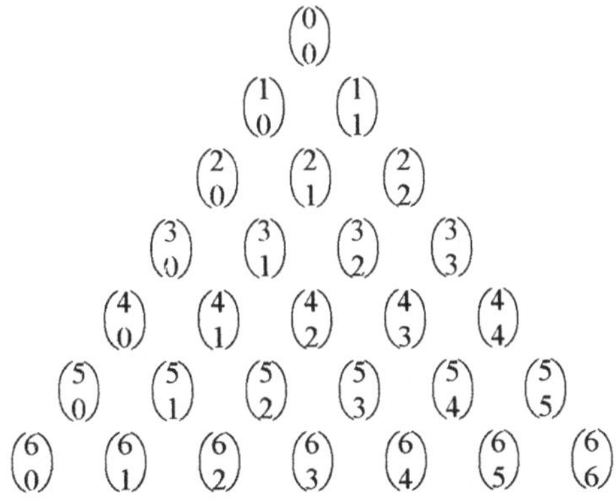

Auf Grund der im Abschnitt 10.2 bewiesenen Eigenschaft 2 für Binomialkoeffizienten stimmen die symmetrisch zur Mittelachse des Pascalschen Dreiecks stehenden Koef-

*) Blaise Pascal (1623 - 1662), französischer Mathematiker

fizienten überein. Daß jeder Koeffizient die Summe der darüberstehenden ist, wurde als Eigenschaft 3 bewiesen (vgl. hierzu auch die Übungsaufgabe 10.4.).

Unter Verwendung der Eulerschen Symbole läßt sich die Summenentwicklung der Potenz eines Binoms $(a + b)^n$ für eine beliebige Zahl n aufschreiben.

Es gilt der binomische Satz:

$$(a+b)^n = \binom{n}{0} a^n + \binom{n}{1} a^{n-1} b + \binom{n}{2} a^{n-2} b^2 + \ldots + \binom{n}{n-1} ab^{n-1} + \binom{n}{n} b^n$$

$$= \sum_{i=0}^{n} \binom{n}{i} a^{n-i} b^i .$$

Beweis durch vollständige Induktion:

Induktionsanfang $(n = 0)$:

$$(a+b)^0 = \binom{0}{0} a^0 = 1.$$

Induktionsvoraussetzung $(n = k)$:

$$(a+b)^k = \binom{k}{0} a^k + \binom{k}{1} a^{k-1} b + \binom{k}{2} a^{k-2} b^2 + \ldots + \binom{k}{k-1} a\, b^{k-1} + \binom{k}{k} b^k.$$

Induktionsbehauptung $(n = k + 1)$:

$$(a+b)^{k+1} = \binom{k+1}{0} a^{k+1} + \binom{k+1}{1} a^k b + \binom{k+1}{2} a^{k-1} b^2 + \ldots + \binom{k+1}{k} ab^k + \binom{k+1}{k+1} b^{k+1}.$$

Induktionsbeweis:

$$(a+b)^{k+1} = (a+b)^k (a+b)$$

$$= \binom{k}{0} a^{k+1} + \binom{k}{1} a^k b + \binom{k}{2} a^{k-1} b^2 + \ldots + \binom{k}{k-1} a^2 b^{k-1} + \binom{k}{k} a\, b^k$$

$$+ \binom{k}{0} a^k b + \binom{k}{1} a^{k-1} b^2 + \binom{k}{2} a^{k-2} b^3 + \ldots + \binom{k}{k-1} a\, b^k + \binom{k}{k} b^{k+1} .$$

Faßt man nun die (schräg untereinander stehenden) gleichen Potenzprodukte unter Verwendung der Summeneigenschaft der Eulerschen Symbole,

$$\binom{k}{1} + \binom{k}{0} = \binom{k+1}{1},$$

$$\binom{k}{2} + \binom{k}{1} = \binom{k+1}{2},$$

$$\ldots$$

$$\binom{k}{k} + \binom{k}{k-1} = \binom{k+1}{k},$$

zusammen und schreibt man die Koeffizienten des ersten und letzten Summanden um,

$$\binom{k}{0} = \binom{k+1}{0}, \quad \binom{k}{k} = \binom{k+1}{k+1},$$

so erhält man die behauptete Beziehung.

Aus dem binomischen Satz folgt wegen (a - b) = a + (- b) für die n-te Potenz einer Differenz:

$$(a - b)^n = \binom{n}{0} a^n - \binom{n}{1} a^{n-1} b + \binom{n}{2} a^{n-2} b^2 - \binom{n}{3} a^{n-3} b^3 + \ldots \pm \binom{n}{n} b^n$$

$$= \sum_{i=0}^{n} \binom{n}{i} a^{n-1} (-b)^i .$$

Beispiele:

1. $(a + b)^5 = \binom{5}{0} a^5 + \binom{5}{1} a^4 b + \binom{5}{2} a^3 b^2 + \binom{5}{3} a^2 b^3 + \binom{5}{4} a b^4 + \binom{5}{5} b^5$
   $= a^5 + 5a^4 b + 10a^3 b^2 + 10a^2 b^3 + 5a b^4 + b^5$
   $(a - b)^5 = a^5 - 5a^4 b + 10a^3 b^2 - 10a^2 b^3 + 5a b^4 - b^5$
   $(-a + b)^5 = -a^5 + 5a^4 b - 10a^3 b^2 + 10a^2 b^3 - 5a b^4 + b^5$
   $(-a - b)^5 = -(a + b)^5$.

2. $(x + y)^{10} = \binom{10}{0} x^{10} + \binom{10}{1} x^9 y + \binom{10}{2} x^8 y^2 + \binom{10}{3} x^7 y^3$
   $+ \binom{10}{4} x^6 y^4 + \binom{10}{5} x^5 y^5 + \binom{10}{6} x^4 y^6 + \binom{10}{7} x^3 y^7$
   $+ \binom{10}{8} x^2 y^8 + \binom{10}{9} x y^9 + \binom{10}{10} y^{10}$
   $= x^{10} + 10x^9 y + 45x^8 y^2 + 120x^7 y^3 + 210x^6 y^4 + 252x^5 y^5 + 210x^4 y^6$
   $+ 120x^3 y^7 + 45x^2 y^8 + 10x y^9 + y^{10}$.

3. $(2a+3b)^4 = \binom{4}{0} (2a)^4 + \binom{4}{1} (2a)^3 * 3b + \binom{4}{2} (2a)^2 (3b)^2 + \binom{4}{3} * 2a (3b)^3 + \binom{4}{4} (3b)^4$
   $= 16a^4 + 96a^3 b + 216a^2 b^2 + 216a b^3 + 81b^4$.

10.4 Kombinatorik

Die Kombinatorik beschäftigt sich mit den Gesetzen der Zusammenstellungen und möglichen Anordnungen von endlich vielen, beliebig gegebenen Elementen einer Menge. Es können Zusammenstellungen aller oder eines Teils dieser Elemente betrachtet werden, die Anordnung der Elemente in den Zusammenstellungen kann eine Rolle spielen oder nicht, und es können Wiederholungen der Elemente in den Zusammenstellungen zugelassen werden oder nicht. Deshalb unterscheidet man drei Arten von Zusammenstellungen (auch genannt Komplexionen), nämlich

Permutationen,
Variationen,
Kombinationen,

die in den folgenden Abschnitten aufeinanderfolgend behandelt und in einer abschließenden Tabelle überblicksmäßig dargestellt werden.

10.4.1 Permutationen

Eine Permutation*) von n Elementen (ohne Wiederholung) ist jede Zusammenstellung, in der die n Elemente in irgend einer Anordnung nebeneinander stehen. Unterschiedliche Anordnungen der n Elemente bedeuten stets verschiedene Permutationen.

Beispiele:

1. Permutationen aus den zwei Elementen

a) 1, 2 sind:	12	21
b) a, m sind:	am	ma

2. Permutationen aus den drei Elementen

a) 1, 2, 3 sind:	123	213	312
	132	231	321
b) a, m, s sind:	ams	mas	sam
	asm	msa	sma

3. Permutationen aus den vier Elementen

a) 1, 2, 3, 4 sind	1234	2134	3124	4123
	1243	2143	3142	4132
	1324	2314	3214	4213
	1342	2341	3241	4231
	1423	2413	3412	4312
	1432	2431	3421	4321
b) a, m, s, u sind	amsu	masu	samu	uams
	amus	maus	saum	uasm
	asmu	msau	smau	umas
	asum	msua	smua	umsa
	aums	muas	suam	usam
	ausm	musa	suma	usma

Ein Hilfsmittel beim Aufschreiben aller Permutationen, z. B. der insgesamt 24 Permutationen aus vier Elementen, ist die lexikografische Anordnung, d.h. die Anordnung analog den Wörtern des Lexikons unter Zugrundelegung einer natürlichen Reihenfolge der Elemente (bei Buchstaben das Alphabet, bei Zahlen die natürliche

---

*) permutare (lat.) = vertauschen

Aufeinanderfolge). Zum Beispiel sind die 24 Permutationen der Elemente a, m, s, u in lexikografischer Anordnung angegeben. Die aus diesen Elementen (Buchstaben) gebildeten Permutationen (Worte) maus bzw. saum stehen in dieser Anordnung an 8. Stelle bzw. an 14. Stelle.

Die Anzahl P_n der Permutationen aus n voneinander verschiedenen Elementen ist

$$P_n = n!$$

Beweis durch vollständige Induktion:

Induktionsanfang (n = 1): $P_1 = 1! = 1$.

Induktionsvoraussetzung (n = k): $P_k = k!$

Induktionsbehauptung (n = k + 1): $P_{k+1} = (k + 1)!$

Induktionsbeweis: Zu den k Elementen in den k! Permutationen kommt ein (k + 1)-tes Element hinzu. Dieses (k + 1)-te Element kann in allen Permutationen an erster bis (k+1)-ter Stelle stehen, so daß durch Hinzufügen des (k + 1)-ten Elements aus jeder Permutation von k Elementen k + 1 Permutationen aus k + 1 Elementen werden. Damit gilt

$$P_{k+1} = P_k * (k + 1) = k! * (k + 1) = (k + 1)!$$

Beispiel: In wieviel verschiedenen Reihenfolgen können sich zehn Studenten in eine Liste eintragen?
Lösung: $P_{10} = 10! = 3628800$.

Jede Anordnung von k Elementen, von denen das i-te Element n_i-mal auftritt, i = 1, 2, . . . , k, heißt Permutation mit Wiederholung. Die Anzahl der Elemente in der Permutation ist dann $n = n_1 + n_2 + \ldots + n_k$.

Beispiele:

1. Die Permutationen der zwei Elemente a, b, in denen das Element a einmal, das Element b zweimal auftritt ($k = 2, n_1 = 1, n_2 = 2, n = n_1 + n_2 = 1 + 2 = 3$), sind:

   abb bab bba

2. Die Permutationen der Elemente a, b, in denen das Element a zweimal, das Element b dreimal auftritt ($k = 2, n_1 = 2, n_2 = 3, n = n_1 + n_2 = 2 + 3 = 5$), sind:

   aabbb ababb abbab abbba
   baabb babab babba
   bbaab bbaba bbbaa

Die Anzahl $P_n^{(n_1, n_2, \ldots, n_k)}$ der Permutationen von k Elementen, von denen das i-te Element n_i-mal auftritt, ist $P_n^{(n_1, n_2, \ldots, n_k)} = \dfrac{n!}{n_1! * n_2! * \ldots * n_k!}$.

Beweis:

Wären die $n = n_1 + n_2 + \ldots + n_k$ Elemente in den Permutationen voneinander verschieden, so gäbe es n! Permutationen. Tritt das i-te Element n_i-mal auf, so fallen, da für n_i Elemente $n_i!$ Permutationen existieren, $n_i!$ Permutationen zu einer zusammen, d. h., die Anzahl n! ist durch $n_i!$ zu teilen $(i = 1, 2, \ldots, k)$.

Beispiele:

1. Die Anzahl der Permutationen aus k = 2 verschiedenen Elementen, unter denen das erste $(n_1 = 1)$-mal, das zweite $(n_2 = 2)$-mal auftritt, ist
   $$P_3^{(1,\,2)} = \frac{(1+2)!}{1! * 2!} = \frac{3!}{1! * 2!} = 3.$$
2. Die Anzahl der Permutationen aus k = 2 verschiedenen Elementen, unter denen das erste $(n_1 = 2)$-mal, das zweite $(n_2 = 3)$-mal auftritt, ist
   $$P_5^{(2,\,3)} = \frac{5!}{2! * 3!} = 10.$$

10.4.2 Variationen

> Eine Variation*) von n Elementen zur k-ten Klasse (zu je k Stück, $k \leq n$) ist jede aus k Elementen bestehende Zusammenstellung, die sich aus den n Elementen unter Berücksichtigung der Reihenfolge bilden läßt.

Beispiele:

1. Die Variationen der drei Elemente a, b, c zur zweiten Klasse sind:

ab	ba	ca
ac	bc	cb

2. Die Variationen der vier Elemente a, b, c, d zur zweiten Klasse sind:

ab	ba	ca	da
ac	bc	cb	db
ad	bd	cd	dc

Die Variationen der vier Elemente a, b, c, d zur dritten Klasse sind:

abc	bac	cab	dab
abd	bad	cad	dac
acb	bca	cba	dba
acd	bcd	cbd	dbc
adb	bda	cda	dca
adc	bdc	cdb	dcb

3. Die Variationen der fünf Elemente 1, 2, 3, 4, 5 zur zweiten Klasse sind:

12	21	31	41	51
13	23	32	42	52

---

*) variieren (lat.) = abändern

14	24	34	43	53
15	25	35	45	54

Die Variationen von n Elementen zur n-ten Klasse stimmen überein mit den Permutationen aus n Elementen.

> Die Anzahl $V_n^{(k)}$ der Variationen von n Elementen zur k-ten Klasse ist
> $V_n^{(k)} = n(n-1) * \ldots * (n-k+1) = \frac{n!}{(n-k)!}$.

Beweis durch vollständige Induktion (die Induktion bezieht sich auf k, n ist fest):

Induktionsanfang (k = 1):

$V_n^{(1)} = \frac{n!}{(n-1)!} = n$ ist richtig, denn aus n Elementen lassen sich n Variationen, bestehend aus je einem Element, bilden.

Induktionsvoraussetzung ($k = k_0$):

$$V_n^{(k_0)} = \frac{n!}{(n-k_0)!}.$$

Induktionsbehauptung ($k = k_0 + 1$):

$$V_n^{(k_0+1)} = \frac{n!}{(n-k_0-1)!}.$$

Induktionsbeweis:
Für jede Variation k_0-ter Ordnung beträgt die Anzahl der restlichen, nicht in dieser Variation vorkommenden Elementen $n - k_0$. Setzt man nun der Reihe nach je eines dieser $n - k_0$ Elemente an das Ende einer der $V_n^{(k_0)}$ Variationen, so erhält man daraus $n - k_0$ Variationen, und macht man das bei allen $V_n^{(k_0)}$ Variationen, so erhält man

$\frac{n!}{(n-k_0)!}(n-k_0) = \frac{n!}{(n-k_0-1)!}$ Variationen.

Beispiele:

1. Die Anzahl der Variationen von drei Elementen zur zweiten Klasse ist
   $V_3^{(2)} = \frac{3!}{(3-2)!} = 6.$

2. Die Anzahl der Variationen von vier Elementen zur zweiten Klasse ist
   $V_4^{(2)} = \frac{4!}{(4-2)!} = 12.$

   Die Anzahl der Variationen von vier Elementen zur dritten Klasse ist

$$V_4^{(3)} = \frac{4!}{(4-3)!} = 24.$$

3. Die Anzahl der Variationen von fünf Elementen zur zweiten Klasse ist

$$V_5^{(2)} = \frac{5!}{(5-2)!} = 20.$$

Variationen von n Elementen zur k-ten Klasse, bei denen sich die einzelnen Elemente bis zu k-mal wiederholen, heißen Variationen mit Wiederholung.

Beispiele:

1. Die Variationen der drei Elemente a, b, c zur zweiten Klasse mit Wiederholung sind:

aa	ba	ca
ab	bb	cb
ac	bc	cc

2. Die Variationen der vier Elemente a, b, c, d zur zweiten Klasse mit Wiederholung sind:

aa	ba	ca	da
ab	bb	cb	db
ac	bc	cc	dc
ad	bd	cd	dd

3. Die Variationen der drei Elemente 1, 2, 3 zur dritten Klasse mit Wiederholung sind:

111	211	311
112	212	312
113	213	313
121	221	321
122	222	322
123	223	323
131	231	331
132	232	332
133	233	333

Die Anzahl $V_{w_n}^{(k)}$ der Variationen von n Elementen zur k-ten Klasse mit Wiederholung ist $V_{w_n}^{(k)} = n^k$.

Beweis durch vollständige Induktion über k:

Induktionsanfang (k = 1):

$V_{w_n}^{(1)} = n^1 = n$ ist richtig, denn aus n Elementen lassen sich n Variationen, bestehend aus je einem Element, bilden.

Induktionsvoraussetzung ($k = k_0$):

$V_{w_n}^{(k_0)} = n^{k_0}$.

Induktionsbehauptung ($k = k_0 + 1$):

$$V_{w_n}^{(k_0+1)} = n^{k_0+1}.$$

Induktionsbeweis:

Die Variationen ($k_0 + 1$)-ter Ordnung ergeben sich aus den n^{k_0} Variationen k_0-ter Ordnung, indem man zu jeder von ihnen der Reihe nach je eines der n Elemente am Ende hinzufügt.
Daher beträgt ihre Anzahl
$n^{k_0} * n = n^{k_0+1}$ Variationen.

Beispiele:

1. Die Anzahl der Variationen von drei Elementen zur zweiten Klasse mit Wiederholung beträgt $V_{w_3}^{(2)} = 3^2 = 9$.
2. Die Anzahl der Variationen von vier Elementen zur zweiten Klasse mit Wiederholung beträgt $V_{w_4}^{(2)} = 4^2 = 16$.
3. Die Anzahl der Variationen von drei Elementen zur dritten Klasse mit Wiederholung beträgt $V_{w_3}^{(3)} = 3^3 = 27$.
4. Die Morsezeichen setzen sich aus zwei Elementen Punkt und Strich zusammen. Die Anzahl der aus einem, zwei, drei und vier Elementen gebildeten Zeichen ist

$$V_{w_2}^{(1)} + V_{w_2}^{(2)} + V_{w_2}^{(3)} + V_{w_2}^{(4)} = 2^1 + 2^2 + 2^3 + 2^4 = 30.$$

10.4.3 Kombinationen

Eine Kombination*) von n Elementen zur k-ten Klasse ($k \leq n$) ist jede aus k Elementen bestehende Zusammenstellung, die sich aus den n Elementen ohne Berücksichtigung der Anordnung bilden läßt.

Die Kombination geht aus der Variation hervor, wenn man die Anordnung nicht beachtet.

Beispiele:

1. Die Kombinationen der drei Elemente a, b, c zur zweiten Klasse sind:

   ab bc
   ac

*) kombinieren (lat.) = verbinden, verknüpfen

2. Die Kombinationen der vier Elemente a, b, c, d zur zweiten Klasse sind:

ab	bc	cd
ac	bd	
ad		

Die Kombinationen dieser vier Elemente zur dritten Klasse sind:

abc	bcd
abd	
acd	

3. Die Kombinationen aus den fünf Elemente 1, 2, 3, 4, 5 zur dritten Klasse sind:

123	234	345
124	235	
125		
134	245	
135		
145		

> Die Anzahl $C_n^{(k)}$ der Kombinationen von n Elementen zur k-ten Klasse ist
>
> $C_n^{(k)} = \binom{n}{k}$.

Beweis:

Die Anzahl der Variationen von n Elementen zur k-ten Klasse war

$V_n^{(k)} = \frac{n!}{(n-k)!}$.

Die Kombinationen unterscheiden sich von den Variationen dadurch, daß die Anordnung nicht berücksichtigt wird, das bedeutet, es fallen alle k! Permutationen der k Elemente in einer Kombination zu einer zusammen.
Deshalb gilt

$$C_n^{(k)} = \frac{V_n^{(k)}}{k!} = \frac{n!}{(n-k)! * k!} = \binom{n}{k}.$$

Beispiele:

1. Die Anzahl der Kombinationen von drei Elementen zur zweiten Klasse ist

   $C_3^{(2)} = \binom{3}{2} = 3.$

2. Die Anzahl der Kombinationen von vier Elementen zur zweiten Klasse ist

   $C_4^{(2)} = \binom{4}{2} = 6.$

Die Anzahl der Kombinationen von vier Elementen zur dritten Klasse ist

$C_4^{(3)} = \binom{4}{3} = 4.$

3. Die Anzahl der Kombinationen von fünf Elementen zur dritten Klasse ist

$C_5^{(3)} = \binom{5}{3} = 20.$

4. Im Lotto (6 aus 49) ist die Anzahl der Möglichkeiten für

a) einen Sechser $C_{49}^{(6)} = \binom{49}{6} = 13\,983\,816,$

b) einen Vierer $C_6^{(4)} * C_{43}^{(2)} = \binom{6}{4}\binom{43}{2} = 13\,545.$

Die 6 getippten Zahlen setzen sich zusammen aus einer Gruppe von 4 Zahlen unter den gezogenen 6 Zahlen (4 Richtige) und zwei Zahlen (2 Restzahlen).

Kombinationen von n Elementen zur k-ten Klasse, bei denen sich die einzelnen Elemente bis zu k-mal wiederholen, heißen Kombinationen mit Wiederholung.

Beispiele:

1. Die Kombinationen der drei Elemente a, b, c zur zweiten Klasse mit Wiederholung sind:

aa
ab bb
ac bc cc

2. Die Kombinationen der vier Elemente a, b, c, d zur zweiten Klasse mit Wiederholung sind:

aa
ab bb
ac bc cc
ad bd cd dd

3. Die Kombinationen der drei Elemente 1, 2, 3 zur dritten Klasse mit Wiederholung sind:

111 221 331
112 222 332
113 223 333
123

Die Anzahl $C_{w_n}^{(k)}$ der Kombinationen von n Elementen zur k-ten Klasse mit Wiederholung ist $C_{w_n}^{(k)} = \binom{n+k-1}{k}$.

Auf den Beweis dieser Formel (durch vollständige Induktion über k) soll hier verzichtet werden.

Beispiele:

1. Die Anzahl der Kombinationen von drei Elementen zur zweiten Klasse mit Wiederholung ist $C_{w_3}^{(2)} = \binom{3+2-1}{2} = 6$.
2. Die Anzahl der Kombinationen von vier Elementen zur zweiten Klasse mit Wiederholung ist $C_{w_4}^{(2)} = \binom{4+2-1}{2} = 10$.
3. Die Anzahl der Kombinationen von drei Elementen zur dritten Klasse mit Wiederholung ist $C_{w_3}^{(3)} = \binom{3+3-1}{3} = 10$.
4. Die Anzahl der mit vier Würfeln möglichen verschiedenen Würfe beträgt: $C_{w_6}^{(4)} = \binom{6+4-1}{4} = 126$.

10.4.4 Zusammenfassende Darstellung der Permutationen, Variationen, Kombinationen

	Zusammenstellung aller betrachteten Elemente	Zusammenstellung eines Teils der betrachteten Elemente	
	Berücksichtigung der Anordnung		Vernachlässigung der Anordnung
	Permutationen	**Variationen**	**Kombinationen**
alle Elemente voneinander verschieden	Anzahl der Permutationen von n Elementen: $P_n = n!$	Anzahl der Variationen von n Elementen zur k-ten Klasse: $V_n^{(k)} = \frac{n!}{(n-k)!}$	Anzahl der Kombinationen von n Elementen zur k-ten Klasse: $C_n^{(k)} = \binom{n}{k}$
mit Wiederholung	Anzahl der Permutationen von k Elementen mit n_i Elementen in der i-ten Gruppe: $P_n^{(n_1, n_2, \ldots, n_k)} = \frac{n!}{n_1! * n_2! * \ldots * n_k!}$	Anzahl der Variationen von n Elementen zur k-ten Klasse mit Wiederholung: $V_{w_n}^{(k)} = n^k$	Anzahl der Kombinationen von n Elementen zur k-ten Klasse mit Wiederholung: $C_{w_n}^{(k)} = \binom{n+k-1}{k}$

10.5 Übungsaufgaben

1. Berechnen Sie die nachstehenden Fakultäten!
   a) $7!$
   b) $3! * 5!$
   c) $\frac{6!}{4! * 0!}$

2. Vereinfachen Sie die folgenden Quotienten!
   a) $\frac{(n+1)!}{(n-2)!}$
   b) $\frac{(2n)!}{n!}$
   c) $\frac{n!}{2n!}$

3. Berechnen Sie die folgenden Ausdrücke!
   a) $\binom{6}{4}$ b) $\binom{1,5}{3}$ c) $\binom{-1}{6}$ d) $\binom{4}{1}$ e) $\binom{4}{0}$
   f) $\binom{8}{8}$ g) $\binom{5}{4} * 4!$ h) $\binom{7}{6} * 3!$ i) $\binom{6}{7} * 3!$
   j) $\frac{\binom{7}{6}}{3!}$

4. Berechnen Sie die nachstehenden Summen!
   a) $\binom{2}{1} + \binom{2}{2}$ b) $\binom{3}{1} + \binom{3}{2}$ c) $\binom{3}{2} + \binom{3}{3}$
   d) $\binom{4}{1} + \binom{4}{2}$ e) $\binom{4}{2} + \binom{4}{3}$ f) $\binom{4}{3} + \binom{4}{4}$

5. Berechnen Sie die folgenden Ausdrücke unter Verwendung der binomischen Formel!
   a) $(x + y)^7$ b) $(a - b)^6$ c) $(5a + 4b)^3$
   d) $(\frac{1}{2}x - \frac{1}{3}y)^4$ e) $(2\sqrt{a} + 3\sqrt{b})^2$ f) $(x^2 + y^2)^3$

6. Vereinfachen Sie die nachstehenden Ausdrücke!
   a) $(-1 + a)^2 - (1 - a)^2$
   b) $(a^2 + b^2)^2 - (a^2 - b^2)^2$
   c) $(\sqrt{ab} - 1)(-a - \sqrt{ab}) + ab$

7. Zerlegen Sie in ein Produkt von Binomen!
   a) $25a^2 + 10ab + b^2$ b) $49a^2 - 42a + 9$
   c) $169a^2 - 130ab + 25b^2$ d) $2x + 2\sqrt{6xy} + 3y$

8. a) Schreiben Sie alle Permutationen der Elemente 1, 2, 3, 4 in lexikografischer Anordnung auf!
   b) An wievielter Stelle unter den Permutationen von a, e, f, h, n stehen "fahne" und "hafen"?

9. a) In wieviel unterschiedlichen Sitzordnungen können sechs Personen an einem Tisch sitzen?
   b) Wieviel fünfziffrige Zahlen lassen sich mit den Ziffern 0, 1, 2, 3, 4 schreiben, wenn Zahlen, die mit 0 beginnen, weggelassen werden?
   c) Wieviel Permutationen der Elemente a, b, c, d, e, f beginnen mit c, mit de, mit cdef?

10. a) Schreiben Sie alle Permutationen der Elemente a, b, c, in denen die Elemente a und b je einmal, das Element c zweimal auftreten, auf!
    b) Berechnen Sie die Anzahl dieser Permutationen!

11. Wieviel geordnete Paare kann man aus den 26 Buchstaben des Alphabets bilden?

12. Wieviel verschiedene Variationen vierter Klasse
    a) ohne,
    b) mit Wiederholungen gibt es von den Elementen 0, 2, 4, 6, 8?

13. Eine Lochkarte besteht aus 80 Lochspalten zu je zehn Lochstellen. Wieviel Zusammenstellungen von Lochungen sind möglich, wenn jede Spalte genau einmal gelocht wird?

14. Wie groß ist die Anzahl der Kombinationen aus sechs Elementen zur vierten Klasse und zur fünften Klasse
    a) ohne Wiederholung,
    b) mit Wiederholung?

15. Wieviel verschiedene Möglichkeiten gibt es beim Skatspiel für die zwei Karten im Skat? Wieviel Möglichkeiten gibt es, zwei Buben im Skat zu haben?

16. Wieviel verschiedene Stichprobenmöglichkeiten gibt es, wenn bei einer Produktionsserie von 1000 Stück die Stichprobe einen Umfang von 20 Stück hat?

17. Polizeiliche Kennzeichen für Kraftfahrzeuge sind u. a. wie folgt zusammengesetzt: Einer den Ort kennzeichnenden Gruppe von Kennbuchstaben folgt eine Vierergruppe, bestehend aus den Ziffern 0 bis 9. Wieviel Kennzeichen zu festen Kennbuchstaben sind möglich?

18. Wieviel Rohre unterschiedlicher Abmessungen und Rohstoffzusammensetzungen lassen sich durch Farbmarkierungen unter Verwendung von vier Farben kennzeichnen?

19. Bei einem Laufwettbewerb befinden sich sechs Läufer im Endlauf. Wieviel

Einlaufmöglichkeiten gibt es?

20. Auf wieviel Arten lassen sich
a) acht verschiedene Perlen,
b) drei rote, vier blaue, eine grüne
anordnen?

21. Wieviel Fernsprechanschlüsse lassen sich einrichten, wenn nur fünfstellige Rufnummern verwendet werden?
Wieviel Fernsprechanschlüsse sind bei sechsstelligen Rufnummern möglich, wenn Rufnummern, die mit 0 beginnen, nicht erlaubt sind?

22. Wieviel verschiedene Würfe mit drei Würfeln sind möglich, bei denen alle Würfel verschiedene Augenzahlen zeigen?
Wieviel verschiedene Würfe mit drei Würfeln sind möglich?

11 Lineare Algebra

Der vorliegende Hauptabschnitt ist insbesondere der Lösung von Systemen aus m linearen Gleichungen mit n Unbekannten gewidmet, wobei die Anzahl m der Gleichungen kleiner oder gleich oder größer als die Anzahl n der Unbekannten sein kann.

Im Abschnitt 11.1 werden Gleichungssysteme mit zwei Unbekannten behandelt, was eine Wiederholung von Schulstoff darstellt. Hier werden aber auch Gleichungssysteme mit unbestimmten Koeffizienten betrachtet, wobei Fallunterscheidungen nötig sind.

Diese Betrachtungen werden im Abschnitt 11.2 auf drei und im Abschnitt 11.3 auf beliebig viele Unbekannte ausgedehnt. In allen Abschnitten wird schrittweise der Begriff Determinante sowie der des Gaußschen Algorithmus herausgearbeitet.

Der Abschnitt 11.4 enthält speziell die Lösung homogener Gleichungssysteme.

11.1 Lineare Gleichungssysteme mit zwei Unbekannten

11.1.1 Eine lineare Gleichung mit zwei Unbekannten

Eine solche Gleichung kann dargestellt werden durch

$$ax + by = c. \qquad (11.1)$$

Hierin können die unbekannten Größen x und y beliebige relle Zahlen sein, die in der angegebenen Weise miteinander verknüpft sind. Mit anderen Worten: x und y sind Variable; die Gl. (11.1) stellt eine lineare Funktionsgleichung dar, deren Bild eine Gerade im x,y-Koordinatensystem ist.

Die Sonderfälle $a = 0$ oder $b = 0$ beschreiben insbesondere Geraden, die parallel zur y- bzw. x-Achse verlaufen.

Faßt man die Gl. (11.1) als Bestimmungsgleichung für die beiden Unbekannten x und y auf, so erhebt sich die Frage, was man unter der Lösung einer Gleichung verstehen will.

Die Lösung von Gl. (11.1) ist offenbar die Menge aller Wertepaare (x, y), die die Gl. (11.1) erfüllen.

Betrachtet man den Hauptfall $a, b \neq 0$, so kann man Gl. (11.1) nach y auflösen:

$$y = -\frac{a}{b}x + \frac{c}{b}. \qquad (11.2)$$

Man kann x völlig beliebig wählen und hat dann y nach Formel (11.2) zu ermitteln. Man erhält also unendlich viele Lösungen, nämlich die Lösungsmenge

$$L = \left\{ (x, y) \mid y = -\frac{a}{b}x + \frac{c}{b}, \ x \text{ beliebig} \right\}. \qquad (11.3)$$

Man schreibt dafür auch kurz

$$\text{Lösung von Gl. (11.1):} \quad y = -\frac{a}{b}x + \frac{c}{b}, \quad x \text{ beliebig.}$$

Selbstverständlich kann man auch nach x auflösen und y beliebig wählen, also

Lösung von Gl. (11.1): $x = -\frac{b}{a}y + \frac{c}{a}$, y beliebig.

Da wir im folgenden zu drei und mehr Unbekannten übergehen wollen, ist es vielfach zweckmäßig, die Unbekannten nicht mit x, y, z, . . . zu bezeichnen, sondern mit x_1, x_2, x_3, . . .

Mit diesen Bezeichnungen kann zusammenfassend festgestellt werden:

Die folgende Gleichung mit den zwei Unbekannten x_1 und x_2

$$a_1 x_1 + a_2 x_2 = b \tag{11.4}$$

hat für $a_1 \neq 0$ die ∞^1 Lösungen*)

$$x_1 = -\frac{a_2}{a_1} x_2 + \frac{b}{a_1}, \quad x_2 \text{ beliebig,} \tag{11.5}$$

für $a_2 \neq 0$ die ∞^1 Lösungen

$$x_2 = -\frac{a_1}{a_2} x_1 + \frac{b}{a_2}, \quad x_1 \text{ beliebig,} \tag{11.6}$$

für $a_1 = a_2 = b = 0$ $(0 * x_1 + 0 * x_2 = 0)$ die ∞^2 Lösungen*)

$$x_1 \text{ beliebig, } x_2 \text{ beliebig.} \tag{11.7}$$

Für $a_1 = a_2 = 0$, $b \neq 0$ $(0 * x_1 + 0 * x_2 = b \neq 0$, Widerspruch!) gibt es keine Lösung.

11.1.2 Zwei lineare Gleichungen mit zwei Unbekannten

Ein System von zwei Gleichungen mit zwei Unbekannten hat die allgemeine Gestalt

$$\begin{aligned} &\text{I} \quad a_{11} x_1 + a_{12} x_2 = a_1 \\ &\text{II} \quad a_{21} x_1 + a_{22} x_2 = a_2. \end{aligned} \tag{11.8}$$

Diese Bestimmungsgleichungen können als Funktionsgleichungen mit den Veränderlichen x_1 und x_2 aufgefaßt und im x_1,x_2-Koordinatensystem als Geraden dargestellt werden. Schneiden sich diese Geraden in einem Punkt, so sind die Koordinaten dieses Schnittpunktes die einzige Lösung des Gleichungssystems (11.8).

Fallen die beiden Geraden zusammen, so bedeutet dies, daß die Gleichung II die gleiche Gerade darstellt wie die Gleichung I. Man braucht dann nur die Gleichung I oder II entsprechend Abschnitt 11.1.1 zu lösen. Es existieren ∞^1 Lösungen.

Es können formal aber auch ∞^2 Lösungen auftreten, wenn nämlich alle a_{ik} und alle a_i gleich Null sind. Diesen "ausgearteten" Fall werden wir im folgenden ausschließen.

Dagegen behandeln wir den Fall, wo keine Lösung existiert. Dies tritt dann ein, wenn die durch I und II dargestellten Geraden parallel verlaufen.

---

*) ∞^i (i = 1, 2, . . .) bedeutet, daß für i Unbekannte beliebige Werte eingesetzt werden können.

Bei zwei Gleichungen mit zwei Unbekannten können also folgende vier Fälle auftreten:

1. Es existiert eine eindeutig bestimmte Lösung (Hauptfall).
2. Es existiert keine Lösung (das System enthält Widersprüche).
3. Es existieren ∞^1 Lösungen (die II. Gleichung ist gleich der I. bzw. ein Vielfaches davon).
4. Es existieren ∞^2 Lösungen ("ausgearteter" Fall: alle $a_{ik} = 0$, alle $a_i = 0$).

Bei zwei Gleichungen mit zwei Unbekannten kann man am Gleichungssystem relativ leicht erkennen, welcher Fall vorliegt.

Bei Systemen mit drei und mehr Unbekannten sind die entsprechenden Fälle im allgemeinen nicht mehr leicht zu erkennen. Hier muß dann sehr formal vorgegangen werden. Zur Vorbereitung auf solche Probleme wollen wir hier die einzelnen Fälle durch "formales Lösen" des Gleichungssystems herausarbeiten. Dabei sollen die drei elementaren Lösungsmethoden eines Gleichungssystems wiederholt werden:

1. Das Gleichsetzungsverfahren: man löst beide Gleichungen nach der gleichen Unbekannten (z. B. x_2) auf, setzt sie gleich und erhält dabei eine Gleichung mit einer Unbekannten (z. B. x_1).

2. Das Einsetzungsverfahren: Man löst eine Gleichung nach einer Unbekannten (z. B. x_2) auf und setzt das Ergebnis in die andere Gleichung ein. Dann erhält man eine Gleichung mit der anderen Unbekannten (z. B. x_1).

3. Das Addidionsverfahren: Man addiert ein bestimmtes (evtl. auch negatives) Vielfaches der II. Gleichung zu einem bestimmten Vielfachen der I. Gleichung derart, daß eine Unbekannte nicht mehr auftritt. Mit dem Ergebnis ermittelt man die andere Unbekannte. Das kann man für beide Unbekannte tun. Dieses Verfahren ist die Grundlage für die Lösung von Gleichungssystemen mittels Determinanten.

Die drei Verfahren sollen nun auf drei spezielle Gleichungssysteme angewendet werden. Dabei wird vorausgesetzt, daß alle vier $a_{ik} \neq 0$ sind. Wäre nämlich ein $a_{ik} = 0$ (z. B. $a_{21} = 0$), so läge ein System mit Dreiecksstruktur vor:

$$\begin{array}{ll} \text{I} & a_{11} x_1 + a_{12} x_2 = a_1, \quad a_{11} \neq 0 \\ \text{II} & \qquad\qquad a_{22} x_2 = a_2, \quad a_{22} \neq 0. \end{array} \tag{11.9}$$

Man könnte hier x_2 aus II direkt ermitteln, das Ergebnis in I einsetzen und x_1 berechnen. An dieser Stelle wollen wir schon darauf hinweisen, daß beim Anwenden des Gaußschen Algorithmus ein gegebenes Gleichungssystem auf Dreiecksgestalt zu bringen ist.

Die drei konkreten Gleichungssysteme sind:

System 1:
$$\begin{array}{ll} \text{I} & 2x_1 + 3x_2 = 4 \\ \text{II} & x_1 - 2x_2 = -5 \end{array}$$

Dieses System hat eine eindeutig bestimmte Lösung. Gleichung II hat keinen Bezug zu Gleichung I.

System 2: I $2x_1 + 3x_2 = 4$
II $4x_1 + 6x_2 = 8$

Es ist leicht zu erkennen, daß die Gleichung II nur die mit 2 multiplizierte Gleichung I ist. Beide Gleichungen stellen die gleiche Gerade dar. Es gibt ∞^1 Lösungen.

System 3: I $2x_1 + 3x_2 = 4$
II $4x_1 + 6x_2 = 10$

Man sieht hier sofort, daß beide Gleichungen einander widersprechen. Das Zweifache der Gleichung I ist $4x_1 + 6x_2 = 8$, es kann nicht außerdem auch 10 sein. Das System hat demnach keine Lösung.

Beispiel 11.1: Das System 1 ist mit den drei o. a. Verfahren zu lösen.

a) Gleichsetzungsverfahren: I und II werden nach x_1 aufgelöst.

I': $x_1 = 2 - \frac{3}{2}x_2$ II': $x_1 = 2x_2 - 5$

$$2 - \frac{3}{2}x_2 = 2x_2 - 5$$
$$-\frac{7}{2}x_2 = -7$$
$$\underline{\underline{x_2 = 2}}$$

aus I':
$$x_1 = 2 - \frac{3}{2} * 2$$
$$\underline{\underline{x_1 = -1}}$$

b) Einsetzungsverfahren: II wird nach x_1 aufgelöst und in I eingesetzt.

II': $x_1 = 2x_2 - 5$
$$2(2x_2 - 5) + 3x_2 = 4$$
$$4x_2 - 10 + 3x_2 = 4$$
$$7x_2 = 14$$
$$\underline{\underline{x_2 = 2}}$$

aus II':
$$x_1 = 2 * 2 - 5$$
$$\underline{\underline{x_1 = -1}}$$

c) Additionsverfahren: Man eliminiert x_1, indem man das (-2)-fache von II zu I addiert.

$$\begin{array}{rrl} \text{I} & 2x_1 + 3x_2 = & 4 \\ (-2) * \text{II} & -2x_1 + 4x_2 = & 10 \\ \hline \text{I} - 2 * \text{II} & 7x_2 = & 14 \\ & x_2 = & 2 \end{array}$$

(Man könnte nun z. B. aus II x_1 berechnen: $x_1 = 2x_2 - 5 = 4 - 5 = -1$).

Bei konsequenter Anwendung des Additionsverfahrens eliminiert man noch x_2, indem man das Dreifache von II zum Zweifachen von I addiert.

$$\begin{array}{rrl} 2 * \text{I} & 4x_1 + 6x_2 = & 8 \\ 3 * \text{II} & 3x_1 - 6x_2 = & -15 \\ \hline 2 * \text{I} + 3 * \text{II} & 7x_1 \qquad = & -7 \\ & x_1 = & -1 \end{array}$$

Beispiel 11.2: Das System 2 ist mit den drei o. a. Verfahren zu lösen.

a) Gleichsetzungsverfahren:

I': $x_1 = 2 - \frac{3}{2}x_2$ II': $x_1 = 2 - \frac{3}{2}x_2$

$$2 - \frac{3}{2}x_2 = 2 - \frac{3}{2}x_2$$

$$0 * x_2 = 0$$

x_2 beliebig.

Aus I' erhält man weiterhin die ∞^1 Lösungen

$x_1 = 2 - \frac{3}{2}x_2$, x_2 beliebig.

b) Einsetzungsverfahren:

I': $x_1 = 2 - \frac{3}{2}x_2$, eingesetzt in II:

II': $4 * (2 - \frac{3}{2}x_2) + 6x_2 = 8$

$$8 - 6x_2 + 6x_2 = 8$$

$$0 * x_2 = 0$$

x_2 beliebig.

Aus II' folgt damit

$x_1 = 2 - \frac{3}{2}x_2$, x_2 beliebig.

c) Additionsverfahren:

$$\begin{array}{rr} 2 * I & 4x_1 + 6x_2 = 8 \\ II & 4x_1 + 6x_2 = 8 \\ \hline II - 2 * I: & 0 * x_1 + 0 * x_2 = 0. \end{array}$$

Betrachtet man nur diese Gleichung, so ließen sich x_1 und x_2 beliebig wählen. Da aber zwischen x_1 und x_2 ein durch I bzw. II gegebener Zusammenhang besteht, läßt sich nur eine der beiden Unbekannten beliebig wählen. So ist

$x_1 = 2 - \frac{3}{2}x_2$, x_2 beliebig bzw.

$x_2 = \frac{4}{3} - \frac{2}{3}x_1$, x_1 beliebig.

Beispiel 11.3: Das System 3 ist mit den drei o. a. Verfahren zu lösen.

a) Gleichsetzungsverfahren:

I': $x_1 = 2 - \frac{3}{2}x_2$ II': $x_1 = \frac{5}{2} - \frac{3}{2}x_2$

$$2 - \frac{3}{2}x_2 = \frac{5}{2} - \frac{3}{2}x_2$$
$$0 * x_2 = \frac{1}{2}$$

Das ist ein Widerspruch, denn keine reelle Zahl x_2 kann diese Gleichung erfüllen. Demnach gibt es keine Lösung.

b) Einsetzungsverfahren:

I': $x_1 = 2 - \frac{3}{2}x_2$, eingesetzt in II:

II': $4 * (2 - \frac{3}{2}x_2) + 6x_2 = 10$

$$8 - 6x_2 + 6x_2 = 10$$
$$0 * x_2 = 2$$

Das ist ein Widerspruch, es gibt also keine Lösung.

c) Additionsverfahren:

$$\begin{array}{rr} 2 * I & 4x_1 + 6x_2 = 8 \\ II & 4x_1 + 6x_2 = 10 \\ \hline 2 * I - II: & 0 * x_1 + 0 * x_2 = -2. \end{array}$$

Das ist ein Widerspruch, es gibt keine Lösung.

Mit den folgenden Beispielen wollen wir Hinweise zum Lösen einiger Übungsaufgaben verbinden.

Beispiel 11.4: Gegeben sei ein Gleichungssystem in der Form

$$\text{I} \quad \frac{x}{a+b} + \frac{y}{a-b} = 1$$

$$\text{II} \quad \frac{x}{a-b} + \frac{y}{a+b} = 1.$$

Es hat nur einen Sinn, wenn $|a| \neq |b|$ ist.

Man kann dieses Gleichungssystem nach einem angegebenen Verfahren unmittelbar, aber auch erst nach vorangegangener Umformung lösen.
Zunächst wenden wir das Additionsverfahren an.

Nach Multiplikation von I mit $\frac{1}{a+b}$ und II mit $-\frac{1}{a-b}$ erhält man:

$$\frac{x}{(a+b)^2} + \frac{y}{a^2-b^2} = \frac{1}{a+b}$$

$$-\frac{x}{(a-b)^2} - \frac{y}{a^2-b^2} = -\frac{1}{a-b}.$$

Dadurch haben die beiden Koeffizienten von y entgegengesetztes Vorzeichen und heben sich beim Addieren auf. Somit liegt dann eine Gleichung mit einer Unbekannten vor:

$$\frac{x}{(a+b)^2} - \frac{x}{(a-b)^2} = \frac{1}{a+b} - \frac{1}{a-b}$$

$$\frac{(a-b)^2 - (a+b)^2}{(a+b)^2\,(a-b)^2}\, x = \frac{a-b-(a+b)}{a^2-b^2}$$

$$\frac{a^2 - 2\,a\,b + b^2 - a^2 - 2\,a\,b - b^2}{(a^2-b^2)^2}\, x = \frac{a-b-a-b}{a^2-b^2}$$

$$-\frac{4ab}{a^2-b^2}\, x = -2b$$

$$2abx = b\,(a^2-b^2) \quad (*)$$

$$x = \frac{a^2-b^2}{2a} \quad \text{für } ab \neq 0.$$

Multipliziert man I mit $\frac{1}{a-b}$ und II mit $-\frac{1}{a+b}$, kann man y in analoger Weise errechnen:

$$\frac{x}{a^2-b^2} + \frac{y}{(a-b)^2} = \frac{1}{a-b}$$

$$-\frac{x}{a^2-b^2} - \frac{y}{(a+b)^2} = -\frac{1}{a+b}$$

$$\frac{y}{(a-b)^2} - \frac{y}{(a+b)^2} = \frac{1}{a-b} - \frac{1}{a+b}$$

$$\frac{(a+b)^2 - (a-b)^2}{(a-b)^2\,(a+b)^2}\,y = \frac{a+b-(a-b)}{a^2-b^2}$$

$$\frac{a^2+2ab+b^2-a^2+2ab-b^2}{(a^2-b^2)^2}\,y = \frac{a+b-a+b}{a^2-b^2}$$

$$\frac{4ab}{a^2-b^2}\,y = 2b$$

$$2aby = b\,(a^2-b^2) \quad (*)$$

$$y = \frac{a^2-b^2}{2a} \quad \text{für } ab \neq 0.$$

Hier liegt ein Sonderfall vor, wo beide Unbekannte gleich sind, was jedoch für unsere Betrachtungen ohne Bedeutung ist.
Da die für x, y errechneten Werte nur für $ab \neq 0$ gelten, ist zu untersuchen, welche Fallunterscheidungen bei Gleichungssystemen für $ab = 0$ zu machen sind. Hierzu betrachten wir die Gleichungen (*) und unterscheiden drei Fälle:

1. $a = 0,\ b \neq 0$
   Die Gleichungen (*) lauten dann
   $0 * x = -2b^3,$
   $0 * y = -2b^3.$
   In diesem Falle hat das Gleichungssystem keine Lösung.
   (Es liegt ein Widerspruch vor.)

2. $a \neq 0,\ b = 0$
   Die Gleichungen (*) lauten in diesem Falle
   $0 * x = 0,$
   $0 * y = 0.$
   (Hier liegt kein Widerspruch vor.)
   Sowohl aus I als auch aus II folgt
   $\frac{x}{a} + \frac{y}{a} = 1,$
   $x + y = a.$

   Wählt man y frei, so ist
   $x = a - y$, y beliebig,
   anderenfalls ist
   $y = a - x$, x beliebig.

3. $a = b = 0$
   Dieser Fall ist laut Voraussetzung ausgeschlossen.

Beispiel 11.5:
$$\frac{11}{2x-3y}+\frac{18}{3x-2y}=13$$
$$\frac{27}{3x-2y}-\frac{2}{2x-3y}=1$$

Formt man dieses System um, so erhält man

$$\begin{aligned} 69x - 76y &= 78x^2 - 169xy + 78y^2 \\ 48x - 77y &= 6x^2 - 13xy + 6y^2 \end{aligned}$$

und erkennt, daß man auf diesem Wege kein lineares Gleichungssystem für x und y erhält. Da in dem angegebenen Gleichungssystem jeweils zwei Nenner gleich sind, kann man neue Unbekannte u, v einführen, diese berechnen und danach die Größen x, y ermitteln. Wir setzen

$$u=\frac{1}{2x-3y},\quad v=\frac{1}{3x-2y}$$

und erhalten

$$\begin{aligned} 11u + 18v &= 13 \\ 27v - 2u &= 1 \end{aligned} \qquad \text{bzw.} \qquad \begin{aligned} 11u + 18v &= 13 \\ -2u + 27v &= 1 \end{aligned}$$

Wir wenden das Additionsverfahren an:

$$\begin{aligned} 33u + 54v &= 39 \\ 4u - 54v &= -2 \\ \hline 37u \quad\quad &= 37 \\ u &= 1 \end{aligned} \qquad \text{und weiterhin } v=\frac{1}{9}.$$

Damit können x und y berechnet werden:

$$1=\frac{1}{2x-3y} \qquad \text{bzw.} \qquad 2x-3y=1$$
$$\frac{1}{9}=\frac{1}{3x-2y} \qquad\qquad 3x-2y=9$$

Daraus erhält man die gesuchte Lösung $x = 5$, $y = 3$.

11.1.3 Determinanten zweiter Ordnung und Cramersche Regel

Wendet man das Additionsverfahren formal auf das allgemeine System (11.8) an, so erhält man bei der Elimination von x_2: $I' = a_{22} * I - a_{12} * II$:

$$(a_{11}\, a_{22} - a_{12}\, a_{21})\, x_1 = (a_1\, a_{22} - a_{12}\, a_2), \tag{11.10}$$

und bei der Elimination von x_1: $II' = a_{11} * II - a_{21} * I$:

$$(a_{11}\, a_{22} - a_{12}\, a_{21})\, x_2 = (a_{11}\, a_2 - a_1\, a_{21}). \tag{11.11}$$

Ist $(a_{11}\, a_{22} - a_{12}\, a_{21}) \neq 0$, so erhält man daraus die eindeutig bestimmte Lösung

$$x_1 = \frac{a_1\, a_{22} - a_{12}\, a_2}{a_{11}\, a_{22} - a_{12}\, a_{21}}, \qquad x_2 = \frac{a_{11}\, a_2 - a_1\, a_{21}}{a_{11}\, a_{22} - a_{12}\, a_{21}}. \tag{11.12}$$

Man kann durch Einsetzen in (11.8) bestätigen, daß (11.12) tatsächlich Lösung von (11.8) ist. Durch (11.10) bis (11.12) wird man in natürlicher Weise zum Begriff der Determinante zweiter Ordnung geführt.

Definition 11.1: Unter einer Determinante eines geordneten Systems von zweimal zwei reellen Zahlen a_{ik} (i, k = 1, 2) versteht man die Zahl

$$D = \begin{vmatrix} a_{11} & a_{12} \\ a_{21} & a_{22} \end{vmatrix} = a_{11}\, a_{22} - a_{12}\, a_{21}. \tag{11.13}$$

(Produkt der Elemente der Hauptdiagonalen minus Produkt der Elemente der Nebendiagonalen.) Den Ausdruck (11.13) nennt man Determinante zweiter Ordnung.

In (11.13) stehen die Koeffizienten der x_i so, wie sie im System (11.8) stehen. Man nennt die Determinante (11.13) daher Koeffizientendeterminante des Systems (11.8). Ersetzt man in (11.13) die erste Spalte (die Koeffizienten, die zu x_1 gehören) durch die rechte Seite (Absolutglieder) des Gleichungssystems (11.8) a_1, a_2, so entsteht eine (zu x_1 gehörende) Determinante

$$D_1 = \begin{vmatrix} a_1 & a_{12} \\ a_2 & a_{22} \end{vmatrix} = a_1\, a_{22} - a_{12}\, a_2. \tag{11.14}$$

Ersetzt man in entsprechender Weise die zweite Spalte von (11.13), so erhält man die zu x_2 gehörende Determinante

$$D_2 = \begin{vmatrix} a_{11} & a_1 \\ a_{21} & a_2 \end{vmatrix} = a_{11}\, a_2 - a_1\, a_{21}. \tag{11.15}$$

Vergleicht man (11.10) bis (11.12) mit (11.13) bis (11.15), so erhält man den

Satz 11.1 (Cramersche Regel): Gilt für die Koeffizientendeterminante in (11.13)

$$D = \begin{vmatrix} a_{11} & a_{12} \\ a_{21} & a_{22} \end{vmatrix} \neq 0, \tag{11.16}$$

so besitzt das Gleichungssystem (11.8) die eindeutig bestimmte Lösung

$$x_1 = \frac{D_1}{D}, \qquad x_2 = \frac{D_2}{D}, \tag{11.17}$$

wobei D_1 und D_2 nach (11.14) und (11.15) zu berechnen sind.

Es gilt weiter

Satz 11.2: Gilt für die Koeffizientendeterminante D in (11.13)

$$D = 0, \tag{11.18}$$

und gilt für mindestens eine der Determinanten D_1 oder D_2 in (11.14) oder (11.15)

$$D_1 \neq 0 \text{ oder } D_2 \neq 0, \tag{11.19}$$

so hat das System (11.8) keine Lösung, seine Gleichungen widersprechen einander.

Satz 11.3: Gilt

$$D = D_1 = D_2 = 0, \tag{11.20}$$

so ist eine der beiden Gleichungen, I bzw. II, überflüssig (beide Gleichungen sind abhängig voneinander), und man hat die Methode aus Abschnitt 11.1.1 anzuwenden.

Als Lehrbeispiele werden nun die in den Beispielen 11.1 bis 11.3 (Abschnitt 11.1.2) behandelten Systeme 1, 2 und 3 mit Determinanten gelöst.

Beispiel 11.6: Für das System 1 gilt

$$D = \begin{vmatrix} 2 & 3 \\ 1 & -2 \end{vmatrix} = -4 - 3 = -7 \neq 0.$$

Es existiert also eine eindeutig bestimmte Lösung. Es gilt weiter

$$D_1 = \begin{vmatrix} 4 & 3 \\ -5 & -2 \end{vmatrix} = -8 + 15 = 7, \qquad D_2 = \begin{vmatrix} 2 & 4 \\ 1 & -5 \end{vmatrix} = -10 - 4 = -14.$$

Daher gilt

$$x_1 = \frac{D_1}{D} = \frac{7}{-7} = -1, \qquad x_2 = \frac{D_2}{D} = \frac{-14}{-7} = 2.$$

Beispiel 11.7: Für das System 2 gilt

$$D = \begin{vmatrix} 2 & 3 \\ 4 & 6 \end{vmatrix} = 12 - 12 = 0, \text{ und weiter}$$

$$D_1 = \begin{vmatrix} 4 & 3 \\ 8 & 6 \end{vmatrix} = 24 - 24 = 0, \qquad D_2 = \begin{vmatrix} 2 & 4 \\ 4 & 8 \end{vmatrix} = 16 - 16 = 0.$$

Daher existieren unendlich viele Lösungen (siehe Beispiel 11.2).

Beispiel 11.8: Für das System 3 gilt

$$D = \begin{vmatrix} 2 & 3 \\ 4 & 6 \end{vmatrix} = 12 - 12 = 0, \text{ und weiter}$$

$$D_1 = \begin{vmatrix} 4 & 3 \\ 10 & 6 \end{vmatrix} = 24 - 30 \neq 0.$$

Schon hier ist klar, daß keine Lösung existiert (auf das Berechnen von $D_2 = 4 \neq 0$ kann also verzichtet werden).

Beispiel 11.9: Wir wollen nunmehr das im Beispiel 11.4 angegebene Gleichungssystem mittels Determinanten lösen und berechnen hierzu zunächst D, D_1 und D_2.

$$D = \begin{vmatrix} \frac{1}{a+b} & \frac{1}{a-b} \\ \frac{1}{a-b} & \frac{1}{a+b} \end{vmatrix} = \frac{1}{(a+b)^2} - \frac{1}{(a-b)^2} = \frac{(a-b)^2 - (a+b)^2}{(a+b)^2\,(a-b)^2}$$

$$= \frac{a^2 - 2ab + b^2 - a^2 - 2ab - b^2}{(a^2-b^2)^2} = -\frac{4ab}{(a^2-b^2)^2},$$

$$D_1 = \begin{vmatrix} 1 & \frac{1}{a-b} \\ 1 & \frac{1}{a+b} \end{vmatrix} = \frac{1}{a+b} - \frac{1}{a-b} = \frac{a-b-(a+b)}{(a+b)\,(a-b)} = -\frac{2b}{a^2-b^2},$$

$$D_2 = \begin{vmatrix} \frac{1}{a+b} & 1 \\ \frac{1}{a-b} & 1 \end{vmatrix} = \frac{1}{a+b} - \frac{1}{a-b} = \frac{a-b-(a+b)}{(a+b)\,(a-b)} = -\frac{2b}{a^2-b^2},$$

$$x = \frac{D_1}{D} = -\frac{2b}{a^2-b^2} : \left(-\frac{4ab}{(a^2-b^2)^2}\right) = \frac{2b}{a^2-b^2} * \frac{(a^2-b^2)^2}{4ab} = \frac{a^2-b^2}{2a} = y, \text{ da } D_1 = D_2 \text{ ist,}$$

wobei $D \neq 0$ sein muß. Es ist $D = 0$, wenn $ab = 0$ ist.
$D_1 = D_2 \neq 0$ ist für $b \neq 0$ der Fall; $D_1 = D_2 = 0$ gilt dann, wenn $b = 0$ ist. Die Fallunterscheidungen können demnach an Hand der Gleichungen

$$Dx = D_1, \qquad Dy = D_2$$

in gleicher Weise wie im Beispiel 11.4 vorgenommen werden.

Eine empfehlenswerte Übung ist es, das gegebene Gleichungssystem nach erfolgter Umformung

$$\begin{aligned}(a - b)x + (a + b)y &= a^2 - b^2\\ (a + b)x + (a - b)y &= a^2 - b^2\end{aligned}$$

mit verschiedenen Methoden zu lösen und die Lösungswege miteinander zu vergleichen.

11.1.4 Der Gaußsche Algorithmus

Betrachtet man die im Abschnitt 11.1.2 behandelten Verfahren (Gleichsetzungs-, Einsetzungs- und Additionsverfahren) genauer, so stellt man fest, daß mit ihrer Hilfe das allgemeine System (11.8)

$$\begin{aligned}a_{11}\,x_1 + a_{12}\,x_2 &= a_1\\ a_{21}\,x_1 + a_{22}\,x_2 &= a_2\end{aligned}$$

auf ein System mit Dreiecksstruktur (11.9)

$$\begin{aligned}a_{11}\,x_1 + a_{12}\,x_2 &= a_1, \quad a_{11} \neq 0\\ a_{22}\,x_2 &= a_2, \quad a_{22} \neq 0\end{aligned}$$

zurückgeführt wird.

Welche Vorteile bietet das System (11.9)?

1. Ist in (11.9) $a_{22} \neq 0$, so erhält man:
   a) $x_2 = \frac{a_2}{a_{22}}$.
   b) Ist $a_{11} \neq 0$, so erhält man $x_1 = \frac{a_1}{a_{11}} - \frac{a_{12}}{a_{11}} x_2 = \frac{a_1}{a_{11}} - \frac{a_{12}}{a_{11}} * \frac{a_2}{a_{22}}$.
2. Ist in (11.9) $a_{22} = 0$ und $a_2 \neq 0$, so existiert keine Lösung.
3. Ist in (11.9) $a_{22} = 0$ und $a_2 = 0$, so ist die Gleichung II überflüssig, und man hat Gleichung I nach den Methoden aus Abschnitt 11.1.1 zu lösen.

Damit reduziert sich das Problem der Lösung von System (11.8) darauf, dieses System auf Dreiecksgestalt zu bringen. Ein Algorithmus, der das in jedem Falle kann, ist der Gaußsche Algorithmus. Entweder hat das System (11.8) schon Dreiecksgestalt oder alle a_{ik} sind ungleich Null.

Im folgenden soll das System (11.8) sowohl in der üblichen Schreibweise als auch schematisiert angegeben werden:

		x_1	x_2	RS
I	$a_{11}\,x_1 + a_{12}\,x_2 = a_1$	a_{11}	a_{12}	a_1
II	$a_{21}\,x_1 + a_{22}\,x_2 = a_2$	a_{21}	a_{22}	a_2

(RS bedeutet "rechte Seite" des Gleichungssystems).

Wenn man I stehenläßt und das $\frac{a_{11}}{a_{21}}$ - fache der Gleichung I von der Gleichung II subtrahiert, so erhält man

		x_1	x_2	RS
I	$a_{11}\,x_1 + a_{12}\,x_2 = a_1$	a_{11}	a_{12}	a_1
II'	$0 * x_1 + (a_{12} - \frac{a_{11}}{a_{21}}a_{22})\,x_2 = a_1 - \frac{a_{11}}{a_{21}}\,a_2$	0	$a_{12} - \frac{a_{11}}{a_{21}}a_{22}$	$a_1 - \frac{a_{11}}{a_{21}}\,a_2$

Bringt man II' in die Form

		x_1	x_2	RS
II'	$b_{22}\,x_2 = b_2,$	0	b_{22}	b_2

so erhält das Gesamtsystem die Form

		x_1	x_2	RS
I	$a_{11}\,x_1 + a_{12}\,x_2 = a_1$	a_{11}	a_{12}	a_1
II'	$b_{22}\,x_2 = b_2$		b_{22}	b_2

Es existieren mehrere Fälle:

- Ist $b_{22} \neq 0$, so erhält man x_2 aus II' und x_1 aus I.
- Ist $b_{22} = 0$, $b_2 \neq 0$, so existiert keine Lösung.
- Ist $b_{22} = b_2 = 0$, so existieren unendlich viele Lösungen, die aus I entsprechend Abschnitt 11.1.1 zu ermitteln sind.

Die Systeme 1, 2 und 3 werden mit dem Gaußschen Algorithmus behandelt.

Beispiel 11.10: Das System 1 lautet ausgeschrieben und schematisiert

		x_1	x_2	RS
I	$2x_1 + 3x_2 = 4$	2	3	4
II	$x_1 - 2x_2 = -5$	1	-2	-5

Um die gewünschte Dreiecksgestalt zu erhalten, läßt man I stehen und subtrahiert das $\frac{1}{2}$-fache von I von II

		x_1	x_2	RS
I	$2x_1 + 3x_2 = 4$	2	3	4
II'	$0 * x_1 - \frac{7}{2}x_2 = -7$	0	$-\frac{7}{2}$	-7

Aus II' folgt $x_2 = 2$ und aus I $x_1 = 2 - \frac{3}{2}\,x_2 = -1$.

Beispiel 11.11: Es sollen hier das System 2 und das System 3 nur noch in schematischer Form behandelt werden. Dabei wird das Doppelte der ersten Zeile von der zweiten subtrahiert.

System 2

	x_1	x_2	RS
I	2	3	4
II	4	6	8
II' = II - 2 * I	0	0	0

System 3

	x_1	x_2	RS
I	2	3	4
II	4	6	10
II' = II - 2 * I	0	0	2

Beim System 2 erkennt man, daß die zweite Gleichung gegenüber der ersten nichts neues aussagt (0 = 0, kein Widerspruch). Daher liegt nur eine Gleichung (z. B. I) vor, die entsprechend Abschnitt 11.1.1 bzw. Beispiel 11.2 zu behandeln ist.
Beim System 3 erkennt man den Widerspruch "0 = 2". Es existiert keine Lösung.

Beispiel 11.12: Es soll das System 1 mit vier Varianten nach dem Gaußschen Algorithmus behandelt werden.

Variante 1

	x_1	x_2	RS
I	[2]	3	4
II	1	-2	-5
$II' = II - \frac{1}{2} * I$	0	[$-\frac{7}{2}$]	-7
1.		2	
2.	-1		

Variante 2

	x_1	x_2	RS
I	2	[3]	4
II	1	-2	-5
$II' = II + \frac{2}{3} * I$	[$\frac{7}{3}$]	0	$-\frac{7}{3}$
1.	-1		
2.		2	

Variante 3

	x_1	x_2	RS
I	2	3	4
II	1	[-2]	-5
$I' = I + \frac{3}{2} * II$	[$\frac{7}{2}$]	0	$-\frac{7}{2}$
1.	-1		
2.		2	

Variante 4

	x_1	x_2	RS
I	2	3	4
II	[1]	-2	-5
I' = I - 2 * II	0	[7]	14
1.		2	
2.	-1		

Dabei bedeutet die Umrahmung einer Zahl, daß die über ihr stehende Unbekannte aus der Gleichung berechnet wird, die zu der Zeile gehört, in der die umrahmte Zahl steht.

Das bedeutet im einzelnen:

Variante 1:

a) Aus I soll x_1 berechnet werden.

b) Aus II' soll x_2 berechnet werden.

c) In 1. wird x_2 aus II' berechnet: $x_2 = \frac{-7}{\frac{7}{-2}} = 2.$

d) In 2. wird x_1 aus I berechnet: $x_1 = \frac{1}{2}(4 - 3 * 2) = -1.$

Variante 2:
a) Aus I soll x_2 berechnet werden.
b) Aus II' soll x_1 berechnet werden.
c) Aus II': $x_1 = -1.$
d) Aus I: $x_2 = 2.$

Variante 3:
a) Aus II soll x_2 berechnet werden.
b) Aus I' soll x_1 berechnet werden.
c) Aus I': $x_1 = -1.$
d) Aus II: $x_2 = 2.$

Variante 4:
a) Aus II soll x_1 berechnet werden.
b) Aus I' soll x_2 berechnet werden.
c) Aus I': $x_2 = \frac{14}{7} = 2.$
d) Aus II: $x_1 = -5 + 2 * 2 = -1.$

Alle vier Varianten sind gleichwertig, aber da man in der vierten Variante nur mit ganzen Zahlen zu rechnen hat, wird man diese vorziehen.

11.1.5 Mehr als zwei Gleichungen mit zwei Unbekannten

Hat man mehr als zwei Gleichungen mit zwei Unbekannten zu lösen, so ist im allgemeinen festzustellen, daß die ersten Gleichungen eine Lösung x_1, x_2 haben. Setzt man diese aber in die übrigen Gleichungen ein, gelangt man zu einem Widerspruch. Mehr als zwei Gleichungen mit zwei Unbekannten haben also im allgemeinen keine Lösung. Nur in speziellen Fällen kann ein solches System eine Lösung haben. Dazu behandeln wir zwei Systeme zunächst klassisch, dann mit dem Gaußschen Algorithmus.

Beispiel 11.13: Gegeben sind die beiden Systeme

a)			b)		
	I	$x_1 + 2x_2 = 3$		I	$x_1 + 2x_2 = 3$
	II	$2x_1 - x_2 = 1$		II	$2x_1 - x_2 = 1$
	III	$3x_1 + x_2 = 2$		III	$3x_1 + x_2 = 4$

Aus I und II erhält man mit den bekannten Methoden in beiden Systemen zunächst die eindeutig bestimmte Lösung a), b) $x_1 = x_2 = 1$.

Setzt man diese Werte in III ein, so erhält man

a) $3 * 1 + 1 * 1 = 4 \neq 2$, b) $3 * 1 + 1 * 1 = 4$.

Das System a) hat also keine Lösung, das System b) die eindeutig bestimmte Lösung $x_1 = x_2 = 1$.

Beispiel 11.14: Die Systeme a) und b) aus Beispiel 11.13 werden nun mit dem Gaußschen Algorithmus behandelt.

a)	x_1	x_2	RS
I	[1]	2	3
II	2	-1	1
III	3	1	2
II' = II - 2 * I	0	[-5]	-5
III' = III - 3 * I	0	-5	-7
III'' = III' - II'	0	0	-2

b)	x_1	x_2	RS
I	[1]	2	3
II	2	-1	1
III	3	1	4
II' = II - 2 * I	0	[-5]	-5
III' = III - 3 * I	0	-5	-5
III'' = III' - II'	0	0	0

Bei a) erkennt man den Widerspruch (III'': $0 * x_1 + 0 * x_2 = -2$). Es existiert also keine Lösung.

Bei b) liegt kein Widerspruch vor (III'': $0 * x_1 + 0 * x_2 = 0$). Man erhält aus II' $x_2 = 1$ und aus I $x_1 = 3 - 2 * 1 = 1$.

11.2 Lineare Gleichungssysteme mit drei Unbekannten

11.2.1 Eine Gleichung mit drei Unbekannten

Wir betrachten eine Gleichung mit drei Unbekannten:

$$a_{11} x_1 + a_{12} x_2 + a_{13} x_3 = a_1. \tag{11.21}$$

Es sind zwei "ausgeartete" Fälle möglich:

1. $a_{11} = a_{12} = a_{13} = a_1 = 0$. (11.22)
   Hier können x_1, x_2 und x_3 völlig unabhängig voneinander gewählt werden. Man sagt, es liegen ∞^3 Lösungen vor (x_1 beliebig, x_2 beliebig, x_3 beliebig).

2. $a_{11} = a_{12} = a_{13} = 0$, $a_1 \neq 0$. (11.23)
   Hier liegt der Widerspruch
   $0 * x_1 + 0 * x_2 + 0 * x_3 = a_1 \neq 0$
   vor. Es existiert keine Lösung.

3. Für mindestens ein a_{ik} gilt $a_{ik} \neq 0$ (ohne Einschränkung der Allgemeinheit möge

gelten $a_{11} \neq 0$). Dann kann man x_2 und x_3 beliebig wählen (∞^2 Lösungen), und man erhält

$$x_1 = \frac{1}{a_{11}}(a_1 - a_{12}x_2 - a_{13}x_3),\ x_2 \text{ beliebig},\ x_3 \text{ beliebig}. \tag{11.24}$$

11.2.2 Zwei Gleichungen mit drei Unbekannten

Bei dem folgenden System von zwei Gleichungen mit drei Unbekannten

$$\begin{aligned} a_{11}x_1 + a_{12}x_2 + a_{13}x_3 &= a_1 \\ a_{21}x_1 + a_{22}x_2 + a_{23}x_3 &= a_2 \end{aligned} \tag{11.25}$$

lassen wir die "ausgearteten" Fälle, wo für alle a_{ik} gilt $a_{ik} = 0$, weg. Ferner wird auch der Fall nicht behandelt, wo die zweite Gleichung nichts anderes aussagt als die erste (∞^2 Lösungen) oder wo die zweite Gleichung im Widerspruch zur ersten steht (keine Lösung). Alle diese Fälle sind leicht erkennbar. Wir behandeln an einem Beispiel nur den "Hauptfall", wo eine Unbekannte (z. B. x_3) beliebig gewählt werden kann und die beiden anderen Unbekannten (x_1 und x_2) sich dann eindeutig ergeben (∞^1 Lösungen).

Beispiel 11.15:

		x_1	x_2	x_3	RS
I	$x_1 + x_2 + x_3 = 3$	[1]	1	1	3
II	$x_1 + 2x_2 + 3x_3 = 6$	1	2	3	6
II' = II - I:	$0 * x_1 + x_2 + 2x_3 = 3$	0	[1]	2	3

Aus II' erhält man $x_2 = 3 - 2x_3$.
Aus I erhält man wegen $x_1 = 3 - x_2 - x_3 = 3 - (3 - 2x_3) - x_3 \quad x_1 = x_3$ und somit $x_1 = x_3$, $x_2 = 3 - 2x_3$, x_3 beliebig.

11.2.3 Determinanten dritter Ordnung und Cramersche Regel

Es werden nun drei Gleichungen mit drei Unbekannten betrachtet.

$$\begin{aligned} \text{I} \quad & a_{11}x_1 + a_{12}x_2 + a_{13}x_3 = a_1 \\ \text{II} \quad & a_{21}x_1 + a_{22}x_2 + a_{23}x_3 = a_2 \\ \text{III} \quad & a_{31}x_1 + a_{32}x_2 + a_{33}x_3 = a_3 \end{aligned} \tag{11.26}$$

Auf dieses System können das Gleichsetzungs- und das Einsetzungsverfahren von Abschnitt 11.1.2 in einfacher Weise übertragen werden. Das Additionsverfahren erfordert etwas mehr Überlegungen und führt in natürlicher Weise zum Begriff der Determinante dritter Ordnung sowie zur Cramerschen Regel für das System (11.26).

Definition 11.2:

Unter der Determinante dritter Ordnung eines geordneten Systems von drei mal drei reellen Zahlen a_{ik} (i, k = 1, 2, 3)

$$D = \begin{vmatrix} a_{11} & a_{12} & a_{13} \\ a_{21} & a_{22} & a_{23} \\ a_{31} & a_{32} & a_{33} \end{vmatrix} \tag{11.27}$$

versteht man folgende reelle Zahl:

$$D = \begin{vmatrix} a_{11} & a_{12} & a_{13} \\ a_{21} & a_{22} & a_{23} \\ a_{31} & a_{32} & a_{33} \end{vmatrix} = a_{11} \begin{vmatrix} a_{22} & a_{23} \\ a_{32} & a_{33} \end{vmatrix} - a_{12} \begin{vmatrix} a_{21} & a_{23} \\ a_{31} & a_{33} \end{vmatrix} + a_{13} \begin{vmatrix} a_{21} & a_{22} \\ a_{31} & a_{32} \end{vmatrix} \tag{11.28}$$

$$= a_{11}(a_{22}\, a_{33} - a_{23}\, a_{32}) - a_{12}(a_{21}\, a_{33} - a_{23}\, a_{31}) + a_{13}(a_{21}\, a_{32} - a_{22}\, a_{31}).$$

Damit ist die Berechnung einer Determinante dritter Ordnung auf die Berechnung von drei Unterdeterminanten zweiter Ordnung zurückgeführt. Die Definition 11.2, insbesondere die Formel (11.28), soll durch die folgende Definition näher erläutert werden.

Definition 11.3:

Unter einer Unterdeterminante A_{ik} der Determinante D in (11.27) versteht man diejenige Determinante zweiter Ordnung, die übrigbleibt, wenn man in D die i-te Zeile und k-te Spalte streicht. Das heißt zum Beispiel:

$$A_{11} = \begin{vmatrix} \not{a}_{11} & \not{a}_{12} & \not{a}_{13} \\ \not{a}_{21} & a_{22} & a_{23} \\ \not{a}_{31} & a_{32} & a_{33} \end{vmatrix} = \begin{vmatrix} a_{22} & a_{23} \\ a_{32} & a_{33} \end{vmatrix}$$

$$A_{12} = \begin{vmatrix} \not{a}_{11} & \not{a}_{12} & \not{a}_{13} \\ a_{21} & \not{a}_{22} & a_{23} \\ a_{31} & \not{a}_{32} & a_{33} \end{vmatrix} = \begin{vmatrix} a_{21} & a_{23} \\ a_{31} & a_{33} \end{vmatrix}$$

$$A_{13} = \begin{vmatrix} \not{a}_{11} & \not{a}_{12} & \not{a}_{13} \\ a_{21} & a_{22} & \not{a}_{23} \\ a_{31} & a_{32} & \not{a}_{33} \end{vmatrix} = \begin{vmatrix} a_{21} & a_{22} \\ a_{31} & a_{32} \end{vmatrix}$$

Damit kann die Definition 11.1 auch in folgender Form geschrieben werden:

Definition 11.4:

Unter einer Determinante dritter Ordnung D in (11.27) versteht man die Zahl
$D = a_{11}\, A_{11} - a_{12}\, A_{12} + a_{13}\, A_{13}$.

Durch das Additionsverfahren, das hier aufwendiger ist als bei Gleichungen mit zwei Unbekannten, erhält man aus (11.26)

$$Dx_1 = D_1, \qquad Dx_2 = D_2, \qquad Dx_3 = D_3, \tag{11.29}$$

wobei man die D_i dadurch erhält, daß man in der Koeffizientendeterminante (11.28) die i-te Spalte durch die rechte Seite von (11.26) ersetzt:

$$D_1 = \begin{vmatrix} a_1 & a_{12} & a_{13} \\ a_2 & a_{22} & a_{23} \\ a_3 & a_{32} & a_{33} \end{vmatrix}, \quad D_2 = \begin{vmatrix} a_{11} & a_1 & a_{13} \\ a_{21} & a_2 & a_{23} \\ a_{31} & a_3 & a_{33} \end{vmatrix}, \quad D_3 = \begin{vmatrix} a_{11} & a_{12} & a_1 \\ a_{21} & a_{22} & a_2 \\ a_{31} & a_{32} & a_3 \end{vmatrix}. \tag{11.30}$$

Wir geben dieses Resultat hier ohne Beweis an.

Aus (11.29) folgen die Sätze:

Satz 11.4 (Cramersche Regel):

Gilt für die Koeffizientendeterminante (11.27) von (11.26) bzw. (11.28)

$$D \neq 0, \tag{11.31}$$

so besitzt das Gleichungssystem (11.26) die eindeutig bestimmte Lösung

$$x_1 = \frac{D_1}{D}, \qquad x_2 = \frac{D_2}{D}, \qquad x_3 = \frac{D_3}{D}. \tag{11.32}$$

Satz 11.5:

Gilt $D = 0$, aber $D_i \neq 0$ für mindestens ein D_i ($i = 1, 2, 3$), so hat das System (11.26) keine Lösung (Widerspruch in (11.29)).

Satz 11.6:

Gilt

$$D = D_1 = D_2 = D_3 = 0, \tag{11.33}$$

so ist mindestens eine der drei Gleichungen in (11.26) überflüssig, und das System (11.26) kann mit Methoden von Abschnitt 11.2.2 behandelt werden (zu empfehlen ist jedoch der Gaußsche Algorithmus nach Abschnitt 11.2.4).

Beispiel 11.16: Beim System

$$\begin{array}{llcll} \text{I} & x_1 & & -x_3 & = -2 \\ \text{II} & x_1 & +x_2 & -x_3 & = 0 \\ \text{III} & 2x_1 & -x_2 & & = 0 \end{array}$$

ist

$$D = \begin{vmatrix} 1 & 0 & -1 \\ 1 & 1 & -1 \\ 2 & -1 & 0 \end{vmatrix} = 1 * \begin{vmatrix} 1 & -1 \\ -1 & 0 \end{vmatrix} - 0 * \begin{vmatrix} 1 & -1 \\ 2 & 0 \end{vmatrix} + (-1) * \begin{vmatrix} 1 & 1 \\ 2 & -1 \end{vmatrix} = -1 - 0 - 1\,(-1 - 2) = 2,$$

$$D_1 = \begin{vmatrix} -2 & 0 & -1 \\ 0 & 1 & -1 \\ 0 & -1 & 0 \end{vmatrix} = -2 * \begin{vmatrix} 1 & -1 \\ -1 & 0 \end{vmatrix} - 0 * \begin{vmatrix} 0 & -1 \\ 0 & 0 \end{vmatrix} - 1 * \begin{vmatrix} 0 & 1 \\ 0 & -1 \end{vmatrix} = 2,$$

$$D_2 = \begin{vmatrix} 1 & -2 & -1 \\ 1 & 0 & -1 \\ 2 & 0 & 0 \end{vmatrix} = 1 * \begin{vmatrix} 0 & -1 \\ 0 & 0 \end{vmatrix} - (-2) * \begin{vmatrix} 1 & -1 \\ 2 & 0 \end{vmatrix} - 1 * \begin{vmatrix} 1 & 0 \\ 2 & 0 \end{vmatrix} = 4,$$

$$D_3 = \begin{vmatrix} 1 & 0 & -2 \\ 1 & 1 & 0 \\ 2 & -1 & 0 \end{vmatrix} = 1 * \begin{vmatrix} 1 & 0 \\ -1 & 0 \end{vmatrix} - 0 * \begin{vmatrix} 1 & 0 \\ 2 & 0 \end{vmatrix} - 2 * \begin{vmatrix} 1 & 1 \\ 2 & -1 \end{vmatrix} = 6.$$

Also existiert die eindeutig bestimmte Lösung

$$x_1 = \frac{D_1}{D} = \frac{2}{2} = 1, \qquad x_2 = \frac{D_2}{D} = \frac{4}{2} = 2, \qquad x_3 = \frac{D_3}{D} = \frac{6}{2} = 3.$$

Beispiel 11.17: Beim System

$$\begin{array}{llllll} \text{I} & x_1 & + x_2 & + x_3 & = & 0 \\ \text{II} & x_1 & & - x_3 & = & 0 \\ \text{III} & 2\,x_1 & + x_2 & & = & 1 \end{array}$$

ist

$$D = \begin{vmatrix} 1 & 1 & 1 \\ 1 & 0 & -1 \\ 2 & 1 & 0 \end{vmatrix} = \begin{vmatrix} 0 & -1 \\ 1 & 0 \end{vmatrix} - \begin{vmatrix} 1 & -1 \\ 2 & 0 \end{vmatrix} + \begin{vmatrix} 1 & 0 \\ 2 & 1 \end{vmatrix} = 1 - 2 + 1 = 0,$$

$$D_1 = \begin{vmatrix} 0 & 1 & 1 \\ 0 & 0 & -1 \\ 1 & 1 & 0 \end{vmatrix} = 0 * \begin{vmatrix} 0 & -1 \\ 1 & 0 \end{vmatrix} - \begin{vmatrix} 0 & -1 \\ 1 & 0 \end{vmatrix} + \begin{vmatrix} 0 & 0 \\ 1 & 1 \end{vmatrix} = -1 \neq 0.$$

Daher existiert keine Lösung.

11.2.4 Der Gaußsche Algorithmus

Der Gaußsche Algorithmus wird zunächst für das System (11.26) mit drei Gleichungen für drei Unbekannte behandelt. Er ist aber auch übertragbar auf zwei Gleichungen mit drei Unbekannten und auf mehr als drei Gleichungen mit drei Unbekannten.

Das Ziel des Gaußschen Algorithmus besteht darin, das System (11.26) durch äquivalente Umformungen auf die Dreiecksgestalt

$$\begin{array}{ll} \text{I} & a_{11} x_1 + a_{12} x_2 + a_{13} x_3 = a_1 \\ \text{II} & \qquad\quad a_{22} x_2 + a_{23} x_3 = a_2 \\ \text{III} & \qquad\qquad\qquad\quad a_{33} x_3 = a_3 \end{array} \tag{11.34}$$

zu bringen.

Ist $a_{11} \neq 0$, $a_{22} \neq 0$, $a_{33} \neq 0$ (Hauptfall), so kann man nacheinander aus III x_3, aus II x_2 und aus I x_1 berechnen. Aber auch Spezialfälle sind in (11.34) zu erkennen:

- Gilt $a_{33} = 0$, $a_3 \neq 0$, so liegt ein Widerspruch vor; es existiert keine Lösung.
- Gilt $a_{33} = a_3 = 0$, so ist III überflüssig, man hat nur noch I und II zu behandeln.
- Gilt $a_{33} = a_3 = 0$ und weiter $a_{11} \neq 0$, $a_{22} \neq 0$, so kann x_3 beliebig gewählt werden und dann x_2 aus II und x_1 aus I in Abhängigkeit von x_3 berechnet werden (∞^1 Lösungen).
- Gilt weiter $a_{22} = a_{23} = 0$, $a_2 \neq 0$, so existiert keine Lösung.
- Gilt aber außer $a_{33} = a_3 = 0$ auch $a_{22} = a_{23} = a_2 = 0$, so ist auch II überflüssig und bei $a_{11} \neq 0$ können x_2 und x_3 beliebig gewählt werden, und x_1 erhält man aus I in Abhängigkeit von x_2 und x_3 (∞^2 Lösungen).
- Sind alle $a_{ik} = 0$ und alle $a_i = 0$ ("ausgearteter" Fall), so erhält man ∞^3 Lösungen.

Der Gaußsche Algorithmus für drei Gleichungen mit drei Unbekannten (11.26) besteht aus zwei Schritten:

1. Schritt: Man setzt voraus, daß in (11.26) gilt $a_{11} \neq 0$. Das ist - außer im "ausgearteten" Falle (alle $a_{ik} = 0$) - durch Umnumerierung der Gleichungen immer zu erreichen. Man läßt I unverändert und subtrahiert von II das $\frac{a_{21}}{a_{11}}$-fache von I und von III das $\frac{a_{31}}{a_{11}}$-fache von I.

Dann entsteht ein System

$$\begin{array}{ll} \text{I} & a_{11} x_1 + a_{12} x_2 + a_{13} x_3 = a_1 \\ \text{II'} & \qquad\quad b_{22} x_2 + b_{23} x_3 = b_2 \\ \text{III'} & \qquad\quad b_{32} x_2 + b_{33} x_3 = b_3 \end{array} \tag{11.35}$$

2. Schritt: Unter der Voraussetzung $b_{22} \neq 0$ wird auf II', III' der Gaußsche Algorithmus entsprechend Abschnitt 11.1.4 angewendet: Man lasse II' unverändert und subtrahiere von III' das $\frac{b_{23}}{b_{22}}$-fache von II'. Dann entsteht

$$\begin{array}{llcl} \text{I} & a_{11} x_1 + a_{12} x_2 + a_{13} x_3 & = & a_1 \\ \text{II'} & b_{22} x_2 + b_{23} x_3 & = & b_2 \\ \text{III''} & c_{33} x_3 & = & c_3 \end{array} \qquad (11.36)$$

Die Formalisierung mit dem Gauß-Schema hat dann die Gestalt:

	x_1	x_2	x_3	RS
I	$\boxed{a_{11}}$	a_{12}	a_{13}	a_1
II	a_{21}	a_{22}	a_{23}	a_2
III	a_{31}	a_{32}	a_{33}	a_3
$\text{II'} = \text{II} - \frac{a_{21}}{a_{11}} * \text{I}$		$\boxed{b_{22}}$	b_{23}	b_2
$\text{III'} = \text{III} - \frac{a_{31}}{a_{11}} * \text{I}$		b_{23}	b_{33}	b_3
$\text{III''} = \text{III'} - \frac{b_{23}}{b_{22}} * \text{II'}$			$\boxed{c_{33}}$	c_3

$$x_3 = \frac{c_3}{c_{33}}$$

$$x_2 = \frac{1}{b_{22}}(b_2 - b_{23} x_3)$$

$$x_1 = \frac{1}{a_{11}}(a_1 - a_{12} x_2 - a_{13} x_3)$$

Beispiel 11.18: (vgl. Beispiel 11.16) Das System

$$\begin{array}{lrrrcr} \text{I} & x_1 & & - x_3 & = & -2 \\ \text{II} & x_1 & + x_2 & - x_3 & = & 0 \\ \text{III} & 2x_1 & - x_2 & & = & 0 \end{array}$$

wird mit dem Gaußschen Algorithmus wie folgt gelöst:

	x_1	x_2	x_3	RS
I	$\boxed{1}$	0	-1	-2
II	1	1	-1	0
III	2	-1	0	0
II' = II - I	0	$\boxed{1}$	0	2
III' = III - 2 * I	0	-1	2	4
III'' = III' + II'		0	$\boxed{2}$	6

$$x_3 = \frac{6}{2} = 3$$

$$x_2 = 2$$

$$x_1 = -2 + x_3 = -2 + 3 = 1$$

Beispiel 11.19: (vgl. Beispiel 11.17) Das System

I	x_1	$+x_2$	$+x_3$	$=$	0
II	x_1		$-x_3$	$=$	0
III	$2x_1$	$+x_2$		$=$	1

wird mit dem Gaußschen Algorithmus wie folgt gelöst:

	x_1	x_2	x_3	RS
I	[1]	1	1	0
II	1	0	-1	0
III	2	1	0	1
II' = II - I	0	[-1]	-2	0
III' = III - 2 * I	0	-1	-2	1
III'' = III' - II'	0	0	[0]	1

"0 = 1" Widerspruch, das System hat keine Lösung!

Beispiel 11.20: (vgl. Beispiel 11.17) Das System

I	x_1	$+x_2$	$+x_3$	$=$	3
II	x_1	$+2x_2$	$+3x_3$	$=$	6
III	$2x_1$	$+3x_2$	$+4x_3$	$=$	9

wird mit dem Gaußschen Algorithmus wie folgt gelöst:

	x_1	x_2	x_3	RS
I	[1]	1	1	3
II	1	2	3	6
III	2	3	4	9
II' = II - I	0	[1]	2	3
III' = III - 2 * I	0	1	2	3
III'' = III' - II'	0	0	[0]	0

$$x_3 = \text{beliebig}$$

$$x_2 = 3 - 2x_3$$

$$x_1 = 3 - x_2 - x_3 = 3 - (3 - 2x_3) - x_3 = x_3$$

11.3 Beliebig viele Gleichungen mit beliebig vielen Unbekannten

Wir geben hier eine Einführung in die Behandlung von allgemeinen linearen Gleichungssystemen (m Gleichungen mit n Unbekannten).

$$\begin{aligned} a_{11} x_1 + a_{12} x_2 + \ldots + a_{1n} x_n &= a_1 \\ a_{21} x_1 + a_{22} x_2 + \ldots + a_{2n} x_n &= a_2 \\ &\vdots \\ a_{m1} x_1 + a_{m2} x_2 + \ldots + a_{mn} x_n &= a_m \end{aligned} \tag{11.37}$$

Dabei wird offengelassen, ob die Anzahl m der Gleichungen größer, gleich oder kleiner als die Anzahl n der Unbekannten ist. Bei den konkreten Aufgaben werden wir hier jedoch nie über vier Unbekannte hinausgehen.
Wir behandeln auch nur die beiden folgenden Methoden:
Cramersche Regel für den Hauptfall bei n Gleichungen mit n Unbekannten und den Gaußschen Algorithmus.

11.3.1 Determinanten n-ter Ordnung und Cramersche Regel

Definition 11.5:

Unter der Determinante n-ter Ordnung eines geordneten System von n ∗ n reellen Zahlen a_{ik}

$$D = \begin{vmatrix} a_{11} & a_{12} & a_{13} & a_{14} & \cdots & a_{1n} \\ a_{21} & a_{22} & a_{23} & a_{24} & \cdots & a_{2n} \\ a_{31} & a_{32} & a_{33} & a_{34} & \cdots & a_{3n} \\ a_{41} & a_{42} & a_{43} & a_{44} & \cdots & a_{4n} \\ \vdots & \vdots & \vdots & \vdots & & \vdots \\ a_{n1} & a_{n2} & a_{n3} & a_{n4} & \cdots & a_{nn} \end{vmatrix} \tag{11.38}$$

versteht man folgende reelle Zahl

$$D = a_{11} A_{11} - a_{12} A_{12} + a_{13} A_{13} - a_{14} A_{14} \pm \ldots \pm a_{1n} A_{1n}. \tag{11.39}$$

Dabei erhält man die zum Element a_{ik} gehörende Unterdeterminante A_{ik} dadurch, daß man in D die i-te Zeile und die k-te Spalte streicht (Zeile und Spalte in der a_{ik} steht) und die aus dem restlichen geordneten System von (n - 1) ∗ (n - 1) Elementen bestehende Determinante (n - 1)-ter Ordnung bildet.

Damit ist die Berechnung von Determinanten n-ter Ordnung zurückgeführt auf die Berechnung von n Determinanten (n - 1)-ter Ordnung.

Speziell erhält man für die Determinante vierter Ordnung

$$D = \begin{vmatrix} a_{11} & a_{12} & a_{13} & a_{14} \\ a_{21} & a_{22} & a_{23} & a_{24} \\ a_{31} & a_{32} & a_{33} & a_{34} \\ a_{41} & a_{42} & a_{43} & a_{44} \end{vmatrix} = a_{11} A_{11} - a_{12} A_{12} + a_{13} A_{13} - a_{14} A_{14}, \tag{11.40}$$

$$A_{11} = \begin{vmatrix} a_{22} & a_{23} & a_{24} \\ a_{32} & a_{33} & a_{34} \\ a_{42} & a_{43} & a_{44} \end{vmatrix}, \qquad A_{12} = \begin{vmatrix} a_{21} & a_{23} & a_{24} \\ a_{31} & a_{33} & a_{34} \\ a_{41} & a_{43} & a_{44} \end{vmatrix} \qquad \text{usw.} \tag{11.41}$$

Liegen n Gleichungen mit n Unbekannten vor (in (11.37) gilt m = n), so erhält man mit Hilfe des Additionsverfahrens für solche Systeme das folgende Ergebnis:

$$Dx_1 = D_1, \qquad Dx_2 = D_2, \quad \ldots \;, Dx_n = D_n, \tag{11.42}$$

wobei man die Determinante D_i dadurch erhält, daß man in der Koeffizientendeterminante (11.38) die i-te Spalte durch die rechte Seite des Gleichungssystems ersetzt.

Für ein System mit vier Gleichungen und vier Unbekannten heißt das zum Beispiel (vgl. (11.40))

$$D_1 = \begin{vmatrix} a_1 & a_{12} & a_{13} & a_{14} \\ a_2 & a_{22} & a_{23} & a_{24} \\ a_3 & a_{32} & a_{33} & a_{34} \\ a_4 & a_{42} & a_{43} & a_{44} \end{vmatrix}, \quad D_2 = \begin{vmatrix} a_{11} & a_1 & a_{13} & a_{14} \\ a_{21} & a_2 & a_{23} & a_{24} \\ a_{31} & a_3 & a_{33} & a_{34} \\ a_{41} & a_4 & a_{43} & a_{44} \end{vmatrix} \qquad \text{usw.} \tag{11.43}$$

Aus (11.42) folgt

Satz 11.7 (Cramersche Regel):

Gilt für die Koeffizientendeterminante (11.38) eines Systems von n Gleichungen mit n Unbekannten ((11.37) mit m = n)

$D \neq 0$ (Hauptfall), (11.44)

so hat dieses Gleichungssystem die eindeutig bestimmte Lösung

$$x_1 = \frac{D_1}{D}, \qquad x_2 = \frac{D_2}{D}, \quad \ldots \quad , x_n = \frac{D_n}{D}. \tag{11.45}$$

Gilt dagegen $D = 0$, aber $D_i \neq 0$ für mindestens ein D_i, so hat das System keine Lösung.

Ist $D = D_1 = D_2 = \ldots = D_n = 0$, so ist mindestens eine Gleichung überflüssig (hier ist der Gaußsche Algorithmus zu empfehlen).

Beispiel 11.21: Das folgende System ist zu lösen.

$$\begin{array}{llllll} \text{I} & x_1 & & +x_3 & & = 0 \\ \text{II} & 2x_1 & +x_2 & & +2x_4 & = 0 \\ \text{III} & & x_2 & & -x_4 & = 4 \\ \text{IV} & x_1 & -x_2 & -x_3 & +x_4 & = -2 \end{array}$$

$$D = \begin{vmatrix} 1 & 0 & 1 & 0 \\ 2 & 1 & 0 & 2 \\ 0 & 1 & 0 & -1 \\ 1 & -1 & -1 & 1 \end{vmatrix} = \begin{vmatrix} 1 & 0 & 2 \\ 1 & 0 & -1 \\ -1 & -1 & 1 \end{vmatrix} + \begin{vmatrix} 2 & 1 & 2 \\ 0 & 1 & -1 \\ 1 & -1 & 1 \end{vmatrix} = -3 + 2 * 0 - 3 = -6,$$

$$D_1 = \begin{vmatrix} 0 & 0 & 1 & 0 \\ 0 & 1 & 0 & 2 \\ 4 & 1 & 0 & -1 \\ -2 & -1 & -1 & 1 \end{vmatrix} = \begin{vmatrix} 0 & 1 & 2 \\ 4 & 1 & -1 \\ -2 & -1 & 1 \end{vmatrix} = - \begin{vmatrix} 4 & -1 \\ -2 & 1 \end{vmatrix} + 2 * \begin{vmatrix} 4 & 1 \\ -2 & -1 \end{vmatrix} = -2 - 4 = -6,$$

$$D_2 = \begin{vmatrix} 1 & 0 & 1 & 0 \\ 2 & 0 & 0 & 2 \\ 0 & 4 & 0 & -1 \\ 1 & -2 & -1 & 1 \end{vmatrix} = \begin{vmatrix} 0 & 0 & 2 \\ 4 & 0 & -1 \\ -2 & -1 & 1 \end{vmatrix} + \begin{vmatrix} 2 & 0 & 2 \\ 0 & 4 & -1 \\ 1 & -2 & -1 \end{vmatrix} = 2 * \begin{vmatrix} 4 & 0 \\ -2 & -1 \end{vmatrix} + 2 * \begin{vmatrix} 4 & -1 \\ -2 & 1 \end{vmatrix} + 2 * \begin{vmatrix} 0 & 4 \\ 1 & -2 \end{vmatrix}$$

$$= 2 * (-4) + 2 * 2 + 2 * (-4) = -12,$$

$$D_3 = \begin{vmatrix} 1 & 0 & 0 & 0 \\ 2 & 1 & 0 & 2 \\ 0 & 1 & 4 & -1 \\ 1 & -1 & -2 & 1 \end{vmatrix} = \begin{vmatrix} 1 & 0 & 2 \\ 1 & 4 & -1 \\ -1 & -2 & 1 \end{vmatrix} = \begin{vmatrix} 4 & -1 \\ -2 & 1 \end{vmatrix} + 2 * \begin{vmatrix} 1 & 4 \\ -1 & -2 \end{vmatrix} = 4 - 2 + 2\,(-2 + 4) = 6,$$

$$D_4 = \begin{vmatrix} 1 & 0 & 1 & 0 \\ 2 & 1 & 0 & 0 \\ 0 & 1 & 0 & 4 \\ 1 & -1 & -1 & -2 \end{vmatrix} = \begin{vmatrix} 1 & 0 & 0 \\ 1 & 0 & 4 \\ -1 & -1 & -2 \end{vmatrix} + \begin{vmatrix} 2 & 1 & 0 \\ 0 & 1 & 4 \\ 1 & -1 & -2 \end{vmatrix} = \begin{vmatrix} 0 & 4 \\ -1 & -2 \end{vmatrix} + 2 * \begin{vmatrix} 1 & 4 \\ -1 & -2 \end{vmatrix} + \begin{vmatrix} 0 & 4 \\ 1 & -2 \end{vmatrix}$$

$$= 4 + 2 * 2 - (-4) = 12,$$

$$x_1 = \frac{-6}{-6} = 1, \qquad x_2 = \frac{-12}{-6} = 2, \qquad x_3 = \frac{6}{-6} = -1, \qquad x_4 = \frac{12}{-6} = -2.$$

11.3.2 Der Gaußsche Algorithmus

Auch bei allgemeinen linearen Systemen besteht - wie in den Abschnitten 11.1.4 und 11.2.4 - der Gaußsche Algorithmus darin, aus einem gegebenen Gleichungssystem ein System mit Dreiecksstruktur zu erzeugen, bei dem man dann erkennt, ob eine eindeutig bestimmte Lösung existiert oder keine Lösung oder unendlich viele Lösungen. Das wird an den folgenden Beispielen demonstriert.

Beispiel 11.22: Behandelt man das System in Beispiel 11.21 mit dem Gaußschen Algorithmus, so ergibt sich das folgende Schema:

	x_1	x_2	x_3	x_4	RS
I	[1]	0	1	0	0
II	2	1	0	2	0
III	0	1	0	-1	4
IV	1	-1	-1	1	-2
II' = II - 2 * I	0	[1]	-2	2	0
III' = III	0	1	0	-1	4
IV' = IV - I	0	-1	-2	1	-2
III" = III' - II'	0	0	[2]	-3	4
IV" = IV' + II'	0	0	-4	3	-2
IV"' = IV" + 2 * III"	0	0	0	[-3]	6

$$x_4 = -2$$
$$x_3 = \frac{1}{2}(4 + 3 * (-2)) = -1$$
$$x_2 = 0 + 2 * (-1) - 2(-2) = 2$$
$$x_1 = -(-1) = 1$$

Beispiel 11.23: Das folgende Gleichungssystem

$$\begin{array}{llllll} \text{I} & x_1 & + x_2 & + x_3 & + x_4 & = 4 \\ \text{II} & x_1 & - x_2 & - x_3 & + x_4 & = 0 \\ \text{III} & 3x_1 & - x_2 & - x_3 & + 3x_4 & = 2 \end{array}$$

hat keine Lösung, wie man aus dem Gaußschen Schema erkennt.

	x_1	x_2	x_3	x_4	RS
I	[1]	1	1	1	4
II	1	-1	-1	1	0
III	3	-1	-1	3	2
II' = II - I	0	[-2]	-2	0	-4
III' = III - 3 * I	0	-4	-4	0	-10
III" = III' - 2 * II'	0	0	0	0	-2

III" enthält den Widerspruch "0 = -2".

Beispiel 11.24: Das folgende System von 5 Gleichungen mit 4 Unbekannten

$$\begin{array}{llllll} \text{I} & x_1 & + x_2 & + x_3 & + x_4 & = 4 \\ \text{II} & x_1 & - x_2 & - x_3 & + x_4 & = 0 \\ \text{III} & 3x_1 & - x_2 & - x_3 & + 3x_4 & = 4 \\ \text{IV} & x_1 & + 2x_2 & + 3x_3 & + 4x_4 & = 10 \\ \text{V} & 3x_1 & + x_2 & + x_3 & + 3x_4 & = 8 \end{array}$$

hat ∞^1 Lösungen.

	x_1	x_2	x_3	x_4	RS
I	[1]	1	1	1	4
II	1	-1	-1.	1	0
III	3	-1	-1	3	4
IV	1	2	3	4	10
V	3	1	1	3	8
II' = II - I	0	-2	-2	0	-4
III' = III - 3 * I	0	-4	-4	0	-8
IV' = IV - I	0	[1]	2	3	6
V' =V - 3 * I	0	-2	-2	0	-4
II" = II' + 2 * IV'	0	0	[2]	6	8

III" = III' + 4 * IV'	0	0	4	12	16
V" = V' + 2 * IV'	0	0	2	6	8
III''' =III" - 2 * II"	0	0	0	0	0
V''' = V" - II"	0	0	0	0	0

III''' und V''' enthalten keinen Widerspruch. Man kann x_4 beliebig wählen und erhält aus II"

$x_3 = 4 - 3x_4$, aus IV'
$x_2 = 6 - 2(4 - 3x_4) - 3x_4 = -2 + 3x_4$ und aus I
$x_1 = 4 - x_2 - x_3 - x_4 = 4 -(-2 + 3x_4) -(4 - 3x_4) - x_4 = 2 - x_4.$

Also: $x_1 = 2 - x_4$ $\quad x_4$ beliebig
$x_2 = -2 + 3x_4$ $\quad x_4$ beliebig
$x_3 = 4 - 3x_4$ $\quad x_4$ beliebig

Man kann übrigens schon im zweiten Block des Gauß-Schemas erkennen, daß die Gleichungen, die zu III' und V' gehören, nichts anderes ausdrücken, als die zu II' gehörenden. Man hätte also die Zeilen III' und V' streichen können. Der dritte Block hätte dann nur aus Zeile II" bestanden, und der Gaußsche Algorithmus wäre beendet gewesen.

11.4 Homogene Gleichungssysteme

Man nennt ein System von n Gleichungen mit n Unbekannten, dessen Absolutglieder alle verschwinden, homogenes Gleichungssystem.

Für n = 3 lautet das zum Beispiel

$$\begin{array}{ll} \text{I} & a_{11}x_1 + a_{12}x_2 + a_{13}x_3 = 0 \\ \text{II} & a_{21}x_1 + a_{22}x_2 + a_{23}x_3 = 0 \\ \text{III} & a_{31}x_1 + a_{32}x_2 + a_{33}x_3 = 0 \end{array} \tag{11.46}$$

Ein solches homogenes System hat immer die "triviale Lösung"

$$x_1 = x_2 = x_3 = \ldots = x_n = 0. \tag{11.47}$$

Gilt für die Koeffizientendeterminante in (11.38) $D \neq 0$, so existiert nach Satz 11.7 nur die "triviale Lösung". Es gilt der

Satz 11.8:
Ein homogenes Gleichungssystem hat genau dann nichttriviale Lösungen, wenn gilt $D = 0$.

Beispiel 11.25: Das homogene Gleichungssystem

$$\begin{array}{lllll} \text{I} & x_1 & & +x_3 & = 0 \\ \text{II} & x_1 & -x_2 & & = 0 \\ \text{III} & x_1 & +x_2 & +x_3 & = 0 \end{array}$$

hat wegen

$$D = \begin{vmatrix} 1 & 0 & 1 \\ 1 & -1 & 0 \\ 1 & 1 & 1 \end{vmatrix} = \begin{vmatrix} -1 & 0 \\ 1 & 1 \end{vmatrix} + \begin{vmatrix} 1 & -1 \\ 1 & 1 \end{vmatrix} = -1 + (1 + 1) = 1 \neq 0$$

nur die triviale Lösung $x_1 = x_2 = x_3 = 0$

Beispiel 11.26 Das homogene Gleichungssystem

$$\begin{array}{llll} \text{I} & x_1 & & + x_3 = 0 \\ \text{II} & x_1 & - x_2 & = 0 \\ \text{III} & & x_2 & + x_3 = 0 \end{array}$$

hat wegen

$$D = \begin{vmatrix} 1 & 0 & 1 \\ 1 & -1 & 0 \\ 0 & 1 & 1 \end{vmatrix} = \begin{vmatrix} -1 & 0 \\ 1 & 1 \end{vmatrix} + \begin{vmatrix} 1 & -1 \\ 0 & 1 \end{vmatrix} = -1 + 1 = 0$$

auch nichttriviale Lösungen. Sie ergeben sich aus dem Gaußschen Algorithmus in folgender Weise:

	x_1	x_2	x_3	RS
I	1	0	1	0
II	1	-1	0	0
III	0	1	1	0
II' = II - I	0	-1	-1	0
III' = III	0	1	1	0
II" = II' + III'	0	0	0	0

II' enthält keinen Widerspruch. Man wählt x_3 beliebig und erhält aus III'
$x_2 = -x_3$ und aus I
$x_1 = -x_3$.

Also $x_1 = -x_3$, x_3 beliebig,
$x_2 = -x_3$, x_3 beliebig.

11.5 Übungsaufgaben

Für die Unbekannten werden die von der Schule her bekannten Bezeichnungen x, y, . . ., aber auch x_1, x_2, . . . gewählt.

1. Lineare Gleichungssysteme mit zwei Unbekannten

Es ist zu empfehlen, bei der Lösung der Aufgaben jeweils mehrere Verfahren anzuwenden, einmal, um diese zu üben, zum anderen als Kontrollrechnung. Dabei sollten das Additionsverfahren bzw. der Gaußsche Algorithmus bevorzugt werden und das Berechnen mittels Determinanten als zweiter Lösungsweg Anwendung finden.

1.1. Gleichungssysteme mit bestimmten Koeffizienten

1.1.1.a) $2x_1 + 3x_2 = 8$, $3x_1 - 6x_2 = -30$

b) $x_1 = 3x_2 - 14$, $x_2 = 3x_1 - 22$

c) $51x - \frac{3}{20y} = 3$, $48x - \frac{1}{10y} = 2$

d) $\frac{1}{x} + \frac{2}{y} = 3$, $\frac{5}{x} - \frac{1}{y} = 4$

1.1.2.a) $5(x_2 + 2) - 3(x_1 + 1) = 23$, $3(x_2 - 2) = 19 - 5(x_1 - 1)$

b) $3(2x_1 - x_2) + 4(x_1 - 2x_2) = 87$, $2(3x_1 - x_2) - 3(x_1 - x_2) = 82$

c) $4 - \frac{1}{3}(2x - y - \frac{9}{2}) = \frac{1}{8}(3x - 6 - 4y)$, $4 - \frac{x - \frac{1}{2}y + 3}{3} = \frac{2y - x - 6}{8}$

d) $3y - \frac{3(4x - 3y)}{2} = 2x - 3y - 1$, $3x - \frac{3(3x - 2y)}{5} = 5x - 3y - 1$

1.1.3.a) $\frac{1}{\frac{7}{2}x - 3} = \frac{1}{4y - 3}$, $\frac{1}{\frac{5}{2}x + 4} = \frac{1}{3y + 1}$

b) $\frac{1}{3x - 5} = \frac{4}{7y - 13}$, $\frac{1}{y - x} = \frac{8}{3x + y}$

c) $\frac{1}{y - 10} = \frac{25}{12x + 19}$, $\frac{1}{45 - x} = \frac{8}{15y + 1}$

d) $4 + y = x$, $\frac{2}{5 - 3x} = \frac{3}{7 - 2y}$

1.1.4.a) $(x - 1)(2y + 5) = (y + 1)(2x - 1)$, $(2x + 7)(y - 2) = (2y - 3)(x + 2)$

b) $4(5y - 3)(2x + 1) = (10x + 7)(4y - 3)$, $2(2y + 1)(x + 4) = (2x + 5)(2y + 3)$

c) $\frac{1}{x} + \frac{1}{y} = \frac{1}{2}$, $\frac{1}{x} - \frac{1}{y} = \frac{1}{6}$

d) $\frac{3}{x} + \frac{8}{y} = 3$, $\frac{15}{x} - \frac{4}{y} = 4$

1.1.5.a) $\frac{9x_1}{2} + \frac{3x_2}{2} = 3$
$3x_1 + x_2 = 2$

b) $\frac{2x_2 - 5x_1}{6} + \frac{x_1}{6} = \frac{x_2 - 2x_1}{3}$
$\frac{5 - 3x_1}{3} - \frac{4x_2 - 1}{4} = \frac{6x_1 + 23}{12} - \frac{3x_1 - 4x_2}{2}$

c) $\frac{12}{4x_1 + 3x_2} - \frac{1}{3(3x_1 - 2x_2)} = 5$
$\frac{5}{3x_1 - 2x_2} + \frac{6}{4x_1 + 3x_2} = 18$

d) $3(x_1 - 2) + 4(2x_2 + \frac{3}{2}) = 0$
$5(x_1 + 3) - 3(x_2 - \frac{1}{3}) = 16$

1.1.6.a)
$$\begin{aligned} 3x_1 + 4x_2 &= 8 \\ 5x_1 - 2x_2 &= 9 \\ 7x_1 - 8x_2 &= 10 \end{aligned}$$

b)
$$\begin{aligned} 6x_1 - x_2 &= 1 \\ 9x_1 + 2x_2 &= 5 \\ 3x_1 - x_2 &= 1 \end{aligned}$$

c)
$$\begin{aligned} 5x_1 - 3x_2 &= -3 \\ 3x_1 + 5x_2 &= 5 \\ 3x_1 - 1{,}8x_2 &= -1{,}8 \\ 0{,}9x_1 + 1{,}5x_2 &= 1{,}5 \end{aligned}$$

d)
$$\begin{aligned} 2x_1 - 3x_2 &= 10 \\ -\frac{1}{3}x_1 + \frac{1}{2}x_2 &= -\frac{5}{3} \\ x_1 - 1{,}5x_2 &= 5 \\ 0{,}5x_1 - 0{,}75x_2 &= 2{,}5 \end{aligned}$$

1.2. Gleichungssysteme mit unbestimmten Koeffizienten

1.2.1.a)
$$\begin{aligned} x_1 + x_2 &= a \\ ax_1 - x_2 &= b \end{aligned}$$

b)
$$\begin{aligned} 3x_1 - 2x_2 &= 5a \\ 2x_1 - 3x_2 &= 5b \end{aligned}$$

c)
$$\begin{aligned} 10x + 6y &= 4a + b \\ 6x + 10y &= 4a - b \end{aligned}$$

d)
$$\begin{aligned} 14x - 15y &= 24a \\ 10x - 21y &= 24b \end{aligned}$$

1.2.2.a) $\frac{x_1}{2a + b} - \frac{x_2}{2a - b} = \frac{8ab}{b^2 - 4a^2}$
$\frac{x_1}{2a + b} + \frac{x_2}{2a - b} = \frac{8a^2 + 2b^2}{4a^2 - b^2}$

b) $-(a + b)x_1 + (a - b)x_2 = 0$
$(a - b)x_1 + (a + b)x_2 - 4ab = 0$

c) $\left(\frac{a^2 + b^2}{2b}\right)^2 * x - \left(\frac{b^2 - a^2}{2b}\right)^2 * y = a^2$
$\frac{a^2 + b^2}{2b} * x + \frac{b^2 - a^2}{2b} * y = b$

d) $\frac{x}{b + c} - \frac{y}{a + c} = a - c$
$\frac{x}{a + b} - \frac{y}{b + c} = b - a$

1.2.3.a) $x + y = \frac{2(a^2 + b^2)}{a^2 - b^2}$
$x - y = \frac{4ab}{a^2 - b^2}$

b) $x + y = \frac{a^2 + b^2}{a^2 - b^2}$
$2x + 3y = \frac{2a^2 + ab + 3b^2}{a^2 - b^2}$

c) $\begin{aligned} ax + by &= 2a \\ a^2 x - b^2 y &= a^2 + b^2 \end{aligned}$

d) $\begin{aligned} ax + by &= a^3 + 2a^2 b + b^3 \\ bx + ay &= a^3 + 2ab^2 + b^3 \end{aligned}$

1.2.4.a) $\begin{aligned} ax + by &= 2a \\ x + y &= \frac{a^2 + b^2}{ab} \end{aligned}$

b) $\begin{aligned} (a - b)x + (a + b)y &= a + b \\ \frac{x}{a + b} - \frac{y}{a - b} &= \frac{1}{a + b} \end{aligned}$

c) $\begin{aligned} \frac{x - a}{y - a} &= \frac{a - b}{a + b} \\ \frac{x}{y} &= \frac{a^3 - b^3}{a^3 + b^3} \end{aligned}$

d) $\begin{aligned} (a - b)x + y &= \frac{a + b + 1}{a + b} \\ x + (a + b)y &= \frac{a - b + 1}{a - b} \end{aligned}$

1.3. Sachaufgaben

1.3.1. Welche zwei Zahlen haben folgende Eigenschaften: Vergrößert man jede um 5, so wird die Differenz ihrer Quadrate um 100 größer, während ihr Produkt um 325 zunimmt. Wie heißen die beiden Zahlen?

1.3.2. Die Summe zweier Zahlen ist so groß wie die Differenz ihrer Quadrate. Wenn man 4 zur ersten Zahl addiert und von der zweiten subtrahiert, ergibt die Differenz ihrer Quadrate 99. Wie heißen die beiden Zahlen?

1.3.3. Vergrößert man jede von zwei Zahlen um 2, so verhalten sich die Zahlen wie 3 : 4. Subtrahiert man dagegen von jeder der beiden Zahlen 3, bilden die so erhaltenen Zahlen das Verhältnis 2 : 3. Wie heißen die beiden Zahlen?

1.3.4. Die Summe zweier Zahlen beträgt 999. Teilt man die erste Zahl durch 9, die zweite durch 6, so ist die Summe der Quotienten 138. Wie groß ist jede der beiden Zahlen?

1.3.5. Die Summe zweier Zahlen beträgt 1000. Multipliziert man die erste Zahl mit 2, die zweite mit 3, so ist die Summe der Produkte 2222. Wie groß ist jede der beiden Zahlen?

1.3.6. Von zwei Zahlen ist die eine um 0,909 größer als die andere, ihre Summe beträgt 3,191. Wie heißen die beiden Zahlen?

1.3.7. Schaltet man zwei Widerstände hintereinander, ergeben sie einen Gesamtwiderstand von 300 Ω, während der Gesamtwiderstand bei Parallelschaltung $66\frac{2}{3}$ Ω beträgt. Wie groß sind die Einzelwiderstände?

1.3.8. Die Summe der Längen zweier Seiten eines Dreiecks betrage 8,4 cm, ihre Projektionen auf die dritte Seite des Dreiecks 4 cm und 1,6 cm. Wie groß sind die Seiten des Dreiecks?

1.3.9. Die beiden Vororte X und Y einer Großstadt bilden mit deren Zentrum Z ein Dreieck. Von X über Z nach Y beträgt die Entfernung 12 km, Y liegt 2 km weiter vom Zentrum entfernt als X. Wie weit sind die beiden Vororte X und Y vom Stadtzentrum Z entfernt?

1.3.10. Die ein Fußballfeld umgebende rechteckförmige Holzbarriere von insgesamt 420 m Länge soll durch einen Zaun aus Drahtgeflecht ersetzt werden. Dabei wird die eine Seite um 5 m verkürzt, die andere um 10 m verlängert. Hierbei nimmt die Größe der einzuzäunenden Fläche um 100 m^2 zu. Wie groß sind die Rechteckseiten?

1.3.11. Der Kühler eines Pkw faßt 8 l Kühlwasser und hat zwei Abflußstutzen. Er kann geleert werden, wenn man z. B. den ersten 5 min und den zweiten 2 min öffnet oder den zweiten 6 min und den ersten 3 min. Welche Wassermenge pro Minute fließt durch jeden der beiden Abflußstutzen?

1.3.12. Ein Vater ist 36 Jahre älter als sein Sohn. In 5 Jahren wird der Vater um $\frac{1}{4}$ mehr als dreimal so alt wie sein Sohn sein. Wie alt sind gegenwärtig Vater und Sohn?

1.3.13. Bei der Saftherstellung werden zwei Arten von Säften gemischt. Nimmt man 3 Flaschen vom ersten und 7 Flaschen vom zweiten, errechnet sich der Durchschnittspreis einer Flasche zu 2 DM. Mischt man aber umgekehrt 7 Flaschen der ersten Saftart und 3 Flaschen der zweiten, kostet eine Flasche im Durchschnitt 2,40 DM. Wieviel kostet eine Flasche der verwendeten Säfte?

1.3.14. Ein Wasserbehälter von 450m^3 kann durch zwei Röhren gefüllt werden. Wenn die erste Röhre 3 min und die zweite 1 min geöffnet ist, so fließen 40 m^3 in den Behälter. Ist aber die erste Röhre 1 min, die zweite 7 min offen, so fließen 60 m^3 zu. Wieviel Kubikmeter liefert jede Röhre in einer Minute? Wie lange müssen beide Röhren gleichzeitig geöffnet sein, wenn der Behälter voll werden soll?

1.3.15. Zwei Arbeiter bekommen Ausschachtungsarbeiten übertragen. Wenn beide zusammen arbeiten, benötigen sie 12 Tage. Arbeitet der erste 2 Tage und der zweite 3 Tage, so schaffen sie in dieser Zeit nur $\frac{1}{5}$ der Arbeit. Wie lange würde jeder allein für die Arbeit benötigen?

1.3.16. Auf dem 100 m langen Umfang eines Kreises bewegen sich zwei Körper. Sie begegnen sich aller 20 s, wenn sie sich in derselben Richtung bewegen, und aller 4 s, wenn sie sich in entgegengesetzter Richtung bewegen. Wieviel Meter legt jeder der beiden Körper in der Sekunde zurück?

1.3.17 Zwei Körper bewegen sich auf dem 999 m langen Umfang eines Kreises in derselben Richtung und begegnen sich aller 37 s. Wie groß ist die Geschwindigkeit der beiden Körper, wenn die des ersten viermal so groß wie die des zweiten ist?

2. Lineare Gleichungssysteme mit drei Unbekannten

2.1. Gleichungssysteme mit bestimmten Koeffizienten

a) $$\begin{aligned} x+y&=14\\ x+z&=15\\ y+z&=16 \end{aligned}$$

b) $$\begin{aligned} x_1-x_2&=4\\ x_1+x_3&=18\\ x_2-x_3&=6 \end{aligned}$$

c) $$\begin{aligned} x_1+x_2&=6{,}6\\ x_1-x_3&=2{,}6\\ x_2-x_3&=2 \end{aligned}$$

d) $$\begin{aligned} x+y+z&=25\\ 3x-2z&=1\\ 20y-16z&=0 \end{aligned}$$

e) $$\begin{aligned} 2x+3z&=13\\ 3x-4y&=3\\ 5y-6z&=9 \end{aligned}$$

f) $$\begin{aligned} 12x+24y-42z&=30\\ 4x+8y-14z&=10\\ 6x+12y-21z&=15 \end{aligned}$$

g) $$\begin{aligned} 5x+3y+2z&=207\\ 5x-3y&=37\\ 3y-2z&=19 \end{aligned}$$

h) $$\begin{aligned} x_1+x_2-x_3&=17\\ x_1-x_2+x_3&=13\\ -x_1+x_2+x_3&=14 \end{aligned}$$

i) $$\begin{aligned} x_1-5x_2+2x_3&=11\\ 2x_1-3x_2+x_3&=6\\ 6x_1-16x_2+10x_3&=39 \end{aligned}$$

j) $$\begin{aligned} 4x+4\tfrac{1}{2}y-6\tfrac{3}{4}z&=20\\ 2\tfrac{1}{5}x-2\tfrac{1}{3}y+1\tfrac{1}{2}z&=5\tfrac{2}{3}\\ 1\tfrac{2}{3}x+1\tfrac{3}{4}y-4\tfrac{1}{2}z&=3\tfrac{1}{3} \end{aligned}$$

k) $$\begin{aligned} \tfrac{2}{5}x-y&=0\\ \tfrac{2}{3}x-z&=1\\ -\tfrac{2}{3}y+z&=2 \end{aligned}$$

2.2. Gleichungssysteme mit unbestimmten Koeffizienten

a) $$\begin{aligned} x_1+x_2&=2c\\ x_1+x_3&=2b\\ x_2+x_3&=2a \end{aligned}$$

b) $$\begin{aligned} x_1+x_2&=2(a+b)\\ x_1+x_3&=2(a+c)\\ x_2+x_3&=2(b+c) \end{aligned}$$

c) $$\begin{aligned} ax+by-cz&=c\\ ax-by+cz&=b\\ -ax+by+cz&=a \end{aligned}$$

d) $$\begin{aligned} ax+by-cz&=2ab\\ -ax+by+cz&=2bc\\ ax-by+cz&=2ac \end{aligned}$$

e) $$\begin{aligned} \frac{1}{y}+\frac{1}{z}&=2a\\ \frac{1}{x}+\frac{1}{z}&=2b\\ \frac{1}{x}+\frac{1}{y}&=2c \end{aligned}$$

f) $$\begin{aligned} -\frac{1}{x}+\frac{1}{y}+\frac{1}{z}&=\frac{2}{a}\\ \frac{1}{x}-\frac{1}{y}+\frac{1}{z}&=\frac{2}{b}\\ \frac{1}{x}+\frac{1}{y}-\frac{1}{z}&=\frac{2}{c} \end{aligned}$$

g) $$\begin{aligned} x+\frac{y}{b}-\frac{z}{c}&=a\\ y+\frac{z}{c}-\frac{x}{a}&=b\\ z+\frac{x}{a}-\frac{y}{b}&=c \end{aligned}$$

h) $$\begin{aligned} \frac{x}{b+c}+\frac{y}{c-a}&=a+b\\ \frac{y}{c+a}+\frac{z}{a-b}&=b+c\\ \frac{z}{a+b}+\frac{x}{b-c}&=c+a \end{aligned}$$

3. Beliebig viele Gleichungen mit beliebig vielen Unbekannten

a)
$$\begin{aligned} 2x_1 - 3x_2 - 2\,x_3 + 4x_4 &= 7 \\ x_1 + x_2 + x_3 + x_4 &= 7 \\ 0{,}5x_1 + x_2 + 1{,}5x_3 - 0{,}5x_4 &= 3 \\ 3x_1 - x_2 + x_3 + 2x_4 &= 10 \end{aligned}$$

b)
$$\begin{aligned} 3x_1 - x_2 + 2x_3 + x_4 &= 6 \\ x_1 + 0{,}5\,x_2 + x_3 &= 1 \\ 7x_1 + x_2 + 6x_3 + x_4 &= 10 \\ 6x_1 + 0{,}5x_2 + 5x_3 + x_4 &= 9 \end{aligned}$$

c)
$$\begin{aligned} x_1 + 3x_2 + x_3 - 2x_4 - 2x_5 &= 1 \\ -2x_1 - 2x_2 + x_3 + 3x_4 + x_5 &= 3 \\ -2x_1 + x_2 + 3x_3 + x_4 - 2x_5 &= 5 \\ 3x_1 + x_2 - 2x_3 - 2x_4 + x_5 &= 2 \\ x_1 - 2x_2 - 2x_3 + x_4 + 3x_5 &= 4 \end{aligned}$$

d)
$$\begin{aligned} x_1 + x_2 + x_3 + x_4 + x_5 + x_6 &= 21 \\ x_1 - x_2 - x_3 + x_4 - x_5 + x_6 &= 1 \\ 6x_1 - 5x_2 + 4x_3 - 3x_4 + 2x_5 - x_6 &= 0 \\ x_1 + 2x_2 + 3x_3 + 4x_4 + 5x_5 - 6x_6 &= 19 \\ 2x_1 - 3x_2 + 4x_3 - 5x_4 + 6x_5 - 7x_6 &= -24 \\ -x_1 + x_2 - x_3 + x_4 - x_5 + x_6 &= 3 \end{aligned}$$

4. Homogene Gleichungssysteme

a)
$$\begin{aligned} 3x_1 - 4x_2 + 7x_3 &= 0 \\ -x_1 + 3x_2 - 2x_3 &= 0 \\ -2x_1 + 5x_2 + 3x_3 &= 0 \end{aligned}$$

b)
$$\begin{aligned} -x_1 + 2x_2 - 4x_3 &= 0 \\ 5x_1 - 3x_2 + 6x_3 &= 0 \\ 3x_1 - x_2 + 2x_3 &= 0 \end{aligned}$$

c)
$$\begin{aligned} 20x_1 - 10\,x_2 + 15\,x_3 &= 0 \\ -12x_1 + 6x_2 - 9x_3 &= 0 \\ 8x_1 - 4x_2 + 6x_3 &= 0 \end{aligned}$$

d)
$$\begin{aligned} 6x_1 - 3x_2 + 4x_3 &= 0 \\ 9x_1 - 5x_2 + 6x_3 &= 0 \end{aligned}$$

12 Algebraische Gleichungen

12.1 Nichtlineare Gleichungen

Alle Gleichungen, die nicht auf die Normalform der linearen Gleichung

$$A * x = a \tag{12.1}$$

gebracht werden können, heißen nichtlineare Gleichungen. Ihre allgemeine Form lautet

$$F(x) = 0, \tag{12.2}$$

wobei F(x) irgendein nichtlinearer Ausdruck in x ist. Die Gleichung (12.2) lösen heißt, alle Werte x zu bestimmen, für die (12.2) gilt. Dabei ist es wichtig festzulegen, ob man nur reelle Lösungen x sucht oder ob man auch komplexe Werte für die Lösung zuläßt.

So hat zum Beispiel die nichtlineare Gleichung

$$x^2 - x - 2 = 0$$

die beiden reellen Lösungen

$$x_1 = -1, \qquad x_2 = 2,$$

wie man durch Einsetzen bestätigen kann.

Dagegen hat die Gleichung

$$x^2 + 1 = 0$$

keine reelle Lösung (vgl. Abschnitt 5), sondern die imaginären Lösungen

$$x_1 = j, \quad x_2 = -j.$$

Die Lösung einer Gleichung (12.2) nennt man auch Nullstelle von F(x) oder Lösung der Gleichung F(x) = 0.

Gleichungen, die nicht in der Form (12.2) gegeben sind, können durch Umformen auf diese Form gebracht werden. So erhält man zum Beispiel für die Gleichungen

$$f(x) = g(x) \text{ und } \frac{f(x)}{g(x)} = a, \; g(x) \neq 0,$$

die Normalform in folgender Weise:

$$F(x) = f(x) - g(x) = 0 \text{ und } F(x) = f(x) - ag(x) = 0.$$

Eine abgeschlossene Theorie wie für die linearen Gleichungen gibt es für die nichtlinearen Gleichungen nicht. Insbesondere kann man im allgemeinen keine Formeln mehr angeben, mit denen man die Nullstellen exakt berechnen kann. Man muß sie dann mit numerischen Methoden näherungsweise ermitteln.

Die nichtlinearen Gleichungen werden in zwei Klassen, die algebraischen und transzendenten, eingeteilt, von denen in diesem und im nächsten Abschnitt bestimmte Unterklassen behandelt werden, vor allem solche, die sich explizit lösen lassen.

In den Abschnitten 12.2 bis 12.4 werden algebraische Gleichungen behandelt. Das sind Gleichungen, die auf die folgende Normalform zurückgeführt werden können:

$$x^n + a_{n-1} x^{n-1} + a_{n-2} x^{n-2} + \; . \; . \; . \; + a_2 x^2 + a_1 x + a_0 = 0. \qquad (12.3)$$

Hier liegt also die nichtlineare Gleichung F(x) in (12.2) als ein Polynom n-ten Grades vor. Wir lassen hier in (12.3) als Koeffizienten a_i nur reelle Zahlen zu, obwohl das Folgende im wesentlichen auch für komplexe Koeffizienten gilt.

Das in (12.3) links stehende Polynom n-ten Grades

$$F(x) = P_n(x) = x^n + a_{n-1} x^{n-1} + \; . \; . \; . \; + a_1 x + a_0 \qquad (12.4)$$

nennt man auch ganzrationale Funktion, weil es durch Anwendung der rationalen Rechenoperationen Addition, Subtraktion und Multiplikation, aber nicht durch die Anwendung der Division auf die Variable x und reelle Koeffizienten a_i entsteht.

Die allgemeine Gleichung

$$b_n x^n + b_{n-1} x^{n-1} + \; . \; . \; . \; + b_1 x + b_0 = 0, \;\; b_n \neq 0, \qquad (12.5)$$

kann durch Division durch $b_n \neq 0$ auf die Normalform (12.3) gebracht werden.

Wenn die nichtlineare Gleichung F(x) in (12.2) durch Anwendung aller rationalen Rechenoperationen einschließlich der Division auf die Variable x und reelle Parameter gebildet wird, so spricht man von einer gebrochen rationalen Funktion. Sie ist immer in Form eines Quotienten zweier Polynome bzw. ganzrationaler Funktionen darstellbar:

$$F(x) = R(x) = \frac{P_n(x)}{Q_m(x)} = \frac{b_n x^n + b_{n-1} x^{n-1} + \; . \; . \; . \; + b_1 x + b_0}{c_m x^m + c_{m-1} x^{m-1} + \; . \; . \; . \; + c_1 x + c_0} \qquad (12.6)$$

Die Gleichung

$$F(x) = \frac{P_n(x)}{Q_m(x)} = 0 \qquad (12.7)$$

ist immer auf die Gleichung (12.5) bzw. (12.3) zurückführbar. Man hat allerdings zu berücksichtigen, daß nur solche Lösungen von (12.3) in Frage kommen, für die $Q_m(x) \neq 0$ gilt.

Ausdrücke der Form (12.6) heißen gebrochen rationale Funktionen.

Wenn zur Bildung der nichtlinearen Funktion F(x) die algebraischen Rechenoperationen zugelassen sind (diese enthalten neben den rationalen Rechenoperationen einschließlich des Potenzierens auch das Radizieren), so spricht man von algebraischen Funktionen, und die Gleichung (12.2) heißt algebraische Gleichung. Auch solche algebraischen Gleichungen lassen sich auf die Form (12.3) bringen. Jede n-te Wurzel $\sqrt[n]{G(x)}$ aus einem Ausdruck G(x) läßt sich beseitigen, indem man sie auf eine Seite der Gleichung bringt und beide Seiten der Gleichung zur n-ten Potenz erhebt. Das wird im Abschnitt 12.4 an konkreten Beispielen demonstriert.

Mit dem genannten Vorgehen reduziert sich die Behandlung algebraischer Gleichungen auf die Untersuchung von Gleichungen der Form (12.3). Diese Normalform der algebraischen Gleichungen heißt auch Gleichung n-ten Grades.

Im Abschnitt 12.2 werden zunächst die quadratischen Gleichungen behandelt. Der Abschnitt 12.3 ist den Gleichungen dritten Grades gewidmet.

Der Abschnitt 12.4 behandelt schließlich Probleme, die bei Wurzelgleichungen auftreten.

Alle nichtlinearen Gleichungen, die keine algebraischen Gleichungen sind, heißen transzendente Gleichungen. Drei Typen dieser transzendenten Gleichungen - die Exponentialgleichungen, die logarithmischen Gleichungen und die goniometrischen Gleichungen - werden im Hauptabschnitt 13 behandelt.

12.2 Quadratische Gleichungen

12.2.1 Quadratische Gleichungen in Normalform

Die einfachste nichtlineare algebraische Gleichung ist die quadratische Gleichung. Sie hat die allgemeine Form

$$b_2 x^2 + b_1 x + b_0 = 0, \quad b_2 \neq 0. \tag{12.8}$$

Die Division durch b_2 liefert die äquivalente Normalform

$$x^2 + a_1 x + a_0 = 0 \quad \left(a_1 = \frac{b_1}{b_2},\ a_0 = \frac{b_0}{b_2}\right). \tag{12.9}$$

Zu ihrer Lösung macht man von der quadratischen Ergänzung Gebrauch, die auf der binomischen Formel (siehe Abschnitt 1.2.2) beruht:

$$\left(x + \frac{a_1}{2}\right)^2 = x^2 + a_1 x + \frac{a_1{}^2}{4}. \tag{12.10}$$

Damit kann die Ausgangsgleichung (12.9) in folgender Weise umgeformt werden:

$$x^2 + a_1 x + a_0 = \left(x + \frac{a_1}{2}\right)^2 + a_0 - \frac{a_1{}^2}{4} = 0$$

bzw.

$$\left(x + \frac{a_1}{2}\right)^2 = \frac{a_1{}^2}{4} - a_0. \tag{12.11}$$

Gilt

$$\frac{a_1^2}{4} - a_0 > 0 \text{ bzw. } a_1^2 - 4a_0 > 0 \text{ bzw. } a_1^2 > 4a_0, \tag{12.12}$$

so hat man zwei Möglichkeiten, die Gleichung (12.11) zu erfüllen:

Es gilt

$$x + \frac{a_1}{2} = \sqrt{\frac{a_1^2}{4} - a_0} \tag{12.13}$$

oder

$$x + \frac{a_1}{2} = -\sqrt{\frac{a_1^2}{4} - a_0}, \tag{12.14}$$

denn durch Quadrieren beider Seiten erhält man sowohl aus (12.13) als auch aus (12.14) die ursprüngliche Gleichung (12.12) und damit (12.9) zurück. (Man hat hierzu zu berücksichtigen, daß unter $\sqrt{a}$ nach Hauptabschnitt 2 immer die nichtnegative Zahl zu verstehen ist, die quadriert a ergibt.) Man erhält aus (12.13) und (12.14) zwei reelle Lösungen,

$$x_1 = -\frac{a_1}{2} + \sqrt{\frac{a_1^2}{4} - a_0}, \tag{12.15}$$

$$x_2 = -\frac{a_1}{2} - \sqrt{\frac{a_1^2}{4} - a_0},$$

und schreibt dafür auch

$$x_{1,2} = -\frac{a_1}{2} \pm \sqrt{\frac{a_1^2}{4} - a_0}. \tag{12.16}$$

Durch Einsetzen von (12.15) bzw. (12.16) in (12.9) kann man bestätigen, daß beide Werte, x_1 und x_2, auch tatsächlich die quadratische Gleichung (12.9) erfüllen.

Im Falle

$$\frac{a_1^2}{4} - a_0 = 0 \text{ bzw. } a_1^2 - 4a_0 = 0 \text{ bzw. } a_1^2 = 4a_0 \tag{12.17}$$

erhält man nach (12.16) genau eine reelle Lösung:

$$x_{1,2} = x_1 = x_2 = -\frac{a_1}{2} \pm 0 = -\frac{a_1}{2}. \tag{12.18}$$

Man zählt hier in Anlehnung an (12.15) bzw. (12.16) diese einzige Lösung doppelt und spricht von einer reellen Doppellösung (12.18).

Gilt nun

$$\frac{a_1^2}{4} - a_0 < 0 \text{ bzw. } a_1^2 - 4a_0 < 0 \text{ bzw. } a_1^2 < 4a_0, \qquad (12.19)$$

so hat (12.11) bzw. (12.9) keine reelle Lösung. Rechnet man aber mit komplexen Zahlen, so erhält man nach Hauptabschnitt 5

$$x + \frac{a_1}{2} = \sqrt{a_0 - \frac{a_1^2}{4}}\, j$$

und

$$x + \frac{a_1}{2} = -\sqrt{a_0 - \frac{a_1^2}{4}}\, j$$

und damit das Paar konjugiert komplexer Lösungen

$$x_{1,2} = -\frac{a_1}{2} \pm \sqrt{a_0 - \frac{a_1^2}{4}}\, j. \qquad (12.20)$$

Auch hier kann man durch Einsetzen in (12.9) bestätigen, daß beide Werte, x_1 und x_2, die Ausgangsgleichung erfüllen.

Beachtet man im Falle (12.19) die Festlegung

$$\pm\sqrt{\frac{a_1^2}{4} - a_0} = \pm\sqrt{a_0 - \frac{a_1^2}{4}}\, j, \qquad (12.21)$$

so kann man zusammenfassend den folgenden Satz formulieren.

Satz 12.1 (Lösungsformel für quadratische Gleichungen):

Die quadratische Gleichung

$$x^2 + a_1 x + a_0 = 0$$

hat genau zwei Lösungen

$$x_{1,2} = -\frac{a_1}{2} \pm \sqrt{\frac{a_1^2}{4} - a_0}.$$

Im Falle $a_1^2 > 4a_0$ sind das zwei verschiedene reelle Lösungen, im Falle $a_1^2 = 4a_0$ ist das eine reelle Doppellösung, und im Falle $a_1^2 < 4a_0$ erhält man ein Paar konjugiert komplexer Lösungen.

In sehr einfacher Weise kann auch der folgende Satz von Vieta für quadratische Gleichungen bewiesen werden.

Satz 12.2 (Satz von Vieta):

Sind x_1 und x_2 die beiden Lösungen der quadratische Gleichung (12.9) bzw. (12.8), so gilt

$$a_0 = \frac{b_0}{b_2} = x_1 * x_2, \tag{12.22}$$

$$a_1 = \frac{b_1}{b_2} = -(x_1 + x_2). \tag{12.23}$$

Beweis:

Die Formel (12.23) ergibt sich sofort in allen drei Fällen aus

$$-(x_1 + x_2) = \left(\frac{a_1}{2} - \sqrt{\frac{a_1^2}{4} - a_0}\right) + \left(\frac{a_1}{2} + \sqrt{\frac{a_1^2}{4} - a_0}\right) = a_1.$$

Zur Bestätigung der Formel (12.22) wird von der dritten binomischen Formel und von $j^2 = -1$ Gebrauch gemacht.

Im Falle (12.12) gilt

$$\begin{aligned} x_1 * x_2 &= \left(-\frac{a_1}{2} + \sqrt{\frac{a_1^2}{4} - a_0}\right)\left(-\frac{a_1}{2} - \sqrt{\frac{a_1^2}{4} - a_0}\right) = \frac{a_1^2}{4} - \left(\sqrt{\frac{a_1^2}{4} - a_0}\right)^2 \\ &= \frac{a_1^2}{4} - \frac{a_1^2}{4} + a_0 = a_0. \end{aligned}$$

Im Falle (12.17) erhält man

$$x_1 * x_2 = \left(-\frac{a_1}{2} + 0\right)\left(-\frac{a_1}{2} - 0\right) = \frac{a_1^2}{4} = a_0,$$

und im Falle (12.19) gilt

$$\begin{aligned} x_1 * x_2 &= \left(-\frac{a_1}{2} + \sqrt{a_0 - \frac{a_1^2}{4}}\,j\right)\left(-\frac{a_1}{2} - \sqrt{a_0 - \frac{a_1^2}{4}}\,j\right) = \frac{a_1^2}{4} - \left(\sqrt{a_0 - \frac{a_1^2}{4}}\right)^2 j^2 \\ &= \frac{a_1^2}{4} - \left(a_0 - \frac{a_1^2}{4}\right)(-1) = \frac{a_1^2}{4} + a_0 - \frac{a_1^2}{4} = a_0. \end{aligned}$$

Mit Hilfe des Satzes von Vieta kann auch der folgende Satz bestätigt werden:

Satz 12.3:

Ein Polynom zweiten Grades kann in folgender Weise in ein Produkt von zwei Linearfaktoren aufgespalten werden:

$$x^2 + a_1\,x + a_0 = (x - x_1)\,(x - x_2) \tag{12.24}$$

bzw.

$$b_2\,x^2 + b_1\,x + b_0 = b_2\,(x - x_1)\,(x - x_2), \tag{12.25}$$

wobei x_1 und x_2 die beiden Lösungen der quadratischen Gleichung (12.9) bzw. (12.8) sind.

Beweis:

Es gilt mit (12.22), (12.23) bei Beachtung von (12.9) bzw. (12.8)

$$(x - x_1)(x - x_2) = x^2 - (x_1 + x_2)x + x_1 x_2 = x^2 + a_1 x + a_0 = \frac{1}{b_2}(b_2 x^2 + b_1 x + b_0).$$

Durch den Satz 12.3 wird dazu angeregt, im Falle (12.17) von einer reellen Doppellösung zu sprechen. Es gilt wegen $x_1 = x_2$

$$x^2 + a_1 x + a_0 = (x - x_1)^2, \; a_1^2 = 4a_0. \qquad (12.26)$$

Die drei Fälle (12.12), (12.17) und (12.19) können mit Hilfe der Bilder der Funktion

$$y = P_2(x) = x^2 + a_1 x + a_0$$

veranschaulicht werden.

Diese Bilder stellen grundsätzlich Parabeln dar, die nach oben geöffnet sind, denn für $x \to -\infty$ und $x \to +\infty$ geht $y \to +\infty$. Im Falle (12.12) wird die x-Achse an den beiden reellen Stellen x_1 und x_2 geschnitten; im Falle (12.17) an der Stelle $x_1 = x_2$ berührt und im Falle (12.19) nicht erreicht (vgl. Bild 12.1).

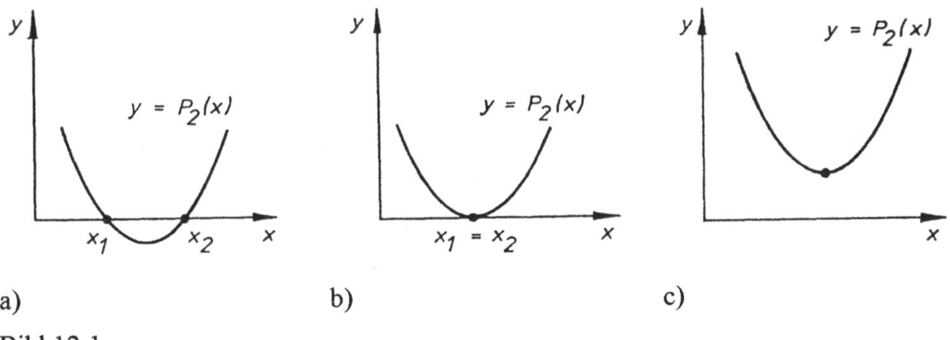

a) b) c)

Bild 12.1

Die Sätze 12.1 bis 12.3 sollen nun an drei einfachen, den Fällen (12.12), (12.17), (12.19) entsprechenden Beispielen erläutert werden.

Beispiel 12.1: Bei der Gleichung $x^2 - x - 6 = 0$ ist

$a_1 = -1$, $a_0 = -6$, und wegen $a_1^2 - 4a_0 = 1+24 = 25 > 0$ liegt der Fall (12.12) vor.

Die beiden verschiedenen reellen Nullstellen erhält man nach Satz 12.1 in der Form

$x_{1,2} = \frac{1}{2} \pm \sqrt{\frac{1}{4} + 6} = \frac{1}{2} \pm \sqrt{\frac{1}{4} + \frac{24}{4}} = \frac{1}{2} \pm \sqrt{\frac{25}{4}} = \frac{1}{2} \pm \frac{5}{2}$, also

$x_1 = 3,\ x_2 = -2.$

Der Satz (12.2) wird wie folgt bestätigt:

$$a_0 = -6 = x_1 * x_2 = 3 * (-2) = -6,$$
$$a_1 = -1 = -(x_1 + x_2) = -(3 - 2) = -1.$$

Nach Satz (12.3) ist

$x^2 - x - 6 = (x - 3)\,(x + 2).$

Beispiel 12.2: Bei der Gleichung $x^2 - 4x + 4 = 0$ ist $a_1 = -4$, $a_0 = 4$, und wegen $a_1{}^2 - 4a_0 = 16 - 4 * 4 = 0$ liegt der Fall (12.17) vor.

Die reelle Doppellösung erhält man nach dem Satz 12.1 in der Form

$x_{1,2} = 2 \pm \sqrt{4 - 4} = 2,$

also

$x_1 = x_2 = 2.$

Der Satz 12.2 wird wie folgt bestätigt:

$$a_0 = 4 = x_1 * x_2 = 2 * 2 = 4,$$
$$a_1 = -4 = -(x_1 + x_2) = -(2 + 2) = -4.$$

Nach Satz 12.3 ist

$x^2 - 4x + 4 = (x - 2)^2.$

Beispiel 12.3: Bei der Gleichung $x^2 - 4x + 13 = 0$ ist $a_1 = -4$, $a_0 = 13$, und wegen $a_1{}^2 - 4a_0 = 16 - 52 = -36$ liegt der Fall (12.19) vor.

Das Paar konjugiert komplexer Lösungen erhält man nach Satz 12.1 in der Form

$x_{1,2} = 2 \pm \sqrt{4 - 13} = 2 \pm \sqrt{-9} = 2 \pm 3j,$

also

$x_1 = 2 + 3j,\ \ x_2 = 2 - 3j.$

Entsprechend Satz 12.2 gilt

$$a_0 = -4 = -(x_1 + x_2) = -(2 + 3j + 2 - 3j) = -4,$$
$$a_1 = 13 = x_1 * x_2 = (2 + 3j)\,(2 - 3j) = 4 - 9j^2 = 4 + 9 = 13,$$

und nach Satz 12.3 ist

$x^2 - 4x + 13 = (x - 2 - 3j)\,(x - 2 + 3j).$

Die Lösung einer quadratischen Gleichung (12.8) bzw (12.9) vereinfacht sich wesentlich, wenn einer der Koeffizienten, a_0 oder a_1, verschwindet:

Für $a_0 = 0$ gilt:

$$x^2 + a_1 x = 0,$$

$$x (x + a_1) = 0,$$

$$x_1 = 0, \;\; x_2 = -a_1.$$

Für $a_1 = 0$ gilt:

$$x^2 + a_0 = 0,$$

$$x^2 = -a_0,$$

$$x_{1,2} = \pm \sqrt{-a_0}.$$

12.2.2 Quadratische Gleichungen, die nicht in der Normalform vorliegen

Liegt eine quadratische Gleichung nicht in der Normalform (12.9) vor, so muß sie erst auf diese Normalform gebracht werden, bevor man Satz 12.1 anwenden kann.

Beispiel 12.4:

$$2x - (x + 2)^2 = (x - 2)^2 - 4 (x + 1),$$

$$2x - x^2 - 4x - 4 = x^2 - 4x + 4 - 4x - 4,$$

$$- x^2 - 2x - 4 = x^2 - 8x,$$

$$-2x^2 + 6x - 4 = 0,$$

$$x^2 - 3x + 2 = 0,$$

$$x_{1,2} = \frac{3}{2} \pm \sqrt{\frac{9}{4} - 2} = \frac{3}{2} \pm \sqrt{\frac{9}{4} - \frac{8}{4}},$$

$$x_{1,2} = \frac{3}{2} \pm \sqrt{\frac{1}{4}} = \frac{3}{2} \pm \frac{1}{2},$$

$$x_1 = 2, \;\; x_2 = 1.$$

Tritt die Unbekannte x im Nenner auf, so ist auf die Unzulässigkeit der Division durch null zu achten.

Beispiel 12.5: Die Gleichung $\frac{x^2 + 2x}{2x^2 + 2x - 4} = 1$

hat nur einen Sinn, wenn $2x^2 + 2x - 4 \neq 0$ gilt. Es wird zunächst die vorliegende Gleichung gelöst und dann überprüft, wo diese Bedingungen erfüllt sind:

$x^2 + 2x = 2x^2 + 2x - 4,$

$-x^2 = -4.$

$x_{1,2} = \pm 2,$

$x_1 = 2, \; x_2 = -2.$

Für $x = x_1 = 2$ gilt im Nenner $2x^2 + 2x - 4 = 8 + 4 - 4 = 8 \neq 0$,

und für $x = x_2 = -2$ gilt im Nenner $2x^2 + 2x - 4 = 8 - 4 - 4 = 0$.

Daher ist nur $x_1 = 2$ Lösung der Ausgangsgleichung.

12.2.3 Spezielle Gleichungen n-ten Grades, die sich auf quadratische Gleichungen zurückführen lassen

Einige Spezialfälle der Gleichung n-ten Grades (12.3) lassen sich mit Hilfe einer quadratischen Gleichung lösen. Ein solcher Spezialfall liegt vor, wenn

$$a_0 = a_1 = \; . \; . \; . \; = a_{n-3} = 0 \tag{12.27}$$

gilt. Dann lautet die Gleichung n-ten Grades

$$x^n + a_{n-1}\, x^{n-1} + a_{n-2}\, x^{n-2} = 0 \tag{12.28}$$

bzw.

$$x^{n-2}\,(x^2 + a_{n-1}\, x + a_{n-2}) = 0. \tag{12.29}$$

Daraus folgt

$$x^{n-2} = 0 \text{ oder } x^2 + a_{n-1}\, x + a_{n-2} = 0. \tag{12.30}$$

Die zweite dieser beiden Gleichungen ist eine quadratische Gleichung, die nach Satz 12.1 die folgenden beiden Lösungen hat:

$$x_{1,2} = -\frac{a_{n-1}}{2} \pm \sqrt{\frac{a_{n-1}{}^2}{4} - a_{n-2}} \tag{12.31}$$

Die erste Gleichung hat die Lösung $x = 0$, die hier (n - 2)-fach auftritt:

$$x_3 = x_4 = \; . \; . \; . \; = x_n = 0$$

Beispiel 12.6: Die Gleichung $x^6 + 2x^5 - 3x^4 = 0$ hat also wegen

$x^6 + 2x^5 - 3x^4 = x^4\,(x^2 + 2x - 3) = 0$ und $x_{1,2} = -1 \pm \sqrt{1+3} = -1 \pm 2$

die Lösungen $x_1 = 1, \; x_2 = -3, \; x_3 = x_4 = x_5 = x_6 = 0.$

Noch einfacher ist der Fall, wo auch $a_{n-2} = 0$ gilt:

$x^n + a_{n-1}\, x^{n-1} = 0, \qquad x^{n-1}\,(x + a_{n-1}) = 0,$

$$x_1 = -a_{n-1}, \; x_2 = x_3 = \ldots = x_n = 0. \tag{12.32}$$

Ein weiterer Spezialfall liegt vor, wenn der Grad n der Gleichung (12.3) gerade ist, also

$$n = 2k \tag{12.33}$$

und nur die Koeffizienten a_0 und a_k nicht gleich Null sind:

$$x^{2k} + a_k x^k + a_0 = 0. \tag{12.34}$$

Hier setzt man

$$y = x^k \tag{12.35}$$

und erhält für y die quadratische Gleichung

$$y^2 + a_k y + a_0 = 0 \tag{12.36}$$

mit den Lösungen (vgl. Satz 12.1)

$$y_{1,2} = -\frac{a_k}{2} \pm \sqrt{\frac{a_k{}^2}{4} - a_0}. \tag{12.37}$$

Dann hat man wegen (12.35) noch die sämtlichen Lösungen der beiden Gleichungen

$$x^k = y_1 \text{ und } x^k = y_2 \tag{12.38}$$

zu bestimmen, was für k = 1 trivial ist, für k = 2 (biquadratische Gleichung) bei reellen y_1 und y_2 mit den bisher bekannten Methoden immer möglich ist. Weitere Fälle sind gemessen am Anliegen dieses Buches, zu schwierig.

Beispiel 12.7: Die folgende biquadratische Gleichung $x^4 + 5x^2 - 36 = 0$ wird mit der Substitution $y = x^2$ auf die quadratische Gleichung $y^2 + 5y - 36 = 0$ zurückgeführt. Nach Satz 12.1 gilt

$$y_{1,2} = -\frac{5}{2} \pm \sqrt{\frac{25}{4} + 36} = -\frac{5}{2} \pm \sqrt{\frac{25}{4} + \frac{144}{4}} = -\frac{5}{2} \pm \sqrt{\frac{169}{4}},$$

$$y_{1,2} = -\frac{5}{2} \pm \frac{13}{2},$$

also

$$y_1 = 4, \; y_2 = -9.$$

Die beiden Gleichungen, die man durch Rücksubstitution erhält,

$$x^2 = 4, \; x^2 = -9,$$

haben die Lösungen

$$x_1 = 2, \; x_2 = -2, \; x_3 = 3j, \; x_4 = -3j.$$

12.2.4 Gleichungssysteme, die sich auf quadratische Gleichungen zurückführen lassen

Eine Reihe von nichtlinearen Gleichungssystemen können auf quadratische Gleichungen zurückgeführt werden. Dazu sollen zwei einfache Beispiele angegeben werden.

Beispiel 12.8:

$$x + y = 1, \qquad (12.39)$$

$$x^2 + y^2 = 13. \qquad (12.40)$$

Die erste Gleichung wird nach y aufgelöst, $y = 1 - x$, und in die zweite Gleichung eingesetzt:

$$x^2 + (1 - x)^2 = 13,$$

$$x^2 + 1 - 2x + x^2 = 13,$$

$$2x^2 - 2x - 12 = 0,$$

$$x^2 - x - 6 = 0,$$

$$x_{1,2} = \frac{1}{2} \pm \sqrt{\frac{1}{4} + 6} = \frac{1}{2} \pm \sqrt{\frac{25}{4}} = \frac{1}{2} \pm \frac{5}{2},$$

also

$$x_1 = 3, \;\; x_2 = -2.$$

Dazu gehören nach (12.40) die y-Werte

$$y_1 = -2, \;\; y_2 = 3.$$

Das nichtlineare Gleichungssystem (12.40) hat also die beiden Lösungen

$$x_1 = 3, \;\; y_1 = -2 \;\text{ und }\; x_2 = -2, \;\; y_2 = 3.$$

Beispiel 12.9: Bei dem Gleichungssystem

$$ax + y = 1 \qquad (12.41)$$

$$\frac{1}{x} + \frac{1}{y} = 1,$$

das nur für $x \neq 0$, $y \neq 0$ einen Sinn hat, wird die zweite Gleichung durch Multiplikation mit xy umgeformt:

$$y + x = xy \qquad (12.42)$$

Die erste Gleichung wird nach y aufgelöst

$$y = 1 - ax \qquad (12.43)$$

und in (12.42) eingesetzt:

$1 - ax + x = x\,(1 - ax) = x - ax^2,$

$$ax^2 - ax + 1 = 0. \tag{12.44}$$

Im Falle a = 0 liefert (12.44) den Widerspruch "1 = 0", und es existiert keine Lösung. Für $a \neq 0$ folgt aus (12.44)

$$x^2 - x + \frac{1}{a} = 0$$

und nach Satz 12.1

$$x_{1,2} = \frac{1}{2} \pm \sqrt{\frac{1}{4} - \frac{1}{a}}.$$

Für

$$\frac{1}{4} - \frac{1}{a} > 0 \text{ bzw. } \frac{1}{a} < \frac{1}{4} \tag{12.45}$$

liegt der Fall (12.12) vor. Es müssen zwei Unterfälle berücksichtigt werden:

Für a > 0 folgt aus (12.45) a > 4, und für a < 0 folgt aus (12.45) a < 4. Daher existieren für

$$a > 4 \text{ und } a < 0 \tag{12.46}$$

zwei verschiedene reelle Nullstellen von (12.44):

$$x_1 = \frac{1}{2} + \sqrt{\frac{1}{4} - \frac{1}{a}},\ x_2 = \frac{1}{2} - \sqrt{\frac{1}{4} - \frac{1}{a}}. \tag{12.47}$$

Dazu gehören nach (12.43)die beiden y-Werte

$$y_1 = 1 - \frac{a}{2} - a\sqrt{\frac{1}{4} - \frac{1}{a}},\ y_2 = 1 - \frac{a}{2} + a\sqrt{\frac{1}{4} - \frac{1}{a}}. \tag{12.48}$$

Man hat noch zu überprüfen, daß im Falle (12.46) x_1, x_2, y_1, y_2 (alle) ungleich Null sind. Es ist immer $x_1 > \frac{1}{2}$. Wäre $x_2 = 0$, so gilt

$$\frac{1}{2} = \sqrt{\frac{1}{4} - \frac{1}{a}},\ \frac{1}{4} = \frac{1}{4} - \frac{1}{a}.$$

Das aber ist für kein a möglich. Daher ist $x_2 \neq 0$.

Wäre $y_1 = 0$ oder $y_2 = 0$, so gilt

$$1 - \frac{a}{2} = \pm\, a\sqrt{\frac{1}{4} - \frac{1}{a}},\ 1 - a + \frac{a^2}{4} = a^2\left(\frac{1}{4} - \frac{1}{a}\right),\ 1 - a + \frac{a^2}{4} = \frac{a^2}{4} - a,\ \text{"}1 = 0\text{"}.$$

Auch das ist nicht möglich. Also gilt auch $y_1 \neq 0$, $y_2 \neq 0$. Im Falle (12.46) existieren also zwei verschiedene reelle Lösungen x_1, y_1 und x_2, y_2 von (12.41) gemäß (12.47), (12.48).

Für

$$\frac{1}{4} - \frac{1}{a} = 0 \text{ bzw. } a = 4 \tag{12.49}$$

liegt der Fall (12.17) vor, und die Gleichung (12.44) hat die reelle Doppellösung

$$x_1 = x_2 = \frac{1}{2}. \tag{12.50}$$

Dazu gehört nach (12.43) der doppelt zu zählende y-Wert

$$y_1 = y_2 = 1 - 4 * \frac{1}{2} = -1.$$

Im Falle (12.49) existiert also eine reelle, doppelt zu zählende Lösung

$$x_1 = x_2 = \frac{1}{2},\ y_1 = y_2 = -1 \tag{12.51}$$

von (12.41).

Für

$$\frac{1}{4} - \frac{1}{a} < 0 \text{ bzw. } \frac{1}{a} > \frac{1}{4} \tag{12.52}$$

liegt der Fall (12.19) vor. Für $a > 0$ ist (12.52) identisch mit $a < 4$ und für $a < 0$ mit $a > 4$ (Widerspruch!). Es gilt also (12.52) für

$$0 < a < 4. \tag{12.53}$$

In diesem Falle hat (12.44) das Paar konjugiert komplexer Lösungen:

$$x_1 = \frac{1}{2} + \sqrt{\frac{1}{a} - \frac{1}{4}}\,j,\ x_2 = \frac{1}{2} - \sqrt{\frac{1}{a} - \frac{1}{4}}\,j. \tag{12.54}$$

Nach (12.43) gehören dazu die y-Werte

$$y_1 = 1 - \frac{a}{2} - a\sqrt{\frac{1}{a} - \frac{1}{4}}\,j,\ y_2 = 1 - \frac{a}{2} + a\sqrt{\frac{1}{a} - \frac{1}{4}}\,j. \tag{12.55}$$

Keiner dieser Werte kann Null werden.

Zusammenfassend gilt also:

Das Gleichungssystem (12.41) hat für $a = 0$ keine Lösung. Für $a < 0$ bzw. $a > 4$ die beiden reellen Lösungen (12.47), (12.48), für $a = 4$ die reelle, doppelt zu zählende

Lösung (12.51) und für $0 < a < 4$ die zwei konjugiert komplexen Lösungen (12.54), (12.55).

12.3 Gleichungen dritten Grades

Im vorliegenden Abschnitt sollen ähnliche Sätze wie für quadratische Gleichungen für Gleichungen dritten Grades angegeben werden, um den Übergang zu Gleichungen beliebigen (n-ten) Grades zu erleichtern.

Die Normalform der Gleichung dritten Grades lautet gemäß (12.3)

$$x^3 + a_2 x^2 + a_1 x + a_0 = 0. \qquad (12.56)$$

Das Polynom

$$y = P_3 (x) = x^3 + a_2 x^2 + a_1 x + a_0 \qquad (12.57)$$

hat die folgende grundlegende Eigenschaft: Wenn x sehr groß wird, also gegen unendlich geht ($x \to + \infty$), so geht auch y gegen $+ \infty$, denn der Wert von x^3 wächst wesentlich stärker als der von x^2 und erst recht als der von x. Auch wenn a_1 und a_2 negativ sind, wird y für große x-Werte positiv. Da x^3 für negative x-Werte kleiner als Null ist, gilt entsprechend $y \to - \infty$ für $x \to - \infty$. Es gibt also einen (eventuell sehr kleinen) x- Wert, für den $y < 0$ ist. Zwischen beiden Werten muß eine reelle Lösung von (12.56) liegen.

In den meisten der folgenden Beispiele kann man diese Lösung mit Hilfe einer Wertetabelle durch "Probieren" leicht finden. Im allgemeinen muß man sie jedoch berechnen.

Dazu einige Beispiele:

Beispiel 12.10a: Bei der Gleichung

$$y = x^3 - 3x^2 - 4x + 12 = 0 \qquad (12.58)$$

erhält man die Wertetabelle

x	0	1	-1	2
y	12	6	12	0

Damit hat man eine reelle Nullstelle gefunden:

$$x_1 = 2 \qquad (12.59)$$

Beispiel 12.11a: Die Gleichung

$$y = 2x^3 + 11x^2 + 12x - 9 = 0 \qquad (12.60)$$

hat die Normalform

$$x^3 + \frac{11}{2} x^2 + 6x - \frac{9}{2} = 0. \qquad (12.61)$$

Die Wertetabelle zum Finden oder Einschließen einer Nullstelle sollte man aber für die Gleichung (12.60) aufstellen, weil dort keine Brüche auftreten:

x	0	1	$\frac{1}{2}$
y	-9	16	0

Es ist also

$$x_1 = \frac{1}{2} \tag{12.62}$$

eine reelle Nullstelle von (12.60) bzw. (12.61).

Beispiel 12.12a: Für die Gleichung

$$y = x^3 - 9x^2 + 27x - 27 = 0 \tag{12.63}$$

erhält man mit der Wertetabelle

x	0	1	-1	2	-2	3
y	-27	-8	-64	-1	-125	0

die reelle Nullstelle

$$x_1 = 3. \tag{12.64}$$

Beispiel 12.13a: Für die Gleichung

$$y = x^3 - 5x^2 + 17x - 13 = 0 \tag{12.65}$$

erhält man mit

x	0	1
y	-3	0

die Nullstelle

$$x_1 = 1. \tag{12.66}$$

Es kann allgemein festgestellt werden, daß es für eine Gleichung dritten Grades (12.56) immer eine reelle Lösung x_1 gibt. Es ist eine Tatsache, die hier nicht bewiesen wird, daß man das Polynom (12.57) dann ohne Rest durch den Linearfaktor $(x - x_1)$ dividieren kann und ein Polynom zweiten Grades erhält:

$$(x^3 + a_2 x^2 + a_1 x + a_0) : (x - x_1) = x^2 + b_1 x + b_0.$$

Daher gilt

Satz 12.4:

Jede Gleichung dritten Grades (12.56) hat mindestens eine reelle Lösung x_1, und es gilt (vgl. (12.57))

$$P_3(x) = x^3 + a_2 x^2 + a_1 x + a_0 = (x - x_1)(x^2 + b_1 x + b_0). \tag{12.67}$$

Indem man die quadratische Gleichung

$$x^2 + b_1 x + b_0 = 0$$

löst, erhält man zwei weitere Lösungen, x_2 und x_3, der Gleichung dritten Grades (12.56), und mit den Sätzen 12.1 und 12.3 kann der folgende Satz formuliert werden:

Satz 12.5:

Jede Gleichung dritten Grades hat drei Lösungen, x_1, x_2 und x_3, und es gilt

$$x^3 + a_2 x^2 + a_1 x + a_0 = (x - x_1)(x - x_2)(x - x_3). \tag{12.68}$$

Dabei sind folgende Fälle möglich:

1. Es existieren drei verschiedene reelle Lösungen x_1, x_2, x_3.
2. Es existiert eine reelle Lösung x_1 und eine weitere, davon verschiedene reelle Doppellösung $x_2 = x_3$.
3. Es existiert eine reelle Dreifachlösung $x_1 = x_2 = x_3$.
4. Es existiert eine reelle Lösung x_1 und ein Paar konjugiert komplexer Lösungen $x_2 = \overline{x}_3$.

Das Bild 12.2 zeigt den typischen Verlauf der ganzrationalen Funktion (12.57) in den vier Fällen des Satzes 12.5.

Mit Hilfe der Formel (12.68) kann durch Ausmultiplizieren der rechten Seite und Koeffizientenvergleich der Satz von Vieta für Polynome dritten Grades bestätigt werden, der dem Satz 12.2 entspricht.

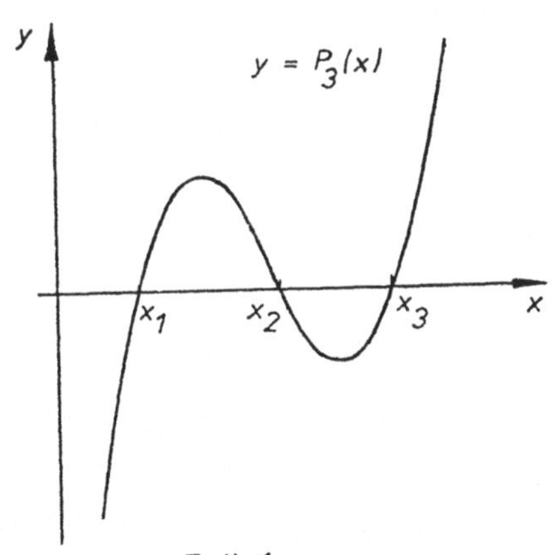

a)

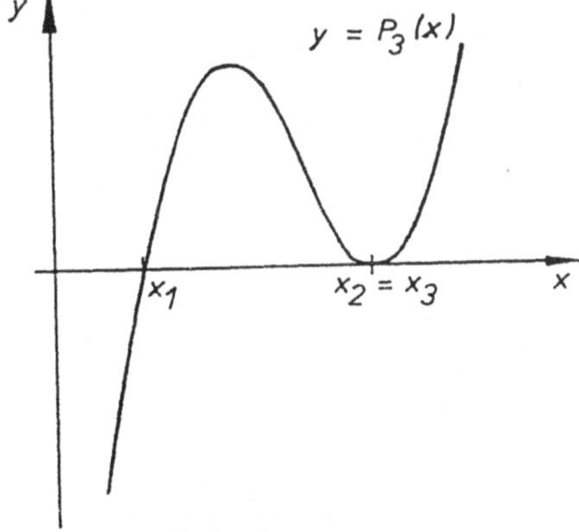

b)

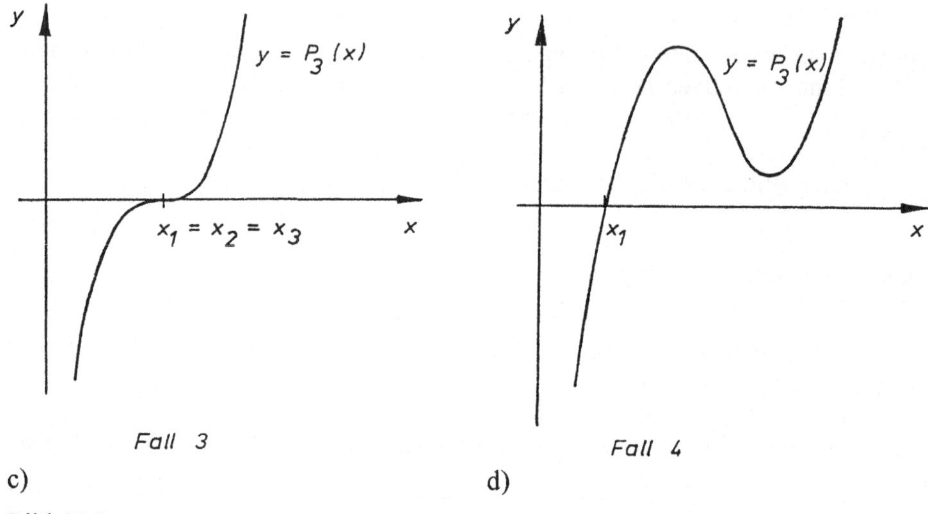

c) d)

Bild 12.2

Satz 12.6 (Satz von Vieta):

Sind x_1, x_2 und x_3 die reellen Lösungen der Gleichung dritten Grades (12.56), so gilt

$$a_0 = -x_1 * x_2 * x_3, \tag{12.69}$$
$$a_1 = x_1 x_2 + x_1 x_3 + x_2 x_3, \tag{12.70}$$
$$a_2 = -(x_1 + x_2 + x_3). \tag{12.71}$$

Mit Hilfe von Satz 12.4 sollen nun für die Beispiele 12.10a bis 12.13a die beiden weiteren Lösungen x_2 und x_3 ermittelt werden.

Beispiel 12.10b: Die Gleichung (12.58) hat nach (12.59) die Lösung $x_1 = 2$. Man erhält durch Partialdivision entsprechend Abschnitt 1.2.4

$$(x^3 - 3x^2 - 4x + 12) : (x - 2) = x^2 - x - 6$$
$$\begin{array}{l} x^3 - 2x^2 \\ \hline -x^2 - 4x + 12 \\ -x^2 + 2x \\ \hline -6x + 12 \\ -6x + 12 \\ \hline \end{array}$$

Aus $x^2 - x - 6 = 0$ erhält man weiter

$$x_{2,3} = \frac{1}{2} \pm \sqrt{\frac{1}{4} + 6} = \frac{1}{2} \pm \sqrt{\frac{1}{4} + \frac{24}{4}} = \frac{1}{2} \pm \frac{5}{2},$$

also

$x_2 = 3, \ x_3 = -2.$

Es liegt also der Fall 1 von Satz 12.5 mit drei verschiedenen reellen Lösungen vor,

$x_1 = 2, \ x_2 = 3, \ x_3 = -2,$

und es gilt

$x^3 - 3x^2 - 4x + 12 = (x - 2)(x - 3)(x + 2).$

Beispiel 12.11b: Die Gleichung (12.60) hat nach (12.62) die Lösung $x_1 = \frac{1}{2}$.

Hier gilt $(2x^3 + 11x^2 + 12x - 9) : \left(x - \frac{1}{2}\right) = 2x^2 + 12x + 18.$

Aus $2x^2 + 12x + 18 = 0$ bzw. $x^2 + 6x + 9 = 0$ erhält man

$x_{2,3} = -3 \pm \sqrt{9 - 9} = -3,$ also

$x_2 = x_3 = -3.$

Es liegt also der Fall 2 von Satz 12.5 mit einer reellen und einer weiteren, davon verschiedenen reellen Doppellösung vor,

$x_1 = \frac{1}{2}, \ x_2 = x_3 = -3,$ und es gilt

$x^3 + \frac{11}{2}x^2 + 6x - \frac{9}{2} = \left(x - \frac{1}{2}\right)(x + 3)^2.$

Beispiel 12.12b: Die Gleichung (12.63) hat nach (12.64) die Lösung $x_1 = 3$.

Hier gilt $(x^3 - 9x^2 + 27x - 27) : (x - 3) = x^2 - 6x + 9.$

Aus $x^2 - 6x + 9 = 0$ erhält man

$x_{2,3} = 3 \pm \sqrt{9 - 9} = 3.$

Es liegt also der Fall 3 von Satz 12.5 mit einer reellen Dreifachlösung,

$x_1 = x_2 = x_3 = 3,$ vor, und es gilt

$x^3 - 9x^2 + 27x - 27 = (x - 3)^3$

Beispiel 12.13b: Die Gleichung (12.65) hat nach (12.66) die Lösung $x_1 = 1$.

Hier gilt $(x^3 - 5x^2 + 17x - 13) : (x - 1) = x^2 - 4x + 13.$

Aus $x^2 - 4x + 13 = 0$ erhält man

$x_{2,3} = 2 \pm \sqrt{4 - 13} = 2 \pm \sqrt{-9} = 2 \pm 3j.$

Es liegt also der Fall 4 von Satz 12.5 mit einer reellen Lösung und einem Paar konjugiert komplexer Wurzeln, $x_1 = 1$, $x_2 = 2 + 3j$, $x_3 = 2 - 3j$,

vor, und es gilt

$$\begin{aligned} x^3 - 5x^2 + 17x - 13 &= (x - 1)(x - 2 - 3j)(x - 2 + 3j) \\ &= (x - 1)(x^2 - 4x + 13). \end{aligned}$$

12.4 Wurzelgleichungen

Im Abschnitt 12.1 wurde der Begriff der Wurzelgleichung erklärt. Ferner wurde kurz darauf eingegangen, wie man Wurzelgleichungen auf rationale Gleichungen und damit auf Gleichungen n-ten Grades zurückführen kann. Es soll hier nicht versucht werden, die allgemeine Form anzugeben, die eine Wurzelgleichung haben kann. Vielmehr wird auf einige mögliche Formen nur an Hand von Beispielen eingegangen. Es soll auch die Überführung von Wurzelgleichungen in Gleichungen n-ten Grades theoretisch nicht erörtert, sondern mittels dieser Beispiele demonstriert werden. Es werden nur reelle Lösungen gesucht.

Beispiel 12.14: Die Wurzelgleichung

$$7 + 3\sqrt{2x + 4} = 16 \tag{12.72}$$

kann sehr leicht in eine lineare Gleichung überführt werden:

$$\begin{aligned} 3\sqrt{2x + 4} &= 9 \\ \sqrt{2x + 4} &= 3 \\ 2x + 4 &= 9 \\ 2x &= 5 \\ \underline{\underline{x}} &\underline{\underline{= \frac{5}{2}}} \end{aligned} \tag{12.73}$$

Setzt man zur Probe (12.73) in (12.72) ein, so zeigt sich, daß dieser x-Wert die vorgegebene Gleichung tatsächlich erfüllt:

$$\begin{aligned} 7 + 3\sqrt{5 + 4} &\mid 16 \\ 7 + 3 * 3 &\mid 16 \\ \underline{16} &\underline{= 16} \end{aligned}$$

Beispiel 12.15: Die Wurzelgleichung

$$\sqrt{2x + 19} + 5 = 0 \tag{12.74}$$

kann ebenso leicht umgeformt werden:

$$\begin{aligned} \sqrt{2x + 19} &= -5 \\ 2x + 19 &= 25 \\ x &= 3 \end{aligned} \tag{12.75}$$

Setzt man zur Probe (12.75) in die Ausgangsgleichung (12.74) ein, so ergibt sich:

$$\sqrt{6 + 19} + 5 = 10 \neq 0.$$

Der Wert x = 3 ist also keine Lösung von (12.74), infolgedessen hat die Ausgangsgleichung keine Lösung. (Das konnte auch nicht sein, da stets $\sqrt{2x + 19} \geq 0$ ist.)

Schon dieses einfache Beispiel zeigt, daß man bei Wurzelgleichungen immer eine Probe durchführen muß, indem man die errechneten Werte in die Ausgangsgleichung einsetzt und überprüft, ob sie diese erfüllen. Das ist nicht nur eine Kontrolle dafür, ob man richtig gerechnet hat, sondern logisch notwendig.

Es gilt allgemein: Formt man eine Gleichung

$$f(x) = g(x) \tag{12.76}$$

um in eine neue Gleichung

$$F(x) = G(x), \tag{12.77}$$

indem man auf beiden Seiten das gleiche addiert oder subtrahiert oder indem man beide Seiten mit dem gleichen Ausdruck multipliziert oder durch den gleichen Ausdruck dividiert (wobei man beachten muß, daß die Division durch null nicht möglich ist) oder indem man beide Seiten zur gleichen Potenz erhebt, so sind alle Löungen der Ausgangsgleichung (12.76) auch Lösungen der umgeformten Gleichung (12.77), aber nicht umgekehrt. Die umgeformte Gleichung (12.77) kann mehr Lösungen haben als die Ausgangsgleichung (12.76). Das wird am folgenden Beispiel deutlich.

Beispiel 12.16: Die Wurzelgleichung

$$\sqrt{x} - \sqrt{x - 1} = \sqrt{2x - 1} \tag{12.78}$$

wird durch Quadrieren auf die Form

$x + (x - 1) - 2\sqrt{x(x - 1)} = 2x - 1$, also $\sqrt{x(x - 1)} = 0$ gebracht.

Durch weiteres Quadrieren erhält man die quadratische Gleichung

$$x(x - 1) = 0 \tag{12.79}$$

mit den Lösungen

$$x_1 = 0, \quad x_2 = 1. \tag{12.80}$$

Das sind Lösungen von (12.79), aber es muß überprüft werden, ob sie auch Lösungen von (12.78) sind.
Für x = 0 sind zwei Wurzeln in (12.78) nicht definiert, also ist x = 0 keine Lösung von (12.78).

Für x = 1 erhält man $\sqrt{1} + \sqrt{0} \mid \sqrt{1}$

$$\underline{1 = 1}$$

Daher ist $x = 1$ Lösung der Ausgangsgleichung (12.78).

Beispiel 12.17: Die Wurzelgleichung

$$\sqrt{x}\,\sqrt{x-3} - \sqrt{x^2-4x+3} - \sqrt{2x^2-7x+3} = 0 \qquad (12.81)$$

kann in ähnlicher Weise wie (12.78) umgeformt werden:

$$\sqrt{x}\,\sqrt{x-3} = \sqrt{x^2-4x+3} + \sqrt{2x^2-7x+3}$$
$$x(x-3) = (x^2-4x+3) + (2x^2-7x+3) + 2\sqrt{(x^2-4x+3)\,(2x^2-7x+3)}$$
$$-2\sqrt{(2-4x+3)\,(2x^2-7x+3)} = 2x^2-8x+6$$
$$(x^2-4x+3)\,(2x^2-7x+3) = (x^2-4x+3)^2. \qquad (12.82)$$

Diese Gleichung ist erfüllt, wenn

$$x^2-4x+3=0$$

gilt, also für

$$x_{1,2} = 2 \pm \sqrt{4-3} = 2 \pm 1,\ \ x_1 = 3,\ \ x_2 = 1. \qquad (12.83)$$

Für alle anderen x ist $(x^2 - 4x + 3) \neq 0$, und (12.82) kann durch diesen Faktor dividiert werden:

$$2x^2-7x+3 = x^2-4x+3$$
$$x^2-3x = 0$$
$$x(x-3) = 0 \qquad (12.84)$$

$$x_3 = 0,\ \ x_4 = x_1 = 3.$$

Nun ist durch Einsetzen in (12.81) zu überprüfen, welche von den Werten $x_1 = 3$, $x_2 = 1$, $x_3 = 0$ die Ausgangsgleichung erfüllen.

Für $x_1 = 3$ gilt: $\sqrt{3}\,\sqrt{0} - \sqrt{9-12+3} - \sqrt{18-21+3} \mid 0,$
$0 - 0 - 0 = 0.$

Daher ist $x = 3$ Lösung von (12.81).
Für $x_2 = 1$ sind zwei der Wurzeln nicht definiert, $\sqrt{1}\,\sqrt{-1} - \sqrt{1} - \sqrt{-2} \mid 0$, und für $x_3 = 0$ ist die Gleichung nicht erfüllt, $0 - \sqrt{3} - \sqrt{3} = -2\sqrt{3} \neq 0$. Also ist

$$x = 3 \qquad (12.85)$$

die einzige Lösung der Wurzelgleichung (12.81).

12.5 Übungsaufgaben

1. Quadratische Gleichungen

1.1. Quadratische Gleichungen mit bestimmten Koeffizienten

1.1.1. a) $x^2 - 4 = 0$ b) $3x^2 + 27 = 0$
c) $x^2 - 9x = 0$ d) $5x^2 = 125\,x$

1.1.2. a) $(x + \frac{1}{3})(x - \frac{1}{3}) = \frac{7}{12}$ b) $(x + \frac{1}{2})(x - \frac{1}{2}) = \frac{5}{16}$

c) $(x - 6)(x + 5) = 0$ d) $(x - \sqrt{7})(x - \sqrt{5}) = 0$

1.1.3. a) $x^2 - 6x + 8 = 0$ b) $x^2 + 4x + 2 = 0$

c) $x^2 + \frac{1}{2}x + \frac{3}{2} = 0$ d) $x^2 + 27\frac{1}{12} = 10\frac{7}{12}x$

1.1.4. a) $3x^2 - 20 = x$ b) $7x^2 + 23x = 84$

c) $(43 + 10x)^2 + (66 + 10x)^2 = (79 + 14x)^2$

d) $(3x - 5)^2 - (2x + 5)^2 = 0$

1.1.5. a) $\frac{8 - x}{2} - \frac{2x - 11}{x - 3} = \frac{x - 2}{6}$ b) $3x - \frac{3x - 10}{9 - 2x} = 2 + \frac{6x^2 - 40}{2x - 1}$

c) $\frac{5x - 1}{6x - 9} - \frac{9x - 4}{8x + 12} - \frac{3x + 8}{4x^2 - 9} = \frac{1}{2}$ d) $\frac{3}{x - 2} - \frac{8}{4 - 3x} = \frac{19}{2x + 1}$

1.2. Quadratische Gleichungen mit unbestimmten Koeffizienten

1.2.1. a) $x^2 - a^2 = 0$ b) $x^2 - ax = 0$

c) $x^2 + \frac{4}{3}ax + \frac{1}{3}a^2 = 0$ d) $x^2 + \frac{1}{2}bx - \frac{1}{2}b^2 = 0$

1.2.2. a) $8x^2 - 10bx - 3b^2 = 0$ b) $12x^2 - 34ax + 10a^2 = 0$

c) $16x^2 - 8ax + a^2 - b^2 = 0$ d) $ax^2 + bx + c = 0$

1.2.3. a) $a^2 - x^2 = (a - x)(b + c - x)$

b) $(x - a + b)(x - a + c) = (a - b)^2 - x^2$

c) $(a + bx)^2 + (ax - b)^2 = 2(a^2 x^2 + b^2)$

d) $(x + a + b)(x - a + b) + (x + a - b)(x - a - b) = 0$

1.2.4. a) $ax^2 - (a^2 + 1)x + a = 0$

b) $abx^2 - (a^2 + b^2)x + ab = 0$

c) $a^2(a - x)^2 = b^2(b - x)^2$

d) $(a - x)^2 - (a - x)(x - b) + (x - b)^2 = (a - b)^2$

1.2.5. a) $x + \frac{1}{x} = \frac{a - b}{a + b} + \frac{a + b}{a - b}$ b) $x - \frac{1}{x} = \frac{a}{b} - \frac{b}{a}$

c) $\frac{a + x}{b + x} + \frac{b + x}{a + x} = \frac{5}{2}$ d) $\left(\frac{a - x}{x - b}\right)^2 = 8\left(\frac{a - x}{x - b}\right) - 15$

1.3. Gleichungssysteme, die auf quadratische Gleichungen führen

1.3.1. a)
$$\begin{aligned} 3x + 2y &= 3 \\ xy &= 3 \end{aligned}$$

b)
$$\begin{aligned} 10x + y &= 10 \\ 5x(15x + y) &= 75 \end{aligned}$$

c) $$3x + 7y = 21 \qquad 3x^2 - 7y = \frac{21}{2}$$

d) $$x^2 + xy + y^2 = 1372 \qquad 2x - y = 2$$

1.3.2.a) $$x + y = a \qquad xy = b$$

b) $$xy = a \qquad \frac{x}{y} = b$$

c) $$x^2 + y^2 = c^2 \qquad \frac{x}{y} = \frac{a}{b}$$

d) $$ax^2 - \frac{b}{y^2} = 2(a^2 - b^2) \qquad bx^2 - \frac{a}{y^2} = a^2 - b^2$$

1.4. Spezielle Gleichungen n-ten Grades, die sich auf quadratische Gleichungen zurückführen lassen

1.4.1. Biquadratische Gleichungen mit bestimmten Koeffizienten

a) $x^4 - 13x^2 + 36 = 0$ b) $(x^2 - 5)^2 + (x^2 - 1)^2 = 40$

c) $(x^2 - 10)(x^2 - 3) = 78$ d) $10x^4 - 21 = x^2$

1.4.2. Biquadratische Gleichungen mit unbestimmten Koeffizienten

a) $x^4 + a^4 + b^4 = 2a^2x^2 + 2b^2x^2 + 2a^2b^2$

b) $(a^2x^2 + b^4)(x^2 - a^2) = b^2(x^4 - a^4)$

c) $\frac{a^2b^2x^2}{a^3b+ab^3x^2} + \frac{ab - x^2}{x^2 - 1} = \frac{a^2b^2}{a^2 + b^2x^2}$ d) $\frac{(a - b)x^4}{a^2 - b^2} + \frac{4x^2}{a + b} = x^2 + 4$

1.4.3. Gleichungen n-ten Grades mit $a_0 = a_1 = \ldots = a_{n-3} = 0$

a) $x^{10} + 6x^9 + 5x^8 = 0$ b) $\frac{5}{2}x^5 + 7x^4 = -20x^3$

c) $abx^8 - (a^2 + b^2)x^7 = -abx^6$ d) $ax^{22} - a^2x^{11} + a^2 - a = 0$

1.5. Lösen Sie die folgenden Gleichungen sowohl nach x als auch nach a auf!

a) $x^2 + \sqrt{a}\,x - a = 0$ b) $x^2 - 2bx + 2(ab - \frac{1}{2}a^2) = 0$

c) $ax^2 - a^2(x - 1) = a - x$ d) $(x + b)(x - b) = a(2x - a)$

1.6. Sachaufgaben

1.6.1. a) Zwei Zahlen verhalten sich wie 1 : 3, während die Summe ihrer Quadrate 2560 beträgt. Wie heißen diese Zahlen?

b) Das Quadrat der größten von drei aufeinanderfolgenden ganzen Zahlen ist gleich der Summe der Quadrate der beiden kleineren. Wie heißen diese Zahlen?

c) Von welcher positiven Zahl ist das Zehnfache um 999 kleiner als ihr Quadrat?

d) Zerlegen Sie den Bruch $\frac{1}{4}$ so in zwei Faktoren, daß deren Summe $\frac{a^2 + b^2}{a^2 - b^2}$ ergibt!

1.6.2. a) In einem Gleichstromkreis wird der Widerstand um 30 Ω vergrößert, wobei die Stromstärke bei gleichbleibender Spannung von 220 V um 1,65 A absinkt. Wie groß sind Widerstand und Stromstärke?

b) Zwei Drähte, deren Widerstände sich um 60 Ω unterscheiden, haben bei Parallelschaltung einen Gesamtwiderstand von 22,5 Ω. Wie groß sind die beiden Teilwiderstände?

1.6.3. a) Die 225 km lange Etappe eines Radrennens wird von einem Materialwagen in einer um $3\frac{1}{2}$ Stunden kürzeren Zeit und mit einer um $26\frac{1}{4}\,\frac{km}{h}$ höheren Durchschnittsgeschwindigkeit zurückgelegt als von den Radsportlern. Wie groß sind Fahrzeit und Geschwindigkeit von Materialwagen und Radsportlern?

b) Bei einem Sportfest wird ein Sportler, der mit einer Geschwindigkeit von $5\,\frac{km}{h}$ von A nach B läuft, $1\frac{1}{2}$ Stunden nach seinem Start von einem Radsportler überholt, der $\frac{1}{2}$ Stunde nach dieser Begegnung in B ankommt, dort sofort umkehrt und zur gleichen Zeit in A ankommt, zu der der Läufer in B eintrifft. Wie lang ist die Strecke $\overline{AB}$?

c) Zwei Motorradfahrer fahren auf zwei sich senkrecht schneidenden Wegen in Richtung Kreuzung. Die Geschwindigkeit des ersten beträgt $5\,\frac{m}{s}$, die des zweiten $4\,\frac{m}{s}$. Sie haben nach 3 s eine gegenseitige Entfernung von 35 m. Welche Entfernung hatten sie ursprünglich von der Kreuzung, wenn ihr der erste 4m näher war als der zweite?

d) Eine Eisenbahnlinie verläuft parallel zum ersten Teil einer Rennstrecke. Zum Zeitpunkt des Startes einer Rennmaschine befindet sich eine Lokomotive eines entgegenkommenden Zuges 225m entfernt. Wann sind beide Fahrzeuge auf gleicher Höhe, wenn der Rennfahrer eine gleichmäßig beschleunigte Bewegung ausführt und seine Beschleunigung $10\,\frac{m}{s^2}$ beträgt, während der Eisenbahnzug mit einer konstanten Geschwindigkeit von

$72 \frac{km}{h}$ fährt?

e) Ein mit einer durchschnittlichen Geschwindigkeit von $v_m = 18 \frac{km}{h}$ um 6.00 Uhr von Leipzig nach Dessau fahrender Radfahrer begegnet um 8.00 Uhr einem anderen Radfahrer, der zur gleichen Zeit wie er in Dessau startete und nach Leipzig fährt. Ersterer kommt 100 Minuten früher in Dessau an als der andere in Leipzig. Welche Länge hat die Straße zwischen Leipzig und Dessau?

1.6.4. a) In einem rechtwinkligen Dreieck verhalten sich die Katheten wie 3 : 4, die Hypotenuse ist 50 cm lang. Wie lang sind die Katheten?

b) Wie groß sind die Seiten eines rechtwinkligen Dreiecks, wenn die Summe beider Katheten 17 cm, die Summe aus einer Kathete und der Hypotenuse 18 cm ist?

c) Wie groß sind die Katheten eines rechtwinkligen Dreiecks, wenn ihre Summe 42 cm, der Flächeninhalt des Dreiecks 216 cm^2 beträgt?

d) Die Diagonale eines Rechtecks ist 35 cm lang. Vergrößert man die lange Seite des Rechtecks um 8 cm und die kurze Seite um 6 cm, nimmt die Länge der Diagonalen um 10 cm zu. Wie groß sind die Rechteckseiten?

e) Verlängert man die eine Seite eines Quadrates um 7 cm und verkürzt die andere Seite um diesen Wert, haben Quadrat und Rechteck zusammen einen Flächeninhalt von 4951 cm^2. Wie lang ist die Seite des Quadrates?

f) Der Radius eines Kreises beträgt 16 cm. Wie groß ist die Seite des dem Kreis einbeschriebenen Quadrates?

g) Wie groß muß der Durchmesser eines Kreises sein, wenn die Seite des dem Kreis einbeschriebenen Quadrates 1 cm größer sein soll als der Kreisradius?

h) Vergrößert man den Durchmesser eines Kreises um 3 cm, verdoppelt sich der Flächeninhalt des Kreises. Wie groß ist der ursprüngliche Durchmesser des Kreises?

i) Wie groß sind die Durchmesser einer Hohlkugel, wenn ihre Wandstärke 3 cm und der Hohlraum 5016 cm^3 betragen?

2. Gleichungen dritten und vierten Grades

2.1. a) $x^3 + 2x^2 - x - 2 = 0$ b) $x^3 + 8x^2 - 5x - 84 = 0$
c) $3x^3 - x^2 - 9x + 3 = 0$ d) $x^3 + x - 2 = 0$

2.2. a) $4x^4 - 12x^3 + 7x^2 + 3x - 2 = 0$ b) $x^4 - 2x^3 - 5x^2 + 6x = 0$

c) $x^4 - 4x^3 + 4x^2 + 4x - 5 = 0$ d) $6x^4 + 5x^3 - 38x^2 + 5x + 6 = 0$

3. Wurzelgleichungen

Berechnen Sie alle Werte x, die Lösung der folgenden Gleichungen sind! Führen Sie für jede Aufgabe die Probe durch!

3.1. Wurzelgleichungen mit bestimmten Koeffizienten

3.1.1. a) $\sqrt{x} = 3$ b) $\frac{3}{2}\sqrt{x} - \frac{2}{3}\sqrt{x} + 7 = 2\sqrt{x}$

c) $\frac{5}{3}\sqrt{15x} - \frac{3}{5}\sqrt{15x} - 11 = \frac{1}{3}\sqrt{15x}$ d) $\sqrt[3]{x} = 5$

3.1.2. a) $(3\sqrt{x} - 5)(5\sqrt{x} - 3) = 5(3x - 31)$

b) $(5\sqrt{x} - 2)^2 + (12\sqrt{x} - 9)^2 = (13\sqrt{x} - 9)^2$

c) $\frac{5\sqrt{x} + 12}{7\sqrt{x} + 15} = \frac{4}{5}$ d) $\frac{2\sqrt{x} + 3}{2\sqrt{x} - 3} = 7$

3.1.3. a) $\frac{\sqrt{x} - 3}{7} - \frac{\sqrt{x} - 25}{5} = 7 - \frac{2 + \sqrt{x}}{4}$ b) $\frac{16 - \sqrt{x}}{2} - \frac{10 - \sqrt{x}}{3} = \sqrt{x}$

c) $\sqrt{x} + \sqrt{2x} = 1$ d) $2\sqrt{x} - \sqrt{2x} = 2 + \sqrt{2}$

3.1.4. a) $10 - \sqrt{x - 2} = 3$ b) $\sqrt{3x - 5} + 4 = 5$

c) $\sqrt[3]{7x - 6} + 6 = 10$ d) $4\sqrt[3]{5x - 8} = 3\sqrt[3]{9x + 1}$

3.1.5. a) $9\sqrt{5x + 1} = 20 + 4\sqrt{5x + 1}$ b) $\sqrt{7x + 2} = \frac{5x + 6}{\sqrt{7x + 2}}$

c) $3\sqrt{4x - 3} - \frac{10x}{\sqrt{4x - 3}} = \frac{1}{\sqrt{4x - 3}}$ d) $\frac{9x}{\sqrt{10x - 9}} - \sqrt{10x - 9} = \frac{2}{\sqrt{10x - 9}}$

3.1.6. a) $\sqrt{9x^2 - 10x - 55} = 3x - 5$ b) $x + 1 = \sqrt{2x^2 + \frac{1}{2}x + \frac{3}{2}}$

c) $17 - 4\sqrt{\frac{3x + 5}{x - 7}} = 1$ d) $24 - 7\sqrt[3]{\frac{4x - 1}{x - 6}} = 3$

3.1.7. a) $\sqrt{52 - 3\sqrt{5x + 6}} = 2\sqrt{10}$ b) $\sqrt{x + 1 - \sqrt{2x + 3}} = 1$

c) $\sqrt{37 - 7\sqrt{5x + 4}} = 4$ d) $\sqrt[4]{19 - 3\sqrt[3]{5x - 9}} = 2$

3.1.8. a) $\sqrt{9x - 17} - 3\sqrt{x - 4} = 1$ b) $2\sqrt{9x + 4} - 3\sqrt{4x - 11} = 1$

c) $\sqrt{x + 9} - \sqrt{x + 2} = \sqrt{4x - 27}$ d) $\sqrt{9x + 10} - \sqrt{x - 1} = \sqrt{4x + 9}$

3.1.9. a) $\sqrt{x + 4} - \sqrt{x - 8} + \sqrt{x - 3} - \sqrt{x + 13} = 0$

b) $\sqrt{x+9} + \sqrt{x-12} = \sqrt{x} + \sqrt{x-7}$

c) $\sqrt[3]{9x+10} - \sqrt{3x+4} = 0$ d) $|\sqrt{3x+7}| + |\sqrt{4-x}| = 3$

3.1.10. a) $\dfrac{1}{1+\sqrt{1-x}} + \dfrac{1}{1-\sqrt{1-x}} = \dfrac{2x}{9}$ b) $\sqrt[3]{76+x} + \sqrt[3]{76-x} = 8$

c) $(\sqrt[3]{x} - 1)^2 + \sqrt[3]{x^2} = \sqrt[3]{x}$ d) $\sqrt[4]{x^3} - 2\sqrt{x} + x = 0$

3.2. Wurzelgleichungen mit unbestimmten Koeffizienten

3.2.1. a) $\sqrt{x} = a$ b) $\sqrt[3]{x} = b$

c) $a - \sqrt[3]{x} = b$ d) $a\sqrt{x} - b = c\sqrt{x} - d$

3.2.2. a) $\sqrt{x-a} = b$ b) $\sqrt[3]{a-x} = b$

c) $\sqrt[4]{a^4+x} = a$ d) $\sqrt[6]{a^6-x} = b$

3.2.3. a) $(\sqrt{ax} + \sqrt{b})(\sqrt{ax} - \sqrt{b}) = (a+1)(a-1)b$

b) $(a - \sqrt{x})(b - \sqrt{x}) = (c + \sqrt{x})(d + \sqrt{x})$

c) $\dfrac{\sqrt{ax} - b}{\sqrt{ax} + b} = \dfrac{3\sqrt{ax} - 2b}{3\sqrt{ax} + 5b}$ d) $\dfrac{2a + 3\sqrt{bx}}{3a + 2\sqrt{bx}} = \dfrac{3b + 2\sqrt{ax}}{2b + 3\sqrt{ax}}$

3.2.4. a) $\sqrt{x} + \dfrac{\sqrt{b} - \sqrt{a}}{\sqrt{b}} = \dfrac{1}{\sqrt{x}} + \dfrac{\sqrt{a} - \sqrt{b}}{\sqrt{a}}$ b) $\dfrac{\sqrt{a} + \sqrt{x}}{\sqrt{a} - \sqrt{x}} = \dfrac{2\sqrt{x}}{\sqrt{a} + \sqrt{x}} - \left| \dfrac{(x+a)^2}{a(x-a)} \right|$

c) $\dfrac{a + b\sqrt{x}}{a+b} = \dfrac{c + d\sqrt{x}}{c+d}$ d) $\dfrac{a + b\sqrt{x}}{a\sqrt{x} + b} = \dfrac{c + d\sqrt{x}}{c\sqrt{x} + d}$

3.2.5. a) $x + \sqrt{x^2 - a^2} = a$ b) $x - \sqrt{ax(1+x) + 1 - x} = 1$

c) $\sqrt{x+a} = a - \sqrt{x}$ d) $\sqrt{x+a^2} - \sqrt{x} = b$

3.2.6. a) $\sqrt{a-x} + \sqrt{b-x} = \dfrac{b}{\sqrt{b-x}}$ b) $\sqrt{x+a} - \sqrt{5x - 3a - 4b} = \dfrac{2b}{\sqrt{x+a}}$

c) $\sqrt{x+a} - \sqrt{x-a} = \dfrac{x+a-b}{\sqrt{x+a}}$

d) $\sqrt{3a - 2b + 2x} - 2\sqrt{3a - 2b - 2x} = \dfrac{a + 2b + 2x}{\sqrt{3a - 2b + 2x}}$

3.2.7. a) $\dfrac{\sqrt{1+x^2} + \sqrt{1-x^2}}{\sqrt{1+x^2} - \sqrt{1-x^2}} = \dfrac{a}{b}$ b) $\dfrac{\sqrt{3x^2-1} + \sqrt{3-x^2}}{\sqrt{3x^2-1} - \sqrt{3-x^2}} = \dfrac{a}{b}$

c) $\sqrt[3]{a + x} + \sqrt[3]{a - x} = \sqrt[3]{2a}$ d) $\sqrt[3]{a + x} + \sqrt[3]{a - x} = \sqrt[3]{c}$

3.3. Gleichungssysteme, die Wurzelgleichungen enthalten

3.3.1. a) $\sqrt{x} + \sqrt{y} = 8$, $\sqrt{xy} = 15$ b) $x + y = 58$, $\sqrt{x} + \sqrt{y} = 10$

c) $\sqrt{x - 5} + \sqrt{y + 2} = 5$, $x + y = 16$ d) $\sqrt{5 - 3x + x^2} + \sqrt{5 - 3y + y^2} = 6$, $x + y = 3$

3.3.2. a) $\dfrac{\sqrt{x} + \sqrt{y}}{\sqrt{x} - \sqrt{y}} = \dfrac{a}{b}$, $xy = (a^2 - b^2)^2$ b) $\dfrac{x\sqrt{x} + y\sqrt{y}}{x\sqrt{x} - y\sqrt{y}} = \dfrac{a}{b}$, $x^3 - c^3 = c^3 - y^3$

c) $x\sqrt{x + y} = a$, $y\sqrt{x + y} = b$ d) $x\sqrt[3]{x^2 + y^2} = a$, $y\sqrt[3]{x^2 + y^2} = b$

13 Transzendente Gleichungen

Es wurde bereits im Abschnitt 12.1 darauf hingewiesen, daß hier nur einige Typen transzendenter Gleichungen behandelt werden, die sich auf algebraische Gleichungen zurückführen lassen. Da die Zurückführung auf algebraische Gleichungen wie bei den Wurzelgleichungen mit Umformungen verbunden ist, gilt wie dort:

Bei den Umformungen geht keine Lösung der Ausgangsgleichung verloren, aber die umgeformte Gleichung kann mehr Lösungen haben als die Ausgangsgleichung. Daher müssen alle Lösungen der umgeformten Gleichung in die Ausgangsgleichung eingesetzt werden, um zu überprüfen, welche davon Lösungen der Ausgangsgleichung sind.

Es werden wie bei den Wurzelgleichungen nur die reellen Lösungen gesucht.

13.1 Logarithmische Gleichungen

Zur Ermittlung von Lösungen logarithmischer Gleichungen und von Exponentialgleichungen ist es oft notwendig, den Logarithmus einer Zahl a zu einer Basis b,

$$x = \log_b a, \quad a > 0, \quad b > 0, \quad b \neq 1, \tag{13.1}$$

zu bestimmen. Für die Basis b = 10 (lg a) und die Basis b = e (ln a) kann man (13.1) direkt mit dem Taschenrechner ermitteln. Dagegen muß man für $e \neq b \neq 10$ auf die Formel

$$x = \log_b a = \frac{\lg a}{\lg b} = \frac{\ln a}{\ln b} \tag{13.2}$$

zurückgreifen.
Einer der einfachsten Typen einer logarithmischen Gleichung ist

$$\log_b x = c. \tag{13.3}$$

Diese Gleichung ist nach (3.1), (3.2), siehe Abschnitt 3, identisch mit

$$x = b^c. \tag{13.4}$$

Dieser Ausdruck kann ebenfalls mit dem Taschenrechner bestimmt werden.

Beispiel 13.1: $\log_2 x = 1{,}5, \quad x = 2^{1{,}5} = 0{,}4515.$

Relativ einfach ist auch die Lösung der folgenden Verallgemeinerung des Typs (13.3),

$$\log_b f(x) = c, \tag{13.5}$$

wobei f(x) ein algebraischer Ausdruck ist. (13.5) ist identisch mit der algebraischen Gleichung

$$f(x) = b^c. \tag{13.6}$$

Alle Lösungen von (13.6) sind auch Lösungen von (13.5).

Beispiel 13.2: Die logarithmische Gleichung $\log_2 (x^2 + x + 6) = 3$ ist identisch mit $x^2 + x + 6 = 2^3 = 8$ bzw. $x^2 + x - 2 = 0$ und hat die Lösung

$$x_{1,2} = -\frac{1}{2} \pm \sqrt{\frac{1}{4} + \frac{1}{8}} = -\frac{1}{2} \pm \frac{3}{2}, \quad x_1 = -2, \quad x_2 = 1.$$

Eine Gleichung vom Typ (13.5) liegt auch vor, wenn auf ihrer linken Seite eine rationale Linearkombination von Logarithmen algebraischer Ausdrücke steht:

$$r_1 * \log_b g_1 (x) + r_2 * \log_b g_2 (x) + r_3 * \log_b g_3 (x) + \ ... = c. \qquad (13.7)$$

Dabei sind die Koeffizienten r_i rationale Zahlen. Durch Anwendung der Logarithmengesetze (3.7) und (3.9), siehe Abschnitt 3, erhält man daraus (13.5) mit

$$f(x) = \{ g_1 (x) \}^{r_1} * \{ g_2 (x) \}^{r_2} * \{ g_3 (x) \}^{r_3} \ ... \qquad (13.8)$$

Beispiel 13.3: Aus $\log_3 (x - 1) + \frac{1}{2} \log_3 x - \frac{1}{2} \log_3 (x - 1) = 2$ erhält man zunächst

$\log_3 \dfrac{(x-1)\, x^{\frac{1}{2}}}{(x-1)^{\frac{1}{2}}} = 2$ und daraus die Wurzelgleichung $\sqrt{x}\sqrt{x - 1} = 9$,

$x (x - 1) = 81$,

$x^2 - x - 81 = 0$ mit den Lösungen

$$x_{1,2} = \frac{1}{2} \pm \sqrt{\frac{1}{4} + \frac{324}{4}} = \frac{1}{2} \pm \sqrt{\frac{325}{4}} = \frac{1}{2} \pm \frac{1}{2} * 18{,}03,$$

$x_1 = 9{,}515, \quad x_2 = -8{,}515.$

Nur $x_1 = 9{,}515$ erfüllt die Ausgangsgleichung. Für $x = x_2 < 0$ sind sowohl $\log x$ als auch $\log (x - 1)$ nicht definiert.

Beispiel 13.4: Aus $\log_b (2x + 3) = \log_b (x - 1) + 1$ erhält man $\log_b \frac{2x + 3}{x - 1} = 1$

und weiter $\frac{2x + 3}{x - 1} = b^1 = b$, also

$$2x + 3 = bx - b,$$
$$b + 3 = x(b - 2),$$
$$x = \frac{b + 3}{b - 2}.$$

Die Ausgangsgleichung hat nur einen Sinn für $x > 1$, also

$$\frac{b+3}{b-2} > 1.$$

Für $b > 2$ bzw. $b - 2 > 0$ folgt daraus $b + 3 > b - 2$, $3 > -2$.
Das ist für alle b erfüllt.
Für $b < 2$ folgt $b + 3 < b - 2$, $3 < -2$. Das gilt für kein b. Daher hat die Ausgangsgleichung nur für $b > 2$ die angegebene Lösung. Für $b \leq 2$ existiert keine Lösung. Auch die logarithmischen Gleichungen des folgenden Typs können auf algebraische Gleichungen zurückgeführt werden:

$$F(\log_b f(x)) = 0, \tag{13.9}$$

wobei sowohl F als auch f algebraische Ausdrücke sind.

Man substituiert

$$y = \log_b f(x) \tag{13.10}$$

und löst zunächst die algebraische Gleichung

$$F(y) = 0. \tag{13.11}$$

Setzt man deren Lösungen $y_1, y_2, y_3, \ldots$ in (13.10) ein, so erhält man für jedes y_i eine logarithmische Gleichung des Typs (13.5):

$$\log_b f(x) = y_i, \quad i = 1, 2, 3, \ldots \tag{13.12}$$

Daraus erhält man die algebraischen Gleichungen

$$f(x) = b^{y_i}. \tag{13.13}$$

Alle Lösungen dieser Gleichung müssen in die Ausgangsgleichung (13.9) eingesetzt werden, um zu überprüfen, ob sie diese auch erfüllen.

Beispiel 13.5: Die Gleichung $\lg^2 x - \lg x - 2 = 0$ geht mit der Substitution $y = \lg x$ über in die quadratische Gleichung $y^2 - y - 2 = 0$ mit den Lösungen

$y_1 = 2, y_2 = -1.$

Aus $\lg x = 2$ und $\lg x = -1$ folgt $x_1 = 10^2 = 100,\ x_2 = 10^{-1} = \frac{1}{10}$.

Beide Werte sind Löungen der Ausgangsgleichung.

Beispiel 13.6: Die Gleichung $\frac{6}{\lg x + 1} + \frac{8}{\lg x - 1} = 3$ $(x > 0$, aber $x \neq \frac{1}{10}, x \neq 10)$

ergibt, mit dem Hauptnenner $(\lg x + 1)(\lg x - 1)$ multipliziert,

$$6(\lg x - 1) + 8(\lg x + 1) = 3(\lg^2 x - 1),$$
$$6 \lg x - 6 + 8 \lg x + 8 = 3 \lg^2 x - 3,$$

$0 = 3\,\lg^2 x - 14\,\lg x - 5$

und führt mit der Substitution $y = \lg x$ zu der quadratischen Gleichung

$$3y^2 - 14\,y - 5 = 0, \qquad y^2 - \frac{14}{3}y - \frac{5}{3} = 0$$

mit den Lösungen

$$y_{1,2} = \frac{7}{3} \pm \sqrt{\frac{49}{9} + \frac{15}{9}} = \frac{7}{3} \pm \frac{8}{3}, \qquad y_1 = \lg x_1 = 5, \quad y_2 = \lg x_2 = -\frac{1}{3}$$

$$x_1 = 10^5, \qquad x_2 = 10^{-\frac{1}{3}} = \frac{1}{10^{\frac{1}{3}}} = \frac{1}{\sqrt[3]{10}}.$$

Beide Werte erfüllen die Ausgangsgleichung.

Treten in einer Gleichung Logarithmen mit verschiedenen Basen b auf, so können sie mit Hilfe von (13.2) in Logarithmen der gleichen Basis überführt werden.

Beispiel 13.7: Aus $\log_2(x - 1) + \log_4(x - 1) - 1 = 0$ erhält man mit

$$\log_4(x - 1) = \frac{\log_2(x - 1)}{\log_2 4} = \frac{1}{2}\log_2(x - 1),$$

$$\log_2(x - 1) + \frac{1}{2}\log_2(x - 1) - 1 = 0, \ \log_2(x - 1) = \frac{2}{3}, \ x - 1 = 2^{\frac{2}{3}} = \sqrt[3]{2^2} = \sqrt[3]{4},$$

$$x = 1 + \sqrt[3]{4}.$$

Dieser Wert ist auch Lösung der Ausgangsgleichung:

$$\log_2 \sqrt[3]{4} + \log_4 \sqrt[3]{4} - 1 \mid 0,$$

$$\frac{1}{3}\log_2 4 + \frac{1}{3}\log_4 4 - 1 \mid 0,$$

$$\frac{1}{3} * 2 + \frac{1}{3} - 1 \mid 0,$$

$$\underline{0 = 0.}$$

13.2 Exponentialgleichungen

Die einfachste Exponentialgleichung,

$$a^x = b, \ a > 0, \ a \neq 1, \ b > 0, \tag{13.14}$$

kann durch Logarithmieren sofort gelöst werden:

$$x = \log_a b = \frac{\lg b}{\lg a} = \frac{\ln b}{\ln a}. \tag{13.15}$$

Die folgende Gleichung kann sehr leicht auf eine Gleichung des Typs (13.14) zurückgeführt werden.

Beispiel 13.8:

$$2^x + 3^{x+2} - 2^{x+2} - 3^{x+1} = 0,$$

$$2^x(1 - 2^2) + 3^x(3^2 - 3) = 0,$$

$$6 * 3^x = 3 * 2^x,$$

$$\left(\frac{2}{3}\right)^x = 2,$$

$$x = \frac{\lg 2}{\lg \frac{2}{3}} = \frac{\lg 2}{\lg 2 - \lg 3} = -1{,}7095.$$

Steht in (13.14) im Exponenten ein algebraischer Ausdruck f(x), also

$$a^{f(x)} = b, \quad a > 0, \quad a \neq 1, \quad b > 0, \qquad (13.16)$$

so erhält man durch Logarithmieren eine algebraische Gleichung,

$$f(x) = \log_a b, \qquad (13.17)$$

deren Lösungen auch Lösungen von (13.16) sind.

Beispiel 13.9: Die Gleichung $2^{x^2 + x - 4} = 4$ führt auf die quadratische Gleichung $(x^2 + x - 4) = \log_2 4 = 2$ bzw. $x^2 + x - 6 = 0$ mit den Lösungen

$x_1 = 2, \ x_2 = -3,$

die auch Lösungen der Ausgangsgleichung sind.

Beispiel 13.10: In der Gleichung $\left(\frac{3}{2}\right)^{x+1} = \left(\frac{2}{3}\right)^3$ ist die Basis der einen Potenz der Kehrwert der Basis der anderen Potenz. Demnach gilt $\left(\frac{3}{2}\right)^{x+1} = \left(\frac{3}{2}\right)^{-3}$,woraus folgt

$$x + 1 = -3,$$

$$x = -4.$$

Beispiel 13.11: Bei der Gleichung $16^{(3^x)} = 4^{(6^x)}$ kann man die Unbekannte durch zweimaliges Logarithmieren aus dem Exponenten herauslösen:

$$3^x * \lg 16 = 6^x * \lg 4,$$

$$\left(\frac{3}{6}\right)^x = \frac{\lg 4}{\lg 16},$$

$$x * \lg 0{,}5 = \lg \frac{\lg 4}{\lg 16} = \lg \frac{2 \lg 2}{4 \lg 2},$$

$$x * \lg 0{,}5 = \lg 0{,}5,$$
$$x = 1$$

oder:

$$\left(\frac{1}{2}\right)^x = \frac{1}{2},$$
$$x = 1.$$

Beispiel 13.12: $7 \sqrt[x]{22} - 15 \sqrt[x]{25} = 0$ ist eine Gleichung des Typs (13.16), denn es gilt $\frac{\sqrt[x]{22}}{\sqrt[x]{25}} = \frac{15}{7}$ bzw. $\sqrt[x]{\frac{22}{25}} = \frac{15}{7}$ bzw. $\left(\frac{22}{25}\right)^{\frac{1}{x}} = \frac{15}{7}$ und daher

$$\frac{1}{x} = \frac{\lg \frac{15}{7}}{\lg \frac{22}{25}} \text{ bzw. } x = \frac{\lg 22 - \lg 25}{\lg 15 - \lg 7} = 0{,}1677.$$

Auch wenn auf der linken Seite der Gleichung Produkte und Quotienten von Exponentialausdrücken mit verschiedenen Basen und verschiedenen algebraischen Exponenten stehen, kann man durch Logarithmieren eine algebraische Gleichung erzeugen.

Aus

$$\frac{a_1^{t_1(x)} * a_2^{t_2(x)} * \ldots}{b_1^{g_1(x)} * b_2^{g_2(x)} * \ldots} = c \qquad (13.18)$$

folgt

$$f_1(x) \lg a_1 + f_2(x) \lg a_2 + \ldots - g_1(x) \lg b_1 - g_2(x) \lg b_2 - \ldots = \lg c. \qquad (13.19)$$

Liegt eine Gleichung vor, bei der ein algebraischer Ausdruck F eines Exponentialausdruckes mit algebraischem Exponenten f(x) vorkommt,

$$F(a^{f(x)}) = 0, \qquad (13.20)$$

so substituiert man

$$y = a^{f(x)}. \qquad (13.21)$$

Für alle Lösungen $y_1, y_2, y_3, \ldots$ der Gleichung

$$F(y) = 0 \qquad (13.22)$$

muß dann

$$a^{f(x)} = y_i, \quad i = 1, 2, 3, \ldots \qquad (13.23)$$

bzw.

$$f(x) = \log_a y_i, \quad i = 1, 2, 3, \; \ldots \tag{13.24}$$

gelöst werden.

Beispiel 13.13: Die Gleichung $3^{2x} + 3^x = 2$ kann mit der Substitution $y = 3^x$ ($y^2 = 3^{2x}$) auf die quadratische Gleichung $y^2 + y - 2 = 0$ zurückgeführt werden. Man erhält

$$y_{1,2} = -\frac{1}{2} \pm \sqrt{\frac{1}{4} + \frac{8}{4}} = -\frac{1}{2} \pm \frac{3}{2},$$

$y_1 = 3^{x_1} = 1$ und $y_2 = 3^{x_2} = -2$.

Daraus folgt:

$x_1 * \lg 3 = \lg 1 = 0, \; x_1 = 0;$

$x_2 * \lg 3 = \lg(-2)$ keine Lösung!

Beispiel 13.14: Bei der Gleichung

$$\sqrt{e^{x^2-1}} - \sqrt{e^{x^2-1} - 1} = \sqrt{2e^{x^2-1} - 1} \tag{13.25}$$

substituiert man

$$y = e^{x^2-1} \tag{13.26}$$

und erhält

$$\sqrt{y} - \sqrt{y - 1} = \sqrt{2y - 1}. \tag{13.27}$$

Daraus folgt durch Quadrieren

$$\begin{aligned} y + y - 1 - 2\sqrt{y(y-1)} &= 2y - 1, \\ -2\sqrt{y(y-1)} &= 0, \\ y(y-1) &= 0, \\ y_1 = 0, \; y_2 &= 1. \end{aligned}$$

Nur $y_2 = 1$ erfüllt (13.27). Daher ist noch

$$e^{x^2-1} = 1 \tag{13.28}$$

zu lösen. Durch Logarithmieren folgt $x^2 - 1 = \ln 1 = 0$,

$x_1 = 1, \; x_2 = -1.$

Für beide Werte ist die Ausgangsgleichung (13.25) erfüllt.

Es sei noch bemerkt, daß mit den in den Abschnitten 13.1 und 13.2 dargelegten Methoden auch eine ganze Reihe von Gleichungen gelöst werden können, bei denen Exponentialausdrücke und Logarithmen gleichzeitig auftreten.

Beispiel 13.15: Aus $2^{(\ln^2 x - \ln x + 1)} = 8$ erhält man zum Beispiel durch Logarithmieren zur Basis 2

$\ln^2 x - \ln x + 1 = \log_2 8 = 3$.

Setzt man $y = \ln x$,so erhält man die quadratische Gleichung

$y^2 - y - 2 = 0$ mit den Lösungen

$y_1 = -1$, $y_2 = 2$ und daraus wiederum

$\ln x = -1$, $\ln x = 2$,also

$x_1 = e^{-1} = \frac{1}{e}$, $x_2 = e^2$.

13.3 Goniometrische Gleichungen

Die einfachsten goniometrischen Gleichungen haben die Gestalt

$\sin x = a$,	$\cos x = a$,	(13.29)
$\tan x = a$,	$\cot x = a$.	(13.30)

Dabei haben die ersten beiden Gleichungen (13.29) nur Lösungen, falls $-1 \leq a \leq 1$ gilt, andere Werte können sin x und cos x nicht annehmen (vgl. Abschnitt 4.3). Mit dem Taschenrechner erhält man durch die Tastenfolgen

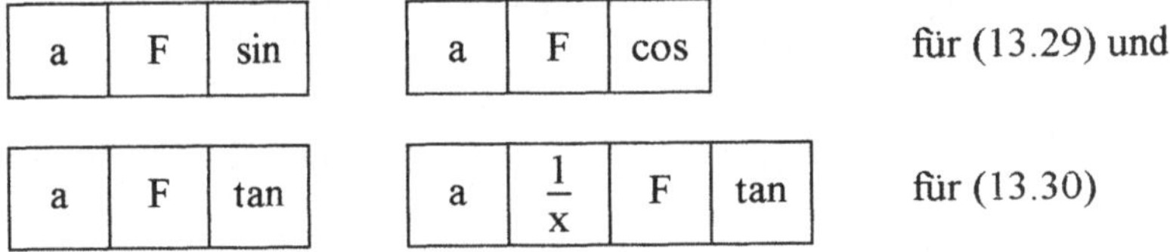

eine Lösung von (13.29) bzw. (13.30). Wegen der Tatsache, daß tan x und cot x die Periode π bzw. 180° haben und in einem Intervall der Länge π bzw. 180° nur eine Lösung von (13.30) liegt, gilt der

Satz 13.1:

Ist x_0 eine Lösung von (13.30) (die man z. B. mit dem Taschenrechner ermittelt hat), so erhält man alle Lösungen von (13.30) in der Form

$$x_k = x_0 + k\,\pi = x_0 + k * 180°,\quad k = \ldots -3, -2, -1, 0, 1, 2, 3, \ldots \qquad (13.31)$$

Es sei hier nochmals auf die Festlegung des Abschnitts 4 zur Angabe von Winkeln hingewiesen, wonach "Winkel im Gradmaß = Winkel im Bogenmaß" gesetzt werden. In (13.31) gilt also zum Beispiel

$$x_k = \frac{\pi}{6} + k\,\pi = 30° + k * 180°.$$

Die Winkelfunktionen sin x und cos x haben die Periode $2\pi = 360°$. Die Gleichungen (13.29) haben in einem Intervall dieser Länge zwei Lösungen. Hat man mit dem Taschenrechner eine Lösung x_0 ermittelt, so ist auch $x = \pi - x_0$ im Falle $\sin x = a$ und $x = -x_0$ im Falle $\cos x = a$ eine weitere Lösung. Es gilt also der

Satz 13.2:

Ist x_0 eine Lösung von (13.29), die man zum Beispiel mit dem Taschenrechner ermittelt hat, so erhält man alle Lösungen von $\sin x = a$ in der Form

$$x_k = x_0 + 2k\pi = x_0 + k * 360°,\quad k = \ \ldots\ -3, -2, -1, 0, 1, 2, 3, \ \ldots \tag{13.32}$$

$$\overline{x}_k = \pi - x_0 + 2k\pi = 180° - x_0 + k * 360° \tag{13.33}$$

und alle Lösungen von $\cos x = a$ in der Form

$$x_k = x_0 + 2k\pi = x_0 + k * 360°,\quad k = \ \ldots\ -3, -2, -1, 0, 1, 2, 3, \ \ldots \tag{13.34}$$

$$\overline{x}_k = -x_0 + 2k\pi = -x_0 + k * 360°. \tag{13.35}$$

Beispiel 13.16: Für die Gleichung $\sin x = 0{,}23910$ erhält man mit dem Taschenrechner die Lösung $x_0 = 13{,}833427°$, im Bogenmaß $13{,}833427 * 0{,}017453 = 0{,}24143$.

Wegen (13.32), (13.33) sind sämtliche Lösungen gegeben durch

$$x_k = 13{,}833427° + k * 360° = 0{,}24143 + k * 6{,}28318,$$

$$\overline{x}_k = 166°\ 10' + k * 360° = 2{,}89816 + k * 6{,}28318.$$

Beispiel 13.17: Zur Lösung der Gleichung $\cos x = -0{,}682000$ findet man mit dem Taschenrechner

$$x_0 = 133{,}00013° \approx 133° = 2{,}32125.$$

Nach (13.34) und (13.35) erhält man sämtliche Lösungen in der Form

$$x_k = 133° + k * 360° = 2{,}32125 + k * 6{,}28318,$$

$$\overline{x}_k = -133° + k * 360° = -2{,}32125 + k * 6{,}28318.$$

Beispiel 13.18: Zur Lösung der Gleichung $\tan x = -\sqrt{3} = -1{,}73205$ ermittelt man mit dem Taschenrechner

$$x_0 = -59{,}999988° \approx -60° = -1{,}04718.$$

Daher erhält man nach (13.31) sämtliche Lösungen in der Form

$$x_k = -60° + k * 180° = -1{,}04718 + k * 3{,}14159.$$

Beispiel 13.19: Als Lösung der Gleichung cot $x = 4{,}843000$ erhält man mit dem Taschenrechner

$x_0 = 11{,}666677° \approx 11{,}67° = 0{,}203675.$

Daher erhält man nach (13.31) sämtliche Lösungen in der Form

$x_k = 11{,}67° + k * 180° = 0{,}203675 + k * 3{,}14159.$

Beispiel 13.20: Die Gleichung $\sin x = \sqrt{2}$ hat wegen $\sqrt{2} > 1$ keine Lösung.

Weitere Typen goniometrischer Gleichungen, die mit den bereits bekannten Methoden lösbar sind, haben die Gestalt

$$\sin f(x) = a, \qquad \cos f(x) = a, \tag{13.36}$$

$$\tan f(x) = a, \qquad \cot f(x) = a. \tag{13.37}$$

Dabei möge f(x) ein algebraischer oder einfacher transzendenter Ausdruck sein.

Substituiert man

$$y = f(x), \tag{13.38}$$

so erhält man die Gleichungen

$$\sin y = a, \qquad \cos y = a, \tag{13.39}$$

$$\tan y = a, \qquad \cot y = a. \tag{13.40}$$

Sie können gemäß den Sätzen 13.1 und 13.2 gelöst werden. Ihre Lösungen seien y_1, y_2, y_3, ... Man hat dann entsprechend (13.37) sämtliche Lösungen von

$$f(x) = y_i, \quad i = 1, 2, 3, \ldots \tag{13.41}$$

zu ermitteln. Dazu soll nun ein Beispiel angegeben werden.

Beispiel 13.21: $\sin \frac{x - 120°}{3} = \frac{1}{2}$.

Durch die Substitution $y = \frac{x - 120°}{3}$ erhält man

$$\sin y = \frac{1}{2}$$

mit den Lösungen

$y_k = 30° + k * 360°, \; k = \ldots -3, -2, -1, 0, 1, 2, 3, \ldots$

$\bar{y}_k = 150° + k * 360°.$

Als Lösungen von

$$\frac{x - 120°}{3} = y_k, \quad \frac{x - 120°}{3} = \overline{y}_k$$

erhält man dann

$$x_k = 3y_k + 120° = 90° + 3k * 360° + 120° = 210° + 3k * 360°,$$

$$\overline{x}_k = 3\overline{y}_k + 120° = 450° + 3k * 360° + 120° = 570° + 3k * 360°.$$

Ein weiterer Typ goniometrischer Gleichungen hat die Form

$$f(\sin x, \cos x, \tan x, \cot x, \sin 2x, \cos 2x, \tan 2x, \cot 2x, \sin 3x, \cos 3x, \tan 3x, \cot 3x, \ldots) = 0. \quad (13.42)$$

Substituiert man hier zum Beispiel

$$y = \sin x, \quad (13.43)$$

so kann man mit Hilfe der trigonometrischen Formeln aus Abschnitt 4.5 alle anderen in (13.42) auftretenden Winkelfunktionen durch y ausdrücken:

$$\cos x = \pm\sqrt{1 - \sin^2 x} = \pm\sqrt{1 - y^2},$$

$$\tan x = \frac{\sin x}{\cos x} = \frac{y}{\pm\sqrt{1 - y^2}},$$

$$\cot x = \frac{1}{\tan x} = \frac{\pm\sqrt{1 - y^2}}{y}, \quad (13.44)$$

$$\sin 2x = 2\sin x \cos x = \pm 2y\sqrt{1 - y^2},$$

$$\cos 2x = \cos^2 x - \sin^2 x = 1 - 2y^2 \text{ usw.}$$

Damit verwandelt sich (13.42) in eine Gleichung von y:

$$F(y) = 0. \quad (13.45)$$

Sie möge mit den entsprechenden Methoden lösbar sein und die Lösungen $y_1, y_2, y_3, \ldots$ haben. Dann hat man entsprechend (13.43)

$$\sin x = y_i, \quad i = 1, 2, 3, \ldots \quad (13.46)$$

zu lösen und bei allen Lösungen durch Einsetzen in die Ausgangsgleichung (13.42) zu überprüfen, ob sie auch diese erfüllen.

In (13.42) kann an die Stelle von x auch ein Ausdruck g(x) treten:

$$f(\sin g(x), \cos g(x), \ldots) = 0. \quad (13.47)$$

Dann substituiert man

$$y = \sin g(x). \quad (13.48)$$

Zur Erläuterung der oben angegebenen Methode werden zwei einfache Beispiele angegeben.

Beispiel 13.22: Die Gleichung

$$\sin x + \cos x = 1 \tag{13.49}$$

verwandelt sich mit (13.43), (13.44) in die Wurzelgleichung

$$y \pm \sqrt{1 - y^2} = 1, \tag{13.50}$$

$$\pm \sqrt{1 - y^2} = 1 - y,$$

$$1 - y^2 = 1 + y^2 - 2y,$$

$$0 = 2y^2 - 2y = 2y(y - 1),$$

$$y_1 = 0, \quad y_2 = 1. \tag{13.51}$$

Es ist nun zu bemerken, daß für $y_2 = 1$ die Gleichung (13.50) und damit auch (13.49) immer erfüllt ist. Dagegen ist y_1 nur Lösung von (13.50), wenn vor der Wurzel das Pluszeichen steht. Das ist aber nur der Fall, wenn $\cos x > 0$ ist. Das bemerkt man auch, wenn man mit (13.51) die Gleichungen (13.46) löst und die Lösung in (13.49) einsetzt:

$$\sin x = y_1 = 0, \quad x_k = k\pi, \quad k = \ldots -3, -2, -1, 0, 1, 2, 3, \ldots \tag{13.52}$$

$$\sin x = y_2 = 1, \quad \overline{x}_k = \frac{\pi}{2} + 2k\pi, \quad k = \ldots -3, -2, -1, 0, 1, 2, 3, \ldots \tag{13.53}$$

Setzt man (13.52) in (13.49) ein, so erhält man

$$\sin x_k + \cos x_k = \sin k\pi + \cos k\pi = 0 + \begin{cases} 1 & \text{für geradzahliges } k, \\ -1 & \text{für ungeradzahliges } k. \end{cases}$$

Es sind also nur geradzahlige Vielfache von π Lösungen der Ausgangsgleichung ($x_k = 2k\pi$). Setzt man (13.53) in (13.49) ein, so erhält man

$$\sin \overline{x}_k + \cos \overline{x}_k = \sin\left(\frac{\pi}{2} + 2k\pi\right) + \cos\left(\frac{\pi}{2} + 2k\pi\right)$$

$$= \sin \frac{\pi}{2} + \cos \frac{\pi}{2} = 1 + 0 = 1.$$

Demnach erfüllen alle $\overline{x}_k$ die Ausgangsgleichung.
Sämtliche Lösungen von (13.49) erhält man also in der Form

$$x_k = 2k\pi, \quad \overline{x}_k = \frac{\pi}{2} + 2k\pi, \quad k = \ldots -3, -2, -1, 0, 1, 2, 3, \ldots \tag{13.54}$$

Beispiel 13.23: Bei der Gleichung

$$\cos x + \cos 2x = 0 \tag{13.55}$$

kann man eine Wurzelgleichung umgehen, wenn man

$$y = \cos x \tag{13.56}$$

substituiert. Wegen

$$\cos 2x = \cos^2 x - \sin^2 x = y^2 - (1 - y^2) = 2y^2 - 1 \tag{13.57}$$

erhält man aus (13.55) die quadratische Gleichung

$$2y^2 + y - 1 = 0 \tag{13.58}$$

mit den Lösungen

$$y_{1,2} = -\frac{1}{4} \pm \sqrt{\frac{1}{16} + \frac{8}{16}} = -\frac{1}{4} \pm \frac{3}{4},$$

$$y_1 = \frac{1}{2}, \; y_2 = -1. \tag{13.59}$$

Durch Einsetzen in (13.56) erhält man

$$\cos x = y_1 = \frac{1}{2}, \; x_k = 60° + k * 360° = \frac{\pi}{3} + 2k\pi,$$

$$\overline{x}_k = 300° + k * 360° = \frac{5\pi}{3} + 2k\pi, \tag{13.60}$$

$$\cos x = y_2 = -1, \; \overline{\overline{x}}_k = 180° + k * 360° = \pi + 2k\pi, \tag{13.61}$$

$$x = \begin{Bmatrix} 60° \\ 180° \\ 300° \end{Bmatrix} + k * 360° = \begin{Bmatrix} \frac{\pi}{3} \\ \pi \\ \frac{5\pi}{3} \end{Bmatrix} + 2k\pi. \tag{13.62}$$

13.4 Übungsaufgaben

Berechnen Sie alle Werte x, die die folgenden Gleichungen erfüllen! Beachten Sie, daß bei jeder Aufgabe die Probe notwendig ist!

1. Logarithmische Gleichungen

1.1. a) $\log_4 (x + 1) = -3$ b) $4 - 3\lg 2x = 10$

c) $\lg \sqrt{2x} = 1{,}314$ d) $\ln (x - 1)^2 = 2$

1.2. a) $\lg (2x + 5) - \lg (3x + 1) = 2$ b) $\lg 4x + \lg 2x + \lg x = 6$

c) $\frac{1}{3} \ln x^6 = \frac{1}{2} \ln 81$ d) $\lg (x - 1)^2 = 6 \lg 2$

1.3. a) $\lg (x - 1) + \lg 3 = \lg (x^2 - 1)$

b) $\lg (x + 1)^2 = \lg 2 + \lg (x + 1) + \lg (x - 1)$

c) $\lg x - \lg 4 = \lg 35 - \lg (x + 4)$

d) $\lg (x - 2) - \frac{1}{2} \lg 4 = \frac{1}{3} \lg 125 - \lg (x + 1)$

1.4. a) $\lg x + \lg (x + 1) + \lg (x - 1) = \lg 24$

b) $\lg 3 + 2 \lg x = \lg (4 + x^3)$

c) $\lg (152 + x^3) - 3 \lg (x + 2) = 0$

d) $2 \lg^2 x^3 - 3 \lg x - 1 = 0$

1.5. a) $\lg x + \lg (a - \frac{1}{a}) = \lg (1 - \frac{1}{a}) + \lg (1 + \frac{1}{a})$

b) $\lg (ax) - \lg a + \lg \frac{b}{a} = \lg b + \lg \frac{x}{a}$

c) $\lg x - \lg \frac{x}{abx - 1} = \lg (a - 1) + \lg (a + 1)$

d) $\log_a (2x + 1) = \log_a (x - 1) + 1$

1.6. a) $\frac{10}{\lg x - 2} - \frac{5}{\lg x + 1} = 4$ b) $\frac{1}{\lg x + 1} - \frac{3}{\lg x - 3} = 2$

c) $\frac{2}{\log_2 x + 1} - \frac{1}{\log_2 x - 5} = 1$ d) $\frac{1}{5 - \lg x} + \frac{2}{1 + \lg x} = 1$

1.7. a) $\lg (x^2 + 1) = 2 \lg^{-1} (x^2 + 1) - 1$

b) $(\log_5 x - 2) \log_5 x = 25^{\log_5 \sqrt{3}}$

c) $\lg^2 x^3 - 10 \lg x + 1 = 0$

d) $\sqrt{\lg (1 - x)} + 5 \lg (1 - x) = 6$

1.8. a) $2 \lg \lg x = \lg (3 - 2 \lg x)$ b) $\log_2 (x - 14) = 1 + \frac{1}{2} \log_2 (3x - 26)$

c) $4 \log_3^3 5x - 7 \log_3 15 x + 7 = 0$ d) $3 \lg^2 x^2 - \lg x - 1 = 0$

1.9. a) $x^{\lg x + 2} = 1000$ b) $x = 10^{1 - 0{,}25 \lg x}$

c) $x^{\log_5 (5x) - 4} = 625$ d) $x^{\log_a x} = a^2 x$

1.10. a) $x \lg \sqrt[5]{5^{2x - 8}} - \lg 25 = 0$

b) $\log_2 (4 * 3^x - 6) - \log_2 (9^x - 6) = 1$

c) $\log_2 (9 - 2^x) = 10^{\lg (3 - x)}$

d) $x (\lg 5 - 1) = \lg (2^x + 1) - \lg 6$

1.11. a) $\log_2 [2 + \log_3 (x + 3)] = 0$ b) $\log_5 [\log_2 (\log_4 x)] = 0$

c) $2 \log_x 27 - 3 \log_{27} x = 1$ d) $\frac{\lg x}{\lg (x + 1)} = -1$

2. Exponentialgleichungen

2.1. a) $(a^{x - 2})^{x + 2} = (a^{x + 3})^{x - 4}$ b) $a(a^{x - 3})^{x + 2} = a^{3x + 5}(a^x)^{x - 6}$

c) $\sqrt[3]{a^{2x + 9}} = \sqrt[4]{a^{3x + 5}}$ d) $\sqrt[x - 2]{a^{11 - x}} = \sqrt[9 - x]{a^{x + 3}}$

2.2. a) $10^{5x} = 3^{10}$ b) $0{,}375^x = 2576$

c) $\sqrt[x]{6{,}325} = 1500$ d) $\sqrt[x]{10{,}27} = \sqrt[4]{5}$

2.3. a) $\left(\frac{3}{4}\right)^{2x - 3} = \left(\frac{4}{3}\right)^{3x + 5}$ b) $\left(\frac{6}{7}\right)^{3x + 10} = \left(\frac{7}{6}\right)^{2x - 3}$

c) $\left(\frac{3}{5}\right)^{2x + 1} = \left(\frac{5}{8}\right)^{3x + 4}$ d) $16 * \left(\frac{1}{2}\right)^{3x - 1} = 27 * \left(\frac{2}{3}\right)^{x + 1}$

2.4. a) $\left(\frac{1}{100}\right)^{\frac{1}{x}} = 24{,}24^{\frac{1}{10}}$ b) $\sqrt[2x]{3^{3x + 2}} = \sqrt[3x]{2^{2x + 3}}$

c) $3^{(2^x)} = 2^{(3^x)}$ d) $8^{(5^x)} = 4^{(7^x)}$

2.5. a) $4^{x^2 - x + 1} = 8^x$ b) $3^{9x + 1} = 9^{3x - 1}$

c) $\sqrt{9^{x(x - 1) - 0{,}5}} = \sqrt[4]{3}$ d) $\sqrt[3]{\sqrt[x - 1]{3^{10x + 5}}} = \sqrt[3x - 9]{27^{3x - 7}}$

e) $2^{x^2 - 6x - 2{,}5} = 16\sqrt{2}$ f) $2^{x^2 - 7{,}7x + 16{,}5} = 8\sqrt{2}$

g) $5^{(x^2 + x - 2)(3 - x)} = 1$ h) $4^{\sqrt{x + 1}} = 64 * 2^{\sqrt{x + 1}}$

2.6. a) $7^{2x + 1} - 3^{x - 1} = 7^{2x + 3} - 3^{x + 1}$ b) $2^{x + 1} - 3^x = 2^{x + 3} - 3^{x + 2}$

c) $3^{2x - 1} - 5^{3x - 2} = 3^{2x + 1} - 5^{3x + 2}$ d) $5^{2x} - 3 * 5^x + 2 = 0$

e) $5^{4\sqrt{x}} - 6 * 5^{2\sqrt{x}} + 5 = 0$ f) $2^{\frac{3}{\sqrt{x}}} - 2^{\frac{2}{\sqrt{x}} + 1} + 2^{\frac{1}{\sqrt{x}}} - 2 = 0$

g) $3^{x + 1} - 2 = 9^x$

h) $3^{x+1} + 3^{x-1} + 3^{x-2} = 5^x + 5^{x-1} + 5^{x-2}$

i) $2 * 3^{x+3} + 7 * 3^{x-2} = 493$ j) $3^{\sqrt{x}} - 3^{1-\sqrt{x}} = \frac{26}{3}$

k) $33 * 2^{x-1} - 4^{x+1} = 2$ l) $3^x + 3^{x+1} + 3^{x+2} = 5^x$

2.7. a) $5^{x-3} + 2 * 5^{x-2} = 5{,}08$ b) $5^{\sqrt{x}} - 5^{3-\sqrt{x}} = 20$

c) $9^{\sqrt{x^2+3x}+0{,}5} + 9 = 28 * 3^{\sqrt{x^2+3x}}$

d) $2^{-2x} - 17 * 2^{-(x+2)} + 1 = 0$

e) $2^{x^2} + 2^{1-x^2} = \frac{9}{2}$ f) $12\sqrt[2x]{3} - \sqrt[x]{3} = 27$

g) $4^{\sqrt{3x^2-2x}+1} + 2 = 9 * 2^{\sqrt{3x^2-2x}}$ h) $\sqrt{3^{x-56}} - 7 * \sqrt{3^{x-60}} = 162$

i) $9^{x^2-1} - 36 * 3^{x^2-3} + 3 = 0$

2.8. a) $\frac{3^x + 3^{-x}}{3^{x+1} - 1} = \frac{5}{12}$ b) $\frac{2^x + 1}{2^x - 4^x} = 6$

c) $4 + \frac{2}{3^x - 1} = \frac{5}{3^{x-1}}$ d) $\frac{2^x + 10}{4} = \frac{9}{2^{x-2}}$

e) $x^x = x$

3. Goniometrische Gleichungen

3.1. a) $\tan x = \frac{1}{2}$ b) $\sin x = \frac{1}{2}\sqrt{2}$

c) $\cot x = \frac{2}{5}$ d) $\tan x = -1$

3.2. a) $\sin(2x - \frac{\pi}{2}) = 0{,}309$ b) $\cos(2x - \frac{\pi}{3}) = 0{,}342$

c) $\sin(\frac{x}{2} + \frac{\pi}{10}) = 0{,}809$ d) $\cos(x + \frac{\pi}{3}) = 0{,}471$

3.3. a) $5\sin^2 x - 10\cos^2 x - 1 = 0$

b) $\cos^2 x + \frac{1}{3}\sin x \cos x + \frac{2}{3}\sin^2 x = 1$

c) $\cos^2 x + 2\cos x - \sin^2 x + 1 = 0$

d) $2\cos^2 x + \sin x - 1 = 0$

e) $\sin^2 x + 5\sin x \cos x + 8\cos^2 x = 0$

f) $\sin^2 x - \cos^2 x - 3\sin x + 2 = 0$

g) $\sin^2 x - 2\cos x + 2 = 0$ h) $\sqrt{1 + \cos x} = \sin x$

i) $\sqrt{1 + \sin x} + \cos x = 0$ j) $\sin^4 x = 2\cos^2 x - 1$

k) $\sqrt{\cos x} + \sqrt[4]{2}\sin x = 0$ l) $1 - \cos x = \sin x$

3.4. a) $\sin 2x = \sqrt{3}\sin x$ b) $\cos 2x = \cos x$

c) $\sin 2x * \tan x = 1$ d) $\cos 2x + 3\cos x = 1$

e) $\cos\frac{x}{2} - \cos x = 1$ f) $2\sin\frac{x}{2} - \cos x + 1 = 0$

g) $\cos x + \cos 2x = \sin x + \sin 2x$

h) $2\sin x\cos 2x - 1 + 2\cos 2x - \sin x = 0$

i) $3(1 - \sin x) = 1 + \cos 2x$ j) $\sin 2x + 2\cot x = 0$

k) $3\cos 2x - 20\sin x = 9$ l) $\cos 2x + 2\cos x + 1 = 0$

3.5. a) $2\sin^2\frac{x}{2} + \cos 2x = 0$ b) $2\cos^2\frac{x}{2} + \cos 2x = 1$

c) $\tan x - \sin x = 2\sin^2\frac{x}{2}$ d) $\sin^2 x - \cos^2 x = \cos\frac{x}{2}$

e) $2\sin^2 x + \sin^2 2x = 2$ f) $3 - 2\sin^2 2x = 2\sin^2 x$

g) $5\cos 2x + 16\sin x + 14\sin^2 x + 7 = 0$

h) $3\cos 2x - 6\cos x + 4\sin^2 x = -3$

i) $2\cos x + 3 = 4\cos\frac{x}{2}$ j) $2\sin^2 x + \sin^2 2x = 0$

k) $\tan x - \sin x = 2\sin^2\frac{x}{2}$ l) $\tan x + \tan 2x - \tan 3x = 0$

3.6. a) $\cos x\cos 2x = \cos 3x$ b) $\sin 5x\cos 3x = \frac{1}{2}\sin 8x - 0{,}5$

c) $\sin^2 x + \cos^2 2x = \sin^2 3x + \cos^2 4x$ d) $(\cos 8x)^2 * 2 + \sin 16x = 1$

e) $2\cos^2 4x + \sin 10x = 1$ f) $2 - 6\sin x\cos x = \cos 4x$

g) $\cos 4x + 2\cos^2 x = 1$ h) $\sin x\cos 5x = \sin 9x\cos 3x$

i) $\sin\frac{7x}{2}\cos\frac{3x}{2} = \sin\frac{9x}{2}\cos\frac{x}{2}$ j) $\cos\frac{7x}{2}\cos\frac{x}{2} = \cos\frac{9x}{2}\cos\frac{3x}{2}$

k) $\sin x - \sin 3x + \sin 5x - \sin 7x = 0$

l) $\cos x + \cos 3x = \cos 5x + \cos 7x$

3.7. a) $2\sin^3 x - 3\sin x\cos x = 0$ b) $4\sin^3 x - 8\sin^2 x - \sin x + 2 = 0$

c) $\tan^3 x + \tan^2 x - 3\tan x - 3 = 0$ d) $\tan^3 x - \tan^2 x + \tan x = 1$

3.8.

a) $\sqrt{3}\sin x + 3\cos x = 0$

b) $\sqrt{3}\sin x + \cos x = \sqrt{3}$

c) $\sqrt{3}\sin 3x + \cos 3x = 1$

d) $\sqrt{2\sin 2x} + 2\sin x = 0$

e) $1 - \sin x = \sin^2\left(\frac{\pi}{4} - \frac{x}{2}\right)$

f) $2\sin^2\frac{x}{2} = \cos\left(\frac{3\pi}{2} + \frac{x}{2}\right)$

g) $1 - \cos 2x + \cos 6x - \cos 8x = 0$

h) $\cos x - 2\cos 3x + \cos 5x = 0$

i) $\cos 4x + 2\cos^2 x = 0$

j) $1 - \sin x\cos x + \sin x - \cos x = 0$

k) $\cos 3x + \sin 3x = \cos x + \sin x$

l) $\sin x\cos x - \sin^2 x - \cos x + \sin x = 0$

m) $\sin x + \cos x = \frac{1}{\cos x}$

n) $(\cos x)^{\sin x} = 1$

o) $\frac{1 + \cos 2x}{2\cos x} = \frac{\sin 2x}{1 - \cos 2x}$

14 Rechnen mit Ungleichungen und Beträgen

14.1 Ungleichungen

14.1.1 Grundbegriffe und Rechenregeln

Eine Ungleichung entsteht, wenn zwei Terme T_1 und T_2 durch ein Relationszeichen $<$, $\leq$, $>$ oder $\geq$ verbunden werden.

Im folgenden werden Ungleichungen mit einer oder zwei reellen Variablen als Unbekannte behandelt. Eine Ungleichung mit Variablen stellt eine Aussageform im Sinne der Aussagenlogik dar, wobei die Variablen alle Werte annehmen können, für die die Terme T_1 und T_2 erklärt sind. Eine Lösung ist jeder Wert bzw. jedes Wertepaar der Variablen, nach dessen Einsetzen die Ungleichung in eine wahre Aussage im Sinne der Aussagenlogik (siehe Abschnitt 7) übergeht. Die Gesamtheit aller Lösungen wird zur Lösungsmenge L zusammengefaßt.

Beim Rechnen mit Ungleichungen sind die folgenden Regeln zu beachten (vgl. Abschnitt 1). Es seien a, b, c und d reelle Zahlen. Dann gilt

$$a < b \Leftrightarrow a \pm c < b \pm c, \tag{14.1}$$

$$a < b \wedge c > 0 \Rightarrow \begin{cases} a * c < b * c, \\ a : c < b : c, \end{cases} \tag{14.2}$$

$$a < b \wedge c < 0 \Rightarrow \begin{cases} a * c > b * c, \\ a : c > b : c, \end{cases} \tag{14.3}$$

$$a < b \wedge c = 0 \Rightarrow a * c = b * c, \tag{14.4}$$

$$a < b \wedge c < d \Rightarrow a + c < b + d, \tag{14.5}$$

$$0 < a < b \wedge 0 < c < d \Rightarrow 0 < a * c < b * d. \tag{14.6}$$

Im Vergleich zum Rechnen mit Gleichungen ist hier die Regel (14.3) besonders zu beachten. Bei der Multiplikation mit einer negativen Zahl oder der Division durch eine negative Zahl kehrt sich das Relationszeichen der Ungleichung um. Zum Beispiel gilt $3 < 4$, aber $-3 > -4$. Zu den Regeln (14.5) und (14.6) gibt es keine entsprechenden Aussagen für die Subtraktion bzw. Division. Ergänzend seien einige Regeln zur Potenz-, Wurzel- und Logarithmenrechnung angegeben:

$$0 < a < b \Rightarrow \begin{cases} \log_c a < \log_c b \text{ für } c > 1, \\ \log_c a > \log_c b \text{ für } 0 < c < 1, \end{cases}$$

$$0 < a < b \wedge n \in N \setminus \{0\} \Rightarrow \begin{cases} 0 < a^n < b^n, \\ a^{-n} > b^{-n} > 0, \\ 0 < \sqrt[n]{a} < \sqrt[n]{b}. \end{cases}$$

Alle angegebenen Rechenregeln gelten in analoger Weise für Ungleichungen mit dem Relationszeichen $\leq$, d. h. für $a \leq b$, sofern in (14.5) und (14.6) auch $c \leq d$ vorausgesetzt wird. Da bekanntlich das Produkt und der Quotient zweier reeller Zahlen genau dann positiv sind, wenn beide Zahlen dasselbe Vorzeichen haben, und negativ, wenn beide Zahlen verschiedene Vorzeichen haben, gelten folgende Beziehungen:

$$\left.\begin{array}{r} a * b > 0 \\ a : b > 0 \end{array}\right\} \Leftrightarrow (a > 0 \wedge b > 0) \vee (a < 0 \wedge b < 0), \quad (14.7)$$

$$\left.\begin{array}{r} a * b < 0 \\ a : b < 0 \end{array}\right\} \Leftrightarrow (a > 0 \wedge b < 0) \vee (a < 0 \wedge b > 0). \quad (14.8)$$

Bei Einbeziehung der Gleichheit ist speziell für den Quotienten die Voraussetzung $b \neq 0$ zu berücksichtigen, so daß die unterschiedlichen Bedingungen für das Produkt und den Quotienten zu beachten sind. Es gilt zum Beispiel:

$$a * b \geq 0 \Leftrightarrow (a \geq 0 \wedge b \geq 0) \vee (a \leq 0 \wedge b \leq 0), \quad (14.9)$$

$$a : b \geq 0 \Leftrightarrow (a \geq 0 \wedge b > 0) \vee (a \leq 0 \wedge b < 0). \quad (14.10)$$

14.1.2 Ungleichungen mit einer Unbekannten

Die Rechenregeln sollen zunächst auf Ungleichungen mit einer Unbekannten angewendet werden, deren Lösungsmengen sich im allgemeinen durch Intervalle darstellen lassen. Regel (14.1) erlaubt die Addition und Subtraktion beliebiger Terme wie bei Gleichungen.

Beispiel 14.1:

$$\begin{array}{rll} 5x - 6 < & 4 + 9x & \mid -9x + 6, \\ -4x < & 10 & \mid : (-4). \end{array}$$

Wegen (14.3) folgt $x > -\frac{5}{2}$.

Lösungsmenge: $\underline{\underline{L = (-\frac{5}{2}, \infty).}}$

Ist bei einer erforderlichen Multiplikation oder Division der Multiplikator bzw. Divisor ein variabler Term, dann muß nach (14.2) bis (14.4) in Abhängigkeit von dem Vorzeichen dieses Terms eine Fallunterscheidung vorgenommen werden.

Allerdings führt die Multiplikation einer Ungleichung mit dem Term $T(x) = 0$ nach (14.4) zu dem Ergebnis $0 = 0$ und hat somit keinen Nutzen für das praktische Rechnen. In diesem Fall empfiehlt es sich, die Nullstellen von $T(x)$ zu bestimmen und durch Einsetzen die Gültigkeit der Ungleichung an diesen Stellen zu untersuchen.

Bei der Ermittlung der einzelnen Lösungsmengen ist in jedem der Fälle zu berücksichtigen, daß nur diejenigen berechneten x-Werte Lösungen sind, die gleichzeitig die jeweils vorausgesetzten Bedingungen erfüllen.

So läßt sich jede Teillösungsmenge als Durchschnittsmenge des den jeweiligen Fall repräsentierenden Teilbereichs der Variablen und der Menge der aus der Ungleichung berechneten Variablenwerte bilden. Die Durchschnittsbildung kann durch die graphische Darstellung der einzelnen Mengen am Zahlenstrahl erleichtert werden. Die gesamte Lösungsmenge der Ungleichung ergibt sich als Vereinigungsmenge aller Teillösungsmengen der einzelnen Fälle.

Beispiel 14.2: $(3x - 5)(x - 2) \leq 4(x - 2)$.

Will man durch $(x - 2)$ dividieren, dann muß man unter Berücksichtigung der Bedingungen

$$(x - 2) \begin{cases} > 0 & \text{für } x > 2, \\ = 0 & \text{für } x = 2, \\ < 0 & \text{für } x < 2 \end{cases}$$

die Ungleichung in drei Teilbereichen getrennt voneinander lösen:

1. Fall: $x > 2 \wedge (3x - 5)(x - 2) \leq 4(x - 2)$

$$\Rightarrow \quad 3x - 5 \leq 4,$$

$$x \leq 3.$$

$x > 2 \wedge x \leq 3 \Leftrightarrow 2 < x \leq 3 \Leftrightarrow$ Teillösungsmenge $L_1 = (2; 3]$.

2. Fall: $x = 2 \wedge (3x - 5)(x - 2) \leq 4(x - 2)$

$$\Rightarrow \quad 0 \leq 0.$$

Da die Gleichheit eingeschlossen ist, ist die Ungleichung für $x = 2$ erfüllt, d. h. $L_2 = \{ 2 \}$.

3. Fall: $x < 2 \wedge (3x - 5)(x - 2) \leq 4(x - 2)$.

Wegen $x - 2 < 0$ folgt nach (14.3): $3x - 5 \geq 4$,

$$x \geq 3.$$

Da $x \geq 3$ der Voraussetzung $x < 2$ widerspricht, gibt es in diesem Fall keine Lösung, d. h., $x < 2 \ \wedge \ x \geq 3 \ \Leftrightarrow \ L_3 = \emptyset$.

Lösungsmenge der Ungleichung:

$L = L_1 \cup L_2 \cup L_3 = (2; 3] \cup \{2\} \cup \emptyset \ \Leftrightarrow \ \underline{\underline{L = [2; 3]}}$.

Beispiel 14.3: $\dfrac{3x - 1}{2x + 4} < 2$.

Wegen der Bedingung $2x + 4 \neq 0$, d. h. $x \neq -2$, braucht man hier bei einer Multiplikation mit dem Nenner gemäß $(2x + 4)\begin{cases} > 0 & \text{für } x > -2 \\ < 0 & \text{für } x < -2 \end{cases}$ nur zwei Fälle zu unterscheiden:

1. Fall: $x > -2 \ \wedge \ \dfrac{3x - 1}{2x + 4} < 2$

$$\Rightarrow \qquad 3x - 1 < 4x + 8,$$
$$x > -9.$$

$x > -2 \ \wedge \ x > -9 \Leftrightarrow x > -2 \ \Leftrightarrow \ L_1 = (-2; \infty)$ (Bild 14.1a).

2. Fall: $x < -2 \ \wedge \ \dfrac{3x - 1}{2x + 4} < 2$.

Wegen $2x + 4 < 0$ folgt nach (14.3): $\quad 3x - 1 > 4x + 8,$
$$x < -9.$$

$x < -2 \ \wedge \ x < -9 \Leftrightarrow x < -9 \ \Leftrightarrow \ L_2 = (-\infty; -9)$ (Bild 14.1b).

Lösungsmenge: $L = L_1 \cup L_2 = (-\infty; -9) \cup (-2; \infty) \ \Leftrightarrow \ \underline{\underline{L = \mathbb{R} \setminus [-9; -2]}}$.

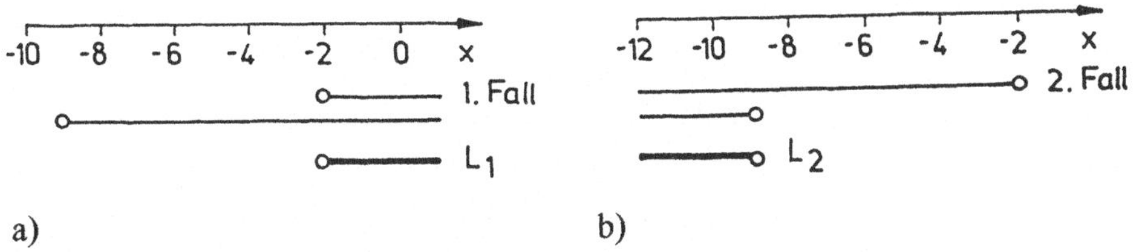

a) b)

Bild 14.1

Eine spezielle Form von Ungleichungen läßt sich vorteilhaft durch eine Vorzeichenbetrachtung in Anwendung der Beziehungen (14.7) bis (14.10) lösen.

Beispiel 14.4: $\dfrac{1}{3 - x} \geq \dfrac{2}{x + 6}$, $\ x \neq -6 \ \wedge \ x \neq 3$.

Bei der Multiplikation mit dem Hauptnenner (3 - x)(x + 6) ist wieder dessen Vorzeichen zu beachten. Die Bedingung, unter welcher der Hauptnenner positiv ist, kann mittels (14.7) gefunden werden:

$$(3 - x)(x + 6) > 0 \Leftrightarrow (3 - x > 0 \wedge x + 6 > 0) \vee (3 - x < 0 \wedge x + 6 < 0)$$

$$\Leftrightarrow (x < 3 \wedge x > -6) \vee (x > 3 \wedge x < -6) \Leftrightarrow -6 < x < 3.$$

(14.8) ermöglicht die Ermittlung des Bereiches, in dem der Hauptnenner negativ ist:

$$(3 - x)(x + 6) < 0 \Leftrightarrow (3 - x > 0 \wedge x + 6 < 0) \vee (3 - x < 0 \wedge x + 6 > 0)$$

$$\Leftrightarrow (x < 3 \wedge x < -6) \vee (x > 3 \wedge x > -6) \Leftrightarrow x < -6 \vee x > 3.$$

Somit folgt unter Berücksichtigung von (14.2) und (14.3) die Rechnung:

1. Fall: $-6 < x < 3 \wedge \frac{1}{3 - x} \geq \frac{2}{x + 6}$.

Bei der Multiplikation mit dem positiven Faktor (3 - x)(x + 6) bleibt das Relationszeichen erhalten:

$$\Rightarrow \quad x + 6 \geq 6 - 2x,$$

$$x \geq 0.$$

$-6 < x < 3 \wedge x \geq 0 \Leftrightarrow 0 \leq x < 3 \Leftrightarrow L_1 = [0; 3)$ (Bild 14.2a).

2. Fall: $(x < -6 \vee x > 3) \wedge \frac{1}{3 - x} \geq \frac{2}{x + 6}$.

Da hier der Hauptnenner negativ ist, bewirkt die Multiplikation eine Umkehrung des Relationszeichens:

$$\Rightarrow \quad x + 6 \leq 6 - 2x,$$

$$x \leq 0.$$

$(x < -6 \vee x > 3) \wedge x \leq 0 \Leftrightarrow x < -6 \Leftrightarrow L_2 = (-\infty; -6)$ (Bild 14.2b).

Lösungsmenge: $L = L_1 \cup L_2 \Leftrightarrow \underline{\underline{L = (-\infty; -6) \cup [0; 3)}}$.

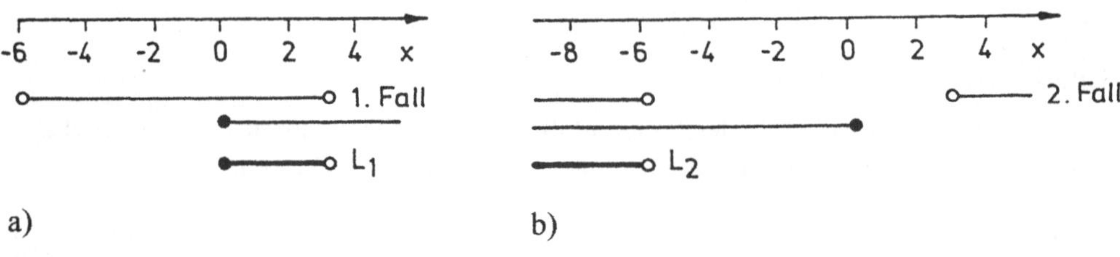

Bild 14.2

Zum Lösen einer quadratischen Ungleichung kann die Produktdarstellung eines quadratischen Terms benutzt werden.

Beispiel 14.5: $-2x^2 + 9x - 4 < 0$.

Zunächst wird unter Beachtung von (14.3) durch den Koeffizienten vor x^2 dividiert:

$$x^2 - \frac{9}{2}x + 2 > 0.$$

Um diese Ungleichung in Produktform schreiben zu können, berechnet man die Lösungen der quadratischen Gleichung, die nach dem Ersetzen des Relationszeichens durch ein Gleichheitszeichen entsteht:

$$x^2 - \frac{9}{2}x + 2 = 0 \Rightarrow x_1 = 4, \; x_2 = \frac{1}{2}.$$

Damit folgt die Lösung der Ungleichung in Anwendung von (14.7):

$$x^2 - \frac{9}{2}x + 2 > 0 \Leftrightarrow (x - 4)(x - \frac{1}{2}) > 0 \Leftrightarrow (x > 4 \wedge x > \frac{1}{2}) \vee (x < 4 \wedge x < \frac{1}{2})$$

$$\Leftrightarrow x > 4 \vee x < \frac{1}{2}.$$

Lösungsmenge: $L = (-\infty; \frac{1}{2}) \cup (4; \infty) \Leftrightarrow \underline{\underline{L = R \setminus [\frac{1}{2}; 4]}}$.

Des weiteren sei darauf hingewiesen, daß sich eine Ungleichung dieser Form auch anhand des bekannten Kurvenverlaufs einer quadratischen Funktion lösen läßt, insbesondere dann, wenn die entsprechende quadratische Gleichung keine reellen Lösungen besitzt.

Schließlich soll noch ein Beispiel zur Vorzeichenbetrachtung eines Quotienten vorgeführt werden.

Beispiel 14.6: $\frac{x + 5}{3x - 2} \leq 0, \; x \neq \frac{2}{3}$.

Die Lösung erfolgt analog (14.10):

$$\frac{x + 5}{3x - 2} \leq 0 \Leftrightarrow (x \geq -5 \wedge x < \frac{2}{3}) \vee (x \leq -5 \wedge x > \frac{2}{3}) \Leftrightarrow -5 \leq x < \frac{2}{3}.$$

Lösungsmenge: $\underline{\underline{L = [-5; \frac{2}{3})}}$.

Auf diese Weise kann man auch die im Beispiel 14.3 angegebene Ungleichung nach der Subtraktion der rechten Seite und anschließendem Zusammenfassen der linken Seite zu einem einzigen Bruch lösen.

14.1.3 Systeme von Ungleichungen mit einer Unbekannten

Die Lösungsmenge L eines Systems von Ungleichungen ist die Durchschnittsmenge der Lösungsmengen der einzelnen Ungleichungen. Es ist zweckmäßig, die Ungleichungen wie bei einem Gleichungssystem zu numerieren, um sie zunächst einzeln zu lösen.

Beispiel 14.7: $5 - 2x \geq 3 - x,$

$$x^2 - 5x - 6 < 0.$$

I. $5 - 2x \geq 3 - x \Leftrightarrow x \leq 2 \Rightarrow L_I = (-\infty; 2].$

II. $x^2 - 5x - 6 < 0 \Leftrightarrow (x + 1)(x - 6) < 0 \Leftrightarrow -1 < x < 6 \Rightarrow L_{II} = (-1; 6).$

Lösungsmenge des Systems: $L = L_I \cap L_{II} = (-\infty; 2] \cap (-1; 6) \Leftrightarrow \underline{\underline{L = (-1; 2]}}.$

Beispiel 14.8: $-2 < \frac{4x - 10}{x - 1} < 3, \; x \neq 1.$

Eine solche Ungleichungskette ist gleichbedeutend mit dem System der beiden Ungleichungen:

I. $-2 < \frac{4x - 10}{x - 1},$

II. $\frac{4x - 10}{x - 1} < 3.$

Die bei der Multiplikation mit demselben Faktor (x - 1) erforderliche Fallunterscheidung kann in übersichtlicher Form für beide Ungleichungen parallel durchgeführt werden:

1. Fall $x > 1$	I: $-2x + 2 < 4x - 10,$ $x > 2.$ $x > 1 \wedge x > 2 \Leftrightarrow x > 2$ $\Leftrightarrow L_{I1} = (2; \infty).$	II: $4x - 10 < 3x - 3,$ $x < 7.$ $x > 1 \wedge x < 7 \Leftrightarrow 1 < x < 7$ $\Leftrightarrow L_{II1} = (1; 7).$
2. Fall $x < 1$	I: $-2x + 2 > 4x - 10,$ $x < 2.$ $x < 1 \wedge x < 2 \Leftrightarrow x < 1$ $\Leftrightarrow L_{I2} = (-\infty; 1).$	II: $4x - 10 > 3x - 3,$ $x > 7.$ $x < 1 \wedge x > 7 \Leftrightarrow L_{II2} = \emptyset.$
	$L_I = L_{I1} \cup L_{I2}$ $= (-\infty; 1) \cup (2, \infty).$	$L_{II} = L_{II1} \cup L_{II2}$ $= (1; 7).$

Zum Bilden der Durchschnittsmenge von L_I und L_{II} läßt sich wiederum die Veranschaulichung der einzelnen Lösungsmengen am Zahlenstrahl nutzen (Bild 14.3).

Lösungsmenge des Systems: $L = L_I \cap L_{II} \Leftrightarrow \underline{\underline{L = (2; 7)}}$.

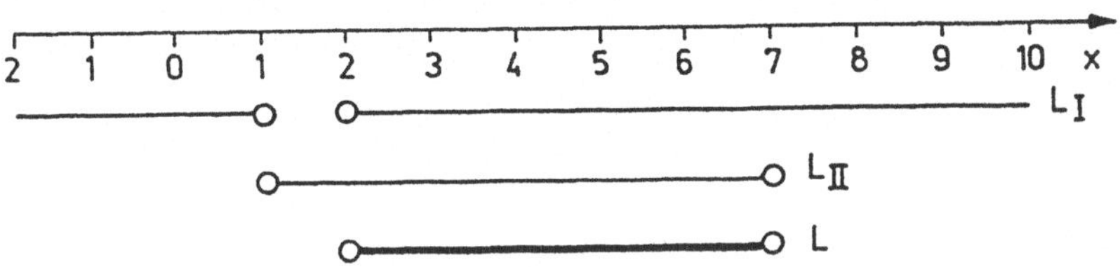

Bild 14.3

14.1.4 Ungleichungen mit zwei Unbekannten

Die Lösungsmenge einer Ungleichung oder eines Systems von Ungleichungen mit zwei Unbekannten ist eine Teilmenge der Produktmenge $R \times R$. Deshalb ist die graphische Darstellung als Punktmenge in einem kartesischen Koordinatensystem günstig. In diesem Abschnitt werden nur lineare Ungleichungen der Form

$$ax + by + c > 0 \quad (\text{bzw. } \geq 0, < 0, \leq 0) \tag{14.11}$$

mit den reellen Variablen x, y und den konstanten Koeffizienten $a, b, c \in R$ unter der Bedingung $a \neq 0 \vee b \neq 0$ betrachtet.

Ersetzt man das Relationszeichen durch ein Gleichheitszeichen, so erhält man die Gleichung einer Geraden $ax + by + c = 0$, welche die Koordinatenebene in zwei Halbebenen teilt. Die Ungleichung (14.11) gilt in genau einer dieser Halbebenen, was am nachfolgenden Beispiel 14.9 gezeigt wird. Die Lösungsmenge wird durch die Schraffur gekennzeichnet. Ist in der Ungleichung keine Gleichheit zugelassen, dann gehört die begrenzende Gerade nicht zur Lösungsmenge und darf nur als unterbrochene Linie gezeichnet werden, wie es bei der graphischen Darstellung von Mengen üblich ist. Falls die Gleichheit eingeschlossen ist, wird die Gerade als Bestandteil der Lösungsmenge durchgehend gezeichnet.

Beispiel 14.9: $2x + 5y - 10 > 0$.

Löst man die Ungleichung nach y auf, so erhält man die dazu äquivalente Ungleichung $y > -\frac{2}{5}x + 2$, welche bei festem x offensichtlich für größere y-Werte erfüllt ist als die entsprechende Gleichung. Deshalb bilden alle Punkte der Halbebene oberhalb der Geraden $y = -\frac{2}{5}x + 2$ die Lösungsmenge L (Bild 14.4).

Die im Beispiel 14.9 beschriebene Vorgehensweise setzt die Bedingung $b \neq 0$ in der Ungleichung (14.11) voraus. Allgemeiner anwendbar ist die Methode, durch Einsetzen der Koordinaten eines beliebig gewählten Punktes, der nicht auf der Geraden

$ax + by + c = 0$ liegt, zu überprüfen, ob die Ungleichung in der betreffenden Halbebene gilt oder nicht. Wenn möglich, wählt man der einfachen Rechnung halber den speziellen Punkt (0; 0). So ergibt im Beispiel 14.9 das Einsetzen dieses Punktes die falsche Aussage $-10 > 0$ und bestätigt damit die bereits ermittelte Lage der Lösungsmenge.

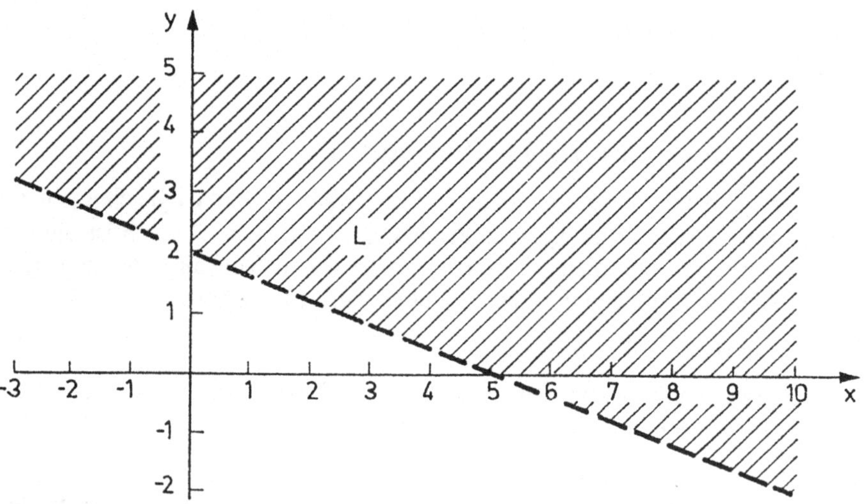

Bild 14.4

Bei einem System von Ungleichungen mit zwei Unbekannten ist wiederum jede Ungleichung einzeln graphisch zu lösen und anschließend die Durchschnittsmenge der einzelnen Lösungsmengen zu bilden.

Beispiel 14.10: I. $2x + y \leq 6$,

II. $4x - y \geq 0$.

(0; 0) erfüllt die Ungleichung I und liegt damit in der zugehörigen Lösungsmenge L_I. Da in der Ungleichung II für (0; 0) gerade die Gleichheit gilt, muß hier ein anderer Punkt, zum Beispiel (0; 1), eingesetzt werden, der zu einem Widerspruch führt und deshalb nicht zur Lösungsmenge L_{II} gehört (Bild 14.5a). Bild 14.5b zeigt die Lösungsmenge L des Systems, die von zwei Halbgeraden begrenzt wird.

Es ist empfehlenswert, bei der selbständigen Bearbeitung der entsprechenden Übungsaufgaben die gesuchte Lösungsmenge L als Durchschnittsmenge der einzelnen Halbebenen einschließlich des Randes farbig hervorzuheben, so daß ein einziges Koordinatensystem zur Darstellung genügt.

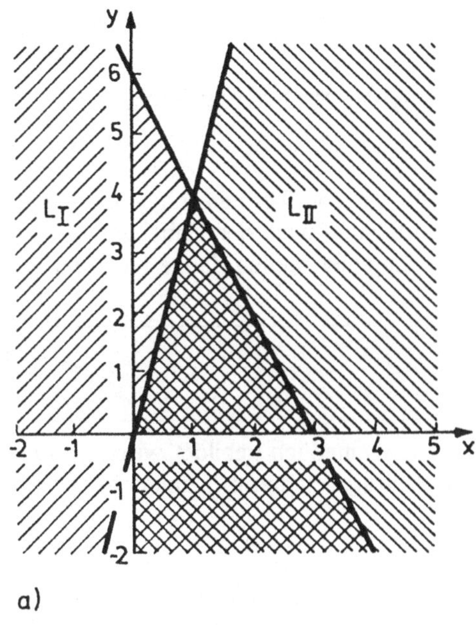

a)

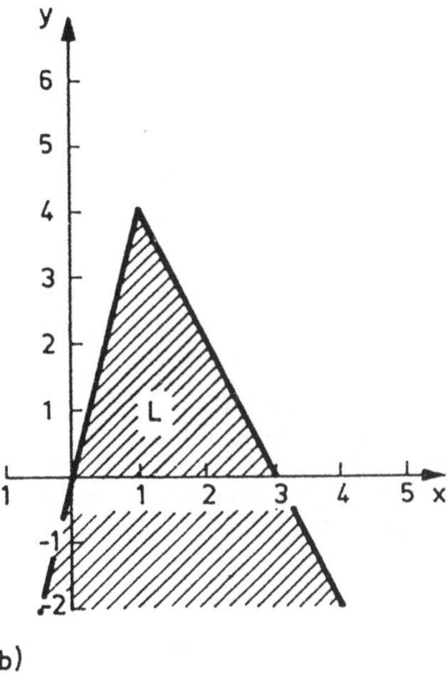

b)

Bild 14.5

Beispiel 14.11:

I. $x - 3y - 6 < 0$,
II. $-x + y + 1 < 0$,
III. $x - 6 < 0$.

Die Lösungsmenge L ist im Bild 14.6 dargestellt.

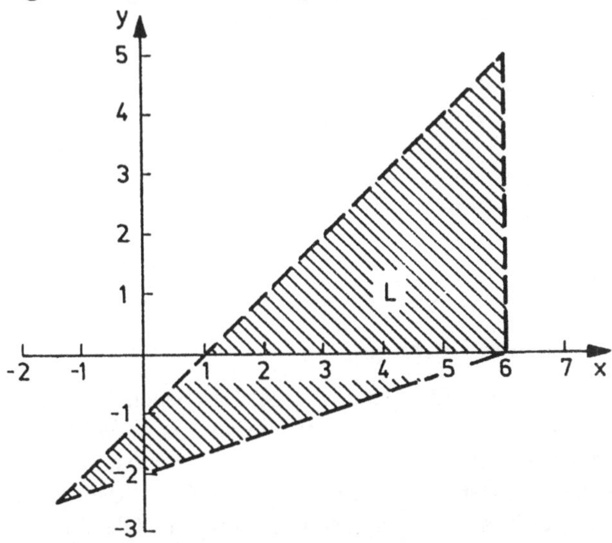

Bild 14.6

14.2 Gleichungen und Ungleichungen mit Beträgen

14.2.1 Rechnen mit Beträgen

Treten in einer Gleichung oder Ungleichung Beträge von Termen mit einer reellen Variablen als Unbekannte auf, so muß vor der Auflösung nach der Unbekannten eine betragsfreie Form hergestellt werden. Da der Betrag einer reellen Zahl a nach der aus Abschnitt 1 bereits bekannten Definition

$$|a| = \begin{cases} a & \text{für } a \geq 0, \\ -a & \text{für } a < 0 \end{cases}$$

in Abbängigkeit von dem Vorzeichen der Zahl unterschiedlich gebildet wird, sind bei der Darstellung des Betrages eines Terms ohne Betragszeichen prinzipiell zwei Fälle zu unterscheiden. Es gilt:

$$|T(x)| = \begin{cases} T(x) & \text{für } T(x) \geq 0, \\ -T(x) & \text{für } T(x) < 0. \end{cases} \quad (14.12)$$

Ist also der Betragsinhalt größer oder gleich Null, dann können die Betragszeichen wegfallen bzw. bei Verknüpfung mit anderen Termen einfach durch Klammern ersetzt werden. Falls der Betragsinhalt negativ ist, so ersetzt man die Betragszeichen durch Klammern und multipliziert diesen Klammerausdruck mit (-1). Löst man die beiden in (14.12) in Form von Ungleichungen angegebenen Bedingungen nach x auf, dann lassen sie sich in der Regel durch Intervalle angeben, welche disjunkte Teilmengen des Variablenbereiches sind, für den T(x) erklärt ist. Die Vereinigungsmenge beider Teilbereiche muß wiederum den gesamten Variablenbereich ergeben, was man zur Kontrolle überprüfen sollte. An dieser Stelle seien noch Rechenregeln für den Betrag eines Produkts oder eines Quotienten angegeben, die bei Umformungen nützlich sein können. Sind a und b reelle Zahlen, dann gilt:

$$|a * b| = |a| * |b|,$$

$$|a : b| = |a| : |b| \quad \text{für } b \neq 0.$$

14.2.2 Gleichungen mit Beträgen

Beim Lösen einer Betragsgleichung nach der beschriebenen Fallunterscheidung muß in jedem einzelnen Fall überprüft werden, ob die jeweils berechnete Lösung in dem vorausgesetzten Intervall liegt oder als sogenannte Scheinlösung auftritt. Die einzelnen Lösungen werden zu der im allgemeinen endlichen Lösungsmenge L zusammengefaßt. Zum Vergleich ist die graphische Lösung der Gleichung möglich, indem jede Seite als Zuordnungsvorschrift einer Funktion aufgefaßt und in einem x,y-Koordinatensystem dargestellt wird. Die x-Koordinaten der Schnittpunkte beider Funktionsbilder sind gleichzeitig die Lösungen der Gleichung.

Beispiel 14.12:

$$|x+1| = \frac{x}{2} + 2.$$

Es gilt

$$(x+1) \begin{cases} \geq 0 & \text{für } x \geq -1, \\ < 0 & \text{für } x < -1. \end{cases}$$

Damit folgt nach (14.12):

$$|x+1| = \begin{cases} x+1 & \text{für } x \geq -1, \\ -x-1 & \text{für } x < -1. \end{cases} \qquad (14.13)$$

1. Fall: $x \in [-1; \infty) \Rightarrow x + 1 = \frac{x}{2} + 2,$

$x = 2 \in [-1; \infty) \Rightarrow$ Lösung $x_1 = 2.$

2. Fall: $x \in (-\infty; -1) \Rightarrow -x - 1 = \frac{x}{2} + 2,$

$x = -2 \in (-\infty; -1) \Rightarrow$ Lösung $x_2 = -2.$

Lösungsmenge der Gleichung: $\underline{\underline{L = \{-2; 2\}}}$.

Während die graphische Darstellung der rechten Seite, $y = \frac{x}{2} + 2$, der gegebenen Gleichung bekanntermaßen eine Gerade ist, setzt sich die linke Seite, $y = |x + 1|$, mit (14.13) aus zwei Halbgeraden zusammen. Die Lösung kann man im Bild 14.7 ablesen.

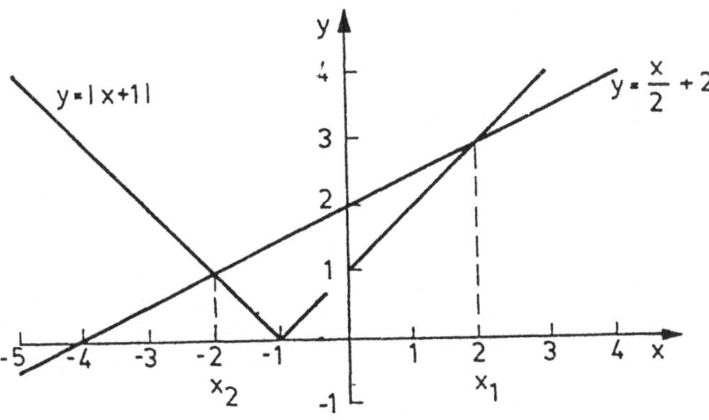

Bild 14.7

Enthält eine Gleichung mehrere Beträge linearer Terme, so ist es günstig, zunächst den Zahlenstrahl an denjenigen Stellen zu unterteilen, an denen das Vorzeichen der Terme innerhalb der Betragszeichen wechselt, und die Darstellung der einzelnen Beträge in den so erhaltenen Teilintervallen übersichtlich zusammenzustellen.

Beispiel 14.13: $|1 - x| - |2x + 3| = 1$. Nach (14.12) folgt:

$$|1 - x| = \begin{cases} 1 - x & \text{für } x \leq 1, \\ -1 + x & \text{für } x > 1 \end{cases} \quad \text{und} \quad |2x + 3| = \begin{cases} 2x + 3 & \text{für } x \geq -\frac{3}{2}, \\ -2x - 3 & \text{für } x < -\frac{3}{2}. \end{cases}$$

Zusammengefaßt ergibt sich folgende Übersicht:

	$x < -\frac{3}{2}$	$-\frac{3}{2} \leq x \leq 1$	$x > 1$
$\|1 - x\| =$	$1 - x$	$1 - x$	$-1 + x$
$\|2x + 3\| =$	$-2x - 3$	$2x + 3$	$2x + 3$

Somit sind beim Lösen der gegebenen Gleichung drei Fälle zu unterscheiden. Das Minus vor dem zweiten Betragsausdruck muß zusätzlich berücksichtigt werden:

1. Fall:
$$x \in (-\infty; -\tfrac{3}{2}) \Rightarrow 1 - x - (-2x - 3) = 1,$$
$$x + 4 = 1,$$
$$x = -3 \in (-\infty; -\tfrac{3}{2}) \Rightarrow \text{Lösung } x_1 = -3.$$

2. Fall:
$$x \in [-\tfrac{3}{2}; 1] \Rightarrow 1 - x - (2x + 3) = 1,$$
$$-3x - 2 = 1,$$
$$x = -1 \in [-\tfrac{3}{2}; 1] \Rightarrow \text{Lösung } x_2 = -1.$$

3. Fall:
$$x \in (1; \infty) \Rightarrow -1 + x - (2x + 3) = 1,$$
$$-x - 4 = 1,$$
$$x = -5 \notin (1; \infty).$$

Im letzten Fall widerspricht der berechnete Wert der Voraussetzung, so daß $x_3 = -5$ nur eine Scheinlösung ist.

Lösungsmenge: $\underline{\underline{L = \{-3; -1\}}}$.

Das Zustandekommen einer Scheinlösung läßt sich anhand des graphischen Lösungsweges demonstrieren. Die betragsfreie Darstellung der linken Seite kann man stückweise der vorangegangenen Rechnung in den einzelnen Fällen entnehmen. Somit folgt:

$$|1 - x| - |2x + 3| = \begin{cases} x + 4 & \text{für } x < -\frac{3}{2}, \\ -3x - 2 & \text{für } -\frac{3}{2} \leq x \leq 1, \\ -x - 4 & \text{für } x > 1. \end{cases} \tag{14.14}$$

Die rechte Seite ist die konstante Funktion y = 1. Im Vergleich mit den zuvor berechneten Lösungen zeigt Bild 14.8, daß sich beide Kurven tatsächlich für $x < -\frac{3}{2}$ und für $-\frac{3}{2} \leq x \leq 1$ je einmal, aber für x > 1 nicht schneiden. Im 3. Fall liefert der Schnittpunkt der Verlängerung des betreffenden Geradenstückes y = -x - 4 mit der Geraden y = 1 außerhalb des vorausgesetzten Intervalls die Scheinlösung.

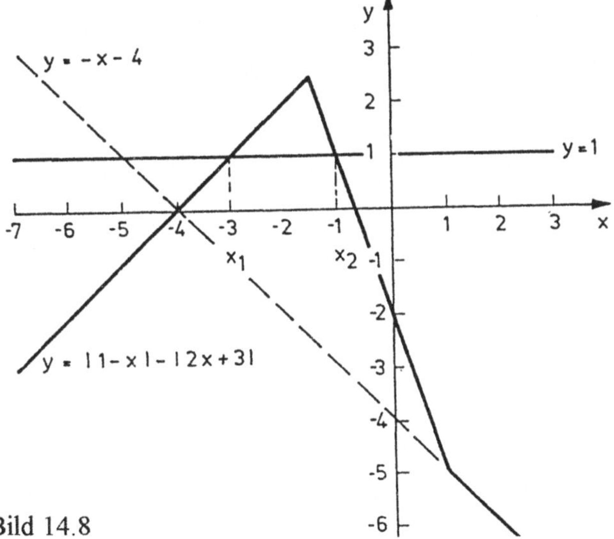

Bild 14.8

Sollen die Betragszeichen bei einem quadratischen Term beseitigt werden, dann kann zu der erforderlichen Untersuchung des Vorzeichens die im Abschnitt 14.1.2 behandelte Lösungsmethode für quadratische Ungleichungen genutzt werden (vgl. Beispiel 14.5)

Beispiel 14.14: $|x^2 - 6x + 5| = 3$.

Mit $x^2 - 6x + 5 \geq 0 \Leftrightarrow (x - 1)(x - 5) \geq 0 \Leftrightarrow x \leq 1 \vee x \geq 5$

und $x^2 - 6x + 5 < 0 \Leftrightarrow (x - 1)(x - 5) < 0 \Leftrightarrow 1 < x < 5$

ergibt sich

$$|x^2 - 6x + 5| = \begin{cases} x^2 - 6x + 5 & \text{für } x \leq 1 \vee x \geq 5, \\ -x^2 + 6x - 5 & \text{für } 1 < x < 5. \end{cases} \tag{14.15}$$

1. Fall: $x \in (-\infty; 1] \cup [5, \infty) \Rightarrow x^2 - 6x + 5 = 3,$

$$x^2 - 6x + 2 = 0$$

$$\Rightarrow x_1 = 3 + \sqrt{7} \approx 5{,}65 \in [5; \infty), \quad x_2 = 3 - \sqrt{7} \approx 0{,}35 \in (-\infty; 1].$$

2. Fall: $x \in (1; 5) \Rightarrow -x^2 + 6x - 5 = 3,$

$$x^2 - 6x + 8 = 0$$

$$\Rightarrow x_3 = 4 \in (1; 5), \quad x_4 = 2 \in (1; 5).$$

Lösungsmenge: $\underline{\underline{L = \{3 - \sqrt{7}; 2; 4; 3 + \sqrt{7}\}.}}$

Bild 14.9 zeigt die Lösung der Gleichung auf graphischem Wege. Die linke Seite, $y = |x^2 - 6x + 5|$, setzt sich mit (14.15) aus Parabelbögen zusammen.

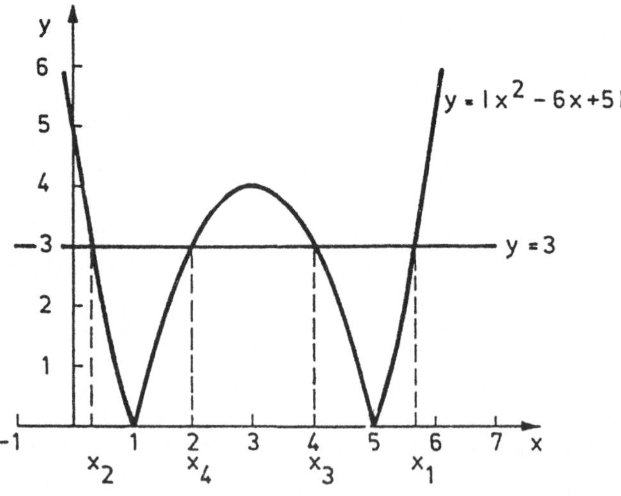

Bild 14.9

Wie bei allen Bestimmungsgleichungen empfiehlt sich auch für Gleichungen mit Beträgen eine Probe, die aber nur sinnvoll ist, wenn die berechneten Lösungen in die

Ausgangsgleichung vor dem Beseitigen der Betragszeichen eingesetzt werden.

Des weiteren gibt es eine Möglichkeit der Kontrolle bei der graphischen Lösung. Da in der Darstellung (14.12) eines Betragsausdruckes in beiden Bedingungen das Gleichheitszeichen eingeschlossen werden kann, d. h., insbesondere $|T(x)| = -T(x)$ für $T(x) \leq 0$, können die Übergangsstellen (wie $x = -\frac{3}{2}$ und $x = 1$ im Beispiel 14.13) in jeweils beide aneinander angrenzende Intervalle einbezogen werden. Setzt man eine solche Stelle zur Probe in die beiden betreffenden Bildungsvorschriften (vgl. (14.14)) ein, so muß sich derselbe Zahlenwert ergeben. Das bedeutet wiederum, daß die graphische Darstellung, selbst additiv zusammengesetzter Betragsausdrücke, zwar Knickstellen, aber keine Sprünge aufweist.

Schließlich sei noch darauf verwiesen, daß eine Betragsgleichung der Form $|T(x)| = b$ mit einer reellen Konstanten $b \geq 0$ auch auf einfachere Weise gelöst werden kann, denn es gilt:

$$|T(x)| = b \Leftrightarrow T(x) = b \vee T(x) = -b. \qquad (14.16)$$

Zum Beispiel erhält man für $T(x) = x - a$, $a \in R$, speziell

$|x - a| = b \Leftrightarrow x - a = b \vee x - a = -b$, d. h.,

$$|x - a| = b \Rightarrow x_1 = a + b,\ x_2 = a - b.$$

Analog könnte man die Gleichung im vorangegangenen Beispiel 14.14 ohne Verwendung der in Darstellung (14.15) angegebenen Bedingungen lösen.

14.2.3 Ungleichungen mit Beträgen

Die der Gleichung (14.16) entsprechenden Ungleichungen mit einem Betrag lassen sich ebenfalls ohne vorherige Zerlegung des Variablenbereiches in eine betragsfreie Form bringen.

Falls $|T(x)| < b$ mit $b > 0$ gilt, so ist $T(x)$ größer als $-b$ und kleiner als b, d. h., $T(x)$ liegt zwischen $-b$ und b:

$$|T(x)| < b \Leftrightarrow T(x) > -b \wedge T(x) < b \Leftrightarrow -b < T(x) < b. \qquad (14.17)$$

Falls $|T(x)| > b$ mit $b \geq 0$ gilt, dann ist $T(x)$ entweder kleiner als $-b$ oder größer als b:

$$|T(x)| > b \Leftrightarrow T(x) < -b \vee T(x) > b. \qquad (14.18)$$

Dabei sind die unterschiedlichen logischen Verknüpfungen zu beachten, nämlich Konjunktion in (14.17) und Alternative in (14.18).

Im Spezialfall $T(x) = x - a$, $a \in R$, ergeben sich die folgenden, mitunter nützlichen

Beziehungen:

$|x - a| < b \Leftrightarrow -b < x - a < b \Leftrightarrow a - b < x < a + b$, d. h.,

$|x - a| < b \Leftrightarrow x \in (a - b; a + b)$. (Bild 14.10a)

$|x - a| > b \Leftrightarrow x - a < -b \vee x - a > b \Leftrightarrow x < a - b \vee x > a + b$, d. h.,

$|x - a| > b \Leftrightarrow x \in R \setminus [a - b; a + b]$. (Bild 14.10b)

a-b a a+b x

a)

a-b a a+b x

b)

Bild 14.10

Beispiel 14.15: $|7 - 3x| \geq 2$. In Anwendung der Beziehung (14.18) folgt:

$$|7 - 3x| \geq 2 \Leftrightarrow 7 - 3x \leq -2 \vee 7 - 3x \geq 2 \Leftrightarrow x \geq 3 \vee x \leq \frac{5}{3}.$$

Lösungsmenge: $\underline{\underline{L = R \setminus (\frac{5}{3}; 3)}}$.

Die Lösung komplizierterer Ungleichungen mit Beträgen erfordert wiederum eine Fallunterscheidung. Hier sind, wie bei den bereits im Abschnitt 14.1.2 mittels Fallunterscheidung gelösten Ungleichungen, unter Berücksichtigung der jeweiligen Voraussetzung die einzelnen Teillösungsmengen zu bilden und anschließend zu vereinigen.

Beispiel 14.16: $|x - 5| < |x + 1|$.

Die Darstellung der einzelnen Terme ohne Betragszeichen,

$$|x - 5| = \begin{cases} x - 5 & \text{für } x \geq 5, \\ -x + 5 & \text{für } x < 5 \end{cases} \quad \text{und} \quad |x + 1| = \begin{cases} x + 1 & \text{für } x \geq -1, \\ -x - 1 & \text{für } x < -1, \end{cases}$$

wird wieder in einer Übersicht zusammengestellt:

	$x < -1$	$-1 \leq x < 5$	$x \geq 5$
$\lvert x - 5\rvert =$	$-x + 5$	$-x + 5$	$x - 5$
$\lvert x + 1\rvert =$	$-x - 1$	$x + 1$	$x + 1$

1. Fall: $x < -1 \wedge |x - 5| < |x + 1|$

$$\Rightarrow \quad -x + 5 < -x - 1,$$
$$0 < -6.$$

Für jedes $x < -1$ führt die Ungleichung zu einer falschen Aussage, so daß es in diesem

Fall keine Lösung gibt, d. h. $L_1 = \varnothing$.

2. Fall: $-1 \le x < 5 \ \wedge \ |x - 5| < |x + 1|$

$$\Rightarrow \quad -x + 5 < x + 1,$$

$$x > 2.$$

$$-1 \le x < 5 \ \wedge \ x > 2 \ \Leftrightarrow \ 2 < x < 5 \ \Leftrightarrow \ L_2 = (2; 5).$$

3.Fall: $x \ge 5 \ \wedge \ |x - 5| < |x + 1|$

$$\Rightarrow \quad x - 5 < x + 1,$$

$$0 < 6.$$

Jedes $x \ge 5$ erfüllt die Ungleichung, d. h. $L_3 = [5; \infty)$.

Lösungsmenge: $L = L_1 \cup L_2 \cup L_3 \ \Leftrightarrow \ L = (2; 5) \cup [5; \infty) \ \Leftrightarrow \ \underline{\underline{L = (2; \infty)}}$.

Beispiel 14.17: $|x^2 - 4x - 21| < 24$.

Mit $x^2 - 4x - 21 \ge 0 \ \Leftrightarrow \ x \le -3 \ \vee \ x \ge 7$

und $x^2 - 4x - 21 < 0 \ \Leftrightarrow \ -3 < x < 7$ ergibt sich

$$|x^2 - 4x - 21| = \begin{cases} x^2 - 4x - 21 & \text{für } x \le -3 \ \vee \ x \ge 7, \\ -x^2 + 4x + 21 & \text{für } -3 < x < 7. \end{cases}$$

1. Fall: $(x \le -3 \ \vee \ x \ge 7) \ \wedge \ |x^2 - 4x - 21| < 24$

$$\Rightarrow \quad x^2 - 4x - 21 < 24,$$

$$x^2 - 4x - 45 < 0 \ \Leftrightarrow \ -5 < x < 9.$$

$$(x \le -3 \vee x \ge 7) \ \wedge \ -5 < x < 9 \ \Leftrightarrow -5 < x \le -3 \ \vee \ 7 \le x < 9 \ \Leftrightarrow L_1 = (-5; -3] \cup [7; 9).$$

2. Fall: $-3 < x < 7 \ \wedge \ |x^2 - 4x - 21| < 24$

$$\Rightarrow \quad -x^2 + 4x + 21 < 24,$$

$$x^2 - 4x + 3 > 0 \ \Leftrightarrow \ x < 1 \ \vee \ x > 3.$$

$$-3 < x < 7 \ \wedge \ (x < 1 \ \vee \ x > 3) \ \Leftrightarrow \ -3 < x < 1 \ \vee \ 3 < x < 7 \ \Leftrightarrow \ L_2 = (-3; 1) \cup (3; 7).$$

Lösungsmenge: $L = L_1 \cup L_2 \ \Leftrightarrow \ \underline{\underline{L = (-5; 1) \cup (3; 9)}}$.

Es sei noch bemerkt, daß sich die gegebene Ungleichung auf Grund ihrer speziellen Form nach Beziehung (14.17) auch auf anderem Wege als ein System zweier Ungleichungen lösen läßt.

An einem weiteren Beispiel soll die Lösung einer Ungleichung vorgeführt werden, in der die Unbekannte sowohl in einem Betragsausdruck als auch im Nenner eines Bruches auftritt.

Beispiel 14.18: $\frac{|1 + 2x|}{1 - x} \leq 1, \quad x \neq 1.$

Bei der Beseitigung der Betragszeichen nach (14.12) und bei der Multiplikation der Ungleichung mit dem variablen Nenner nach (14.2) und (14.3) ist jeweils das Vorzeichen des betreffenden Terms zu berücksichtigen.

Es gilt:

$$|1 + 2x| = \begin{cases} 1 + 2x & \text{für } x \geq -\frac{1}{2}, \\ -1 - 2x & \text{für } x < -\frac{1}{2} \end{cases} \qquad \text{und } (1 - x) \begin{cases} > 0 & \text{für } x < 1, \\ < 0 & \text{für } x > 1. \end{cases}$$

Auch hier braucht man den Zahlenstrahl nur an den beiden sogenannten Übergangsstellen zu unterteilen, so daß bei der weiteren Rechnung lediglich drei Fälle zu unterscheiden sind.

	$x < -\frac{1}{2}$	$-\frac{1}{2} \leq x < 1$	$x > 1$
$\|1 + 2x\| =$ $1 - x$	$-1 - 2x$ > 0	$1 + 2x$ > 0	$1 + 2x$ < 0

1. Fall: $x < -\frac{1}{2} \Rightarrow -1 - 2x \leq 1 - x,$

$$x \geq -2.$$

$$x < -\frac{1}{2} \wedge x \geq -2 \Leftrightarrow -2 \leq x < -\frac{1}{2} \Leftrightarrow L_1 = [-2; -\frac{1}{2}).$$

2. Fall: $-\frac{1}{2} \leq x < 1 \Rightarrow 1 + 2x \leq 1 - x,$

$$x \leq 0.$$

$$-\frac{1}{2} \leq x < 1 \wedge x \leq 0 \Leftrightarrow -\frac{1}{2} \leq x \leq 0 \Leftrightarrow L_2 = [-\frac{1}{2}, 0].$$

3. Fall: $x > 1 \Rightarrow 1 + 2x \geq 1 - x,$

$$x \geq 0.$$

$$x > 1 \wedge x \geq 0 \Leftrightarrow x > 1 \Leftrightarrow L_3 = (1; \infty).$$

Lösungsmenge: $L = L_1 \cup L_2 \cup L_3 \Leftrightarrow \underline{\underline{L = [-2; 0] \cup (1; \infty).}}$

Auch zur Ermittlung der Lösungsmenge einer Betragsungleichung mit zwei

Unbekannten ist zunächst die Beseitigung der Betragszeichen erforderlich. Analog (14.12) gilt speziell für den Betrag eines linearen Terms mit den Variablen x und y:

$$|ax + by + c| = \begin{cases} ax + by + c & \text{für } ax + by + c \geq 0, \\ -(ax + by + c) & \text{für } ax + by + c < 0. \end{cases} \tag{14.19}$$

Unter der Voraussetzung $a \neq 0 \vee b \neq 0$ sind die beiden rechtsstehenden Bedingungen Ungleichungen der im Abschnitt 14.1.4 behandelten Form (14.11). Demnach muß eine Ungleichung mit dem Betragsausdruck (14.19) in jeder der beiden durch die Gerade $ax + by + c = 0$ voneinander getrennten Halbebenen der x,y-Ebene gesondert gelöst werden.

Beispiel 14.19: $|-x - y + 1| > x - 2y - 4$. Nach Beziehung (14.19) gilt:

$$|-x - y + 1| = \begin{cases} -x - y + 1 & \text{für } -x - y + 1 \geq 0, \\ x + y - 1 & \text{für } -x - y + 1 < 0. \end{cases}$$

1. Fall:

$$-x - y + 1 \geq 0 \wedge |-x - y + 1| > x - 2y - 4$$

$$\Rightarrow \quad -x - y + 1 > x - 2y - 4,$$

$$-2x + y + 5 > 0.$$

$$\Rightarrow L_1 = \left\{(x;\, y) \mid -x - y + 1 \geq 0 \wedge -2x + y + 5 > 0\right\}.$$

2. Fall:

$$-x - y + 1 < 0 \wedge |-x - y + 1| > x - 2y - 4$$

$$\Rightarrow \quad x + y - 1 > x - 2y - 4,$$

$$3y + 3 > 0,$$

$$y > -1.$$

$$\Rightarrow L_2 = \left\{(x;\, y) \mid -x - y + 1 < 0 \wedge y > -1\right\}.$$

Damit sind L_1 und L_2 jeweils die Durchschnittsmengen der Lösungsmenge zweier Ungleichungen, und sie lassen sich wie die Lösungsmenge eines Ungleichungssystems (vgl. Beispiel 14.10) graphisch darstellen (Bild 14.11a). Die Lösungsmenge L der gegebenen Ungleichung ist wiederum die Vereinigungsmenge der beiden Teillösungsmengen (Bild 14.11b).

Treten in einer Ungleichung zwei Betragsausdrücke der Form (14.19) auf, dann sind unter Berücksichtigung der Betragszeichen insgesamt vier Fälle zu unterscheiden.

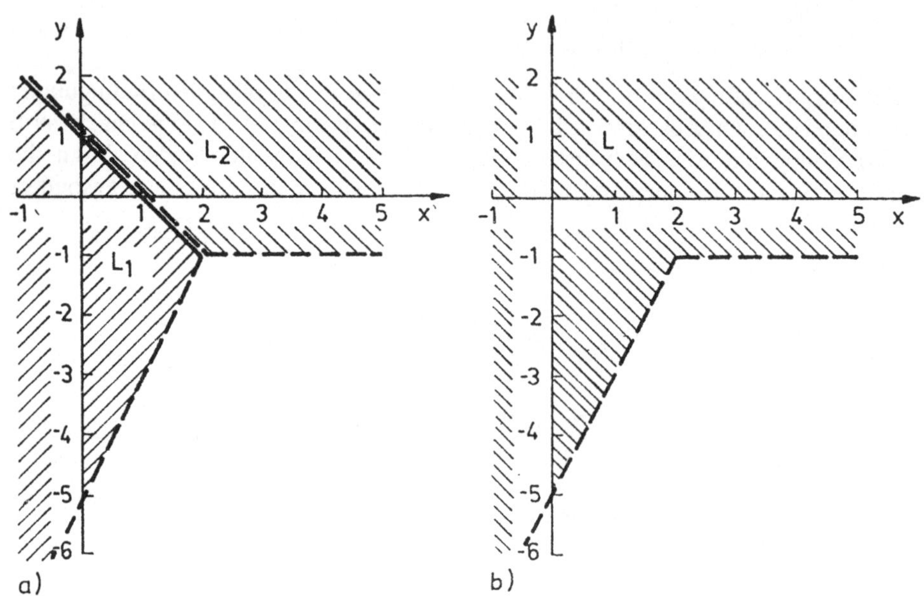

Bild 14.11

14.3 Übungsaufgaben

Bestimmen Sie die Lösungsmengen der folgenden Ungleichungen!

1. a) $8x - 3 < 2x + 9$ b) $5 - 7x \leq 3x - 10$

   c) $\frac{x}{2} - \frac{2}{3} > \frac{1}{2} + \frac{x}{9}$ d) $3(3x - 2) \geq 4(3 - 2x)$

   e) $\frac{8x - 5}{5} \leq \frac{2x + 5}{3}$ f) $\frac{3}{4} - \frac{2}{3}x > \frac{5}{4}x + \frac{1}{6}$

   g) $\frac{8}{9} + 6x \geq 2(\frac{5}{6} + 3x)$ h) $\frac{1}{3}(\frac{x}{8} - 6) < \frac{x}{6} - \frac{x}{8} + 1$

2. a) $(3x + 1)(2x - 1) < (5x - 3)(2x - 1)$

   b) $(8x - 9)(3x + 2) \geq (2 + 7x)(2 + 3x)$

   c) $(7x - 3)(5 - 7x) > (3 - 7x)(5x + 3)$

d) $(5 + 2x)(7 - 5x) \le (10 + 4x)(2 - 3x)$

e) $x^2 - x - 6 \le 2x + 4$ f) $x^2 + 5x - 6 > 3 - 3x$

g) $x^2 + 3x \ge -2x - 6$ h) $x^2 - 4x + 4 < 4x - 8$

3. a) $\frac{3}{2x - 4} \le 2$ b) $\frac{3x - 4}{2 - 3x} \ge 4$

c) $\frac{2x - 2}{2x + 2} < 2$ d) $\frac{5x + 3}{x} < -2$

e) $\frac{4x + 1}{3x - 2} > 5$ f) $\frac{9 - 3x}{x - 3} > -3$

g) $\frac{4x + 6}{2x + 3} < 3$ h) $\frac{3(4x - 1)}{x - 1} \ge 12 - \frac{2(4x - 5)}{x - 1}$

4. a) $\frac{3}{4x - 4} \le \frac{2}{x - 6}$ b) $\frac{1}{5 - 3x} > \frac{1}{5x + 4}$

c) $\frac{x + 1}{x - 3} < \frac{x - 1}{x + 2}$ d) $\frac{4x - 3}{2x + 1} \le \frac{2x + 3}{x + 2}$

e) $\frac{2x - 1}{2x + 1} + \frac{3x + 1}{x - 2} > 4$ f) $\frac{x - 3}{1 - 6x} - \frac{2x + 1}{4x + 3} \ge -\frac{2}{3}$

g) $\frac{2x + 1}{2x - 2} + \frac{2x - 3}{3x - 3} \ge 1$ h) $\frac{2 - 5x}{3 - x} - \frac{2 - 6x}{1 - 3x} < \frac{3}{8} * 27^{\log_3 2}$

5. a) $(2x - 3)(3x - 2) < 0$ b) $(x + 3)(7 - x) \le 0$

c) $x^2 + 4x + 3 \ge 0$ d) $x^2 - 8x + 7 \le 0$

e) $x^2 + 4x + 5 < 0$ f) $x^2 - 6x + 10 > 0$

g) $x^2 - 2x + 1 > \frac{5}{2}x - 1$ h) $2x^2 - 3x - 3 < 3(x - 1)$

6. a) $(x^2 - 6x + 5)(x^2 + 1) < 0$ b) $(x^2 - 4x + 5)(x^2 + 1) \le 0$

c) $(x^2 - 2x + 2)(x^2 + 4) > 0$ d) $(9 - x^2)(x^2 + 3x + 2) \ge 0$

e) $(x^2 + 4x - 5)(x^2 - 4) > 0$ f) $2x^4 - x^3 + 10x^2 - 5x > 0$

g) $-x^3 - 3x^2 + 16x + 48 \le 0$ h) $\frac{x^3}{\sqrt{2}} - \sqrt{2}\,x^2 - \frac{\sqrt{2}}{2}x + \sqrt{2} < 0$

7. a) $\frac{x + 4}{x + 3} > 0$ b) $\frac{x + 3}{x - 7} < 0$

c) $\frac{2x+3}{3x-4} \leq 0$ d) $\frac{x-2}{5x+1} \geq 0$

e) $\frac{6+9x}{4+6x} < 0$ f) $\frac{2x-1}{8x-4} > 0$

g) $\frac{3x-12}{x^2-4x} \geq 0$ h) $\frac{x^2-25}{2x+10} \leq 0$

8. a) $x - 8 + \frac{7}{x} < 0$ b) $x + 3 - \frac{4}{x+3} > 0$

c) $8(x-2) \geq \frac{20}{x+1} + 3(x-7)$ d) $\frac{3x-24}{4} - (2x-6) > -\frac{5}{x}$

Bestimmen Sie die Lösungsmengen der folgenden Systeme von Ungleichungen!

9. a) $2 + x \geq 2x - 7$
$5(x-3) \geq 2(x-3)$

b) $x + 6 < 14 - 3x$
$6 + 7x \geq 3x + 5$

c) $\frac{2}{3} - \frac{x}{2} > \frac{x}{3} + \frac{1}{6}$
$\frac{1}{2} + \frac{3}{4}x < \frac{8-x}{3}$

d) $x + \frac{1}{3} \leq 2x - \frac{7}{6}$
$5(x - \frac{3}{2}) \leq 2x - 3$

10. a) $x^2 - 3x < 0$
$2(x+2) < 4x - 1$

b) $x^2 + 6x + 8 < 0$
$2(x+2) > x + 3$

c) $x^2 - 9 < 0$
$x + 2 > 2(x-1)$

d) $x^2 - 3x + 3 > 0$
$4(x-1) < 2(x+1)$

11. a) $x^2 - 4x - 5 \leq 0$
$x^2 + 6x - 16 < 0$

b) $x^2 + 2x - 8 < 0$
$x^2 - 3x - 4 > 0$

c) $x^2 - 5x > 0$
$x^2 - 9 > 0$

d) $x^2 - 6x + 5 < 0$
$x^2 + 8x + 15 < 0$

12. a) $3x + 2 > 2x + 1 > 3(x-4)$ b) $-1 < \frac{7x-3}{8x-5} < 1$

c) $2 < \frac{5x+1}{2x-1} < 5$ d) $1 < \frac{x^2+4x+5}{x+1} < 4$

13. a) $3 - x < 2 - 4x$ b) $x + 5 > \frac{7}{2}x + \frac{3}{2}$

$x + 3 < \frac{1}{2}(x + 1)$ $4(x - 1) < 13 - \frac{1}{4}x$

$\frac{x}{2} > x + \frac{1}{2}$ $2x - 1 > x + 6$

Stellen Sie die Lösungsmengen der folgenden Ungleichungen bzw. Ungleichungssysteme in einem kartesischen Koordinatensystem graphisch dar!

14. a) $y \geq -\frac{3}{2}x + 3$ b) $y < -\frac{2}{3}x + 2$

c) $x < 2y + 2$ d) $x > -y + 3$

e) $4x - 5y > 12$ f) $-3x - 8y \leq 24$

g) $2(y - 3) \leq 6(x - 1)$ h) $5x - y + 2 > 3y - 3x - 10$

15. a) $2x + 3y > -6$ b) $3x - y > 3$

$x - y < 2$ $x + y > 4$

c) $x > 1$ d) $x - 4y - 6 \leq 0$

$x + 2y < 4$ $2x + y - 3 \leq 0$

$y + 3 > x$ $y - 5 \leq 0$

16. a) $-2 < x + y < 2$ b) $x > 2$

$-2 < x - y < 2$ $-3 < y < 2 + x$

$x + y < 5$

c) $x^2 - y^2 \leq 0$ d) $(2x + y + 1)(3y - x - 1) > 0$

Ermitteln Sie die Lösungsmengen der folgenden Gleichungen rechnerisch sowie auf graphischem Wege!

17. a) $|x - 3| = 5$ b) $|x + 2| = 7$

c) $|1 - \frac{x}{2}| = x + \frac{5}{2}$ d) $|x + 3| = |3x - 4|$

e) $|x - 4| = |2x + 3|$ f) $|9 - 3x| - |2x - 1| = 4 - 2x$

g) $|2 - 3x| - |x + 1| + |2x + 2| = 3$ h) $|x - 3| - |3x - 4| + |2x + 1| = 6$

18. a) $|x^2 - 2x - 8| = 7$ b) $|8 - 2x^2| = 6$

c) $|2x - x^2| = 8$ d) $|x^2 + 6x + 5| = 5$

e) $|x^2 - 4x + 3| = 1$ f) $|x^2 - 2x - 3| = 1$

g) $|4x^2 + 4x + 4| = 3$ h) $|x^2 - 3x + 7| = 4$

19. a) $\left|\frac{2x + 4}{x - 3}\right| = 1$ b) $\left|\frac{2x - 4}{x + 3}\right| = 2$

Bestimmen Sie die Lösungsmengen der folgenden Ungleichungen!

20. a) $|x - 2| < 3$ b) $|2 - 4x| \geq 1$

c) $2 - |1 - x| \geq 1 + x$ d) $|2x - 3| < x + 3$

e) $|3x - 5| > 2|x + 2|$ f) $|3x + 3| \geq \left|\frac{1}{2}x - 1\right|$

g) $|x - 4| + |2 - x| \leq 2$ h) $|3 - x| < 2 - |x - 5|$

21. a) $|x^2 + 2x - 3| \leq 12$ b) $|x^2 - 6x + 8| \geq 3$

c) $|x^2 + 4x - 5| > 2$ d) $|15 + 2x - x^2| < 7$

e) $|x^2 - 6x + 11| < 1$ f) $|x^2 + 4x + 7| > 2$

g) $|3 + 6x + 3x^2| > 0$ h) $|x^2 + 4x| < 4$

22. a) $\left|\frac{x + 3}{1 - x}\right| > 3$ b) $\left|\frac{1 - 4x}{2 - x}\right| > 4$

c) $\frac{2x + 3}{|x + 4|} \leq 1$ d) $\frac{\frac{2}{3}x - \frac{3}{2}}{\left|\frac{3}{4} + \frac{x}{2}\right|} \leq \frac{5}{6}$

e) $\frac{|3x - 2|}{x + 2} \geq 2$ f) $\frac{|x - 1|}{2x + 2} \geq 1$

Stellen Sie die Lösungsmenge der folgenden Ungleichungen in einem kartesischen Koordinatensystem graphisch dar!

23. a) $x + y < |3x + 2|$ b) $y + |x + 2| \leq 4$

c) $x + |y - 2| < 3$ d) $|2x + y - 3| \geq 2y - 3x + 4$

e) $|x + 3| + |y - 5| \leq 3$ f) $|x + y - 2| > |y - x + 1|$

g) $|x + y + 1| \leq |x - y - 1|$ h) $|x - y| > |x - 2y - 2|$

15 Elementare Funktionen

15.1 Zum Funktionsbegriff

Ausgehend von der historischen Entwicklung des Funktionsbegriffes (J. Bernoulli, Euler, Dirichlet), kann die Funktion wie folgt abstrakt erklärt werden:

Definition 15.1:

Ist jedem Element x aus einer Menge X eindeutig ein Element y aus einer Menge Y zugeordnet, so heißt diese Zuordnung Funktion. Man schreibt $y = f(x)$.

Definition 15.2:

Eine Funktion f ist eine Menge geordneter Paare (x,y), in denen jedem $x \in X$ eindeutig ein $y \in Y$ zugeordnet ist.

Die Menge aller x heißt Definitionsbereich D_f.

Die Menge aller y, die f(x) annimmt, heißt Wertebereich W_f.

x heißt unabhängige Variable oder Argument.

y heißt abhängige Variable oder Funktionswert.

15.2 Darstellung von Funktionen

Möglichkeiten der Darstellung von Funktionen sind u. a.:
a) Wertetabelle,
b) Funktionsbild,
c) Analytischer Ausdruck,
d) Wortvorschrift.

zu a) Wertetabelle

In einer Wertetabelle wird eine endliche Menge von Paaren (x, y) einer Funktion f angegeben, etwa in der Form:

x	x_1	x_2	...	x_n
y	y_1	y_2	...	y_n

Beispielsweise ist in praktischen Fällen eine Wertetabelle erforderlich, wenn die einzelnen Werte durch Beobachtungen oder Messungen erhalten werden.

zu b) Funktionsbild

Das Funktionsbild (auch Graph der Funktion) ist eine graphische Darstellung einer Funktion f. Hierbei werden Paare $(x, y) \in f$ eindeutig als Punkte in einem kartesischen Koordinatensystem dargestellt. Jedes Paar (x_i, y_i) (Bild 15.1) wird durch die Abszisse

x_i und die Ordinate y_i des jeweiligen Punktes P_i (x_i, y_i) festgelegt.

Durch die Menge von Punkten $\{P_0, P_1, P_2, \ldots\}$ ergibt sich eine Kurve (Bild 15.2), die nur dann eine Funktion darstellt, wenn eine eindeutige Abbildung vorliegt.

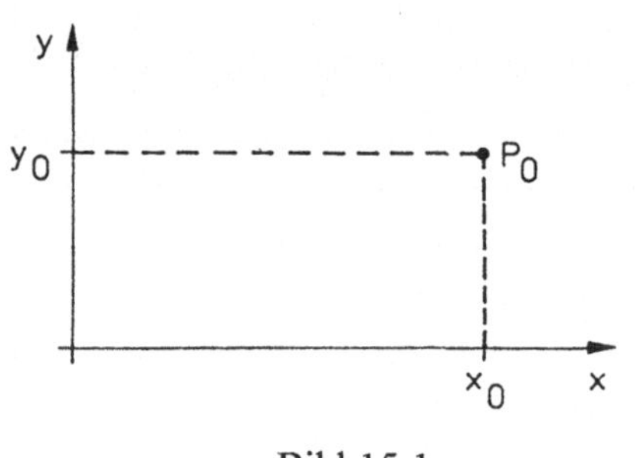

Bild 15.1

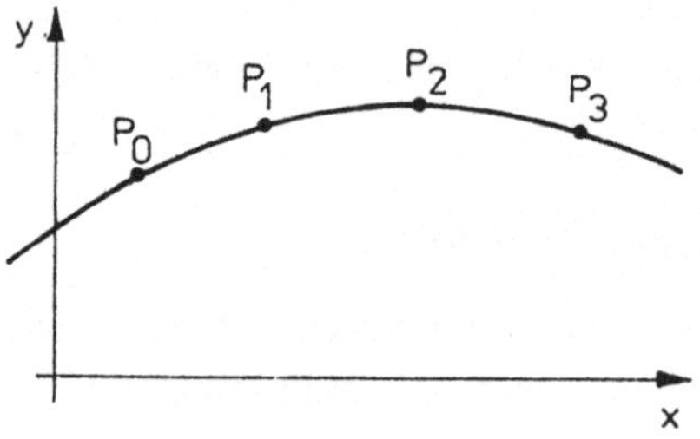

Bild 15.2

zu c) Analytischer Ausdruck

Der analytische Ausdruck einer Funktion f wird durch eine Rechenvorschrift angegeben, wodurch jedem Element x eindeutig ein Element y bzw. f(x) zugeordnet wird. Wegen der geforderten Eindeutigkeit bezeichnet man den analytischen Ausdruck als Funktionsgleichung.
Der analytische Ausdruck einer Funktion kann in zwei grundsätzlichen Formen gegeben sein, und zwar in der expliziten oder in einer impliziten Form. In der expliziten Form ist nach der abhängigen Variablen y aufgelöst.

Es ist darauf zu achten, daß die Begriffe "Funktion" und "analytischer Ausdruck" nicht identisch sind.

Beispiel 15.1: $y = x^2 - 4x + 3$. Im allgemeinen schreibt man hierfür $y = f(x)$.

In einer impliziten Form ist der analytische Ausdruck nicht nach y aufgelöst. Es können alle Variablen und Konstanten auf der einen Seite der Funktionsgleichung stehen. Im allgemeinen schreibt man dann $F(x, y) = 0$.

Beispiel 15.2: $y + 4x = x^2 + 3$ bzw. $y - x^2 + 4x - 3 = 0$.

Somit gibt es in der impliziten Form mehrere Möglichkeiten.

Jeder in expliziter Form gegebene analytische Ausdruck kann immer in eine implizite Form gebracht werden, jedoch nicht umgekehrt. Beispielsweise kann der in impliziter Form gegebene analytische Ausdruck

$$x \sin y + x^2 y + 1 = 0$$

nicht in die explizite Form gebracht werden, also nicht nach y aufgelöst werden.

zu d) Wortvorschrift

Die Wortvorschrift ist eine verbale Darstellung einer Funktion.

Beispiel 15.3: Es sei x eine reelle Zahl;
für alle $x < 0$ sei $y = -1$,
für $x = 0$ sei $y = 0$,
für alle $x > 0$ sei $y = 1$.
Definitionsbereich: $D_f = (-\infty; \infty)$,

Wertebereich: $W_f = \{-1; 0; 1\}$.
Da jedem $x \in D_f$ eindeutig ein y zugeordnet ist, liegt eine Funktion vor.

15.3 Zu einigen elementaren Funktionen

a) Lineare Funktionen

$$f\colon y = mx + n;\quad m, n \in R,\ m \neq 0.$$

Das Bild einer linearen Funktion (Bild 15.3) ist eine Gerade mit dem Anstieg $m = \tan\alpha$, $\alpha \neq 90°$.
Der Winkel α heißt Anstiegswinkel, gemessen im mathematisch positiven Drehsinn von der positiven x-Achse aus.

Für $x = 0$ ist $f(0) = n$ die Schnittstelle mit der y-Achse.

Definitionsbereich:
$D_f = (-\infty; \infty)$ bzw.
$D_f\colon -\infty < x < \infty$.

Wertebereich: $W_f = (-\infty; \infty)$
bzw. $W_f\colon -\infty < y < \infty$.

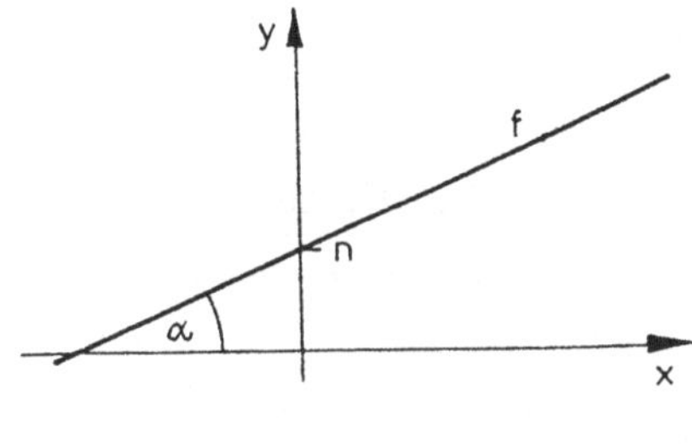

Bild 15.3

b) Quadratische Funktionen

$$f\colon y = ax^2 + bx + c;\quad a, b, c \in R,\ a \neq 0.$$

Das Bild einer quadratischen Funktion ist eine Parabel (quadratische Parabel).
Die Symmetrieachse der Parabel verläuft parallel zur y-Achse.

Die Parabel ist für $\left\{\begin{array}{l} a > 0 \text{ in positiver Richtung der y-Achse,} \\ a < 0 \text{ in negativer Richtung der y-Achse} \end{array}\right\}$ geöffnet (Bild 15.4).

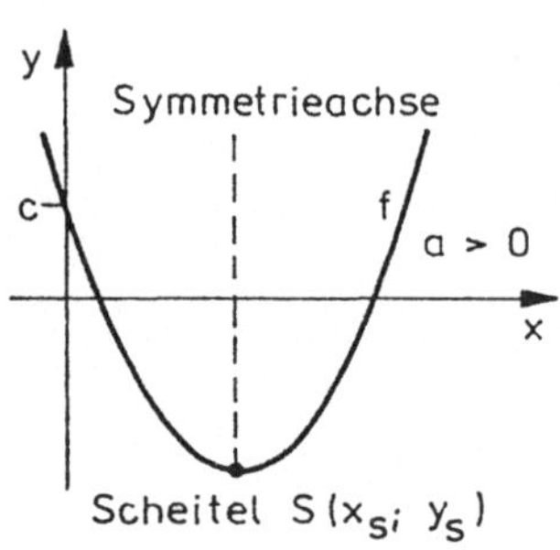

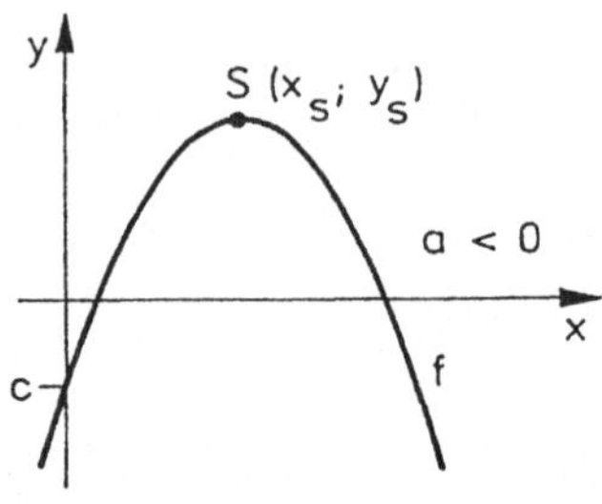

Bild 15.4

Jede quadratische Funktion $y = ax^2 + bx + c$ hat genau einen Scheitelpunkt $S(x_s; y_s)$, wobei gilt

$$x_s = \frac{x_{N1} + x_{N2}}{2} \quad \text{und} \quad y_s = ax_s^2 + bx_s + c$$

bzw.

$$x_s = -\frac{b}{2a} \quad \text{und} \quad y_s = \frac{4ac - b^2}{4a}, \quad a \neq 0.$$

Der Definitionsbereich der quadratischen Funktion ist $D_f = (-\infty; \infty)$.

Der Wertebereich (vgl. Bild 15.4) ist

für $a > 0$: $W_f = [y_s; \infty)$, für $a < 0$: $W_f = (-\infty; y_s]$.

Für $a = 1$ und $b = 0$, $c = 0$ ergibt sich die quadratische Funktion f mit $y = x^2$, ihr Bild heißt Normalparabel.

Beispiel 15.4: Man skizziere das Kurvenbild der Funktion f mit dem analytischen Ausdruck $y = f(x) = \frac{1}{5}x^2 - \frac{2}{5}x - 3$.

Lösung:

Nullstellen: $\frac{1}{5}x^2 - \frac{2}{5}x - 3 = 0$,

$x^2 - 2x - 15 = 0$,

$\underline{\underline{x_{N1} = -3, \quad x_{N2} = 5.}}$

Schnittpunkt mit der y-Achse: $y_0 = f(0) = -3$.

Scheitelpunkt: Koeffizienten: $a = \frac{1}{5}$, $b = -\frac{2}{5}$, $c = -3$,

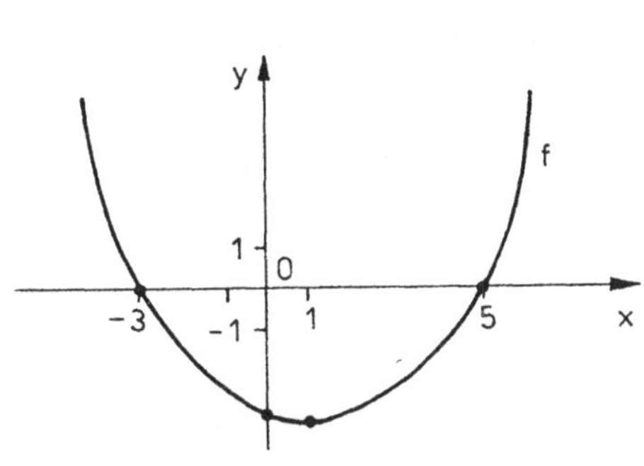

Bild 15.5

$$x_s = -\frac{b}{2a} = \underline{\underline{1}},$$

$$y_s = \frac{4ac - b^2}{4a} = -\frac{16}{5} = \underline{\underline{-3{,}2}},$$

S (1; -3,2).

Einprägsamer ist die Berechnung des Scheitelpunkts $S(x_s; y_s)$ nach der Formel:

$$x_s = \frac{x_{N1} + x_{N2}}{2} = \frac{-3 + 5}{2} = 1,$$

$$y_s = f(x_s) = \frac{1}{5} x_s^2 - \frac{2}{5} x_s - 3 = \frac{1}{5} * 1 - \frac{2}{5} * 1 - 3 = \frac{1 - 2 - 15}{5} = -\frac{16}{5}.$$

c) Potenzfunktionen

$f{:}\, y = x^m;\ m \in G \setminus \{0; 1\}$

Fall 1: $y = x^n;\ n \in N,\ n > 1$ (Bild 15.6)

n geradzahlig	n ungeradzahlig
y = x^4, y = x^2 (Graph)	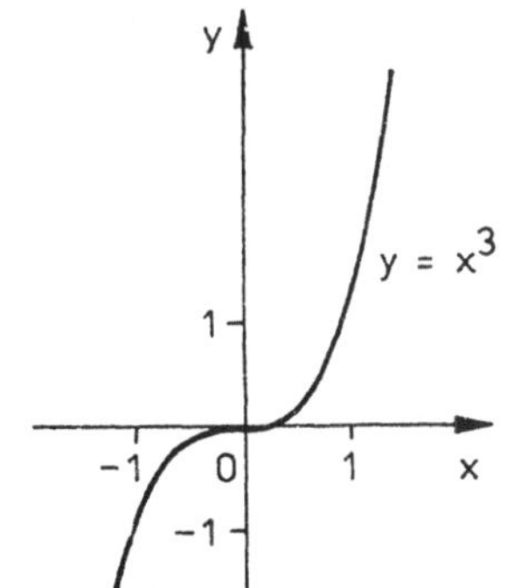
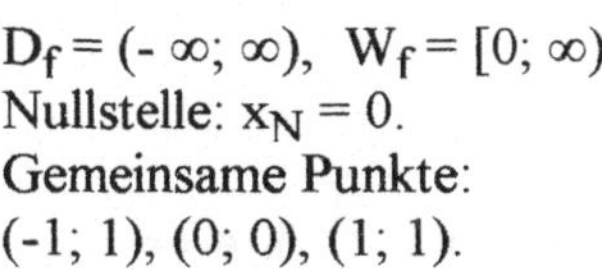 $D_f = (-\infty; \infty)$, $W_f = [0; \infty)$. Nullstelle: $x_N = 0$. Gemeinsame Punkte: (-1; 1), (0; 0), (1; 1).	$D_f = (-\infty; \infty)$, $W_f = (-\infty; \infty)$. Nullstelle: $x_N = 0$. Gemeinsame Punkte: (-1; -1), (0; 0), (1; 1).

Bild 15.6

Fall 2: $y = x^{-n}$; $n \in N$, $n \geq 1$ (Bild 15.7).

n geradzahlig

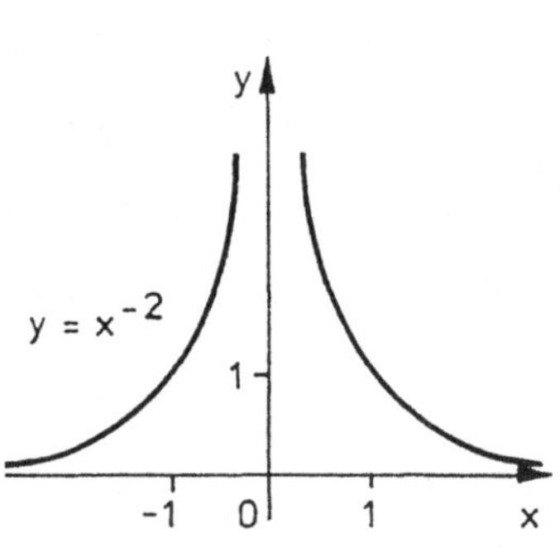

$D_f = (-\infty; \infty) \setminus \{0\}$, $W_f = (0; \infty)$.
Nullstelle: keine
Gemeinsame Punkte: (-1; 1), (1; 1).

n ungeradzahlig

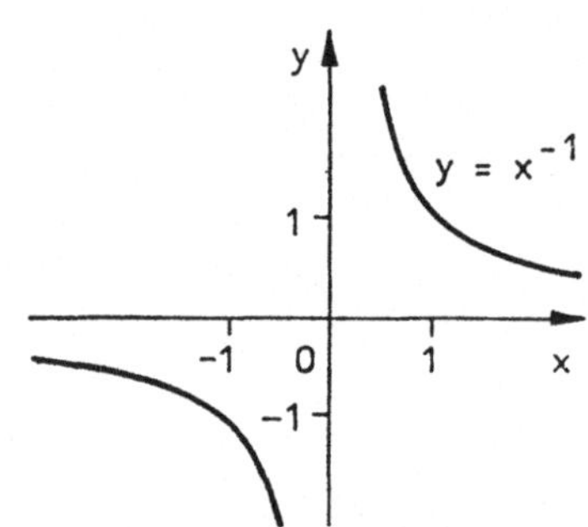

$D_f = (-\infty; \infty) \setminus \{0\}$, $W_f = (-\infty; \infty) \setminus \{0\}$.
Nullstelle: keine
Gemeinsame Punkte: (-1; -1), (1; 1).

Bild15.7

d) Winkelfunktionen

Die Winkelfunktionen (Bilder 15.8 und 15.9) werden auch trigonometrische Funktionen genannt. Diese sind die Funktionen

f: $y = \sin x$ (Sinusfunktion)
f: $y = \cos x$ (Kosinusfunktion)
f: $y = \tan x$ (Tangensfunktion)
f: $y = \cot x$ (Kotangensfunktion)

y = sin x

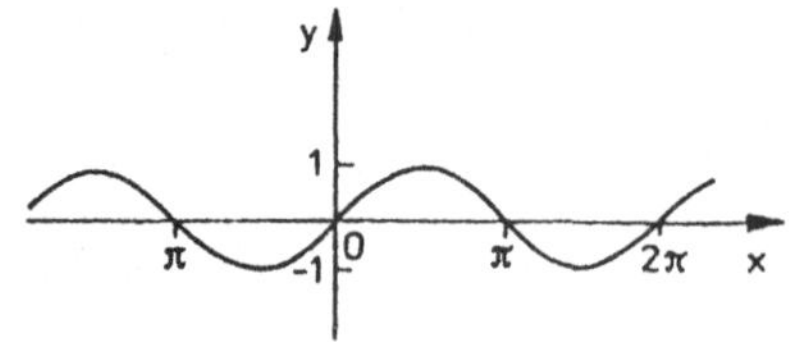

$D_f = (-\infty; \infty)$, $W_f = [-1; 1]$.

Nullstellen: $x_{NK} = k\pi$; $k \in G$.

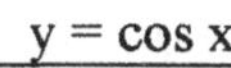
y = cos x

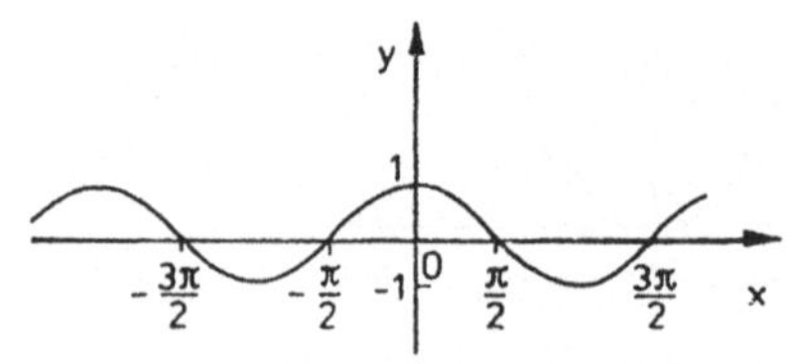

$D_f = (-\infty; \infty)$, $W_f = [-1; 1]$.

Nullstellen: $x_{NK} = (2k + 1)\frac{\pi}{2}$, $k \in G$.

Bild 15.8

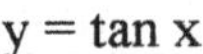

$y = \tan x$

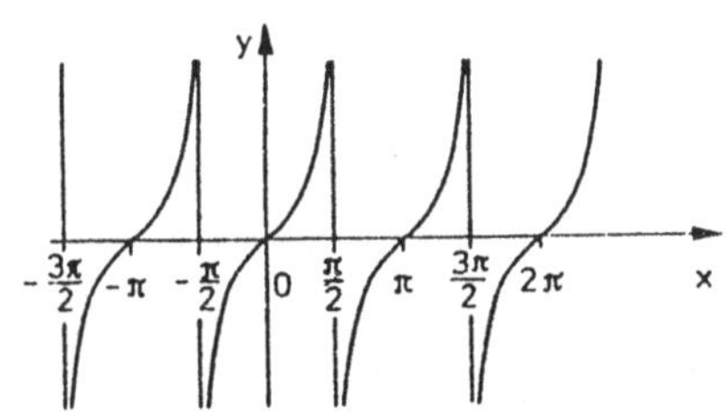

$D_f = (-\infty; \infty) \setminus \{x \mid x = (2k+1)\frac{\pi}{2};\ k \in G\}$;

$W_f = (-\infty; \infty)$.

Nullstellen: $x_{NK} = k\pi;\ k \in G$.

$y = \cot x$

$D_f = (-\infty; \infty) \setminus \{x \mid x = k\pi;\ k \in G\}$;

$W_f = (-\infty; \infty)$.

Nullstellen: $x_{NK} = (2k+1)\frac{\pi}{2};\ k \in G$.

Bild 15.9

e) Exponentialfunktionen

f: $y = a^x;\ a \neq 1,\ a > 0,\ x \in R$ (Bild 15.10).

Die Basis a einer Exponentialfunktion ist eine konstante reelle Zahl. Es sind zwei Fälle zu unterscheiden:

$a > 1$

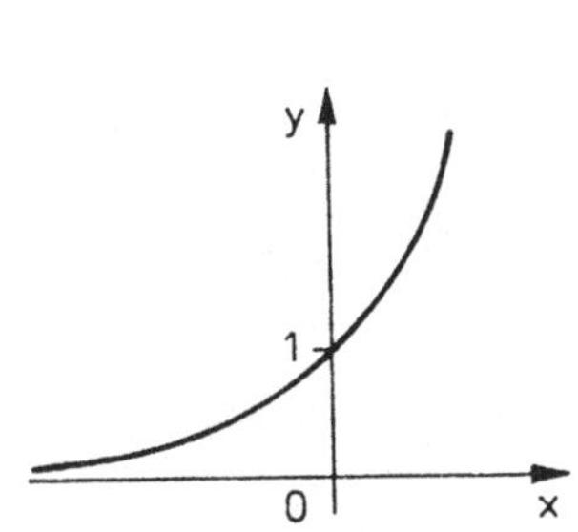

$D_f = (-\infty; \infty)$, $W_f = (0; \infty)$.
Nullstelle: keine.
Gemeinsamer Punkt: (0; 1).

$0 < a < 1$

$D_f = (-\infty; \infty)$, $W_f = (0; \infty)$.
Nullstelle: keine.
Gemeinsamer Punkt: (0; 1).

Bild 15.10

Beispiel 15.5: Bilder einiger spezieller Exponentialfunktionen (Bild 15.11)

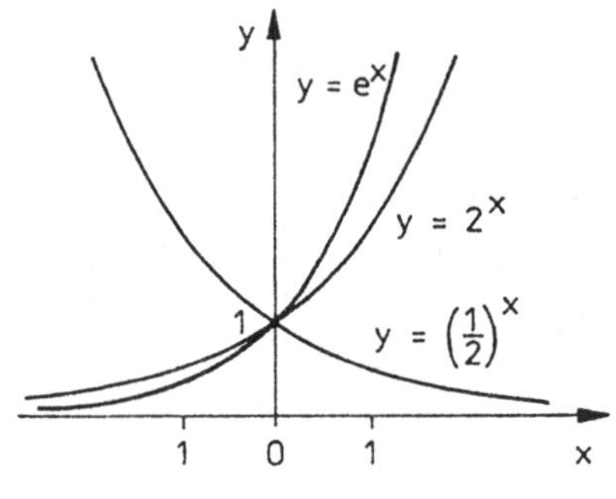

Bild 15.11

Bemerkung: Jede Exponentialfunktion f: $y = a^x$ läßt sich zur Basis e = 2,71828 . . . darstellen:

$y = a^x = (e^{\ln a})^x = e^{x \ln a} = e^{\ln a\, x}$, da $a = e^{\ln a}$,

also gilt: $y = a^x = e^{\ln a\, x}$; $a > 0$, $a \neq 1$, $x \in R$; $y > 0$.

15.4 Eigenschaften von Funktionen

In diesem Abschnitt betrachten wir einige Eigenschaften von Funktionen, vorwiegend ausgehend vom Funktionsbild, aus qualitativer Sicht. Erst an späterer Stelle können mit Hilfe der Differentialrechnung gewisse Eigenschaften von Funktionen analytisch betrachtet werden.

15.4.1 Beschränktheit

Definition 15.3:

Eine Funktion f: $y = f(x)$, $x \in D_f$, heißt im Intervall $[a; b] \subseteq D_f$ beschränkt, wenn es einen konstanten Wert C gibt, derart, daß $C \geq |f(x)| \; \forall \; x \in [a; b]$. C heißt Schranke von f im Intervall [a; b].

Das Bild 15.12 verdeutlicht diese Definition.

Im Intervall [a; b] liegen alle Funktionswerte zwischen C und -C, also $-C \leq f(x) \leq C$, wobei jeder Wert C', für den gilt $C' \geq |f(x)| \; \forall \; x \in [a; b]$, ebenfalls Schranke im betrachteten Intervall ist. Somit hat eine beschränkte Funktion unendlich viele Schranken.

Außerdem kann die Beschränktheit einer Funktion nur in einer Richtung nach oben oder nach unten betrachtet werden.

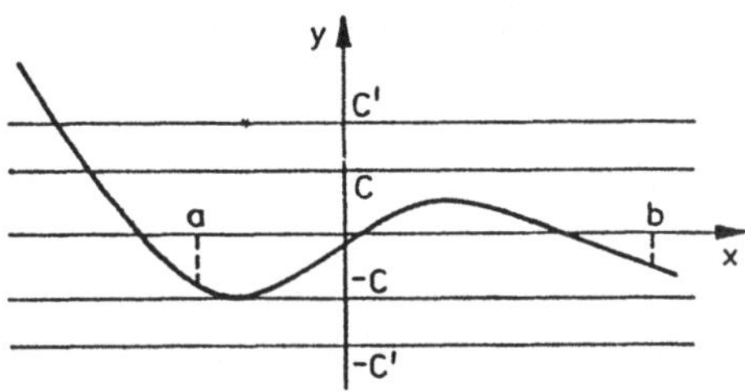

Bild 15.12

> **Definition 15.4:**
>
> Eine Funktion f: $y = f(x)$, $x \in D_f$, heißt im Intervall $[a; b] \subseteq D_f$ nach unten bzw. nach oben beschränkt, wenn es einen konstanten Wert C_u bzw. C_o gibt, derart, daß $C_u \leq f(x)\ \forall\, x \in [a; b]$ bzw. $C_o \geq f(x)\ \forall\, x \in [a; b]$.
>
> C_u heißt untere Schranke, C_o obere Schranke von f im Intervall [a; b].

Beispiel 15.6: Gegeben sind die Funktionen

f_1: $y = \frac{1}{3}x^2 + \frac{2}{3}x - \frac{8}{3}$, $x \in (-\infty; \infty)$, (Bild 15.13) und

f_2: $y = -\frac{1}{4}x^2 - x + 3$, $x \in (-\infty; \infty)$. (Bild 15.14)

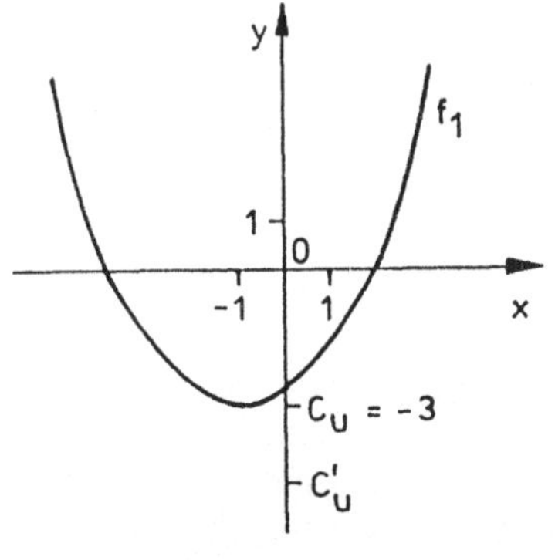

Bild 15.13

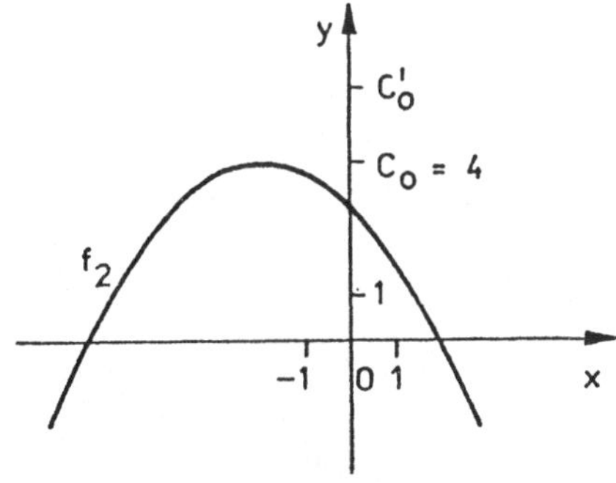

Bild 15.14

$C_u = -3$ ist eine untere Schranke (die größte untere Schranke) von f_1 im Definitionsbereich $(-\infty; \infty)$. Alle weiteren (unendlich vielen) Werte $C'_u < -3$ sind ebenfalls untere Schranken von f_1.

$C_o = 4$ ist eine obere Schranke (die kleinste obere Schranke) von f_2 im Definitionsbereich $(-\infty; \infty)$. Alle weiteren Werte $C'_o > 4$ sind ebenfalls obere Schranken von f_2.

15.4.2 Monotonie

Definition 15.5:

Eine Funktion f: $y = f(x)$, $x \in D_f$, heißt im Intervall $[a; b] \subseteq D_f$ monoton wachsend, wenn für $x_1 < x_2$ gilt: $f(x_1) \leq f(x_2) \; \forall \; x_1, x_2 \in [a; b]$, monoton fallend, wenn für $x_1 < x_2$ gilt: $f(x_1) \geq f(x_2) \; \forall \; x_1, x_2 \in [a; b]$.
Treten die Gleichheitsbeziehungen zwischen $f(x_1)$ und $f(x_2)$ nicht auf, gilt somit
für $x_1 < x_2$: $f(x_1) < f(x_2) \; \forall \; x_1, x_2 \in [a; b]$ bzw.
für $x_1 < x_2$: $f(x_1) > f(x_2) \; \forall \; x_1, x_2 \in [a; b]$,
so heißt die Funktion f streng monoton wachsend bzw. streng monoton fallend.

Die Bilder 15.15 und 15.16 verdeutlichen diese Definition.

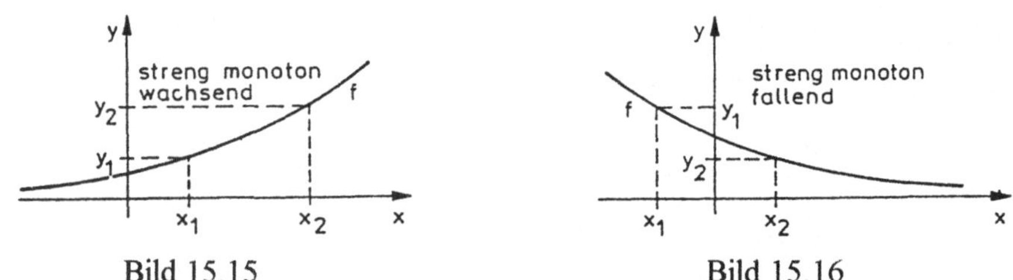

Bild 15.15 Bild 15.16

Beispiel 15.7:

a) $y = x^2$ ist für $x < 0$ streng monoton fallend und für $x \geq 0$ streng monoton wachsend.

b) $y = e^x$ ist überall streng monoton wachsend.

15.4.3 Symmetrie

Es gibt Funktionen, deren Bilder gewisse Symmetrieeigenschaften aufweisen. So kann das Funktionsbild symmetrisch zur y-Achse (gerade Funktion) bzw. symmetrisch zum Koordinatenursprung (ungerade Funktion) verlaufen. Somit verlaufen gerade Funktionen axial-symmetrisch und ungerade Funktionen zentral-symmetrisch.

Definition 15.6:

Eine Funktion f: $y = f(x)$, $x \subseteq D_f$ heißt gerade Funktion, wenn $f(-x) = f(x)$, bzw.

ungerade Funktion, wenn $f(-x) = -f(x)$.

Beispiel 15.8:

a) Gerade sind zum Beispiel Funktionen mit

$y = x^2,\ y = x^4,\ y = x^6,\ \dots,\ y = x^{2k}$ für $k = 1, 2, \dots;$

$y = \frac{1}{x^2},\ y = \frac{1}{x^4},\ y = \frac{1}{x^6},\ \dots,\ y = \frac{1}{x^{2k}}$ für $k = 1, 2, \dots;$

$y = \cos x;$

$y = \frac{1}{1 + x^2}.$

b) Ungerade sind zum Beispiel Funktionen mit

$y = x;$

$y = x^3,\ y = x^5,\ y = x^7,\ \dots,\ y = x^{2k+1}$ für $k = 1, 2, \dots;$

$y = \frac{1}{x},\ y = \frac{1}{x^3},\ y = \frac{1}{x^5},\ \dots,\ y = \frac{1}{x^{2k+1}}$ für $k = 0, 1, 2, \dots;$

$y = \sin x,\ y = \tan x.$

Beispiel 15.9: Man untersuche die folgenden Funktionen auf Symmetrie:

a) $f\colon\ y = f(x) = e^{x^2}$.
$f(-x) = e^{(-x)^2} = e^{x^2} = f(x)$. Diese Funktion f ist eine gerade Funktion.

b) $f\colon\ y = f(x) = xe^{x^2}$.
$f(-x) = (-x)\, e^{(-x)^2} = -x\, e^{x^2} = -f(x)$. Die Funktion f ist eine ungerade Funktion.

c) $f\colon\ y = f(x) = x\, e^x$.
$f(-x) = (-x)e^{-x} = -xe^{-x}$.

Da $f(-x) \neq \pm f(x)$, ist die Funktion f weder eine gerade noch eine ungerade Funktion.

15.5 Mittelbare Funktionen

Definition 15.7:

Zwei Funktionen

$f\colon y = f(z),\ z \in D_f$, und

$g\colon z = g(x),\ x \in D_g$ und $z \in W_g$,

heißen verkettet, wenn mit $W_g \subseteq D_f$ die Funktion

$f\colon y = f(g(x)),\ x \in D_g$,

gebildet wird. Verkettete Funktionen heißen auch mittelbare Funktionen.

Man bezeichnet $f\colon\ y = f(z)$ als äußere Funktion,
$g\colon\ z = g(x)$ als innere Funktion.

Beispiel 15.10: Gegeben sei die Funktion f: $y = e^{x^2 - 1}$.

Es ist $y = f(g(x)) = f(z)$ mit $z = g(x)$:

äußere Funktion f: $y = f(z) = e^z,\ z \in (-\infty; \infty) = D_f$,

innere Funktion g: $z = g(x) = x^2 - 1,\ x \in (-\infty; \infty) = D_g,\ W_g = [-1; \infty) \subset D_f$.

Beispiel 15.11: Die Funktionen

f: $y = z^2 = f(z),\ z \in (-\infty; \infty) = D_f$, und

g: $z = \sin x = g(x),\ x \in (-\infty; \infty) = D_g,\ W_g = [-1; 1] \subset D_f$,

ergeben verkettet die mittelbare Funktion

f: $y = f(g(x)) = (\sin x)^2 = \sin^2 x$.

Beispiel 15.12: Die mittelbare Funktion f: $y = f(g(x)) = (2x^2 - x)^2$ ist hervorgegangen aus der Verkettung der Funktionen

f: $y = f(z) = z^2$ und

g: $z = g(x) = 2x^2 - x$.

Beispiel 15.13: Die mittelbare Funktion f: $y = f(g(h(x))) = e^{\sin^2 x}$ ist hervorgegangen aus der Verkettung der Funktionen

f: $y = f(z) = e^z$, g: $z = g(u) = u^2$, h: $u = h(x) = \sin x$.

15.6 Umkehrfunktionen

15.6.1 Begriff und Bildung der Umkehrfunktion

Entsprechend der Definition 15.1 liegt eine Funktion dann vor, wenn jedem $x \in D_f$ eindeutig ein $y \in W_f$ zugeordnet ist. Ist zusätzlich zur vorgegebenen Funktion f auch umgekehrt jedem $y \in W_f$ eindeutig ein $x \in D_f$ zugeordnet, so bezeichnet man diese Zuordnung als Umkehrfunktion f^{-1} oder inverse Funktion. Die Funktionen f, die diese Eigenschaft haben, sind eineindeutig oder umkehrbar eindeutig, d. h., sie verlaufen streng monoton im Definitionsbereich D_f.

Es gilt $D_{f^{-1}} = W_f$ und $W_{f^{-1}} = D_f$.

Nun kann geschrieben werden:

f^{-1}: $x = f^{-1}(y),\ y \in D_{f^{-1}}$.

Daraus ist zu ersehen, daß nunmehr in f^{-1} die Variable x die abhängige und die Variable y die unabhängige Variable ist.

Analytisch bilden wir die Umkehrfunktion in zwei Schritten:

Schritt 1: Umstellen von $y = f(x)$ nach der Variablen x.

Ausgangsfunktion	Umkehrfunktion
f: $y = f(x)$,	g: $x = g(y)$,
x unabhängige Variable,	y unabhängige Variable,
y abhängige Variable,	x abhängige Variable.

Schritt 2: Vertauschen der Variablen.
Um die Umkehrfunktion in dem für die Ausgangsfunktion üblichen x,y-Koordinatensystem darstellen zu können, vertauscht man die Variablen x und y miteinander, wodurch wir die Umkehrfunktion, die wir nunmehr mit f^{-1} bezeichnen wollen, erhalten:

f^{-1} : $y = f^{-1}(x)$, x unabhängige Variable, y abhängige Variable.

Beispiel 15.14: Gegeben sei eine lineare Funktion f: $y = 2x - 1$, $D_f = (-\infty; \infty)$, f eineindeutig. Die Umkehrfunktion wird gebildet:

Schritt 1: f: $y = f(x) = 2x - 1 \rightarrow$ g: $x = g(y) = \frac{y}{2} + \frac{1}{2}$,

Schritt 2: f^{-1} : $y = f^{-1}(x) = \frac{x}{2} + \frac{1}{2}$.

Graphisch bildet man die Umkehrfunktion f^{-1}, indem man die (streng monotone) Ausgangsfunktion f an der Geraden y = x spiegelt. Im Bild 15.17 wird dieses Verfahren anhand eines Punktes irgendeiner Ausgangsfunktion in Anlehnung an die analytische Vorgehensweise gezeigt.

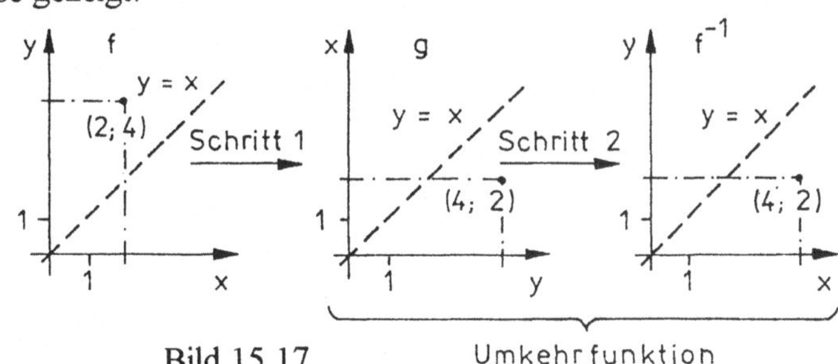

Bild 15.17

Beispiel 15.15:

Wir betrachten die im vorangegangenen Beispiel 15.14 gegebene Funktion f: $y = 2x - 1$ und bilden graphisch die Umkehrfunktion f^{-1} (Bild 15.18). Aus der graphischen Darstellung von f^{-1} liest man ab: f^{-1} : $y = \frac{x}{2} + \frac{1}{2}$.

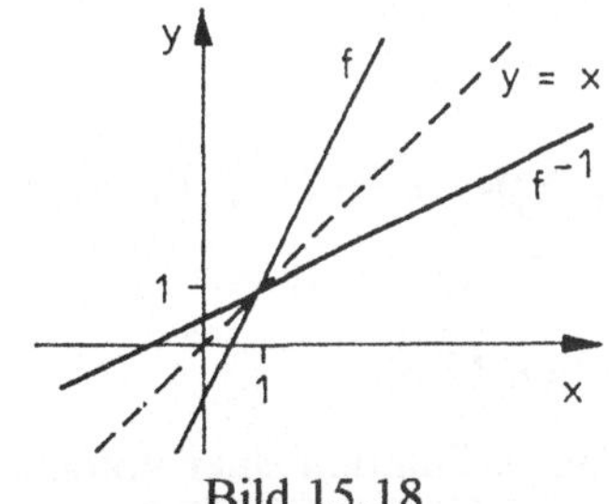

Bild 15.18

Beispiel 15.16: Die Funktion f: $y = x^2$, $x \in (-\infty; \infty)$, soll umgekehrt werden.

Da f : $y = x^2$ im gesamten Definitionsbereich nicht monoton ist, müssen die streng monotonen Kurvenstücke getrennt umgekehrt werden. Damit erhalten wir zwei Umkehrfunktionen (siehe auch Bild 15.19).

Analytisch:

Ausgangsfunktion f: $y = x^2$, $D_f = (-\infty; \infty)$, nicht monoton; Trennung in zwei monotone Funktionen

f_1: $y = x^2$ $D_{f_1} = (-\infty; 0]$, $W_{f_1} = [0; \infty)$		f_2: $y = x^2$ $D_{f_2} = [0; \infty)$, $W_{f_2} = [0; \infty)$
	Schritt 1 $\lvert x\rvert = \sqrt{y}$	
g_1: $x = -\sqrt{y}$ $D_{g_1} = [0; \infty)$, $W_{g_1} = (-\infty; 0]$		g_2: $x = \sqrt{y}$ $D_{g_2} = [0; \infty)$, $W_{g_2} = [0; \infty)$
	Schritt 2	
f_1^{-1} : $y = -\sqrt{x}$ $D_{f_1^{-1}} = [0; \infty)$, $W_{f_1^{-1}} = (-\infty; 0]$		f_2^{-1} : $y = \sqrt{x}$ $D_{f_2^{-1}} = [0; \infty)$, $W_{f_2^{-1}} = [0; \infty)$

Graphisch:

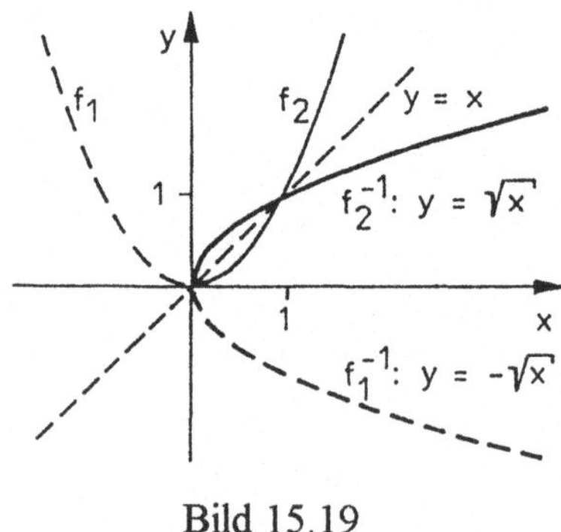

Bild 15.19

Wir bezeichnen f^{-1} : $y = \sqrt{x}$ als Wurzelfunktion. Das ist die Umkehrfunktion der Potenzfunktion f: $y = x^2$ $\forall\, x \in [0; \infty)$.

15.6.2 Spezielle Umkehrfunktionen

a) Wurzelfunktionen

Definition 15.8:

Die Umkehrfunktion einer Potenzfunktion f: $y = x^n$, $n \in N$, $n \geq 2$,

$x \in D_f = [0; \infty)$, heißt Wurzelfunktion $f^{-1}: y = \sqrt[n]{x}$, $x \in D_{f^{-1}} = [0; \infty)$.

Es gilt $f(x) \quad : y = x^n, \quad x \geq 0, y \geq 0,$

$f^{-1}(x) \; : y = \sqrt[n]{x}, \quad x \geq 0, y \geq 0.$

Im Bild 15.20 wird die Wurzelfunktion für n = 2 und n = 3 dargestellt.

Gemeinsamer Punkt: P_0 (1; 1).

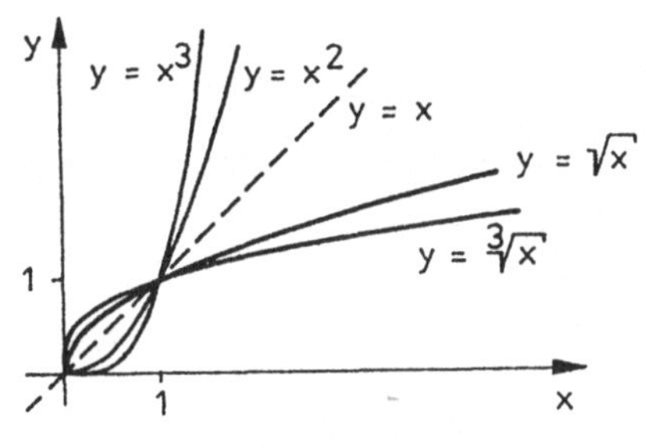

Bild 15.20

Die Wurzelfunktion als Umkehrfunktion einer Potenzfunktion kann wiederum als Potenzfunktion bezeichnet werden. Es ist

$$f\colon y = \sqrt[n]{x} = x^{\frac{1}{n}}, \; x \in [0; \infty); \; \frac{1}{n} \text{ ist eine rationale Zahl.}$$

Für eine beliebige rationale Zahl $\frac{m}{n} = p \in P$, $p > 0$, gilt:

$$f\colon y = x^p = x^{\frac{m}{n}} = \sqrt[n]{x^m}; \; m = 1, 2, 3, \; \ldots, n = 2, 3, \; \ldots$$

Grundsätzlich wird der Definitionsbereich $D_f = [0; \infty)$ und der Wertebereich $W_f = [0; \infty)$ festgelegt (Bild 15.21). In diesem Fall ($p > 0$) sind die Bilder Parabeläste. Alle diese Potenzfunktionen sind streng monoton wachsend und verlaufen durch den gemeinsamen Punkt P_0 (1; 1).

Ist $p < 0$ eine beliebige negative rationale Zahl, so gilt:

$$f\colon y = x^p = x^{-\frac{m}{n}} = \frac{1}{x^{\frac{m}{n}}} = \frac{1}{\sqrt[n]{x^m}}, \; m = 1, 2, 3, \; \ldots, n = 2, 3, \; \ldots$$

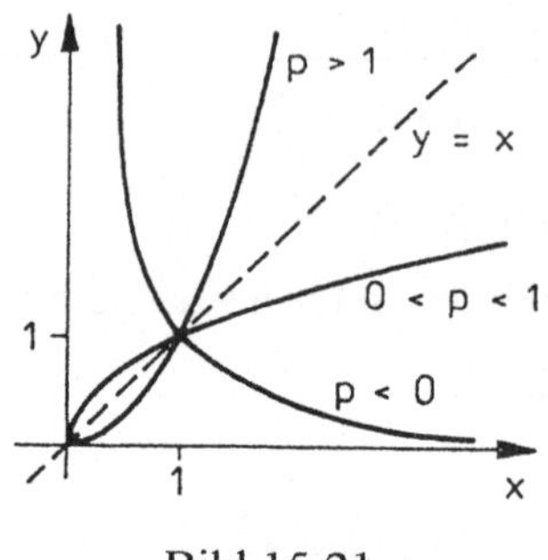

Bild 15.21

Die Bilder sind Hyperbeläste. Diese verlaufen durch den gemeinsamen Punkt P_0 (1; 1) und sind streng monoton fallend.

b) Logarithmusfunktionen

Definition 15.9:

Die Umkehrfunktion einer Exponentialfunktion

$$f: y = a^x;\ a \neq 1,\ a > 0,\ x \in D_f = (-\infty; \infty),$$

heißt Logarithmusfunktion

$$f^{-1}: y = \log_a x,\ x \in D_{f^{-1}} = (0; \infty).$$

Im Bild 15.22 wird die Logarithmusfunktion für a > 1 und 0 < a < 1 als Umkehrfunktion der entsprechenden Exponentialfunktion dargestellt.

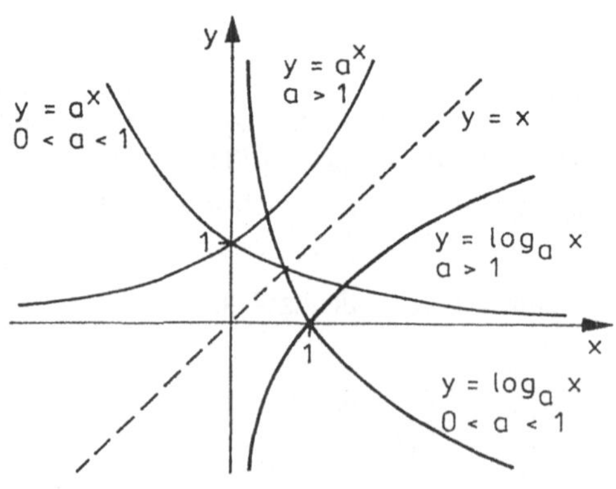

Bild 15.22

Für Logarithmusfunktionen gilt somit:

Definitionsbereich $(0; \infty)$,
Wertebereich $(-\infty; \infty)$,
gemeinsamer Punkt P_0 $(1; 0)$.

c) Arkusfunktionen (zyklometrische Funktionen)

Definition 15.10:

Die Umkehrfunktion einer Winkelfunktion

f_1: $y = \sin x$, $x \in D_{f_1} = [-\frac{\pi}{2}; \frac{\pi}{2}]$; $W_{f_1} = [-1; 1]$,

f_2: $y = \cos x$, $x \in D_{f_2} = [0; \pi]$; $W_{f_2} = [-1; 1]$,

f_3: $y = \tan x$, $x \in D_{f_3} = (-\frac{\pi}{2}; \frac{\pi}{2})$; $W_{f_3} = (-\infty; \infty)$,

f_4: $y = \cot x$, $x \in D_{f_4} = (0; \pi)$; $W_{f_4} = (-\infty; \infty)$

heißt Arkusfunktion oder zyklometrische Funktion

f_1^{-1}: $y = \arcsin x$, $x \in D_{f_1^{-1}} = [-1; 1]$; $W_{f_1^{-1}} = [-\frac{\pi}{2}; \frac{\pi}{2}]$,

f_2^{-1}: $y = \arccos x$, $x \in D_{f_2^{-1}} = [-1; 1]$; $W_{f_2^{-1}} = [0; \pi]$,

f_3^{-1}: $y = \arctan x$, $x \in D_{f_3^{-1}} = (-\infty; \infty)$; $W_{f_3^{-1}} = (-\frac{\pi}{2}; \frac{\pi}{2})$,

f_4^{-1}: $y = \text{arccot}\, x$, $x \in D_{f_4^{-1}} = (-\infty; \infty)$; $W_{f_4^{-1}} = (0; \pi)$.

Man beachte, daß nur streng monotone Funktionen umgekehrt werden können. Deshalb kann man Winkelfunktionen nur stückweise, in sog. Monotonieintervallen umkehren, wobei zu jedem der unendlich vielen Monotonieintervalle jeweils eine Umkehrfunktion einer Winkelfunktion gebildet werden kann.

Das in der Definition jeweils vorgegebene Monotonieintervall $D_{f_1}, \ldots, D_{f_4}$ legt die entsprechende Arkusfunktion fest, deren Wertebereich $W_{f_1^{-1}}, \ldots, W_{f_4^{-1}}$ auch als Hauptwert bezeichnet wird.

In den Bildern 15.23 bis 15.26 werden die Winkelfunktionen f in den vorgegebenen Monotonieintervallen und die zugehörigen Arkusfunktionen f^{-1} dargestellt.

Aus den Funktionsbildern der Arkusfunktionen f^{-1} liest man ab:

Der Funktionswert y ist der Winkel im Bogenmaß, dessen entsprechender Winkelfunktionswert gleich x ist.

Beispielsweise ist $y = \arcsin x$, $x \in [-1; 1]$, identisch mit $x = \sin y$, $y \in [-\frac{\pi}{2}; \frac{\pi}{2}]$.

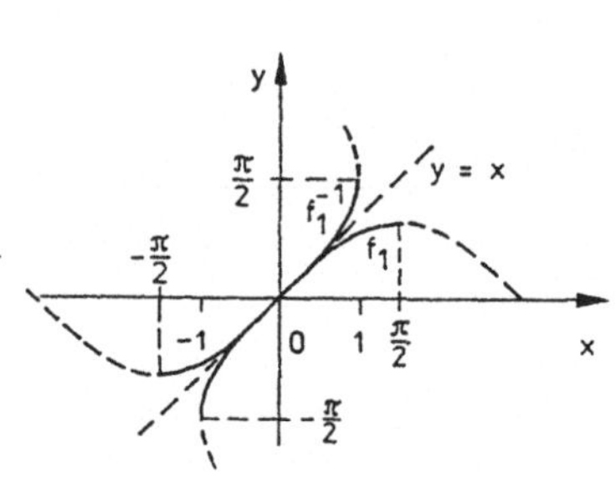

Bild 15.23

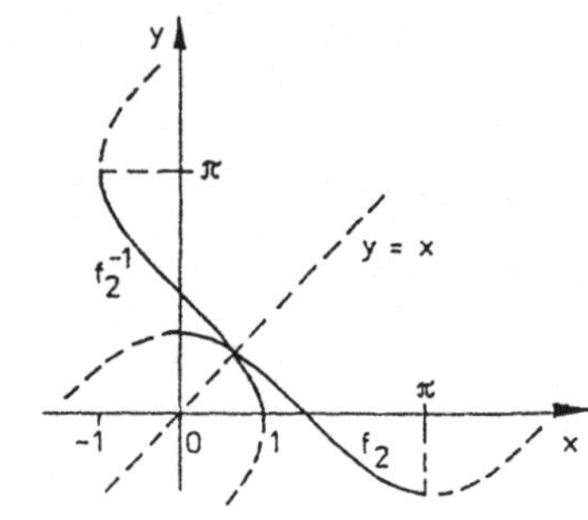

Bild 15.24

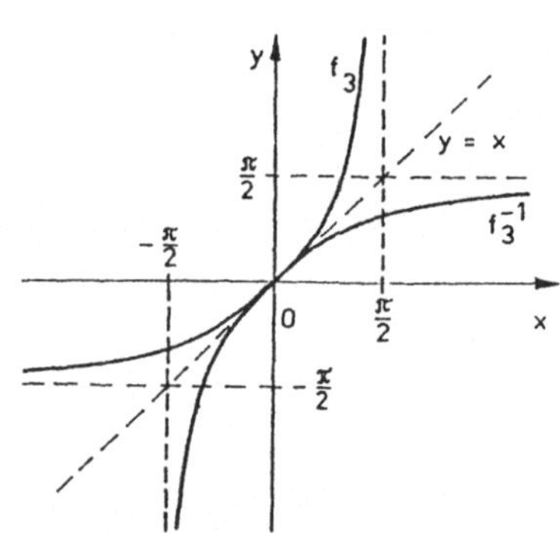

Bild 15.25

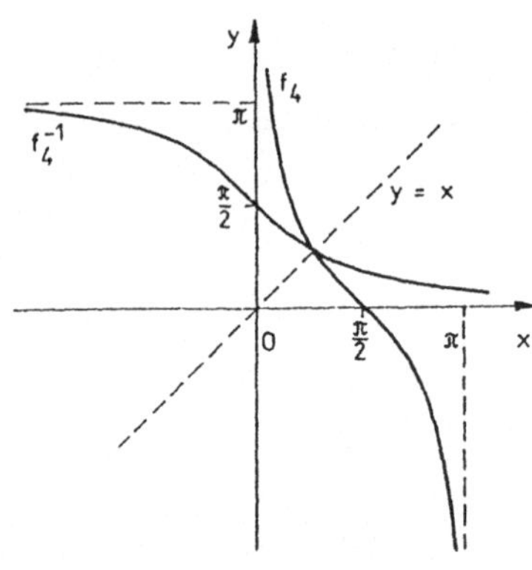

Bild 15.26

Beispiel 15.17:

a) $y = \arcsin 0{,}5 = \frac{\pi}{6} = 30°$ ist identisch mit $\sin y = 0{,}5$, wobei $y = \frac{\pi}{6}$ ist.

b) $y = \arcsin(-1) = -\frac{\pi}{2} = -90°$, da $x = -1 = \sin(-\frac{\pi}{2})$ ist.

c) $\arcsin x = -\frac{\pi}{4} \rightarrow x = -\frac{1}{2}\sqrt{2}$, da $x = \sin(-\frac{\pi}{4}) = -\sin\frac{\pi}{4} = -\sin 45° = -\frac{1}{2}\sqrt{2}$ ist.

d) $y = \operatorname{arccot}(-\pi) = 2{,}83 = (180° - 17{,}70°) = 162{,}3°$ bzw. $\cot y = -\pi$, wobei $y = 2{,}83$ ist. Man verdeutliche sich diesen Zusammenhang am Bild 15.26 sowie am Einheitskreis.

15.7 Übungsaufgaben

1. Gegeben sind lineare Funktionen f mit folgenden analytischen Ausdrücken $y = f(x)$:

a) $y = 2x + 1$	b) $y = x - 2$	c) $y = 0{,}6x + 1{,}5$
d) $y = -0{,}25x - 1$	e) $y = 0{,}2\,(2x - 15)$	f) $y = -0{,}5(-6 - x)$
g) $y = \frac{1}{3}(5 - 2x)$	h) $y = -0{,}7x - 2{,}5$	i) $4y - 6x = 12$

1.1. Man skizziere die Funktionsbilder!

1.2. Man ermittle jeweils Anstieg und Anstiegswinkel der Geraden!

2. Gegeben sind jeweils zwei Punkte $P_1\,(x_1;\,y_1)$ und $P_2\,(x_2;\,y_2)$, durch die eine Gerade zu legen ist:

a) $P_1\,(-1;\,2)$;	$P_2\,(2;\,5)$	b) $P_1\,(-2;\,1)$;	$P_2\,(4;\,4)$
c) $P_1\,(-3;\,1)$;	$P_2\,(6;\,-2)$	d) $P_1\,(0;\,-4)$;	$P_2\,(-2;\,4)$
e) $P_1\,(6;\,-3)$;	$P_2\,(-3;\,3)$	f) $P_1\,(-4;\,-3)$;	$P_2\,(8;\,0)$

2.1. Übertragen Sie zusammengehörige Punkte P_1, P_2 in ein x,y-Koordinatensystem, und geben Sie den analytischen Ausdruck der durch die jeweilige Gerade dargestellten linearen Funktion an!

2.2. Ermitteln Sie die Nullstellen dieser Funktionen!

3. Gegeben sei ein unregelmäßiges Viereck mit den Eckpunkten $P_1\,(-6;\,0)$; $P_2\,(0;\,2)$; $P_3\,(2;\,0)$; $P_4\,(0;\,-4)$.

3.1. Geben Sie die Gleichungen der linearen Funktionen an, auf deren Bildern die Seiten des Vierecks liegen!

3.2. Ermitteln Sie aus den Anstiegswinkeln der Geraden die Innenwinkel des Vierecks!

4. Man skizziere das Kurvenbild der folgenden quadratischen Funktionen f: $y = f(x)$ mit Hilfe der Nullstellen, Scheitelpunktskoordinaten und des Schnittpunkts mit der y-Achse!

a) $y = \frac{1}{3}(x^2 + 2x - 8)$	b) $y = -\frac{1}{4}x^2 - x + 3$
c) $y = -2\,(x^2 - 1)$	d) $y = (x - 2)^2$
e) $y = x^2 - 6x + 12$	f) $y = -\,(x^2 - 6x + 12)$
g) $y = \frac{1}{5}(x + 3)\,(x - 2)$	h) $y = -\frac{1}{4}(x + 4)^2$

5. Untersuchen Sie die nachfolgenden Funktionen f: $y = f(x)$ für $x \in (-\infty;\,\infty)$ auf Beschränktheit, und geben Sie untere bzw. obere Schranken an!

a) $y = x^2 + 4x - 5$	b) $y = -\frac{2}{3}(x + 7)\,(x + 1)$
c) $y = x^4 - 2$	d) $y = -x^5 + 2$

e) $y = 0{,}5 - \sin x$ f) $y = 2 + \cos x$

6. Man untersuche bei folgenden Funktionen f: $y = f(x)$, $x \in D_f \subseteq (-\infty; \infty)$
6.1. das Monotonieverhalten, ausgehend vom Funktionsbild,
6.2. die Symmetrieeigenschaften, ausgehend vom Funktionsbild sowie analytisch!

a) $y = 2x^{-1}$ b) $y = 3x^{-2}$ c) $y = \frac{2}{2 + x^2}$

d) $y = \frac{3}{2 + x^2}$ e) $y = \frac{-4}{1 + x^2}$ f) $y = \frac{2}{x^2 + 1}$

g) $y = \frac{x^2}{1 + x^2}$ h) $y = 2e^x$ i) $y = -2e^x$

j) $y = 3e^{-x}$ k) $y = e^{x^2}$ l) $y = -e^{x^2}$

7. Untersuchen Sie die nachfolgenden Funktionen f: $y = f(x)$ analytisch auf Symmetrie, und verallgemeinern Sie die Ergebnisse!
a) $f(x) = x^4 - 2x^2 + 4$ b) $f(x) = 4x^5 - 3x$
c) $f(x) = x^2 (1 - x^4)$ d) $f(x) = 2x (x^3 + x)$
e) $f(x) = x^3 + x - 2$ f) $f(x) = -x + 3$
g) $f(x) = \frac{x^2 - 2}{x^4 + x^2 - 6}$ h) $f(x) = \frac{2x}{x^5 - 4x^3 + x}$
i) $f(x) = \frac{x^2 + 4}{x^5 - 2x^3 + x}$ j) $f(x) = \frac{x - 2}{x - 4}$
Hinweis: Betrachten Sie bei der Verallgemeinerung die Summe, das Produkt und den Quotienten gerader bzw. ungerader Funktionen.

8. a) Untersuchen Sie die folgenden Funktionen analytisch auf Symmetrie:
f: $y = f(x) = 2^x + 2^{-x}$,
g: $y = g(x) = 2^x - 2^{-x}$.
b) Skizzieren Sie die Bilder der Funktionen f und g!
c) Ermitteln Sie den Definitions- und Wertebereich der beiden Funktionen!

9. Die mittelbaren Funktionen f: $y = f(g(x))$ sind in äußere Funktionen f: $y = f(z)$ und innere Funktionen g: $z = g(x)$ zu zerlegen!
a) $y = (x^2 - 1)^2$ b) $y = (3x^2 + x)^2$ c) $y = \cos (2x - \pi)$
d) $y = \sin x^2$ e) $y = 2^{x^3 + 1}$ f) $y = e^{2x}$
g) $y = e^{x^2}$ h) $y = e^{\tan x}$ i) $y = \cot^2 x$

10. Die mittelbaren Funktionen f: $y = f(g(h(x)))$ sind in äußere und innere Funktionen f: $y = f(z)$, g: $z = g(u)$, h: $u = h(x)$ zu zerlegen!

a) $y = 2^{(x^2+1)^3}$ b) $y = e^{\sin x^2}$ c) $y = \cos^2 (\frac{x}{2} + \frac{\pi}{4})$

d) $y = 2^{-(3x - 0,5)}$ e) $y = e^{\sin (3x - 2)}$ f) $y = \tan^2 (\pi - x)$

11. Die gegebenen Funktionen verkette man zu mittelbaren Funktionen f: $y = f(x)$!
a) f: $y = f(z) = z^2$, g: $z = g(x) = x - 4$

b) f: $y = f(z) = 2^z$, g: $z = g(x) = 3x^2$

c) f: $y = f(z) = z^2$, g: $z = g(u) = \sin u$, h: $u = h(x) = \frac{x}{3} - \frac{\pi}{2}$

d) f: $y = f(z) = 5^z$, g: $z = g(u) = -u$, h: $u = h(x) = x^2 - 3$

e) f: $y = f(z) = e^z$, g: $z = g(u) = \cos u$, h: $u = h(x) = 2x - \pi$

12. Zu den Funktionen f: $y = f(x)$ sind die Umkehrfunktionen f^{-1} zu bilden:

12.1. analytisch,

12.2. graphisch durch Spiegelung an der Geraden $y = x$.
Geben Sie jeweils den Definitions- und Wertebereich an!

a) $y = 2x - 1$ b) $y = \frac{1}{2}x^2 + 1$ c) $y = x^3$ d) $y = \frac{1}{2}x^3 - 1$

e) $y = x^4 + 2$ f) $y = x^5$ g) $y = e^x - 2$ h) $y = 2^x + 1$

13. Man skizziere die Bilder der Potenzfunktionen f: $y = x^p$, $x \in D_f = [0; \infty)$ für die nachfolgenden Werte $p \in P$, $p \neq 0$!

a) $p = \frac{1}{4}, \frac{1}{3}, \frac{1}{2}$

b) $p = \frac{5}{4}, \frac{4}{3}, \frac{3}{2}, \frac{5}{3}, \frac{7}{4}$

c) $p = -1; -2; -3; -\frac{1}{2}$

14. Ermitteln Sie nachfolgende Funktionswerte y! Beachten Sie dabei den Wertebereich der Arcusfunktionen!

a) $y = \arcsin 0{,}6157$ b) $y = \arcsin(-0{,}\ 9063)$

c) $y = \arcsin \frac{1}{2}\sqrt{3}$ d) $y = \arcsin(-\frac{1}{2}\sqrt{2})$

e) $y = \arccos 0{,}5736$ f) $y = \arccos(-0{,}9291)$

g) $y = \arctan 8{,}513$ h) $y = \arctan \frac{1}{3}\sqrt{3}$

i) $y = \arctan(-31{,}82)$ j) $y = \operatorname{arccot} 2{,}450$

15. Ermitteln Sie folgende Argumentwerte x! Beachten Sie dabei den Definitionsbereich der Arcusfunktionen!

a) $\arcsin x = 0{,}3124$ b) $\arcsin x = -1{,}138$

c) $\arcsin x = -\frac{\pi}{3}$ d) $\arccos x = 0{,}5864$

e) $\arccos x = \frac{3}{4}\pi$ f) $\arccos x = 1{,}6528$

g) $\arctan x = 0{,}9545$ h) $\arctan x = -1{,}5079$

i) $\arctan x = 1{,}0472$ j) $\operatorname{arccot} x = 0{,}2251$

k) $\operatorname{arccot} x = 3{,}0439$

16 Analytische Geometrie der Ebene

16.1 Allgemeines

Um die geometrischen Objekte (Punkte, Kurven, Vielecke u. a.) mit den Mitteln der analytischen Geometrie untersuchen zu können, legt man diese in ein rechtwinkliges Koordinatensystem. Dadurch erhält man eine eindeutige Zuordnung eines jeden Punktes der Ebene zu einem geordneten Zahlenpaar (x; y), den Koordinaten des Punktes. Vorläufig genügt es, mit einem zweidimensionalen kartesischen (d. h. rechtwinkligen) Koordinatensystem zu arbeiten.

16.2 Länge und Anstieg einer Strecke

Die kürzeste Verbindung zweier Punkte ist eine Strecke. Deren Länge ist zugleich der Abstand der beiden Punkte. Diese seien durch ihre Koordinaten gegeben:

$P_1\,(x_1; y_1)$ und $P_2\,(x_2; y_2)$.

Ihre Entfernung läßt sich mit Hilfe des Satzes von Pythagoras berechnen (schraffiertes Dreieck im Bild 16.1).

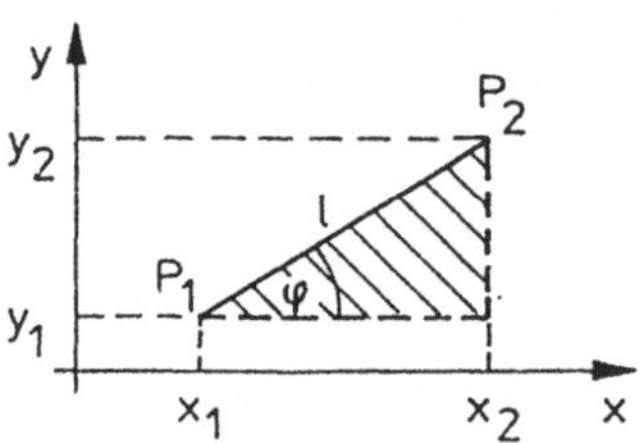

Bild 16.1

$$l = \overline{P_1P_2} = \sqrt{(y_2 - y_1)^2 + (x_2 - x_1)^2}, \qquad (16.1)$$

Länge der Strecke $\overline{P_1P_2}$.

Die Differenzen $(y_2 - y_1)$ und $(x_2 - x_1)$ gestatten auch die Berechnung des Anstieges der Strecke. Unter dem Anstieg versteht man den Tangens des Anstiegswinkels. Aus Bild 16.1 erkennt man:

$$\tan\varphi = m = \frac{y_2 - y_1}{x_2 - x_1}, \qquad (16.2)$$

Anstieg der Strecke $\overline{P_1P_2}$.

Beispiel 16.1: Gesucht sind Länge und Anstieg der Seiten des Dreiecks ABC mit den Eckpunkten A (-1; -1), B (4; 1) und C (-2; 6). Wie groß sind die Winkel des Dreiecks (Bild 16.2) ?

$\overline{AB} = \sqrt{(4+1)^2 + (1+1)^2} = \sqrt{5^2 + 2^2} = \sqrt{29} = \underline{\underline{5,4}}$. Weiter ergibt sich $\overline{BC} = \sqrt{61} = \underline{\underline{7,8}}$ und $\overline{AC} = \sqrt{50} = \underline{\underline{7,1}}$, $\tan\varphi_{(\overline{AB})} = \frac{1+1}{4+1} = \frac{2}{5}$ und weiterhin analog

$\tan \varphi_{(\overline{BC})} = -\frac{5}{6}$ und $\tan \varphi_{(\overline{AC})} = -7$.

Aus den Anstiegen lassen sich die Anstiegswinkel berechnen: $\varphi_{(\overline{AB})} = 21{,}8°$,

$\varphi_{(\overline{BC})} = 140{,}2°$, $\varphi_{(\overline{AC})} = 98{,}1°$.

Diese Winkel kann man bei gleichzeitiger Orientierung an Bild 16.2 benutzen, um die Winkel des Dreiecks zu berechnen.

$\alpha = \varphi_{(\overline{AC})} - \varphi_{(\overline{AB})} = 98{,}1° - 21{,}8° = \underline{\underline{76{,}3°}}$,

$\beta = 180° - (\varphi_{(\overline{BC})} - \varphi_{(\overline{AB})}) = 180° - 118{,}4° = \underline{\underline{61{,}6°}}$,

$\gamma = \varphi_{(\overline{BC})} - \varphi_{(\overline{AC})} = 140{,}2° - 98{,}1° = \underline{\underline{42{,}1°}}$.

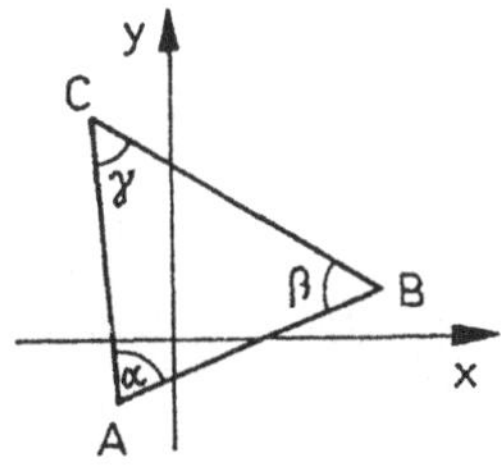

Bild 16.2

16.3 Verschiedene Formen der Gleichung einer Geraden

Verlängert man eine Strecke über ihre Endpunkte hinaus, erhält man eine Gerade. Jede Gerade läßt sich durch eine Gleichung beschreiben. Zu dieser Gleichung kann man auf verschiedene Weise gelangen, je nachdem, über welche Angaben man verfügt.

Erster Fall:

Zwei Punkte P_1 und P_2 sind bekannt. P ist der sog. laufende Punkt der Geraden. Seine Koordinaten bilden die beiden Variablen innerhalb der Gleichung der Geraden.

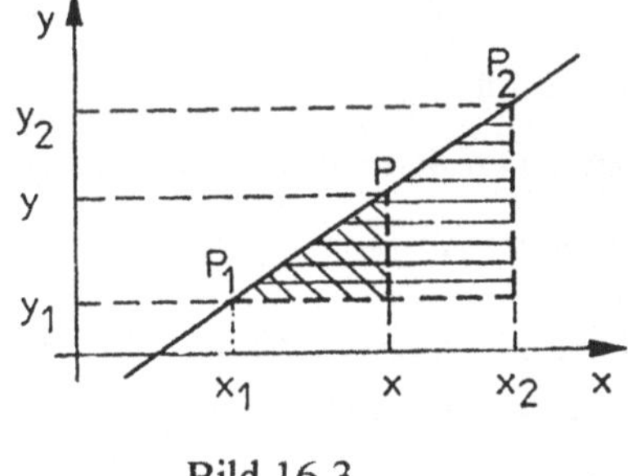

Bild 16.3

Aus der Ähnlichkeit der beiden schraffierten Dreiecke im Bild 16.3 folgt unmittelbar, mit der Einschränkung $x_1 \neq x_2$:

$$\frac{y - y_1}{x - x_1} = \frac{y_2 - y_1}{x_2 - x_1}, \qquad (16.3)$$

Zweipunkteform der Geradengleichung.

Auf der rechten Seite dieser Gleichung erkennt man den Quotienten wieder, der in Formel (16.2) den Anstieg darstellt. Damit gelangt man zum zweiten Fall.

Zweiter Fall:

Ein Punkt P_1 und der Anstieg sind bekannt. Ersetzt man in (16.3) den Quotienten auf der rechten Seite der Gleichung durch den Anstieg m, erhält man:

$$\frac{y - y_1}{x - x_1} = m, \qquad (16.4)$$

Punktrichtungsform der Geradengleichung.

Zur Herleitung der nächsten Form wird von (16.4) ausgegangen. Der bekannte Punkt soll auf der y-Achse liegen und vom Koordinatenursprung den Abstand b haben. Somit hat P_1 die Koordinaten (0; b). Setzt man diese in (16.4) ein, ergibt sich $\frac{y - b}{x} = m$. Durch Auflösung nach y erhält man:

$$y = mx + b, \qquad (16.5)$$

Normalform der Geradengleichung.

Alle Formen der Gleichung einer Geraden sind so beschaffen, daß beide Variablen linear auftreten, so daß sich die Gleichung einer Geraden allgemein auch folgendermaßen darstellen läßt:

$$Ax + By + C = 0, \qquad (16.6)$$

Allgemeine Form der Geradengleichung.

Verschwindet in dieser Form einer der Koeffizienten A oder B, führt das auf die Gleichungen $By + C = 0$ bzw. $Ax + C = 0$. Diese beiden Gleichungen sind gleichwertig mit $y = -\frac{C}{B}$ bzw. $x = -\frac{C}{A}$. Das sind aber die Gleichungen zweier Geraden, die parallel zu den Koordinatenachsen laufen. Die erste Gerade stellt eine Parallele zur x-Achse im Abstand $-\frac{C}{B}$, die zweite eine Parallele zur y-Achse im Abstand $-\frac{C}{A}$ dar.

Beispiel 16.2: Die Gerade soll durch P_1 (-1; 6) und P_2 (3; -2) verlaufen.

Lösung: Mit Hilfe der Zweipunkteform erhält man:

$\frac{y - 6}{x + 1} = \frac{-2 - 6}{3 + 1} = -2$ bzw. $y - 6 = -2x - 2$. Aus der letzten Gleichung lassen sich beide geforderten Formen leicht ableiten:

Normalform: $\underline{\underline{y = -2x + 4}}$,

Allgemeine Form: $\underline{\underline{2x + y - 4 = 0}}$.

Beispiel 16.3: Die Gerade soll durch P_1(3; 2) und P_2 (9; 6) verlaufen.

Lösung: Analog zum vorangegangenen Beispiel erhält man mit Hilfe der Zweipunkteform schließlich $y = \frac{2}{3}x$. Das ist bereits die Normalform. Die Gerade geht durch den Koordinatenursprung (b = 0). Die Allgemeine Form könnte lauten $-\frac{2}{3}x + y = 0$

oder nach Multiplikation mit -3:
$\underline{\underline{2x - 3y = 0}}$.

Beispiel 16.4: Die Gerade geht durch P (5; 6) und verläuft unter einem Winkel von 120°.

Lösung: Unter Verwendung des Anstieges $m = \tan 120° = -\sqrt{3}$ geht man von der Punktrichtungsform aus.

$\frac{y - 6}{x - 5} = -\sqrt{3}$ ergibt $y - 6 = -x\sqrt{3} + 5\sqrt{3}$.

Normalform: $\underline{\underline{y = -x\sqrt{3} + 5\sqrt{3} + 6}}$,

Allgemeine Form: $\underline{\underline{x\sqrt{3} + y - 6 - 5\sqrt{3} = 0}}$.

Beispiel 16.5: Die Gerade soll im Abstand d parallel zur x-Achse laufen.

Lösung: Man geht zweckmäßig von der Normalform aus. Es gilt $m = 0$ und $b = d$. Damit erhält man $\underline{\underline{y = d}}$.

16.4 Schnittpunkt und Schnittwinkel zweier Geraden

Der Schnittpunkt zweier Geraden ist derjenige Punkt (falls er existiert und eindeutig ist), dessen Koordinaten die Gleichungen beider Geraden erfüllen. Es wird also ein Zahlenpaar (x; y) gesucht, das einem System zweier linearer Gleichungen genügt.

In den folgenden Beispielen soll die Gerade g_1: $y = 2x + 3$ nacheinander mit verschiedenen Geraden zum Schnitt gebracht werden.

Beispiel 16.6: Schnitt mit g_2: $y = 6 - x$.

Lösung: Das Gleichungssystem
$$y = 2x + 3$$
$$y = -x + 6$$
ist eindeutig lösbar und hat die Lösung $x = 1$, $y = 5$.
Damit hat man die Koordinaten des Schnittpunktes gefunden: $\underline{\underline{S(1; 5)}}$

Beispiel 16.7: Schnitt mit g_3: $2y - 4x + 6 = 0$.

Lösung: Die Gleichung von g_3 läßt sich zunächst auf die Normalform bringen: $y = 2x - 3$. Damit erhält man das Gleichungssystem
$$y = 2x + 3$$
$$y = 2x - 3.$$

Dieses System hat keine Lösung, da es widersprüchlich ist. Für die Lage der beiden Geraden bedeutet das, daß sie parallel laufen, da sie entsprechend den beiden Gleichungen den gleichen Anstieg, aber verschiedene Schnitte mit der y-Achse haben. Beide Geraden haben keinen gemeinsamen Punkt.

Beispiel 16.8: Schnitt mit g_4: $x - \frac{y}{2} + \frac{3}{2} = 0$.

Lösung: Durch geringfügiges Umstellen erhält man das Gleichungssystem

$y - 2x = 3$

$\frac{y}{2} - x = \frac{3}{2}.$

Das ist ein abhängiges System, da sich beide Gleichungen auf ein und dieselbe Form bringen lassen (Multiplikation der zweiten Gleichung mit 2 ergibt die erste). Beide Gleichungen stellen somit ein und dieselbe Gerade dar. Man sagt, g_1 und g_4 fallen zusammen. Es gibt also unendlich viele gemeinsame Punkte, eben alle Punkte der Geraden.

Im Bild 16.4 sind die Beispiele 16.6 bis 16.8 graphisch dargestellt. Damit sind zugleich alle möglichen Lagebeziehungen zweier Geraden in der Ebene erfaßt.

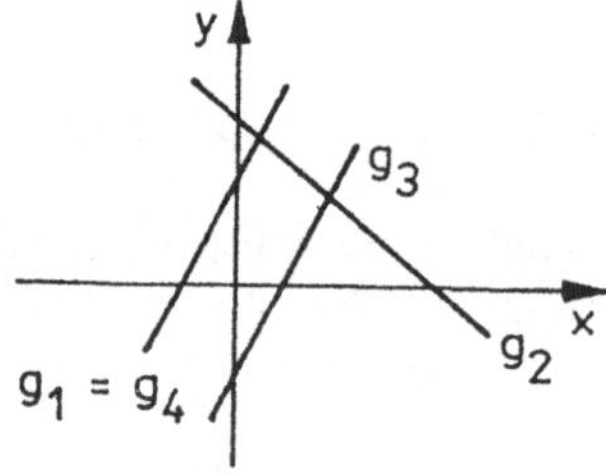

Bild 16.4

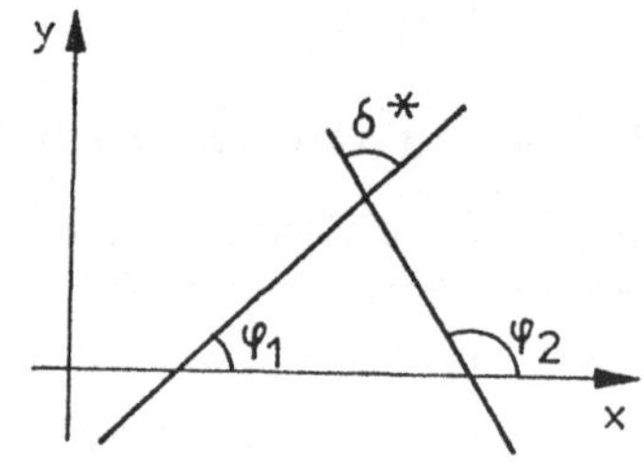

Bild 16.5

Unter dem Schnittwinkel zweier Geraden soll im folgenden stets der kleinere der beiden möglichen Winkel, also der spitze Winkel, verstanden werden. Zu seiner Berechnung wird Bild 16.5 betrachtet. Dabei geht man von der Voraussetzung aus, daß die Anstiege m_1 und m_2 beider Geraden bekannt sind. Für den Schnittwinkel δ^* gilt $\delta^* = \varphi_2 - \varphi_1$. Die Berechnung von φ_1 und φ_2 aus $m_1 = \tan\varphi_1$ und $m_2 = \tan\varphi_2$ kann man sich sparen, wenn man das Additionstheorem der Tangensfunktion benutzt:

$$\tan\delta^* = \tan(\varphi_2 - \varphi_1) = \frac{\tan\varphi_2 - \tan\varphi_1}{1 + \tan\varphi_1 \tan\varphi_2} = \frac{m_2 - m_1}{1 + m_1 m_2}.$$

Vertauscht man m_1 mit m_2, so bewirkt das eine Änderung des Vorzeichens. Daher führt man, um von vornherein den spitzen Winkel zu erhalten, Betragszeichen ein:

$$\tan\delta = \left| \frac{m_2 - m_1}{1 + m_1 m_2} \right|, \qquad (16.7)$$

Schnittwinkel zweier Geraden.

Beispiel 16.9: Unter welchem spitzen Winkel schneiden sich die Geraden $3x - 2y + 5 = 0$ und $5x + 3y - 4 = 0$?

Lösung: Aus der Normalform beider Geradengleichungen

$y = \frac{3}{2}x + \frac{5}{2}$ und $y = -\frac{5}{3}x + \frac{4}{3}$

lassen sich die Anstiege $m_1 = \frac{3}{2}$ und $m_2 = -\frac{5}{3}$ entnehmen. Aus der Formel (16.7)

folgt $\tan\delta = \left| \dfrac{-\frac{5}{3} - \frac{3}{2}}{1 - \frac{3}{2} * \frac{5}{3}} \right| = \frac{19}{9} = 2{,}111$, und daraus ergibt sich der Schnittwinkel

$\underline{\underline{\delta = 64{,}6°}}$.

Zwei Sonderfälle liegen vor, wenn die beiden Geraden parallel laufen oder senkrecht aufeinander stehen.

Parallelität kommt dadurch zum Ausdruck, daß $m_1 = m_2$ ist. Bei Orthogonalität gilt für die Anstiegswinkel gemäß Bild 16.5 $\varphi_2 = \varphi_1 + 90°$. Damit gilt ferner: $\tan\varphi_2 = \tan(\varphi_1 + 90°) = -\cot\varphi_1 = -\frac{1}{\tan\varphi_1}$.

Bedingung für Parallelität:	$m_2 = m_1$,	(16.8a)
Bedingung für Orthogonalität:	$m_2 = -\frac{1}{m_1}$.	(16.8b)

Beispiel 16.10: Gegeben sind der Punkt P (-4; 2) und die Gerade g_1 mit der Gleichung $y = 2x + 5$. Gesucht sind die Gleichungen zweier Geraden g_2 und g_3, die durch P und parallel bzw. orthogonal zu g_1 verlaufen.

Lösung: Aus (16.8a) bzw. (16.8b) folgt für die Anstiege der gesuchten Geraden $m_2 = m_1 = 2$ und $m_3 = -\frac{1}{m_1} = -\frac{1}{2}$.

Nun erfolgt der Ansatz mit Hilfe der Punktrichtungsform:

g_2: $\frac{y-2}{x+4} = 2$ $\qquad$ g_3: $\frac{y-2}{x+4} = -\frac{1}{2}$

$\underline{\underline{y = 2x + 10}}$ $\qquad$ $\underline{\underline{y = -\frac{1}{2}x}}$

Beispiel 16.11: Welcher Punkt der Geraden g: $y = -\frac{4}{3}x - \frac{10}{3}$ liegt dem Punkt P(3; 1) am nächsten, und wie groß ist der Abstand des Punktes von P?

Lösung: Der gesuchte Punkt S muß auf der Geraden g_1 liegen, die durch P geht und senkrecht auf g steht. Diese schneidet g in dem gesuchten Punkt S (vgl. Bild 16.6). Der Ansatz für g_1 lautet $\frac{y-1}{x-3} = \frac{3}{4}$ und führt auf die Normalform $y = \frac{3}{4}x - \frac{5}{4}$.

Der Schnitt von g und g_1 mittels des Ansatzes $-\frac{4}{3}x - \frac{10}{3} = \frac{3}{4}x - \frac{5}{4}$ ergibt $x_S = -1$ und $y_S = -2$.

Der gesuchte Punkt ist $\underline{\underline{S(-1;\ -2)}}$. Für $\overline{SP}$ gilt: $\overline{SP} = \sqrt{(1+2)^2 + (3+1)^2}$, $\underline{\underline{\overline{SP} = 5}}$.

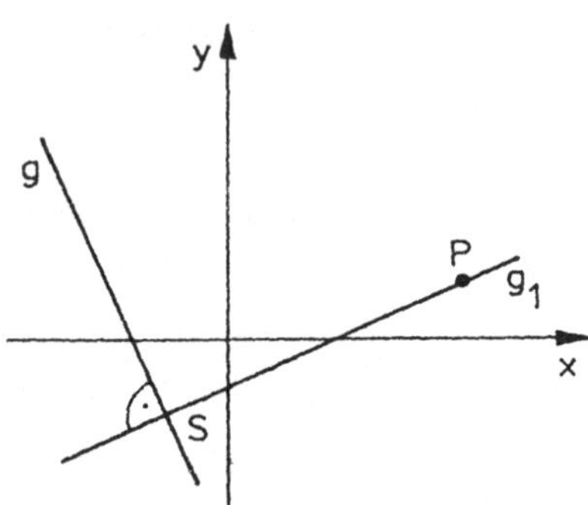

Bild 16.6

Das ist zugleich der (kürzeste) Abstand des Punktes P von der Geraden g.

Die Untersuchung des Schnittverhaltens von drei (aber auch mehr) Geraden kann auf die Untersuchung aller möglichen Paare von zwei vorliegenden Geraden zurückgeführt werden.

Beispiel 16.12: Die Geraden g_1: $3x - y = 2$, g_2: $5x - 4y = -1$, g_3: $x + y = 0$ haben keinen gemeinsamen Schnittpunkt, denn der Schnittpunkt von g_1 und g_3 ist $S_{13} = (\frac{1}{2}, -\frac{1}{2})$. Dieser liegt aber nicht auf g_2: $5 * \frac{1}{2} - 4\,(-\frac{1}{2}) \neq -1$.

16.5 Parallelverschiebung des Koordinatensystems

Bei der Untersuchung von Kurven tritt gelegentlich der Fall ein, daß eine Kurve ungünstig im x,y-Koordinatensystem liegt. Beispielsweise könnte eine Parabel gegeben sein, deren Scheitelpunkt nicht im Koordinatenursprung liegt und deren Achse nicht parallel zu einer der Koordinatenachsen verläuft. Dann ist es zur leichteren Untersuchung einer solchen Kurve zweckmäßig, ein neues, ein ξ,η-Koordinatensystem einzuführen, in dem die betreffende Kurve eine möglichst günstige Lage einnimmt.

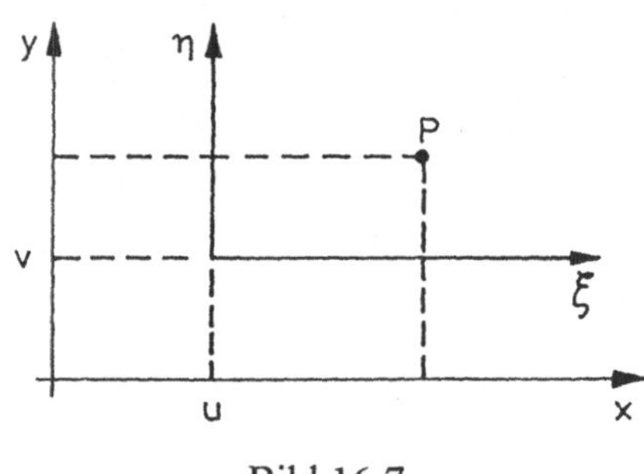

Bild 16.7

Das erwähnte neue Koordinatensystem kann gegenüber dem ursprünglichen parallel verschoben, gedreht oder beides zugleich sein. Hier soll nur die Parallelverschiebung behandelt werden.

Bild 16.7 zeigt die gegenseitige Lage der beiden Koordinatensysteme. Der Ursprung des ξ,η-Systems hat im x,y-System die Koordinaten (u; v). Damit erhält man die folgenden Formeln zur Umrechnung der Koordinaten eines Punktes vom ursprünglichen ins neue System:

$$\xi = x - u, \qquad (16.9a)$$
$$\eta = y - v$$

oder zur Umrechnung vom neuen in das ursprüngliche System,

$$x = \xi + u, \qquad (16.9b)$$
$$y = \eta + v.$$

Beispiel 16.13: Die Gleichung der Geraden $y = 2x + 3$ soll in einem Koordinatensystem dargestellt werden, dessen Ursprung bei B(1; -4) liegt.

Lösung: Es gilt $u = 1$ und $v = -4$ und damit $x = \xi + 1$ und $y = \eta - 4$.
Setzt man diese Beziehungen in die ursprüngliche Gleichung ein, erhält man nach kurzer Umformung $\underline{\underline{\eta = 2\xi + 9}}$.

Beispiel 16.14: Die Gerade $y = 3x - 6$ soll in einem so weit seitlich verschobenen Koordinatensystem dargestellt werden, daß sie durch dessen Ursprung verläuft.

Lösung: Aus der Tatsache, daß nur eine seitliche Verschiebung erfolgen kann, folgt $v = 0$, also auch $y = \eta$. Der Schnitt mit der x-Achse liegt im alten System bei $x_S = 2$. Das ist das Maß für die Verschiebung, also gilt $u = 2$ und damit $x = \xi + 2$. Demnach lautet die gesuchte Geradengleichung $\underline{\underline{\eta = 3\xi}}$.

16.6 Der Flächeninhalt eines Dreiecks

Drei Punkte bestimmen, wenn sie nicht auf einer Geraden liegen, ein Dreieck. Dessen Flächeninhalt soll berechnet werden. Bekannt seien die Koordinaten der Eckpunkte. Sie lautet P_1 $(x_1; y_1)$, P_2 $(x_2; y_2)$ und P_3 $(x_3; y_3)$. Aus den im Bild 16.8 dargestellten Trapezen läßt sich der Flächeninhalt des Dreiecks bestimmen.

$$A = \frac{1}{2}(x_3 - x_1)(y_3 + y_1) + \frac{1}{2}(x_2 - x_3)(y_2 + y_3) - \frac{1}{2}(x_2 - x_1)(y_2 + y_1).$$

Daraus erhält man

$$A = \frac{1}{2}\begin{vmatrix} x_1 & y_1 & 1 \\ x_2 & y_2 & 1 \\ x_3 & y_3 & 1 \end{vmatrix}. \qquad (16.10a)$$

Bei der Vertauschung der Reihenfolge der Punkte kann (16.10a) negativ werden.

Daher gilt allgemein

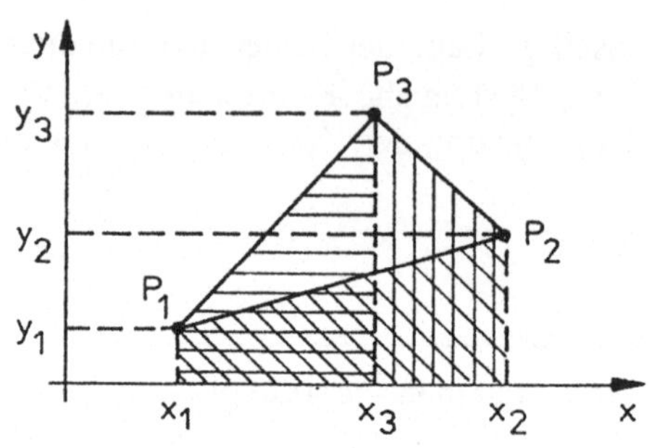

Bild 16.8

$$A = \frac{1}{2} \left| \begin{vmatrix} x_1 & y_1 & 1 \\ x_2 & y_2 & 1 \\ x_3 & y_3 & 1 \end{vmatrix} \right|, \qquad (16.10b)$$

Flächeninhalt eines Dreiecks.

Beispiel 16.15: Welchen Flächeninhalt hat das Dreieck mit den Eckpunkten A (1; 8), B (-5; 1) und C (1; -6)?

Lösung: $A = \frac{1}{2} \left| \begin{vmatrix} 1 & 8 & 1 \\ -5 & 1 & 1 \\ 1 & -6 & 1 \end{vmatrix} \right| = \underline{\underline{42}}.$

Sollte sich bei der Berechnung eines Dreiecks der Wert Null ergeben, so bedeutet das, daß die drei "Eckpunkte" auf einer Geraden liegen.

Beispiel 16.16: Es sind zwei Punkte gegeben, P_1 (8; -2) und P_2 (-3; 1). Die Ordinate von P_3 (5; y) soll so bestimmt werden, daß alle drei Punkte auf einer Geraden liegen.

Lösung: Die Lage auf einer Geraden erfordert

$$\begin{vmatrix} 8 & -2 & 1 \\ -3 & 1 & 1 \\ 5 & y & 1 \end{vmatrix} = 0.$$

Entwicklung nach den Elementen der zweiten Spalte ergibt
$2(-3 - 5) + (8 - 5) - y(8 + 3) = 0$ bzw. $11y = -13$. Die gesuchte Ordinate ist also

$y = -\frac{13}{11}$.

16.7 Der Kreis

16.7.1 Die Gleichung des Kreises

Definition 16.1:
Der Kreis ist die Menge aller Punkte, die von einem festen Punkt, dem Mittelpunkt, gleichen Abstand haben. Diesen Abstand nennt man den Radius des Kreises.

Im Bild 16.9 ist ein Kreis in Mittelpunktlage dargestellt, d.h., sein Mittelpunkt liegt im Koordinatenursprung. Für das schraffierte rechtwinklige Dreieck gilt

$$x^2 + y^2 = r^2. \tag{16.11}$$

Das ist die Gleichung dieses Kreises, sein Radius ist r.

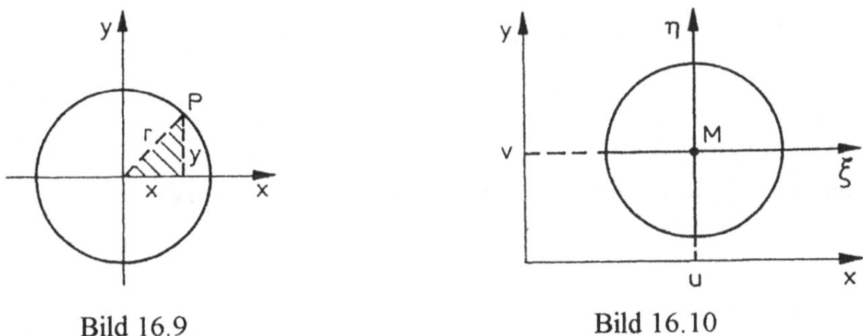

Bild 16.9 Bild 16.10

Liegt der Mittelpunkt des Kreises in einem Punkt mit den Koordinaten (u, v), nimmt die Kreisgleichung folgende Gestalt an:

$$(x - u)^2 + (y - v)^2 = r^2, \tag{16.12}$$
Mittelpunktsform der Kreisgleichung.

Löst man in Gleichung (16.12) die Klammern auf, ergibt sich

$$x^2 - 2ux + u^2 + y^2 - 2vy + v^2 = r^2.$$

Will man die typische Struktur dieser Gleichung hervorheben, so kann man nach Zusammenfassung der Absolutglieder schreiben

$$Ax^2 + Ay^2 + Cx + Dy + E = 0, \tag{16.13}$$
Allgemeine Form der Kreisgleichung.

Beispiel 16.17: Gesucht sind Mittelpunktkoordinaten und Radius des Kreises

$x^2 + y^2 - 4x + 6y + 3 = 0.$

Lösung: Die gesuchten Größen sind erkennbar, wenn die Gleichung in der Form (16.12) vorliegt. Um diese zu erhalten, muß man die quadratischen Ergänzungen bilden:

$$x^2 - 4x + 4 + y^2 + 6y + 9 = -3 + 4 + 9$$
$$(x - 2)^2 + (y + 3)^2 = 10.$$

Man erkennt: M (2; -3) und $r = \sqrt{10}$.

Beispiel 16.18: Gesucht sind Mittelpunktkoordinaten und Radius des Kreises, der durch die Punkte R (-1; 1), S (1; 5) und T (7; -3) geht.

Lösung: Für den Ansatz verwendet man günstig Gleichung (16.12). Man setzt nacheinander die Koordinaten von R, S und T ein und erhält auf diese Weise ein System von drei Gleichungen zur Bestimmung der Unbekannten u, v und r.

R einsetzen ergibt: $(-1 - u)^2 + (1 - v)^2 = r^2.$
S einsetzen ergibt: $(1 - u)^2 + (5 - v)^2 = r^2.$
T einsetzen ergibt: $(7 - u)^2 + (-3 - v)^2 = r^2.$

Nach der Berechnung der Quadrate ergibt sich das Gleichungssystem

$$u^2 + 2u + v^2 - 2v + 2 = r^2$$
$$u^2 - 2u + v^2 - 10v + 26 = r^2$$
$$u^2 - 14u + v^2 + 6v + 58 = r^2.$$

Subtrahiert man je zwei benachbarte Gleichungen voneinander, erhält man folgendes Gleichungssystem für u und v:

$$4u + 8v - 24 = 0$$
$$12u - 16v - 32 = 0$$

mit der Lösung u = 4 und v = 1.
Durch Einsetzen dieser Werte in eine der drei ersten Gleichungen erhält man $r^2 = 25$.
Also lautet das Ergebnis $\underline{\underline{M\ (4;\ 1) \text{ und } r = 5}}$.

Wäre nur die Allgemeine Form der Kreisgleichung gesucht, würde der Ansatz in dieser Form erfolgen. Dividiert man diese Gleichung zur Vereinfachung der Rechnung noch durch A, erhält man

$$x^2 + y^2 + \frac{C}{A}x + \frac{D}{A}y + \frac{E}{A} = x^2 + y^2 + C'x + D'y + E' = 0.$$

Dann erhält man durch Einsetzen der drei Punkte und nach Umordnen das folgende Gleichungssystem für die gesuchten Parameter C', D' und E':

$$-C' + D' + E' = -2$$
$$C' + 5D' + E' = -26$$
$$7C' - 3D' + E' = -58.$$

Die Subtraktion benachbarter Gleichungen liefert ein System zur Berechnung von C' und D' mit der Lösung C' = -8, D' = -2. Daraus läßt sich E' = -8 bestimmen, womit man die Gleichung des Kreises in der geforderten Form angeben kann:
$x^2 + y^2 - 8x - 2y - 8 = 0.$

Beispiel 16.19: Um den Radius eines im Kreisbogen verlegten Gleises zu bestimmen, wurde zwischen zwei Punkten des Gleises die Entfernung l = 120 m als Sehnenlänge und die dazugehörige Pfeilhöhe mit h = 6 m gemessen. (Die Pfeilhöhe ist der größte Abstand des Kreisbogens von der zugehörigen Sehne.) Wie groß ist der Radius des Kreisbogens?

Lösung: Zweckmäßig legt man das Problem so in ein Koordinatensystem, daß der Mittelpunkt des Kreises, wie es Bild 16.11 zeigt, auf der y-Achse liegt:
$x^2 + (y - v)^2 = r^2.$
Durch Einsetzen der Koordinaten beider Punkte erhält man das Gleichungssystem
$(6 - v)^2 = r^2$
$3600 + v^2 = r^2.$

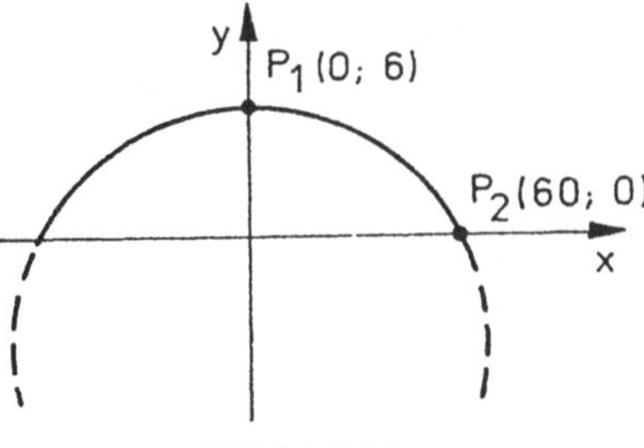

Bild 16.11

Es genügt, dieses Gleichungssystem nach r^2 aufzulösen. Man erhält $r^2 = 91809$ bzw. r = 303. Der Radius des Gleises beträgt 303m.

16.7.2 Berechnung von Schnittpunkten

Dieser Abschnitt befaßt sich mit dem Schnitt einer Geraden mit einem Kreis und mit dem Schnitt zweier Kreise untereinander. In beiden Fällen können drei Möglichkeiten auftreten:

a) Es gibt zwei gemeinsame Punkte, die zwei Schnittpunkte.
b) Es gibt nur einen gemeinsamen Punkt, den Berührungspunkt.
c) Es gibt keinen gemeinsamen Punkt, die Kurven gehen aneinander vorbei.

Die rechnerische Behandlung beider Aufgaben führt stets auf nichtlineare Gleichungssysteme.

Beispiel 16.20: Welche Lage nehmen der Kreis $(x + 3)^2 + (y - 4)^2 = 25$ und die folgenden Geraden zueinander ein?

Fall a): Die Gleichung der Geraden lautet $y = \frac{1}{2}x + 8$.

Lösung: Das System der beiden gegebenen Gleichungen löst man am zweckmäßigsten nach dem Einsetzungsverfahren:

$(x + 3)^2 + (\frac{1}{2}x + 8 - 4)^2 = 25$

$x^2 + 8x = x(x + 8) = 0$

$x_1 = 0,\ x_2 = -8.$

Durch Einsetzen in die Geradengleichung erhält man die Ordinaten $y_1 = 8$ und $y_2 = 4$. Die Schnittpunkte sind S_1 (0; 8) und S_2 (-8; 4).

Fall b): Die Geradengleichung lautet $4y - 3x = 50$.

Lösung: Nach dem Einsetzung und anschließender Umformung erhält man die quadratische Gleichung $x^2 + 12x + 36 = 0$. Die Doppellösung $x_1 = x_2 = -6$ liefert die Abszisse x_B des Berührungspunktes. Aus der Geradengleichung erhält man dessen Ordinate $y_B = 8$. Der Berührungspunkt ist B (-6; 8).

Fall c): Die Geradengleichung $y = x - 2$ führt beim Einsetzen auf eine quadratische Gleichung mit der Normalform $x^2 - 3x + 10 = 0$. In diesem Falle gibt es keine reellen Lösungen. Es gibt also keine gemeinsamen Punkte zwischen Kreis und Gerade.

Beispiel 16.21: Die Gerade $y = 2x + b$ soll derart parallel verschoben werden, daß sie den Kreis $x^2 + y^2 = 15$ berührt. Wo liegen die Berührungspunkte?

Lösung: Man bringt zunächst Gerade und Kreis wie im vorangegangenen Beispiel zum Schnitt. Man erhält die quadratische Gleichung

$x^2 + (2x + b)^2 = 15$ mit der Normalform $x^2 + \frac{4}{5}bx + \frac{1}{5}b^2 - 3 = 0$. Daraus ergibt sich

$$x_{1,2} = -\frac{2}{5}b \pm \sqrt{\frac{-b^2 + 75}{25}}. \qquad (16.14)$$

Jetzt muß die Wurzel gleich Null gesetzt werden. Daraus ergibt sich $b_{1,2} = \pm\, 5\sqrt{3}$. Damit lautet die Gleichung der beiden Tangenten:

t_1: $y = 2x + 5\sqrt{3}$ und t_2: $y = 2x - 5\sqrt{3}$.

Zur Bestimmung der Berührungspunkte werden die Werte von b in (16.14) eingesetzt. Man erhält $x_1 = -2\sqrt{3}$ und $x_2 = 2\sqrt{3}$. Aus den zugehörigen Tangentengleichungen erhält man die Berührungspunkte

$B_1(-2\sqrt{3};\ \sqrt{3})$ und $B_2(2\sqrt{3};\ -\sqrt{3})$.

Beispiel 16.22: Wo schneiden sich die beiden Kreise $(x + 4)^2 + (y - 3)^2 = 25$ und $(x - 2)^2 + (y - 5)^2 = 5$?

Lösung: Nachdem man zuvor die Quadrate ausgerechnet hat, werden beide Gleichungen subtrahiert. Dadurch erhält man die lineare Gleichung

$$3x + y = 6. \qquad (16.15)$$

Diese bildet zusammen mit einer der beiden Kreisgleichungen das Gleichungssystem. Durch Einsetzen erhält man $10x^2 - 10x = 0$ mit den Lösungen $x_1 = 0$ und $x_2 = 1$. Aus Gleichung (16.15) erhält man $y_1 = 6$ und $y_2 = 3$. Die Schnittpunkte sind

S_1 (0; 6) und S_2 (1; 3).

16.8 Die Ellipse

Definition 16.2:
Die Ellipse ist die Menge aller Punkte, deren Abstände von zwei festen Punkten die konstante Summe 2a haben. Die zwei festen Punkte F_1 und F_2 nennt man die Brennpunkte der Ellipse, ihr Abstand sei 2e (e ist die sogenannte lineare Exzentrizität).

Entsprechend Bild 16.12 mit $\overline{OF_1} = \overline{OF_2} = e$ und $b^2 = a^2 - e^2$ erhält man die Gleichung der Ellipse

$$\frac{x^2}{a^2} + \frac{y^2}{b^2} = 1. \qquad (16.16)$$

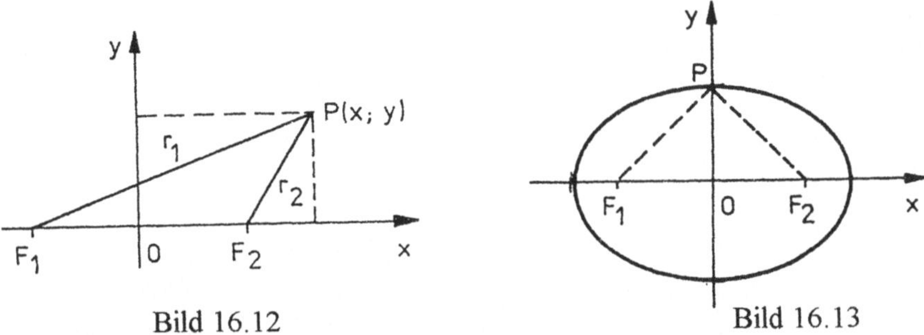

Bild 16.12 Bild 16.13

Aus dieser Gleichung folgt: Die y-Achse wird bei +b und bei -b geschnitten, die x-Achse bei +a und bei -a. Man nennt a und b die Halbachsen der Ellipse (vgl. Bild 16.13)

Wendet man den Formelsatz für die Parallelverschiebung des Koordinatensystems auf die Gleichung der Ellipse an, ergibt sich die Gleichung der Ellipse, deren Mittelpunkt in M (u; v) liegt:

$$\frac{(x - u)^2}{a^2} + \frac{(y - v)^2}{b^2} = 1, \qquad (16.17)$$

Mittelpunktsform der Ellipsengleichung.

Daraus erhält man $b^2 x^2 - 2b^2 ux + b^2 u^2 + a^2 y^2 - 2a^2 vy + a^2 v^2 - a^2 b^2 = 0$, also

$$Ax^2 + By^2 + Cx + Dy + E = 0, \quad A * B > 0. \qquad (16.18)$$

Allgemeine Form der Ellipsengleichung.

Beispiel 16.23: Wie lautet die Gleichung der Ellipse mit den Halbachsen a = 2 und $b = \sqrt{3}$, deren Mittelpunkt bei M (-1; 3) liegt?

Lösung: Aus Gleichung (16.17) folgt durch Einsetzen

$\frac{(x + 1)^2}{4} + \frac{(y - 3)^2}{3} = 1$ und hieraus durch Umstellen

$3x^2 + 4y^2 + 6x - 24y + 27 = 0.$

Beispiel 16.24: Wie groß sind a, b, u, v und e bei der Ellipse $3x^2 + 4y^2 - 18x + 16y + 31 = 0$?

Lösung: Zur Bildung der quadratischen Ergänzung ist eine geringfügige Vorbereitung nötig: $3(x^2 - 6x) + 4(y^2 + 4y) = -31$. Jetzt können die quadratischen Ergänzungen in den Klammern gebildet werden.

$$3(x-3)^2 + 4(y+2)^2 = 12$$

$$\frac{(x-3)^2}{4} + \frac{(y+2)^2}{3} = 1.$$

Dieser Gleichung entnimmt man:

$a = 2,\ b = \sqrt{3},\ u = 3,\ v = -2$ und $e = 1.$

Beispiel 16.25: Wo schneiden sich der Kreis $x^2 + y^2 = 25$ und die Ellipse $x^2 - 10x + 6y^2 - 75 = 0$?

Lösung: Dieses Gleichungssystem mit zwei Unbekannten löst man am zweckmäßigsten dadurch, daß man y^2 in der Ellipsengleichung ersetzt:

$$x^2 - 10x + 6(25 - x^2) - 75 = 0,$$

$$x^2 + 2x - 15 = 0,$$

$$x_1 = -5,\quad x_2 = 3.$$

Durch Einsetzen in eine der beiden Ausgangsgleichungen erhält man die zugehörigen y- Werte:

$$y_1 = 0,\quad y_{21} = 4,\quad y_{22} = -4$$

und damit die Schnittpunkte $P_1(-5; 0),\ P_2(3; 4),\ P_3(3; -4).$

Vergegenwärtigt man sich die Lage der beiden Kurven, erkennt man, daß sie sich in P_1 gegenseitig berühren, während P_2 und P_3 echte Schnittpunkte sind.

Beispiel 16.26: Gesucht ist die Gleichung der Ellipse, die durch die vier Punkte $P_1(3; 2)$, $P_2(2; 4)$, $P_3(-1; 0)$ und $P_4(0; -2)$ geht.

Lösung: Der Ansatz erfolgt mittels (16.18), wobei man durch $A \neq 0$ dividiert und die abgewandelte Form $x^2 + ky^2 + lx + my + n = 0$ erhält. Setzt man die Koordinaten der vier Punkte in diesen Ansatz ein, erhält man das Gleichungssystem

$$9 + 4k + 3l + 2m + n = 0,$$

$$4 + 16k + 2l + 4m + n = 0,$$

$$1 - l + n = 0,$$

$$4k - 2m + n = 0$$

mit der Lösung $k = \frac{3}{8},\ l = -2,\ m = -\frac{3}{4},\ n = -3.$

Setzt man die gefundenen Werte in den Ansatz ein, ergibt sich die gesuchte Ellipsengleichung:

$$8x^2 + 3y^2 - 16x - 6y - 24 = 0$$

und daraus $\frac{(x-1)^2}{\frac{35}{8}} + \frac{(y-1)^2}{\frac{35}{3}} = 1$. Also ist $u = 1$, $v = 1$, $a = \sqrt{\frac{35}{8}} \approx 2{,}1$ und $b = \sqrt{\frac{35}{3}} \approx 3{,}4$.

16.9 Die Hyperbel

Definition 16.3:
Die Hyperbel ist die Menge aller Punkte, deren Abstände von zwei festen Punkten die konstante Differenz 2a haben. Die zwei festen Punkte F_1 und F_2 nennt man die Brennpunkte der Hyperbel, ihr Abstand sei 2e.

Diese Definition ähnelt stark derjenigen der Ellipse, und die folgenden Überlegungen sind denen bei der Ellipse völlig analog.
Gemäß Bild 16.14 erhält man mit $b^2 = a^2 - e^2$ die Gleichung der Hyperbel

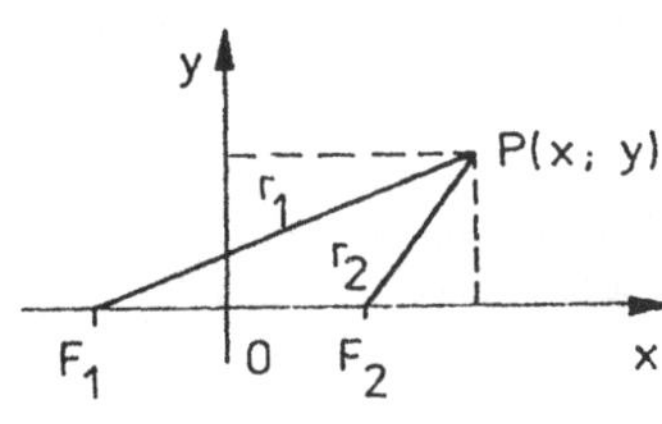

Bild 16.14

$$\frac{x^2}{a^2} - \frac{y^2}{b^2} = 1. \qquad (16.19)$$

Da x und y nur quadratisch auftreten, müssen hier beide Koordinatenachsen zugleich Symmetrieachsen sein. Schnitte mit der x-Achse liegen bei +a und bei -a. Bei der Bestimmung eventueller Schnitte mit der y-Achse erhält man die Gleichung $y^2 = -b^2$, die keine reellen Lösungen hat.

Die Punkte (-a; 0) und (+a; 0) sind die Scheitel der Hyperbel. Im Bereich $-a < x < +a$ ist diese Kurve nicht definiert. (Bild 16.15a)

Die Gleichung der Hyperbel läßt sich in der Form $y_{1,2} = \pm \frac{b}{a}\sqrt{x^2 - a^2}$ darstellen.

Klammert man im Radikanden x^2 aus, kann man danach x als Faktor vor die Wurzel ziehen und erhält

$$y_{1,2} = \pm \frac{b}{a} x \sqrt{1 - \frac{a^2}{x^2}}.$$

Nimmt x betragsmäßig immer größere Werte an, wird der Wert des Quotienten $\frac{a^2}{x^2}$ so klein, daß er vernachlässigt werden kann, und es bleiben die Gleichungen zweier Geraden übrig,

$$y_{1,2} = \pm \frac{b}{a} x, \qquad (16.20)$$

Asymptoten der Hyperbel.

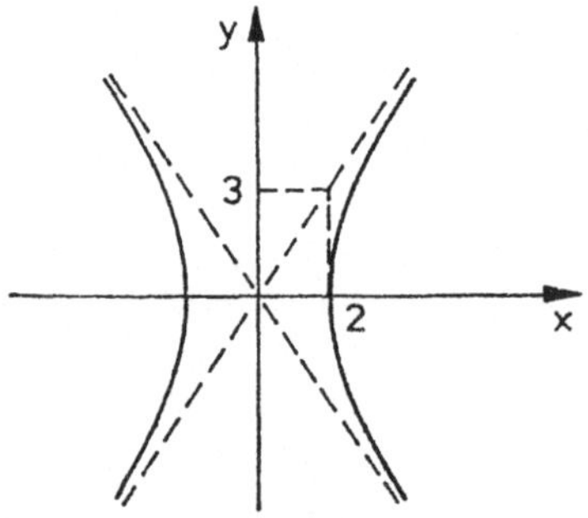

Hyperbel: $\frac{x^2}{4} - \frac{y^2}{9} = 1,$

Asymptoten: $y_{1,2} = \pm \frac{3}{2} x.$

Bild 16.15a

Vertauscht man in (16.19) die Rolle von x und y, so erhält man eine in y-Richtung geöffnete Hyperbel (Bild 16.15b)

Hyperbel: $\frac{y^2}{2} - \frac{x^2}{18} = 1,$

Asymptoten: $y_{1,2} = \pm \frac{\sqrt{2}}{\sqrt{18}} x = \pm \frac{1}{3} x.$

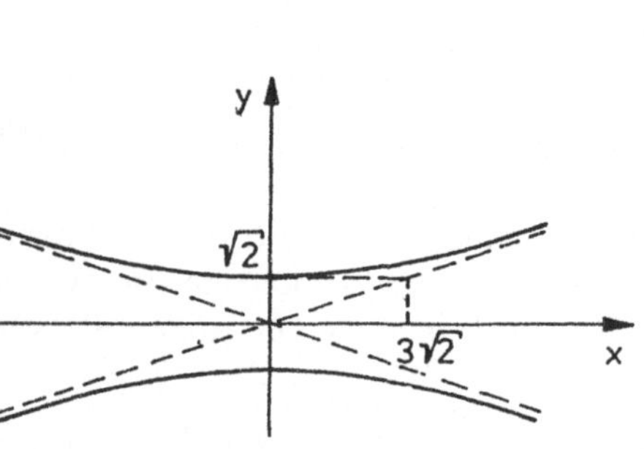

Bild 16.15b

Für eine parallel verschobene Hyperbel, deren Mittelpunkt in M (u; v) liegt, ergibt sich die Gleichung

$$\frac{(x-u)^2}{a^2} - \frac{(y-v)^2}{b^2} = 1, \qquad (16.21)$$

Mittelpunktsform der Hyperbelgleichung.

Beispiel 16.27: Für die Hyperbel $x^2 - 6x - 2y^2 - 4y + 3 = 0$ sollen u, v, a, b und e bestimmt werden.

Lösung: Durch die Bildung der quadratischen Ergänzungen erhält man $(x - 3)^2 - 2\,(y + 1)^2 = 4$. Um als Absolutglied 1 zu erhalten, dividiert man durch 4 und

erhält $\frac{(x - 3)^2}{4} - \frac{(y + 1)^2}{2} = 1.$

Daraus lassen sich alle gesuchten Größen ablesen bzw. errechnen:

$u = 3,\ v = -1,\ a = 2,\ b = \sqrt{2},\ e = \sqrt{6}.$

16.10 Die Parabel

Definition 16.4:
Die Parabel ist die Menge aller Punkte, die sowohl von einer festen Geraden, der Leitlinie l, als auch von einem festen Punkt, dem Brennpunkt F, den gleichen Abstand haben. Brennpunkt und Leitlinie haben den Abstand p (p ist der Halbparameter).

Bild 16.16 zeigt, wie man F und l günstig in das Koordinatensystem legt. Der Koordinatenursprung halbiert die Strecke $\overline{FL}$ und ist somit Punkt der Parabel. Sowohl gegenüber F als auch l beträgt sein Abstand $\frac{1}{2}$ p. Auch für alle übrigen Parabelpunkte gilt $\overline{PF} = \overline{PL_1}$. Dabei ist $\overline{PL_1}$ der Abstand eines Punktes von der Leitlinie.

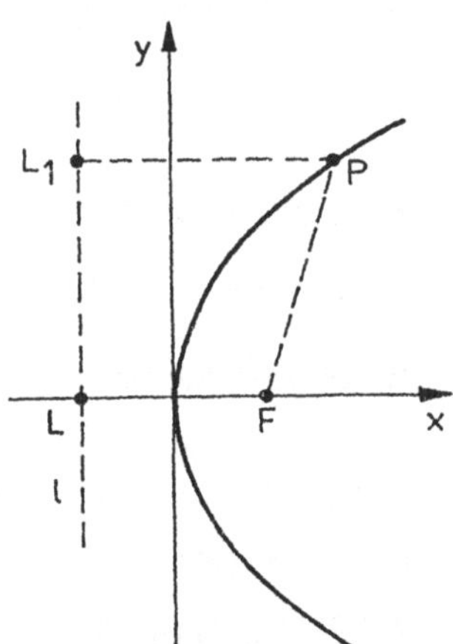

Bild 16.16

Aus $\overline{PF} = \overline{PL_1}$ folgt $\sqrt{(x - \frac{p}{2})^2 + y^2} = x + \frac{p}{2}$.

Durch Quadrieren und Auflösen nach y^2 erhält man:

$y^2 = 2px,$ (16.21a)
Gleichung der nach rechts geöffneten Parabel.

Diese Parabel liegt symmetrisch zur x-Achse. Der Wert p ist zugleich die Ordinate im Brennpunkt. Für den Fall $y^2 = -2px$ öffnet sich die Parabel nach links. Durch Austausch der Variablen erhält man:

$x^2 = 2py,$ (16.21b)
Gleichung der nach oben geöffneten Parabel.

Für achsenparallel verschobene Parabeln erhält man durch Einsetzen der Transformationsformeln, wenn (u; v) die Koordinaten des Scheitelpunktes sind,

$(y - v)^2 = 2p\,(x - u)$ bzw. $(x - u)^2 = 2p\,(y - v),$ (16.22)
Scheitelpunktsform der Parabelgleichung.

Beispiel 16.28: Für die Parabel $2x^2 + 6x - 5y = -1$ sind die Scheitelpunktkoordinaten, Halbparameter und Öffnungsrichtung zu bestimmen.

Lösung: Mit Hilfe der quadratischen Ergänzung erhält man

$2\,(x + \frac{3}{2})^2 = 5y + \frac{7}{2}$ bzw. $(x + \frac{3}{2})^2 = \frac{5}{2}y + \frac{7}{4}.$

Durch Ausklammern von $\frac{5}{2}$ auf der rechten Seite erreicht man , daß y mit dem Faktor 1 auftritt: $(x + \frac{3}{2})^2 = \frac{5}{2}(y + \frac{7}{10})$. Man erkennt:

$S(-\frac{3}{2}, -\frac{7}{10}),\ p = \frac{5}{4},$ Öffnung nach oben.

16.11 Übungsaufgaben

Es ist empfehlenswert, zu allen Übungsaufgaben eine Skizze anzufertigen.

1. Bestimmen Sie Länge und Anstiegswinkel der Strecken $\overline{P_1P_2}$!

   a) P_1 (0; 0) und P_2 (2; 1) b) P_1 (-1; -1) und P_2 (0; 0)
   c) P_1 (1; 0) und P_2 (-2; -4) d) P_1 (2; 1) und P_2 (3; -3)

2. Bestimmen Sie die Seitenlängen und Winkel des Dreiecks ABC!

   A (-3; -2), B (4; -3), C (1; 5)

3. Wie lauten die Gleichungen (Normalform und Allgemeine Form) der Geraden, die die folgenden Bedingungen erfüllen sollen?

   a) bis d) Die Geraden laufen durch jeweils zwei Punkte aus Aufgabe 1. a) bis d)
   e) Gerade durch P (1; -3), Anstiegswinkel $\varphi = 60°$

f) Gerade durch P (3; -2), Anstiegswinkel $\varphi = 135°$
g) Gerade durch P (1; 6), Schnitt mit der x-Achse bei a = 4

4. Wie groß sind Achsenabschnitte und Anstieg der Geraden, die in der Allgemeinen Form $Ax + By + C = 0$ vorliegt?

5. Im I. Quadranten liegt ein Quadrat. Die Koordinaten zweier benachbarter Eckpunkte sind P_1 (3; 0) und P_2 (0; 3). Es sollen bestimmt werden: Seitenlänge des Quadrates, Koordinaten der übrigen Eckpunkte und die Gleichungen aller vier Seiten in Normalform!

6. Gesucht sind Schnittpunkt und Schnittwinkel folgender Geradenpaare:

a) $21x - 19y + 13 = 0$ und $35x - 38y + 47 = 0$

b) $\frac{x + 6y}{18} - \frac{3x - 16}{14} = \frac{30y - x}{63}$ und $\frac{5x + 2}{54} - \frac{4x + 7y + 6}{27} = \frac{2y - x}{6}$

7. Wie lautet die Gleichung des von P (5; 3) auf die Gerade $y = 2x - 2$ gefällten Lotes?

8. Wie lautet die Gleichung der im Punkt P_0 (1; y_0) der Geraden $2x + 6 = 3y$ errichteten Senkrechten?

9. Welche Abstände haben die Punkte A, B und C von der Geraden $x + y = 4$? Welche Punkte der Geraden liegen A, B und C am nächsten?

a) A (1; 1) b) B (-1; 1) c) C (2; 4)

10. Welchen Abstand haben folgende Paare paralleler Geraden?

a) $4x + 3y + 10 = 0$ und $4x + 3y - 5 = 0$
b) $x + y = 1$ und $x + y = -1$

11. Wie lauten die Gleichungen der Geraden, die die Gerade $8x - 4y + 12 = 0$ im Punkt P_0 (x_0; 5) unter einem Winkel von 45° schneiden?

12. Bilden die Geraden $3x - 2y + 9 = 0$, $-2x + y - 1 = 0$ und $3x - y - 6 = 0$ die Seiten eines Dreiecks?

13. Die Gleichung der Geraden $y = 2x + 2$ soll in einem neuen Koordinatensystem dargestellt werden, dessen Ursprung im ursprünglichen System die Koordinaten (2; -1) hat.

14. In Aufgabe 2. sind drei Punkte gegeben. Wie groß ist der Inhalt des zugehörigen Dreiecks?

15. Bilden die Punkte A (5; 7), B (8; -6) und C (-10; 72) die Eckpunkte eines Dreiecks?

16. Es sind Radius und Mittelpunktskoordinaten der folgenden Kreise zu be-

stimmen:

a) $x^2 + y^2 + 2x + 2y = 4,5$
b) $2x^2 + 2y^2 - 32\,(x + y) + 208 = 0$
c) $3x^2 + 3y^2 - 12x - y = 0$

17. Wie lautet die Gleichung des Kreises, der

a) durch $P_1\,(5; 20)$ und $P_2\,(12; 13)$ geht und dessen Mittelpunkt auf der Geraden $5y + 6x = 29$ liegt?
b) $M\,(5; 11)$ als Mittelpunkt hat und die Gerade $y = 17 - 7x$ berührt?
c) den Radius $2\sqrt{5}$ hat, durch den Ursprung geht und dessen Mittelpunkt auf der Geraden $x + 3y = 10$ liegt?
d) durch $P\,(3; 1)$ geht und die x-Achse im Ursprung berührt?
e) durch $P\,(3; 1)$ geht und die y-Achse im Ursprung berührt?
f) die Gerade $y = x + 2$ berührt und $M\,(3; -2)$ als Mittelpunkt hat? Wo liegt der Berührungspunkt? Wie groß ist der Radius?

18. Wo und unter welchen Winkeln schneidet der Kreis $(x - 2)^2 + (y + 3)^2 = 20$ die Koordinatenachsen?

19. Wie lauten die Gleichungen der Ellipsen mit

a) $M\,(-1; 2)$, $a = 3$ und $b = 1$;
b) $M\,(3; -4)$, $a = 3$ und $b = 5$?

Wo schneiden diese Ellipsen die Koordinatenachsen?

20. Gesucht sind lineare Exzentrizität und Halbachsen der Ellipsen
a) $64x^2 + 9y^2 = 144$, b) $15x^2 + 10y^2 = 1$.

21. Wo schneidet die Ellipse $3x^2 + 8y^2 + 6x - 32y = 0$ die Gerade $x + 2y = 8$?

22. Für die folgenden Ellipsen sind zu bestimmen: Mittelpunkt, Halbachsen, lineare Exzentrizität und Schnittpunkte mit den Koordinatenachsen. Die Ellipsen sind zu skizzieren.

a) $4x^2 + 12\,y^2 - 8x - 48y + 4 = 0$
b) $16x^2 + 9y^2 + 96x - 72y + 144 = 0$
c) $3x^2 + 5y^2 - 6x + 2y = 0$
d) $x^2 + 3y^2 + 10x + 30y + 30 = 0$

23. Wie lauten die Gleichungen der Ellipsen, von denen bekannt ist:

a) $M\,(0; 0)$, $e = 3$, die Ellipse geht durch $P\,(4; -\frac{12}{5})$
b) $M\,(3; 3)$, $e = \sqrt{6}$, die Ellipse geht durch $P\,(5; 4)$
c) die Ellipse geht durch die vier Punkte $P_1\,(3; 4)$, $P_2\,(0; 1)$, $P_3\,(2; 0)$ und $P_4\,(1; 6)$

24. Für die folgenden Hyperbeln sind Mittelpunkt, a, b und e zu bestimmen:

a) $y^2 - x^2 + 2x - 2y = 4$ b) $4x^2 - 9y^2 - 24x = 0$
c) $4y^2 - 3x^2 + 8y - 12x = 4$ d) $9x^2 - 4y^2 - 18x - 24y = 27$

25. Geht durch die folgenden vier Punkte eine Ellipse oder eine Hyperbel? Die Gleichung ist anzugeben.

a) (1; 0), (0; 1), (4; 0), (0; -3) b) (-2; 0), (0; 1), (2; 0), (0; -4)

26. Wo schneidet die Gerade $3x - y + 6 = 0$ die Hyperbel $9x^2 - 4y^2 = 36$ und deren Asymptoten? Wie lang sind die Abschnitte auf der Geraden zwischen Hyperbelast und zugehöriger Asymptote?

27. Skizzieren Sie die folgenden vier Hyperbeln! Was ist allen gemeinsam? $x^2 - y^2 = 1$, $y^2 - x^2 = 1$, $x^2 - y^2 = 4$ und $y^2 - x^2 = 4$

28. Wo schneidet der Kreis mit M (4; 0) und r = 3 die Hyperbel $5x^2 - 4y^2 = 5$?

29. Gesucht sind Scheitelpunkt, Öffnungsrichtung und der Wert p für folgende Parabeln:

a) $y^2 - 3x - 4y + 1 = 0$ b) $y^2 - 4x + 2y + 21 = 0$
c) $y^2 + x - 6y + 9 = 0$ d) $x^2 - 10x - 7y + 32 = 0$
e) $x^2 - 6x + 4y + 17 = 0$ f) $x^2 + 2y + 6 = 0$

30. Gesucht sind die Gleichungen zweier Parabeln, die jeweils orthogonale Achsenrichtungen haben und durch drei gemeinsame Punkte gehen. Ferner sind die charakteristischen Größen anzugeben, der vierte gemeinsame Punkt zu berechnen und eine Skizze anzufertigen.

a) (3; 0), (-3; 4), (0; -1) b) (-2; 1), (2; -3), (-1; 3)

31. Skizzieren Sie den Kreis $x^2 + y^2 + 2x - 5y = -7$ und die Parabel $x^2 + 2x - y = -3$, und berechnen Sie die Schnittpunkte!

32. Wo liegen die Schnittpunkte der beiden Parabeln $x^2 - y = 1$ und $y^2 - x = 1$? Anleitung: In einer Skizze kann man sich die Lage beider Parabeln verdeutlichen. Daraus läßt sich eine Beziehung zur Berechnung der ersten beiden Schnittpunkte ableiten.

17 Vektorrechnung

17.1 Grundbegriffe

17.1.1 Verschiebungen

Verschiebt man einen Punkt auf kürzestem Wege von der Stelle A nach der Stelle A', so wird der Strecke $\overline{AA'}$ außer Länge und Richtung noch ein Richtungssinn zugeordnet; man schreibt dafür $\overrightarrow{AA'}$.

Zeichnerisch wird dieser Sachverhalt durch einen Pfeil dargestellt (vgl. Bild 17.1).

In diesem Zusammenhang bezeichnet man $\overrightarrow{AA'}$ als gerichtete Strecke, A als den Originalpunkt, A' als den Bildpunkt.

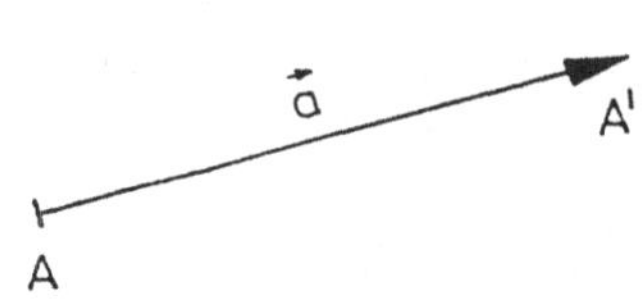

Bild 17.1

Für den Zweck der analytischen Darstellung von Verschiebungen wird auch die folgende Darstellung benutzt: $\overrightarrow{AA'} = \mathbf{a}$. Die Länge der gerichteten Strecke bezeichnet man als deren Betrag und schreibt dafür $|\overrightarrow{AA'}| = |\mathbf{a}|$.

Der im Bild 17.1 dargestellten Verschiebung werden nun alle Punkte des Raumes unterworfen. Verbindet man jeden Originalpunkt mit seinem Bildpunkt, so entstehen unendlich viele gleichlange und gleichgerichtete Strecken, die alle durch eine einzige von ihnen repräsentiert werden können:

Satz 17.1:
Die Verschiebung des Raumes ist durch die Verschiebung eines einzigen seiner Punkte festgelegt. Sie wird durch eine gerichtete Strecke beschrieben, die durch Betrag, Richtung und Richtungssinn bestimmt ist.

17.1.2 Verknüpfung von Verschiebungen

Definition 17.1:
Die Nacheinanderausführung zweier Verschiebungen **a** und **b** bezeichnet man als deren Summe. Sie ergibt die Verschiebung **c**, und man schreibt $\mathbf{a} + \mathbf{b} = \mathbf{c}$.

Bild 17.2 veranschaulicht diesen Sachverhalt, der sich auch folgendermaßen darstellen läßt: $\overrightarrow{AA'} + \overrightarrow{A'A''} = \overrightarrow{AA''}$.

Definition 17.2:
Zwei Verschiebungen $\overrightarrow{AA'} = \mathbf{a}$ und $\overrightarrow{A'A}$ sind entgegengesetzt gerichtet, wenn sie

gleichen Betrag, gleiche Richtung, aber entgegengesetzten Richtungssinn haben, und man schreibt $\overrightarrow{A'A} = -\overrightarrow{AA'} = -\mathbf{a}$.

Demzufolge muß sich ein Punkt, der nacheinander zwei solchen Verschiebungen unterworfen wurde, hinterher wieder an seiner ursprünglichen Stelle befinden.

Man erhält $\overrightarrow{AA'} + \overrightarrow{A'A} = \overrightarrow{AA} = \mathbf{0}$ bzw. $\mathbf{a} + (-\mathbf{a}) = \mathbf{0}$, die identische oder sog. Nullverschiebung.

Die zur Verschiebung **a** entgegengesetzte ist, wie schon gesagt, **-a**. Die dazu entgegengesetzte ist wieder die ursprüngliche Verschiebung **a**, die sich aber auch als **-(-a)** darstellen ließe. Mithin gilt $-(-\mathbf{a}) = \mathbf{a}$.

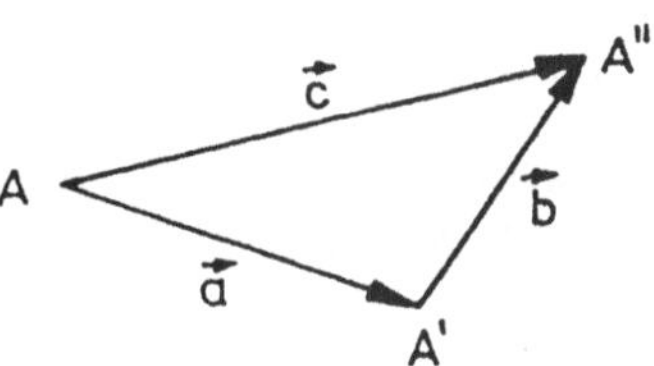

Bild 17.2

Bezüglich der Addition gelten folgende Sätze:

Kommutativgesetz:

$$\mathbf{a} + \mathbf{b} = \mathbf{b} + \mathbf{a},$$

Assoziativgesetz:

$$(\mathbf{a} + \mathbf{b}) + \mathbf{c} = \mathbf{a} + (\mathbf{b} + \mathbf{c}).$$

Definition 17.3:
Die Differenz zweier Verschiebungen **b** und **a** ist die Verschiebung **x**, für die $\mathbf{x} + \mathbf{a} = \mathbf{b}$ gilt. Man schreibt $\mathbf{x} = \mathbf{b} - \mathbf{a}$.

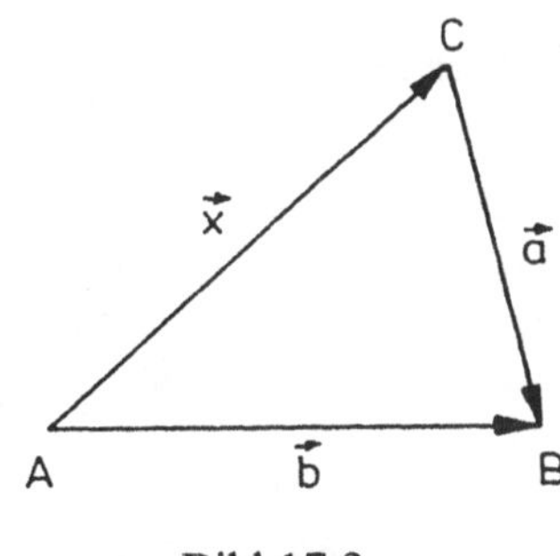

Bild 17.3

Im Bild 17.3 ist die Gleichung $\mathbf{x} + \mathbf{a} = \mathbf{b}$ verdeutlicht. Man erkennt
$\mathbf{b} - \mathbf{a} = \mathbf{b} + (-\mathbf{a})$ und damit
$\mathbf{a} + (-\mathbf{a}) = \mathbf{a} - \mathbf{a} = \mathbf{0}$.

Das entspricht vollkommen den vom Rechnen mit reellen Zahlen her bekannten Verhältnissen. Durch ähnliche Überlegungen wie zuletzt läßt sich auch die Gültigkeit der bekannten "Klammerregeln" für Verschiebungen nachweisen:
$-(\mathbf{a} + \mathbf{b}) = -\mathbf{a} - \mathbf{b}$ und $-(\mathbf{a} - \mathbf{b}) = -\mathbf{a} + \mathbf{b}$.

Führt man die Verschiebung **a** nacheinander n-mal aus ($n \in N$), erhält man eine Verschiebung, die man als $n * \mathbf{a}$ darstellen kann. Für eine beliebige reelle Zahl λ als Faktor gilt die Definition 17.4.

Definition 17.4:
Das Produkt einer Verschiebung **a** mit einer reellen Zahl λ ist die Verschiebung

$\lambda * \mathbf{a} = \mathbf{b}$, für die gilt $|\mathbf{b}| = |\lambda| * |\mathbf{a}|$. Ferner ist **b** mit **a** gleichgerichtet oder zu **a** entgegengesetzt gerichtet, je nachdem, ob λ positiv oder negativ ist. Für $\lambda = 0$ ergibt sich die Nullverschiebung.

Ferner gelten für die Multiplikation einer Verschiebung mit einer reellen Zahl die folgenden, ohne Beweis genannten Sätze:

Erstes Distributivgesetz:	$\lambda * (\mathbf{a} + \mathbf{b}) = \lambda * \mathbf{a} + \lambda * \mathbf{b}$,
Zweites Distributivgesetz:	$(\lambda + \mu) * \mathbf{a} = \lambda * \mathbf{a} + \mu * \mathbf{a}$,
Assoziativgesetz:	$\lambda * (\mu * \mathbf{a}) = (\lambda * \mu) * \mathbf{a}$,
Kommutativgesetz:	$\lambda * \mathbf{a} = \mathbf{a} * \lambda$.

Es soll noch eine Bemerkung zu den Nullen erfolgen. Man muß unterscheiden zwischen der Null als reeller Zahl (geschrieben als 0) und der Nullverschiebung (geschrieben als **0**).

Zwei Verschiebungen, **a** und **b**, für die $\mathbf{a} = \lambda * \mathbf{b}$ gilt, nennt man kollinear. Dabei gibt es folgende Möglichkeiten ($\lambda \neq 0$ vorausgesetzt):

Für $\lambda > 0$ sind beide gleichgerichtet, in Zeichen $\mathbf{a} \uparrow\uparrow \mathbf{b}$,
für $\lambda < 0$ sind beide entgegengesetzt gerichtet, in Zeichen $\mathbf{a} \downarrow\uparrow \mathbf{b}$,
für $|\lambda| \neq 1$ haben beide unterschiedliche Beträge.

17.1.3 Vektoren

In den vorangegangenen Abschnitten wurden Verschiebungen untersucht und eine Anzahl gültiger Gesetze formuliert. Es gibt aber außer der Menge der Verschiebungen noch andere Mengen, für deren Elemente sich durch geeignete Festlegung eine Addition und eine Multiplikation mit einer reellen Zahl definieren lassen und die den gleichen Gesetzmäßigkeiten gehorchen wie die Verschiebungen. Das sind im Bereich der Physik insbesondere alle gerichteten Größen, wie Geschwindigkeiten, elektrische oder magnetische Feldstärken, die in einem Punkt angreifenden Kräfte u. a. m., im Gegensatz zu skalaren Größen wie z.B. Masse, Arbeit, Temperatur.
Da Mengen aller Arten gerichteter Größen bezüglich der behandelten Rechenoperationen unabhängig von den konkreten Eigenschaften ihrer Elemente die gleichen Gesetzmäßigkeiten aufweisen, kann man zu einem allgemeineren, abstrakten Begriff übergehen, der Menge der Vektoren.
Abschließend werden nochmals die wesentlichsten Definitionen, Sätze und Folgerungen zusammengestellt, gleichzeitig aber im Hinblick auf die folgenden Betrachtungen für Vektoren formuliert:

- Ein Vektor ist gekennzeichnet durch Betrag, Richtung und Richtungssinn.
- Die Addition zweier Vektoren **a** und **b** ergibt einen eindeutig bestimmten Vektor **c** mit $\mathbf{c} = \mathbf{a} + \mathbf{b}$.

- Die Addition ist kommutativ und assoziativ, d. h., $\mathbf{a} + \mathbf{b} = \mathbf{b} + \mathbf{a}$ und $(\mathbf{a} + \mathbf{b}) + \mathbf{c} = \mathbf{a} + (\mathbf{b} + \mathbf{c})$.
- Der zu **a** entgegengesetzte Vektor ist **-a**. Beide Vektoren unterscheiden sich nur im Richtungssinn.
- Die Subtraktion eines Vektors entspricht der Addition des entgegengesetzten Vektors, also $\mathbf{a} - \mathbf{b} = \mathbf{a} + (-\mathbf{b})$.
- Die Multiplikation des Vektors **a** mit der reellen Zahl λ ergibt einen eindeutig bestimmten Vektor **b**, für den gilt:

$$|\mathbf{b}| = |\mathbf{a}| * |\lambda| \text{ mit } \begin{cases} \mathbf{b} \uparrow\uparrow \mathbf{a}, \text{ falls } \lambda > 0, \\ \mathbf{b} = \mathbf{0}, \text{ falls } \lambda = 0 \text{ oder} \\ \mathbf{b} \downarrow\uparrow \mathbf{a}, \text{ falls } \lambda < 0. \end{cases}$$

- Für $\mathbf{a} = \lambda * \mathbf{b}$ und $\lambda \neq 0$ nennt man **a** und **b** kollinear.
- Die Multiplikation mit einem reellen Faktor ist kommutativ, assoziativ und auf zweierlei Art distributiv:

$$\lambda * \mathbf{a} = \mathbf{a} * \lambda, \qquad (\lambda + \mu) * \mathbf{a} = \lambda * \mathbf{a} + \mu * \mathbf{a},$$
$$\lambda * (\mu * \mathbf{a}) = (\lambda * \mu) * \mathbf{a}, \qquad \lambda * (\mathbf{a} + \mathbf{b}) = \lambda * \mathbf{a} + \lambda * \mathbf{b}.$$

17.2 Vektoren im kartesischen Koordinatensystem

17.2.1 Darstellung im kartesischen Koordinatensystem

Für die rechnerische Behandlung der Vektoren ist es zweckmäßig, ein dreidimensionales kartesisches Koordinatensystem zu benutzen. Seine drei Achsen, die x-, y- und z-Achse, stehen senkrecht aufeinander. Sie bilden ein Rechtssystem. Das heißt, die poitiven Achsenrichtungen sind so orientiert, daß sie in alphabetischer Reihenfolge den gespreizten ersten drei Fingern der rechten Hand in der Reihenfolge Daumen - Zeigefinger - Mittelfinger entsprechen. Im Bild 17.4 ist ein solches Koordinatensystem gezeigt.

Die vom Zweidimensionalen her vertraute x,y-Ebene ist darin enthalten.

Als Basisvektoren erweisen sich die als die günstigsten, die in Richtung der positiven Achsenrichtungen zeigen und die Länge einer Einheit haben. Vektoren dieser Länge nennt man generell Einheitsvektoren. Folgendes ist festgelegt:

Der Einheitsvektor in x-Richtung wird mit $\mathbf{e}_x$ bezeichnet, der in y-Richtung mit $\mathbf{e}_y$ und der in z-Richtung mit $\mathbf{e}_z$. Gelegentlich findet man für die Basisvektoren auch die Bezeichnungen $\mathbf{e}_1$, $\mathbf{e}_2$ und $\mathbf{e}_3$ bzw. **i**, **j** und **k** (Bild 17.5).

Mit Hilfe dieser drei Einheitsvektoren ist es möglich, jeden Vektor des Raumes darzustellen.

Zunächst erfolgt die Zerlegung des Vektors **a** in drei Komponenten parallel zu den Koordinatenachsen: $\mathbf{a} = \mathbf{a}_1 + \mathbf{a}_2 + \mathbf{a}_3$ (vgl. Bild 17.6). Diese Komponenten lassen sich ihrerseits als Vielfache der Basisvektoren $\mathbf{e}_x$, $\mathbf{e}_y$ und $\mathbf{e}_z$ darstellen. Im Bild 17.6 gilt etwa $\mathbf{a}_1 = 2\mathbf{e}_x$, $\mathbf{a}_2 = 4\mathbf{e}_y$ und $\mathbf{a}_3 = 3\mathbf{e}_z$. Damit läßt sich **a** in folgender Form darstellen: $\mathbf{a} = 2\mathbf{e}_x + 4\mathbf{e}_y + 3\mathbf{e}_z$.

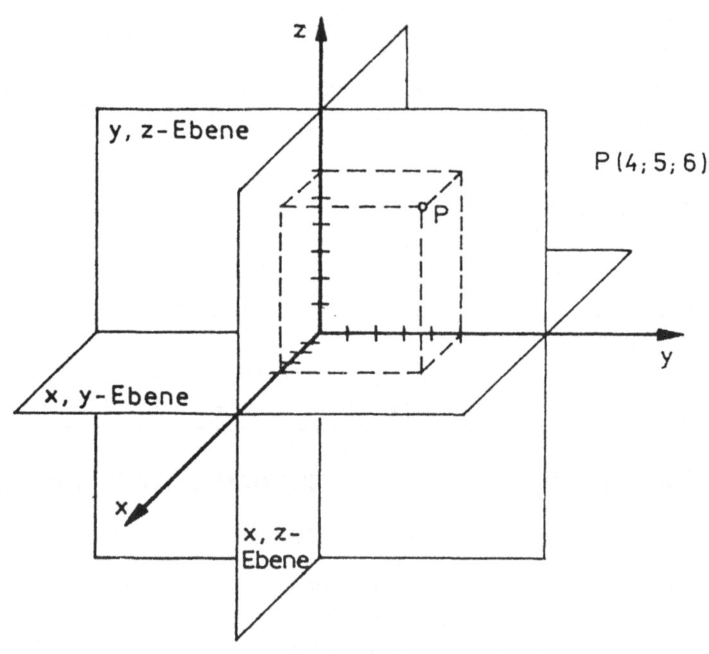

Bild 17.4

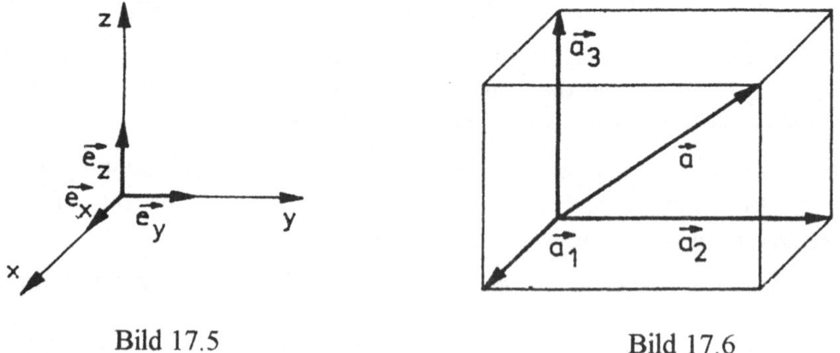

Bild 17.5

Bild 17.6

Die drei Summanden der rechten Seite der letzten Gleichung nennt man die Komponenten des Vektors **a**. Die Koeffizienten der Einheitsvektoren nennt man seine Koordinaten. Das ist naheliegend, denn diese sind zugleich die Koordinaten des Punktes A, zu dem der Vektor vom Koordinatenursprung aus hinweist. In diesem Zusammenhang sagt man auch, **a** ist der Ortsvektor von A.

Falls die Koordinaten des Vektors **a** keine bestimmten Zahlen sind, wird zur Darstellung folgende Schreibweise benutzt:
$\mathbf{a} = a_x \mathbf{e}_x + a_y \mathbf{e}_y + a_z \mathbf{e}_z$.
Neben der erwähnten sog. Komponentenschreibweise bedient man sich oft auch der rationelleren Koordinatenschreibweise

$\mathbf{a} = \begin{pmatrix} a_x \\ a_y \\ a_z \end{pmatrix}$ oder $\mathbf{a}^T = (a_x\ a_y\ a_z)$ bzw. $\mathbf{a} = (a_x\ a_y\ a_z)^T$. ($a^T$ lies: a transponiert)

17.2.2 Grundrechenoperationen

Definition 17.5 (Gleichheit zweier Vektoren):
Zwei Vektoren $\mathbf{a} = \begin{pmatrix} a_x \\ a_y \\ a_z \end{pmatrix}$ und $\mathbf{b} = \begin{pmatrix} b_x \\ b_y \\ b_z \end{pmatrix}$ sind genau dann gleich, wenn $a_x = b_x$, $a_y = b_y$ und $a_z = b_z$ gilt.

Anschließend sollen die Vektoren $\mathbf{a} = a_x \mathbf{e}_x + a_y \mathbf{e}_y + a_z \mathbf{e}_z$ und
$\mathbf{b} = b_x \mathbf{e}_x + b_y \mathbf{e}_y + b_z \mathbf{e}_z$ addiert werden. Man erhält:
$\mathbf{a} + \mathbf{b} = a_x \mathbf{e}_x + a_y \mathbf{e}_y + a_z \mathbf{e}_z + b_x \mathbf{e}_x + b_y \mathbf{e}_y + b_z \mathbf{e}_z$,
$\mathbf{a} + \mathbf{b} = (a_x + b_x) \mathbf{e}_x + (a_y + b_y) \mathbf{e}_y + (a_z + b_z) \mathbf{e}_z$.
Durch entsprechende Überlegungen gelangt man zu Rechenvorschriften für die Subtraktion zweier Vektoren und für die Multiplikation eines Vektors mit einem skalaren Faktor. Man erhält den Satz17.2:

Satz 17.2:
Für die Vektoren $\mathbf{a} = \begin{pmatrix} a_x \\ a_y \\ a_z \end{pmatrix}$ und $\mathbf{b} = \begin{pmatrix} b_x \\ b_y \\ b_z \end{pmatrix}$ gilt:

$\mathbf{a} \pm \mathbf{b} = \begin{pmatrix} a_x \pm b_x \\ a_y \pm b_y \\ a_z \pm b_z \end{pmatrix}$ und $\lambda * \mathbf{a} = \begin{pmatrix} \lambda * a_x \\ \lambda * a_y \\ \lambda * a_z \end{pmatrix}$.

Beispiel 17.1: Für die Vektoren $\mathbf{a} = \begin{pmatrix} 2 \\ 3 \\ -1 \end{pmatrix}$, $\mathbf{b} = \begin{pmatrix} -1 \\ 0 \\ 3 \end{pmatrix}$ und $\mathbf{c} = \begin{pmatrix} -9 \\ 1 \\ -6 \end{pmatrix}$ ist die Linearkombination $\mathbf{r} = 5\mathbf{a} + 2\mathbf{b} - 2\mathbf{c}$ zu bilden.

Lösung: $\mathbf{r} = 5\begin{pmatrix}2\\3\\-1\end{pmatrix} + 2\begin{pmatrix}-1\\0\\3\end{pmatrix} - 2\begin{pmatrix}-9\\1\\-6\end{pmatrix} = \begin{pmatrix}10\\15\\-5\end{pmatrix} + \begin{pmatrix}-2\\0\\6\end{pmatrix} + \begin{pmatrix}18\\-2\\12\end{pmatrix} = \begin{pmatrix}26\\13\\13\end{pmatrix}.$

Dieses Ergebnis kann man in Umkehrung der Vorschrift für die Multiplikation auch in folgender Form angeben: $\mathbf{r} = 13\begin{pmatrix}2\\1\\1\end{pmatrix}$.

Beispiel 17.2: Wie lautet der Vektor, der von Punkt A (2; 3; 1) nach Punkt B (-4; 1; -2) weist?

Lösung: Bild 17.7 zeigt den Zusammenhang zwischen den Ortsvektoren der beiden Punkte und dem gesuchten Vektor **x**. Es gilt **a** + **x** = **b** bzw., nach Umstellung, **x** = **b** - **a**.

$$\mathbf{x} = \begin{pmatrix}-4\\1\\-2\end{pmatrix} - \begin{pmatrix}2\\3\\1\end{pmatrix} = \begin{pmatrix}-6\\-2\\-3\end{pmatrix}.$$

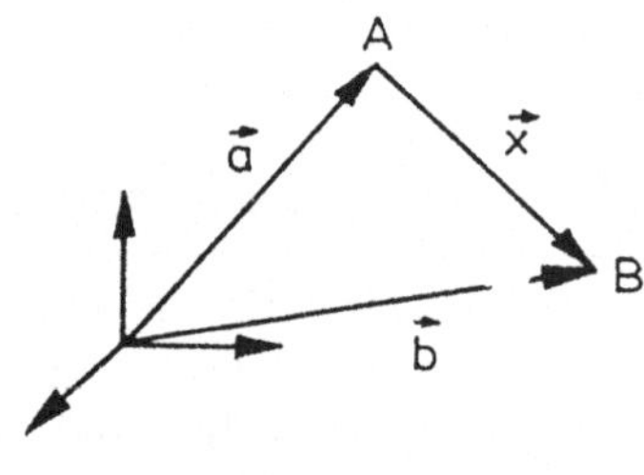

Bild 17.7

Es lohnt sich daher festzustellen: Ist der Vektor von A nach B gesucht, muß man die Differenz der Ortsvektoren in umgekehrter Reihenfolge bilden, nämlich **b** - **a**.

Beispiel 17.3: Wie lautet der Ortsvektor **m** des Mittelpunktes der Strecke $\overrightarrow{AB}$?

Lösung: Aus Bild 17.8 erkennt man

$$\mathbf{m} = \mathbf{a} + \overrightarrow{AM} = \mathbf{a} + \frac{1}{2}\overrightarrow{AB}$$
$$= \mathbf{a} + \frac{1}{2}(\mathbf{b} - \mathbf{a})$$
$$= \mathbf{a} + \frac{1}{2}\mathbf{b} - \frac{1}{2}\mathbf{a}$$
$$= \frac{1}{2}\mathbf{a} + \frac{1}{2}\mathbf{b}$$
$$= \frac{1}{2}(\mathbf{a} + \mathbf{b}).$$

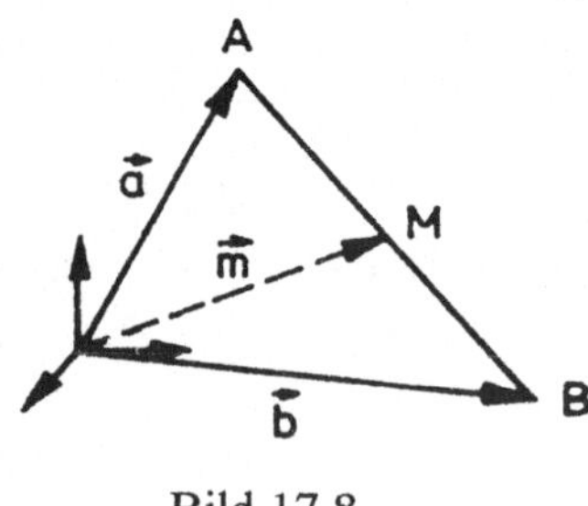

Bild 17.8

17.2.3 Der Betrag eines Vektors

Die Raumdiagonale eines Quaders mit den Kantenlängen a, b und c hat bekanntlich die Länge $d = \sqrt{a^2 + b^2 + c^2}$. Mit Hilfe dieser Beziehung kann man den Betrag eines Vektors berechnen.

Betrag eines Vektors:
$|\mathbf{a}| = \sqrt{a_x^2 + a_y^2 + a_z^2}$. (17.1)

Mit Hilfe dieser Formel ist es auch möglich, den Betrag eines Vektors zu berechnen, der von Punkt A nach Punkt B zeigt. Nach Beispiel 17.2 gilt für diesen Vektor

$\overrightarrow{AB} = \begin{pmatrix} b_x - a_x \\ b_y - a_y \\ b_z - a_z \end{pmatrix}$, und sein Betrag ist

$$|\overrightarrow{AB}| = \sqrt{(b_x - a_x)^2 + (b_y - a_y)^2 + (b_z - a_z)^2}. \quad (17.2)$$

Beispiel 17.4: Der Betrag des Vektors $\overrightarrow{AB}$ für A (1; 4; -5) und B (4; 8; 7) ist gesucht.

Lösung: $\overrightarrow{AB} = \begin{pmatrix} 3 \\ 4 \\ 12 \end{pmatrix}$, damit ist $|\overrightarrow{AB}| = \sqrt{9 + 16 + 144}$,

$|\overrightarrow{AB}| = 13$.

Im Beispiel 17.4 wurde zugleich der Abstand der beiden Punkte berechnet. Für verschiedene Anwendungen ist es oft nötig, einen Vektor **a** durch einen Einheitsvektor zu ersetzen, der mit **a** in Richtung und Richtungssinn übereinstimmt. Er wird mit $\mathbf{a}^0$ bezeichnet und "Einheitsvektor in Richtung von **a**" genannt.

Einheitsvektor in Richtung von **a**:
$\mathbf{a}^0 = \frac{1}{|\mathbf{a}|} * \mathbf{a}$. (17.3)

Beispiel 17.5: Gesucht ist der Einheitsvektor in Richtung von $\mathbf{a} = \begin{pmatrix} 3 \\ -5 \\ 4 \end{pmatrix}$

Lösung: $|\mathbf{a}| = \sqrt{9 + 25 + 16} = \sqrt{50} = 5\sqrt{2}$. $\frac{1}{|\mathbf{a}|} = \frac{1}{10}\sqrt{2}$ nach Rationalmachen des Nenners.

Daraus folgt: $\mathbf{a}^0 = \frac{1}{10}\sqrt{2}\begin{pmatrix} 3 \\ -5 \\ 4 \end{pmatrix} = \begin{pmatrix} \frac{3}{10}\sqrt{2} \\ -\frac{1}{2}\sqrt{2} \\ \frac{2}{5}\sqrt{2} \end{pmatrix}$.

Beispiel 17.6: Im Punkt A (3; 2; 6) greift ein Vektor der Länge 12 an, der in Richtung auf Punkt B (-1; 6; -2) weist. In welchem Punkt endet dieser Vektor?

Lösung: Man geht vom Vektor $\overrightarrow{AB}$ aus, bildet $\overrightarrow{AB}^{\,0}$ und multipliziert mit 12.

Addiert man den so erhaltenen Vektor zum Ortsvektor von A, erhält man den Ortsvektor von P und damit P selbst:

$$\overrightarrow{AB} = \mathbf{c} = \begin{pmatrix} -4 \\ 4 \\ -8 \end{pmatrix} = 4\begin{pmatrix} -1 \\ 1 \\ -2 \end{pmatrix};$$

$$|\mathbf{c}| = 4\sqrt{1+1+4} = 4\sqrt{6};$$

$$\mathbf{c}^0 = \frac{1}{\sqrt{6}}\begin{pmatrix} -1 \\ 1 \\ -2 \end{pmatrix}; \quad 12 * \mathbf{c}^0 = \overrightarrow{AP} = \sqrt{6}\begin{pmatrix} -2 \\ 2 \\ -4 \end{pmatrix};$$

$$\mathbf{p} = \mathbf{a} + \overrightarrow{AP} = \begin{pmatrix} 3 \\ 2 \\ 6 \end{pmatrix} + \sqrt{6}\begin{pmatrix} -2 \\ 2 \\ -4 \end{pmatrix} = \begin{pmatrix} 3 - 2\sqrt{6} \\ 2 + 2\sqrt{6} \\ 6 - 4\sqrt{6} \end{pmatrix}.$$ Die Koordinaten von P sind:

$P(3 - 2\sqrt{6};\ 2 + 2\sqrt{6};\ 6 - 4\sqrt{6})$.

17.3 Gerade und Ebene im Raum

17.3.1 Die Gleichung der Geraden

Bild 17.9 zeigt die für die folgenden Betrachtungen erforderlichen Zusammenhänge. Vom Koordinatenursprung zeigt der Ortsvektor **a** zu einem beliebig gewählten, dann aber festen Punkt A der Geraden g. Der Vektor **r** ist der Richtungsvektor der Geraden, er gibt nicht nur deren Richtung an, sondern legt auch einen Durchlaufsinn fest. Zu dem variablen Punkt X weist der Ortsvektor **x**, der als "Abtastvektor" bezeichnet werden soll. Diesen Vektor erhält man, wenn man zum Vektor **a** ein entsprechendes Vielfaches des Richtungsvektors addiert. Auf diese Weise ergibt sich die

Gleichung der Geraden:	
$\mathbf{x} = \mathbf{a} + t * \mathbf{r}$.	(17.4)

Man nennt t den Parameter der Geradengleichung. Er ist eine skalare Größe. Läßt man t den Bereich der reellen Zahlen durchlaufen, werden alle Punkte der Geraden erfaßt. Im Bild 17.9 ist beispielsweise der Punkt eingetragen, der zum Parameterwert $t = 3$ gehört.

Die Vektorgleichung (17.4) kann man in drei skalare Gleichungen aufspalten:

$$x = a_x + t\, r_x,$$
$$y = a_y + t\, r_y,$$
$$z = a_z + t\, r_z.$$

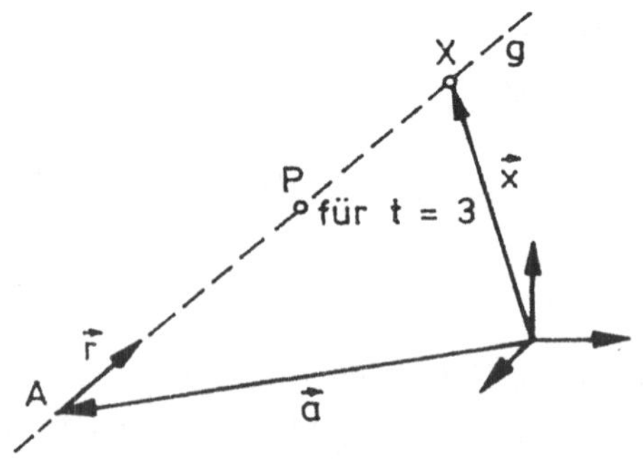

Bild 17.9

Beispiel 17.7: Liegt der Punkt P (-13; -11; 10) auf der Geraden $\mathbf{x} = \begin{pmatrix} 2 \\ 1 \\ 1 \end{pmatrix} + t \begin{pmatrix} 5 \\ 4 \\ -3 \end{pmatrix}$?

Lösung: Es gilt also festzustellen, ob die Koordinaten von P die Geradengleichung erfüllen. Und das ist der Fall, wenn es gelingt, den zu P gehörenden Parameterwert zu finden.

Der Ansatz lautet $\begin{pmatrix} 2 \\ 1 \\ 1 \end{pmatrix} + t \begin{pmatrix} 5 \\ 4 \\ -3 \end{pmatrix} = \begin{pmatrix} -13 \\ -11 \\ 10 \end{pmatrix}$.

Daraus ergibt sich das System linearer Gleichungen

$$\begin{aligned} 2 + 5t &= -13, \\ 1 + 4t &= -11, \\ 1 - 3t &= 10. \end{aligned}$$

Aus der ersten Gleichung berechnet man den Parameterwert $t = -3$. P liegt aber nur dann auf der Geraden, wenn dieser Parameterwert auch die beiden übrigen Gleichungen erfüllt. Man überzeugt sich leicht, daß dies der Fall ist. Erst jetzt kann man sagen, daß P tatsächlich auf der Geraden liegt. In Fortsetzung dieses Beispiels soll für die gleiche Gerade untersucht werden, ob auch Punkt Q (12; 9; 4) auf dieser Geraden liegt.

Ein analoger Ansatz führt auf das Gleichungssystem

$$\begin{aligned} 2 + 5t &= 12, \\ 1 + 4t &= 9, \\ 1 - 3t &= 4. \end{aligned}$$

Die erste Gleichung ergibt $t = 2$. Dieser Wert erfüllt auch die zweite Gleichung, aber nicht mehr die dritte. Also liegt Q nicht auf der Geraden.

Soll die Gleichung einer Geraden aufgestellt werden, wenn zwei Punkte, S und T, bekannt sind, durch die die Gerade geht, gelangt man zur gleichen Form der Geradengleichung. Der Richtungsvektor wird in diesem Falle von den Vektoren $\overrightarrow{ST}$ oder $\overrightarrow{TS}$ gebildet, als festen Punkt kann man wahlweise S oder T benutzen.

Beispiel 17.8: Wie lautet die Gleichung der Geraden, die durch S (2; 5; 1) und T (-1; 0; 3) geht?

Lösung: Mit S als festem Punkt und $\overrightarrow{ST}$ als Richtungsvektor ergibt sich

$$\mathbf{x} = \begin{pmatrix} 2 \\ 5 \\ 1 \end{pmatrix} + t_1 \begin{pmatrix} -3 \\ -5 \\ 2 \end{pmatrix}.$$

Beispiel 17.9: In welchem Punkt schneiden sich die beiden Geraden

$$\mathbf{x} = \begin{pmatrix} 2 \\ 0 \\ 1 \end{pmatrix} + s \begin{pmatrix} 1 \\ 3 \\ 3 \end{pmatrix} \text{ und } \mathbf{x} = \begin{pmatrix} 1 \\ 0 \\ -5 \end{pmatrix} + t \begin{pmatrix} 1 \\ 2 \\ 4 \end{pmatrix}?$$

Lösung: Da die Richtungsvektoren offensichtlich nicht proportional sind, ist es nicht ausgeschlossen, daß sich beide Geraden schneiden. Falls sie sich schneiden, müssen im Schnittpunkt beide Abtastvektoren übereinstimmen; man kann sie also gleichsetzen:

$$\begin{pmatrix} 2 \\ 0 \\ 1 \end{pmatrix} + s \begin{pmatrix} 1 \\ 3 \\ 3 \end{pmatrix} = \begin{pmatrix} 1 \\ 0 \\ -5 \end{pmatrix} + t \begin{pmatrix} 1 \\ 2 \\ 4 \end{pmatrix}.$$

Daraus folgt das Gleichungssystem

$$\begin{aligned} 2 + s &= 1 + t, \\ 3s &= 2t, \\ 1 + 3s &= -5 + 4t. \end{aligned}$$

Mit Hilfe zweier Gleichungen berechnet man nun s und t, es ergibt sich $s = 2$ und $t = 3$. Unbedingt muß jetzt die Probe mit der dritten Gleichung erfolgen. Dabei tritt eventuell der angekündigte Widerspruch auf, falls die Geraden windschief sind. Im vorliegenden Beispiel geht die Probe auf, und die gefundene Lösung wird bestätigt. Zur Berechnung der Koordinaten des Schnittpunktes genügt es, einen der beiden Werte in die entsprechende Geradengleichung einzusetzen. Man erhält den Ortsvektor des Schnittpunktes und damit $\underline{\underline{S(4; 6; 7)}}$.

17.3.2 Die Gleichung der Ebene

Um die Gleichung einer Ebene aufzustellen, geht man ganz ähnlich vor wie bei der Geraden (vgl. Bild 17.10). Durch den Ortsvektor **a** gelangt man zu dem in der Ebene E frei gewählten, dann aber festgehaltenen Punkt A. In diesem Punkt greifen zwei nichtparallele Vektoren, **r** und **s**, an, die ihrerseits in der Ebene liegen, man sagt **r** und **s** spannen die Ebene auf. Dann läßt sich

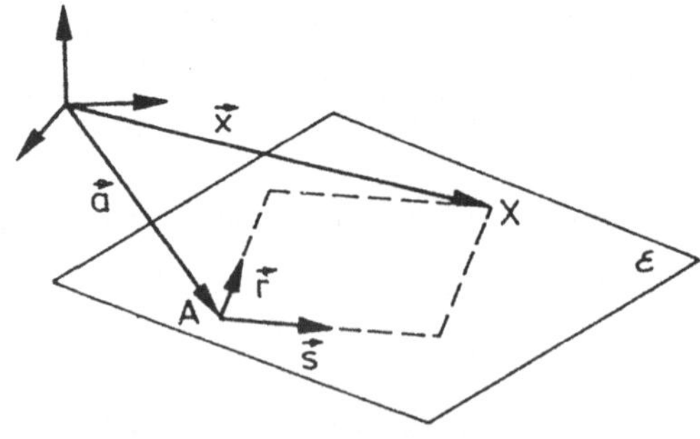

Bild 17.10

die Gleichung der Ebene folgendermaßen darstellen:

Gleichung der Ebene:	
$\mathbf{x} = \mathbf{a} + t * \mathbf{r} + u * \mathbf{s}$.	(17.5)

Hier treten zwei Parameter auf, nämlich t und u.
Eine Ebene kann durch drei Punkte im Raum bestimmt sein, sofern diese nicht auf einer Geraden liegen. Um die Gleichung der Ebene in der obigen Form zu erhalten, würde man einen der Punkte als festen Punkt wählen. Von dort aus zu den beiden anderen Punkten lassen sich dann Vektoren bestimmen, die die Ebene aufspannen. Das ist der Inhalt des nächsten Beispiels.

Beispiel 17.10: Wie lautet die Gleichung der Ebene, die durch die Punkte A (1; 5; 0), B (2; -3; 1) und C (3; 1; 1) geht?

Lösung: Wie im Text beschrieben, werden die Vektoren $\overrightarrow{AB}$ und $\overrightarrow{AC}$ gebildet. Mit A als festem Punkt ergibt sich

$$\mathbf{x} = \begin{pmatrix} 1 \\ 5 \\ 0 \end{pmatrix} + t \begin{pmatrix} 1 \\ -8 \\ 1 \end{pmatrix} + u \begin{pmatrix} 2 \\ -4 \\ 1 \end{pmatrix}.$$

In den folgenden Beispielen werden weiter Schnitt- und Lageprobleme behandelt, bei deren Lösung man stets auf Gleichungssysteme geführt wird. Es werden aus der Fülle der Möglichkeiten hier und in den Übungsaufgaben nur einige typische Fälle betrachtet.

Beispiel 17.11: Liegt P (-4; -3; 1) in der Ebene $\mathbf{x} = \begin{pmatrix} 1 \\ 5 \\ 0 \end{pmatrix} + t \begin{pmatrix} 1 \\ -8 \\ 1 \end{pmatrix} + u \begin{pmatrix} 2 \\ -4 \\ 1 \end{pmatrix}$?

Lösung: Durch Einsetzen wird geprüft, ob der Ortsvektor **p** des Punktes P die Gleichung der Ebene erfüllt:
$\mathbf{p} = \mathbf{a} + t * \mathbf{r} + u * \mathbf{s}$.
Aus der Vektorgleichung ergibt sich das Gleichungssystem

$$\begin{aligned} -4 &= 1 + t + 2u, \\ -3 &= 5 - 8t - 4u, \\ 1 &= t + u, \end{aligned}$$

aus dessen beiden ersten Gleichungen sich t = 3 und u = -4 berechnen lassen. Die Probe mit der dritten Gleichung ist wieder unbedingt nötig, weil sich erst dabei zeigt, ob der Punkt tatsächlich in der Ebene liegt oder nicht, falls ein Widerspruch auftritt. Das letztere ist hier der Fall, also liegt P außerhalb der Ebene.

Im folgenden Beispiel soll für die Gleichung einer Ebene die parameterfreie Form gebildet werden.

Beispiel 17.12: Aus der folgenden Ebenengleichung sind die Parameter zu eliminieren: $\mathbf{x} = \begin{pmatrix} -2 \\ 0 \\ 5 \end{pmatrix} + t \begin{pmatrix} 1 \\ 1 \\ 1 \end{pmatrix} + u \begin{pmatrix} -1 \\ 1 \\ 2 \end{pmatrix}$!

Lösung: Geht man zu den drei skalaren Gleichungen über, entsteht ein System von drei Gleichungen mit fünf Unbekannten:

$$\begin{aligned} x &= -2 + t - u, \\ y &= t + u, \\ z &= 5 + t + 2u. \end{aligned}$$

Dieses System läßt sich auf eine einzige Gleichung reduzieren, in der dann noch drei Unbekannte enthalten sind. Wenn man es dabei so einrichtet, daß x, y und z diese drei sind, ist das Ziel erreicht. Addiert man die ersten beiden Gleichungen, erhält man $x + y = -2 + 2t$. Addiert man das Doppelte der ersten zur dritten, ergibt sich $2x + z = 1 + 3t$. Eliminiert man noch t, verbleibt die angekündigte Gleichung

$\underline{\underline{x - 3y + 2z = 8.}}$

17.4 Produkte von Vektoren

17.4.1 Vorbemerkung

In den folgenden Abschnitten werden Vektoren miteinander multiplikativ verknüpft. Die zugehörigen Definitionen sind an Problemen der Physik orientiert. Dabei treten teilweise andere Gesetzmäßigkeiten auf, als sie beispielsweise von der Multiplikation reeller Zahlen geläufig sind.

Es gibt zwei Arten der multiplikativen Verknüpfung zweier Vektoren: Das Skalarprodukt und das Vektorprodukt. Die Bezeichnungen rühren daher, daß das Ergebnis dieser Verknüpfungen ein Skalar bzw. ein Vektor ist.

17.4.2 Das Skalarprodukt

Ein Körper werde unter dem Einfluß einer konstanten Kraft **F** um die Strecke **s** bewegt. Wirkt diese Kraft in Richtung des Weges, wird die Arbeit $W = |\mathbf{F}| * |\mathbf{s}|$ geleistet. Wirkt **F** unter einem Winkel φ gegenüber dem Weg, wie im Bild 17.11 dargestellt, wird anstelle von $|\mathbf{F}|$ nur $|\mathbf{F}| * \cos\varphi$ wirksam. Damit gilt für die skalare Größe W: $W = |\mathbf{F}| * |\mathbf{s}| * \cos\varphi$.

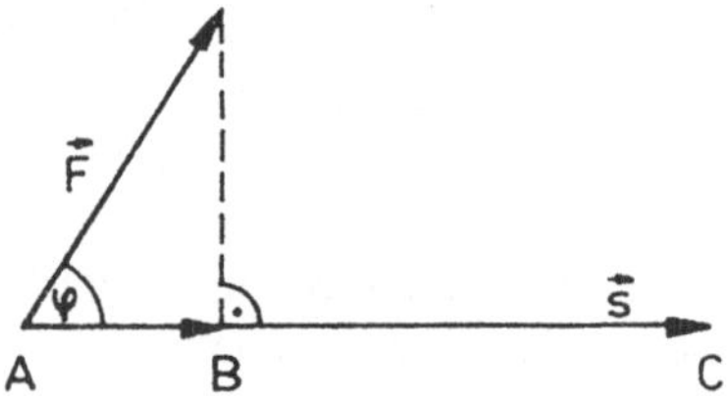

Bild 17.11

Diese und andere physikalische Betrachtungen sind Vorbild für die Definition des Skalarproduktes.

Definition 17.6:
Das Skalarprodukt $\mathbf{a} * \mathbf{b}$ der beiden Vektoren **a** und **b**, die miteinander den Winkel φ einschließen, ist die skalare Größe, für die gilt: $\mathbf{a} * \mathbf{b} = |\mathbf{a}| * |\mathbf{b}| * \cos\varphi$. (17.6)

Die Lesart für $\mathbf{a} * \mathbf{b}$ ist "a Punkt b". Folgende Gesetze gelten:

Das Skalarprodukt ist kommutativ: $\mathbf{a} * \mathbf{b} = \mathbf{b} * \mathbf{a}$.
Das Skalarprodukt ist assoziativ bezüglich der Multiplikation mit einem Skalar:
$\lambda * (\mathbf{a} * \mathbf{b}) = (\lambda * \mathbf{a}) * \mathbf{b} = \mathbf{a} * (\lambda * \mathbf{b})$.
Das Skalarprodukt ist distributiv:
$(\mathbf{a} + \mathbf{b}) * \mathbf{v} = \mathbf{a} * \mathbf{v} + \mathbf{b} * \mathbf{v}$.

Das Distributivgesetz erkennt man leicht am Bild 17.12.

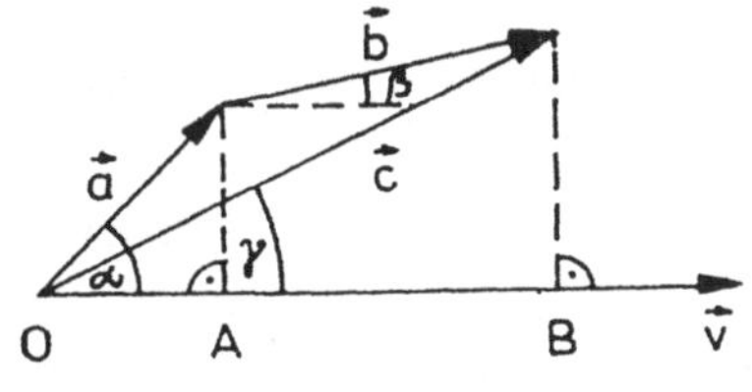

Bild 17.12

Jetzt soll der Fall betrachtet werden, daß das Skalarprodukt verschwindet: $\mathbf{a} * \mathbf{b} = 0$. Dafür kommen drei Ursachen in Frage:

$|\mathbf{a}| = 0$,
$|\mathbf{b}| = 0$ oder
$\cos\varphi = 0$, was gleichbedeutend ist mit $\varphi = 90°$. Das bedeutet:

Aus $\mathbf{a} * \mathbf{b} = 0$ mit $|\mathbf{a}| \neq 0$ und $|\mathbf{b}| \neq 0$ folgt die Orthogonalität von **a** und **b**, d.h. $\mathbf{a} \perp \mathbf{b}$.

Bei der skalaren Multiplikation der Einheitsvektoren $\mathbf{e}_x$, $\mathbf{e}_y$ und $\mathbf{e}_z$ erhält man folgende Ergebnisse:

$$\mathbf{e}_z * \mathbf{e}_y = \mathbf{e}_z * \mathbf{e}_x = \mathbf{e}_y * \mathbf{e}_x = 1 * 1 * \cos 90° = 0,$$
$$\mathbf{e}_x * \mathbf{e}_x = \mathbf{e}_y * \mathbf{e}_y = \mathbf{e}_z * \mathbf{e}_z = 1 * 1 * \cos 0° = 1, \quad \text{woraus folgt}$$

$$\mathbf{a} * \mathbf{b} = (a_x \mathbf{e}_x + a_y \mathbf{e}_y + a_z \mathbf{e}_z) * (b_x \mathbf{e}_x + b_y \mathbf{e}_y + b_z \mathbf{e}_z) = a_x b_x + a_y b_y + a_z b_z.$$

Berechnungsvorschrift für das Skalarprodukt:

$$\mathbf{a} * \mathbf{b} = \begin{pmatrix} a_x \\ a_y \\ a_z \end{pmatrix} * \begin{pmatrix} b_x \\ b_y \\ b_z \end{pmatrix} = a_x b_x + a_y b_y + a_z b_z.$$

Für das Skalarprodukt eines Vektors mit sich selbst kann man die Potenzschreibweise verwenden:

$\mathbf{a} * \mathbf{a} = \mathbf{a}^2$ bedeutet $\mathbf{a}^2 = \lvert\mathbf{a}\rvert * \lvert\mathbf{a}\rvert * \cos 0° = \lvert\mathbf{a}\rvert^2$. (17.7)

Beispiel 17.13: Das Skalarprodukt von $\mathbf{a} = \begin{pmatrix} 3 \\ -5 \\ 6 \end{pmatrix}$ und $\mathbf{b} = \begin{pmatrix} -2 \\ -3 \\ 2 \end{pmatrix}$ soll gebildet werden.

Lösung: $\mathbf{a} * \mathbf{b} = -3 * 2 + 5 * 3 + 6 * 2 = \underline{\underline{21}}$.

Beispiel 17.14: Im Vektor $\mathbf{a} = \begin{pmatrix} -2 \\ 3 \\ z \end{pmatrix}$ ist z so zu bestimmen, daß dieser auf $\mathbf{b} = \begin{pmatrix} 3 \\ -5 \\ 6 \end{pmatrix}$ senkrecht steht.

Lösung: Auf Grund der Orthogonalität muß $\mathbf{a} * \mathbf{b} = 0$ gelten. Also muß man ansetzen $\mathbf{a} * \mathbf{b} = -6 - 15 + 6z = 0$. Daraus folgt $\underline{\underline{z = 3{,}5}}$.

Eine der einfachsten und zugleich sehr häufig gebrauchten Anwendungen des Skalarproduktes ist die Bestimmung des Winkels, den zwei Vektoren einschließen. Für diesen Zweck muß man Gleichung (17.6) nach cos φ umstellen. Man erhält:

Für den Winkel zwischen zwei Vektoren gilt $\cos\varphi = \frac{\mathbf{a} * \mathbf{b}}{\lvert\mathbf{a}\rvert * \lvert\mathbf{b}\rvert}$. (17.8)

Beispiel 17.15: Welchen Winkel schließen die Vektoren $\mathbf{a}^T = (4\ \ 0\ \ 3)$ und $\mathbf{b}^T = (-4\ \ 5\ \ -3)$ ein?

Lösung: $\lvert\mathbf{a}\rvert = 5$, $\lvert\mathbf{b}\rvert = \sqrt{50} = 5\sqrt{2}$, $\mathbf{a} * \mathbf{b} = -25$. Das ergibt:

$$\cos\varphi = \frac{-25}{5 * 5 * \sqrt{2}} = -\frac{1}{2}\sqrt{2}, \text{ also ist } \underline{\underline{\varphi = 135°}}.$$

17.4.3 Das Vektorprodukt

Dem Vektorprodukt liegt als praktische Aufgabe das Drehmoment zugrunde, das von einer Kraft **F** hervorgerufen wird, die einen starren Körper am Hebelarm **r** um einen Punkt **P** dreht (Bild 17.13). Dem Betrag nach ist dieses Moment gleich der Länge |**r**| des Hebelarms, multipliziert mit dem Betrag $\lvert\mathbf{F}_n\rvert$ der senkrecht auf dem Hebelarm stehenden Komponente der

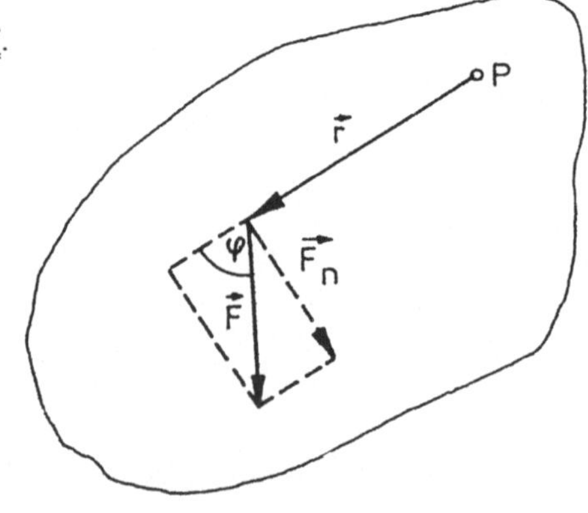

Bild 17.13

Kraft. Da es aber auch auf die Drehachse ankommt, die senkrecht auf **r** und **F** steht, gibt man dem Drehmoment Vektorcharakter. Der Drehmomentenvektor **M** steht senkrecht auf **r** und **F**, bildet (die Orientierung ist festzulegen) mit **r** und **F** in der Reihenfolge **r**, **F**, **M** ein Rechtssystem und hat die Länge

$|\mathbf{M}| = |\mathbf{r}| * |\mathbf{F}_n| = |\mathbf{r}| * |\mathbf{F}| * \sin \varphi$.

Definition 17.7:
Das Vektorprodukt $\mathbf{a} \times \mathbf{b} = \mathbf{c}$ der beiden Vektoren **a** und **b**, die den Winkel φ einschließen, ergibt den Vektor **c**, für den gilt:
1. $|\mathbf{c}| = |\mathbf{a}| * |\mathbf{b}| * \sin \varphi$, (17.9)
2. **c** steht senkrecht auf **a** und **b**,
3. **a**, **b** und **c** bilden in der angegebenen Reihenfolge ein Rechtssystem.

Auf die Schreibweise ist es zurückzuführen, daß für das Vektorprodukt auch die Bezeichnung "Kreuzprodukt" verwendet wird. Die Lesart für $\mathbf{a} \times \mathbf{b}$ ist "a Kreuz b". Folgende Gesetze gelten:

Das Vektorprodukt ist nicht kommutativ. Die Vertauschung der Faktoren bewirkt eine Änderung des Vorzeichens: $\mathbf{a} \times \mathbf{b} = -(\mathbf{b} \times \mathbf{a})$.

Das Vektorprodukt ist assoziativ bezüglich der Multiplikation mit einem skalaren Faktor: $\lambda * (\mathbf{a} \times \mathbf{b}) = (\lambda * \mathbf{a}) \times \mathbf{b} = \mathbf{a} \times (\lambda * \mathbf{b})$.

Das Vektorprodukt ist distributiv: $(\mathbf{a} + \mathbf{b}) \times \mathbf{v} = \mathbf{a} \times \mathbf{v} + \mathbf{b} \times \mathbf{v}$.

Für das Vektorprodukt ergibt sich eine Reihe von Schlußfolgerungen: Die Formel für den Flächeninhalt eines Dreiecks lautet

$$A = \frac{1}{2} a\, b \sin \gamma.$$

Somit stellt der Betrag des Vektorproduktes (rechte Seite der Gleichung (17.9)) nämlich $|\mathbf{a}| * |\mathbf{b}| * \sin \varphi$, den Flächeninhalt des von **a** und **b** aufgespannten Parallelogramms dar.

Für den Fall, daß das Vektorprodukt verschwindet, kommen drei Ursachen in Frage: $\mathbf{a} = \mathbf{0}$, $\mathbf{b} = \mathbf{0}$ oder $\sin \varphi = 0$, gleichbedeutend mit $\varphi = 0°$ oder $\varphi = 180°$, also Parallelität der Vektoren **a** und **b**.

Daraus ergeben sich für die Vektorprodukte der Einheitsvektoren $\mathbf{e}_x$, $\mathbf{e}_y$ und $\mathbf{e}_z$ bei gleichen Faktoren (z. B. $\mathbf{e}_x \times \mathbf{e}_x$) Nullvektoren. Im übrigen gilt:

$$\mathbf{e}_x \times \mathbf{e}_y = \mathbf{e}_z, \quad \mathbf{e}_y \times \mathbf{e}_z = \mathbf{e}_x, \quad \mathbf{e}_z \times \mathbf{e}_x = \mathbf{e}_y,$$
$$\mathbf{e}_y \times \mathbf{e}_x = -\mathbf{e}_z, \quad \mathbf{e}_z \times \mathbf{e}_y = -\mathbf{e}_x, \quad \mathbf{e}_x \times \mathbf{e}_z = -\mathbf{e}_y.$$

$$\mathbf{a} \times \mathbf{b} = (a_x \mathbf{e}_x + a_y \mathbf{e}_y + a_z \mathbf{e}_z) \times (b_x \mathbf{e}_x + b_y \mathbf{e}_y + b_z \mathbf{e}_z)$$
$$= (a_y b_z - a_z b_y) * \mathbf{e}_x - (a_x b_z - a_z b_x) * \mathbf{e}_y + (a_x b_y - a_y b_x) * \mathbf{e}_z.$$

Diese Struktur entspricht der des Entwicklungssatzes für dreireihige Determinanten. Wenn man die Definition der Determinante dahingehend erweitert, daß auch die Einheitsvektoren $\mathbf{e}_x$, $\mathbf{e}_y$ und $\mathbf{e}_z$ als Elemente einer Zeile oder Spalte zulässig sind, kann man schreiben:

Berechnungsvorschrift für das Vektorprodukt:

$$\mathbf{a} \times \mathbf{b} = \begin{vmatrix} \mathbf{e}_x & \mathbf{e}_y & \mathbf{e}_z \\ a_x & a_y & a_z \\ b_x & b_y & b_z \end{vmatrix} . \qquad (17.10)$$

Beispiel 17.16: Die Vektoren $\mathbf{a}^T = (1 \ 2 \ 3)$ und $\mathbf{b}^T = (-3 \ \ 1 \ \ 0)$ sind vektoriell zu multiplizieren.

Lösung: Aus (17.10) erhält man $\mathbf{a} \times \mathbf{b} = \begin{vmatrix} \mathbf{e}_x & \mathbf{e}_y & \mathbf{e}_z \\ 1 & 2 & 3 \\ -3 & 1 & 0 \end{vmatrix} = -3\mathbf{e}_x - 9\mathbf{e}_y + 7\mathbf{e}_z = \begin{pmatrix} -3 \\ -9 \\ 7 \end{pmatrix}$.

Beispiel 17.17: Gesucht ist ein Vektor **v**, der auf den Vektoren $\mathbf{a}^T = (1 \ \ 0 \ -2)$ und $\mathbf{b}^T = (2 \ -3 \ \ 1)$ senkrecht steht.

Lösung: $\mathbf{v} = \mathbf{a} \times \mathbf{b} = \begin{vmatrix} \mathbf{e}_x & \mathbf{e}_y & \mathbf{e}_z \\ 1 & 0 & -2 \\ 2 & -3 & 1 \end{vmatrix} = \begin{pmatrix} -6 \\ -5 \\ -3 \end{pmatrix}$.

Beispiel 17.18: Wie groß ist der Flächeninhalt des Dreiecks mit den Eckpunkten P (1; 7; -2), Q (0; 2; 1) und R (2; 5; 4) ?

Lösung: Es werden zwei beliebige Vektoren in Richtung zweier Dreieckseiten gebildet, etwa $\overrightarrow{PQ} = (-1 \ -5 \ \ 3)^T$ und $\overrightarrow{PR} = (1 \ -2 \ \ 6)^T$. Deren Vektorprodukt ist $\overrightarrow{PQ} \times \overrightarrow{PR}$ mit $\overrightarrow{PQ} \times \overrightarrow{PR} = \begin{pmatrix} -24 \\ 9 \\ 7 \end{pmatrix}$, und dessen Betrag ist $\sqrt{706}$.

Also ist die Dreiecksfläche $A = \frac{1}{2}\sqrt{706}$.

17.4.4 Das Spatprodukt

Unter der Verwendung der skalaren und vektoriellen Multiplikation lassen sich auch mehr als zwei Vektoren miteinander multiplikativ verknüpfen. Einer dieser Fälle soll hier noch behandelt werden: das Spatprodukt.

Die Vektoren **a** und **b** werden zunächst vektoriell multipliziert. Das Ergebnis, ein Vektor, wird anschließend mit einem dritten Vektor, mit **c**, skalar multipliziert. Dabei ergibt sich eine skalare Größe.

Die drei Vektoren **a**, **b** und **c** sollen nicht komplanar sein, also nicht in einer Ebene liegen. In diesem Fall spannen sie einen Körper auf, den man wegen seiner Ähnlichkeit mit den Kristallen des Kalkspates als Spat bezeichnet. Es kommt auch die Bezeichnung Parallelepiped vor. Durch $|\mathbf{a} \times \mathbf{b}|$ wird der Flächeninhalt $|\mathbf{A}|$ des Parallelogramms dargestellt, das im Bild 17.14 die Grundfläche des Spates bildet. Der Vektor $\mathbf{A} = \mathbf{a} \times \mathbf{b}$ steht senkrecht auf dieser Ebene. **A** und **c** bilden einen spitzen Winkel. Im Skalarprodukt $\mathbf{A} * \mathbf{c}$ wird nur die Orthogonalprojektion des Vektors **c** auf **A**, also die Höhe des Spates, wirksam. So erhält man letztenendes das Volumen des Spates:

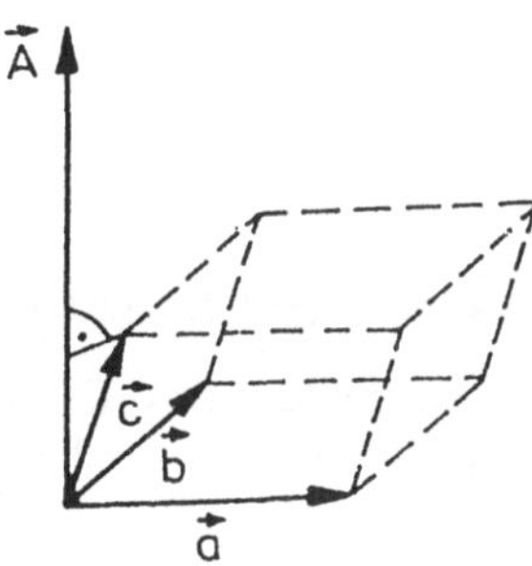

Bild 17.14

$$(\mathbf{a} \times \mathbf{b}) * \mathbf{c} = V \tag{17.11}$$

Bilden die Vektoren **A** und **c** einen stumpfen Winkel, ergibt sich für V ein negativer Wert. In diesem Fall stellt selbstverständlich |V| das Volumen des Spates dar.

Da im Spat jede der Seitenflächen ebensogut als Grundfläche dienen kann, ändert sich nichts am Ergebnis, wenn man die Vektoren in (17.11) zyklisch vertauscht:

$$(\mathbf{a} \times \mathbf{b}) * \mathbf{c} = (\mathbf{b} \times \mathbf{c}) * \mathbf{a} = (\mathbf{c} \times \mathbf{a}) * \mathbf{b}.$$

Abschließend wird das Spatprodukt berechnet, wenn die Vektoren in Koordinatenschreibweise vorliegen.

Berechnungsvorschrift für das Spatprodukt:

$$(\mathbf{a} \times \mathbf{b}) * \mathbf{c} = \begin{vmatrix} a_x & a_y & a_z \\ b_x & b_y & b_z \\ c_x & c_y & c_z \end{vmatrix} \quad \text{oder auch } (\mathbf{a}, \mathbf{b}, \mathbf{c}) = \begin{vmatrix} a_x & b_x & c_x \\ a_y & b_y & c_y \\ a_z & b_z & c_z \end{vmatrix}. \tag{17.12}$$

Im folgenden Beispiel soll das Volumen einer dreiseitigen Pyramide berechnet werden. Dabei geht man von der Vorstellung aus, daß die dreiseitige Pyramide ein Drittel vom Volumen des dreiseitigen Prismas mit gleicher Grundfläche und Höhe besitzt. Und dieses wiederum nimmt die Hälfte des oben beschriebenen Spates ein, so daß das Pyramidenvolumen ein Sechstel vom Volumen des zugehörigen Spates ist.

Beispiel 17.19: Wie groß ist das Volumen einer dreiseitigen Pyramide mit den Eckpunkten A (1; 1; 1), B (0; -3; 2), C (-3; 2; 0) und D (1; 0; -4) ?

Lösung: Man bildet drei Vektoren, die alle einen gemeinsamen Anfangspunkt haben:

$$\overrightarrow{AB} = \begin{pmatrix} -1 \\ -4 \\ 1 \end{pmatrix}, \quad \overrightarrow{AC} = \begin{pmatrix} -4 \\ 1 \\ -1 \end{pmatrix}, \quad \overrightarrow{AD} = \begin{pmatrix} 0 \\ -1 \\ -5 \end{pmatrix}.$$

Mit Hilfe des Spatproduktes ergibt sich

$$V_{Pyr.} = \frac{1}{6} \begin{vmatrix} -1 & -4 & 0 \\ -4 & 1 & -1 \\ 1 & -1 & -5 \end{vmatrix} = \underline{\underline{15}}.$$

17.5 Übungsaufgaben

1. Die Seiten des Dreiecks ABC sowie seine Seitenhalbierenden sind als Vektoren darzustellen!
   A (2; -1; 4), B (-1; -2; 2), C (1; 1; -1).

2. Wie lauten die Vektoren, die vom Punkt P (3; -4; -2) aus
   a) nach Punkt A (7; -4; 6), b) zum Koordinatenursprung,
   c) senkrecht auf die Koordinatenachsen zeigen?

3. Die Kanten der folgenden Körper sollen als Vektoren dargestellt werden, und zwar so orientiert, daß die Punkte in der x,y-Ebene im mathematisch positiven Sinne durchlaufen werden und daß alle übrigen Vektoren in Richtung zunehmender z- Werte zeigen. Es handelt sich um folgende Körper:
   a) Oktaeder mit der Kantenlänge $s = \sqrt{18}$, dessen Eckpunkte alle auf den Koordinatenachsen liegen,
   b) Oktaeder wie unter a), jedoch um 45° um die z-Achse gedreht,
   c) Tetraeder mit der Kantenlänge $s = \sqrt{6}$, von dem ein Eckpunkt im Koordinatenursprung, ein weiterer auf der positiven x-Achse und dessen Spitze im 1. Oktanten liegen und das auf der x,y-Ebene steht.

   Hinweis: Es handelt sich in dieser Aufgabe um regelmäßige Oktaeder bzw. Tetraeder, deren Oberflächen von acht bzw. vier gleichseitigen Dreiecken gebildet werden. Es wird empfohlen, mit einer Skizze zu arbeiten.

4. Wie groß sind die Beträge nachfolgender Vektoren?
   a) $\mathbf{a} = (2\ -1\ 11)^T$ b) $\mathbf{a} = (1\ \ 1\ \ 1)^T$
   c) $\mathbf{a} = (-1\ \ 8\ \ 4)^T$ d) $\mathbf{a} = (-2\ \ 1\ -2)^T$

5. Wo liegt die Spitze des Vektors, der im Punkt P_1 angreift, in Richtung auf P_2 zeigt und die Länge s hat?
   a) P_1 (7; 3; -2), P_2 (6; -1; 4), s = 640
   b) P_1 (6; 1; 5), P_2 (-2; 7; 3), s = 400

6. Zwei Vektoren haben die Beträge 2 und 4 und schließen einen Winkel von 30° ein. Wie groß sind die Beträge ihrer Summe und ihrer Differenz?

7. Gesucht ist die Gleichung der Geraden durch P_1 (2; 8; -5) und P_2 (3; 2; -1).

8. Liegen die Punkte A (3; 5; 1) und B (-5; 11; 8) auf der Geraden, die durch C (-1; 8; 6) und D (11; -1; -9) geht?

9. Welche Lage nehmen die folgenden Geradenpaare zueinander ein (Schnittpunkt, Parallelität, Identität)?

a) $\mathbf{x} = \begin{pmatrix} 2 \\ 5 \\ 2 \end{pmatrix} + t_1 \begin{pmatrix} -3 \\ 2 \\ -1 \end{pmatrix}$, $\mathbf{x} = \begin{pmatrix} 7 \\ -3 \\ -1 \end{pmatrix} + t_2 \begin{pmatrix} -4 \\ 5 \\ 1 \end{pmatrix}$

b) $\mathbf{x} = \begin{pmatrix} 8 \\ 8 \\ -3 \end{pmatrix} + t_1 \begin{pmatrix} -2 \\ -2 \\ 1 \end{pmatrix}$, $\mathbf{x} = \begin{pmatrix} -10 \\ -8 \\ -5 \end{pmatrix} + t_2 \begin{pmatrix} 5 \\ 4 \\ 3 \end{pmatrix}$

c) $\mathbf{x} = \begin{pmatrix} 11 \\ 10 \\ 5 \end{pmatrix} + t_1 \begin{pmatrix} 1 \\ 2 \\ 1 \end{pmatrix}$, $\mathbf{x} = \begin{pmatrix} -2 \\ -7 \\ 1 \end{pmatrix} + t_2 \begin{pmatrix} -3 \\ -3 \\ 0 \end{pmatrix}$

d) $\mathbf{x} = \begin{pmatrix} 1 \\ 2 \\ 3 \end{pmatrix} + t_1 \begin{pmatrix} -2 \\ 3 \\ -1 \end{pmatrix}$, $\mathbf{x} = \begin{pmatrix} 3 \\ -1 \\ 4 \end{pmatrix} + t_2 \begin{pmatrix} 4 \\ -6 \\ 2 \end{pmatrix}$

e) $\mathbf{x} = \begin{pmatrix} 2 \\ 3 \\ -1 \end{pmatrix} + t_1 \begin{pmatrix} \sqrt{3} \\ 0{,}5\sqrt{3} \\ -1 \end{pmatrix}$, $\mathbf{x} = \begin{pmatrix} 4 \\ -1 \\ 6 \end{pmatrix} + t_2 \begin{pmatrix} 3 \\ 1{,}5 \\ -\sqrt{3} \end{pmatrix}$

f) $\mathbf{x} = \begin{pmatrix} 2 \\ -1 \\ 3 \end{pmatrix} + t_1 \begin{pmatrix} 4 \\ 2 \\ -1 \end{pmatrix}$, $\mathbf{x} = \begin{pmatrix} 1 \\ 2 \\ 2 \end{pmatrix} + t_2 \begin{pmatrix} 2 \\ -1 \\ 3 \end{pmatrix}$

Die beiden Geraden sind durch je zwei Punkte bestimmt:

g) g_1: A_1 (-3; -1; 1), B_1 (4; 3; 2)
   g_2: A_2 (2; 1; -2), B_2 (5; -1; 1)

h) g_1: A_1 (1; -2; 1), B_1 (-2; 3; 5)
   g_2: A_2 (1; -5; -2), B_2 (10; -11; -5)

10. Wo durchstößt die Gerade, die durch A (-2; 1; 2) und B (1; 2; 3) geht, die Koordinatenebenen?

11. Wie lauten die Gleichungen der Projektionen der Geraden $\mathbf{x} = \begin{pmatrix} 2 \\ -3 \\ 4 \end{pmatrix} + t \begin{pmatrix} 2 \\ 1 \\ -3 \end{pmatrix}$ auf die Koordinatenebenen in parameterfreier Form?

12. Zwischen den nachfolgenden vier Vektoren sind sämtliche möglichen Skalarprodukte zu bilden. Welche besonderen Lagebeziehungen treten auf?

$$\mathbf{a} = \begin{pmatrix} -1 \\ 2 \\ 4 \end{pmatrix}, \mathbf{b} = \begin{pmatrix} -2 \\ -4 \\ -8 \end{pmatrix}, \mathbf{c} = \begin{pmatrix} -4 \\ 6 \\ -2 \end{pmatrix}, \mathbf{d} = \begin{pmatrix} 2 \\ -3 \\ 1 \end{pmatrix}$$

13. Welchen Winkel schließen $\mathbf{a} = (4\ \ -3\ \ 10)^T$ und $\mathbf{b} = (-3\ \ 6\ \ 5)^T$ ein?

14. Gesucht sind Flächeninhalt, Seitenlängen und Winkel der Dreiecke mit den Eckpunkten:
a) A (1; -1; 1), B (2; 1; -1), C (-1; -1; -2)
b) A (0; -4; 0), B (0; 4; 0), C (3; 2; 3)
c) A (1; 2; 3), B (2; -3; -1), C (-1; -1; 1)
Achtung! Je nach Orientierung der Vektoren ergeben sich Innen- oder Außenwinkel des Dreiecks.

15. Bestimmen Sie die Vektoren **r** und **s** so, daß sie die folgenden Bedingungen erfüllen: $|\mathbf{r}| = 1$, **r** steht senkrecht auf $\mathbf{a}^T = (3;\ 0; -4)$ und $\mathbf{b}^T = (0;\ 0; -1)$, $|\mathbf{s}| = 5$, **s** steht senkrecht auf **a** und ist mit **a** und **b** komplanar!

16. Es soll gezeigt werden, daß die nachfolgenden Vektoren ein System orthogonaler Einheitsvektoren bilden.

$$\mathbf{a} = \frac{1}{4}\begin{pmatrix} 2\sqrt{3} \\ \sqrt{2} \\ -\sqrt{2} \end{pmatrix}, \mathbf{b} = \frac{1}{8}\begin{pmatrix} 2 \\ -3\sqrt{6} \\ -\sqrt{6} \end{pmatrix}, \mathbf{c} = \frac{1}{8}\begin{pmatrix} 2\sqrt{3} \\ -\sqrt{2} \\ 5\sqrt{2} \end{pmatrix}$$

17. Mit den vier Vektoren aus Aufgabe 13 sind sämtliche möglichen Vektorprodukte zu bilden.

18. Wie groß ist der Flächeninhalt eines Parallelogramms, das von $\mathbf{a} = (2\ -3\ \ 2)^T$ und $\mathbf{b} = (5\ \ 7\ -2)^T$ aufgespannt wird?

19. Für zwei Vektoren gilt: $\mathbf{a} * \mathbf{b} = 6\sqrt{3}$ und $\mathbf{a} \times \mathbf{b} = (\sqrt{2}\ -1\ \ \sqrt{3})^T$. Welchen Winkel schließen beide ein?

20. Gegeben sind die Vektoren **a**, **b** und **c**. Es sind y und z so zu bestimmen, daß **a** sowohl auf **b** als auch auf **c** senkrecht steht.

$$\mathbf{a} = \begin{pmatrix} 2 \\ y \\ z \end{pmatrix}, \mathbf{b} = \begin{pmatrix} -3 \\ 5 \\ -2 \end{pmatrix}, \mathbf{c} = \begin{pmatrix} 2 \\ 3 \\ 1 \end{pmatrix}.$$

18 Zahlenfolgen

18.1 Einführung

Die bisherigen Abschnitte behandelten Gebiete der sog. Elementarmathematik. Mit dem vorliegenden Abschnitt beginnt nun die höhere Mathematik. Der wesentliche Grundbegriff, auf dem die höhere Mathematik aufbaut, ist der Begriff des Grenzwertes einer Zahlenfolge.
Es muß jedoch bemerkt werden, daß diese Einteilung in Elementarmathematik und höhere Mathematik nicht exakt ist. Schon der Begriff der reellen Zahl kommt nicht ohne den Grenzwertbegriff aus (Intervallschachtelung). Bei der Behandlung der Elementarmathematik war es notwendig, wichtige Begriffe exakt zu formulieren (z. B. die n-te Wurzel), logisch einwandfrei zu schließen (z. B. Probe bei Gleichungen) und bei der Anwendung mathematischer Gesetze (Rechenregeln) die Voraussetzungen für ihre Anwendung genau zu beachten (z. B. Verbot der Division durch null, Gültigkeit der Potenzgesetze in ihrer allgemeinen Form nur für positive Basen).
Überall dort, wo Grenzwerte eine Rolle spielen, werden besondere Anforderungen an die Exaktheit der Begriffe und Sätze gestellt: Anschaulich scheinbar völlig klare Begriffe sind gar nicht so klar. Anschaulich scheinbar völlig klare Gesetze gelten nur unter strengen Voraussetzungen. Trotzdem ist es auch in der höheren Mathematik für die schöpferische Arbeit nützlich, wenn nicht gar notwendig, mathematische Begriffe mit vertrauten Dingen oder Sachverhalten (Anschauung) zu verbinden. So kann der Differentialquotient mit der Tangente an eine Kurve in Zusammenhang gebracht werden (geometrische Veranschaulichung) oder mit der Momentangeschwindigkeit (physikalische Veranschaulichung). Das Integral läßt sich als der Flächeninhalt eines krummlinig begrenzten Gebietes auffassen usw.

In den nachfolgenden Abschnitten wird daher die folgende Konzeption angestrebt:

1. Anschauliche Einführung der Begriffe,
2. Kritische Analyse der Grenzen der Anschaulichkeit,
3. Exakte mathematische Definition,
4. Beachtung der Voraussetzungen für die Gültigkeit der mathematischen Gesetze,
5. Analyse der Folgen bei Nichtbeachtung der Voraussetzungen,
6. Lösung zahlreicher Aufgaben, insbesondere zum Differenzieren und Integrieren.

Natürlich sind der Verwirklichung dieser Konzeption im Rahmen des vorliegenden Buches vor allem aus Platzgründen enge Grenzen gesetzt.

18.2 Begriff der Zahlenfolge

Schreibt man die natürlichen Zahlen $n \geq 1$ in ihrer natürlichen Reihenfolge nacheinander auf,

$$1, 2, 3, 4, \ldots,$$

so spricht man von der Folge der natürlichen Zahlen $\{ n \}$. Die Punkte sollen andeuten, daß diese Folge fortgesetzt zu denken ist, ohne je abzubrechen. Es liegt also eine unendliche Zahlenfolge vor. Man kann auch aus anderen reellen Zahlen, wenn man eine Reihenfolge festlegt, eine Zahlenfolge bilden:

$$\{a_n\} : \; a_1, a_2, a_3, a_4, \; ...$$

Hier ist jeder natürlichen Zahl n eindeutig eine reelle Zahl a_n zugeordnet. Es ist also a_n eine Funktion von n:

$$a_n = a(n).$$

Je nach der Zuordnungsvorschrift entstehen verschiedene Zahlenfolgen, auch Folgen genannt.

Definition 18.1:
Wird jeder natürlichen Zahl n = 1, 2, 3, ... eindeutig eine reelle Zahl a_n zugeordnet, so bilden diese Zahlen in der Reihenfolge $a_1, a_2, a_3, \; ...$ eine Zahlenfolge, auch kurz Folge genannt, und man schreibt dafür $\{a_n\}$. Die a_n heißen Glieder der Folge $\{a_n\}$.

Man kann bei einer Zahlenfolge die Numerierung der Glieder natürlich auch mit 0 oder 2 usw., sogar mit -1 oder -2 usw. beginnen, also $a_0, a_1, a_2, \; ...$ oder $a_2, a_3, a_4, \; ...$ oder $a_{-1}, a_0, a_1, \; ....$

Um eine Zahlenfolge zu definieren, ist es notwendig, das Bildungsgesetz eindeutig anzugeben. Manchmal schreibt man, um eine Zahlenfolge zu definieren, nur die ersten Glieder auf.

Beispiel 18.1: Man schreibt zum Beispiel
$\{a_n\} : 1, 2, 3, 4, \; ...$
und meint damit die Folge der natürlichen Zahlen mit dem Bildungsgesetz $a_n = n$, also $\{a_n\} = \{n\}$.
$\{a_n\} : 1, 4, 9, 16, 25, \; ...$ soll bedeuten $\{a_n\} = \{n^2\}$.
$\{a_n\} : 1, \frac{1}{2}, \frac{1}{3}, \frac{1}{4}, \frac{1}{5}, \; ...$ soll bedeuten $\{a_n\} = \{\frac{1}{n}\}$.
$\{a_n\} : 1, -\frac{1}{2}, \frac{1}{3}, -\frac{1}{4}, \frac{1}{5}, -\frac{1}{6}, \; ...$ soll bedeuten $\{a_n\} = \{\frac{(-1)^{n-1}}{n}\}$.
$\{a_n\} : 2, \frac{3}{2}, \frac{4}{3}, \frac{5}{4}, \frac{6}{5}, \; ...$ soll bedeuten $\{a_n\} = \{\frac{n+1}{n}\}$.

18.3 Grenzwerte von Zahlenfolgen

Die Untersuchung des Verhaltens der Glieder a_n einer Folge für ständig wachsende n, man sagt: für n gegen ∞ oder kurz für $n \to \infty$, führt auf die Begriffe des Grenzwertes und der Konvergenz. Betrachtet man die Folge $\{a_n\} = \{\frac{1}{n}\}$ für wachsendes n, so bemerkt man, daß die Glieder der Folge der 0 immer näher, beliebig nahe kommen. Wenn man eine auch noch so kleine Zahl $\varepsilon > 0$ wählt, liegen von einem bestimmten $n > n_0(\varepsilon)$ ab (n_0 hängt von ε ab) alle Glieder der Folge in der ε-Umgebung von 0.

$$|a_n| = \frac{1}{n} < \varepsilon \quad \forall\, n > n_0(\varepsilon). \tag{18.1}$$

Man kann dieses $n_0(\varepsilon)$ leicht angeben. Es ist hier wegen (18.1)

$$n_0(\varepsilon) = \frac{1}{\varepsilon}. \tag{18.2}$$

Für $\varepsilon = \frac{1}{100}$ ist $n_0 = 100$. Es gilt also $|a_n| < \frac{1}{100}$ für alle $n > 100$, also für n = 101, 102, 103, . . .

Für $\varepsilon = \frac{1}{1000000}$ ist $n_0(\varepsilon) = 1000000$. Es gilt also $|a_n| < \frac{1}{1000000}$ für alle $n > 1000000$ usw.

Man sagt im vorliegenden Falle: Die Folge $\{\frac{1}{n}\}$ ist konvergent. Sie konvergiert gegen den Grenzwert a = 0, und man schreibt

$$\lim_{n \to \infty} \frac{1}{n} = 0 \text{ oder einfach } \frac{1}{n} \to 0 \tag{18.3}$$

(Limes von $\frac{1}{n}$ für n gegen ∞ ist gleich 0 oder einfach: $\frac{1}{n}$ geht gegen 0).

Bei der Untersuchung der Folge $\{a_n\} = \left\{(-1)^n\left(1+\frac{1}{n}\right)\right\}$ stellt man fest: Für gerades n nähert sich a_n immer mehr der +1, für ungerades n nähert sich a_n immer mehr der -1. Man spricht hier nicht von zwei Grenzwerten +1 und -1, sondern von zwei Häufungspunkten der Folge. Die o. a. Folge ist also nicht konvergent, sondern divergent (genauer: unbestimmt divergent).

Auch die Folge $\{a_n\} = \{n^2\}$ ist divergent. Da aber a_n mit größer werdendem n gegen $+\infty$ geht, also jeden noch so großen Wert K überschreitet, so spricht man von bestimmter Divergenz gegen $+\infty$.

$$\lim_{n \to \infty} n^2 = +\infty \quad \text{oder} \quad n^2 \to +\infty. \tag{18.4}$$

Nach diesen einführenden Bemerkungen soll nun der Begriff des Grenzwertes streng definiert werden:

Definition 18.2:
Eine Folge $\{a_n\}$ hat den Grenzwert a,

$$\lim_{n \to \infty} a_n = a \quad \text{bzw.} \quad a_n \to a, \tag{18.5}$$

wenn zu jedem (noch so kleinem) $\varepsilon > 0$ ein $n = n_0(\varepsilon)$ derart existiert, daß

$$|a_n - a| < \varepsilon \tag{18.6}$$

gilt für alle n mit

$$n > n_0(\varepsilon). \tag{18.7}$$

Man sagt dann, die Folge $\{a_n\}$ ist konvergent bzw. die Folge $\{a_n\}$ konvergiert gegen den Grenzwert a.
Folgen, die keinen solchen Grenzwert haben, heißen divergent (sie divergieren). Falls bei einer divergenten Folge $\{a_n\}$ zu jeder (beliebig großen) Zahl K ein $n_0 = n_0(K)$ derart existiert, daß

$$a_n > K \text{ oder } a_n < -K \tag{18.8}$$

gilt für alle n mit

$$n > n_0(K), \tag{18.9}$$

so nennt man diese Folge bestimmt divergent gegen $+\infty$ bzw. gegen $-\infty$ und schreibt

$$\lim_{n \to \infty} a_n = +\infty \quad \text{bzw.} \quad \lim_{n \to \infty} a_n = -\infty \tag{18.10}$$

oder kurz

$$a_n \to \infty \quad \text{bzw.} \quad a_n \to -\infty. \tag{18.11}$$

Falls eine Folge $\{a_n\}$ divergent, aber nicht bestimmt divergent ist, so heißt sie unbestimmt divergent.

Beispiel 18.2: Bei der Folge $\{a_n\} = \{\frac{n}{n+1}\}$
vermutet man wegen der folgenden Umformung

$a_n = \frac{n}{n+1} = \frac{1}{1 + \frac{1}{n}}$, daß sie den Grenzwert a = 1 hat, also

$$\lim_{n \to \infty} a_n = \lim_{n \to \infty} \frac{n}{n+1} = 1.$$

Das soll nun entsprechend (18.5) bis (18.7) nachgewiesen werden. Es gilt wegen
$\frac{n}{n+1} < 1$: $|a_n - 1| = |\frac{n}{n+1} - 1| = 1 - \frac{n}{n+1} = \frac{n+1-n}{n+1} = \frac{1}{n+1} < \varepsilon$ für

$n + 1 > \frac{1}{\varepsilon}$ bzw. $n > \frac{1}{\varepsilon} - 1 = n_0(\varepsilon)$.

Für $\varepsilon = \frac{1}{100}$ ist $n_0(\varepsilon) = 99$. Für alle $n > 99$ ist also

$$\left|\frac{n}{n+1} - 1\right| = \frac{1}{n+1} < \frac{1}{100}.$$

Daher kann man bestätigen: Zu jedem $\varepsilon > 0$ existiert ein $n_0(\varepsilon) = \frac{1}{\varepsilon} - 1$ derart, daß $|a_n - 1| < \varepsilon$ ist für alle $n > n_0(\varepsilon)$.

Schon dieses einfache Beispiel weist auf die Problematik der Definition 18.2 hin: Diese Definition ist nicht konstruktiv. Sie sagt nichts darüber aus, wie man einen Grenzwert bestimmt. Man braucht, um die Konvergenz nachzuweisen, zuvor den Grenzwert a. Man muß den Grenzwert also schon kennen oder wenigstens vermuten, bevor man die Konvergenz nachweisen kann. Ferner ist die Berechnung von $n_0(\varepsilon)$ im allgemeinen sehr schwierig. Man braucht also zur praktischen Berechnung von Grenzwerten Verfahren, mit denen man Grenzwerte ermitteln kann, ohne jedesmal die Definition 18.2 anzuwenden. Mit dieser Problematik beschäftigt sich der Abschnitt 18.3.
Manchmal ist es aber schon ausreichend zu wissen, ob eine Folge einen Grenzwert hat (ob sie konvergiert), ohne daß man ihn kennt oder berechnet. Solche reinen Existenzaussagen machen die Konvergenzkriterien, von denen im folgenden eines angegeben werden soll. Es sei hier darauf hingewiesen, daß diese Kriterien die Kenntnis des Grenzwertes nicht voraussetzen.

Satz 18.1:
Jede beschränkte monotone Folge a_n ist konvergent.

Anschaulich ist dieses Kriterium klar: Wenn eine Folge ständig wächst (fällt), einen bestimmten endlichen Wert K aber nicht überschreiten (-K nicht unterschreiten) kann, dann müssen sich die a_n irgendwo häufen. Das kann wegen der Monotonie aber nur an einer Stelle geschehen.

Eine Anwendung hat der Satz 18.1 zum Beispiel im Zusammenhang mit der im Abschnitt 3 als Basis des natürlichen Logarithmus eingeführten Zahl e gefunden. Man kann, allerdings mit einigem Aufwand, zeigen, daß gilt

$$\left(1 + \frac{1}{n}\right)^n < \left(1 + \frac{1}{n+1}\right)^{n+1} < 3.$$

Daher ist die Folge

$$\{a_n\} = \left\{\left(1 + \frac{1}{n}\right)^n\right\}$$

monoton und beschränkt und nach Satz 18.1 konvergent. Ihr Grenzwert ist e = 2,71828 . . . (vgl. Abschnitt 3.1)

$$\lim_{n \to \infty} \left(1 + \frac{1}{n}\right)^n = e. \qquad (18.12)$$

18.4 Berechnung von Grenzwerten

Das Ziel des vorliegenden Abschnitts ist es, Regeln anzugeben, mit deren Hilfe man aus dem Konvergenzverhalten bekannter Folgen auf das Konvergenzverhalten anderer Folgen schließen kann bzw. mit deren Hilfe man aus der Kenntnis der Grenzwerte bekannter Folgen die Grenzwerte anderer Folgen berechnen kann.

Der grundlegende Satz zeigt, daß man unter bestimmten Voraussetzungen mit Zahlenfolgen wie mit Zahlen rechnen kann.

Satz 18.2:
Haben die Folgen $\{a_n\}$ und $\{b_n\}$ die (eigentlichen, endlichen) Grenzwerte a und b,

$$\lim_{n \to \infty} a_n = a, \quad \lim_{n \to \infty} b_n = b, \qquad (18.13)$$

so gilt

$$\lim_{n \to \infty} (a_n \pm b_n) = a \pm b, \qquad (18.14)$$

$$\lim_{n \to \infty} (a_n * b_n) = a * b, \qquad (18.15)$$

$$\lim_{n \to \infty} \left(\frac{a_n}{b_n}\right) = \frac{a}{b}, \; b_n \neq 0, \; b \neq 0, \qquad (18.16)$$

$$\lim_{n \to \infty} a_n^{b_n} = a^b, \; a_n > 0, \; a > 0, \qquad (18.17)$$

$$\lim_{n \to \infty} \log a_n = \log a, \; a_n > 0, \; a > 0. \qquad (18.18)$$

Dieser Satz besagt zweierlei: Bildet man aus den Gliedern a_n und b_n zweier konvergenter Zahlenfolgen durch Addition, Subtraktion, Multiplikation, Division, Potenzieren oder Logarithmieren Glieder einer neuen Folge, so ist diese Folge konvergent. Der Grenzwert der neuen Folge ist entsprechend die Summe, die Differenz, das Produkt, der Quotient, die Potenz oder der Logarithmus der Grenzwerte der Ausgangsfolgen (eventuell unter zusätzlichen Voraussetzungen).

Im folgenden soll nur die Beziehung (18.14) bewiesen werden. Zum Beweis wird die Definition 18.2 des Grenzwertes verwendet:
Die Voraussetzung (18.13) bedeutet, daß zu jedem $\varepsilon > 0$ ein $n_1(\varepsilon)$ und ein $n_2(\varepsilon)$ derart existieren, daß

$$|a_n - a| < \varepsilon \quad \text{für alle } n > n_1(\varepsilon),$$
$$|b_n - b| < \varepsilon \quad \text{für alle } n > n_2(\varepsilon),$$

also

$$|a_n - a| < \varepsilon \text{ und } |b_n - b| < \varepsilon \quad \text{für alle } n > n_0(\varepsilon) = \max\{n_1(\varepsilon), n_2(\varepsilon)\}$$

gilt.
Es ist nun zu zeigen, daß von einem bestimmten n ab

$$|(a_n \pm b_n) - (a \pm b)| \text{ und } |a_n b_n - ab|$$

unter jedes ε herabgedrückt werden können. Es gilt

$$\begin{aligned} |(a_n \pm b_n) - (a \pm b)| &= |(a_n - a) \pm (b_n - b)| \\ &\le |a_n - a| + |b_n - b| \\ &< \frac{\varepsilon}{2} + \frac{\varepsilon}{2} = \varepsilon \end{aligned}$$

für alle $n > n_0\left(\frac{\varepsilon}{2}\right)$.
Damit ist (18.14) bewiesen.

Man hat bei der Anwendung von Satz 18.2 unbedingt zu beachten, daß neben den zusätzlichen Voraussetzungen in (18.16) bis (18.18) die Folgen $\{a_n\}$ und $\{b_n\}$ eigentliche, endliche Grenzwerte a und b haben müssen. Gilt zum Beispiel $a_n \to \infty$, $b_n \to \infty$, so führt die Formel (nicht erlaubte Anwendung!) (18.14) auf einen sog. unbestimmten Ausdruck $\infty - \infty$,

$$(a_n - b_n) \to \infty - \infty. \tag{18.19}$$

Gilt $a_n \to 0$, $b_n \to \infty$, so erhält man durch die nicht erlaubte Anwendung von (18.15) einen weiteren unbestimmten Ausdruck

$$(a_n * b_n) \to 0 * \infty. \tag{18.20}$$

Die Anwendung von (18.16) führt auf zwei weitere unbestimmte Ausdrücke für $a_n \to 0$, $b_n \to 0$ bzw. $a_n \to \infty$, $b_n \to \infty$,

$$\frac{a_n}{b_n} \to \frac{0}{0} \text{ bzw. } \frac{a_n}{b_n} \to \frac{\infty}{\infty}. \tag{18.21}$$

Die Anwendung von (18.17) in den Fällen $a_n \to 0$, $b_n \to 0$ bzw. $a_n \to \infty$, $b_n \to 0$

bzw. $a_n \to 1$, $b_n \to \infty$ führt auf drei weitere unbestimmte Ausdrücke:

$$a_n^{b_n} \to 0^0 \text{ bzw. } a_n^{b_n} \to \infty^0 \text{ bzw. } a_n^{b_n} \to 1^\infty. \qquad (18.22)$$

In dem soeben dargelegten Zusammenhang nennt man die folgenden Ausdrücke

$$\infty - \infty,\ 0 * \infty,\ \frac{0}{0},\ \frac{\infty}{\infty},\ 0^0,\ \infty^0,\ 1^\infty \qquad (18.23)$$

unbestimmte Ausdrücke.

Zahlenfolgen, die bei formaler Anwendung von Satz 18.2 auf solche unbestimmte Ausdrücke führen, können divergent oder konvergent mit den unterschiedlichsten Grenzwerten sein. Sie bedürfen jeweils einer besonderen Untersuchung.

Bevor solche Fragen aber untersucht werden, sollen einige typische Folgen behandelt werden, die auf sog. bestimmte Ausdrücke führen, auch wenn die Voraussetzungen von Satz 18.2 nicht erfüllt sind.

Wenn $a_n \to +\infty$ und $b_n \to +\infty$ gilt, so gilt selbstverständlich

$$a_n + b_n \to \infty + \infty = \infty, \qquad (18.24)$$
$$a_n * b_n \to \infty * \infty = \infty, \qquad (18.25)$$
$$a_n^{b_n} \to \infty^\infty = \infty. \qquad (18.26)$$

Die Beziehungen (18.24) und (18.25) gelten entsprechend auch für die uneigentlichen Grenzwerte $-\infty$.

Wenn $a_n \to a$ und $b_n \to \infty$ gilt, so gilt

$$a_n + b_n \to a + \infty = \infty, \qquad (18.27)$$
$$a_n * b_n \to a * \infty = \infty,\ a_n > 0,\ a > 0, \qquad (18.28)$$
$$a_n * b_n \to a * \infty = -\infty,\ a_n < 0,\ a < 0, \qquad (18.29)$$
$$\frac{a_n}{b_n} \to \frac{a}{\infty} = 0, \qquad (18.30)$$
$$a_n^{b_n} \to a^\infty = \begin{cases} 0 & \text{für } 0 < a < 1, \\ \infty & \text{für } a > 1, \end{cases} \qquad (18.31)$$
$$a_n^{-b_n} \to a^{-\infty} = \begin{cases} \infty & \text{für } 0 < a < 1, \\ 0 & \text{für } a > 1, \end{cases} \qquad (18.32)$$
$$b_n^{a_n} \to \infty^a = \infty,\ a > 0. \qquad (18.33)$$

Es gilt für

$$a_n \to 0,\ b_n \to b, \qquad (18.34)$$
$$\frac{b_n}{a_n} \to \frac{b}{0} = \infty,\ b > 0,\ a_n > 0, \qquad (18.35)$$

$$a_n^{b_n} \to 0^b = \begin{cases} 0 & \text{für } b > 0, \\ \infty & \text{für } b < 0,\ a_n > 0, \end{cases} \tag{18.36}$$

$$\log a_n \to \log 0 = -\infty,\ a_n > 0. \tag{18.37}$$

Für $a_n \to 0$ und $b_n \to \infty$ gilt

$$\frac{a_n}{b_n} \to \frac{0}{\infty} = 0,\ a_n > 0, \tag{18.38}$$

$$\frac{b_n}{a_n} \to \frac{\infty}{0} = \infty,\ a_n > 0, \tag{18.39}$$

$$a_n^{b_n} \to 0^\infty = 0,\ a_n > 0. \tag{18.40}$$

In diesem soeben dargelegten Zusammenhang sind also die folgenden Ausdrücke bestimmte Ausdrücke (Voraussetzungen in (18.24) bis (18.40) beachten!):

$$\begin{aligned} &\infty + \infty = \infty,\ a + \infty = \infty,\ \infty * \infty = \infty,\ a * \infty = \infty, \\ &\frac{a}{\infty} = 0,\ \frac{a}{0} = \infty,\ \frac{0}{\infty} = 0,\ \frac{\infty}{0} = \infty, \\ &\infty^\infty = \infty,\ a^\infty = \infty\ (a > 1),\ a^\infty = 0\ (0 < a < 1), \\ &0^\infty = 0,\ 0^a = 0\ (a > 0),\ 0^a = \infty\ (a < 0), \\ &\infty^a = \infty\ (a > 0),\ \infty^a = 0\ (a < 0),\ \log 0 = -\infty. \end{aligned} \tag{18.41}$$

Im folgenden werden zunächst einige Zahlenfolgen angegeben, die auf bestimmte Ausdrücke führen:

Beispiel 18.3:

$n^2 = n * n \to \infty * \infty = \infty,$ $\qquad \sqrt{n} = n^{\frac{1}{2}} \to \infty^{\frac{1}{2}} = \infty,$

$\frac{1}{n^2} \to \frac{1}{\infty},$ $\qquad 2^n \to 2^\infty = \infty,$

$\frac{1}{n^n} = \left(\frac{1}{n}\right)^n \to 0^\infty = 0,$ $\qquad \log\frac{1}{n} \to \log 0 = -\infty,$

$\frac{n}{\sin\frac{1}{n}} \to \frac{\infty}{\sin 0} = \frac{\infty}{0} = \infty,$ $\qquad n * \log\frac{1}{n} \to \infty * (-\infty) = -\infty.$

Gewisse Schwierigkeiten bilden Folgen, die auf unbestimmte Ausdrücke (18.23) führen. Sie werden durch geschickte Umformungen auf Folgen zurückgeführt, die auf bestimmte Ausdrücke (18.41) führen bzw. deren Konvergenzverhalten bekannt ist. Zunächst sollen einige spezielle Folgen untersucht werden:

Die Folge mit den Gliedern $\left(1 + \frac{1}{n}\right)^n$ führt auf den unbestimmten Ausdruck 1^∞ und hat nach (18.12) den Grenzwert e. Man kann nun zeigen (das soll hier aber nicht bewiesen werden), daß dieses Grenzwertverhalten erhalten bleibt, wenn man statt $a_n = \frac{1}{n}$ eine beliebige Nullfolge $a_n \to 0$ wählt.

Satz 18.3:
Für jede beliebige Nullfolge $\{a_n\}$,

$$\lim_{n \to \infty} a_n = 0, \quad a_n \neq 0, \tag{18.42}$$

gilt

$$\lim_{n\to\infty} (1 + a_n)^{\frac{1}{a_n}} = e. \tag{18.43}$$

Beispiel 18.4: Mit Hilfe des Satzes 18.3 erhält man zum Beispiel

$$\left(1 - \frac{1}{n}\right)^n = \left(1 + \left(-\frac{1}{n}\right)\right)^{-n * (-1)} = \left(\left(1 + \left(-\frac{1}{n}\right)\right)^{-n}\right)^{-1} \to e^{-1} = \frac{1}{e},$$

$$\left(1 + \frac{a}{n}\right)^n = \left(1 + \frac{a}{n}\right)^{\frac{n}{a} * a} = \left(\left(1 + \frac{a}{n}\right)^{\frac{n}{a}}\right)^a \to e^a,$$

$$\left(\frac{n+2}{n-3}\right)^n = \left(\frac{1 + \frac{2}{n}}{1 - \frac{3}{n}}\right)^n = \frac{\left(1 + \frac{2}{n}\right)^n}{\left(1 - \frac{3}{n}\right)^n} \to \frac{e^2}{e^{-3}} = e^5,$$

$$\left(\frac{n+2}{n-3}\right)^{2n-3} = \frac{\left(1 + \frac{2}{n}\right)^{2n-3}}{\left(1 - \frac{3}{n}\right)^{2n-3}} = \frac{\left(1 + \frac{2}{n}\right)^{-3} * \left(1 + \frac{2}{n}\right)^{2n}}{\left(1 - \frac{3}{n}\right)^{-3} * \left(1 - \frac{3}{n}\right)^{2n}}$$

$$= \frac{\left(1 - \frac{3}{n}\right)^3}{\left(1 + \frac{2}{n}\right)^3} * \frac{\left(\left(1 + \frac{2}{n}\right)^n\right)^2}{\left(\left(1 - \frac{3}{n}\right)^n\right)^2} \to \frac{1^3}{1^3} * \frac{(e^2)^2}{(e^{-3})^2} = e^{10},$$

$$\left(1 + \frac{1}{n^2}\right)^n = \left(1 + \frac{1}{n^2}\right)^{n^2 * \frac{1}{n}} = \left(\left(1 + \frac{1}{n^2}\right)^{n^2}\right)^{\frac{1}{n}} \to e^0 = 1,$$

$$\left(1+\frac{1}{n}\right)^{n^2} = \left(1+\frac{1}{n}\right)^{n*n} = \left(\left(1+\frac{1}{n}\right)^{n}\right)^{n} \to e^{\infty} = \infty.$$

Mit $a_n \to 0$ führt die Folge $\frac{\sin a_n}{a_n}$ auf den unbestimmten Ausdruck $\frac{0}{0}$. Es gilt hier der

Satz 18.4:
Für jede beliebige Nullfolge

$$\lim_{n\to\infty} a_n = 0,\ a_n \neq 0, \tag{18.44}$$

gilt

$$\lim_{n\to\infty} \frac{\sin a_n}{a_n} = 1 \quad (a_n \text{ im Bogenmaß}). \tag{18.45}$$

Beweis:
Wegen $\sin(-a_n) = -\sin a_n$ und daher

$$\frac{\sin(-a_n)}{-a_n} = \frac{\sin a_n}{a_n}$$

braucht (18.45) nur für $a_n > 0$ bewiesen zu werden. Wir machen nun Gebrauch von der Definition der Winkelfunktionen am Einheitskreis (Bild 18.1).

Die Fläche des Dreiecks 0AB, $\frac{1 * \sin a_n}{2}$, ist kleiner als die Fläche des Kreissektors 0AB, $\frac{1^2 * a_n}{2}$, und diese wiederum ist kleiner als die Fläche des Dreiecks 0AC, $\frac{1 * \tan a_n}{2}$. Daher gilt

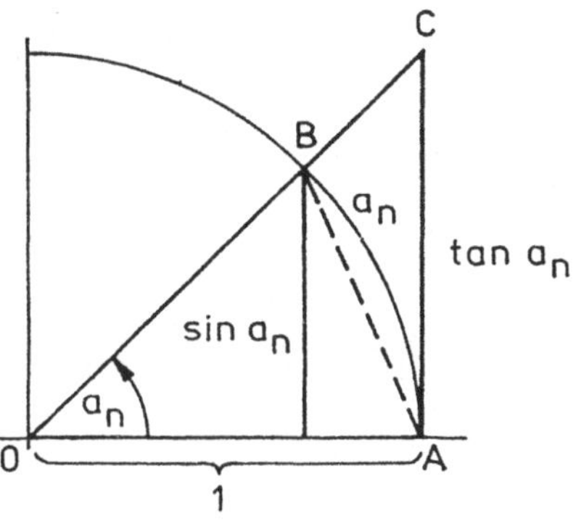

Bild 18.1

$$\sin a_n < a_n \quad \text{und} \quad a_n < \tan a_n = \frac{\sin a_n}{\cos a_n}$$

und weiter

$$\frac{\sin a_n}{a_n} < 1, \quad \cos a_n < \frac{\sin a_n}{a_n},$$

also

$$\cos a_n < \frac{\sin a_n}{a_n} < 1.$$

Wegen $\cos a_n \to 1$ für $a_n \to 0$ bestätigt sich (18.45).

Beispiel 18.5: Mit Hilfe von Satz 18.4 erhält man zum Beispiel

$$n * \sin\frac{1}{n} = \frac{\sin\frac{1}{n}}{\frac{1}{n}} \to 1,$$

$$\sqrt{n} * \tan\frac{1}{\sqrt{n}} = \frac{\frac{\sin\frac{1}{\sqrt{n}}}{\frac{1}{\sqrt{n}}}}{\cos\frac{1}{\sqrt{n}}} \to \frac{1}{1} = 1,$$

$$n^2 * \sin\frac{1}{n} = n\,\frac{\sin\frac{1}{n}}{\frac{1}{n}} \to \infty * 1 = \infty.$$

Beispiel 18.6: Bei Folgen $\{\frac{a_n}{b_n}\}$, die auf den unbestimmten Ausdruck $\frac{\infty}{\infty}$ führen, versucht man, Zähler und Nenner durch den gleichen Ausdruck zu dividieren, so daß ein bestimmter Ausdruck entsteht.

$$\frac{3n^2 - n + 1}{2n^2 - 1} = \frac{3 - \frac{1}{n} + \frac{1}{n^2}}{2 - \frac{1}{n^2}} \to \frac{3}{2},$$

$$\frac{6n^3 + n - 1}{7n^4 + n^2 + 1} = \frac{\frac{6}{n} + \frac{1}{n^3} - \frac{1}{n^4}}{7 + \frac{1}{n^2} + \frac{1}{n^4}} \to \frac{0}{7} = 0,$$

$$\frac{6n^3 + n - 1}{2n^2 - 1} = \frac{6n + \frac{1}{n} - \frac{1}{n^2}}{2 - \frac{1}{n^2}} \to \frac{\infty}{2} = \infty,$$

$$\frac{\sqrt{n^2 - 1} + n - 1}{n + 1} = \frac{\sqrt{1 - \frac{1}{n^2}} + 1 - \frac{1}{n}}{1 + \frac{1}{n}} \to \frac{2}{1} = 2.$$

Beispiel 18.7: Bei Folgen $\{a_n - b_n\}$, die auf den unbestimmten Ausdruck $\infty - \infty$ führen, kann u. a. folgende Umformung vorgenommen werden:

$$a_n - b_n = \frac{(a_n - b_n)(a_n + b_n)}{a_n + b_n} = \frac{a_n^2 - b_n^2}{a_n + b_n} \to \frac{?}{\infty}.$$

Konvergiert der Zähler, so liegt ein bestimmter Ausdruck vor.

$$\sqrt{4n^2 + 5n + 2} - 2n = \frac{4n^2 + 5n + 2 - 4n^2}{\sqrt{4n^2 + 5n + 2} + 2n} = \frac{5 + \frac{2}{n}}{\sqrt{4 + \frac{5}{n} + \frac{2}{n^2}} + 2} \to \frac{5}{4},$$

$$\sqrt{n+1} - \sqrt{2n-1} = \frac{n + 1 - 2n + 1}{\sqrt{n+1} + \sqrt{2n-1}} = \frac{\frac{2}{n} - 1}{\sqrt{\frac{1}{n} + \frac{1}{n^2}} + \sqrt{\frac{2}{n} - \frac{1}{n^2}}} \to \frac{-1}{+0} \to -\infty,$$

$$\sqrt{n+1} - \sqrt{n-1} = \frac{n + 1 - n + 1}{\sqrt{n+1} + \sqrt{n-1}} = \frac{2}{\sqrt{n+1} + \sqrt{n-1}} \to \frac{2}{\infty} = 0.$$

18.5 Übungsaufgaben

1. Berechnen Sie den Grenzwert a, falls er existiert, der angegebenen Zahlenfolgen $\{a_n\}$! Bestimmen Sie $n_0(\varepsilon)$ derart, daß für alle $n > n_0(\varepsilon)$ (18.6) gilt!

1.1. a) $a_n = \frac{n+1}{2n}$ b) $a_n = \frac{1}{n^2\sqrt{n}} + \frac{1}{n^3}$

c) $a_n = n\sqrt{1 + \frac{1}{n}} - n$ d) $a_n = \frac{1}{3}\left(1 - \frac{1}{10^n}\right)$

2. Berechnen Sie den Grenzwert, falls er existiert, nachstehender Zahlenfolgen $\{a_n\}$!

2.1. a) $a_n = \frac{2n+3}{3-4n}$ b) $a_n = \frac{4n-3}{2-5n+7n^2}$

c) $a_n = \frac{5n^2-6}{3n+4}$ d) $a_n = \frac{3n^3 - 2n^2 + 5n - 6}{2n^3 - 4n^2 - 7n + 9}$

e) $a_n = \left(\frac{3n-2}{3-6n}\right)^2$ f) $a_n = \frac{(2n-3)^2}{4n+1}$

g) $a_n = \frac{2 - \sqrt[3]{n^2}}{n^2+5}$ h) $a_n = \frac{3 + (-1)^n + 2n}{1 - 3n}$

i) $a_n = \frac{4\sqrt{n} - 10n}{n\sqrt{n}}$ j) $a_n = \frac{(-1)^n}{1+n^2}$

k) $a_n = n\left(1 - \sqrt[5]{1 - \frac{1}{n}}\right)$ l) $a_n = n\left(\sqrt[3]{n^2+2} - \sqrt[3]{n^2+1}\right)$

2.2. a) $a_n = \left(1 + \frac{4}{n}\right)^n$ b) $a_n = \left(1 + \frac{1}{2n}\right)^n$

c) $a_n = \left(\frac{c\,n + 1}{c\,n}\right)^n$ d) $a_n = \left(\frac{2 + n}{n - 4}\right)^n$

e) $a_n = \left(\frac{\left(1 - \frac{2}{n}\right)(n + 3)}{n + 2}\right)^n$ f) $a_n = \left(1 - \frac{5}{n}\right)^{\frac{n}{4} + 3}$

g) $a_n = \sqrt[n]{3}$ h) $a_n = \frac{27^{\log_3 n}}{16^{\log_2 n}}$

2.3. a) $a_n = [2n^{-1} * \sin(2n^{-1})]$ b) $a_n = n * \sin\frac{1}{n}$

c) $a_n = n * \tan\frac{1}{n}$ d) $a_n = \sqrt{n}\tan\frac{1}{\sqrt{n}}$

e) $a_n = 2n^2 * \cos\frac{1}{n^2} * \tan\frac{1}{n^2}$ f) $a_n = \sin\frac{1}{n} - n * \cos\frac{1}{n}$

19 Grenzwerte und Stetigkeit von Funktionen

19.1 Grundlegende Begriffe

Zunächst sollen die Begriffe Grenzwert und Stetigkeit einer Funktion $y = f(x)$, $x \in D$, anschaulich eingeführt werden. Anschließend werden diese Begriffe dann streng mathematisch formuliert.

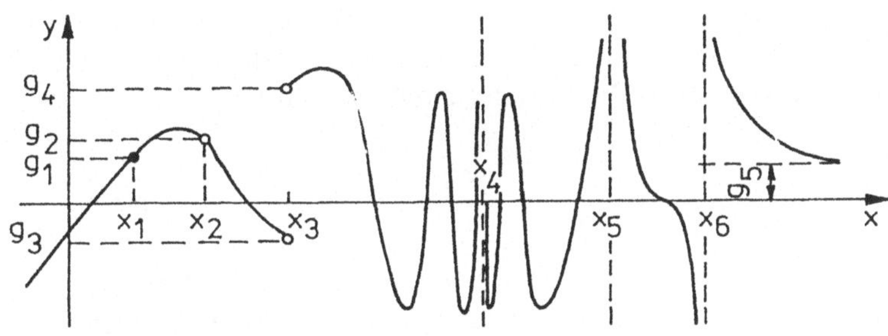

Bild 19.1

Im Bild 19.1 ist der Verlauf einer Funktion $y = f(x)$, $x \in D$, graphisch dargestellt.

Betrachtet man das Bild der Funktion in der Umgebung von $x = x_1$, so stellt man fest, daß die Funktionswerte $f(x)$ immer dem gleichen Wert g_1 zustreben, ganz gleich, ob sich x der Stelle x_1 von links oder von rechts nähert. In diesem Falle ist insbesondere g_1 gleich dem Funktionswert, also $g_1 = f(x_1)$. Man kann diesen Sachverhalt folgendermaßen formulieren: Die Funktion $y = f(x)$, $x \in D$, hat bei $x = x_1$ den Grenzwert g_1, der insbesondere gleich dem Funktionswert $f(x_1)$ an dieser Stelle ist. Man schreibt

$$\lim_{x \to x_1} f(x) = g_1 = f(x_1). \tag{19.1}$$

Was ist nun darunter zu verstehen, daß x gegen x_1 strebt? Man versteht darunter, daß x eine beliebige Zahlenfolge $\{x_n\}$ durchläuft, die gegen x_1 konvergiert, und (19.1) bedeutet, daß dann die Folge $\{y_n\} = \{\ f(x_n)\ \}$ der Funktionswerte den Grenzwert $g_1 = f(x_1)$ hat. Also: Für jede beliebige Zahlenfolge $\{x_n\}$ mit $x_n \to x_1$ gilt, daß die Folge $\{y_n\} = \{\ f(x_n)\ \}$ der Funktionswerte gegen den Grenzwert $g_1 = f(x_1)$ strebt.

$$\lim_{x \to x_1} f(x_n) = g_1 = f(x_1) \text{ für alle Folgen } x_n \text{ mit } \lim_{n \to \infty} x_n = x_1. \tag{19.2}$$

Das Bild von $f(x)$ wird bei $x = x_1$ nicht zerrissen. Man nennt die Funktion $f(x)$ dann bei x_1 stetig.

An der Stelle x_2 soll der Kreis ∘ bedeuten, daß hier die Funktion $y = f(x)$, $x \in D$, nicht definiert ist (bzw. daß sie einen Wert hat, der außerhalb des Kreises liegt). So sind zum Beispiel die folgenden Funktionen an der Stelle $x_2 = 0$ nicht definiert:

$$y = \sin\frac{1}{x}; \quad y = \frac{\sin x}{x}; \quad y = (1+x)^{\frac{1}{x}}.$$

Betrachtet man nun die Stelle x_2, so stellt man fest (unabhängig davon, wie sich x dieser Stelle nähert: ob von links oder von rechts oder von links nach rechts schwankend, aber dabei die Stelle $x = x_2$ ausgenommen), daß sich der Funktionswert $y = f(x)$ immer mehr dem Grenzwert g_2 nähert. In diesem Falle ist allerdings der Grenzwert g_2 nicht gleich dem Funktionswert $f(x_2)$. Man schreibt auch hier

$$\lim_{x \to x_2} f(x) = g_2. \tag{19.3}$$

Will man diesen Sachverhalt, ähnlich wie in (19.2) durch Zahlenfolgen $\{x_n\}$ und $\{ f(x_n) \}$ charakterisieren, so muß man hier $x_n \neq x_2$ voraussetzen, weil $f(x_2)$ keinen Sinn hat: Für jede Folge $\{x_n\}$ mit

$$x_n \neq x_2, \quad \lim_{n \to \infty} x_n = x_2 \tag{19.4}$$

gilt

$$\lim_{n \to \infty} f(x_n) = g_2. \tag{19.5}$$

Durch die Zurückführung des Grenzwertes einer Funktion auf den Grenzwert von Zahlenfolgen lassen sich Begriffe und Sätze aus dem Abschnitt 18 weitgehend übertragen. Das trifft insbesondere auch auf den Begriff des unbestimmten Ausdrucks zu. So folgt zum Beispiel aus dem Satz 18.3

$$\lim_{x \to 0} (1+x)^{\frac{1}{x}} = e. \tag{19.6}$$

Aus Satz 18.4 folgt

$$\lim_{x \to 0} \frac{\sin x}{x} = 1, \quad \text{(x im Bogenmaß!)}. \tag{19.7}$$

Dagegen kann für die Funktion $y = \sin\frac{1}{x}$ für $x \to 0$ kein Grenzwert angegeben werden. Diese Funktion schwankt bei Annäherung an null mit ständig wachsender Frequenz zwischen $y = -1$ und $y = 1$.

Im Bild 19.1 ist das typische Verhalten solcher schwankenden Funktionen, die keinen Grenzwert haben, an der Stelle $x = x_4$ dargestellt.
Betrachtet man den Funktionsverlauf an der Stelle $x = x_3$, so stellt man zunächst fest, daß $y = f(x)$ auch hier keinen Grenzwert hat. Wählt man hier eine Folge $\{x_n\}$, die gegen x_3 konvergiert, bei der aber ständig Glieder abwechseln, die kleiner bzw. größer als x_3 sind, so schwanken die Glieder der Funktionsfolge $\{y_n\} = \{ f(x_n) \}$ ständig zwischen Werten in der Nähe von g_3 und g_4. Daher ist die Folge $\{y_n\}$ divergent.
Wählt man aber eine Folge $\{x_n\}$ mit

$$x_n < x_3, \quad \lim_{n\to\infty} x_n = x_3, \tag{19.8}$$

so gilt

$$\lim_{n\to\infty} f(x_n) = g_3. \tag{19.9}$$

Wählt man eine Folge x_n mit

$$x_n > x_3, \quad \lim_{n\to\infty} x_n = x_3, \tag{19.10}$$

so gilt

$$\lim_{n\to\infty} f(x_n) = g_4. \tag{19.11}$$

Die im Bild 19.1 dargestellte Funktion $y = f(x)$, $x \in D$, hat also an der Stelle x_3 keinen Grenzwert im eigentlichen Sinne, sie hat aber einen linksseitigen Grenzwert

$$\lim_{x\to x_3-0} f(x) = g_3, \tag{19.12}$$

und einen rechtsseitigen Grenzwert

$$\lim_{x\to x_3+0} f(x) = g_4. \tag{19.13}$$

Es ist klar: Hat eine Funktion an einer Stelle x_0 einen linksseitigen Grenzwert und einen rechtsseitigen Grenzwert und sind beide gleich, so hat die Funktion einen

Grenzwert im eigentlichen Sinne.

Beispiel 19.1: Die Funktion

$$y = f(x) = \frac{|x - 1|}{(x - 1)(x + 3)} \tag{19.14}$$

hat für $x > 1$ die Form

$$y = f(x) = \frac{1}{x + 3}, \quad x > 1, \tag{19.15}$$

und für $x < 1$ die Form

$$y = f(x) = -\frac{1}{x + 3}, \quad x < 1. \tag{19.16}$$

Es gilt also

$$\lim_{x \to 1-0} \frac{|x - 1|}{(x - 1)(x + 3)} = -\frac{1}{4}, \tag{19.17}$$

$$\lim_{x \to 1+0} \frac{|x - 1|}{(x - 1)(x + 3)} = \frac{1}{4}. \tag{19.18}$$

Die vorliegende Funktion hat also bei $x = 1$ keinen Grenzwert, wohl aber einen linksseitigen Grenzwert $-\frac{1}{4}$ und einen davon verschiedenen rechtsseitigen Grenzwert $+\frac{1}{4}$.

Wenn die Funktionswertfolge, wie an der Stelle x_5 im Bild 19.1, bestimmt divergiert, so spricht man von einem uneigentlichen Grenzwert $+\infty$ bzw. $-\infty$.

$$\lim_{x \to x_5} f(x) = +\infty. \tag{19.19}$$

Ein solches Verhalten zeigt zum Beispiel die Funktion

$$y = \frac{1}{(x - 1)^2} \tag{19.20}$$

bei $x = 1$:

$$\lim_{x \to 1} \frac{1}{(x - 1)^2} = +\infty. \tag{19.21}$$

An der Stelle x_6 hat die im Bild 19.1 dargestellte Funktion einen uneigentlichen linksseitigen Grenzwert $-\infty$ und einen uneigentlichen rechtsseitigen Grenzwert $+\infty$:

$$\lim_{x \to x_6-0} f(x) = -\infty, \quad \lim_{x \to x_6+0} f(x) = +\infty. \tag{19.22}$$

Ein solches Verhalten zeigt zum Beispiel die Funktion

$$y = \frac{1}{x - 1} \tag{19.23}$$

bei x = 1.

Man kann nun noch das Grenzverhalten bei Funktionen $y = f(x)$, $x \in D$, für $x \to +\infty$ bzw. $x \to -\infty$ untersuchen. Im Bild 19.1 ist der Fall dargestellt, wo für $x \to +\infty$ die Funktionswerte $y = f(x)$ sich dem Grenzwert g_5 nähern.

$$\lim_{x \to +\infty} f(x) = g_5 \tag{19.24}$$

bedeutet dabei: Für alle bestimmt divergierenden Folgen $\{x_n\}$ mit

$$\lim_{n \to \infty} x_n = +\infty \tag{19.25}$$

gilt

$$\lim_{x \to \infty} f(x) = g_5. \tag{19.26}$$

Entsprechendes gilt für $x \to -\infty$.

Die Funktion

$$y = \frac{1}{x} \tag{19.27}$$

hat sowohl für $x \to +\infty$ als auch für $x \to -\infty$ den Grenzwert null,

$$\lim_{x \to \infty} \frac{1}{x} = 0, \quad \lim_{x \to -\infty} \frac{1}{x} = 0. \tag{19.28}$$

Die Funktion $y = x^3$ (19.29)

hat für $x \to \infty$ den uneigentlichen Grenzwert $+\infty$ und für $x \to -\infty$ den uneigentlichen Grenzwert $-\infty$,

$$\lim_{x \to \infty} x^3 = +\infty, \quad \lim_{x \to -\infty} x^3 = -\infty. \tag{19.30}$$

Die Funktion

$$y = \sin x \tag{19.31}$$

hat weder für $x \to +\infty$ noch für $x \to -\infty$ einen Grenzwert, denn sie schwankt ständig zwischen $y = -1$ und $y = +1$.

An der Stelle x_2 hat die Funktion $y = f(x)$, $x \in D$, keinen solchen durchgehenden, ununterbrochenen Verlauf. Es entsteht dort eine Lücke, die Funktion reißt ab. Sie ist daher unstetig. Wenn man den Funktionswert an der Stelle x_2 aber so festlegt, daß er gleich dem existierenden eigentlichen Grenzwert g_2 ist,

$$f(x_2) = \lim_{x \to x_2} f(x) = g_2, \tag{19.32}$$

so entsteht eine stetige Funktion. Man hat die Funktion $y = f(x)$, $x \in D$, an der Stelle x_2 stetig ergänzt. Nur Funktionen, die einen eigentlichen Grenzwert haben, können stetig ergänzt werden.

An der Stelle x_3 hat die Funktion $y = f(x)$, $x \in D$, einen Sprung. Sie reißt hier ab und kann auch nicht stetig ergänzt werden. An der Stelle x_4 hat die betrachtete Funktion ein völlig unbestimmtes Verhalten. Auch hier ist die Funktion unstetig, wie man den Funktionswert auch definiert.

Auch an den Stellen x_5 und x_6 kann man keinen endlichen Funktionswert so festlegen, daß ein durchgängiger Verlauf entsteht.

Die hier anschaulich eingeführten Begriffe sollen nun exakt definiert werden.

Definition 19.1:
Eine in einer gewissen (wenn auch noch so kleinen) Umgebung U von $x = x_0$, eventuell mit Ausnahme der Stelle $x = x_0$ selbst, definierte Funktion

$$y = f(x), \quad x \in U(x_0), \quad x \neq x_0, \tag{19.33}$$

hat dort einen Grenzwert g,

$$\lim_{x \to x_0} f(x) = g, \tag{19.34}$$

wenn für jede Folge $\{x_n\}$ mit

$$x_n \in U(x_0), \quad x_n \neq x_0, \quad \lim_{n \to \infty} x_n = x_0, \tag{19.35}$$

gilt:

$$\lim_{n \to \infty} f(x_n) = g. \tag{19.36}$$

Dabei kann g auch der uneigentliche Grenzwert $+\infty$ oder $-\infty$ sein.

Definition 19.2:
Eine in einer Umgebung von $x = x_0$ mit Einschluß von x_0 selbst definierte Funktion $y = f(x)$ heißt bei $x = x_0$ stetig, wenn sie für $x \to x_0$ einen Grenzwert hat und wenn dieser Grenzwert gleich dem Funktionswert ist,

$$\lim_{x \to x_0} f(x) = f(x_0). \tag{19.37}$$

19.2 Sätze über Grenzwerte und Stetigkeit

Aus dem Satz 18.2 für Zahlenfolgen kann der folgende Satz über Grenzwerte von Funktionen abgeleitet werden.

Satz 19.1:
Haben die Funktionen $y = f_1(x)$, $x \in D$, und $y = f_2(x)$, $x \in D$, für $x \to x_0$ eigentliche Grenzwerte,

$$f_1(x) \to g_1, \; f_2(x) \to g_2, \tag{19.38}$$

so gilt

$$a * f_1(x) \to a g_1, \tag{19.39}$$

$$f_1(x) \pm f_2(x) \to g_1 \pm g_2, \tag{19.40}$$

$$f_1(x) * f_2(x) \to g_1 * g_2, \tag{19.41}$$

$$\frac{f_1(x)}{f_2(x)} \to \frac{g_1}{g_2}, \; g_2 \neq 0, \tag{19.42}$$

$$f_1(x)^{f_2(x)} \to g_1^{g_2}, \; g_1 > 0. \tag{19.43}$$

Das im Abschnitt 18.3 über bestimmte und unbestimmte Ausdrücke Gesagte kann auf Grenzwerte von Funktionen voll übertragen werden. Es folgt weiter

Satz 19.2:
Sind die Funktionen $y = f_1(x)$, $x \in D$, und $y = f_2(x)$, $x \in D$, bei $x = x_0$ stetig, so sind es auch die Funktionen

$$y = a * f_1(x), \tag{19.44}$$

$$y = f_1(x) \pm f_2(x), \tag{19.45}$$

$$y = f_1(x) * f_2(x), \tag{19.46}$$

$$y = \frac{f_1(x)}{f_2(x)}, \; f_2(x) \neq 0, \tag{19.47}$$

$$y = f_1(x)^{f_2(x)}, \; f_1(x) > 0. \tag{19.48}$$

Es gilt weiter der Satz über die Stetigkeit mittelbar gegebener Funktionen.

Satz 19.3:
Es sei $z = g(x)$ bei $x = x_0$ und $y = f(z)$ bei $z = z_0 = g(x_0)$ stetig, so ist auch die mittelbar gegebene Funktion

$$y = f(g(x)) \tag{19.49}$$

bei $x = x_0$ stetig.

19.3 Eigenschaften stetiger Funktionen

Die Aussagen zu Grenzwerten und zur Stetigkeit waren lediglich lokale Aussagen für eine Stelle $x = x_0$. Wenn nun eine Funktion $y = f(x)$, $x \in D$, für alle Punkte eines Intervalls stetig ist, so nennt man die Funktion im Intervall stetig. Dabei sind zunächst nur offene Intervalle (a, b): $a < x < b$, zugelassen, weil für jedes $x_0 \in (a, b)$ eine Vollumgebung von x_0 existiert, die ganz zum Intervall (a, b) gehört. Im abgeschlossenen Intervall [a, b]: $a \leq x \leq b$ hat der Begriff der Stetigkeit für $x = a$ und $x = b$ keinen Sinn, weil dort nur eine Rechtsumgebung von $x = a$ bzw. eine Linksumgebung von $x = b$ zu [a, b] gehört. Man kann hier nur rechtsseitige bzw. linksseitige Stetigkeit verlangen.

Definition 19.3:
Eine im offenen Intervall (a, b) definierte Funktion $y = f(x)$ heißt dort stetig, wenn sie an jeder Stelle $x \in (a, b)$ stetig ist. Eine im abgeschlossenen Intervall [a, b] definierte Funktion $y = f(x)$ heißt dort stetig, wenn sie im offenen Intervall (a, b) stetig, an der Stelle $x = a$ rechtsseitig stetig und an der Stelle $x = b$ linksseitig stetig ist.

Der Satz 19.2 läßt sich selbstverständlich auf im offenen oder geschlossenen Intervall stetige Funktionen übertragen.

Der Satz 19.3 über die Stetigkeit mittelbarer Funktionen läßt sich in folgender Weise übertragen:

Satz 19.4:
Ist $z = g(x)$ im abgeschlossenen Intervall [a, b] stetig, so ist der Wertebereich von $z = g(x)$ für $x \in [a, b]$ wiederum ein abgeschlossenes Intervall [A, B]: $A \leq z \leq B$. Ist nun $y = f(z)$ im abgeschlossenen Intervall [A, B] stetig, so ist auch die mittelbare Funktion $y = f(g(x))$ im abgeschlossenen Intervall [a, b] stetig.

Im abgeschlossenen Intervall [a, b] stetige Funktionen haben besondere Eigenschaften, die unstetige Funktionen im allgemeinen nicht haben. So gilt zum Beispiel der folgende Zwischenwertsatz.

Satz 19.5:
Eine im abgeschlossenen Intervall [a, b] stetige Funktion nimmt dort jeden Wert zwischen f(a) und f(b) mindestens einmal an.

Eine solche Eigenschaft brauchen unstetige Funktionen nicht zu haben, weil dort Sprünge auftreten können und unter Umständen ganze Wertebereiche zwischen f(a) und f(b) nicht angenommen werden.

Satz 19.6:
Eine im abgeschlossenen Intervall [a, b] stetige Funktion nimmt dort mindestens an einer Stelle ihren Maximalwert und an mindestens einer Stelle ihren Minimalwert an (sie nimmt dann sogar alle Werte zwischen dem Maximalwert und dem Minimalwert an).

Bei den Einschachtelungsverfahren für Nullstellen im Abschnitt 1.1 wurde stillschweigend vom Zwischenwertsatz (Satz 19.5) Gebrauch gemacht. Es muß hier ergänzend festgestellt werden, daß diese Verfahren nur für im abgeschlossenen Intervall $[\underline{x}, \overline{x}]$ stetige Funktionen uneingeschränkt anwendbar sind.

Auch der folgende Satz über die Umkehrfunktion beruht auf der Stetigkeit im abgeschlossenen Intervall.

Satz 19.7:
Es sei $y = f(x)$ im abgeschlossenen Intervall [a, b] stetig und streng monoton. Dann ist der Wertebereich das abgeschlossene Intervall [f(a), f(b)] bzw. [f(b), f(a)], und es existiert dort die stetige Umkehrfunktion $x = f^{-1}(y)$.

19.4 Die Stetigkeit der elementaren Funktionen

Auf der Grundlage von Satz 19.2, Satz 19.4 und Satz 19.7 findet man nacheinander folgende Aussagen:

1. Es ist selbstverständlich $y = x$, $x \in (-\infty, +\infty)$, überall stetig.
2. Dann ist $y = x^2, y = x^3, \ldots, y = x^n$, $x \in (-\infty, +\infty)$, überall stetig.
3. Dann sind auch die Umkehrfunktionen $y = \sqrt[n]{x}$ für $x \geq 0$ stetig.
4. Es ist jede algebraische Funktion überall dort, wo sie definiert ist, auch stetig.
5. Es ist die Potenzfunktion $y = x^a$, a reell, für alle $x > 0$ stetig.
6. Es ist auch die Exponentialfunktion $y = b^x$, $x \in (-\infty, +\infty)$, $b > 0$, $b \neq 1$, überall stetig.
7. Es ist auch die Umkehrfunktion $y = \log_b x$ für $x > 0$ stetig.
8. Es ist $y = \sin x$, $x \in (-\infty, +\infty)$, für alle $x = x_0$ stetig.
9. Dann ist auch die Umkehrfunktion $y = \arcsin x$ stetig.
10. Dann sind alle Winkelfunktionen und ihre Umkehrfunktionen stetig, wo sie

definiert sind.

11. Dann sind alle Funktionen, die aus x und den Grundfunktionen mit Hilfe der algebraischen Rechenoperationen unmittelbar oder mittelbar gebildet werden, stetig, wo sie definiert sind.

Es gilt also:
Jeder aus den bekannten elementaren Funktionen mittelbar oder unmittelbar gebildete noch so komplizierte Ausdruck ist dort, wo er definiert ist, auch stetig (Stetigkeit der analytischen Funktionen).

19.5 Übungsaufgaben

1. Grenzwerte von Funktionen

1.1. Bestimmen Sie folgende Grenzwerte!

1.1.1. a) $\lim\limits_{x\to 1} \frac{x^2 - 1}{x - 1}$ b) $\lim\limits_{x\to 2} \frac{x^2 - 4}{x - 2}$

c) $\lim\limits_{x\to -\frac{1}{2}} \frac{4x^2 - 1}{2x + 1}$ d) $\lim\limits_{x\to 1} \frac{1 - x}{1 - \sqrt{x}}$

1.1.2. a) $\lim\limits_{x\to 8} \frac{x - 8}{\sqrt[3]{x} - 2}$ b) $\lim\limits_{x\to 3} \frac{27 - x^3}{x - 3}$

c) $\lim\limits_{x\to -1} \frac{x^4 - 1}{1 + x}$ d) $\lim\limits_{x\to -2} \frac{2 + x}{32 + x^5}$

1.1.3. a) $\lim\limits_{x\to 3} \frac{x^2 - 4x + 3}{2x - 6}$ b) $\lim\limits_{x\to 2} \frac{x^2 - 4}{x^2 - 3x + 2}$

c) $\lim\limits_{x\to 1} \frac{x^3 - 3x + 2}{x^4 - 4x + 3}$ d) $\lim\limits_{x\to a} \frac{x^2 - (a + 1)x + a}{x^3 - a^3}$

1.1.4. a) $\lim\limits_{x\to 0} \frac{\sqrt{x^2 + 1} - \sqrt{x + 1}}{1 - \sqrt{x + 1}}$ b) $\lim\limits_{x\to 0} \frac{\sqrt{x^2 + 1} - 1}{\sqrt{x^2 + 25} - 5}$

c) $\lim\limits_{x\to 0} \frac{\sqrt{1+x}-\sqrt{1-x}}{x}$ d) $\lim\limits_{x\to 7} \frac{2-\sqrt{x-3}}{x^2-49}$

1.1.5. a) $\lim\limits_{x\to 0} \frac{\sin^2 x}{x}$ b) $\lim\limits_{x\to 0} \frac{\tan x}{x}$

c) $\lim\limits_{x\to 0} \frac{\sin 3x}{x}$ d) $\lim\limits_{x\to 0} \left(\sin x \frac{\cos x}{x}\right)$

e) $\lim\limits_{x\to \frac{\pi}{2}} \frac{1-\sin x}{\cos x}$ f) $\lim\limits_{x\to 0} \frac{1-\cos x}{\sin x}$

g) $\lim\limits_{x\to 0} \frac{\sin 5x}{\sin 2x}$ h) $\lim\limits_{x\to 0} \frac{1-\cos x}{x^2}$

i) $\lim\limits_{x\to \frac{\pi}{4}} \frac{1-\tan x}{1-\cot x}$ j) $\lim\limits_{x\to 0} \frac{\tan x-\sin x}{x^3}$

k) $\lim\limits_{x\to \frac{\pi}{4}} \frac{\cos x-\cos\frac{\pi}{4}}{\sin x-\sin\frac{\pi}{4}}$ l) $\lim\limits_{x\to \frac{\pi}{4}} \frac{\sin x-\cos x}{1-\tan x}$

1.2. Bestimmen Sie den linksseitigen und den rechtsseitigen Grenzwert der folgenden Funktionen an der angegebenen Stelle!

a) $f(x) = e^{\frac{1}{x}}$ für $x = 0$ b) $f(x) = x\,e^{\frac{1}{x}}$ für $x = 0$

c) $f(x) = e^{\frac{1}{1-x^2}}$ für $x = 1$ d) $f(x) = \frac{x}{1+e^{\frac{1}{x}}}$ für $x = 0$

e) $f(x) = \frac{e^{\frac{1}{x}} - 1}{e^{\frac{1}{x}} + 1}$ für $x = 0$

f) $f(x) = \frac{x}{2x + e^{\frac{1}{x-1}}}$ für $x = 1$

g) $f(x) = 2^{\frac{1}{x-1}}$ für $x = 1$

h) $f(x) = \frac{2^{\frac{1}{x}} + 3}{3^{\frac{1}{x}} + 2}$ für $x = 0$

i) $f(x) = \frac{1}{1 + 3^{\frac{1}{x-1}}}$ für $x = 1$

j) $f(x) = \frac{1}{1 - x}$ für $x = 1$

k) $f(x) = \frac{x}{x + 1}$ für $x = -1$

l) $f(x) = \frac{x + 1}{|x + 1|} x$ für $x = -1$

2. Stetigkeit von Funktionen

Für welche Werte von x haben die folgenden Funktionen Unstetigkeitsstellen, von welcher Art sind diese, und wie lassen sie sich, falls möglich, beheben?

a) $y = \frac{|x - 1|}{x - 1}$

b) $y = \frac{x + 2}{|x + 2|} * x$

c) $y = \frac{1 - x}{1 - |x|}$

d) $y = \frac{x + 2}{x + 2} + \frac{1}{x + 1}$

e) $y = \frac{x - 3}{\sqrt{1 + x} - 2}$

f) $y = \frac{x - 4}{\sqrt{x} - 2}$

g) $y = \sin \frac{1}{x}$

h) $y = x \sin \frac{1}{x}$

i) $y = x^2 \sin \frac{1}{x}$

j) $y = \frac{\sin x}{x}$

k) $y = x * 2^{\frac{|x|}{x}}$

l) $y = \ln 2^{\frac{1}{x-1}}$

20 Differentialrechnung

Im vorliegenden Hauptabschnitt wird ein wesentliches Kernstück der höheren Mathematik behandelt, insbesondere der Infinitesimalrechnung. Von grundlegender Bedeutung ist dabei der Begriff des Differentialquotienten bzw. der Ableitung einer Funktion, der im Abschnitt 20.1 eingeführt wird. Es kommt darauf an, diesen Begriff anschaulich in seiner praktischen Bedeutung zu erfassen. Es ist dann auch notwendig, ihn mathematisch abstrakt zu begreifen, um falsche Anwendungen zu vermeiden.

Im Abschnitt 20.2 werden dann die grundlegenden Differentiationsregeln behandelt, während im Abschnitt 20.3 die Ableitungen der elementaren Funktionen zusammengestellt sind. Es kommt einerseits darauf an, die formale Anwendung der Differentiationsregeln an vielen Beispielen zu üben, andererseits aber auch, die Voraussetzungen für ihre Anwendung zu beachten.

Die Abschnitte 20.4 und 20.5 sind wichtigen Anwendungen der Differentialrechnung gewidmet. Der Abschnitt 20.4 behandelt Extremwerte und Wendepunkte und damit die Beschreibung von Kurvenverläufen (Kurvendiskussionen). Die Ergebnisse dieses Abschnittes werden im Abschnitt 20.5 auf Optimierungsprobleme angewendet.

20.1 Differentialquotient und Ableitung

20.1.1 Einführende Bemerkungen

Führt eine Straße geradlinig bergauf, ist ihr Profil also durch eine Gerade darstellbar, so ist die Angabe ihres Anstiegs unproblematisch (vgl. Bild 20.1). Man wählt auf der in einem x,y-System durch die Gleichung $y = ax + b$ dargestellten Geraden zwei beliebige Punkte (x_0, y_0) und (x_1, y_1) und erhält als Anstieg

$$\tan\alpha = \frac{\Delta y}{\Delta x} = \frac{y_1 - y_0}{x_1 - x_0} = \frac{f(x_1) - f(x_0)}{x_1 - x_0} = \frac{f(x_0 - \Delta x) - f(x_0)}{\Delta x} = \frac{f(x_0 + h) - f(x_0)}{h}. \tag{20.1}$$

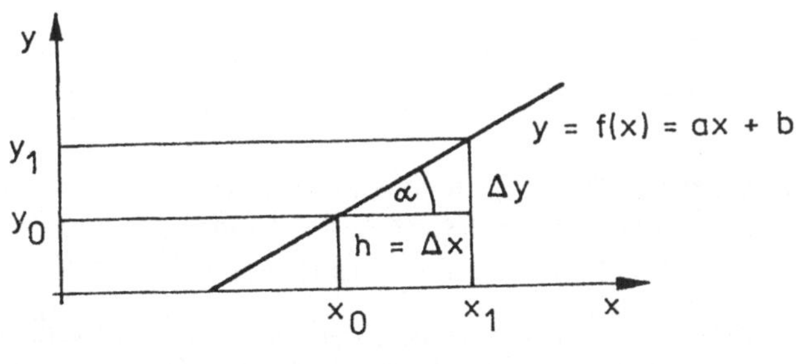

Bild 20.1

Man kann dem im Bild 20.1 dargestellten Problem aber auch eine physikalische Bedeutung geben, wenn man x als Zeit und y als Weg interpretiert. Dann liegt eine gleichförmige Bewegung vor, und der in (20.1) angegebene Differenzenquotient bedeutet die überall gleiche Geschwindigkeit

$$v = \frac{\Delta y}{\Delta x}. \qquad (20.2)$$

Man kann diesen Differenzenquotienten aber auch einfach als Anstieg der Geraden $y = f(x) = ax + b$ oder als den Anstieg der Funktion $y = f(x) = ax + b$ interpretieren. Kommen wir zunächst auf das Problem des Anstiegs einer Straße zurück. Was ist zu tun, wenn die Straße nicht geradlinig, sondern mit wechselnder Steigung nach oben führt (vgl. Bild 20.2), wenn ihr Profil also durch eine nichtlineare Funktion $y = f(x)$ beschrieben wird?

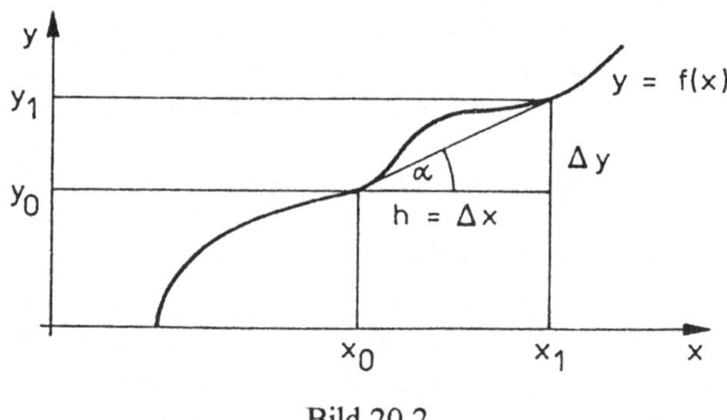

Bild 20.2

Greift man hier zwei Punkte (x_0, y_0), (x_1, y_1) heraus und berechnet den Differenzenquotienten nach (20.1), so erhält man den Anstieg der Sehne durch die beiden Punkte, also den durchschnittlichen Anstieg der Straße zwischen den beiden Punkten. Der Differenzenquotient sagt aber zunächst nichts über den Anstieg der Straße in einem bestimmten Punkt, z. B. im Punkt (x_0, y_0), bzw. an der Stelle x_0 aus. Dieser Anstieg wechselt ja von Punkt zu Punkt.

Wenn man x als Zeit und y als Weg interpretiert, so erhält man mit dem Differenzenquotienten zwar eine Durchschnittsgeschwindigkeit, nicht aber eine Momentangeschwindigkeit.

Was soll man nun unter dem Anstieg in einem Punkt (x_0, y_0) bzw. an der Stelle x_0 verstehen? Man kann darunter nur den Anstieg der Tangente in diesem Punkt bzw. an dieser Stelle verstehen (Bild 20.3), also den Anstieg $\tan \beta$.

Was versteht man unter der Tangente und ihrem Anstieg? Anschaulich kann man ein Lineal an die Kurve legen. Das ist aber keine mathematisch exakte Definition. Wenn man aber im Bild 20.2 x_1 immer näher an x_0 heranrückt, so erkennt man, daß dann die

Sekante immer mehr die Lage der Tangente erreicht. Das führt auf einen Grenzprozeß, wie er im Abschnitt 19 behandelt wurde:

$$\tan\beta = \lim_{x_1\to x_0} \tan\alpha = \lim_{\Delta x\to 0} \frac{\Delta y}{\Delta x} = \lim_{x_1\to x_0} \frac{f(x_1) - f(x_0)}{x_1 - x_0} \tag{20.3}$$

$$= \lim_{\Delta x\to 0} \frac{f(x_0 + \Delta x) - f(x_0)}{\Delta x} = \lim_{h\to 0} \frac{f(x_0 + h) - f(x_0)}{h}.$$

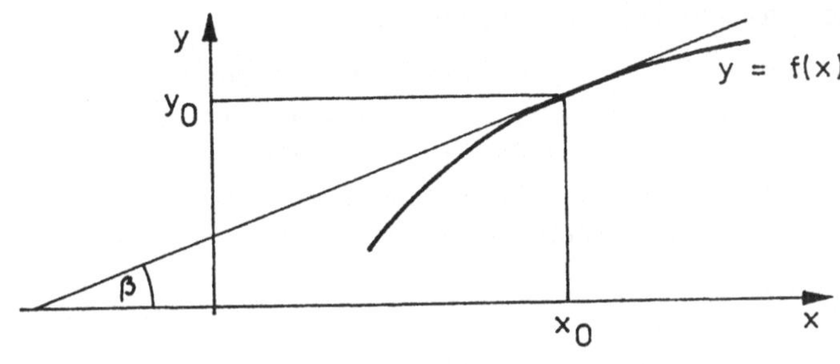

Bild 20.3

Diesen Grenzwert bezeichnet man in Anlehnung an den Differenzenquotienten mit

$$\left(\frac{dy}{dx}\right)_{x=x_0} = \lim_{\Delta x\to 0} \frac{\Delta y}{\Delta x} \tag{20.4}$$

und nennt ihn Differentialquotient.

Der Differentialquotient $\frac{dy}{dx}$ (gesprochen dy nach dx) hat zwar die Form eines Quotienten, ist aber kein Quotient, sondern nur der Grenzwert eines Quotienten $\frac{\Delta y}{\Delta x}$, bei dem Zähler und Nenner gegen null gehen. Er ist also ein unbestimmter Ausdruck $\frac{dy}{dx} = \frac{0}{0}$.

Weniger Möglichkeiten, den Differentialquotienten mit einem echten Quotienten zu verwechseln, bietet die Bezeichnung Ableitung der Funktion an der Stelle x_0 und die Schreibweise

$$\left(\frac{dy}{dx}\right)_{x=x_0} = f'(x_0). \tag{20.5}$$

Die Schreibweise als Differentialquotient hat aber auch einen entscheidenden Vorteil. Man kann nämlich, natürlich nur unter bestimmten Voraussetzungen, mit dem Differentialquotienten formal wie mit einem echten Quotienten rechnen. Das erleichtert das formale Differenzieren.

Es ist weiter zu beachten, daß der Differenzenquotient nur unter bestimmten Voraussetzungen überhaupt existiert und damit einen Sinn hat, nämlich wenn der Grenzübergang (20.4) möglich ist, wenn also der Differenzenquotient einen Grenzwert für $\Delta x \to 0$ hat.

Schon wenn eine Kurve einen Knick hat (Bild 20.4), existiert keine Tangente und damit kein Anstieg und kein Differentialquotient. Differenzierbarkeit ist also wie die Stetigkeit eine besondere Eigenschaft einer Funktion.

Wenn die im Bild 20.4 dargestellte Kurve an der Stelle x_0 auch keine eindeutige Tangente und damit keine Ableitung hat, so existieren hier doch wenigstens noch eine linksseitige Tangente T_l und ein linksseitiger Anstieg und eine linksseitige Ableitung sowie eine rechtsseitige Tangente T_r und ein rechtsseitiger Anstieg und eine rechtsseitige Ableitung. Bei einer unstetigen Funktion ist die Frage nach der Tangente bzw. der Ableitung völlig sinnlos.

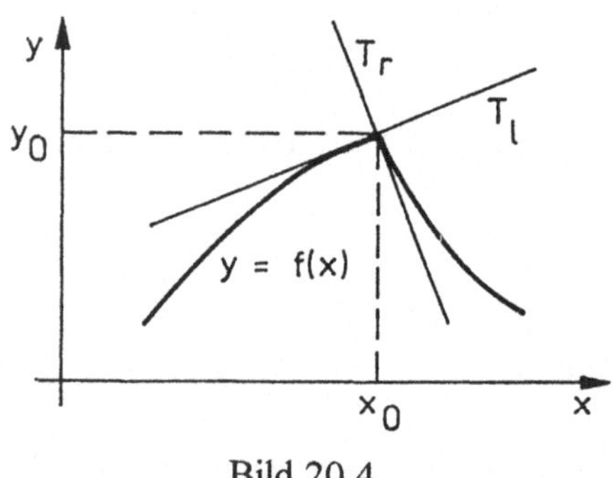

Bild 20.4

Die hier dargelegten Probleme sollen nun mathematisch exakt formuliert werden.

20.1.2 Der Differentialquotient

Definition 20.1:
Es sei $y = f(x)$ eine in einer Umgebung von x_0 und an der Stelle x_0 selbst definierte Funktion und x eine beliebige, von x_0 verschiedene Stelle dieser Umgebung (Bild 20.5).
Dann existiert der Differenzenquotient (Anstieg der Sekante)

$$\frac{\Delta y}{\Delta x} = \frac{y - y_0}{x - x_0} = \frac{f(x) - f(x_0)}{x - x_0} = \frac{f(x_0 + \Delta x) - f(x_0)}{\Delta x} = \frac{f(x_0 + h) - f(x_0)}{h}. \qquad (20.6)$$

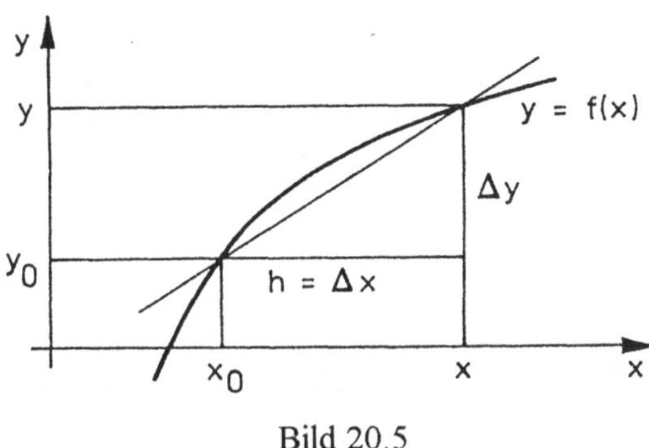

Bild 20.5

Hat nun dieser Differenzenquotient für $x \to x_0$ bzw. $\Delta x \to 0$ bzw. $h \to 0$ einen Grenzwert, so heißt die Funktion $y = f(x)$ an der Stelle $x = x_0$ differenzierbar und man schreibt

$$\left(\frac{dy}{dx}\right)_{x = x_0} = f'(x_0) = \lim_{\Delta x \to 0} \frac{\Delta y}{\Delta x} = \lim_{x \to x_0} \frac{f(x) - f(x_0)}{x - x_0} \tag{20.7}$$

$$= \lim_{\Delta x \to 0} \frac{f(x_0 + \Delta x) - f(x_0)}{\Delta x} = \lim_{h \to 0} \frac{f(x_0 + h) - f(x_0)}{h}.$$

Man nennt diesen Grenzwert

$$\left(\frac{dy}{dx}\right)_{x = x_0} = f'(x_0) \tag{20.8}$$

Differentialquotient oder Ableitung der Funktion $y = f(x)$ an der Stelle x_0.

Definition 20.2:
Ist eine Funktion $y = f(x)$ an der Stelle x_0 differenzierbar, dann nennt man die Gerade durch den Punkt (x_0, y_0) mit dem Anstieg $f'(x_0) = \tan \beta$,

$$\frac{y - y_0}{x - x_0} = f'(x_0) \quad \text{bzw.} \quad y = f'(x_0)\, x + y_0 - f'(x_0)\, x_0, \tag{20.9}$$

Tangente der durch $y = f(x)$ gegebenen Kurve im Punkt (x_0, y_0) (vgl. Bild 20.6).

Im folgenden sollen nun die Ableitungen einiger elementarer Funktionen berechnet werden.

Beispiel 20.1: Die Ableitung einer Konstanten: Es sei

$$y = f(x) = c = \text{konst.} \tag{20.10}$$

Dann gilt für jede Stelle x_0: $\frac{\Delta y}{\Delta x} = \frac{f(x) - f(x_0)}{x - x_0} = \frac{f(x_0 + h) - f(x_0)}{h} = \frac{c - c}{h} = 0,$

$$\left(\frac{dy}{dx}\right)_{x = x_0} = f'(x_0) = 0. \tag{20.11}$$

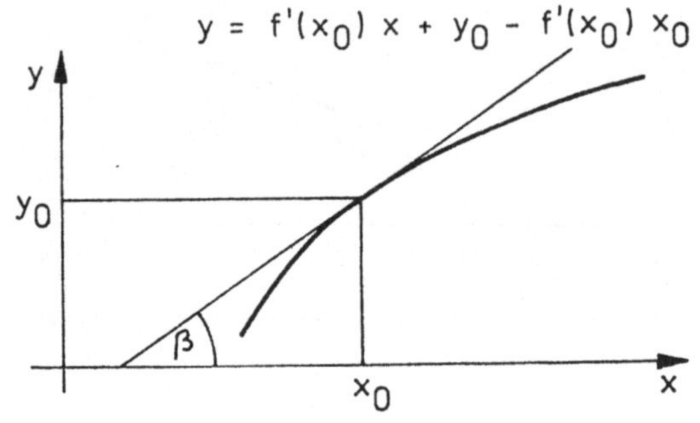

Bild 20.6

Beispiel 20.2: Die Ableitung einer Potenz mit natürlichem Exponenten: Es sei

$$y = f(x) = x^n, \quad n = 1, 2, 3, \; \ldots \tag{20.12}$$

Dann gilt an jeder Stelle x_0 wegen des Binomischen Satzes

$$\frac{\Delta y}{\Delta x} = \frac{f(x_0 + h) - f(x_0)}{h} = \frac{(x_0 + h)^n - x_0^n}{h}$$

$$= \frac{\binom{n}{0} x_0^n + \binom{n}{1} x_0^{n-1} h + \binom{n}{2} x_0^{n-2} h^2 + \; \ldots \; + \binom{n}{n} h^n - x_0^n}{h}$$

$$= \frac{1}{h}\left(x_0^n + n\, x_0^{n-1} h + \frac{n\,(n-1)}{2} x_0^{n-2} h^2 + \; \ldots \; + h^n - x_0^n\right)$$

$$= n\, x_0^{n-1} + \frac{n\,(n-1)}{2} x_0^{n-2} h + \; \ldots \; + h^{n-1} \to n\, x_0^{n-1} \text{ für } h \to 0.$$

Die Funktion $y = x^n$ ist an jeder Stelle x_0 differenzierbar mit der Ableitung

$$\left(\frac{dy}{dx}\right)_{x = x_0} = f'(x_0) = n\, x_0^{n-1}. \tag{20.13}$$

Beispiel 20.3: Die Ableitung der Logarithmusfunktion: Die Funktion

$$y = f(x) = \log_b x \tag{20.14}$$

ist nur für $x > 0$ definiert. An jeder Stelle $x_0 > 0$ gilt

$$\frac{\Delta y}{\Delta x} = \frac{f(x_0 + h) - f(x_0)}{h} = \frac{\log_b (x_0 + h) - \log_b x_0}{h}$$

$$= \frac{1}{h} \log_b \frac{x_0 + h}{x_0} = \log_b \left(1 + \frac{h}{x_0}\right)^{\frac{1}{h}}.$$

Es gilt aber wegen (19.6)

$$\left(1+\frac{h}{x_0}\right)^{\frac{1}{h}} = \left(\left(1+\frac{h}{x_0}\right)^{\frac{x_0}{h}}\right)^{\frac{1}{x_0}} \to e^{\frac{1}{x_0}}$$

und daher

$$\left(\frac{dy}{dx}\right)_{x=x_0} = f'(x_0) = \lim_{h\to 0} \log_b \left(1+\frac{h}{x_0}\right)^{\frac{1}{h}} = \log_b e^{\frac{1}{x_0}} = \frac{1}{x_0} \log_b e. \tag{20.15}$$

Die Logarithmusfunktion ist also in ihrem gesamten Definitionsbereich differenzierbar mit der in (20.15) angegebenen Ableitung. Es gilt insbesondere

$$\left(\frac{d\,(\ln x)}{dx}\right)_{x=x_0} = \frac{1}{x_0}. \tag{20.16}$$

Beispiel 20.4: Die Ableitung der Sinusfunktion: Die Sinusfunktion

$$y = f(x) = \sin x \tag{20.17}$$

ist für alle x definiert. Wählt man x_0 beliebig, so gilt (vgl. Abschnitt 4.5)

$$\frac{\Delta y}{\Delta x} = \frac{f(x_0+h) - f(x_0)}{h} = \frac{\sin(x_0+h) - \sin x_0}{h}$$

$$= \frac{2}{h} \cos\frac{2x_0+h}{2} * \sin\frac{h}{2} = \cos\left(x_0+\frac{h}{2}\right) * \frac{\sin\frac{h}{2}}{\frac{h}{2}}.$$

Es ist aber unter Berücksichtigung von (19.7)

$$\lim_{h\to 0}\left(\cos\left(x_0+\frac{h}{2}\right) * \frac{\sin\frac{h}{2}}{\frac{h}{2}}\right) = \cos x_0. \tag{20.18}$$

Die Sinusfunktion ist also überall differenzierbar mit der Ableitung

$$\left(\frac{d \sin x}{dx}\right)_{x=x_0} = f'(x_0) = \cos x_0, \text{ (x im Bogenmaß).} \tag{20.19}$$

Ebenso kann man zeigen, daß die Kosinusfunktion überall differenzierbar ist mit der Ableitung

$$\left(\frac{d \cos x}{dx}\right)_{x=x_0} = f'(x_0) = -\sin x_0, \text{ (x im Bogenmaß).} \tag{20.20}$$

Beispiel 20.5: Es soll die Gleichung der Tangente an die Kurve $y = x^3$ an der Stelle $x_0 = 1$, also im Punkt $(x_0, y_0) = (1, 1)$ ermittelt werden.

Es gilt nach (20.13)

$$f'(x_0) = f'(1) = 3\,x_0^2 = 3 * 1^2 = 3$$

und daher nach (20.9) für die Gleichung der Tangente

$$y = 3x + 1 - 3 * 1,$$
$$y = 3x - 2.$$

Es wurde bereits im Abschnitt 20.1.1 anschaulich dargelegt, daß die Frage nach der Ableitung an einer Unstetigkeitsstelle x_0 sinnlos ist. Das soll hier bewiesen werden. Es ist klar, daß nicht jede stetige Funktion differenzierbar zu sein braucht (z. B. wenn sie eine Ecke hat). Es bedarf aber eines Beweises, daß nur stetige Funktionen differenzierbar sein können, d. h., daß jede differenzierbare Funktion wenigstens stetig sein muß und damit die Differenzierbarkeit die Stetigkeit einschließt.

Satz 20.1:
Ist eine Funktion $y = f(x)$ an der Stelle x_0 differenzierbar, so ist sie dort auch stetig.

Beweis:
Aus der Differenzierbarkeit folgt nach Definition 20.1, daß

$$\lim_{x \to x_0} \frac{f(x) - f(x_0)}{x - x_0} = f'(x_0)$$

existiert. Der Grenzwert kann aber nur existieren, wenn für $x \to x_0$ mit dem Nenner auch der Zähler $f(x) - f(x_0) \to 0$ geht (sonst läge der bestimmte Ausdruck $\frac{a}{0} = \infty$ vor).
Es gilt also

$$f(x) \to f(x_0) \quad \text{für} \quad x \to x_0.$$

Das ist aber die Definition der Stetigkeit (Definition 19.2).

Die Differenzierbarkeit und die Ableitung einer Funktion $y = f(x)$ ist durch die Definition 20.1 zunächst nur lokal an einer Stelle $x = x_0$ definiert. Ebenso wie bei der Stetigkeit im Abschnitt 19.3 kann man auch den Begriff der Differenzierbarkeit und der Ableitung auf ein offenes oder abgeschlossenes Intervall ausdehnen.

Definition 20.3:
Eine Funktion $y = f(x)$ heißt im offenen Intervall (a, b) differenzierbar mit der Ableitung

$$\frac{dy}{dx} = \frac{df(x)}{dx} = f'(x), \quad a < x < b, \tag{20.21}$$

wenn sie an jeder Stelle $x = x_0 \in (a, b)$ differenzierbar ist mit der Ableitung $f'(x_0)$.

Beispiel 20.6: Die Potenzfunktion $y = x^n$, $n = 1, 2, 3, \ldots$, ist überall differenzierbar mit der Ableitung

$$\frac{dy}{dx} = \frac{dx^n}{dx} = n\, x^{n-1}. \tag{20.22}$$

Die Sinusfunktion $y = \sin x$ und die Kosinusfunktion $y = \cos x$ sind überall differenzierbar mit den Ableitungen

$$\frac{dy}{dx} = \frac{d\sin x}{dx} = \cos x, \quad \frac{dy}{dx} = \frac{d\cos x}{dx} = -\sin x. \tag{20.23}$$

Die Ableitung einer in einem offenen Intervall differenzierbaren Funktion $y = f(x)$ ist also selbst wieder eine Funktion $y = f'(x)$, bei der man die Frage nach der Stetigkeit und Differenzierbarkeit stellen kann.

Definition 20.4:
Eine in einer Umgebung von $x = x_0$ differenzierbare Funktion $y = f(x)$ heißt bei $x = x_0$ zweimal differenzierbar, wenn ihre Ableitung $y' = f'(x)$ dort differenzierbar ist. Man nennt diese Ableitung von $f'(x)$ dann die zweite Ableitung der Funktion $y = f(x)$ und schreibt

$$\left(\frac{d^2y}{dx^2}\right)_{x=x_0} = f''(x_0) = \left(\frac{df'(x)}{dx}\right)_{x=x_0}. \tag{20.24}$$

Eine im offenen Intervall differenzierbare Funktion $y = f(x)$ heißt dort zweimal differenzierbar, wenn ihre Ableitung $y' = f'(x)$ in diesem Intervall differenzierbar ist. Man schreibt dann

$$\frac{d^2y}{dx^2} = f''(x) = \frac{df'(x)}{dx}. \tag{20.25}$$

Beispiel 20.7: Die Funktionen $y = c$, $y = x^n$, $y = \sin x$ und $y = \cos x$ sind überall zweimal differenzierbar mit den Ableitungen

$$\frac{d^2c}{dx^2} = 0, \quad \frac{d^2x^n}{dx^2} = n\,(n-1)\, x^{n-2}, \quad n \geq 2, \tag{20.26}$$

$$\frac{d^2\sin x}{dx^2} = -\sin x, \quad \frac{d^2\cos x}{dx^2} = -\cos x.$$

Die in Definition 20.4 erklärten Begriffe können in einfacher Weise auch auf beliebige höhere Ableitungen (n-te Ableitung) ausgedehnt werden. So nennt man eine Funktion $y = f(x)$ n-mal differenzierbar, wenn die n-te Ableitung

$$\frac{d^ny}{dx^n} = \frac{d^nf(x)}{dx^n} = f^{(n)}(x) = \frac{df^{(n-1)}(x)}{dx} \tag{20.27}$$

existiert.

20.2 Differentiationsregeln

Wenn man die Ableitung gewisser Funktionen $y = f_1(x)$, $y = f_2(x)$, . . . kennt, so erhebt sich die Frage, was man über die Differenzierbarkeit und die Ableitungen von daraus durch Multiplikation mit einer Konstanten, $y = c * f_1(x)$, durch Addition,

$y = f_1(x) + f_2(x)$, durch Multiplikation, $y = f_1(x) * f_2(x)$, und durch Division, $y = \frac{f_1(x)}{f_2(x)}$, zusammengesetzter Funktionen aussagen kann. Aber auch für die mittelbar gegebene Funktion $y = f_1(f_2(x))$ und die Umkehrfunktion $y = f_1^{-1}(x)$ können diese Fragen gestellt werden. Diese Untersuchungen führen auf die sogenannten Differentiationsregeln.

Satz 20.2: Multiplikation mit einer Konstanten c
Ist die Funktion $y = f(x)$ differenzierbar, so ist es auch $y = c * f(x)$, und es gilt

$$(c * f(x))' = c * f'(x). \tag{20.28}$$

Bemerkung:

Die Aussage des Satzes 20.2 kann sich sowohl auf eine feste Stelle $x = x_0$ als auch auf ein offenes oder abgeschlossenes Intervall beziehen. So sind auch die folgenden Sätze zu verstehen.

Beweis:

$$(c * f(x))' = \lim_{h \to 0} \frac{c * f(x+h) - c * f(x)}{h} = c * \lim_{h \to 0} \frac{f(x+h) - f(x)}{h} = c * f'(x).$$

Satz 20.3: Summenregel
Sind $y_1 = f_1(x)$ und $y_2 = f_2(x)$ differenzierbar, so ist es auch die Summe $y = f_1(x) + f_2(x)$ sowie die Differenz $y = f_1(x) - f_2(x)$, und es gilt

$$(f_1(x) + f_2(x))' = f_1'(x) + f_2'(x), \tag{20.29}$$

$$(f_1(x) - f_2(x))' = f_1'(x) - f_2'(x). \tag{20.30}$$

Der Beweis ist so einfach, daß er als Übung geführt werden kann.

Beispiel 20.8: Es kann nun auch die Ableitung eines Polynoms

$$y = a_n x^n + a_{n-1} x^{n-1} + \ldots + a_1 x + a_0 \tag{20.31}$$

angegeben werden:

$$y' = f'(x) = n a_n x^{n-1} + (n-1) a_{n-1} x^{n-2} + \ldots + 2a_2 x + a_1. \tag{20.32}$$

So ist $(2x^3 - 4x^2 + 2x)' = 6x^2 - 8x + 2$.
Ferner gilt $(\sin x + \cos x)' = \cos x - \sin x$.

Satz 20.4: Produktregel
Sind $y_1 = f_1(x)$ und $y_2 = f_2(x)$ differenzierbar, so ist es auch das Produkt $y = f_1(x) * f_2(x)$, und es gilt

$$(f_1(x) * f_2(x))' = f_1'(x) * f_2(x) + f_1(x) * f_2'(x). \tag{20.33}$$

Beweis:

$f_1(x+h) * f_2(x+h) - f_1(x) * f_2(x)$

$$= [f_1(x+h)\, f_2(x+h) - f_1(x)\, f_2(x+h)] + [f_1(x)\, f_2(x+h) - f_1(x)\, f_2(x)],$$
$$= f_2(x+h)\,[f_1(x+h) - f_1(x)] + f_1(x)\,[f_2(x+h) - f_2(x)]$$

Dividiert man durch h und läßt $h \to 0$ gehen, so folgt unmittelbar (20.33).

Beispiel 20.9:

$$(\sin x * \cos x)' = \cos x * \cos x + \sin x * (-\sin x) = \cos^2 x - \sin^2 x,$$
$$(x * \sin x)' = 1 * \sin x + x * \cos x = \sin x + x * \cos x,$$
$$(x^2 * \ln x)' = 2x * \ln x + x^2 * \frac{1}{x} = x\,(2 \ln x + 1), \quad x > 0.$$

Satz 20.5: Quotientenregel

Sind $y_1 = f_1(x)$ und $y_2 = f_2(x) \neq 0$ differenzierbar, so ist es auch der Quotient $y = \frac{f_1(x)}{f_2(x)}$, und es gilt

$$\left(\frac{f_1(x)}{f_2(x)}\right)' = \frac{f_1'(x) * f_2(x) - f_1(x) * f_2'(x)}{(f_2(x))^2}. \qquad (20.34)$$

Auf den Beweis wird verzichtet.

Beispiel 20.10: Für die Ableitung von $y = \tan x$ erhält man

$$(\tan x)' = \left(\frac{\sin x}{\cos x}\right)' = \frac{\cos x * \cos x - \sin x * (-\sin x)}{(\cos x)^2} = \frac{\cos^2 x + \sin^2 x}{\cos^2 x}$$
$$= \frac{1}{\cos^2 x} = 1 + \tan^2 x, \quad x \neq (2k+1) * \frac{\pi}{2}. \qquad (20.35)$$

Nunmehr soll die Differenzierbarkeit einer mittelbaren Funktion $y = f(g(x))$ an einer Stelle $x = x_0$ untersucht werden. Dazu wird vorausgesetzt:

1. Die innere Funktion $z = g(x)$ ist bei $x = x_0$ differenzierbar. Dann muß sie in einer gewissen Umgebung von x_0 definiert und dort stetig sein (Satz 20.1).
   Es gilt also
   $g(x_0 + h) \to g(x_0)$ für $h \to 0$ bzw.
   $g(x_0 + h) = g(x_0) + k$ und $k \to 0$ für $h \to 0$.
2. Die äußere Funktion $y = f(z)$ ist bei $z = z_0 = g(x_0)$ differenzierbar.

Der Differenzenquotient von $y = f(g(x))$ kann nun in folgender Weise angegeben und umgeformt werden:

$$\frac{\Delta y}{\Delta x} = \frac{f(g(x_0+h)) - f(g(x_0))}{h} = \frac{f(g(x_0+h)) - f(g(x_0))}{g(x_0+h) - g(x_0)} * \frac{g(x_0+h) - g(x_0)}{h}$$
$$= \frac{f(z_0+k) - f(z_0)}{k} * \frac{g(x_0+h) - g(x_0)}{h}.$$

Läßt man nun $h \to 0$ gehen (dann geht auch $k \to 0$), so geht diese Beziehung über in den Differentialquotienten:

$$\left(\frac{dy}{dx}\right)_{x=x_0} = \left(\frac{df(g(x))}{dx}\right)_{x=x_0} = \left(\frac{df(z)}{dz}\right)_{z=z_0=g(x_0)} * \left(\frac{dg(x)}{dx}\right)_{x=x_0} \qquad (20.36)$$

Schreibt man für die fixierte Stelle $x = x_0$ wieder einfach x, so kann man der Formel (20.36) auch die folgende Kurzform geben:

Für $y = f(z),\ z = g(x)$ gilt

$$\frac{dy}{dx} = \frac{dy}{dz} * \frac{dz}{dx}. \qquad (20.37)$$

Dabei hat man zu beachten, daß $\frac{dy}{dz}$ an der Stelle $z = g(x)$ zu bilden ist.

Die Formel (20.37), die auch Kettenregel genannt wird, und die natürlich nur unter den o. a. Voraussetzungen gültig ist, läßt sich leicht merken, weil die rechte Seite formal aus der linken durch Erweiterung mit dz hervorgeht.

Satz 20.6: Kettenregel
Ist die Funktion $z = g(x)$ bei x und die Funktion $y = f(z)$ bei $z = g(x)$ differenzierbar, so ist auch die mittelbar gegebene Funktion

$$y = f(z) = f(g(x)) \qquad (20.38)$$

bei x differenzierbar, und es gilt

$$\frac{dy}{dx} = \frac{dy}{dz} * \frac{dz}{dx}. \qquad (20.39)$$

Dabei ist $\frac{dy}{dz} = \frac{df(z)}{dz}$ bei $z = g(x)$ zu bilden.

Beispiel 20.11: Die Funktion $y = \sin x^2$ ist eine mittelbar gegebene Funktion,

$$y = \sin z,\ z = x^2,$$

wobei beide Funktionen überall differenzierbar sind. Daher gilt überall

$$\frac{d\sin x^2}{dx} = \frac{d\sin z}{dz} * \frac{dx^2}{dx} = \cos z * 2x = 2x * \cos x^2.$$

Beispiel 20.12: Die Funktion $y = \sin^2 x$ ist mittelbar durch

$$y = z^2,\ z = \sin x$$

gegeben, wobei wiederum beide Funktionen überall differenzierbar sind. Es gilt also überall

$$\frac{d\sin^2 x}{dx} = \frac{dz^2}{dz} * \frac{d\sin x}{dx} = 2z * \cos x = 2 \sin x * \cos x = \sin 2x.$$

Es soll nun die Differenzierbarkeit der Umkehrfunktion untersucht werden. Dazu wird vorausgesetzt: Es sei

$$y = f(x)$$

bei $x = x_0$ differenzierbar mit $f'(x_0) \neq 0$ und in einer Umgebung von x_0 streng monoton wachsend $(f'(x_0) > 0)$ oder fallend $(f'(x_0) < 0)$ und daher umkehrbar,

$$x = f^{-1}(y).$$

Dann erhält man für den Differenzenquotienten der Umkehrfunktion

$$\frac{\Delta x}{\Delta y} = \frac{f^{-1}(y) - f^{-1}(y_0)}{y - y_0} = \frac{x - x_0}{f(x) - f(x_0)} = \frac{1}{\frac{f(x) - f(x_0)}{x - x_0}} = \frac{1}{\frac{\Delta y}{\Delta x}}.$$

Für $x \to x_0$ geht wegen der Stetigkeit von f(x) auch $y \to y_0$, und es gilt

$$\left(\frac{dx}{dy}\right)_{y=y_0=f(x_0)} = \left(\frac{df^{-1}(y)}{dy}\right)_{y=y_0=f(x_0)} = \frac{1}{\left(\frac{dy}{dx}\right)_{x=x_0}} = \frac{1}{\left(\frac{df(x)}{dx}\right)_{x=x_0}}. \tag{20.40}$$

Schreibt man für die fixierte Stelle $x = x_0$ wieder einfach x, so kann man für (20.40) folgende Kurzform angeben: Für

$y = f(x),\ x = f^{-1}(y)$ gilt

$$\frac{dx}{dy} = \frac{1}{\frac{dy}{dx}}. \tag{20.41}$$

Unter den o. a. Voraussetzungen kann also wiederum mit dem Differentialquotienten wie mit einem eigentlichen Quotienten gerechnet werden.

Satz 20.7: Ableitung der Umkehrfunktion
Es sei $y = f(x)$ in der Umgebung einer Stelle x umkehrbar mit $x = f^{-1}(y)$ und dort differenzierbar mit $f'(x) \neq 0$, so ist auch die Umkehrfunktion bei $y = f(x)$ differenzierbar, und es gilt

$$\frac{dx}{dy} = \frac{1}{\frac{dy}{dx}}. \tag{20.42}$$

Beispiel 20.13: Für die Funktion $y = f(x) = x^n$, $n = 1, 2, 3, \ldots$, existiert, wenn man $x \geq 0$ wählt, die Umkehrfunktion

$$x = \sqrt[n]{y} = y^{\frac{1}{n}},\quad y \geq 0.$$

Es gilt

$$\frac{dy}{dx} = f'(x) = n * x^{n-1} > 0 \quad \text{für } x > 0.$$

Daher existiert die Ableitung der Umkehrfunktion für $y > 0$ und hat nach (20.42) den

Wert

$$\frac{dx}{dy}=\frac{d\sqrt[n]{y}}{dy}=\frac{dy^{\frac{1}{n}}}{dy}=\frac{1}{\frac{dy}{dx}}=\frac{1}{n*x^{n-1}}=\frac{1}{n}*x^{1-n}=\frac{1}{n}*y^{\frac{1-n}{n}}=\frac{1}{n}*y^{\frac{1}{n}-1}.$$

Vertauscht man x und y, so erhält man

$$\frac{dx^{\frac{1}{n}}}{dx}=\frac{1}{n}*x^{\frac{1}{n}-1}. \qquad (20.43)$$

Beispiel 20.14: Die Funktion $y = x^{\frac{m}{n}}$ mit ganzem m und positivem ganzen n, also mit beliebigem rationalen Exponenten, kann mit Hilfe von (20.43) und der Kettenregel (20.39) differenziert werden.
Für $x > 0$ gilt

$$y = x^{\frac{m}{n}} = z^m,\quad z = x^{\frac{1}{n}},$$

und es gilt

$$\frac{dy}{dx}=\frac{dy}{dz}*\frac{dz}{dx}=m*z^{m-1}*\frac{1}{n}*x^{\frac{1}{n}-1}=\frac{m}{n}*x^{\frac{m-1}{n}}*x^{\frac{1-n}{n}}=\frac{m}{n}*x^{\frac{m-n}{n}},\text{ also}$$

$$\frac{dx^{\frac{m}{n}}}{dx}=\frac{m}{n}*x^{\frac{m}{n}-1},\quad x>0. \qquad (20.44)$$

Damit ist (20.22) auf rationale Exponenten ausgedehnt.

Beispiel 20.15: Die Logarithmusfunktion $y = \log_b x$ ist für $x > 0$ streng monoton und umkehrbar sowie differenzierbar. Daher ist nach Satz 20.7 auch die Umkehrfunktion (Exponentialfunktion) $x = b^y$ differenzierbar. Es gilt nach (20.15)

$$\frac{dx}{dy}=\frac{1}{\frac{dy}{dx}}=\frac{1}{\frac{\log_b e}{x}}=\frac{x}{\log_b e}=\frac{b^y}{\log_b e}$$

und nach Vertauschen von x und y

$$\frac{db^x}{dx}=\frac{1}{\log_b e}b^x,\quad b>0,\ b\neq 1,\ x>0, \qquad (20.45)$$

und speziell

$$\frac{de^x}{dx}=e^x,\quad x>0. \qquad (20.46)$$

Beispiel 20.16: Die allgemeine Potenzfunktion $y = x^a$, $x > 0$, kann wegen

$$y = x^a = (e^{\ln x})^a = e^{a*\ln x} = e^z, \quad z = a * \ln x,$$

mit (20.46) und der Kettenregel (20.39) differenziert werden:

$$\frac{dy}{dx} = \frac{dy}{dz} * \frac{dz}{dx} = e^z * \frac{a}{x} = x^a * \frac{a}{x},$$

also

$$\frac{dx^a}{dx} = a * x^{a-1}, \quad x > 0. \tag{20.47}$$

Die Formel (20.22) ist demnach auf beliebige reelle Exponenten für $x > 0$ ausgedehnt.

Beispiel 20.17: Die Sinusfunktion $y = \sin x$ ist für $-\frac{\pi}{2} \le x \le \frac{\pi}{2}$ umkehrbar und hat nach (20.23) für $-\frac{\pi}{2} < x < \frac{\pi}{2}$ die nichtverschwindende Ableitung $\frac{dy}{dx} = \cos x$. Daher gilt nach (20.42) für die Umkehrfunktion (vgl. Abschnitt 15)

$$x = \arcsin y, \quad -1 < y < 1,$$

$$\frac{dx}{dy} = \frac{1}{\frac{dy}{dx}} = \frac{1}{\cos x} = \frac{1}{\sqrt{1 - \sin^2 x}} = \frac{1}{\sqrt{1 - y^2}},$$

also nach Vertauschen von x und y

$$\frac{d \arcsin x}{dx} = \frac{1}{\sqrt{1 - x^2}}, \quad -1 < x < 1. \tag{20.48}$$

In ähnlicher Weise erhält man die Ableitungen der Arkusfunktionen für $\arccos x$, $\arctan x$ und $\operatorname{arccot} x$.

20.3 Die Ableitungen der elementaren Funktionen

Zunächst werden die Differentiationsregeln der Sätze 20.2 bis 20.7 nochmals als formale Regeln zusammengestellt, ohne die Voraussetzungen anzugeben. Natürlich hat man bei ihrer Anwendung diese Voraussetzungen streng zu beachten. Dabei werden die Funktionen f(x) und g(x) mit f und g abgekürzt.

Tabelle 20.1 Differentiationsregeln

Nr.	Name der Regel	Formel
1	Multiplikation mit einer Konstanten	$(cf)' = c * f'$
2	Summenregel	$(f \pm g)' = f' \pm g'$
3	Produktregel	$(f * g)' = f' * g + f * g'$

4	Quotientenregel	$\left(\frac{f}{g}\right)' = \frac{f' * g - f * g'}{g^2}$
5	Kettenregel	$y = f(z),\ z = g(x),$ $\frac{dy}{dx} = \frac{dy}{dz} * \frac{dz}{dx}$
6	Differentiation der Umkehrfunktion	$y = f(x),\ x = f^{-1}(y),$ $\frac{dx}{dy} = \frac{1}{\frac{dy}{dx}}$

Die Tabelle 20.2 enthält nachfolgend die Ableitungen der elementaren Funktionen. Dabei dient die erste Spalte der Numerierung, in der zweiten Spalte sind die Ausgangsfunktionen f(x) angegeben, deren Ableitungen f '(x) die dritte Spalte enthält. Die vierte Spalte enthält die Voraussetzungen an die auftretenden Parameter und die Variable x. Falls über Parameter oder die Variable keine Voraussetzungen angegeben sind, so können jene beliebig gewählt werden.

Tabelle 20.2 Ableitungen der elementaren Funktionen

Nr.	f(x)	f '(x)	Voraussetzungen
1	$c = \text{konst.}$	0	-
2	x^n	$n * x^{n-1}$	$n = 1, 2, 3, \ldots$
3	x^n	$n * x^{n-1}$	n ganz, $x \neq 0$
4	x^r	$r * x^{r-1}$	r rational, $x > 0$
5	$\sqrt[n]{x} = x^{\frac{1}{n}}$	$\frac{1}{n} * x^{\frac{1}{n}-1} = \frac{1}{nx}\sqrt[n]{x}$	$n = 1, 2, 3, \ldots, x > 0$
6	x^a	$a * x^{a-1}$	$x > 0$, a reell
7	a^x	$a^x \ln a = \frac{a^x}{\log_a e}$	$a > 0,\ a \neq 1$
8	e^x	e^x	-
9	$\log_a x$	$\frac{1}{x}\log_a e = \frac{1}{x \ln a}$	$a > 0,\ a \neq 1,\ x > 0$
10	$\ln x$	$\frac{1}{x}$	$x > 0$
11	$\sin x$	$\cos x$	-
12	$\cos x$	$-\sin x$	-

13	tan x	$\frac{1}{\cos^2 x} = 1 + \tan^2 x$	$x \neq (2k+1)\frac{\pi}{2}$, k ganz
14	cot x	$-\frac{1}{\sin^2 x} = -(1 + \cot^2 x)$	$x \neq k\pi$, k ganz
15	arcsin x	$\frac{1}{\sqrt{1 - x^2}}$	$\lvert x\rvert < 1$
16	arccos x	$-\frac{1}{\sqrt{1 - x^2}}$	$\lvert x\rvert < 1$
17	arctan x	$\frac{1}{1 + x^2}$	-
18	arccot x	$-\frac{1}{1 + x^2}$	-

Mit Hilfe der Ableitungen der elementaren Funktionen in Tabelle 20.2 und der Differentiationsregeln in Tabelle 20.1 können, zumindest formal, die Ableitungen beliebiger analytischer Ausdrücke in analytischer Form gewonnen werden. Allerdings hat man dabei jeweils die Voraussetzungen zu beachten.

Beispiel 20.18: Die Summenregel kann mit Hilfe der Regel für die Multiplikation mit einer Konstanten gemischt und auf mehr als zwei Summanden angewandt werden. Die Funktion

$$y = f(x) = 3 \sin x + 4 e^x - 7 \tan x - 6 \sqrt{x^3}$$
$$= 3 \sin x + 4 e^x - 7 \tan x - 6 x^{\frac{3}{2}}$$

ist wegen $\tan x$ nur für $x \neq (2k+1)\frac{\pi}{2}$ und wegen $\sqrt{x^3}$ nur für $x > 0$ differenzierbar. Unter diesen Einschränkungen gilt:

$$\frac{dy}{dx} = f'(x) = 3 \cos x + 4 e^x - 7 - 7 \tan^2 x - 6 * \frac{3}{2} * x^{\frac{3}{2}-1}$$
$$= 3 \cos x + 4 e^x - 7 - 7 \tan^2 x - 9 \sqrt{x}.$$

Während die elementaren Funktionen und alle aus ihnen gebildeten analytischen Ausdrücke überall stetig waren, wo sie definiert waren, sind nach Tabelle 20.2 schon die elementaren Funktionen nur im Inneren ihres Definitionsbereiches differenzierbar. Daran ändert sich auch nichts, wenn man auf die elementaren Funktionen die vier Grundrechenoperationen anwendet.

Es gilt also Satz 20.8.

Satz 20.8:
Die aus den elementaren Funktionen mit den vier Grundrechenarten gebildeten analytischen Ausdrücke sind im Inneren ihres Definitionsbereiches differenzierbar.

Bildet man jedoch mittelbare Funktionen, so muß diese Aussage noch weiter eingeschränkt werden.

Beispiel 20.19: Die Funktion

$$y = \sqrt{(x-1)^2\,(x+1)} = (x^3 - x^2 - x + 1)^{\frac{1}{2}}$$

ist für $(x-1)^2\,(x+1) \geq 0$, also $x + 1 \geq 0$ bzw. für $x \geq -1$ definiert und dort auch stetig (am Rand $x = -1$ natürlich nur rechtsseitig). Sie ist also insbesondere auch für $x = 1$ stetig (vgl. Bild 20.7).

Das Innere des Definitionsbereiches ist $x > -1$, dort ist die Funktion im eigentlichen Sinne stetig. Nun ist die vorliegende Funktion aber mittelbar gegeben,

$$y = f(z) = \sqrt{z} = z^{\frac{1}{2}},$$

$$z = g(x) = (x-1)^2\,(x+1) = x^3 - x^2 - x + 1.$$

Die Funktion $z = g(x)$ ist für alle x differenzierbar, die Funktion $y = f(z) = \sqrt{z}$ nur für $z > 0$. Daher gilt die Kettenregel nur für $z > 0$, also für $x > -1$, $x \neq 1$. Dort gilt

$$\frac{dy}{dx} = \frac{dy}{dz} * \frac{dz}{dx} = \frac{1}{2} z^{-\frac{1}{2}} * (3x^2 - 2x - 1) = \frac{3x^2 - 2x - 1}{2\sqrt{(x-1)^2\,(x+1)}}.$$

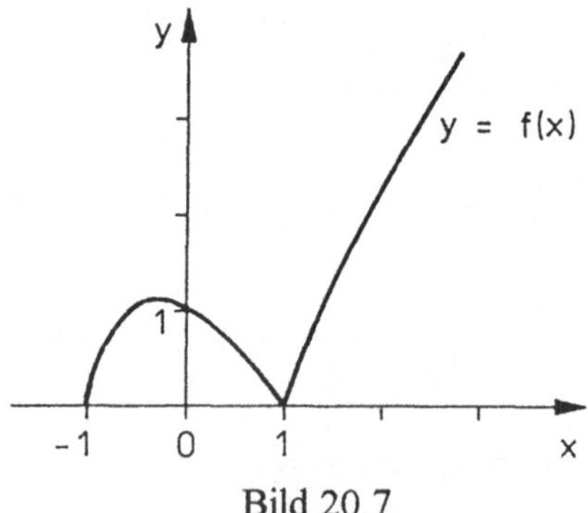

Bild 20.7

Die Differenzierbarkeit einer mittelbar gegebenen Funktion ist also nur gesichert im Durchschnitt des Inneren des Definitionsbereiches der inneren Funktion mit dem Inneren des Definitionsbereiches der äußeren Funktion. Bezeichnet man diesen Durchschnitt als eingeschränktes Inneres des Definitionsbereiches, so gilt der Satz 20.9.

Satz 20.9:
Jeder analytische Ausdruck ist im eingeschränkten Inneren seines Definitionsbereiches differenzierbar.

Beispiel 20.20: Die Kettenregel ist auch anwendbar, wenn bei einer mittelbaren Funktion die innere Funktion selbst eine mittelbare Funktion ist. So gilt (unter den entsprechenden Voraussetzungen) für

$$y = f(z), \quad z = g(u), \quad u = h(x), \tag{20.49}$$

also für

$$y = f(g(h(x))) \tag{20.50}$$

die Kettenregel

$$\frac{dy}{dx} = \frac{dy}{dz} * \frac{dz}{du} * \frac{du}{dx}. \tag{20.51}$$

Die Funktion

$$y = \arcsin \sqrt{1 - x^2} \tag{20.52}$$

ist eine solche Funktion. Es gilt hier

$$y = f(z) = \arcsin z, \quad z = g(u) = u^{\frac{1}{2}}, \quad u = h(x) = 1 - x^2.$$

Hier ist h(x) überall differenzierbar, g(u) nur für $u > 0$, also für $1 - x^2 > 0$ bzw. für $x^2 < 1$ bzw. für $|x| < 1$, und f(z) für $|z| < 1$, also für $\sqrt{1 - x^2} < 1$, also für $1 - x^2 < 1$, d. h. für $x^2 > 0$, also für $|x| > 0$.

Die Differenzierbarkeit ist also nur gesichert für

$$0 < |x| < 1 \text{ bzw. } -1 < x < 0 \text{ und } 0 < x < 1 \text{ bzw. } |x| < 1, x \neq 0. \tag{20.53}$$

Das Innere des Definitionsbereiches ist $|x| < 1$. Das eingeschränkte Innere des Definitionsbereiches ist (20.53). Die Funktion (20.52) ist also nur dort differenzierbar und ergibt nach (20.51)

$$\begin{aligned}
\frac{d \arcsin \sqrt{1 - x^2}}{dx} &= \frac{d \arcsin z}{dz} * \frac{du^{\frac{1}{2}}}{du} * \frac{d\,(1 - x^2)}{dx} \\
&= \frac{1}{\sqrt{1 - z^2}} * \frac{1}{2} u^{-\frac{1}{2}} * (-2\,x) \\
&= \frac{1}{\sqrt{1 - (1 - x^2)}} * \frac{1}{2\sqrt{1 - x^2}} * (-2\,x) \\
&= -\frac{x}{\sqrt{x^2}\sqrt{1 - x^2}} = -\frac{x}{|x|\sqrt{1 - x^2}}
\end{aligned}$$

$$= \begin{cases} -\dfrac{1}{\sqrt{1-x^2}} & \text{für } 0 < x < 1, \\ +\dfrac{1}{\sqrt{1-x^2}} & \text{für } -1 < x < 0. \end{cases}$$

Es soll nun noch eine weitere Differentiationsregel angegeben werden, die allerdings in den Regeln der Tabelle 20.1 nur indirekt enthalten ist. Es handelt sich um die Differentiation einer Funktion der Gestalt

$$y = f(x)^{g(x)}. \tag{20.54}$$

Sie kann wegen

$$y = e^{\ln f(x)^{g(x)}} = e^{g(x) \ln f(x)}$$

nach der Kettenregel behandelt werden,

$$y = e^z, \quad z = g(x) \ln f(x).$$

Dabei wird die Ableitung von

$$u = \ln f(x) = \ln v, \quad v = f(x)$$

ebenfalls nach der Kettenregel ermittelt. Es gilt

$$u' = \frac{du}{dx} = \frac{du}{dv} * \frac{dv}{dx} = \frac{1}{v} * f'(x) = \frac{f'(x)}{f(x)}$$

und

$$\frac{dy}{dx} = \frac{dy}{dz} * \frac{dz}{dx} = e^z * (g'(x) \ln f(x) + g(x)\, u')$$

$$= f(x)^{g(x)} \left(g'(x) \ln f(x) + \frac{g(x)\, f'(x)}{f(x)} \right). \tag{20.55}$$

Unter Beachtung der Voraussetzung für die Anwendbarkeit der Kettenregel erhält man den Satz 20.10

Satz 20.10:
Sind f(x) und g(x) differenzierbar und ist $f(x) > 0$, dann ist auch

$$y = f(x)^{g(x)} \tag{20.56}$$

differenzierbar mit der Ableitung

$$\frac{dy}{dx} = f(x)^{g(x)} \left(g'(x) \ln f(x) + \frac{g(x)\, f'(x)}{f(x)} \right). \tag{20.57}$$

Beispiel 20.21: Die Funktion $y = x^x$ ist für $x > 0$ differenzierbar. Es ist hier in 20.57

$$f = x, \quad g = x$$

zu setzen und damit

$$f' = 1, \quad g' = 1.$$

Daher gilt für $x > 0$

$$\frac{dx^x}{dx} = x^x (\ln x + 1).$$

Beispiel 20.22: Bei der Differentiation von

$$y = (x^2 - 1)^{\ln x}$$

muß wegen $g = \ln x$ gefordert werden $x > 0$ und wegen $f = (x^2 - 1) > 0$ muß gelten $x^2 > 1$ bzw. $|x| > 1$. Also kann die Formel (20.57) für $x > 1$ mit $f = x^2 - 1$ und $g = \ln x$ angewendet werden:

$$\frac{dy}{dx} = (x^2 - 1)^{\ln x} \left(\frac{1}{x} \ln (x^2 - 1) + \frac{(\ln x) * (2x)}{x^2 - 1}\right)$$

$$= (x^2 - 1)^{\ln x} \left(\frac{\ln (x^2 - 1)}{x} + \frac{2x \ln x}{x^2 - 1}\right), \quad x > 1.$$

20.4 Extremwerte und Wendepunkte

Im Bild 20.8 ist der Verlauf einer Funktion $y = f(x)$ nebst ihrer ersten und zweiten Ableitung dargestellt im Intervall $[a; b]$. Verfolgt man diesen Verlauf von links nach rechts, so kann man folgendes feststellen:

1. An der Stelle $x = a$ hat die Funktion $y = f(x)$ ihren kleinsten Wert. Man sagt, sie hat dort ihr absolutes Minimum (es ist ein Minimum auf dem Rande des Definitionsbereiches). Ihre Ableitung, d.h. der Tangentenanstieg, ist dort positiv.

2. Die Funktion $y = f(x)$ steigt monoton an, bis sie an der Stelle $x = x_1$ ihren bis dahin höchsten Wert erreicht und dann wieder abfällt. Man spricht hier von einem relativen Maximum der Funktion. Es liegt also ein Maximum nur bezogen auf eine gewisse Umgebung von x_1 vor. Im Gesamtintervall $[a; b]$ gibt es noch größere Werte als $f(x_1)$.
   Der Anstieg $f'(x)$ der Funktion hat monoton abgenommen und bei x_1 den Wert $f'(x_1) = 0$ erreicht. Er fällt nach x_1 sogar monoton weiter auf negative Werte. Dieser monotone Abfall von $f'(x)$ drückt sich dadurch aus, daß die zweite Ableitung (der Anstieg von $f'(x)$) negativ ist und zunächst auch bleibt. Insbesondere gilt $f''(x_1) < 0$.

3. Nach x_1 fallen die Funktion $f(x)$ und ihr Anstieg $f'(x)$ weiter. An der Stelle x_2 erreicht der Anstieg $f'(x)$ seinen kleinsten Wert und steigt danach wieder. $f'(x)$ hat also bei $x = x_2$ ein relatives Minimum. Das drückt sich auch dadurch aus, daß $f''(x_2) = 0$ gilt. Die Stelle x_2 bezeichnet man als rechts-links-Wendepunkt der Funktion $f(x)$. Es ist hier $f'''(x_2) > 0$ (positiver Anstieg von $f''(x)$).

4. Nach x_2 fällt die Funktion $f(x)$ weiter bis zu einem relativen Minimum bei x_3. Der Anstieg $f'(x)$ steigt weiter bis auf $f'(x_3) = 0$. Die zweite Ableitung $f''(x)$ steigt auf $f''(x_3) > 0$.

5. Nach x_3 steigt die Funktion f(x) wieder, und auch ihr Anstieg f '(x) nimmt zu. Der Anstieg hat bei x_4 ein relatives Maximum, und es gilt dort $f''(x_4) = 0$, $f'''(x_4) < 0$. Man spricht hier von einem links-rechts-Wendepunkt der Funktion f(x).

6. Die Funktion f(x) steigt nach x_4 weiter und trifft bei x_5 auf die x-Achse. Es ist $f(x_5) = 0$, und x_5 heißt Nullstelle von f(x).

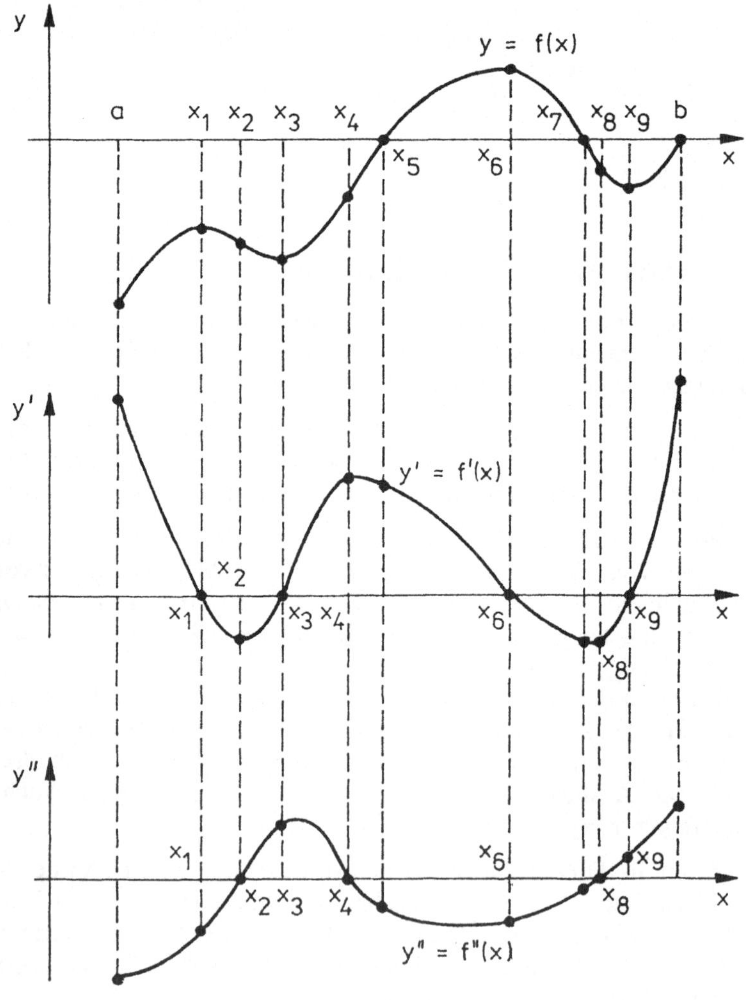

Bild 20.8

7. Während von x_4 an und über x_5 hinaus die Funktion monoton steigt, fällt f '(x). Die Funktion f(x) erreicht bei x_6 ein weiteres Maximum. Das ist sogar das

absolute Maximum von f(x) in [a; b]. Es gilt dort $f'(x_6) = 0$, $f''(x_6) < 0$.

8. Die Funktion f(x) fällt nach x_6 wieder, erreicht bei x_7 eine weitere Nullstelle und fällt auch danach weiter.
9. Während die Funktion f(x) fällt, fällt auch die Ableitung f '(x) bis zu einem relativen Minimum bei x_8. Dort gilt $f''(x_8) = 0$, $f'''(x_8) > 0$, und es liegt ein rechts-links-Wendepunkt vor.
10. Nach x_8 fällt f(x) weiter, und f '(x) steigt. Bei x_9 hat f(x) ein relatives Minimum, und es gilt $f'(x_9) = 0$, $f''(x_9) > 0$.
11. Nach x_9 steigen sowohl f(x) als auch f '(x). Die Funktion erreicht bei $x = b$ ein relatives Randmaximum. Es gilt daher $f'(b) > 0$.

Die Betrachtungen führen in anschaulicher Weise zu folgenden Resultaten, die hier nicht bewiesen werden:

Gilt an der Stelle x_0

$$f'(x_0) = 0, \quad f''(x_0) > 0, \tag{20.58}$$

so liegt ein relatives Minimum vor (Punkte 3. und 9.).

Gilt dagegen

$$f'(x_0) = 0, \quad f''(x_0) < 0, \tag{20.59}$$

so liegt ein relatives Maximum vor (Punkte 1. und 6.).

Es ist also $f'(x_0) = 0$ charakteristisch für ein Extremum (ein Minimum oder ein Maximum), und das Vorzeichen von $f''(x_0)$ entscheidet darüber, ob ein Minimum oder ein Maximum vorliegt.

Weiter vermutet man:

Gilt an der Stelle x_0

$$f''(x_0) = 0, \quad f'''(x_0) > 0, \tag{20.60}$$

so liegt ein rechts-links-Wendepunkt vor (Punkte 2 und 8).

Gilt dagegen

$$f''(x_0) = 0, \quad f'''(x_0) < 0, \tag{20.61}$$

so liegt ein links-rechts-Wendepunkt vor (Punkt 4).

Es ist also $f''(x_0) = 0$ charakteristisch für einen Wendepunkt, und das Vorzeichen von $f'''(x_0)$ entscheidet darüber, ob ein rechts-links- oder ein links-rechts-Wendepunkt vorliegt.

Zu den Beziehungen (20.58) bis (20.61) sind folgende Bemerkungen zu machen:

1. Diese Beziehungen haben nur einen Sinn für Punkte x_0, die im Inneren des Definitionsbereiches liegen und an denen die Funktion $y = f(x)$ hinreichend oft differenzierbar ist. Randpunkte und Punkte, an denen die Funktion $f(x)$ nicht differenzierbar ist oder nicht oft genug differenzierbar ist, bedürfen besonderer Untersuchungen.

2. Die Bedingung $f'(x_0) = 0$ ist (bei differenzierbaren Funktionen) nur notwendig für ein Extremum (vgl. Abschnitt 7.5). So hat die Funktion $y = f(x) = x^3$ die Ableitung $f'(x) = 3x^2$, und bei $x = x_0 = 0$ gilt $f'(x_0) = f'(0) = 0$, aber $y = x^3$ hat bei $x = 0$ nur einen Wendepunkt, keinen Extremwert.

3. Die Bedingungen $f'(x_0) = 0$ und $f''(x_0) \neq 0$ sind nur hinreichend für ein Extremum, nicht aber notwendig (vgl Abschnitt 7.5). So hat die Funktion $y = f(x) = x^4$ bei $x = x_0 = 0$ ein relatives Minimum, es gilt aber
$$f'(x) = 4x^3, \quad f'(0) = 0,$$
$$f''(x) = 12x^2, \quad f''(0) = 0.$$
Die zweite Ableitung ist also weder größer noch kleiner als Null.

4. Die Bedingung $f''(x_0) = 0$ ist nur notwendig für einen Wendepunkt. Bei $y = x^4$ ist $f''(0) = 0$, aber es liegt kein Wendepunkt vor.

5. Die Bedingung $f''(x_0) = 0$ und $f'''(x_0) \neq 0$ sind nur hinreichend für einen Wendepunkt. So hat die Funktion $y = f(x) = x^5$ bei $x = x_0 = 0$ einen Wendepunkt, aber es gilt
$$f'(x) = 5x^4, \quad f'(0) = 0,$$
$$f''(x) = 20x^3, \quad f''(0) = 0,$$
$$f'''(x) = 60x^2, \quad f'''(0) = 0.$$
Die dritte Ableitung $f'''(x)$ ist also weder größer noch kleiner als Null.

Bevor eine Reihe von Sätzen über Extremwerte und Wendepunkte formuliert wird, sind diese Begriffe zunächst zu definieren.

Definition 20.5:
Eine in einer Umgebung von $x = x_0$ definierte Funktion $y = f(x)$ hat dort ein relatives Maximum bzw. relatives Minimum, wenn für alle hinreichend nahe bei x_0 liegenden x gilt
$$f(x) \leq f(x_0) \text{ bzw. } f(x) \geq f(x_0). \qquad (20.62)$$

Beide Begriffe werden zum Begriff des Extremums zusammengefaßt.

Definition 20.6:
Eine in einer Umgebung von $x = x_0$ differenzierbare Funktion $y = f(x)$ hat dort einen links-rechts-Wendepunkt bzw. einen rechts-links-Wendepunkt, wenn ihre Ableitung dort ein relatives Maximum bzw. ein relatives Minimum hat.

Satz 20.11: (Notwendige Bedingung für ein Extremum)
Hat eine bei x_0 differenzierbare Funktion $y = f(x)$ dort ein Extremum, so gilt

$$f'(x_0) = 0. \qquad (20.63)$$

Der Satz besagt (vgl. Bemerkung 2.): Wo $f'(x_0) \neq 0$ ist, kann kein Extremum liegen. Nur die Punkte x_0 kommen für Extrema in Frage, für die gilt $f'(x_0) = 0$. Für einen Punkt x_0, für den $f'(x_0) = 0$ gilt, muß $y = f(x)$ aber nicht notwendig ein Extremum haben.
Durch Anwendung des Satzes 20.11 auf $y = f'(x)$ folgt der Satz 20.12.

Satz 20.12: (Notwendige Bedingung für einen Wendepunkt)
Hat eine bei $x = x_0$ zweimal differenzierbare Funktion $y = f(x)$ dort einen Wendepunkt, so gilt

$$f''(x_0) = 0. \qquad (20.64)$$

Auch hier gilt (vgl. Bemerkung 4.): Wo $f''(x_0) \neq 0$ ist, kann kein Wendepunkt liegen. Wo $f''(x_0) = 0$ ist, kann ein Wendepunkt liegen, aber es muß dort kein Wendepunkt vorhanden sein.

Satz 20.13: (Hinreichende Bedingung für ein Extremum)
Gilt für eine bei $x = x_0$ zweimal differenzierbare Funktion $y = f(x)$

$$f'(x_0) = 0, \quad f''(x_0) \neq 0, \qquad (20.65)$$

so hat sie dort ein Extremum. Für

$$f''(x_0) < 0 \qquad (20.66)$$

liegt ein Maximum, für

$$f''(x_0) > 0 \qquad (20.67)$$

liegt ein Minimum vor.

Durch Anwendung des Satzes 20.13 auf $f'(x)$ erhält man den Satz 20.14.

Satz 20.14: (Hinreichende Bedingung für einen Wendepunkt)
Gilt für eine bei $x = x_0$ dreimal differenzierbare Funktion $y = f(x)$

$$f''(x_0) = 0, \quad f'''(x_0) \neq 0, \qquad (20.68)$$

so hat sie dort einen Wendepunkt. Für

$$f'''(x_0) < 0 \qquad (20.69)$$

liegt ein links-rechts-Wendepunkt, für

$$f'''(x_0) > 0 \qquad (20.70)$$

liegt ein rechts-links-Wendepunkt vor.

Solche Fälle, wie

$$f'(x_0) = f''(x_0) = f'''(x_0) = 0,$$

werden hier nicht behandelt.

Die zuletzt genannten Sätze sollen nun auf eine Reihe von Beispielen angewendet werden. Dabei werden die Definitionsbereiche, Wertebereiche, Nullstellen, Pole,

Lücken, Extrema, Wendepunkte und Asymptoten der vorgegebenen Funktionen ermittelt und darauf aufbauend die Funktionsverläufe gezeichnet. Man nennt diese Untersuchung Kurvendiskussion.

Wir konzentrieren uns hier auf die Ermittlung der Extrema und Wendepunkte und führen die Kurvendiskussion nach folgendem Schema durch:

0. Vorbereitend werden die Ableitungen von $y = f(x)$ bis zur dritten Ordnung $f'''(x)$ ermittelt. Dann bildet man eine Punktmenge M derjenigen Punkte x_i, die später (unter Punkt 4.) besonders untersucht werden muß. In die Menge M werden zunächst nur die Randpunkte aufgenommen. Dazu gehören insbesondere auch die möglichen Lücken und Polstellen. Die Menge M wird später eventuell noch durch weitere Punkte ergänzt.

1. Man ermittelt die Menge M_0 der Nullstellen x_i aus $f(x) = 0$.

2. Man ermittelt die Punkte x, wo $y = f(x)$ nicht differenzierbar ist und nimmt sie in die Menge M auf. Dann ermittelt man die Menge M_1 aller Punkte x_j, wo $f'(x) = 0$ gilt (sie kommen für Extremwerte in Frage), und ihre Funktionswerte $y_j = f(x_j)$. Dann überprüft man für alle Punkte $x_j \in M_1$ die zweite Ableitung $f''(x_j)$. Die Menge M_{11} aller Punkte $x_j \in M_1$, für die $f''(x_j) < 0$ ist, bildet die Menge der Maxima, alle Punkte $x_j \in M_1$, für die $f''(x_j) > 0$ ist, bilden die Menge M_{12} der Minima. Die Menge der Punkte $x_j \in M_1$, für die die zweite Ableitung nicht existiert, wird in die Menge M der besonders zu untersuchenden Punkte aufgenommen. Die Menge der Punkte $x_j \in M_1$, für die $f''(x_j) = 0$ ist, wird unter 3. untersucht.

3. Man ermittelt alle Punkte x, wo $y = f(x)$ nicht zweimal differenzierbar ist, und nimmt sie in M auf. Dann ermittelt man die Menge M_2 aller Punkte x_k, wo $f''(x) = 0$ gilt (sie kommen für Wendepunkte in Frage) und ihre Funktionswerte $y_k = f(x_k)$. Dann überprüft man für alle Punkte $x_k \in M_2$ die dritte Ableitung $f'''(x_k)$. Die Menge M_{21} aller Punkte $x_k \in M_2$, für die $f'''(x_k) < 0$ ist, bildet die Menge der links-rechts-Wendepunkte. Die Menge M_{22} aller Punkte $x_k \in M_2$. für die $f'''(x_k) > 0$ ist, bildet die Menge der rechts-links-Wendepunkte. Die Menge der Punkte $x_k \in M_2$, für die die dritte Ableitung nicht existiert, wird in die Menge M aufgenommen. Die Menge der $x_k \in M_2$, für die $f'''(x_k) = 0$, ist wird in die Menge M aufgenommen.

4. Untersuchung der Punkte der Menge M auf Extrema bzw. Wendepunkte gemäß Definition 20.5 bzw 20.6 (hier sind die Sätze 20.13 und 20.14 nicht anwendbar).

Es folgen nun einige Beispiele für die Hauptfälle.

Beispiel 20.23: Die Funktion

$$y = f(x) = x^3 - 6x^2 + 9x$$

ist überall beliebig oft differenzierbar.

0. $f'(x) = 3x^2 - 12x + 9$
   $f''(x) = 6x - 12$
   $f'''(x) = 6.$
   In die Menge M sind nur die Randpunkte $M = \{+\infty, -\infty\}$ aufzunehmen (im Sinne von Grenzübergängen).

1. $f(x) = x^3 - 6x^2 + 9x = x(x^2 - 6x + 9) = 0,$
   $M_0 = \{x_1, x_2\} = \{0, 3\}.$

2. $f'(x) = 3x^2 - 12x + 9 = 0,$
   $M_1 = \{x_3; x_4\} = \{1, 3\}, \ y_3 = 4, \ y_4 = 0.$
   $f''(x_3) = f''(1) = -6 < 0$, Maximum,
   $f''(x_4) = f''(3) = 6 > 0$, Minimum,
   $M_{11} = \{1\}, \ M_{12} = \{3\}.$

3. $f''(x) = 6x - 12 = 0,$
   $M_2 = \{x_5\} = \{2\}, \ y_5 = 2.$
   $f'''(x_5) = f'''(2) = 6 > 0$, rechts-links-Wendepunkt,
   $M_{22} = \{2\}.$

4. $\lim\limits_{x \to -\infty} f(x) = -\infty, \quad \lim\limits_{x \to +\infty} f(x) = +\infty$

Wegen $f(1) = 4$, $f(2) = 2$ erhält man den Kurvenverlauf nach Bild 20.9

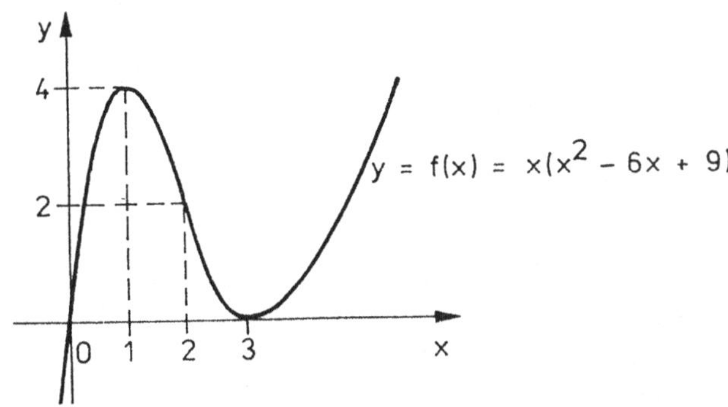

Bild 20.9

Beispiel 20.24: Die Funktion

$y = f(x) = x^4 - 4x^3$

ist überall beliebig oft differenzierbar.

0. $f'(x) = 4x^3 - 12x^2,$
   $f''(x) = 12x^2 - 24x,$

$f'''(x) = 24x - 24.$

In die Menge M sind nur die Randpunkte $M = \{+\infty, -\infty\}$ aufzunehmen.

1. $f(x) = x^4 - 4x^3 = x^3 (x - 4) = 0,$
   $M_0 = \{x_1, x_2\} = \{0, 4\}.$
2. $f'(x) = 4x^3 - 12x^2 = 4x^2 (x - 3) = 0$
   $M_1 = \{x_3\} = \{3\}, \; y_3 = -27.$
   Da für $x = 0$ die zweite Ableitung $f''(0) = 0$ ist, wird dieser Wert unter 3. untersucht.
   $f''(x_3) = f''(3) = 36 > 0,$ Minimum,
   $M_{12} = \{3\}.$
3. $f''(x) = 12x^2 - 24x = 12x (x - 2) = 0,$
   $M_2 = \{x_4, x_5\} = \{0, 2\}, \; y_4 = 0, \; y_5 = -16.$
   $f'''(x_4) = f'''(0) = -24 < 0,$ links-rechts-Wendepunkt,
   $M_{21} = \{x_4\} = \{0\}.$
   $f'''(x_5) = f'''(2) = 24 > 0,$ rechts-links-Wendepunkt,
   $M_{22} = \{x_5\} = \{2\}.$
4. $\lim_{x \to \pm\infty} f(x) = +\infty.$

Berücksichtigt man noch, daß $f(2) = -16$, $f(3) = -27$ ist, ergibt sich der Kurvenverlauf nach Bild 20.10.

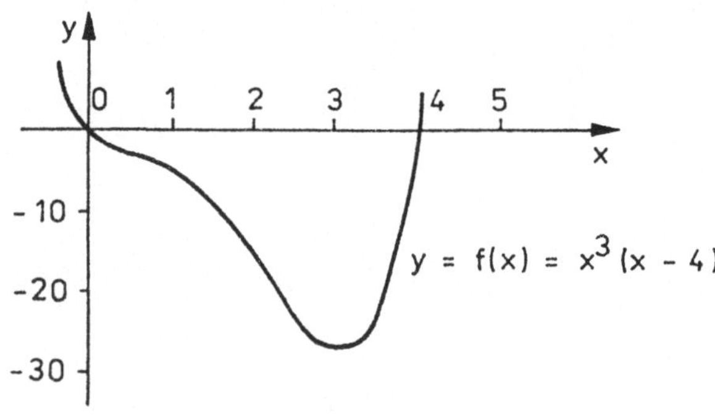

Bild 20.10

Beispiel 20.25: Die Funktion

$$y = f(x) = e^{x^3}$$

ist beliebig oft differenzierbar.

0. $f'(x) = 3x^2 e^{x^3},$

$f''(x) = 3x\,(3x^3 + 2)\,e^{x^3}$,
$f'''(x) = 9x^3\,e^{x^3}\,(3x^3 + 2) + 6e^{x^3}\,(6x^3 + 1)$.
In die Menge M sind nur die Randpunkte $M = \{+\infty, -\infty\}$ aufzunehmen.

1. $y = f(x)$ hat keine Nullstelle.
2. $f'(x) = 3x^2\,e^{x^3} = 0$ gilt nur für $x_1 = 0$. Da aber $f''(0) = 0$ ist, wird $x_1 = 0$ unter 3. untersucht.
3. $f''(x) = 3x\,(3x^3 + 2)\,e^{x^3} = 0$,

$$M_2 = \{x_2, x_3\} = \{0, -\sqrt[3]{\tfrac{2}{3}}\}, \quad y_2 = 1, \quad y_3 = \frac{1}{e^{\frac{2}{3}}}.$$

$f'''(x_2) = f'''(0) = 6 > 0$, rechts-links-Wendepunkt,
$M_{21} = \{x_2\} = \{0\}$.

$$f'''(x_3\} = f'''\left(-\sqrt[3]{\frac{2}{3}}\right) = 0 + 6\,e^{-\frac{2}{3}}\left(-6\,\frac{2}{3} + 1\right) < 0, \text{ links-rechts-Wendepunkt}$$

$$M_{22} = \{x_3\} = \{-\sqrt[3]{\tfrac{2}{3}}\}.$$

4. $\lim\limits_{x\to-\infty} f(x) = \lim\limits_{x\to-\infty} e^{x^3} = 0, \quad \lim\limits_{x\to+\infty} f(x) = \lim\limits_{x\to+\infty} e^{x^3} = +\infty.$

Kurvenverlauf siehe Bild 20.11.

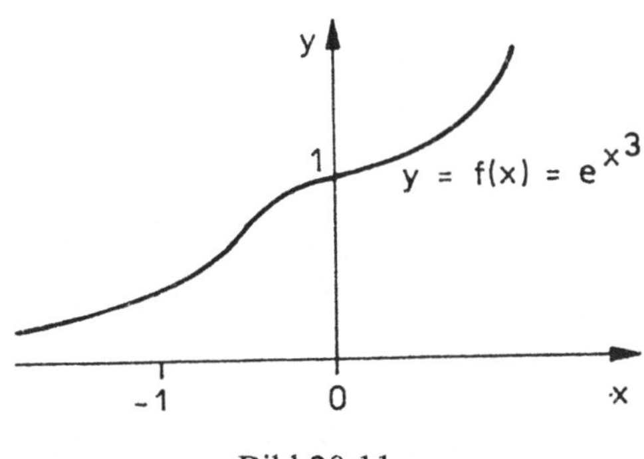

Bild 20.11

Beispiel 20.26: Die Funktion

$$y = f(x) = x + \sqrt[3]{x^2}$$

ist für alle x definiert, aber nur für $x \neq 0$ beliebig oft differenzierbar.

0. Für $x \neq 0$ gilt

$$f'(x) = 1 + \frac{2x}{3\sqrt[3]{x^4}},$$

$$f''(x) = -\frac{2}{9\sqrt[3]{x^4}}.$$

$f'''(x)$ wird nicht benötigt werden.
Die Menge M besteht aus den "Randpunkten" $\pm\infty$ und dem inneren Punkt $x = 0$:
$M = \{-\infty, 0, +\infty\}$.

1. $f(x) = x + \sqrt[3]{x^2} = 0$. Wegen

$x = -\sqrt[3]{x^2}$, $x^3 = -x^2$, $x^3 + x^2 = x^2(x + 1) = 0$
kommen als Lösung in Frage $x_1 = 0$, $x_2 = -1$. Beide Werte sind, wie die Proben zeigen, Nullstellen:
$M_0 = \{x_1, x_2\} = \{0, -1\}$.

2. $$f'(x) = 1 + \frac{2x}{3\sqrt[3]{x^4}} = 0.$$

Die Lösungen dieser Gleichung erhält man wie folgt:

$$1 + \frac{2x}{3\sqrt[3]{x^4}} = 0,\quad \frac{2x}{3\sqrt[3]{x^4}} = -1,\quad \frac{8x^3}{27x^4} = -1,\quad \frac{8}{27x} = -1,\quad x = x_3 = -\frac{8}{27},$$

$$y_3 = f(x_3) = -\frac{8}{27} + \frac{4}{9} = \frac{4}{27}.$$

$$M_1 = \{-\frac{8}{27}\}.$$

$$f''\left(-\frac{8}{27}\right) = -\frac{8}{9^3\,x^4} < 0,\ \text{Maximum}$$

$$M_{11} = \{-\frac{8}{27}\}.$$

3. $$f''(x) = -\frac{2}{9\sqrt[3]{x^4}} = 0$$ ist für kein x möglich.

4. $$\lim_{x\to-\infty} f(x) = \lim_{x\to-\infty} x\left(1 + \sqrt[3]{\frac{x^2}{x^3}}\right) = -\infty,\quad \lim_{x\to+\infty} f(x) = +\infty$$

Die Stelle $x_1 = 0$, für die f(x) nicht differenzierbar ist und für die gilt $f(0) = 0$, soll nunmehr untersucht werden.

Für $x > 0$ ist $f(x) > 0$.
Für $-1 < x < 0$ gilt (Multiplikation mit $x^2 > 0$) $-x^2 < x^3 < 0$ bzw. $0 < -x^3 < x^2$
und daher $0 < \sqrt[3]{-x^3} < \sqrt[3]{x^2}$, also $0 < -x < \sqrt[3]{x^2}$, und damit $f(x) = x + \sqrt[3]{x^2} > 0$.
Daher liegt bei $x_1 = 0$ ein relatives Minimum vor.

Berücksichtigt man außerdem $f\left(-\frac{8}{27}\right) = \frac{4}{27}$, so erhält man den Kurvenverlauf nach Bild 20.12.

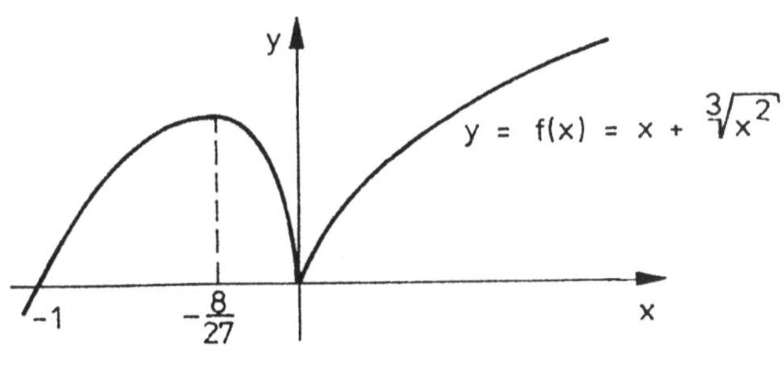

Bild 20.12

Bei dem nachfolgenden Beispiel ist auch ein Punkt mit $f''(x) = f'''(x) = 0$ in die Menge M aufzunehmen.

Beispiel 20.27: Die Funktion

$$y = f(x) = x^4 + x$$

ist beliebig oft differenzierbar.

0. $f'(x) = 4x^3 + 1$,
   $f''(x) = 12x^2$,
   $f'''(x) = 24x$,
   $f^{(4)}(x) = 24$,
   $f^{(5)}(x) = f^{(6)}(x) = \ldots = 0$.
   In M sind nur die Randpunkte $\pm\infty$ aufzunehmen:
   $M = \{-\infty, +\infty\}$.
1. $f(x) = x^4 + x = x(x^3 + 1) = 0$,
   $M_0 = \{0, -1\}$.
2. $f'(x) = 4x^3 + 1 = 0$,

$M_1 = \{-\frac{1}{\sqrt[3]{4}}\}$, $y_3 = -\frac{3}{4\sqrt[3]{4}}$.

$f''\left(-\frac{1}{\sqrt[3]{4}}\right) = 12\left(-\frac{1}{\sqrt[3]{4}}\right)^2 > 0$, Minimum,

$M_{12} = \left\{-\frac{1}{\sqrt[3]{4}}\right\}$.

3. $f''(x) = 12\,x^2 = 0$,
   $M_2 = \{0\}$.
   $f'''(0) = 0$.
   $\{0\}$ wird in M aufgenommen.

4. $\lim\limits_{x \to -\infty} f(x) = \lim\limits_{x \to +\infty} f(x) = +\infty$.

   Es ergibt sich unter Berücksichtigung von $f\left(-\frac{1}{\sqrt[3]{4}}\right) = -\frac{3}{4\sqrt[3]{4}}$ der Kurvenverlauf nach Bild 20.13.

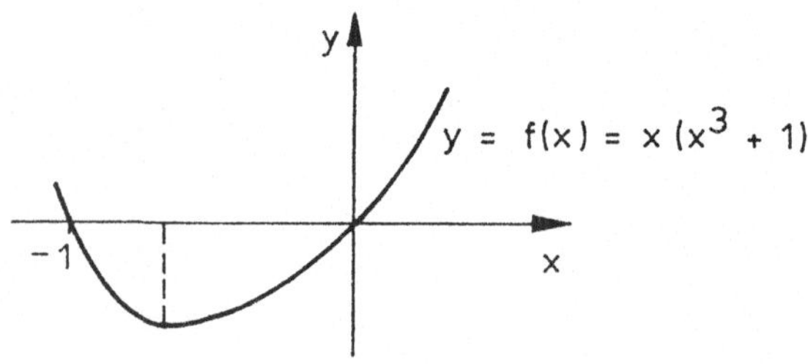

Bild 20.13

Bei $x = 0$ liegt weder ein Extremum noch ein Wendepunkt vor.

20.5 Optimierungsprobleme

Eine außerordentliche praktische Bedeutung haben Optimierungsprobleme, die im folgenden an einigen Beispielen erläutert werden sollen.

Bei nahezu allen Prozessen, die in der Praxis ablaufen, hängt die Effektivität bzw. der

Aufwand von bestimmten Größen ab, über die man innerhalb gewisser Grenzen frei verfügen kann.

Wir können hier nur Prozesse betrachten, die von einer Variablen x abhängen. Diese Abhängigkeit wird durch eine Funktion

$$y = f(x), \quad x \in D,$$

beschrieben.

Stellt y den Aufwand dar, so möchte man x so bestimmen, daß f(x) minimal wird. Ist y dagegen die Effektivität, so wäre x so zu ermitteln, daß f(x) maximal ist. Die Einflußgröße x ist jedoch in der Regel nicht von $-\infty$ bis $+\infty$ frei wählbar, sondern aus technischen oder technologischen Gründen nur in gewissen Grenzen

$$a \leq x \leq b. \tag{20.71}$$

Daher lauten viele praktisch interessierende Optimierungsprobleme, je nachdem, ob es sich um einen Nutzen oder um einen Aufwand handelt:

$$y = f(x) = \text{Max!} \qquad (a \leq x \leq b), \tag{20.72}$$

$$y = f(x) = \text{Min!} \qquad (a \leq x \leq b). \tag{20.73}$$

Diese Aufgaben hängen natürlich sehr eng mit den Problemen des Abschnittes 20.4 zusammen. Hier geht es uns aber besonders um die Herausarbeitung der folgenden Probleme:

1. die Ermittlung des funktionellen Zusammenhangs $y = f(x)$ entsprechend der praktischen Aufgabenstellung (Modellierungsproblem),
2. die Beachtung der technologischen Grenzen (20.71).

Das soll mit Hilfe von zwei Beispielen geschehen.

Beispiel 20.28: Vorhanden ist ein Zaun der Gesamtlänge L. Mit ihm soll ein rechteckiges Flächenstück möglichst großen Flächeninhalts umzäunt werden. Soweit die Aufgabe. Nun zum Modellierungsproblem: Es geht um ein Rechteck. Wie üblich, wir die eine Seite mit a, die andere mit b bezeichnet (Bild 20.14).

Das sind zunächst zwei Einflußgrößen a und b. Aber wegen

$$L = 2a + 2b, \qquad b = \frac{L}{2} - a$$

braucht nur eine Einflußgröße, z. B.

$$a = x,$$

berücksichtigt zu werden. Der Effekt (Flächeninhalt) A ist

$$A = ab = x\left(\frac{L}{2} - x\right).$$

Es ist klar, daß gilt

$$0 \leq x \leq \frac{L}{2}.$$

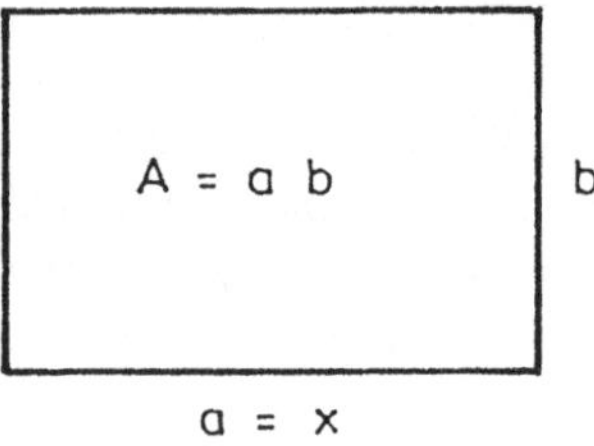

Bild 20.14

Daher lautet das Optimierungsproblem

$$y = f(x) = x\left(\frac{L}{2} - x\right) = \text{Max!} \quad \left(0 \leq x \leq \frac{L}{2}\right).$$

Wegen $f(0) = 0$ muß das Maximum zwischen 0 und $\frac{L}{2}$ liegen.

Notwendig für das Maximum ist

$$y' = f'(x) = \frac{L}{2} - 2x = 0.$$

Für das Maximum kommt nur

$$x = \frac{L}{4}$$

in Frage. Dafür ist

$$y'' = f''(x) = -2 < 0.$$

Es liegt tatsächlich ein Maximum vor. Die technologischen Grenzen 0 und $\frac{L}{2}$ spielen hier keine Rolle. Es gilt also

$$a = b = \frac{L}{4}$$

Beispiel 20.29: Ein Unternehmen will ein Produkt in einem bestimmten Zeitraum in einer Gesamtmenge M herstellen und kontinuierlich an die Abnehmer ausliefern. Es hat dabei bestimmte feste Kosten (Fixkosten) F. Es kann dieses Produkt sofort in der Gesamtmenge M herstellen, lagern und kontinuierlich ausliefern. Dabei entstehen natürlich Lagerhaltungskosten.*) Es kann aber auch das Produkt in kleinen Mengen

---

*) In den Lagerhaltungskosten sollen sämtliche Kosten vereinigt sein, die durch die Lagerung entstehen (auf Einzelheiten muß hier verzichtet werden).

herstellen und sofort ausliefern. Dann hat es keine Lagerhaltungskosten, aber die ständige Umstellung der Produktion auf dieses Produkt verursacht Kosten, die man als Rüstkosten bezeichnet. Welche Menge x (Losgröße) soll man nun produzieren, um möglichst wenig Kosten zu haben? Die Lagerhaltungskosten sind proportional der Losgröße x. Die Rüstkosten sind aber zur Losgröße umgekehrt proportional. Ist x groß, so hat man wenig umzurüsten, ist x klein, so hat man oft umzurüsten. Die Gesamtkosten sind also

$$y = f(x) = F + Lx + \frac{R}{x},$$

wobei F die Fixkosten, L die Lagerhaltungskosten und R die Rüstkosten sind. Die Losgröße x kann natürlich nicht größer sein als die Produktionsmenge M. Dann gilt also $0 \leq x \leq M$.

Das vorliegende Optimierungsproblem lautet deshalb

$$y = f(x) = F + Lx + \frac{R}{x} = \text{Min!} \quad (0 \leq x \leq M).$$

Zunächst wird f(x) zweimal differenziert:

$$f'(x) = L - \frac{R}{x^2}, \qquad f''(x) = \frac{2R}{x^3}.$$

Notwendig für ein Minimum ist $f'(x) = 0$, also

$$x = \sqrt{\frac{R}{L}}.$$

Wegen $x \geq 0$ gilt auch $f''(x) \geq 0$, also liegt hier immer ein relatives Minimum vor. Der Kurvenverlauf für $y = f(x)$ ist im Bild 20.15 dargestellt.

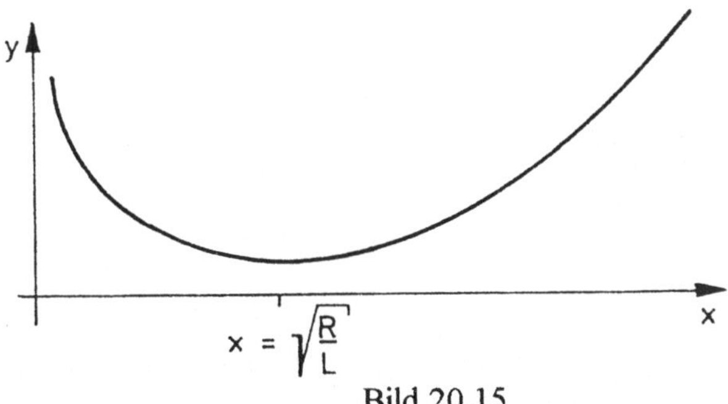

Bild 20.15

Es ist also klar: Wenn $x = \sqrt{\frac{R}{L}} \leq M$ gilt, so liegt hier das Minimum. Ist jedoch

$x = \sqrt{\frac{R}{L}} > M$, so liegt das Minimum auf dem Rande $x = M$. Die Ungleichung $x = \sqrt{\frac{R}{L}} \leq M$ bedeutet $\frac{R}{L} \leq M^2$ bzw. $R \leq M^2 L$.

Es gilt also: Die optimale Losgröße ist

$$x = \begin{cases} \sqrt{\frac{R}{L}} & \text{für } R \leq M^2 L, \\ M & \text{für } R > M^2 L. \end{cases}$$

Also: Wenn die Rüstkosten R die Lagerhaltungskosten L stark übersteigen, so hat man sofort die Gesamtproduktion $x = M$ zu realisieren. Sind die Rüstkosten R klein im Vergleich zu den Lagerhaltungskosten L, so hat man kleine Lose x zu produzieren.

Konkret: Für $M = 10000$, $R = 1000$, $L = 10$ gilt

$$R = 1000 < M^2 L = 10^8 * 10 = 10^9.$$

Die optimale Losgröße ist damit

$$x = \sqrt{\frac{R}{L}} = \sqrt{\frac{1000}{10}} = \sqrt{100} = 10.$$

Es sind Lose à 10 Einheiten aufzulegen, um die 10000 Einheiten zu produzieren.

Für $M = 10$, $R = 1000$, $L = 1$ gilt

$$R = 1000 > M^2 L = 100.$$

die optimale Losgröße ist damit

$$x = M = 10.$$

Es ist also nur eine Losgröße aufzulegen.

20.6 Übungsaufgaben

1. Berechnen Sie die Ableitung nachstehender analytischer Ausdrücke an der Stelle x_0 mit Hilfe der Definition des Differentialquotienten!

   a) $y = x^3 - 2x^2 + 1$ b) $y = \sqrt{x}$ c) $y = x\sqrt{x}$

   d) $y = \frac{x^2 + 1}{x}$ e) $y = \frac{x}{x - 1}$ f) $y = \sin\frac{x}{2}$

2. Bei einem senkrechten Wurf nach oben lautet die Weg-Zeit-Gleichung des Körperschwerpunktes des geworfenen Körpers

   $$s = f(t) = -3\,t^2 + 30\,t.$$

Wann erreicht dieser Körper seine größte Höhe, und welchen Zahlenwert hat diese? Welche Maßzahl hat die Anfangsgeschwindigkeit?

3. Ein Körper bewege sich gleichmäßig beschleunigt, wobei die Beschleunigung

$a = 2\,\frac{m}{s^2}$ sei.

Ermitteln Sie seine Momentangeschwindigkeit nach $t_0 = 3s$, indem Sie in nachfolgender Tabelle für $\{ (\Delta t)_n \}$ eine Nullfolge einsetzen (zum Beispiel die in Spalte 1 angegebene) und die Tabelle ergänzen!

Δt s	$s = \frac{a}{2}(t_0 + \Delta t)^2$ m	$\Delta s = s - s_0$ m	$v = \frac{\Delta s}{\Delta t}$ m/s
$\frac{1}{10}$			
$\frac{1}{100}$			
$\frac{1}{1000}$			
$\frac{1}{10000}$			

4. Differenzieren Sie nachfolgende analytische Ausdrücke! Überlegen Sie, welche Differentiationsregeln anzuwenden sind!

a) $y = -\frac{1}{2}x^4 + \frac{1}{3}x^3 - 2x^2 + \frac{1}{x} - 5$ b) $y = a^2x^3 - \sqrt{b}\,x^2 + \frac{1}{2}cx - 1$

c) $y = -2x^{-5} + 3x^{-3} - \frac{1}{2}x^{-2} + 4$ d) $y = \frac{2}{\sqrt{x}} - 3\sqrt[3]{x^2} + \frac{6\sqrt[3]{x}}{x}$

e) $y = (\sqrt{x} - 1)(1 + \sqrt{x})$ f) $y = (1 - x^{-4})(x^{-1} + x^2)$

g) $y = (x^2 + 2x\sqrt{x} + x)(x - \sqrt{x})$ h) $y = (ax^2 - b)^2$

i) $y = \frac{x^2 + x}{3x^3}$ j) $y = \frac{2x^3 - 3}{x^2}$

k) $y = \sqrt[3]{\sqrt{x}}$ l) $y = \frac{1}{\sqrt[3]{x}} * \left(1 + \sqrt[4]{x}\right)$

5. Differenzieren Sie die angegebenen analytischen Ausdrücke, und schließen Sie diejenigen Werte aus, für die keine Ableitung existiert!

5.1. a) $y = (x - 1)(1 - x^3)$ b) $y = (x^3 + 1)(1 - x - x^2)$

c) $y = \left(\sqrt[3]{x^2} - \sqrt{x}\right)\left(\sqrt[3]{x^4} + \sqrt{x^3}\right)$ d) $y = \left(\frac{1}{\sqrt{x}} - \frac{1}{x}\right)\left(\sqrt[4]{x} - 2x\right)$

5.2. a) $y = \frac{x^3 + 1}{x^2 + x + 1}$ b) $y = 4x + \frac{1}{x^2 + 1}$

c) $y = \frac{x - 4}{4 - x}$ d) $y = \frac{x^3 - 2x + 1}{2x^3 - 5}$

e) $y = \frac{\sqrt{3}\,x - \sqrt{2}}{3x^2 - 2}$ f) $y = \frac{1}{1 + x} - \frac{1}{1 - x}$

g) $y = \frac{1}{1 - \sqrt{x}}$ h) $y = \frac{2x - \sqrt[3]{x}}{x^2 - 2x - 1}$

i) $y = \frac{x^3 + 3\sqrt[3]{x}}{2x^2 + x}$ j) $y = \frac{\sqrt{x} - 1}{x - 2\sqrt{x} + 1}$

5.3. a) $y = \sqrt{x}\sin x$ b) $y = 2\sin x\ \cos x$

c) $y = 1 - \cos^2 x$ d) $y = x^3 \cos x$

e) $y = 2\sin x\,(x - \cot x)$ f) $y = \frac{\tan x}{\cot x}$

g) $y = \frac{x}{\sin x + \cos x}$ h) $y = \frac{x \sin x}{1 + \tan x}$

i) $y = \tan x - \cot x - 2x$ j) $y = \frac{\sin x + \cos x}{\sin x - \cos x}$

5.4. a) $y = \frac{x}{e^x}$ b) $y = \frac{e^x + e^{-x}}{2x^2}$

c) $y = e^x \tan x$ d) $y = \frac{5e^x}{\cos x}$

5.5. a) $y = \frac{\ln x}{x}$ b) $y = \sin x\ \ln x$

c) $y = x^2 \ln x$ d) $y = 10 \ln e \ln x$

5.6. a) $y = 5^x + 2^x$ b) $y = 3^x x^3$

c) $y = 2^x - 2x$ d) $y = \frac{4^x}{2^x}$

5.7. a) $y = (2x + 1)^4$ b) $y = (1 - x^4)^5$

c) $y = \left(1 - \frac{1}{x}\right)^8$ d) $y = \left(2x^2 - \frac{4}{x} + 3\right)^6$

5.8. a) $y = \sqrt{x^2 - 1}$ b) $y = \sqrt{1 - 2x}$

c) $y = \frac{1}{\sqrt[4]{(x-1)^3}}$ d) $y = \frac{x^2}{\sqrt[3]{x^3 - 1}}$

e) $y = \sqrt{\frac{1 + x}{1 - x}}$ f) $y = \sqrt{\frac{a^2 - x^2}{a^2 + x^2}}$

g) $y = \frac{\sqrt{1 + x} - \sqrt{1 - x}}{\sqrt{1 + x} + \sqrt{1 - x}}$ h) $y = \sqrt{\frac{1 + \sqrt{x}}{1 - \sqrt{x}}}$

5.9. a) $y = 5x^2 \sin 2x$ b) $y = \sin^2 x$

c) $y = \sin \sqrt{\frac{x}{2}}$ d) $y = \tan x + \frac{1}{3} \tan^3 x$

e) $y = \cos \frac{1}{1 + x}$ f) $y = \frac{1}{\cos^2 x}$

g) $y = \cot (1 - 3x)$ h) $y = \cot \sqrt{1 - 2x}$

i) $y = \sqrt{\tan x}$ j) $y = \frac{\cos x^2}{\pi x}$

k) $y = \frac{1 - \cos^2 x}{1 + \cos^2 x}$ l) $y = \left(3 + \frac{2}{\cos^2 x}\right) \frac{\sin x}{\cos^2 x}$

m) $y = \left(\frac{3}{\sin x} - 5\right) \frac{1}{\sin x}$ n) $y = \tan \sqrt[3]{\frac{1 - 2x}{x}}$

o) $y = 2 \sin \sqrt[3]{\frac{3}{x}}$ p) $y = \frac{3 \tan x - \tan^3 x}{1 - 3 \tan^2 x}$

5.10. a) $y = \arcsin \frac{x}{a}$ b) $y = \arccos \frac{a - x}{a}$

c) $y = \arctan \frac{1}{x}$ d) $y = \arccos \sqrt{1 - x^2}$

e) $y = \frac{1}{2} \arctan \frac{2x}{1 - x^2}$ f) $y = \arctan \sqrt{\frac{x}{x + a}}$

g) $y = \arcsin \frac{x}{\sqrt{x^2 + 1}}$ h) $y = \arctan \frac{x}{1 + \sqrt{x^2 + 1}}$

i) $y = \operatorname{arccot} \frac{1 + x}{1 - x}$ j) $y = \arcsin 2x \sqrt{1 - x^2}$

k) $y = \arctan \frac{x - 2}{2 \sqrt{x^2 + x - 1}}$ l) $y = a * \arccos \frac{a - x}{a} - \sqrt{2ax - x^2}$

5.11. a) $y = x\, e^{\cos x}$ b) $y = e^{\sin x}$

c) $y = x^2 e^{\sqrt{x}}$ d) $y = e^{-x} - e^{-2x}$

e) $y = \dfrac{e^x + e^{-x}}{e^x - e^{-x}}$ f) $y = \dfrac{e^{2x} - 1}{e^{2x} + 1}$

g) $y = \dfrac{e^{-\cos x}}{\sin x}$ h) $y = \sqrt{1 - e^{-x}}$

i) $y = \dfrac{\sin \frac{x}{2}}{e^{2x}}$ j) $y = e^x \sqrt{\dfrac{1 + x}{1 - x}}$

5.12. a) $y = \ln 2x$ b) $y = \ln x^2$

c) $y = (\ln x)^2$ d) $y = \ln \sqrt{x}$

e) $y = \sqrt{\ln x}$ f) $y = \ln \sqrt{1 - x}$

g) $y = \ln \tan x$ h) $y = \ln \ln x$

i) $y = \ln \cot \frac{x}{2}$ j) $y = \ln \tan \left(\frac{x}{2} + \frac{\pi}{4}\right)$

k) $y = \ln \dfrac{\sqrt{1 + x}}{\sqrt{1 - x}}$ l) $y = \ln (x + \sqrt{x^2 - a})$

m) $y = \ln \dfrac{x}{x + \sqrt{x^2 + 1}}$ n) $y = \ln \sqrt{\dfrac{2x - 3}{2x + 3}}$

o) $y = \ln (a + x + \sqrt{2ax + x^2})$ p) $y = \ln \sqrt[4]{\sin^3 x \ \cos^3 x}$

q) $y = \ln \dfrac{\sqrt[3]{(x + 2)^2}\ \sqrt[5]{(x - 2)^3}}{\sqrt[4]{(x^2 - 4)^5}}$

5.13. a) $y = |x|$ b) $y = \sqrt{|x|}$

c) $y = \ln |x|$ d) $y = \sqrt{|\ln \cos x|}$

e) $y = \ln |\ln |x| \,|$

5.14. a) $y = \sqrt[x]{x}$ b) $y = (x^x)^x$

c) $y = x^{(x^x)}$ d) $y = x^{\sin x}$

e) $y = (\cos x)^{\sin x}$ f) $y = a^x * x^a$

g) $y = x^{e^x}$ h) $y = a^{e^x}$

i) $y = (\arctan x)^x$ j) $y = (\tan x)^{\frac{1}{\cos x}}$

6. Welchen Winkel bildet die Tangente im Punkte P_0 $(x_0; y_0)$ an die Kurve $y = f(x)$ mit der x-Achse?

a) $y = \sqrt{x}, \quad x_0 = 1$ b) $y = \sqrt[3]{x+1}, \quad x_0 = 0$

c) $y = x^2 - \sqrt[3]{x^2}^2, \quad x_0 = 1$ d) $y = \sqrt{\dfrac{x^2-4}{9x^2-25}}, \quad x_0 = 0$

e) $y = x\sqrt{x+1}, \quad x_0 = 3$ f) $y = \dfrac{x}{x+\sqrt{x}}, \quad x_0 = 1$

g) $y = \sqrt{x-\sqrt{x}}, \quad x_0 = 1$ h) $y = \sqrt{1+\sqrt{x}}, \quad x_0 = 1$

i) $y = \sin(2\pi - x), \quad x_0 = \pi$ j) $y = \sqrt{\sin 2x}, \quad x_0 = \dfrac{\pi}{4}$

k) $y = \sin\sqrt{2x}, \quad x_0 = \dfrac{1}{2}$ l) $y = (x-1)\,e^x, \quad x_0 = 0$

7. In welchen Kurvenpunkten schneiden die Tangenten an die Kurven $y = f(x)$ die x-Achse unter einem Winkel von 45° bzw. 135°?

a) $y = x^2$ b) $y = x^3$

c) $y = 3\,|3 - x|$ d) $y = \dfrac{x^2-3}{2x}$

e) $y = \dfrac{x^2+x+14}{x+2}$ f) $y = \dfrac{x^2(x-9)}{2(x-6)^3}$

8. Bilden Sie die ersten drei Ableitungen der angegebenen analytischen Ausdrücke! Überprüfen Sie, ob sich die Bereiche der Differenzierbarkeit bei den einzelnen Ableitungen verändern! Stellen Sie die allgemeine Formel für die n-te Ableitung auf, falls dies möglich ist!

a) $y = x^n$ b) $y = \sqrt{x}$

c) $y = \sqrt[4]{x^3}$ d) $y = \sqrt{1-x^2}$

e) $y = \dfrac{x}{1-x}$ f) $y = \dfrac{1+x}{1-x}$

g) $y = \cos x$ h) $y = \dfrac{1}{2}\sin 2x$

i) $y = \sin(1-2x)$ j) $y = x^2 \sin 2x$

k) $y = \tan x$ l) $y = \tan^2 x$

m) $y = e^x \sin x$ n) $y = e^{mx}$

o) $y = e^{-x} + e^{-2x}$ p) $y = \ln x$

q) $y = \ln\sqrt[3]{1+x^2}$ r) $y = \arcsin x$

9. Stellen Sie die Gleichungen $y = mx + n$ der Tangenten an $y = f(x)$ auf!

9.1. a) $f(x) = x^2 + 1$, $P_1 (1; y_1)$ bzw. $P_2 (-1; y_2)$

b) $f(x) = x^3 - 3x^2 + x + 1$, $P_1 (0; y_1)$ bzw. $P_2 (2; y_2)$

c) $y^2 = 1 - x$, $P_0 (-3; y_0)$

d) $y^2 = x - 1$, $P_0 (5; y_0)$

9.2. a) $f(x) = e^{-x}$, $m = -1$

b) $f(x) = -x^4 + 3x^2 - 4$, $m = 0$

c) $f(x) = \frac{x}{x+1}$, $m = 1$

d) $f(x) = \frac{1}{x-1}$, $m = -1$

10. Bilden Sie, wenn möglich, die Ableitung $\frac{dx}{dy}$ der Umkehrfunktion $x = f^{-1}(y)$ nachfolgender Funktionen $y = f(x)$ im Punkt $P_0 (x_0; y_0)$!

a) $y = \frac{1}{3}x^3 - \frac{3}{2}x^2 + 4x + 1$, $x_0 = -1$ b) $y = x^2 - 2x - 1 + \frac{2}{x}$, $x_0 = 1$

c) $y = \frac{1}{2x^2 - 5x + 9}$, $x_0 = \frac{5}{4}$ d) $y = \frac{x+1}{x+2}$, $x_0 = -3$

e) $y = \sqrt{1 - x}$, $x_0 = 1$ f) $y = \sqrt{\frac{x}{a - x}}$, $x_0 = \frac{a}{2}$

g) $y = (x + 1)\sqrt{1 - x}$, $x_0 = -1$ h) $y = \sin x$, $x_0 = 0$

i) $y = \sin(2x + 3\pi)$, $x_0 = -2\pi$ j) $y = \sin^2 x$, $x_0 = \frac{\pi}{4}$

k) $y = x \cos x$, $x_0 = \frac{\pi}{2}$ l) $y = \frac{1 + \cos x}{1 - \cos x}$, $x_0 = \frac{3\pi}{2}$

m) $y = e^x \cos x$, $x_0 = 0$ n) $y = x\, e^{\cos x}$, $x_0 = 2\pi$

o) $y = e^x (x^3 - 3x^2 + 6x - 6)$, $x_0 = 1$

p) $y = \ln(x + \sqrt{x^2 + a^2})$, $x_0 = x \in (-\infty; \infty)$, $a \neq 0$

q) $y = \ln(x + 1)$, $x_0 > -1$ r) $y = \ln\sqrt{\frac{3x - 4}{3x + 4}}$, $|x_0| > \frac{4}{3}$

s) $y = x^{\frac{1}{x}}$ $x_0 > 0$, $x_0 \neq e$

11. Untersuchen Sie die nachfolgenden analytischen Ausdrücke auf Stetigkeit und Differenzierbarkeit!

a) $y = \begin{cases} -a, & \text{für } x \leq 0 \\ +a, & \text{für } x > 0 \end{cases}$

b) $y = \begin{cases} -\frac{1}{2}x + 1, & \text{für } x \leq 2 \\ -2, & \text{für } x > 2 \end{cases}$

c) $y = |x - 1|$

d) $y = |\sin x|$

e) $y = -\frac{x^2}{2}$

f) $y = -|x|$

g) $y = \sqrt[3]{x^2}$

h) $y = (x + 1)^3 * \sqrt[3]{x^2}$

i) $y = e^{\frac{1}{x}}$

j) $y = e^{\frac{x}{x-1}}$

k) $y = e^{\frac{x^2}{x^2 - 1}}$

l) $y = \operatorname{arccot} \frac{1}{x}$

m) $y = \arcsin (\sin x)$

n) $y = \arctan (\tan x)$

o) $y^2 = \frac{x^3}{4 - x}$

p) $y^3 = 3x^2 - x^3$

q) $y^2 = \frac{1 - x}{x}$

12. Untersuchen Sie die Kurven, die durch nachfolgende Gleichungen gegeben sind, auf lokale Extrema und Wendepunkte!

a) $y = x^2 - 2x + 3$

b) $y = x^3 - 3x^2 + 6x + 7$

c) $y = x^3 (8 - x)$

d) $y = (x - a)^4 + b$

e) $y = \frac{x}{x^2 + 1}$

f) $y = \frac{x^2 - 7x + 6}{x - 10}$

g) $y = x^2 + \frac{1}{x^2}$

h) $y = \frac{ax^2}{ax + b}$

i) $y = \frac{a^2 (a - x) + b^2 x}{x (a - x)}$

j) $y = \cos^2 x$

k) $y = \sin x \ \cos x$

l) $y = \sin 2x - 2 \sin x$

m) $y = e^x \sin x$

n) $y = x e^x$

o) $y = x^n e^{-x}$

p) $y = e^{-x} + e^{2x}$

q) $y = e^{-x} - e^{-2x}$

r) $y = x \ln x$

s) $y = x \ln^2 x$

t) $y = \frac{1}{2} \ln x - \arctan x$

13. Diskutieren Sie die Kurven, die durch nachfolgende Gleichungen gegeben sind!

13.1. a) $y = x^2 - x - 2$ b) $y = -(x + 4)^2 + 4$

c) $y = x^3 - x^2$ d) $y = x^3 - 10x$

e) $y = -x (x + 3)^2$ f) $y = x^3 - 6x^2 + 9x - 2$

g) $y = -x^3 + 3x^2 + 9x - 2$ h) $y = -x^3 + 6x^2 - 13x + 8$

i) $y = (x + 2) (x^2 - 4x + 3)$ j) $y = (1 - x) (x^2 + 6x + 8)$

k) $y = |x^3 + 9x^2 - 108|$ l) $y = | -x (x^2 - 16)|$

13.2. a) $y = x^4 - 8x^2 - 9$ b) $y = -x^4 + 5x^2 - 4$

c) $y = x^4 - 10x^2 + 9$ d) $y = (x - 2)^2 (x - 4) (x + 3)$

e) $y = \frac{1}{24} x (x - 1) (x - 2) (x -3)$ f) $y = x^4 - 8x^3 + 22x^2 - 24x + 12$

g) $y = x^5 - 5x^4 + 5x^3 + 1$ h) $y = (x + 2)^2 (x - 1)^3$

i) $y = x^2 (x^2 - 1)^2$ j) $y = (x - 4)^4 (x + 3)^3$

13.3. a) $y = \frac{1}{1 + x^2}$ b) $y = \frac{3x - 1}{2x + 1}$

c) $y = \frac{5}{(2x + 1)^2}$ d) $y = \frac{2x + x^2 + 25}{1 + x^2 + 2x}$

e) $y = \frac{x^2 + x + 1}{x^2 - 1}$ f) $y = \frac{x^2 + 2x + 1}{2x}$

g) $y = \frac{x^2 - 5x + 4}{x - 5}$ h) $y = \frac{1}{x^2} - \frac{1}{x^2 - 2x + 1}$

i) $y = x - \frac{4}{x - 1}$ j) $y = \frac{x^3 + 2}{2x}$

k) $y = \frac{(x - 1)^3}{(x + 1)^2}$ l) $y = \frac{2x^2 - 6x}{x^3 - 3x^2 + x - 3}$

m) $y = \frac{x^3}{x^2 - 2x + 1}$ n) $y = \frac{5 (3x^2 - 4) - 13x}{\frac{1}{8} (2x - 1) (4x + 7)}$

13.4. a) $y = x \sqrt{9x - x^2}$ b) $y = x^2 \sqrt{25 - x^2}$

c) $y = x \sqrt{14 + 8x - x^2}$ d) $y = \sqrt{x^2 + 1} - \sqrt{x^2 - 1}$

e) $y = \frac{1}{\sqrt{1 - x^2}}$ f) $y = \frac{1}{\sqrt{x^2 - 4}} - 2$

g) $y = \sqrt{\frac{x}{2 - x}}$ h) $y = x \sqrt{\frac{1 - x}{1 + x}}$

i) $y = \sqrt{\frac{x^3}{x - 1}}$ j) $y = \sqrt{\frac{1 - x^3}{3x}}$

k) $y = \sqrt{(x + 1)^2 - x} - \sqrt{(x - 1)^2 + x}$

l) $y = \frac{1}{2}(\sqrt{(x + 1)^2 - x} + \sqrt{(x - 1)^2 + x})$

13.5. a) $y^2 = x^3 + x + 2$ b) $y^2 = x^3 - 3x + 2$

c) $y^2 = x^3 - 2x + 1$ d) $y^2 = x^4 (x - 1)$

e) $y^2 = x^2 [x (1 - x)]$ f) $y^2 = \frac{1 - x}{x}$

g) $y^2 = \frac{x^2}{1 + x}$ h) $y^2 = \frac{x^2}{1 - x^2}$

i) $y^2 = \frac{x(1 - x)}{(x + 1)^2}$

13.6. a) $y = 2 \sin^2 x$ b) $y = \sin 2x \, \cos x$

c) $y = \sin x \, \cos^2 x$ d) $y = \sin^2 x + 2 \cos^2 x$

e) $y = x \sin x$ f) $y = \frac{\sin x}{x}$

g) $y = \frac{\sin 2x}{\sin x}$ h) $y = x^3 \cos x$

i) $y = \sin x + \frac{1}{2} \sin 2x + \frac{1}{3} \sin 3x$ j) $y = \sin^3 x + \cos^3 x$

k) $y = \sin x \sin\left(x + \frac{\pi}{4}\right)$ l) $y = \cos 2x + 2 \cos\left(\frac{\pi}{3} - x\right)$

13.7. a) $y = e^{-2x}$ b) $y = x\, e^{-x}$ c) $y = x\, e^{\sqrt{x}}$

d) $y = (x^2 - 1)\, e^x$ e) $y = e^{\tan x}$ f) $y = 2\, e^{-x} \sin 2x$

g) $y = e^{2x} \sin 3x$

13.8. a) $y = \ln 3x$ b) $y = \ln (x^2 - 1)$ c) $y = x^2 \ln x$

d) $y = (\ln x)^2 - \ln x$ e) $y = \ln \frac{1 + x}{1 - x}$ f) $y = \frac{x}{\ln x}$

14. Extremwertaufgaben

14.1. a) Zerlegen Sie die reelle Zahl a so in zwei Summanden, daß deren Produkt möglichst groß wird!

b) Zerlegen Sie die Zahl a so in zwei Summmanden, daß das Produkt der m-ten Potenz des einen Summanden und der n-ten Potenz des anderen Summanden möglichst groß wird ($m > 0$, $n > 0$, m und n ganz)!

c) Zerlegen Sie die positive Zahl a so in zwei Summanden, daß die Summe aus dem Verhältnis der beiden Zahlen und dessen reziprokem Wert ein Minimum wird!

14.2. a) Bilden Sie aus einer Strecke a Rechtecke mit möglichst großer Fläche, wobei folgende Fälle zu beachten sind:
1. die Fläche ist an keiner Seite begrenzt (mit a müssen alle 4 Rechteckseiten gebildet werden),
2. die Fläche ist einseitig begrenzt,
3. die Fläche ist zweiseitig begrenzt.
Nennen Sie Anwendungsbeispiele für alle drei Fälle!

b) Verkürzt man die längere Seite eines Rechtecks um den gleichen Betrag wie man die kürzere Seite verlängert, so erhält man ein Rechteck, dessen Flächeninhalt möglichst groß sein soll. Um welchen Wert sind die Seiten des gegebenen Rechtecks zu verändern? Wie groß müssen die Seiten des gesuchten Rechtecks gewählt werden?

c) In einen Kreis mit dem Radius r ist ein Rechteck mit möglichst großem
1. Flächeninhalt
2. Umfang
einzubeschreiben. Welche Abmessungen müssen die Rechtecke jeweils haben?

d) Einem Halbkreis mit dem Radius r ist ein Rechteck einzubeschreiben, dessen eine Seite mit dem Durchmesser zusammenfällt und dessen Flächeninhalt möglichst groß sein soll. Wie groß müssen die Rechteckseiten sein?

e) Die Summe der Katheten eines rechtwinkligen Dreiecks ergibt k. Wie groß müssen die Katheten gewählt werden, damit die Hypotenuse möglichst klein wird?

f) Der Querschnitt eines Tunnels habe die Form eines Rechtecks mit aufgesetztem Halbkreis. Sein Umfang sei U. Für welchen Halbkreisradius wird der Flächeninhalt des Querschnitts am größten?

g) In ein spitzwinkliges Dreieck mit der Grundlinie c und der Höhe h_c ist ein Rechteck mit möglichst großem Flächeninhalt einzubeschreiben, so daß eine Seite des Rechtecks auf c liegt. Welche Abmessungen muß das Rechteck haben? Wie groß ist sein Flächeninhalt?

14.3. a) Welche Abmessungen muß ein Zylinder mit dem Volumen V haben, wenn seine Oberfläche ein Minimum betragen soll? Nennen Sie Anwendungsbeispiele hierfür!

b) Welche Abmessungen muß ein oben offener Quader mit quadratischer Grundfläche und dem Volumen V haben, wenn seine Oberfläche ein Minimum betrage soll? Nennen Sie Anwendungsbeispiele hierfür!

c) Einem geraden Kreiskegel soll ein zweiter von möglichst großem Volumen so einbeschrieben werden, daß seine Spitze im Mittelpunkt des Grundkreises des ersten Kegels liegt. Bestimmen Sie seinen Durchmesser und seine Höhe!

d) Bestimmen Sie das Volumen des größten von allen Kegeln, die einer Kugel mit dem Radius r einbeschrieben werden können!

14.4. a) Von einem Dreieck sind die Summe zweier Seiten und der von ihnen eingeschlossene Winkel gegeben. Wie groß müssen diese Seiten sein, wenn der Flächeninhalt des Dreiecks ein Maximum sein soll?

b) Eine oben offene Rinne soll so aus zwei gleichbreiten Brettern gebaut werden, daß sie möglichst viel Wasser hindurchläßt. Wie groß muß der von beiden Brettern eingeschlossene Winkel gewählt werden?

c) Aus drei gleichbreiten Brettern soll eine Wasserrinne mit trapezförmigem Querschnitt hergestellt werden. Für welchen Neigungswinkel der Seitenflächen wird der Querschnitt am größten?

d) Von allen Dreiecken mit gegebener Grundlinie und gegebenem Flächeninhalt ist dasjenige vom kleinsten Umfang zu bestimmen!

14.5. a) Der Körperschwerpunkt eines schräg nach oben geworfenen Körpers genüge der Gleichung

$$y = f(x) = -\frac{x^2}{50} + x + 2.$$

Berechnen Sie die Scheitelhöhe der Flugbahn!

b) Auf zwei geradlinig verlaufenden und senkrecht aufeinander stehenden Straßen fahren zwei Fahrzeuge in Richtung Kreuzung, das eine mit einer Geschwindigkeit von $10\,\frac{m}{s}$, und das andere mit $15\,\frac{m}{s}$. Als das erste Fahrzeug die Kreuzung passierte, befand sich das zweite 60 m von der Kreuzung entfernt. Zu welchem Zeitpunkt ist die Annäherung der beiden Fahrzeuge am größten?

c) Gegeben seien eine Gerade g und zwei Punkte, A und B, auf derselben Seite der Geraden. Es ist ein auf g liegender Punkt P zu bestimmen, so daß die Entfernungssumme $\overline{AP} + \overline{PB}$ möglichst klein ist. Nennen Sie Anwendungsbeispiele hierfür!

21 Integralrechnung

21.1 Das unbestimmte Integral

In diesem Abschnitt soll die Frage beantwortet werden, aus welcher Funktion F(x) eine vorliegende Funktion f(x) durch Differentiation hervorgegangen ist. Es ist also die zum Differenzieren entgegengesetzte Rechenoperation gesucht. Selbstverständlich muß man sich bei der Behandlung dieses Problems auf ein solches Intervall beziehen, in dem die Funktion f(x) definiert ist.

Definition 21.1:
Die Funktionen f(x) und F(x) sind im Intervall I definiert. Dann nennt man jede Funktion F(x), für die gilt $F'(x) = f(x)$, mit $x \in I$, eine Stammfunktion von f(x).

Beispielsweise lassen sich für $f(x) = 4x$ nachfolgende Funktionen als Stammfunktionen angeben:

$F_1(x) = 2x^2$,
$F_2(x) = 2x^2 + 3$,
$F_3(x) = 2x^2 - 6$ u. a. m.

Sie unterscheiden sich untereinander nur durch konstante Summanden. Es gilt nachfolgender Satz 21.1.

Satz 21.1:
Ist F(x) irgendeine Stammfunktion von f(x) im Intervall I und C eine beliebige Konstante, dann stellt F(x) + C die Menge aller Stammfunktionen von f(x) im Intervall I dar.

Definition 21.2:
Die Menge aller Stammfunktionen F(x) + C der Funktion f(x) im Intervall I heißt unbestimmtes Integral von f(x) und wird in der Form $\int f(x)\,dx = F(x) + C$ dargestellt.

Die in Definition (21.1) zum Ausdruck gebrachte Rechenoperation heißt Integration. Dabei nennt man f(x) den Integranden, C die Integrationskonstante und x die Integrationsvariable. Differenziert man die in der letzten Definition gegebene Gleichung, erhält man

$$\frac{d}{dx}\int f(x)\,dx = f(x). \tag{21.1}$$

Zur eigentlichen Berechnung eines unbestimmten Integrales werden anschließend Integrationsregeln formuliert, die sich hauptsächlich aus den bereitgestellten Ableitungsregeln ergeben.

Satz 21.2:

$$\int a\,f(x)\,dx = a\int f(x)\,dx \quad (a = \text{konst.}). \tag{21.2}$$

Satz 21.3:

$$\int (f_1(x) + f_2(x) + \ldots + f_n(x))\,dx = \int f_1(x)\,dx + \int f_2(x)\,dx + \ldots + \int f_n(x)\,dx \qquad (21.3)$$

Die anschließend zusammengestellten sogenannten Grundintegrale stellen die Umkehrung der Differentiationsregeln für die elementaren Funktionen dar. Wo keine Einschränkungen angegeben sind, ist der Gültigkeitsbereich I die Menge der reellen Zahlen.

$$\int x^n\,dx = \frac{1}{n+1}x^{n+1} + C \qquad \text{mit } x \geq 0,\ n \in P \setminus \{-1\}, \qquad (21.4)$$

$$\text{oder } x < 0,\ n \in G \setminus \{-1\},$$

$$\int \frac{1}{x}\,dx = \ln|x| + C, \qquad \text{mit } x \neq 0. \qquad (21.5)$$

Das Betragszeichen bei ln |x| wird gesetzt, um zu erreichen, daß die Stammfunktion den gleichen Definitionsbereich wie der Integrand besitzt. Oder anders ausgedrückt: Weil sowohl die Funktion $y = \ln(-x)$ als auch die Funktion $y = \ln x$ die Ableitung $y' = \frac{1}{x}$ besitzen.

$$\int \sin x\,dx = -\cos x + C, \qquad (21.6)$$

$$\int \cos x\,dx = \sin x + C, \qquad (21.7)$$

$$\int (1 + \tan^2 x)\,dx = \int \frac{dx}{\cos^2 x} = \tan x + C, \ \text{mit } x \neq \frac{\pi}{2} + k\pi,\ k \in G, \qquad (21.8)$$

$$\int (1 + \cot^2 x)\,dx = \int \frac{dx}{\sin^2 x} = -\cot x + C, \ \text{mit } x \neq k\pi,\ k \in G, \qquad (21.9)$$

$$\int a^x\,dx = (\ln a)^{-1} a^x + C, \ \text{mit } a > 0, \qquad (21.10)$$

$$\int e^x\,dx = e^x + C, \qquad (21.11)$$

$$\int \frac{dx}{1 + x^2} = \arctan x + C, \qquad (21.12)$$

$$\int \frac{dx}{\sqrt{1 - x^2}} = \begin{cases} \arcsin x + C_1 \\ -\arccos x + C_2 \end{cases}, \ \text{mit } -1 < x < 1. \qquad (21.13)$$

Die unterschiedliche Bezeichnung der beiden letzten Integrationskonstanten ist nötig, um eine falsche Aussage zu vermeiden. Obwohl C_1 und C_2 unbestimmt sind, unterscheiden sie sich dennoch um eine konstante Differenz. Nachfolgend einige Beispiele, zu deren Lösung die bisher bereitgestellten Integrationsregeln angewendet werden müssen.

Beispiel 21.1:

$$\int (3x^3 + 2x - 1)\,dx = \int 3x^3\,dx + \int 2x\,dx - \int dx$$
$$= 3\int x^3\,dx + 2\int x\,dx - \int dx$$
$$= 3\,\frac{x^4}{4} + 2\,\frac{x^2}{2} - x + C$$
$$= \frac{3}{4}x^4 + x^2 - x + C.$$

Beispiel 21.2: $\displaystyle\int \frac{dx}{2x^2} = \frac{1}{2}\int x^{-2}\,dx = \frac{1}{2}(-1)\,x^{-1} + C = \frac{-1}{2x} + C.$

Beispiel 21.3: $\displaystyle\int \frac{x\,dx}{\sqrt[3]{x}} = \int x^{\frac{2}{3}}\,dx = \frac{3}{5}\,x^{\frac{5}{3}} + C.$

Beispiel 21.4: $\displaystyle\int \sqrt{2x}\,dx = \sqrt{2}\int x^{\frac{1}{2}}\,dx = \sqrt{2}\,\frac{2}{3}\,x^{\frac{3}{2}} + C = \frac{2\sqrt{2}}{3}\,x\sqrt{x} + C.$

Die Beispiele 21.2 bis 21.4 sollten insbesondere zeigen, wie nützlich, ja sogar notwendig es ist, konstante Faktoren zu Beginn der Rechnung abzuspalten und Brüche sowie Wurzelausdrücke der Variablen in Potenzschreibweise darzustellen.

Beispiel 21.5:

$$\int \frac{3x - 4}{5x^2}\,dx = \int\left(\frac{3}{5x} - \frac{4}{5x^2}\right)dx = \frac{3}{5}\int\frac{dx}{x} - \frac{4}{5}\int x^{-2}\,dx$$
$$= \frac{3}{5}\ln|x| + \frac{4}{5x} + C.$$

Beispiel 21.6: $\int (2x + 3)^2\,dx = \int (4x^2 + 12x + 9)\,dx = \frac{4}{3}x^3 + 6x^2 + 9x + C.$

Beispiel 21.7: $J = \int \cot^2 x\,dx.$

Lösung: Um auf das Grundintegral (21.9) zu kommen, muß zum Integranden 1 addiert und, um den Wert nicht zu verändern, anschließend 1 subtrahiert werden.

$$J = \int ((1 + \cot^2 x) - 1)\,dx = \int (1 + \cot^2 x)\,dx - \int dx = -\cot x - x + C.$$

Beispiel 21.8: $J = \displaystyle\int \frac{x^2}{x^2 + 1}\,dx$. Der Integrand erinnert an das Grundintegral (21.12).

Durch die Partialdivision $x^2 : (x^2 + 1)$ erhält man $1 - \frac{1}{x^2 + 1}$ und das Integral geht über

in $J = \int\left(1 - \frac{1}{x^2 + 1}\right) dx = \int dx - \int\frac{dx}{x^2 + 1} = x - \arctan x + C.$

21.2 Das bestimmte Integral

In diesem Abschnitt soll zunächst der Inhalt eines Flächenstückes bestimmt werden, das von der Kurve der Funktion $y = f(x) > 0$ und der x-Achse im Bereich $a \leq x \leq b$ eingeschlossen wird. Die Schwierigkeit besteht darin, daß dieses Flächenstück im allgemeinen krummlinig begrenzt ist und nicht ohne weiteres in geradlinig begrenzte Flächenstücke, deren Inhalt sich elementar berechnen läßt, zerlegt werden kann. Dem begegnet man auf folgende Weise:

Das Flächenstück wird durch Schnitte parallel zur y-Achse in Streifen zerlegt, die nicht unbedingt gleich breit zu sein brauchen. Die Begrenzungen dieser Streifen liegen bei $x_0 = a, x_1, x_2, \ldots, x_{n-1}, x_n = b$. Die Breite eines solchen Streifens ist dann $\Delta x_i = x_i - x_{i-1}$. Als die Höhe eines Streifens wählt man den Funktionswert $f(\xi_i)$ an einer beliebigen Stelle ξ_i innerhalb des Streifens $(x_{i-1} \leq \xi_i \leq x_i)$. Damit ist $\Delta F_i = f(\xi_i) * \Delta x_i$ der Flächeninhalt dieses Streifens (siehe Bild 21.1). Die Summe aller dieser Streifen ist

$$\sum_{i=1}^{n} \Delta F_i = \sum_{i=1}^{n} f(\xi_i) \Delta x_i. \tag{21.14}$$

Der Inhalt des abgestuften (schraffierten) Flächenstückes kommt dem Inhalt des gesuchten Flächenstückes um so näher, je feiner die Unterteilung ist, d. h. je kleiner alle Δx_i und je größer damit die Anzahl der Streifen ist. Das wird rechnerisch dadurch realisiert, daß man von der rechten Seite in Gleichung (21.14) den Grenzwert für $\Delta x_i \to 0$ bildet.

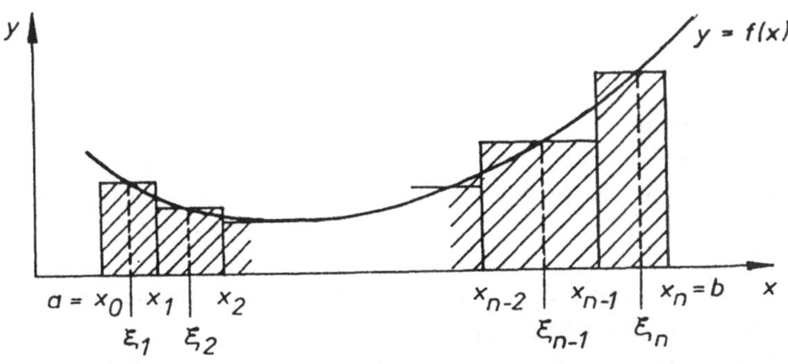

Bild 21.1

Dieser Grenzwert ist, wie sich zeigen läßt, für stetige Funktionen stets ein und dieselbe Zahl F, wie auch immer das Intervall [a; b] unterteilt wird und wie man die Ordinaten ξ_i innerhalb der Teilintervalle $[x_{i-1}, x_i]$ wählt. Der genannte Grenzwert ist die Grundlage der nachfolgenden Definition 21.3.

Definition 21.3:

Den Grenzwert $$\lim_{\Delta x_i \to 0} \sum_{i=1}^{n} f(\xi_i)\, \Delta x_i = \int_a^b f(x)\, dx = F \qquad (21.15)$$

nennt man bestimmtes (Riemannsches) Integral. Dieses Integral stellt den Inhalt des Flächenstückes zwischen der Kurve von f(x) und der x-Achse im Intervall [a, b] dar. Dabei nennt man a die untere und b die obere Grenze des bestimmten Integrals.

Es sei F(x) die Funktion, die den Inhalt des im Bild 21.2 schraffierten Flächenstückes beschreibt. Die untere Grenze a sei dabei fest, was von besonderer Bedeutung ist, die obere Grenze sei variabel. Damit ist F(x) identisch mit dem Integral $\int_a^x f(x)\, dx$.

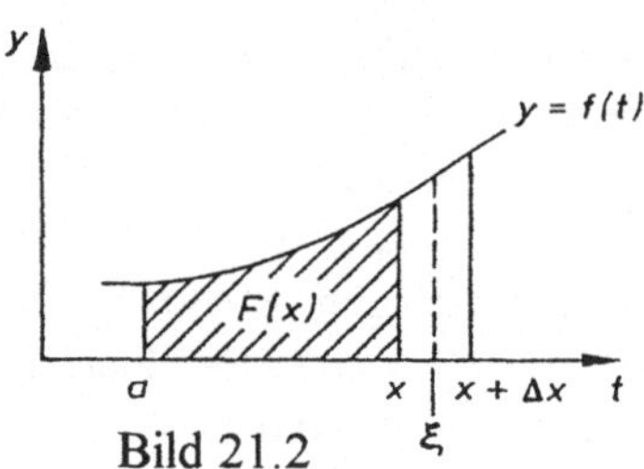

Bild 21.2

Meist verwendet man in diesem Fall zur besseren Unterscheidung von der oberen Grenze als Integrationsvariable t, also $F(x) = \int_a^x f(t)\, dt$. Man sagt dazu, der Flächeninhalt bzw. das Integral ist eine Funktion der oberen Grenze. Zwischen F(x) und $F(x + \Delta x)$ besteht nachfolgende Beziehung:

$$F(x + \Delta x) - F(x) = \Delta x\, f(\xi),$$

mit einem geeigneten ξ aus dem Intervall $[x, x + \Delta x]$. Daraus folgt:

$$\frac{F(x + \Delta x) - F(x)}{\Delta x} = f(\xi).$$

Beim Grenzübergang $\Delta x \to 0$ geht die linke Seite der letzten Gleichung in den Differentialquotienten von F(x), nämlich in F'(x), über und die rechte Seite in f(x), wie sich bei Stetigkeit von f(x) im Intervall beweisen läßt. Man erhält also

$$F'(x) = f(x).$$

Dabei zeigt sich zwischen F(x) und f(x) der gleiche Zusammenhang wie zwischen Stammfunktion und Integrand beim unbestimmten Integral. Daraus ergibt sich der erste Teil der Berechnungsvorschrift für das bestimmte Integral nach (21.16). Außerdem wird dadurch das Integralzeichen in (21.15) gerechtfertigt.

Erstreckt man die zu bestimmende Fläche einmal von a bis x_2 (im Bild 21.3 einfach schraffiert) und zum anderen von a bis x_1 (doppelt schraffiert), ergibt sich der Inhalt des Flächenstückes zwischen x_1 und x_2 als Differenz $F(x_2) - F(x_1)$, wobei der Wert von a keine Rolle spielt. Aus den beiden zuletzt festgestellten Tatsachen läßt sich die Berechnungsvorschrift für bestimmte Integrale formulieren. Sie bildet den Inhalt des nachfolgenden wichtigen Satzes 21.4.

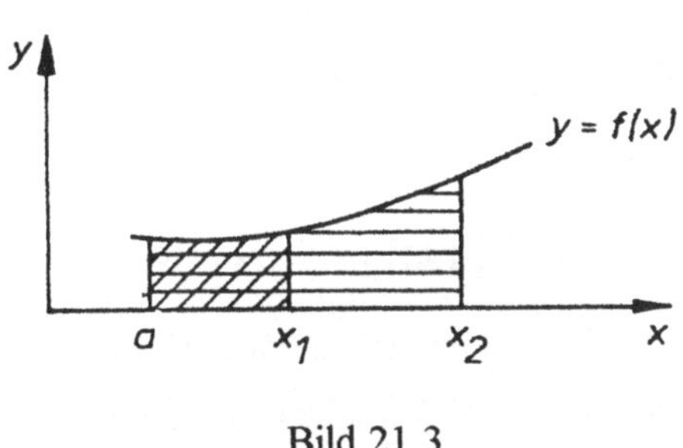

Bild 21.3

Satz 21.4 (Hauptsatz der Differential- und Integralrechnung):
Ist im Intervall $a \leq x \leq b$ f(x) stetig und F(x) eine Stammfunktion von f(x), so gilt

$$\int_a^b f(x)\,dx = F(b) - F(a). \qquad (21.16)$$

Beispiel 21.9: $\int_1^3 (x + 4)\,dx = \left(\frac{x^2}{2} + 4x\right)\Big|_1^3 = \left(\frac{9}{2} + 12\right) - \left(\frac{1}{2} + 4\right) = 12.$

Integriert man eine Funktion über ein Intervall, in dem sie ausschließlich negative Funktionswerte besitzt, ist das Ergebnis negativ, wie am nachfolgenden Beispiel gezeigt wird (dazu Bild 21.4).

Beispiel 21.10: $\int_1^4 \left(\frac{1}{3}x^2 - x - 6\right) dx$

$$= \left(\frac{1}{9}x^3 - \frac{1}{2}x^2 - 6x\right)\Big|_1^4$$

$$= \frac{64}{9} - 8 - 24 - \frac{1}{9} + \frac{1}{2} + 6$$

$$= -\frac{37}{2}$$

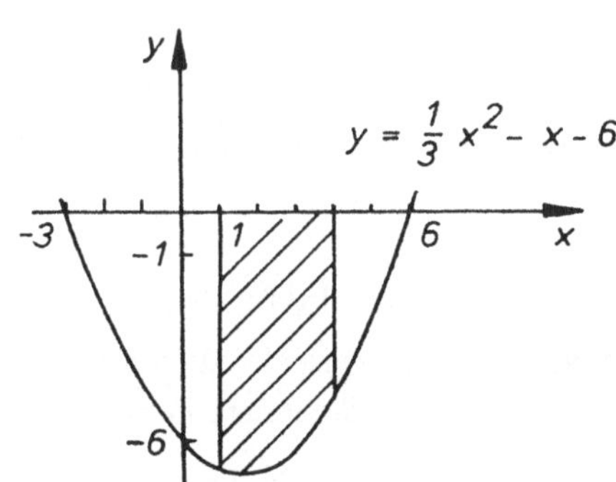

Bild 21.4

Der nachfolgende Satz 21.5 befaßt sich mit zwei bestimmten Integralen, deren Integrationsgrenzen übereinstimmen.

Satz 21.5:
Für zwei im Intervall $a \leq x \leq b$ stetige Funktionen $f_1(x)$ und $f_2(x)$ gilt
$$\int_a^b f_1(x)\,dx \pm \int_a^b f_2(x)\,dx = \int_a^b (f_1(x) \pm f_2(x))\,dx. \qquad (21.17)$$

21.3 Zwei Integrationsverfahren

21.3.1 Integration durch Substitution

Dieses Verfahren zielt darauf ab, den Integranden im Integral $\int f(x)\,dx$ durch Einführung einer neuen Variablen zu vereinfachen. Dafür gibt es zwei Möglichkeiten:

a) Man ersetzt einen Teil des Integranden (oftmals die innere Funktion einer mittelbaren Funktion) durch eine neue Variable: $\varphi(x) = t$

b) Man führt für x selbst eine Substitutionsfunktion ein: $x = g(z)$.

Selbstverständlich muß in beiden Fällen der Integrand, insbesondere auch das Differential, vollständig auf die neue Variable transformiert werden. Ferner muß in jedem Fall zur jeweiligen Substitutionsfunktion die Umkehrfunktion existieren, um die Rücksubstitution zu gewährleisten.

Formelmäßig läßt sich die Substitutionsmethode folgendermaßen darstellen:

Substitutionsregel:
$$\int f(\varphi(x))\,\varphi'(x)\,dx = \int f(t)\,dt, \text{ mit } t = \varphi(x). \qquad (21.18)$$
Dabei müssen die zu $t = \varphi(x)$ inverse Funktion $x = \psi(t)$ sowie die Ableitung $\varphi'(x)$ existieren.

Zum Beweis wird (21.18) nach x differenziert. Dabei ist zu beachten, daß das rechts stehende Integral zunächst nach t differenziert wird, was aber laut Kettenregel eine anschließende Multiplikation mit $\frac{dt}{dx}$ erfordert. Im übrigen wird dabei (21.1) angewandt.

Beispiel 21.11: $J = \int \sqrt{3x - 5}\,dx$.

Lösung: Der Integrand ist eine mittelbare Funktion. Als Substitutionsfunktion $t = \varphi(x)$ bietet sich die innere Funktion, also der Radikand, an: $t = 3x - 5$. Zur Bildung der Ableitung $\frac{dx}{dt}$ wird die Umkehrfunktion $x = \psi(t) = \frac{1}{3}(t + 5)$ differenziert. $\frac{dx}{dt} = \frac{1}{3}$; das gibt $dx = \frac{1}{3}\,dt$. Damit geht das ursprüngliche Integral über in

$$J = \frac{1}{3}\int\sqrt{t}\,dt = \frac{1}{3}\int t^{\frac{1}{2}}\,dt = \frac{2}{9}t^{\frac{3}{2}} + C.$$

Schließlich muß die Substitution wieder rückgängig gemacht werden. Man erhält

$$J = \frac{2}{9}\sqrt{(3x-5)^3} + C.$$

Wenn man, wie im Beispiel 21.11, $t = \varphi(x)$ substituiert und die Existenz der Umkehrfunktion $x = \psi(t)$ ist gewährleistet, braucht man diese nicht erst zu bilden, sondern kann $\frac{dt}{dx} = \varphi'(x)$ unmittelbar bilden und daraus durch Umstellung dx gewinnen. Davon wird im folgenden Beispiel 21.12 Gebrauch gemacht.

Beispiel 21.12: $J = \int\frac{5\,dx}{4-8x}$.

Lösung: Die Substitution lautet $t = 4 - 8x$. Die Umkehrfunktion dazu existiert offensichtlich, also wird differenziert:

$\frac{dt}{dx} = -8$ und daraus folgt $dx = -\frac{1}{8}\,dt$.

$$J = -\frac{5}{8}\int\frac{dt}{t} = -\frac{5}{8}\ln|t| + C.$$

Rücksubstitution: $J = -\frac{5}{8}\ln|4-8x| + C.$

In den Beispielen 21.11 und 21.12 bestehen alle Integranden aus einer mittelbaren Funktion mit linearer innerer Funktion. Diese läßt sich als $\varphi(x) = ax + b$ mit $\varphi'(x) = a$ darstellen. Überträgt man diesen Sachverhalt in Formel (21.18), erhält man:

$$\int f(ax+b)\,a\,dx = \int f(t)\,dt = F(t) + C \text{ bzw.}$$

$$\int f(ax+b)\,dx = \frac{1}{a}\int f(t)\,dt = \frac{1}{a}F(t) + C_1,\ (C_1 = \frac{C}{a})$$

$$= \frac{1}{a}F(ax+b) + C_1.$$

Man erkennt, daß man in Umkehrung der Kettenregel so verfahren kann, daß man die äußere (mittelbare) Funktion integriert und das Ergebnis durch die innere Ableitung dividiert. So kann man im Falle der Möglichkeit einer linearen Substitution (aber auch nur in diesem Fall!) sehr einfach zum Ergebnis gelangen, wenn man nur eine Stammfunktion der äußeren Funktion kennt.

Ein weiterer leicht zu bearbeitender Fall liegt dann vor, wenn der Integrand Produktform hat, wobei ein Faktor mittelbare Funktion und der andere, evtl. bis auf einen konstanten Faktor, Ableitung der inneren Funktion ist. Das entspricht wiederum der

Formel (21.18). Als hauptsächliche Rechenoperation bleibt die Integration der mittelbaren Funktion.

Beispiel 21.13: $J = \int \frac{x}{2} \sqrt{6 - 3x^2}\, dx.$

Man erkennt:

$\sqrt{6 - 3x^2}$ ist mittelbare Funktion,

$6 - 3x^2$ ist innere Funktion und

$-6x$ ist deren Ableitung, was im wesentlichen dem ersten Faktor entspricht.

Lösung: Die innere Funktion wird substituiert: $t = 6 - 3x^2$ und differenziert $dt = -6x\, dx$. Das Integral gehr über in

$$J = -\frac{1}{12} \int t^{\frac{1}{2}}\, dt = -\frac{1}{18} t^{\frac{3}{2}} + C.$$

Nach der Rücksubstitution erhält man schließlich

$$J = -\frac{1}{18} (6 - 3x^2)^{\frac{3}{2}} + C.$$

Beispiel 21.14: $J = \int \frac{x^2\, dx}{x^3 - 4}.$

Lösung: Zweckmäßig wird der Nenner substituiert: $t = x^3 - 4$.

$$\frac{dt}{dx} = 3x^2,\ x^2\, dx = \frac{1}{3}\, dt.$$

$$J = \frac{1}{3} \int \frac{dt}{t} = \frac{1}{3} \ln |t| + C = \frac{1}{3} \ln |x^3 - 4| + C.$$

Im nachfolgenden Beispiel 21.15 soll deutlich gemacht werden, wie notwendig es ist, die Grundintegrale sicher zu beherrschen, um einen Integranden gegebenenfalls zielgerichtet umformen zu können.

Beispiel 21.15: $J = \int \frac{5\, dx}{2 + 3x^2}.$

Lösung: Das Integral hat große Ähnlichkeit mit dem Grundintegral

$\int \frac{dx}{1 + x^2} = \arctan x + C$. Man formt zunächst so um, daß das Absolutglied des Nenners eine 1 wird. Das erreicht man, indem man aus dem Nenner den Faktor 2 ausklammert.

Man erhält $J = \frac{5}{2} \int \frac{dx}{1 + \frac{3}{2} x^2}.$

Zweckmäßig substituiert man jetzt

$t = \sqrt{\frac{3}{2}}\,x$, mit $\frac{dt}{dx} = \sqrt{\frac{3}{2}}$ bzw. $dx = \sqrt{\frac{2}{3}}\,dt$.

Das Integral geht über in

$$J = \frac{5}{2}\sqrt{\frac{2}{3}}\int\frac{dt}{1+t^2} = \frac{5}{\sqrt{6}}\arctan t + C = \frac{5}{\sqrt{6}}\arctan\sqrt{\frac{3}{2}}\,x + C.$$

Beispiel 21.16: Das Integral $J = \int\sqrt{a^2 - x^2}\,dx$ ist mit Hilfe der Substitution $x = a \sin z$ zu lösen!

Lösung: Aus der Substitutionsgleichung ergibt sich

$dx = a \cos z\, dz$ sowie $\sin z = \frac{x}{a}$.

Zur Transformation des Integranden braucht man ferner:

$$\sqrt{a^2 - x^2} = \sqrt{a^2 - a^2 \sin^2 z} = a\sqrt{1 - \sin^2 z} = a \cos z.$$

Und zur Rücktransformation wird noch $z = \arcsin\frac{x}{a}$ benötigt.

Das Integral nimmt nach der Transformation die Form $J = a^2 \int\cos^2 z\, dz$ an. Dieser Integrand läßt sich durch Benutzung von $\cos 2z = 2\cos^2 z - 1$ umformen, indem man diese Gleichung umstellt:

$$\cos^2 z = \frac{1}{2}(1 + \cos 2z).$$

Man erhält

$$\begin{aligned} J &= \frac{1}{2}a^2\int(1 + \cos 2z)\,dz \\ &= \frac{1}{2}a^2\left(z + \frac{1}{2}\sin 2z\right) + C \\ &= \frac{1}{2}a^2(z + \sin z \cos z) + C \\ &= \frac{1}{2}a^2\left(\arcsin\frac{x}{a} + \frac{x}{a^2}\sqrt{a^2 - x^2}\right) + C \\ &= \frac{1}{2}a^2 \arcsin\frac{x}{a} + \frac{1}{2}x\sqrt{a^2 - x^2} + C. \end{aligned}$$

21.3.2 Partielle Integration

Das Produkt zweier Funktionen läßt sich nicht ohne weiteres integrieren. Wohl aber kann man aus der Produktregel der Differentialrechnung durch Integration und Umordnung eine neue Formel erhalten. Sie lautet:

Partielle Integration
Unter der Voraussetzung, daß im Intervall I $u = u(x)$ und $v = v(x)$ differenzierbare

Funktionen sind, gilt dort

$$\int u'\,v\,dx = uv - \int u\,v'\,dx. \qquad (21.19)$$

Beweis:
Durch Differentiation der rechten Seite von (21.19) erhält man den Integranden des auf der linken Seite stehenden Integrals.

Beispiel 21.17: $J = \int x\,e^x\,dx$.

Lösung: Man setzt $u' = e^x$ und $v = x$. Daraus folgt durch Integration bzw. Differentiation $u = e^x$ und $v' = 1$.

Damit geht das Integral über in $J = x\,e^x - \int e^x\,dx$. Es verbleibt ein Restintegral, welches einfacher ist als das ursprüngliche. Nach einer weiteren Integration erhält man das Ergebnis:

$$J = x\,e^x - e^x + C = e^x\,(x - 1) + C.$$

Hätte man für u' und v die nachfolgende Wahl getroffen:

$u' = x$ und $v = e^x$, woraus

$u = \frac{x^2}{2}$ und $v' = e^x$ folgt,

wäre ein schwierigeres Restintegral entstanden, als es in der Aufgabe ursprünglich vorlag.

$$J = \frac{x^2}{2}\,e^x - \int \frac{x^2}{2}\,e^x\,dx.$$

Daraus erkennt man, daß die Wahl von u' und v so getroffen werden muß, daß das Restintegral möglichst einfacher wird als das anfängliche Integral.

Beispiel 21.18: $J = \int e^x \sin x\,dx$.

Lösung:

$u' = e^x$ und $v = \sin x$ mit

$u = e^x$ und $v' = \cos x$ ergibt

$$J = e^x \sin x - \int e^x \cos x\,dx.$$

Es ist eine zweite partielle Integration erforderlich.

$u' = e^x$ und $v = \cos x$ mit

$u = e^x$ und $v' = -\sin x$ ergibt

$$J = e^x \sin x - \left(e^x \cos x + \int e^x \sin x\,dx\right) + C.$$

$$J = e^x\,(\sin x - \cos x) - J + C.$$

Die Auflösung der Gleichung nach J liefert das gesuchte Ergebnis.

$J = \frac{1}{2} e^x (\sin x - \cos x) + C_1.$

Beispiel 21.19: $J = \int \arctan x \, dx = \int 1 * \arctan x \, dx$

Lösung:

$u' = 1, \quad v = \arctan x,$

$u = x, \quad v' = \frac{1}{1 + x^2}.$

Das gibt $J = x \arctan x - \int \frac{x \, dx}{1 + x^2}$. Das Restintegral läßt sich durch Substitution des Nenners lösen. Insgesamt erhält man:

$J = x \arctan x - \frac{1}{2} \ln (1 + x^2) + C.$

21.4 Anwendungen der Integralrechnung

21.4.1 Flächeninhalte

Im Abschnitt 21.2 wurde bereits gezeigt, daß das bestimmte Integral $\int_{x_0}^{x_1} f(x) \, dx$ den Flächeninhalt des Flächenstückes darstellt, das von der Kurve von $y = f(x)$ und der x-Achse im Bereich der Ordinaten $x = x_0$ und $x = x_1$ eingeschlossen wird. Im Integrationsintervall $x_0 \leq x \leq x_1$ wurde dabei vorausgesetzt:

1. f(x) stetig,
2. $f(x) \geq 0$.

Beispiel 21.20: Gesucht ist der Inhalt des Flächenstückes, das von der Parabel $y = -x^2 + 2x + 3$ und der x-Achse im Bereich zwischen den Nullstellen eingeschlossen wird!

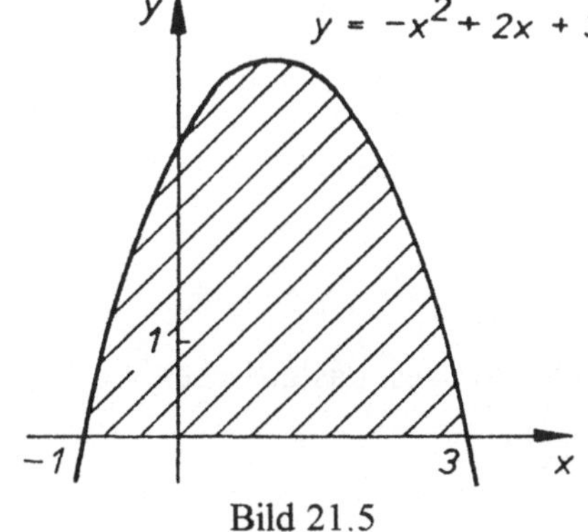

Bild 21.5

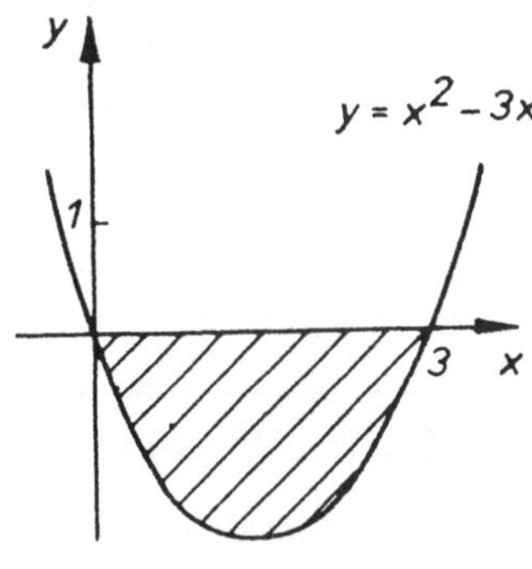

Bild 21.6

Lösung: Die Nullstellen sind $x_1 = -1$ und $x_2 = 3$ (Siehe Bild 21.5). Damit ergibt sich für die Flächenberechnung

$$A = \int_{-1}^{3} (-x^2 + 2x + 3)\, dx = \left(-\frac{1}{3}x^3 + x^2 + 3x\right)\Big|_{-1}^{3} = \frac{32}{3}.$$

Beispiel 21.21: Welchen Inhalt hat das Flächenstück, das von der Parabel $y = x^2 - 3x$ und der x-Achse im Bereich zwischen den Nullstellen eingeschlossen wird?

Lösung: Die Nullstellen sind $x_0 = 0$ und $x_1 = 3$. Bild 21.6 zeigt, daß das Flächenstück unterhalb der x-Achse liegt.

Also folgt $A = \left|\int_{0}^{3} (x^2 - 3x)\, dx\right| = \left|\left(\frac{1}{3}x^3 - \frac{3}{2}x^2\right)\Big|_0^3\right| = \left|-\frac{9}{2}\right|$

$$\underline{\underline{A = \frac{9}{2}.}}$$

Anschließend soll der Inhalt eines Flächenstückes berechnet werden, das im Bereich zweier Ordinaten zwischen zwei Kurven liegt, wie es im Bild 21.7 dargestellt ist. Dafür gilt der nachfolgende Satz:

> **Satz 21.6:**
>
> Sind $f_1(x)$ und $f_2(x)$ stetig im Intervall $x_0 \leq x \leq x_1$ und ist dort außerdem $f_2(x) \geq f_1(x)$, gilt für das von den zugehörigen Kurven im Bereich der Ordinaten $x = x_0$ und $x = x_1$ eingeschlossene Flächenstück
>
> $$A = \int_{x_0}^{x_1} (f_2(x) - f_1(x))\, dx.$$

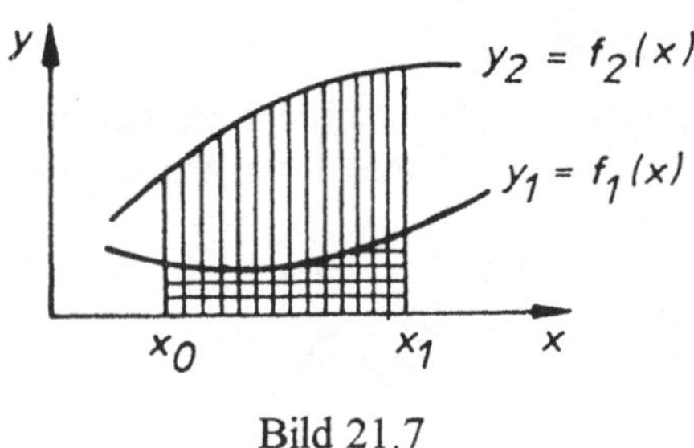

Bild 21.7

Beispiel 21.22: Wie groß ist der Inhalt des Flächenstückes, das zwischen $y = 2x - 2$ und $y = \frac{1}{2}x^2 - 8$ im Bereich ihrer Schnittpunkte liegt?

Lösung: Durch Gleichsetzen beider

Funktionsgleichungen erhält man die Abszissen der Schnittpunkte $x_0 = -2$, $x_1 = 6$ und damit die Integrationsgrenzen. Bild 21.8 zeigt beide Kurven sowie das zu berechnende Flächenstück. Im Integrationsintervall liegt die Gerade über der Parabel, also ist folgender Ansatz nötig:

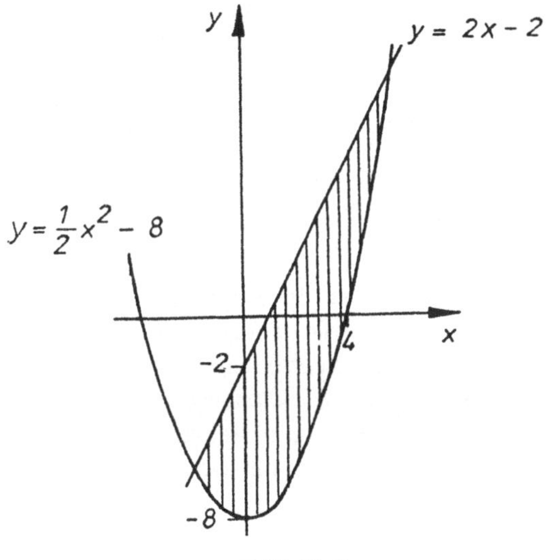

Bild 21.8

$$A = \int_{-2}^{6} ((2x - 2) - (\frac{1}{2}x^2 - 8))\, dx$$

$$= \int_{-2}^{6} \left(-\frac{1}{2}x^2 + 2x + 6\right) dx$$

$$= \left(-\frac{1}{6}x^3 + x^2 + 6x\right) \Big|_{-2}^{6} = \frac{128}{3}$$

Beispiel 21.23: Gesucht sind die Inhalte der Flächenstücke. die von den beiden Kurven $y_1 = x^2 - 1$ und $y_2 = x^3 - 3x^2 - x + 3$ in den Bereichen zwischen ihren Schnittpunkten eingeschlossen werden.

Lösung: Für die Schnittpunkte erhält man die $x_1 = -1$, $x_2 = 1$ und $x_3 = 4$. Bild 21.9 zeigt den Verlauf beider Kurven. Für die Flächeninhalte ergeben sich unter Berücksichtigung, welche der beiden Funktionen im jeweiligen Intervall die größeren Funktionswerte besitzt:

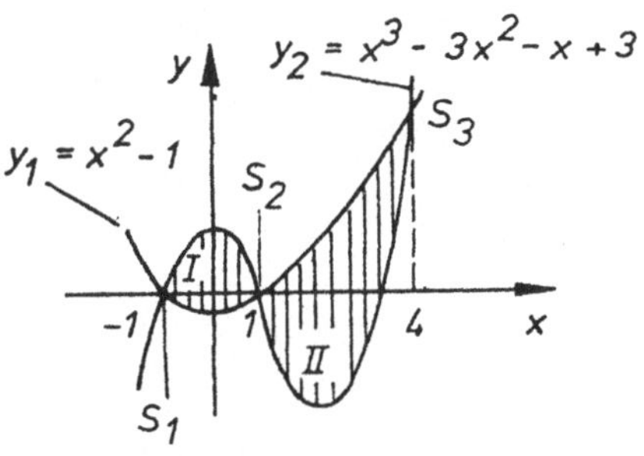

Bild 21.9

$$A_I = \int_{-1}^{1} (y_2 - y_1)\, dx = \int_{-1}^{1} (x^3 - 4x^2 - x + 4)\, dx$$

$$= \left(\frac{1}{4}x^4 - \frac{4}{3}x^3 - \frac{1}{2}x^2 + 4x\right) \Big|_{-1}^{1} = \frac{16}{3}.$$

$$A_{II} = \int_{1}^{4} (y_1 - y_2)\, dx = \int_{1}^{4} (-x^3 + 4x^2 + x - 4)\, dx$$

$$= \left(-\frac{1}{4}x^4 + \frac{4}{3}x^3 + \frac{1}{2}x^2 - 4x \right) \Big|_1^4 = \frac{63}{4}.$$

21.4.2 Volumen von Rotationskörpern

Es sollen Rotationskörper betrachtet werden, die dadurch entstehen, daß ein Flächenstück um die x-Achse rotiert. Das Flächenstück wird durch die x-Achse, zwei Ordinaten bei $x = x_0$ und $x = x_1$ und die zu $y = f(x)$ gehörige Kurve begrenzt.

Im Bild 21.10 sind die Konturen eines solchen Rotationskörpers dargestellt. Er wird durch Schnitte senkrecht zur x-Achse in dünne Scheiben zerlegt. Betrachtet man diese Scheiben als zylindrische Scheiben mit dem Radius $f(\xi_i)$ und der Höhe Δx_i, wird durch die Summe ihrer Rauminhalte das Gesamtvolumen des Rotationskörpers angenähert dargestellt. Der Inhalt einer solchen Scheibe ist $\Delta V_i = f(\xi_i)^2 \pi \Delta x_i$. Durch analoge Betrachtungen wie bei der Einführung des bestimmten Integrals, insbesondere also durch Summation und Grenzwertbildung gelangt man zu Satz 21.7:

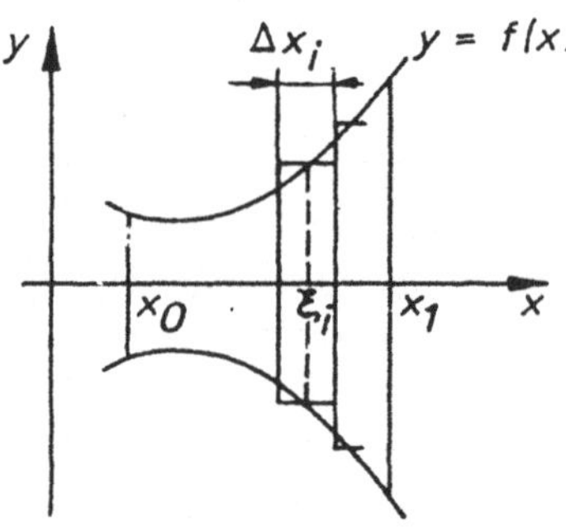

Bild 21.10

Satz 21.7:
Das von der Kurve der Funktion $y = f(x)$, den Ordinaten $x = x_0$ und $x = x_1$ sowie der x-Achse begrenzte Flächenstück rotiert um die x-Achse. Für das Volumen des dadurch erzeugten Rotationskörpers gilt:

$$V = \pi \int_{x_0}^{x_1} f(x)^2 \, dx. \qquad (21.20)$$

Dabei wird $y = f(x)$ im Intervall $x_0 \le x \le x_1$ als stetig vorausgesetzt.

Beispiel 21.24: Die Parabel $y = 8 - x^2$ rotiert im Bereich zwischen ihren Nullstellen um die x-Achse. Wie groß ist das Volumen des erzeugten Rotationskörpers?

Lösung: Die Nullstellen liegen bei $x_{1,2} = \pm 2\sqrt{2}$. Also gilt nach (21.20)

$V = \pi \int_{-2\sqrt{2}}^{2\sqrt{2}} (8 - x^2)^2 \, dx$. Da der Integrand eine gerade Funktion ist und die Integrationsgrenzen symmetrisch zum Koordinatenursprung liegen, kann man schreiben:

$$V = 2\pi \int_0^{2\sqrt{2}} (64 - 16x^2 + x^4)\,dx = 2\pi \left(64x - \frac{16}{3}x^3 + \frac{1}{5}x^5\right)\Bigg|_0^{2\sqrt{2}},$$

$$V = \frac{2048}{15}\pi\sqrt{2} = 606{,}5.$$

21.5 Übungsaufgaben

1. Ermitteln Sie nachfolgende Integrale!

a) $\int x\,(x + a)\,(x + b)\,dx$ b) $\int \tan^2 x\,dx$

c) $\int \left(\frac{5}{t^2} - \frac{t^2}{5}\right) dt$ d) $\int (a + bx^3)^2\,dx$

e) $\int \frac{(x^2 + 2)^2}{x^3\,dx}$ f) $\int \frac{dt}{\sqrt{2t}}$

g) $\int \frac{dx}{2x^2 + 2}$ h) $\int \sqrt{x\sqrt{2x}}\,dx$

i) $\int 3^x e^x\,dx$ k) $\int \frac{3 + 2\cot^2 x}{3\cos^2 x}\,dx$

2. Ermitteln Sie die unbestimmten Integrale der Form $\int f(x)\,dx$ mit nachfolgenden Integranden!

a) $f(x) = 4x^3 - 2x^2 + 4$ b) $f(x) = bx^2 - ax + d$

c) $f(x) = -\left(4 - \frac{1}{2}x + e^x\right)$ d) $f(x) = 2x^{-4} + 3x^{-1} - 5x$

e) $f(x) = \frac{x^2}{a} + \frac{a}{x^2}$ f) $f(x) = \frac{2}{5} * \frac{x^3 - 2x}{4x^2}$

g) $f(x) = (2x^3 - x^6)(x^{-2} + 3x)$ h) $f(x) = (ax + bx^2 + cx^3)^2$

i) $f(x) = \frac{x^6 - 2x^2 + 3x - 7}{5x^3}$ k) $f(x) = \frac{1}{x^3} + \frac{x^2}{\sqrt{x}} - 8\frac{3}{\sqrt[3]{x^2}}$

l) $f(x) = \frac{(x - 2)^2}{\sqrt[3]{x}}$ m) $f(x) = \frac{3x - 4}{x^2\sqrt{x}}$

n) $f(x) = \frac{n\,x^n}{1 + n}$ o) $f(x) = (x^{-1} + x^{-2} + x^{-3})^2$

p) $f(x) = 1 - \tan^2 x$ q) $f(x) = \cos x - \frac{n - 1}{\cos^2 x}$

r) $f(x) = \frac{1}{t} - \frac{1}{x} - 3x^{-\frac{4}{3}}$ s) $f(x) = 3x^2 - \left(2 + \frac{1}{x}\right)^3$

t) $f(x) = \frac{1 + x + x^2}{x(1 + x^2)}$ u) $f(x) = \frac{\sin^2 x - \cos^2 x}{\sin^2 x \cos^2 x}$

3. Berechnen Sie die nachfolgenden bestimmten Integrale!

a) $\int_{-1}^{1} (x + 1)\, dx$ b) $\int_{-1}^{1} (x^2 - 1)\, dx$

c) $\int_{1}^{2} (x^2 + 1)\, dx$ d) $\int_{-1}^{0} (x^3 + x^2 + x + 1)\, dx$

e) $\int_{1}^{2} \frac{(x + 1)^2}{\sqrt{x}}\, dx$ f) $\int_{1}^{8} \frac{dx}{x \sqrt[3]{x}}$

g) $\int_{\frac{\pi}{4}}^{\frac{\pi}{3}} \sin x\, dx$ h) $\int_{1}^{\ln 5} e^x\, dx$

i) $\int_{1}^{4} \frac{dx}{x}$ k) $\int_{1}^{\sqrt{3}} \frac{2\, dx}{1 + x^2}$

4. Ermitteln Sie die unbestimmten Integrale der Form $\int f(x)\, dx$ mit nachfolgenden Integranden!

a) $f(x) = \cot(5x - 2)$ b) $f(x) = e^x \cot(e^x)$

c) $f(x) = (3x - 7)^{-2}$ d) $f(x) = \sin^{-2} 3x$

e) $f(x) = x\sqrt{x^2 + 1}$ f) $f(x) = \sin^3 x \cos x$

g) $f(x) = \frac{2x}{\sqrt{2x^2 + 3}}$ h) $f(x) = \frac{\arcsin x}{\sqrt{1 - x^2}}$

i) $f(x) = \frac{(\ln x)^2}{x}$ k) $f(x) = \frac{3x^2}{2x^3 - 4}$

l) $f(x) = \frac{2}{x \ln x}$ m) $f(x) = \frac{\arctan x}{2 + 2x^2}$

n) $f(x) = \frac{x + 1}{x^2 + 2x + 3}$ o) $f(x) = \frac{1}{(1 + x^2) \arctan x}$

5. Ermitteln Sie die unbestimmten Integrale der Form $\int f(x)\,dx$ mit nachfolgenden Integranden!

a) $f(x) = e^{-2x}$ b) $f(x) = e^{\sin x} \cos x$

c) $f(x) = e^{-x} (3 + 4\,e^{x})$ d) $f(x) = (1 + 2x^2)^{-1}$

e) $f(x) = (1 - 3x^2)^{-\frac{1}{2}}$ f) $f(x) = \frac{e^x}{1 + 3\,e^{2x}}$

g) $f(x) = \frac{e^x}{\sqrt{1 - e^{2x}}}$ h) $f(x) = \frac{x}{\sqrt{1 - x^4}}$

i) $f(x) = \frac{x - \arccos x}{\sqrt{1 - x^2}}$ k) $f(x) = \frac{\sqrt{1 + \ln x}}{x}$

Anleitung zu h): Substituieren Sie $t = x^2$!

6. Berechnen Sie das Integral $I = \int \frac{x + 1}{\sqrt{1 - x^2}}\,dx$:

a) durch Aufspaltung des Integranden in zwei Brüche,
b) mit Hilfe der Substitution $x = \sin z$.

7. Berechnen Sie die nachfolgenden bestimmten Integrale!

a) $\int\limits_1^3 e^{5x}\,dx$ b) $\int\limits_0^{\frac{\pi}{4}} \cos 2x\,dx$

c) $\int\limits_0^{\pi} \sin^2 x \cos x\,dx$ d) $\int\limits_0^{\sqrt{2}} x\sqrt{3 - x^2}\,dx$

e) $\int\limits_0^{\frac{\pi}{3}} \frac{\sin x}{\cos^3 x}\,dx$ f) $\int\limits_0^{6} \frac{\ln(x + 1)}{x + 1}\,dx$ g) $\int\limits_0^{1} \frac{x\,dx}{16 - 9x^2}$

h) $\int_0^{\frac{2}{3}} \frac{dx}{9x^2 + 4}$ i) $\int_0^1 (ax^2 - b)^2\, dx$ k) $\int_0^{\sqrt{3}} \frac{dx}{3x^2 + 3}$

l) $\int_0^{\ln 2} 2^x e^x\, dx$ m) $\int_{\frac{\pi}{8}}^{\frac{\pi}{4}} \cos\left(2x - \frac{\pi}{4}\right) dx$ n) $\int_0^{\frac{\pi}{6}} \tan^2 2x\, dx$

o) $\int_0^{\frac{\pi}{2}} (1 + 2\cos x)^2\, dx$ p) $\int_1^2 \frac{dx}{3x - 2}$ q) $\int_{\frac{\pi}{4}}^{\frac{\pi}{2}} \cos^3 x \sin x\, dx$

r) $\int_{-1}^1 \frac{\ln(x + 2)}{x + 2}\, dx$ s) $\int_{\sqrt{2}}^2 \frac{x\, dx}{x^2 - 1}$ t) $\int_1^2 \frac{x + 1}{x^2 + 2x - 1}\, dx$

u) $\int_0^{\sqrt{2}} \frac{dx}{1 + 2x^2}$ v) $\int_0^{\frac{1}{2}} \frac{dx}{\sqrt{1 - 3x^2}}$ w) $\int_0^{\frac{2}{3}} \frac{dx}{\sqrt{16 - 9x^2}}$

x) $\int_1^e \frac{\sqrt{1 + \ln x}}{x}\, dx$ y) $\int_0^{\ln 2} \frac{e^x\, dx}{e^{2x} + 1}$ z) $\int_0^{\frac{\pi}{4}} \frac{\sin^3 x}{\cos^2 x}\, dx$

8. Berechnen Sie die beiden nachfolgenden Integrale sowohl durch Substitution der Wurzel als auch der des Radikanden!

a) $\int_0^2 x^3 \sqrt{4 - x^2}\, dx$ b) $\int_1^2 x \sqrt{x^2 - 1}\, dx$

9. Ermitteln Sie die unbestimmten Integrale der Form $\int f(x)\, dx$ mit nachfolgenden Integranden!

a) $f(x) = x^2 e^x$ b) $f(x) = x^3 \ln x$ c) $f(x) = x^2 \cos x$

d) $f(x) = \ln x$ e) $f(x) = \arccos x$ f) $f(x) = \ln \sqrt{1 - x}$

g) $f(x) = x \arccos x$ h) $f(x) = e^x \cos x$ i) $f(x) = \sin^2 x$

k) $f(x) = \cos^3 x$ l) $f(x) = \frac{x}{e^x}$ m) $f(x) = \frac{a^x}{e^x}$

n) $f(x) = e^{-x} \sin x$ o) $f(x) = (ax + b)^2 e^x$ p) $f(x) = (\ln x)^2$

q) $f(x) = e^{-\sqrt{x}}$ r) $f(x) = x^2 \ln x$ s) $f(x) = x^3 e^{-x}$

10. Berechnen Sie die nachfolgenden bestimmten Integrale!

a) $\int_1^e x \ln x \, dx$ b) $\int_1^e \ln x \, dx$ c) $\int_0^1 \ln (2 - x) \, dx$

d) $\int_0^1 \arcsin x \, dx$ e) $\int_0^\pi x^2 \sin x \, dx$ f) $\int_0^1 x \arctan x \, dx$

g) $\int_0^{\frac{\pi}{3}} \sin^2 3x \, dx$ h) $\int_0^{\frac{\pi}{2}} \frac{\sin x}{e^{2x}} \, dx$

11. Wie groß ist der Inhalt der Flächenstücke, die durch die Kurven mit nachfolgenden Darstellungen begrenzt sind? Sämtliche Kurven sind zu skizzieren!

a) $y = 3 - 2x - x^2$ und $y = 0$

b) $y = x^3 + 4x^2 + x - 6$ und $y = 0$

c) $y = 10 + x(6 - x)^2$ und $y = 10 + x(3 - 2x)^2$

d) $y = \frac{x}{x+1}$, $x = -0{,}5$, $x = 0{,}5$ und $y = 0$

e) $b^2 x^2 + a^2 y^2 = a^2 b^2$

f) $y = x^4 + 2x^3 - 16x^2 - 2x + 15$ und $y = 0$

g) $y = e^x$, $y = 10$ und $x = 0$

h) $x^2 = 2(y - 2)$ und $y = x + 6$

i) $y = \sin x$, $y = x - \pi$ und $x = 0$

k) $y^3 = x^2$ und $y = 2 - x^2$

l) $xy = 4$, $x = 1$, $x = 4$ und $y = 0$

m) $y = x^3 - x^2 - x + 1$ und $y = 0$

n) $y^2 = 2x + 6$ und $x = 1{,}5$

12. Ist der Wert des bestimmten Integrals $\int_a^b x\,(x - a)\,(x - b)\,dx$ für a, b $\in$ N und $a < b$ positiv oder negativ? Betrachten Sie dazu das durch das Integral erfaßte Flächenstück!

13. Die Hyperbel $xy = 1$ schließt mit der x-Achse und den Geraden $x = 1$ und $x = 10$ ein Flächenstück ein. Das soll durch zwei Geraden, nämlich $x = a$ und $x = b$, in drei flächengleiche Stücke geteilt werden. Wie groß ist der Gesamtinhalt? Wie groß sind a und b?

14. Das Kugelvolumen ist zu berechnen, indem man einen Kreis um seinen Durchmesser rotieren läßt!

15. Die nachfolgend durch ihre Begrenzungskurven gegebenen Flächenstücke rotieren um die x-Achse. Wie groß ist das Volumen der entstehenden Rotationskörper? Die Flächenstücke sind zu skizzieren!

    a) $(y - a)^2 = ax$, $x = a$

    b) $y = \sin x$ und x-Achse mit $0 \leq x \leq \pi$

    c) $b^2 x^2 + a^2 y^2 = a^2 b^2$

    d) $(y - 2)^2 - x = 0$ und $x = 1$

16. Gesucht ist die Volumenformel für einen Rotationskörper, der dadurch entsteht, daß ein Flächenstück um die y-Achse rotiert. Das Flächenstück wird durch die y-Achse, die Geraden $y = y_0$ und $y = y_1$ sowie von der Kurve begrenzt, die durch $x = g(y)$ beschrieben wird!

17. Die nachfolgend durch ihre Begrenzungskurven gegebenen Flächenstücke rotieren um die y-Achse. Wie groß ist das Volumen der entstehenden Rotationskörper? Die Flächenstücke sind zu skizzieren!

    a) $b^2 x^2 + a^2 y^2 = a^2 b^2$ b) $y = 8 - x^2$, $x = 0$ und $y = 0$

    c) $(y - 1)^2 = x - 1$ und $x = 2$ d) $y = \ln x$, $y = -2$, $y = 2$ und $x = 0$

18. Die nachfolgend durch ihre Begrenzungskurven gegebenen Flächenstücke rotieren um die angegebene Achse. Wie groß ist das Volumen der entstehenden Rotationskörper? Die Flächenstücke sind zu skizzieren!

    a) $x^2 + (y - b)^2 = \frac{1}{2} b^2$, x-Achse

    b) $x^2 - y^2 = 1$, $x = \sqrt{5}$, x-Achse

    c) $x^2 - y^2 = 1$, $x = 0$, $y = \sqrt{3}$, $y = -\sqrt{3}$ y-Achse

    d) $y = (x^2 - 2)^2$, $y = 0$, x-Achse

e)	$y = (x^2 - 2)^2,\ y = 0,$	Rotation um Symmetrieachse
f)	$y = 1 + \sin x,\ x = 0,\ x = \frac{3}{2}\pi,$	x-Achse
g)	$xy = 4,\ x = 1,\ y = 1,$	y-Achse
h)	$y = \frac{1}{2}\sqrt{x}\,(2 - x),\ y = 0,$	x-Achse

Lösungen der Übungsaufgaben

Abschnitt 1

1. Zahlenarten und -darstellungen

1.1. Die vier Grundrechenarten sind im Bereich der
a) natürlichen Zahlen,
c) natürlichen Zahlen, ausgenommen die nicht durch null mögliche Division,
ausführbar.

1.2. a) a > b, weil
$\frac{221}{289} > \frac{169}{289}$ ist

c) a > b, weil gilt
$$\frac{888 * 911}{901 * 911} = \frac{808968}{911 * 901} > \frac{896 * 901}{911 * 901} = \frac{807296}{911 * 901}$$

1.3. a) 8,14 . . .
- 1,86 . . .
15,70 . . .
0,628 . . .
Alle Ergebnisse sind irrationale Zahlen.

c) $\frac{13}{6}, -\frac{15}{6}, 1, \frac{4}{9}$
Alle Ergebnisse sind rationale Zahlen.

1.4. a) 11 100 c) 1001001

1.5. a) Es ist
$1{,}7320506 < \sqrt{3} < 1{,}7320509$, weil $2{,}9999992 < 3 < 3{,}0000003$ ist.
Demzufolge ist $\sqrt{3} = 1{,}73205\ldots$

c) $1{,}414213\ldots + 1{,}732050\ldots = 3{,}14626\ldots$

2. Auflösen additiver und multiplikativer Klammern

2.1. a) $3b + 2c$ c) $3a + 4b + 3$

2.2. a) $a^2 - ab + ac$ c) $-4(b - c)$

2.3. a) $18a^2 - ab - 4b^2$ c) $a^2 - 2ac - b^2 + c^2$

2.4. a) $a^2 + 54ab - 29b^2$ c) $-2(ad - bc)$

3. Binomische Formeln

3.1. a) $a^2 - 6ab + 9b^2$ c) $b^2 - a^2$

3.2. a) $16a^4 - 16a^2 + 34a - 24$ c) $9a^2+12ab - 30ac+4b^2 - 20bc+25c^2$

3.3. a) $(7a + 3)^2$ c) $(13a - 5b)^2$

3.4. a) $48a^2 - 16ab + b^2$ c) $(2\sqrt{a} + 3\sqrt{3})^2$

3.5. a) $(a + b)^2 - 1$ c) $(a - b - 1)^2$

3.6. a) $(2a - 3)^2 + (3b - 4)^2 = 25$ c) $(\sqrt{3}\,a - \sqrt{2})^2 - (\sqrt{2}\,b - \sqrt{3})^2 = -1$

4. Ausklammern gemeinsamer Faktoren

4.1. a) $a\,(1 + a)$ c) $4b\,(2a + 5b)$

4.2. a) $(ab + 1)^2$ c) $(a + 1)\,(1 + 4b)$

4.3. a) $(a - b)\,(7c - 9d)$ c) $(5a + 1)\,(3b - 1)$

4.4. a) $-2a^3\,(a - 1)^2$ c) $15\,(a^2 - 4b^2)$

4.5. a) $n^2\,(1 + \frac{1}{n} + \frac{1}{n^2})$ c) $n^3\,(\frac{1}{n} - 2)^3$

5. Division von Klammerausdrücken

5.1. a) Vor.: $a \neq 0$;
$5a - b + 8c$
c) Vor.: $a \neq 0$;
$-7a^2 + 5a - 8$

5.2. a) Vor.: $a \neq -b$;
$3a + 2b$
c) $a \neq -\frac{5}{3}$;
$a - 1$

5.3. a) Vor.: $a \neq -\frac{2}{5}b$;
$7a + 2b - 3c$
c) Vor.: $a \neq \frac{5}{7}b - \frac{3}{7}c$;
$3x - 5y$

5.4. a) Vor.: $a \neq -b$;
$a^2 - ab + b^2$
c) Vor.: $a^2 \neq \frac{3}{4}|b|$;
$4a^2 - 3b$

5.5. a) Vor.: $a \neq -\frac{2}{3}b$;
$3a^2 - 2ab - b^2 + \frac{4b^3}{3a + 2b}$
c) Vor.: $a \neq -b$;
$a^2 - ab + b^2 - \frac{2ab}{a + b}$

5.6. a) Vor.: $x^2 + 3x + 9 \neq 0$;
$x^2 - 4x - 2 - \frac{34x - 25}{x^2 + 3x + 9}$
c) Vor.: $a \neq -\frac{3}{2}b$;
$5a^2 - ab + b^2 + \frac{b^3}{2a + 3b}$

6. Bruchrechnung

6.1. a) $2^2 * 3^2 * 11 * 17 = 6732$ c) $2^3 * 3 * 5 * 19 = 2280$

6.2. a) $2 * 3^4 = 162$ c) $2^4 * 3 * 5 * 7 * 13 = 21840$

6.3.1. a) 0 c) $\frac{56}{5}$

6.3.2. a) Vor.: $a \neq 0$; $1 + \frac{1}{a}$ c) Vor.: $ab \neq 0$; $-\frac{1}{ab}$

6.4.1. a) $\frac{233}{12}$ c) $\frac{176}{81}$

6.4.2. a) $\frac{5a + 3b + 20c}{12}$ c) $\frac{7a - 24b}{96}$

6.4.3. a) Vor.: $ab \neq 0$; $\frac{(2 - a)(a^2 + b^2)}{2ab} - 1$ c) Vor.: $abc \neq 0$; $\frac{a}{b} + \frac{b}{a}$

6.5.1. a) $\frac{11}{6}, \frac{13}{12}, \frac{47}{60}$ c) $\frac{2}{3}, \frac{1}{4}, \frac{2}{15}$

$\frac{3a^2 + 6a + 2}{a(a + 1)(a + 2)}$ für $a \neq 0,\ a \neq -1,\ a \neq -2$

$\frac{2}{a^2 - 1}$ für $|a| \neq 1$

6.5.2. a) Vor.: $a \neq \frac{1}{4}$; $-\frac{1}{4(4a - 1)}$ c) Vor.: $a \neq -1,\ a \neq -\frac{2}{3}$, $-\frac{2a}{(a + 1)(3a + 2)}$

6.5.3. a) Vor.: $axy \neq 0,\ |x| \neq |y|$; $\frac{a - b}{x^2 - y^2}$ c) Vor.: $a \neq 0,\ |a| \neq |b|$; $\frac{1}{(a + b)^2}$

6.5.4. a) Vor.: $ab \neq 0,\ a \neq -b$; $\frac{1}{4(a + b)}$ c) Vor.: $a \neq -2,\ a \neq -3$; $\frac{12}{(a + 2)(a + 3)}$

6.5.5. a) Vor.: $ab \neq 0,\ a \neq -b$; 1 c) Vor.: $ab \neq 0,\ a \neq -\frac{b}{2}$, $\frac{1}{2(2a + b)}$

6.6. Multiplikation von Brüchen

6.6.1. a) 1 c) 1

6.6.2. a) Vor.: $ab \neq 0$; $a^2 + 9b^2$ c) Vor.: $ab \neq 0$; $\frac{4a^2 - 9b^2}{6ab}$

6.6.3. a) Vor.: $a \neq 0,\ a \neq \pm\frac{3}{2}b$;

$-\frac{5b+7}{14a}$

c) Vor.: $a \neq -1$;

$\frac{1}{a+1}$

6.7. Division von Brüchen

6.7.1. a) $\frac{2}{9}$

c) $\frac{a}{b^2}$ für $b \neq 0$

6.7.2. a) $\frac{b}{a} = \frac{1}{c}$ für $abc \neq 0$

c) $\frac{ab}{a+b} = \frac{1}{c}$ für $abc \neq 0,\ a \neq -b$

6.7.3. a) Vor.: $ab \neq 0,\ a \neq -2b$;

$\frac{(a^2-4b^2)(a+2b)}{2a^2b}$

c) Vor.: $ab \neq 0,\ |a| \neq |b|$;

$\frac{a^2+b^2}{a^2-b^2}$

6.7.4. a) Vor.: $a \neq 0,\ a \neq 1$;

a

c) Vor.: $|a| \neq |b|$;

$\frac{a^2+2ab-b^2}{a^2-2ab-b^2}$

6.7.5. a) Vor.: $ab \neq 0,\ a \neq b$,

$a^2+ab+b^2 \neq 0$;

$\frac{1}{a} - \frac{1}{b}$

c) Vor.: $|a| \neq |b|$;

$\frac{1}{2}$

6.7.6. a) Vor.: $ab \neq 0,\ ab \neq 1$;

$\frac{a^2b-a-1}{ab}$

c) Vor.: $a \neq 0,\ a \neq -b$,

$a^2-a-b \neq 0$, d. h. $a \neq \frac{1}{2}(1 \pm \sqrt{1+4b})$;

$\frac{a^2}{a^2-a-b}$

6.8. Vereinfachen von Brüchen durch Kürzen

6.8.1. a) Vor.: $a \neq \frac{10}{7}b$;

$5c$

c) Vor.: $a \neq \frac{7}{2}c - \frac{3}{2}b$;

$17x$

6.8.2. a) Vor.: $a \neq -b$;

$x+y$

c) Vor.: $a \neq -\frac{1}{13}$,

$3a+7b$

6.8.3. a) Vor.: $a \neq \frac{13}{5}b$;

$\frac{1}{5}(5a-13b)$

c) Vor.: $ab \neq -34$;

$\frac{1}{2}ab + 17$

6.8.4. a) Vor.: $|a| \neq |b|$; $\frac{a^2 + b^2}{a + b}$

c) Vor.: $ab \neq 0$, $a \neq - b$; $-\frac{4ab}{a + b}$

6.8.5. a) Vor.: $a \neq - 3b$, $x \neq 3y$; $\frac{1}{2}(\frac{1}{3} a + b)(x^2 + 3xy + 9y^2)$

c) Vor.: $ab \neq 4$; -5

6.8.6. a) Vor.: $a \neq -1$; $2(a - 1)$

c) Vor.: $a \neq - (b + 1)$; $\frac{a - b + 1}{a + b + 1}$

6.9. Rechnen mit (-1)

a) $-\frac{b - c}{d} = \frac{-b + c}{d} = \frac{b - c}{-d} = \frac{c - b}{d} = \frac{c}{d} - \frac{b}{d}$ für $d \neq 0$

c) Vor.: $a \neq - b$; $a - b$

Abschnitt 2

1. Potenzbegriff, Addition und Subtraktion von Potenzen

1.1. a) Vor.: $a \neq 0$; $a^{-4} = \frac{1}{a^4}$

c) $(a - b)^3$

1.2. a) $-\frac{1}{81}$

c) $-\frac{1}{8}$

1.3. a) $-10a^2 b$

c) $3(a - b)^2$

2. Multiplikation und Division von Potenzen mit gleicher Basis

2.1. a) Vor.: $abx \neq 0$; $9a^n x^7$

c) Vor.: $ab \neq 0$; $(ab)^{2(x + 1)}$

2.2. a) Vor.: $xy \neq 0$; $\left(\frac{9}{2}\right)^2 x^{4a - 3} y$

c) Vor.: $abcxyz \neq 0$; $\frac{9by^2 z}{10acx}$

2.3. a) Vor.: $x \neq 0$; $x^{3n} + x^{2n + 2} - x^{n + 1}$

c) Vor.: $ab \neq 0$; $a^3 + a^2 b + ab^2$

3. Potenzieren von Potenzen, Multiplikation und Division von Potenzen mit gleichem Exponenten, Rechnen mit negativen Exponenten

3.1. a) $\frac{9}{16}$

c) Vor.: $a \neq 0$;

c) $\frac{1}{-a^{20}}$

3.2. a) Vor.: $a > 0, b \neq 0$; $\frac{4}{3}a$

c) Vor.: $abxy \neq 0$; $\frac{32\,y^8}{27\,x^6}$

3.3. a) Vor.: $|a| \neq 3\,|b|$; $\frac{3b - a}{3b + a}$

c) Vor.: $a \neq 0, a \neq \frac{2}{3}b, a \neq -\frac{3}{2}b$; $\frac{1}{a^4}(2a - 3b)^2\,(3a + 2b)^2$

3.4. a) Vor.: $xyz \neq 0$; $\frac{7}{10\,z^2}$

c) Vor.: $c \neq 0, |x| \neq |y|$; $\left(\frac{a}{c\,(x + y)}\right)^m * \left(\frac{3b}{c\,(x - y)}\right)^n$

4. Unter welchen Bedingungen können folgende Zahlen Radikand einer Quadratwurzel sein?

4.1. a) $+a$ für $a \geq 0$, $-a$ für $a \leq 0$.
c) $+a^3$ für $a \geq 0$, $-a^3$ für $a \leq 0$.

4.2. a) $+(a - b)$ für $a \geq b$, $-(a - b)$ für $a \leq b$.
c) $a^2 - b^2$ für $|a| \geq |b|$.

5. Addition und Subtraktion von Wurzeln

5.1. a) $-5\sqrt{3}$

c) -33

5.2. a) Vor.: $|r| > |x|$; $\frac{2x\,(2x^2 - 3r^2)}{\sqrt{r^2 - x^2}}$

c) Vor.: $2x^2 - 2kx + k^2 > 0$; $\frac{k^2}{\sqrt{(x - k)^2 + x^2}}$

5.3. a) Vor.: $x < 1$; $\frac{3 - x}{2\sqrt{1 - x}}$

c) Vor.: $|x| < |a|$; $\frac{a^2}{\sqrt{(a^2 - x^2)^3}}$

6. Multiplikation und Division von Wurzeln

6.1. a) 105

c) Vor.: $|a| > |b|$; $\sqrt{\frac{a^2 + b^2}{a^2 - b^2}}$

6.2. a) $7\sqrt{2}$

c) Vor.: $|x| \geq 1$; $6\,(x - 1)\sqrt{x\,(x + 1)}$

6.3. a) $\frac{7}{16}$

c) Vor.: $a + c > 0, b + c > 0, a \neq b$;

$$\frac{(\sqrt{a+c}+\sqrt{b+c})^2}{a-b}$$

7. Radizieren von Potenzen und Wurzeln

7.1. a) $32 * 10^{-5}$ c) $\sqrt[3]{2} = 1{,}26$

7.2. a) Vor.: $a \geq 0$, $n = 1, 2, 3, \ldots$ a^{2n+1} c) Vor.: keine $|a| * b^2$

7.3. a) Vor.: $a \geq b$; $(a^2 - b^2) * \sqrt[3]{a+b}$ c) Vor.: $r \neq 0$; $-\frac{3\sqrt{3}}{2}p$

7.4. a) Vor.: $a > 0$, $b > 0$; $\frac{1}{\sqrt[12]{ab}}$ c) Vor.: $a > 0$; $\sqrt[8]{a^3}$

8. Formen Sie folgende Brüche so um, daß ihre Nenner aus rationalen Zahlen bestehen!

8.1. a) $\frac{\sqrt{3}}{4}$ c) $\frac{5}{6}\sqrt{2}$

8.2. a) Vor.: $a > 0$; $\sqrt[3]{a}$ c) Vor.: $xy > 0$; $\frac{y}{x}\sqrt{xy}$

8.3. a) $\frac{1}{3}(7 + \sqrt{10})$ c) $5(3 + \sqrt{6})$

8.4. a) $4(3\sqrt{2} - 4)$ c) $2(2\sqrt{2} - \sqrt{5})$

8.5. a) $\frac{1}{2}(7 + 3\sqrt{5})$ c) $\sqrt{3}$

8.6. a) $\frac{27\sqrt{15} - 10}{55}$ c) $\frac{1}{7}\sqrt{7(11 - 6\sqrt{2})} = \frac{1}{7}\sqrt{7}(3 - \sqrt{2})$

Abschnitt 3

1. Definition des Logarithmus

1.1. a) $x = 2$ c) $x = \frac{1}{3}$

1.2. a) $x = -1$ c) $x = \frac{2}{3}$

1.3. a) $x = 2$ c) $x = 3$

1.4. a) $x = 16$ c) $x = 10$

1.5. a) $x = 3$ c) $x = \frac{1}{2}$

1.6. a) $x = -3$ c) $x = -2$

1.7. a) $x = 1000$ c) $x = 64$

1.8. a) $x = e^2$ c) $x = \frac{1}{e}$

2. Anwendung der Logarithmengesetze

2.1. a) $4 \lg 2$ c) $\frac{1}{2}$

2.2. a) $\frac{3}{2}$ c) $-\frac{1}{3}$

2.3. a) Vor.: $a > 0$;
$\frac{5}{7} \lg a$
c) Vor.: $a > 0, b > 0, c \neq 0, d > 0$;
$\frac{1}{3} (\lg a + 2 \lg |c| - \lg b - \lg d)$

2.4. a) Vor.: $|a| > |b|$;
$\lg (a^2 + b^2) + \lg (a + b) + \lg (a - b)$
c) Vor.: $a < b$;
$\lg (a + b) + \lg (a - b) - \lg (a^2 + b^2)$

2.5. a) Vor.: $|a| < 1$;
$\frac{1}{2} |\log (1 - a) - \log (1 + a)|$
c) Vor.: $a > 0, b > 0, c > 0, d > 0$;
$\frac{1}{2} \ln a - 2 \ln b - \frac{1}{3} \ln c + 3 \ln d$

2.6. a) Vor.: $a > |b|$;
$\log \sqrt[3]{\frac{a + b}{a - b}}$
c) Vor.: $a > 0, b > 0, c > 0$;
$\lg \frac{ac \sqrt[3]{c}}{\sqrt{b}}$

2.7. a) Vor.: $a > 0, a > b, b > 0$;
$\lg \sqrt[3]{\frac{\sqrt{a^2 - b^2}}{b}}$
c) Vor.: $a > 0, b > 0, c > 0, d > 0$;
$\lg \frac{\sqrt[3]{a}\, bd}{c^2}$

3. Anwendung logarithmischer Grundformeln

3.1. a) $x = 1$ c) $x = \frac{1}{3}$

3.2. a) $x = 30$ c) $x = 2$

3.3. a) $x = 0{,}5321$ c) $x = 4$

Abschnitt 4

1. Elementargeometrie

1.1.1. a) $\frac{\pi}{12} = 0{,}2617$ c) $\frac{7\pi}{12} = 1{,}8317$

1.1.2. a) $22{,}5° = 22°\ 30'$ c) $450°$

1.1.3. a) $0{,}07396$ c) $0{,}5458$

1.1.4. a) $297{,}52° = 297°\ 31'\ 12''$ c) $132{,}42° = 132°\ 25'\ 12''$

1.4. $\overline{A'B'} = \overline{A'C'} = \overline{B'C'} = \frac{\sqrt{2}}{2}(\sqrt{3} - 1)\ \overline{AC}$

1.5. Bezeichnen wir die Seite des Quadrates mit s, die beiden Katheten mit a und b, die Hypotenusenabschnitte mit u und v, so ist

a) $s = \frac{ab}{a + b}$ b) $s = \frac{uv}{\sqrt{u^2 + v^2}}$

2. Bestimmen von Werten mittels Taschenrechners

2.1. a) $\sin\alpha = 0{,}73432$ $\cos\alpha = 0{,}67880$
$\tan\alpha = 1{,}0817939$ $\cot\alpha = 0{,}9243905$

c) $\sin\alpha = 0{,}99755$ $\cos\alpha = 0{,}069925$
$\tan\alpha = 14{,}273816$ $\cot\alpha = 0{,}070058$

2.2. a) $\sin\alpha = 0{,}8290$:
$\alpha = 55{,}996° + k * 360° = 0{,}977 + k * 2\pi$,
$\alpha = 124{,}004° + k * 360° = 2{,}164 + k * 2\pi$,

$\cos\alpha = 0{,}8290$:
$\alpha = 34{,}004° + k * 360° = 0{,}593 + k * 2\pi$,
$\alpha = -34{,}004° + k * 360° = -0{,}593 + k * 2\pi$.

$\tan\alpha = 0{,}8290$:
$\alpha = 39{,}659° + k * 180° = 0{,}692 + k\pi$.

$\cot\alpha = 0{,}8290$:
$\alpha = 50{,}341° + k * 180° = 0{,}879 + k\pi$.

c) Für $a = -2{,}145$ sind $\sin\alpha$ und $\cos\alpha$ nicht definiert.

$\tan\alpha = -2{,}145$:
$\alpha = -65{,}005° + k * 180° = -1{,}135 + k\pi$.

$\cot \alpha = -2{,}145$:
$\alpha = -24{,}995° + k * 180° = -0{,}436 + k\pi$.

3. Berechnungen am rechtwinkligen Dreieck

3.1. a) $\sin \alpha = 0{,}6$, $\cos \alpha = 0{,}8$, $\tan \alpha = 0{,}75$, $\cot \alpha = 1{,}33$

3.2. a) $c = 92{,}7$ cm
$\alpha = 32{,}64°$
$\beta = 57{,}36°$

c) $a = 24$ cm
$c = 74$ cm
$\beta = 71{,}1°$

3.3. a) $h_c = 11{,}44$ cm
$\alpha = \beta = 9{,}98°$
$\gamma = 160{,}03°$
$A = 743{,}6\ \text{cm}^2$

c) $c = 22{,}3$ cm
$h_c = 37{,}27$ cm
$\alpha = \beta = 73{,}35°$
$A = 416\ \text{cm}^2$

3.4. a) Horizontale und vertikale Geschwindigkeitskomponente betragen jeweils $14{,}14\ \frac{m}{s}$.

c) Die Höhe des Baumes beträgt 14,19 m.

4. Berechnungen am beliebigen Dreieck

4.1. a) $c = 68{,}04$ m
$\alpha = 55{,}7°$
$\gamma = 18{,}3°$

c) $c = 189{,}56$ m
$\alpha = 53°$
$\beta = 79{,}5°$

4.2. a) Die in den beiden Seilen auftretenden Kräfte sind 2627,2 N und 3073,9 N.

c) Die Entfernung zwischen den beiden Punkten A und B beträgt 76,42 m.

5. Anwendung trigonometrischer Formeln

5.1. a) $\cos \alpha = \pm \frac{\sqrt{2}}{2}$

$\tan \alpha = \pm 1$

$\cot \alpha = \pm 1$

c) $\sin \alpha = \pm \frac{\sqrt{3}}{2}$

$\cos \alpha = \pm \frac{1}{2}$

$\cot \alpha = \frac{\sqrt{3}}{3}$

5.2. Es werden hierbei nur Gleichungen angegeben, mit denen die Beweisführung vorgenommen werden kann.

5.2.1. a) Vor.: $\alpha \neq \frac{\pi}{2} + k\pi$;

$\tan \alpha = \frac{\sin \alpha}{\cos \alpha}$,

c) wie a)

$\sin^2 \alpha + \cos^2 \alpha = 1.$

5.2.2. a) $\sin^2 \frac{\alpha}{2} + \cos^2 \frac{\alpha}{2} = 1$, $\cos \alpha = \cos^2 \frac{\alpha}{2} - \sin^2 \frac{\alpha}{2}$

c) Vor.: $\alpha \neq k\pi$;

$$\tan \frac{\alpha}{2} = \frac{\sin \frac{\alpha}{2}}{\cos \frac{\alpha}{2}},$$

$\cos \alpha = \cos^2 \frac{\alpha}{2} - \sin^2 \frac{\alpha}{2}$, $\sin^2 \frac{\alpha}{2} + \cos^2 \frac{\alpha}{2} = 1$,

$\sin \alpha = 2 \sin \frac{\alpha}{2} \cos \frac{\alpha}{2}.$

5.2.3. a) $4 \sin^3 \alpha = 3 \sin^3 \alpha + \sin^3 \alpha$,
$1 - \sin^2 \alpha = \cos^2 \alpha$,
$3 \sin \alpha \cos^2 \alpha = 2 \sin \alpha \cos^2 \alpha + \sin \alpha \cos^2 \alpha$,
$\cos^2 \alpha - \sin^2 \alpha = \cos 2\alpha$,
$\sin 3\alpha = \sin (2\alpha + \alpha) = \sin 2\alpha \cos \alpha + \cos 2\alpha \sin \alpha.$

c) Vor.: $\alpha \neq \frac{\pi}{6} + k\pi$, $\alpha \neq \frac{11\pi}{6} + k\pi$,

$\alpha \neq \frac{\pi}{2} + k\pi$;

$\tan \alpha = \frac{\sin \alpha}{\cos \alpha}$,
$1 - \sin^2 \alpha = \cos^2 \alpha$, $1 - \cos^2 \alpha = \sin^2 \alpha$,
$\sin 3\alpha = 3 \sin \alpha - 4 \sin^3 \alpha$,
$\cos 3\alpha = 4 \cos^3 \alpha - 3 \cos \alpha.$

5.2.4. a) $\cos^2 \alpha - \sin^2 \alpha - \sin^2 \alpha = \cos 2\alpha.$

c) $2 \sin \frac{\alpha}{2} \cos \frac{\alpha}{2} = \sin \alpha$, $1 - 2 \sin^2 \alpha = \cos 2\alpha.$

5.2.5. a) $\sin 2\alpha = 2 \sin \alpha \cos \alpha$,
$\sin 4\alpha = 2 \sin 2\alpha \cos 2\alpha.$

c) $\sin (\alpha + \frac{2}{3} \pi) = \sin \alpha \cos \frac{2}{3} \pi + \sin \frac{2}{3} \pi \cos \alpha$,

$\sin (\alpha + \frac{4}{3} \pi) = \sin (\pi + \alpha + \frac{\pi}{3}) = - \sin (\alpha + \frac{\pi}{3})$,

$$= -\sin\alpha\cos\frac{\pi}{3} - \sin\frac{\pi}{3}\cos\alpha.$$

Abschnitt 5

1. Betrag und Darstellung

1.1. a) $|z| = \sqrt{2}$ 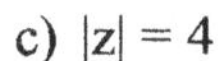 c) $|z| = 4$

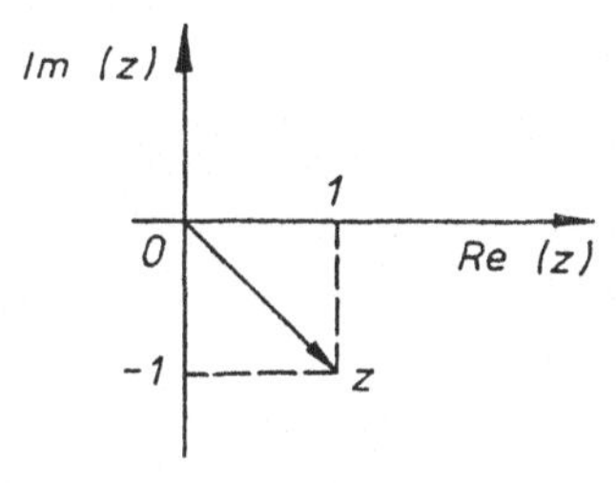

Bild 5.4

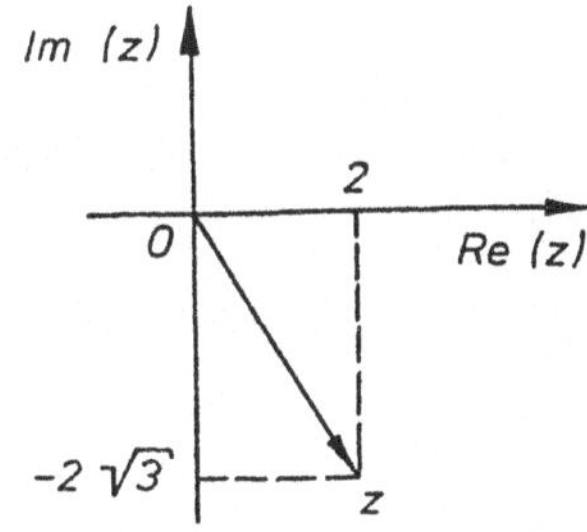

Bild 5.5

1.2. a) Diese Zahlen z liegen auf einem Kreis um den Nullpunkt der Gaußschen Zahlenebene mit dem Radius $r = \sqrt{2}$.

c) Diese Zahlen liegen außerhalb des unter a) genannten Kreises.

2. Addition und Subtraktion

2.1. a) $3 + 3j$ c) 2

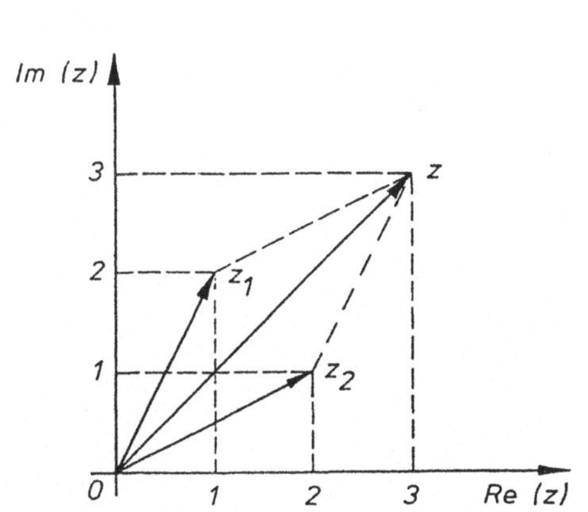

Bild 5.6

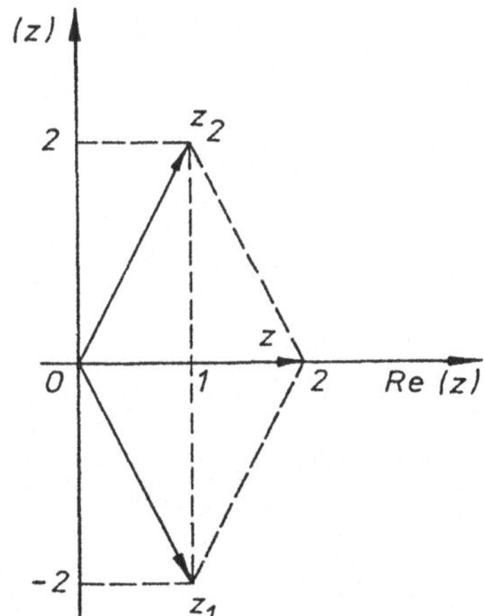

Bild 5.7.

2.2. a) $2 + 2j$ c) $4j$

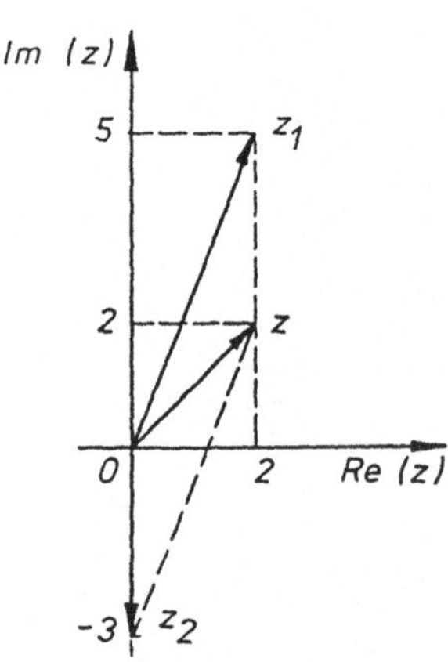

Bild 5.8

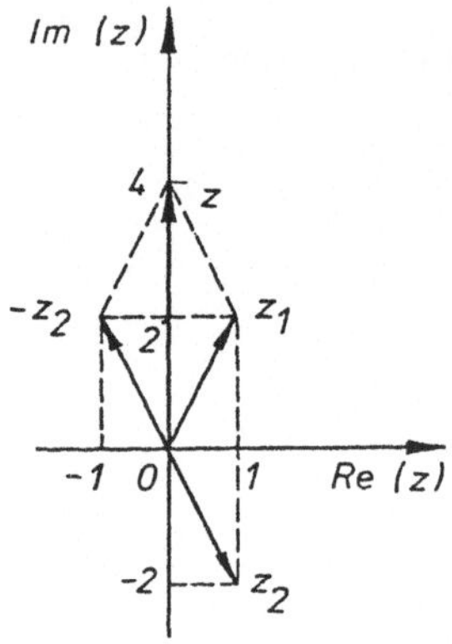

Bild 5.9

3. Multiplikation und Division

3.1. a) $(6 + \sqrt{6}) + (3\sqrt{3} - 2\sqrt{2})\,j = 8{,}4435 + 2{,}3677j$

c) $18 - 72j$

3.2. a) $(2\,x2 - y2) + 3xyj$ c) $(\frac{8}{9}a^2 + 15\,b^2) - \frac{2}{3}abj$

3.3.1. a) $\frac{1}{5} - \frac{2\sqrt{6}}{5}j$ c) $3 + 4j$

3.3.2. a) $-\sqrt{3} + \sqrt{2}\,j$ c) $\frac{3}{7}\sqrt{3} + \frac{1}{7}j$

3.3.3. a) Vor.: $ab \neq 0$; $\frac{28a^2 - 21b^2}{16a^2 + 9b^2} + \frac{ab}{16a^2 + 9b^2}j$ für $16a^2 \neq -9b^2$

c) $2a$

4. Zusammengesetzte Aufgaben

4.1. a) $(\frac{1}{2}\sqrt{3} - \frac{1}{4}) - (\frac{1}{2} + \frac{1}{4}\sqrt{3})j = 0{,}616 - 0{,}933\,j$

c) $-\frac{1}{4}\sqrt{3} - \frac{1}{4}j$

4.2. a) 1 c) $-\frac{1}{4}\sqrt{3}+\frac{1}{4}j$

4.3. a) $\frac{1}{2}\sqrt{5}$ c) $(\frac{1}{2}\sqrt{3}-\frac{1}{4})+(\frac{1}{2}+\frac{\sqrt{3}}{4})j$

4.4. a) $\frac{1}{2}$ c) $\frac{1}{2}$

4.5. a) $x_1=-2, \quad x_2=1-j$ c) $x_1=\sqrt{2}j, \quad x_2=-\frac{\sqrt{2}}{2}j$

Abschnitt 6

1. Lineare Gleichungen mit einer Unbekannten

1.1. Gleichungen ohne Brüche

1.1.1. a) $x=3$ c $x=-3$

1.1.2. a) $x=c$ für $a \neq b$
x bel. für $a=b$
c) $x=-(a+b)$ für $a \neq b$;
x bel. für $a=b$

1.2. Bruchgleichungen mit bestimmten Koeffizienten und Faktoren im Nenner

1.2.1. a) $x=7$ c) $x=0$

1.2.2. a) $x=-\frac{11}{2}$ c) $x=4$

1.2.3. a) $x=\frac{4}{3}$ c) $x=10$

1.2.4. a) $x=2$ c) $x=\frac{14}{13}$

1.3. Bruchgleichungen mit unbestimmten Koeffizienten und Faktoren im Nenner

1.3.1. a) Vor.: $abcx \neq 0$;
$x=\frac{a+b+c}{a^2+b^2+c^2}$ für $a^2+b^2+c^2 \neq 0$ und
$a+b+c \neq 0$ (entsprechend der Vor.).

c) Vor.: $ab \neq 0$;
$x=a+b$ für $a \neq \frac{3}{2}b$; x bel. für $a=\frac{3}{2}b$.

1.3.2. a) Vor.: $a \neq 0$;
$x=\frac{a}{a-1}$ für $a \neq 1$ und $b \neq 0$;
x bel. für $b=0$ (a bel.); keine Lösung für $a=1$ und $b \neq 0$.

c) Vor.: $x \neq 0$;
$x = \frac{2}{b+1}$ für $a \neq 0$ und $b \neq -1$;
x bel., aber $x \neq 0$ (entsprechend der Vor.) für $a = 0$;
keine Lösung für $b = -1$ und $a \neq 0$.

1.3.3. a) Vor.: $ab \neq 0$;
$x = 1$ für $a^2 + b^2 \neq 0$ (entsprechend Vor.).

c) Vor.: $b \neq 0$;
$x = 1$ für $a^3 + 2b + 2c + b^3 \neq 0$;
x bel. für $a^3 + 2b + 2c + b^3 = 0$.

1.4. Bruchgleichungen mit bestimmten Koeffizienten und Summen im Nenner

1.4.1. a) $x = 18$ c) $x = 50$

1.4.2. a) $x = \frac{3}{8}$ c) $x = 0$ e) $x = -2$ g) $x = \frac{5}{2}$ i) $x = \frac{5}{2}$

1.4.3. a) $x = 6$ c) $x = 2$ e) $x = \frac{5}{2}$ g) $x = 2$

1.4.4. a) $x = 10$ c) $x = 14$ e) $x = 2$ g) $x = \frac{1}{2}$

1.4.5. a) $x = 20$ c) $x = 3$

1.5. Bruchgleichungen mit unbestimmten Koeffizienten und Summen im Nenner

1.5.1. a) Vor.: $x \neq 2a$, $a \neq b$;
$x = 2b$ für $a \neq 0$;
x bel., aber $x \neq 0$ für $a = 0$ (siehe Vor.!).

c) Vor.: $x \neq \frac{a}{2}$, $x \neq \frac{b}{2}$,
$x = 0$ für $a \neq b$;
x bel., aber $x \neq \frac{a}{2}$ und $x \neq \frac{b}{2}$ für $a = b$ (siehe Vor.!).

1.5.2. a) Vor.: $x \neq -b$;
$x = \frac{a - 3b}{2}$ für $a \neq b$ (entsprechend der Vor.!).

c) Vor.: $|a| \neq |b|$;
$x = a^2 - b^2$ für $b \neq 0$.
x bel. für $b = 0$.

e) Vor.: $ab \neq 0$, $a \neq -b$;

$x = \frac{ab}{a+b}$ für $a^2b + ab^2 - 1 \neq 0$, d. h.

für $a \neq -\frac{b}{2} \pm \sqrt{\frac{b^3+4}{4b}}$;

x bel. für $a = -\frac{b}{2} \pm \sqrt{\frac{b^3+4}{4b}}$.

g) Vor.: $ab \neq 0$, $a \neq -b$;

$x = \frac{ab}{a+b}$ für $a \neq -b$, (ist laut Vor. stets erfüllt) und $a^2 + a + b + b^2 \neq 0$, d.h.

für $a \neq -\frac{1}{2}(1 \mp \sqrt{1 - 4b - 4b^2})$;

x bel. für $a = -\frac{1}{2}(1 \mp \sqrt{1 - 4b - 4b^2})$.

1.5.3. a) Vor.: $|x| \neq \frac{3}{2}|a|$;

$x = 2a$ für $a \neq 0$;
x bel., aber $x \neq 0$ für $a = 0$ (siehe Vor.!).

c) Vor.: $|x| \neq 2$;
$x = 2ab$ für $a \neq -b$;
x bel., aber $|x| \neq 2$ für $a = -b$ (siehe Vor.!).

e) Vor.: $b \neq 0$, $|a| \neq |b|$;
$x = \frac{a-b}{a+b}$ für $|a| \neq |b|$ (ist laut Vor. stets erfüllt).

1.6. Bruchgleichungen, die Doppelbrüche enthalten

a) $x = \frac{1}{3}$

c) Vor.: $ax \neq 0$, $x \neq -\frac{1}{a}$,
$x = a$

1.7. Sachaufgaben

1.7.1. Die gesuchte Zahl heißt $\frac{13}{2}$.

1.7.3. Die gesuchte Zahl heißt 8.

1.7.5. Die gesuchte Zahl heißt 5.

1.7.7. Die gesuchte Zahl heißt 5.

1.7.9. Die Zahl 25 ist in 10 und 15 zu zerlegen.

1.7.11. Der Bruch ist $\frac{21}{49}$.

1.7.13. Die Quadratwurzel soll von 223 ermittelt werden.

1.7.15. Der Angestellte hatte 72 Broschüren zum Verkauf.

1.7.17. Der Vater ist 36 und der Sohn 8 Jahre alt.

1.7.19. a) Die Einzelwiderstände betragen $R_1 = R_2 = 150\ \Omega$, $R_3 = 300\ \Omega$, $R_4 = 450\ \Omega$
b) Der hindurchfließende Strom hat eine Stärke von $0{,}1047\ A \approx 0{,}105\ A$.
c) Die Teilspanfu□gen haben die Werte $U_1 = U_2 \approx 15{,}7\ V$, $U_3 \approx 31{,}4\ V$, $U_4 \approx 47{,}2\ V$.

1.7.21. a) Die drei Widerstände müssen die Werte 20 kΩ, 40 kΩ und 120 kΩ haben.
b) Die drei Widerstände müssen die Werte 500 Ω, 1000 Ω und 3000 Ω haben.

1.7.23. In dem Behälter befinden sich 38,824 Liter Benzin und 1,176 Liter Öl.

1.7.25. Die Spitzengruppe benötigt 38s zum Überfahren der Brücke.

1.7.27. Die Zeitdifferenz beträgt 0,62 s.

Abschnitt 7

(1)

A	B	$A \wedge B$	$\overline{(A \wedge B)}$	$\overline{A}$	$\overline{B}$	$(\overline{A} \vee \overline{B})$
w	w	w	f	f	f	f
w	f	f	w	f	w	w
f	w	f	w	w	f	w
f	f	f	w	w	w	w

(3)

A	B	C	$B \vee C$	$A \wedge (B \vee C)$	A(∧ B	$A \wedge C$	$(A \wedge B) \vee (A \wedge C)$
w	w	w	w	w	w	w	w
w	w	f	w	w	w	f	w
w	f	w	w	w	f	w	w
w	f	f	f	f	f	f	f
f	w	w	w	f	f	f	f
f	w	f	w	f	f	f	f
f	f	w	w	f	f	f	f
f	f	f	f	f	f	f	f

Abschnitt 8

1. a) $a + \frac{1}{a} = b$

$$\left(a + \frac{1}{a}\right)^2 = b^2$$

$$a^2 + 2 + \frac{1}{a^2} - 3 = b^2 - 3$$

$$\left(a^2 + \frac{1}{a^2} - 1\right)\left(a + \frac{1}{a}\right) = (b^2 - 3)\, b$$

$$a^3 + \frac{1}{a^3} = b^3 - 3b$$

2. a) Angenommen, es wäre $\frac{3x - 4}{2x + 4} \leq -1$.
Dann würde folgen (wegen $2x + 4 > 0$)

$$3x - 4 \leq -2x - 4$$
$$3x \leq -2x$$
$$5x \leq 0$$
$$x \leq 0,$$

was ein Widerspruch zur Voraussetzung $0 < x < \infty$ ist.

3. a) $n = 1 : 1 = \frac{(1 + 1) * 1}{2} = 1.$

V: $1 + 2 + \ldots + k = \frac{(k + 1) * k}{2}.$

B: $1 + 2 + \ldots + k + (k + 1) = \frac{(k + 2)(k + 1)}{2}.$

V → B: $1 + 2 + \ldots + k + (k + 1) = \frac{(k + 1) * k}{2} + (k + 1)$

$$= \frac{(k + 1) * k + (k + 1) * 2}{2}$$

$$= \frac{(k + 1)(k + 2)}{2}.$$

b) $n = 1 : 1^2 = \frac{(2 * 1 + 1)(1 + 1) * 1}{6} = \frac{3 * 2}{6} = 1.$

V: $1^2 + 2^2 + \ldots + k^2 = \frac{(2k + 1)(k + 1) * k}{6}.$

B: $1^2 + 2^2 + \ldots + k^2 + (k + 1)^2 = \frac{(2k + 3)(k + 2)(k + 1)}{6}.$

V → B: $1^2 + 2^2 + \ldots + k^2 + (k + 1)^2 = \frac{(2k + 1)(k + 1)}{6} + (k + 1)^2$

$$= (k + 1)\frac{(2k + 1) * k + 6(k + 1)}{6}$$

$$= \frac{1}{6}(k + 1)(2k^2 + 7k + 6)$$

$$= \frac{1}{6}(k + 1)(2k + 3)(k + 2)$$

c) $n = 0 : 2^0 = 2^{0+1} - 1 = 1.$
V: $2^0 + 2^1 + \ldots + 2^k = 2^{k+1} - 1.$
B: $2^0 + 2^1 + \ldots + 2^k + 2^{k+1} = 2^{k+2} - 1.$
$V \to B$: $2^0 + 2^1 + \ldots + 2^k + 2^{k+1} = 2^{k+1} - 1 + 2^{k+1}$
$= 2 * 2^{k+1} - 1$
$= 2^{k+2} - 1$

Abschnitt 9

1. a) $\{2, 3, 5, 7, 11, 113, 17, 19\}$
   b) $\{-3, 2\}$
   c) $\{2\}$
   d) $\emptyset$
2. b) $x \in M, y \in M, z \notin M$
   c) $x \in M, y \notin M, z \in M$
   d) $x \notin M, y \in M, z \in M$
3. a) $M_1 \subset M_2$ b) $M_1 = M_2$ c) $M_3 \subset M_1 \subset M_2$
4. $\{a, u, t, o\}$, $\{a, u, t\}$, $\{a, u, o\}$, $\{a, t, o\}$, $\{u, t, o\}$,
   $\{a, u\}$, $\{a, t\}$, $\{a, o\}$, $\{u, t\}$, $\{u, o\}$, $\{t, o\}$,
   $\{a\}$, $\{u\}$, $\{t\}$, $\{o\}$, $\emptyset$
5. b) $M_1 \cup M_2 = \{2, 3, 4, 6, 8, 9, 10, 12, 14, 15, 16, 18, \ldots\}$
   $M_1 \cap M_2 = \{6, 12, 18, \ldots\}$
   $M_2 \setminus M_2 = \{2, 4, 8, 10, 14, 16, \ldots\}$
   $M_2 \setminus M_1 = \{3, 9, 15, \ldots\}$
   c) $M_1 \cup M_2 = \{1, 2, -2\}$
   $M_1 \cap M_2 = \{1\}$
   $M_1 \setminus M_2 = \{-2\}$
   $M_2 \setminus M_1 = \{2\}$
6. $M \cup \emptyset = M$
   $M \cap \emptyset = \emptyset$
   $M \setminus \emptyset = M$
7. $M \cup M = M$
   $M \cap M = M$
   $M \setminus M = \emptyset$
8. $M = \{4\}$
9. a) M_1 b) M_1 c) M d) $\emptyset$

10. $M_1 = \{1, 2, 3, 4, 5\}$, $M_2 = \{1, 3, 5\}$

11. a) $M_1 \setminus M_2 = M_1$ b) $M_1 \setminus M_2 = \varnothing$

12. a) $[-3, 7)$ b) $[1, 2)$ c) $[-3, 1)$ d) $[2, 7)$
e) $M_1 \times M_2 = \{ (x, y) \mid x \in [-3, 2) \wedge y \in [1, 7) \}$ (Bild 9.12)

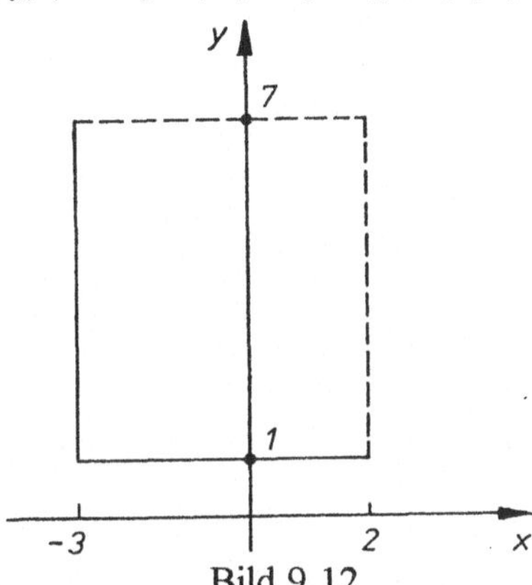

Bild 9.12

13. b) F_1 ist Abbildung aus M_1 auf M_2, $D = \{1\}$, $W = M_2$.
F_2 ist Abbildung aus M_1 in M_2, $D = \{1, 3\}$, $W = \{a\}$.
F_3 ist Abbildung von M_1 auf M_2, $D = M_1$, $W = M_2$.
F_4 ist Abbildung von M_1 in M_2, $D = M_1$, $W = \{a\}$.
F_5 ist Abbildung aus M_1 auf M_2, $D = \{1, 2\}$, $W = M_2$.
d) F_2, F_3, F_4, F_5 sind eindeutig,
F_5 ist eineindeutig.

Abschnitt 10

1. b) 720 c) 30

2. a) $(n-1)\,n\,(n+1)$ b) $(n+1)(n+2)\ \ldots\ 2n$ c) $\frac{1}{2}$

3. a) 15 b) $-0{,}0625$ c) 1 d) 4 e) 1
f) 1 g) 120 h) 42 i) 0 j) $\frac{7}{6}$

4. a) $\binom{3}{2}$ b) $\binom{4}{2}$ c) $\binom{4}{3}$
b) $\binom{5}{2}$ e) $\binom{5}{3}$ f) $\binom{5}{4}$

5. d) $\frac{1}{16}x^4 - \frac{1}{6}x^3 y + \frac{1}{6}x^2 y^2 - \frac{2}{27}x y^3 + \frac{1}{81}y^4$
e) $4a + 12\sqrt{ab} + 9b$

f) $x^6 + 3x^4 y^2 + 3x^2 y^4 + y^6$

6. a) 0 c) 1

7. b) $(7a - 3)^2$ c) $(13a - 5b)^2$ d) $(\sqrt{2x} + \sqrt{3y})^2$

8. b) fahne 52. Stelle
hafen 75. Stelle

9. b) $P_5 - P_4 = 96$
c) Mit c beginnen $P_5 = 120$,
mit de beginnen $P_4 = 24$,
mit cdef beginnen $P_2 = 2$.

10. b) $P_4^{(1,1,2)} = 12$

11. $V_{26}^{(2)} = \frac{26!}{(26-2)!} = 650$

13. $V_{w_{10}}^{(80)} = 10^{80}$

14. a) $C_6^{(4)} = \binom{6}{4} = 15$ b) $C_{w_6}^{(4)} = \binom{6+4-1}{4} = 126$

$C_6^{(5)} = \binom{6}{5} = 6$ $C_{w_6}^{(5)} = \binom{6+5-1}{4} = 252$

15. $C_{32}^{(2)} = \binom{32}{2} = 496$ $C_4^{(2)} = \binom{4}{2} = 6$

17. $V_{w_{10}}^{(4)} = 26 * 10^4 = 260\,000$

19. $P_6 = 6! = 120$

20. b) $P_8^{(3,4,1)} = \frac{8!}{3! * 4! * 1!} = 280$

21. $V_{w_{10}}^{(5)} = 10^5$

$V_{w_{10}}^{(6)} - \frac{1}{10} * V_{w_{10}}^{(5)} = 900\,000$

22. $C_6^{(3)} = 20$

$C_{w_6}^{(3)} = 56$

Abschnitt 11

1. Lineare Gleichungssystem mit zwei Unbekannten

1.1. Gleichungssysteme mit bestimmten Koeffizienten

1.1.1. a) $x_1 = -2, \quad x_2 = 4$ c) $x = 0, \quad y = -\frac{1}{20}$

1.1.2. a) $x_1 = 3, \quad x_2 = 5$ c) $x = 14, \quad y = 10$

1.1.3. a) $x = 24, \quad y = 21$ c) $x = 13, \quad y = 17$

1.1.4. a) $x = \frac{5}{2}, \quad y = \frac{7}{2}$ c) $x = 3, \quad y = 6$

1.1.5. a) $x_1 = \frac{2}{3} - \frac{1}{3}x_2,$ x_2 beliebig bzw.
$x_2 = 2 - 3x_1,$ x_1 beliebig

c) $x_1 = 3, \quad x_2 = 4$

1.1.6. a) $x_1 = 2, \quad x_2 = \frac{1}{2}$ c) $x_1 = 0, \quad x_2 = 1$

1.2. Gleichungssysteme mit unbestimmten Koeffizienten

1.2.1. a) $x_1 = \frac{a+b}{a+1}, \quad x_2 = \frac{a^2-b}{a+1}$ für $a \neq -1$;
für $a = -1$ und $b = 1$ ist $x_1 = -(x_2 + 1)$, x_2 beliebig bzw.
$x_2 = -(x_1 + 1)$, x_1 beliebig;
für $a = -1$ und $b \neq 1$ gibt es keine Lösungen.

c) $x = \frac{a+b}{4}, \quad y = \frac{a-b}{4}$ für alle a, b.

1.2.2. a) Vor.: $|a| \neq \frac{1}{2}|b|$;

$x_1 = 2a - b$, $x_2 = 2a + b$ für $|a| \neq \frac{1}{2}|b|$ (entspr. d. Vor.)

c) Vor.: $b \neq 0$;
$x = 1, y = 1$ für $|a| \neq |b|$;
für $|a| = |b|$ ist $x = 1$, y beliebig

1.2.3. a) Vor.: $|a| \neq |b|$;
$x = \frac{a+b}{a-b}, \quad y = \frac{a-b}{a+b}$ für $|a| \neq |b|$ (entspr. d. Vor.)

c) Vor.: Wenn $a = 0$, dann $b \neq 0$,
wenn $b = 0$, dann $a \neq 0$;
$x = \frac{a+b}{a}, \quad y = \frac{a-b}{b}$ für $ab \neq 0$, $a \neq -b$;
für $ab = 0$ gibt es keine Lösungen;

für $a = -b$ ist $x = y + 2$, y beliebig bzw. $y = x - 2$, x beliebig.

1.2.4. a) Vor.: $ab \neq 0$;

$x = \frac{a+b}{a} = 1 + \frac{b}{a}$, $y = \frac{a-b}{b} = \frac{a}{b} - 1$ für $a \neq b$;

für $a = b$ ist $x = 2 - y$, y beliebig bzw. $y = 2 - x$, x beliebig.

c) Vor.: $a \neq -b$, $y \neq a$, $y \neq 0$;

$x = \frac{a^3 - b^3}{a^2 - b^2} = \frac{a^2 + ab + b^2}{a + b}$ $y = \frac{a^3 + b^3}{a^2 - b^2} = \frac{a^2 - ab - b^2}{a - b}$

für $|a| \neq |b|$ und $ab \neq 0$; keine Lösung für $|a| = |b|$;

für $a = 0$ und $b \neq 0$ ist $x = -y$, y beliebig;

für $b = 0$ und $a \neq 0$ ist $x = y$, y beliebig.

1.3. Sachaufgaben

1.3.1. Die beiden Zahlen heißen 35 und 25.

1.3.3. Die beiden Zahlen heißen 13 und 18.

1.3.5. Die beiden Zahlen sind 778 und 222.

1.3.7. Die beiden Widerstände betragen 100 Ω und 200 Ω.

1.3.9. X ist 5 km und Y 7 km vom Stadtzentrum entfernt.

1.3.11. Durch den einen Abflußstutzen fließt eine Wassermenge von $\frac{2}{3}$ l pro Minute, durch den anderen eine Wassermenge von $\frac{4}{3}$ l pro Minute.

1.3.13. Der Preis der beiden Saftsorten pro Flasche beträgt 2,70 DM bzw 1,70 DM.

1.3.15. Würden die beiden Arbeiter allein arbeiten, brauchte der eine 20 Tage und der andere 30 Tage.

1.3.17. Die Geschwindigkeiten der beiden Körper sind $9 \frac{m}{s}$ und $36 \frac{m}{s}$.

2. Drei Gleichungen mit drei Unbekannten

2.1. Gleichungssysteme mit bestimmten Koeffizienten

a) $x = \frac{13}{2}$, $y = \frac{15}{2}$, $z = \frac{17}{2}$

c) $x_1 = 3{,}6$, $x_2 = 3$, $x_3 = 1$

e) $x = 5$, $y = 3$, $z = 1$

g) $x = 20$, $y = 21$, $z = 22$

i) $x_1 = -\frac{1}{4}$, $x_2 = -\frac{7}{4}$, $x_3 = \frac{5}{4}$

k) $x = \frac{15}{2}$, $y = 3$, $z = 4$

2.2. Gleichungssysteme mit unbestimmten Koeffizienten

a) $x_1 = -a + b + c$, $x_2 = a - b + c$, $x_3 = a + b - c$
für alle a, b, c.

c) $x = \frac{b + c}{2a}$, $y = \frac{a + c}{2b}$, $z = \frac{a + b}{2c}$ für $abc \neq 0$.

e) Vor.: $xyz \neq 0$;
$x = \frac{1}{-a + b + c}$, $y = \frac{1}{a - b + c}$, $z = \frac{1}{a + b - c}$
für $a \neq b + c$, $a \neq b - c$, $a \neq -b + c$.

g) Vor.: $abc \neq 0$;
$x = a$, $y = b$, $z = c$ für $a + b + c \neq -abc$.

3. Beliebig viele Gleichungen mit beliebig vielen Unbekannten

a) $x_1 = 1$, $x_2 = 1$, $x_3 = 2$, $x_4 = 4$
c) $x_1 = 4$, $x_2 = -4$, $x_3 = 13$, $x_4 = -6$, $x_5 = 8$

4. Homogene Gleichungssysteme

a) $x_1 = x_2 = x_3 = 0$
c) $x_1 = \frac{1}{2} x_2 - \frac{3}{4} x_3$, x_2 beliebig, x_3 beliebig.

Abschnitt 12

1. Quadratische Gleichungen

1.1. Quadratische Gleichungen mit bestimmten Koeffizienten

1.1.1.a) $x_1 = 2$, $x_2 = -2$ c) $x_1 = 0$, $x_2 = 9$

1.1.2.a) $x_1 = \frac{5}{6}$, $x_2 = -\frac{5}{6}$ c) $x_1 = 6$, $x_2 = -5$

1.1.3.a) $x_1 = 4$, $x_2 = 2$ c) $x_{1,2} = -\frac{1}{4}(1 \mp \sqrt{23}j)$

1.1.4.a) $x_1 = 2{,}75$, $x_2 = -2{,}42$ c) $x_1 = 9$, $x_2 = -1$

1.1.5.a) $x_1 = 6$, $x_2 = \frac{1}{2}$ c) $x_1 = 2$, $x_2 = \frac{45}{38}$

1.2. Quadratische Gleichungen mit unbestimmten Koeffizienten

1.2.1.a) $x_1 = a$, $x_2 = -a$ c) $x_1 = -\frac{a}{3}$, $x_2 = -a$

1.2.2.a) $x_1 = \frac{3}{2}b,\ x_2 = -\frac{1}{4}b$

c) $x_1 = \frac{a+b}{4},\ x_2 = \frac{a-b}{4}$

1.2.3.a) $x_1 = a,\ x_2 = -\frac{1}{2}(a - b - c)$

c) $x_1 = 1,\ x_2 = -1$ für $|a| \neq |b|$.

1.2.4.a) Vor.: $a \neq 0$; $x_1 = a,\ x_2 = \frac{1}{a}$

c) $x_1 = \frac{a^2 + b^2}{a + b},\ x_2 = a - b$ für $|a| \neq |b|$.

1.2.5.a) Vor.: $|a| \neq |b|,\ x \neq 0$;

$x_1 = \frac{a+b}{a-b},\ x_2 = \frac{a-b}{a+b}$

für $|a| \neq |b|$ (siehe Vor.!).

c) Vor.: $x \neq -a,\ x \neq -b$;

$x_1 = a - 2b,\ x_2 = b - 2a$

für $a \neq b$ (siehe Vor.!).

1.3. Gleichungssysteme, die auf quadratische Gleichungen führen

1.3.1.a) $x_{1,2} = \frac{1}{2}(1 \pm \sqrt{7}j)$

$y_{1,2} = \frac{6}{1 \pm \sqrt{7}j}$

c) $x_1 = 2{,}78,\ x_2 = -3{,}78$

$y_1 = 1{,}81,\ y_2 = 4{,}61$

1.3.2.a) $x_1 = \frac{a - \sqrt{a^2 - 4b}}{2},\ x_2 = \frac{a + \sqrt{a^2 - 4b}}{2}$

$y_1 = \frac{a + \sqrt{a^2 - 4b}}{2},\ y_2 = \frac{a - \sqrt{a^2 - 4b}}{2}$

c) Vor.: $by \neq 0$;

$x_1 = \frac{ac}{\sqrt{a^2 + b^2}},\ x_2 = \frac{ac}{-\sqrt{a^2 + b^2}}$ für $a^2 + b^2 > 0$ (ist stets erfüllt),

$y_1 = \frac{bc}{\sqrt{a^2 + b^2}},\ y_2 = \frac{bc}{-\sqrt{a^2 + b^2}}$ für $a^2 + b^2 > 0$ und $c \neq 0$ (siehe Vor.!).

1.4. Spezielle Gleichungen n-ten Grades, die sich auf quadratische Gleichungen zurückführen lassen

1.4.1. Biquadratische Gleichungen mit bestimmten Koeffizienten

a) $x_1 = 3,\ x_2 = -3,\ x_3 = 2,\ x_4 = -2$

c) $x_1 = 4,\ x_2 = -4,\ x_3 = \sqrt{3}j,\ x_4 = -\sqrt{3}j$

1.4.2. Biquadratische Gleichungen mit unbestimmten Koeffizienten

a) $x_{1,2} = |a + b|;\ x_{3,4} = |a - b|$

c) Vor.: $ab \neq 0,\ |x| \neq 1,\ x^2 \neq -\frac{a^2}{b^2}$;

$x_1 = \sqrt{ab},\ x_2 = -\sqrt{ab},\ x_3 = \sqrt{\frac{a(a+b)}{b(a-b)}},\ x_4 = -\sqrt{\frac{a(a+b)}{b(a-b)}}$

für $ab > 0$ bzw. $\frac{a}{b} > 0$, d. h., wenn $a > 0$, dann auch $b > 0$,
wenn $a < 0$, dann auch $b < 0$

($ab = 0$ bzw. $\frac{a}{b} = 0$ entfällt wegen Vor. $ab \neq 0$).

1.4.3. Gleichungen n-ten Grades mit $a_0 = a_1 = \ldots = a_{n-3} = 0$

a) $x_1 = x_2 = \ldots = x_8 = 0,\ x_9 = -1,\ x_{10} = -5$

c) Vor.: $ab \neq 0$;

$x_1 = x_2 = \ldots = x_6 = 0,\ x_7 = \frac{a}{b},\ x_8 = \frac{b}{a}$ für $ab \neq 0$ (siehe Vor.!).

1.5. a) Vor.: $a \geq 0$;

$x_1 = 0{,}62\sqrt{a},\quad x_2 = -1{,}62\sqrt{a},$

$a_1 = \frac{x^2}{2}(3 + \sqrt{5}),\ a_2 = \frac{x^2}{2}(3 - \sqrt{5}).$

c) $x_1 = 2a - b,\ x_2 = 2b - a,\ a_1 = \frac{b + x}{2},\ a_2 = 2b - x.$

1.6. Sachaufgaben

1.6.1. a) Die beiden Zahlen sind 16 und 48 bzw. -16 und -48.

c) Die gesuchte Zahl ist 37.

1.6.2. a) Der Widerstand beträgt 50 Ω, die Stromstärke 4,4 A.

1.6.3. a) Die Fahrzeit des Materialwagens beträgt 4,79 Std., die der Radsportler 8,28 Std. Die Geschwindigkeit des Materialwagens beträgt 53,65 $\frac{km}{h}$, die der Radsportler 27,4 $\frac{km}{h}$.

c) Die beiden Motorradfahrer waren ursprünglich 36 m bzw. 40 m von der Kreuzung entfernt.

e) Die Straßenlänge zwischen Leipzig und Dessau beträgt 60 km.

1.6.4. a) Die beiden Katheten haben die Länge 30 cm und 40 cm.

c) Die beiden Katheten haben die Länge 18 cm und 24 cm.

e) Die Seitenlänge des Quadrates beträgt 50 cm.

g) Der Durchmesser des Kreises muß 4,82 cm sein.

i) Die Durchmesser der Hohlkugel betragen 21,25 cm und 27,25 cm.

2. Gleichungen dritten und vierten Grades

2.1. a) $x_1 = 1,\ x_2 = -1,\ x_3 = -2$

c) $x_1 = \frac{1}{3}$, $x_2 = \sqrt{3}$, $x_3 = -\sqrt{3}$

2.2. a) $x_1 = 1$, $x_2 = 2$, $x_3 = \frac{1}{2}$, $x_4 = -\frac{1}{2}$

c) $x_1 = -1$, $x_2 = 1$, $x_3 = 2 + j$, $x_4 = 2 - j$

3. Wurzelgleichungen

3.1. Wurzelgleichungen mit bestimmten Koeffizienten

3.1.1. a) $x = 9$ c) $x = 15$ 3.1.2 a) $x = 25$ c) $x = 0$

3.1.3. a) $x = 100$ c) $x = 3 - 2\sqrt{2}$ 3.1.4 a) $x = 51$ c) $x = 10$

3.1.5. a) $x = 3$ c) $x = 5$ 3.1.6 a) $x = 4$ c) $x = 9$

3.1.7. a) $x = 2$ c) $x = 1$ 3.1.8 a) $x = 13$ c) $x = 7$

3.1.9. a) $x = 12$ c) $x_1 = -1$, $x_2 = \frac{2}{3}\sqrt{3}$; $x_3 = -\frac{2}{3}\sqrt{3}$ ist keine Lösung!

3.1.10. a) $x_1 = 3$ ist keine Lösung, $x_2 = -3$

c) $x_1 = 1$, $x_2 = \frac{1}{8}$

3.2. Wurzelgleichungen mit unbestimmten Koeffizienten

3.2.1. a) Vor.: $x \geq 0$;
$x = a^2$ für $a \geq 0$.

c) Vor.: $x \geq 0$;
$x = (a - b)^3$ für $a \geq b$.

3.2.2. a) Vor.: $x \geq a$;
$x = a + b^2$ für $b \geq 0$.

c) Vor.: $a^4 + x \geq 0$
$x = 0$ für $a \geq 0$.

3.2.3. a) Vor.: $ax \geq 0, b \geq 0$;
$x = ab$ für $a \neq 0$.

c) Vor.: $ax \geq 0, \sqrt{ax} \neq -b, \sqrt{ax} \neq -\frac{5}{3}b$;
$x = \frac{9b^2}{a}$ für $ab \neq 0$.

3.2.4. a) Vor.: $a.b.x > 0$;
$x_1 = \frac{a}{b}$, für $ab \neq 0$,
$x_2 = \frac{b}{a}$ ist keine Lösung

c) Vor.: $a \neq -b$, $c \neq -d$, $x \geq 0$;
$x = 1$ für $ad \neq bc$, x beliebig nicht-negativ für $ad = bc$.

3.2.5. a) Vor.: $|x| \geq |a|$;
$x = a$ für $a \neq 0$.

c) Vor.: $x \geq -a, x \geq 0$;
$x = \frac{(a - 1)^2}{4}$ für $a \neq 0$, d. h. $a < 0$ (siehe Vor.!).

3.2.6. a) Vor.: $x \leq a$, $x < b$;

c) Vor.: $|x| > |a|$;

$x = \frac{ab}{a+b}$ für $a \neq -b$. $x_{1,2} = \pm\sqrt{a^2 + b^2}$.

3.2.7.a) Vor.: $b \neq 0$, $|x| \leq 1$, aber $x \neq 0$;
$x_{1,2} = \pm\sqrt{\frac{2ab}{a^2 + b^2}}$ für $ab \neq 0$ (siehe Vor.!) und $ab > 0$.

c) Vor.: $a \geq 0$, $x \geq -a$, $x \leq a$;
$x_{1,2} = \pm a$.

3.3. Gleichungssyteme, die Wurzelgleichungen enthalten

3.3.1.a) $x_1 = 25$, $x_2 = 9$ c) $x_1 = 14$, $x_2 = 9$
$y_1 = 9$, $y_2 = 25$ $y_1 = 2$, $y_2 = 7$

3.3.2.a) Vor.: $b \neq 0$, $x \geq 0$, $y \geq 0$, $x \neq y$;
$x = (a+b)^2$, $y = (a-b)^2$.

c) Vor.: $x + y \geq 0$;
$x = \frac{a}{\sqrt[3]{a+b}}$, $y = \frac{b}{\sqrt[3]{a+b}}$ für a, b, y > 0.

Abschnitt 13

1. Logarithmische Gleichungen

1.1. a) $x = -\frac{63}{64}$ c) $x = 212{,}4$

1.2. a) $x = -0{,}318$ c) $x_1 = 3$, $x_2 = -3$

1.3. a) $x_1 = 2$, $x_2 = 1$ ist keine Lösung c) $x_1 = 10$, $x_2 = -14$ ist keine Lösung

1.4. a) $x_1 = 3$ c) $x_1 = 4$, $x_2 = -6$ ist keine Lösung

1.5. a) Vor.: $a > 1$, $x > 0$; $x = \frac{1}{a}$ c) Vor.: $a > 1$, $b > 0$, $x > 0$, $x > \frac{1}{ab}$, $x = \frac{a}{b}$

1.6. a) $x_1 = 10^4$, $x_2 = 10^{-\frac{7}{4}} = \frac{1}{10\sqrt[4]{10^3}}$ c) $x_1 = 4$, $x_2 = 8$

1.7. a) $x_1 = -3$, $x_2 = 3$ c) $x_1 = \sqrt[9]{10}$, $x_2 = 10$

1.8. a) $x_1 = 10$, $x_2 = 10^{-3}$ ist keine Lösung

c) $x_1 = \frac{1}{5}$, $x_2 = \frac{1}{5}\, 3^{-\frac{\sqrt{7}}{2}}$, $x_3 = \frac{1}{5}\, 3^{-\frac{\sqrt{7}}{2}}$

1.9. a) $x_1 = 0{,}001,\ x_2 = 10$ c) $x_1 = \frac{\text{[illegible]}}{5},\ x_2 = 625$

1.10. a) $x_1 = -1,\ x_2 = 5$ c) $x_1 = 0,\ x_2 = 3$ ist keine Lösung

1.11. a) $x = -\frac{8}{3}$ c) $x_1 = \frac{1}{27},\ x_2 = 9$

2. Exponentialgleichungen

2.1. a) $x = -8$ c) $x = 21$

2.2. a) $x = 0{,}9542$ c) $x = 0{,}2522$

2.3. a) $x = -\frac{2}{5}$ c) $x = -3{,}525$

2.4. a) $x = -\ 14{,}45$ c) $x = -\ 1{,}1359$

2.5. a) $x_1 = \frac{1}{2},\ x_2 = 2$ c) $x_1 = -\frac{1}{2},\ x_2 = \frac{3}{2}$

e) $x_1 = -1,\ x_2 = 7$ g) $x_1 = -2,\ x_2 = 1,\ x_3 = 3$

2.6. a) $x = -1{,}731$ c) $x = -0{,}85$

e) $x_1 = \frac{1}{4},\ x_2 = 0$ g) $x_1 = 0,\ x_2 = \log_3 2 = 0{,}631$

i) $x = 2$ k) $x_1 = -3,\ x_2 = 2$

2.7. a) $x = \log_5 \frac{635}{11} = 2{,}52$ c) $x_1 = -4,\ x_2 = 1,\ x_3 = -\frac{3}{2} + \frac{1}{2}\sqrt{13},\ x_4 = -\frac{3}{2} - \frac{1}{2}\sqrt{13}$

e) $x_1 = -\sqrt{2},\ x_2 = \sqrt{2}$ g) $x_1 = -\frac{1}{3},\ x_2 = 1,\ x_3 = \frac{1}{3} + \frac{\sqrt{13}}{3},\ x_4 = \frac{1}{3} - \frac{\sqrt{13}}{3}$

i) $x_1 = -\sqrt{2},\ x_2 = -1,\ x_3 = 1,\ x_4 = \sqrt{2}$

2.8. a) $x = 1$ c) $x_1 = \log_3 1{,}25 = 0{,}2031,\ x_2 = 1$

e) $x = 1$

3. Goniometrische Gleichungen

3.1. a) $x_k = 26{,}6° + k * 180°$ c) $x_k = 68{,}2° + k * 180°$

3.2. a) $x_k = \frac{3\pi}{10} + k\pi,\ \bar{x}_k = \frac{7\pi}{10} + k\pi$ c) $x_k = \frac{2\pi}{5} + 4k\pi,\ \bar{x}_k = \frac{6\pi}{5} + 4k\pi$

3.3. a) $x_k = 58{,}9° + k * 180°,\ \bar{x}_k = 121{,}1° + k * 180°$

c) $x_k = \frac{\pi}{2} + k\pi,\ \bar{x}_k = \pi + k * 2\pi$

e) keine Lösung

g) $x_k = 2\pi k$

i) $x_k = \pi(2k+1)$, $\bar{x}_k = \frac{\pi}{2}(4k-1)$

k) $x_k = \frac{\pi}{4}(8k-1)$

3.4. a) $x_k = \pi k$, $\bar{x}_k = \frac{\pi}{6}(12k \pm 1)$

c) $\bar{x}_k = \frac{\pi}{4}(2k+1)$

e) $x_k = \pi(2k+1)$, $\bar{x}_k = \frac{2\pi}{3}(6k \pm 1)$

g) $x_k = \pi(2k+1)$, $\bar{x}_k = \frac{\pi}{6}(4k+1)$

i) $x_k = \frac{\pi}{2}(4k+1)$, $\bar{x}_k = (-1)^k \frac{\pi}{6} + \pi k$

k) $x_k = 199{,}5° + k * 360°$, $\bar{x}_k = 340{,}5° + k * 360°$

3.5. a) $x_k = \frac{\pi}{2}(2k+1)$, $\bar{x}_k = \frac{\pi}{3}(6k \pm 1)$

c) $x_k = \frac{\pi}{4}(4k+1)$, $\bar{x}_k = 2\pi k$

e) $x_k = \frac{\pi}{4}(2k+1)$, $\bar{x}_k = \frac{\pi}{2}(2k+1)$

g) $x_k = \frac{\pi}{2}(4k-1)$

i) $x_k = \frac{2\pi}{3}(6k \pm 1)$

k) $x_k = 2\pi k$, $\bar{x}_k = \frac{\pi}{4}(4k+1)$

3.6. a) $x_k = \frac{\pi}{2}k$

c) $x_k = \frac{\pi}{2}k$, $\bar{x}_k = \frac{\pi}{10}(2k+1)$

e) $x_k = \frac{\pi}{4}(4k-1)$, $\bar{x}_k = \frac{\pi}{36}(4k-1)$

g) $x_k = \frac{\pi}{6} + \frac{\pi}{3}k$, $\bar{x}_k = \frac{\pi}{2} + \pi k$

i) $x_k = \pi k$, $\bar{x}_k = \frac{\pi}{6}(2k+1)$

k) $x_k = \pi k$, $\bar{x}_k = \frac{\pi}{8}(2k+1)$, $\bar{\bar{x}}_k = \frac{\pi}{4}(2k+1)$

3.7. a) $x_k = \pi k$, $\bar{x}_k = \frac{\pi}{3}(6k \pm 1)$

c) $x_k = \frac{\pi}{4}(4k-1)$, $\bar{x}_k = \frac{\pi}{3}(3k \pm 1)$

3.8. a) $x_k = -\frac{\pi}{3} + \pi k$

c) $x_k = (-1)^k \frac{\pi}{18} - \frac{\pi}{18} + \frac{\pi}{3}k$

e) $x_k = \frac{\pi}{2}(4k + 1)$ g) $x_k = \frac{\pi}{4}k, \ \bar{x}_k = \frac{\pi}{6}(2k + 1)$

i) $x_k = \frac{\pi}{4}(2k + 1), \ \bar{x}_k = \frac{\pi}{3}(3k \pm 1)$

k) $x_k = \pi k, \ \bar{x}_k = \frac{\pi}{8}(4k + 1)$ m) $x_k = \pi k, \ \bar{x}_k = \frac{\pi}{4} + k\pi$

o) Die Aufgabe hat keine Lösung, da $x \neq 0$ und $x \neq \frac{\pi}{2}$ vorausgesetzt werden muß.

Abschnitt 14

1. a) $(-\infty; 2)$ c) $(3; \infty)$ e) $(-\infty; \frac{17}{7}]$ g) $\varnothing$
2. a) $R \setminus [\frac{1}{2}; 2]$ c) $(\frac{3}{7}; 4)$ e) $[-2; 5]$ g) $R \setminus (-3; -2)$
3. a) $R \setminus [2; \frac{11}{4})$ c) $R \setminus [-3; -1]$ e) $(\frac{2}{3}; 1)$ g) $R \setminus \left\{-\frac{3}{2}\right\}$
4. a) $[-2; 1) \cup (6; \infty)$ c) $(-\infty; -2) \cup (\frac{1}{7}; 3)$
   e) $(-\frac{11}{12}; -\frac{1}{2}) \cup (2; \infty)$ g) $R \setminus (-\frac{3}{4}; 1]$
5. a) $(\frac{2}{3}; \frac{3}{2})$ c) $R \setminus (-3; -1)$ e) $\varnothing$ g) $R \setminus [\frac{1}{2}; 4]$
6. a) $(1; 5)$ c) R
   e) $(-\infty; -5) \cup (-2; 1) \cup (2; \infty)$ g) $[-4; -3] \cup [4; \infty)$
7. a) $R \setminus [-4; -3]$ c) $[-\frac{3}{2}; \frac{4}{3})$ e) $\varnothing$ g) $(0; \infty) \setminus \{4\}$
8. a) $(-\infty; 0) \cup (1;7)$ c) $[-3; -1) \cup [1; \infty)$
9. a) $[3; 9]$ c) $(-\infty; \frac{3}{5})$
10. a) $(\frac{5}{2}; 3)$ c) $(-3; 3)$
11. a) $[-1; 2)$ c) $R \setminus [-3; 5]$
12. a) $(-1; 13)$ c) $R \setminus [-3; \frac{6}{5}]$
13. a) $(-\infty; -5)$
14. a) siehe Bild 14.12 c) siehe Bild 14.13
    e) siehe Bild 14.14 g) siehe Bild 14.15

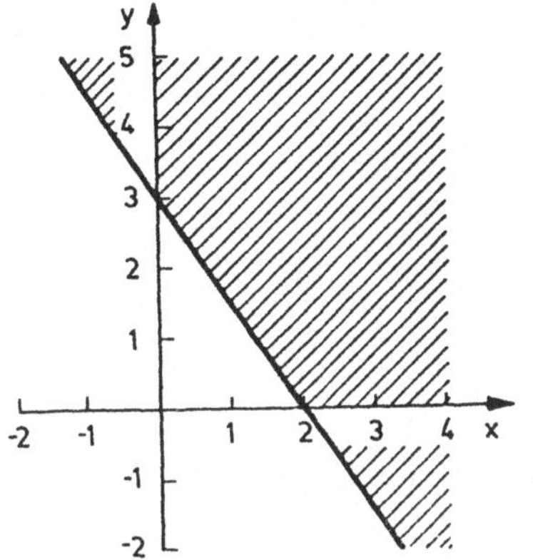

Bild 14.12

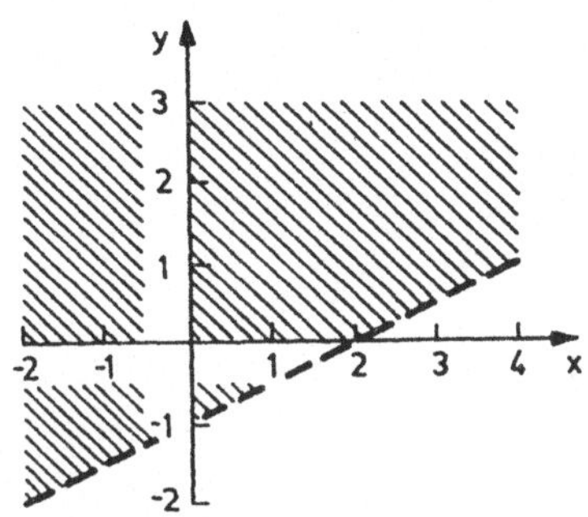

Bild 14.13

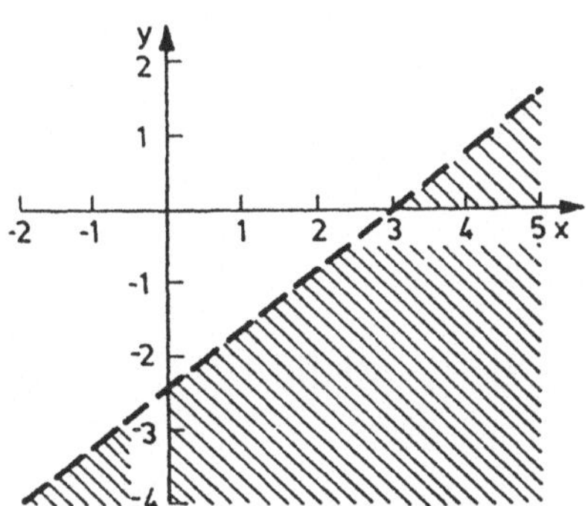

Bild 14.14

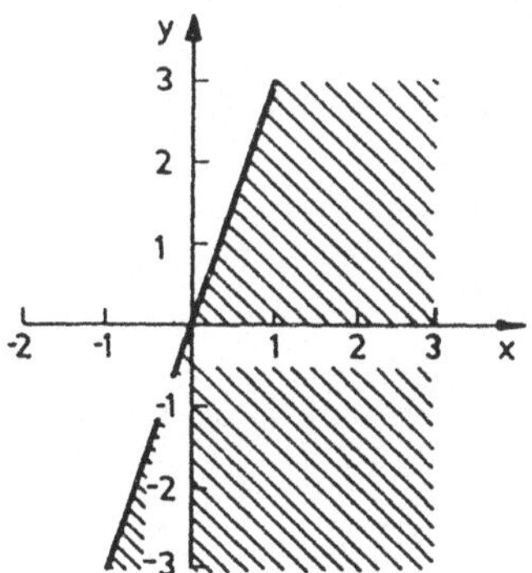

Bild 14.15

15. a) siehe Bild 14.16 c) siehe Bild 14.17

16. a) siehe Bild 14.18 c) siehe Bild 14.19

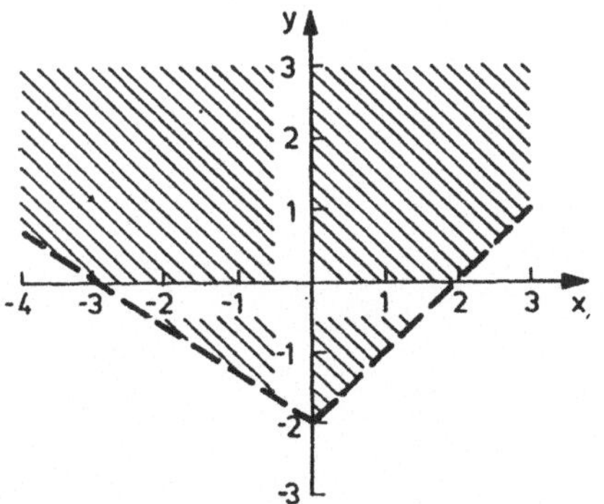

Bild 14.16

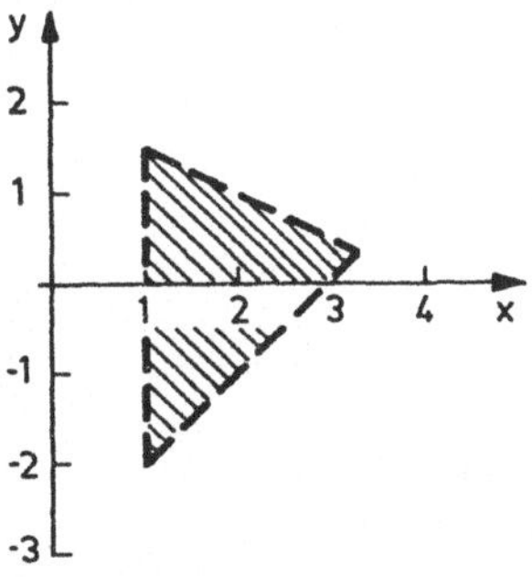

Bild 14.17

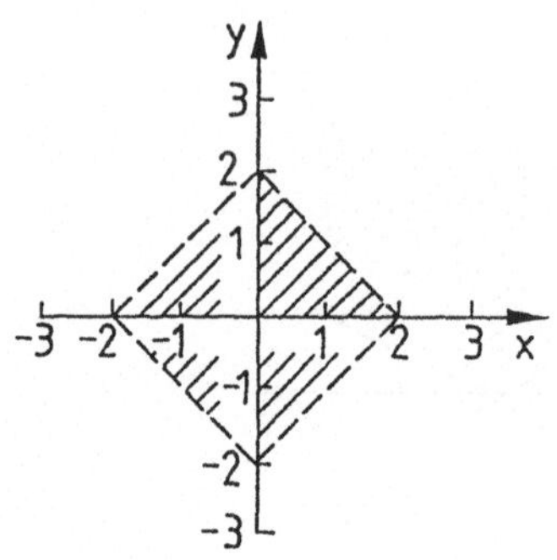

Bild 14.18

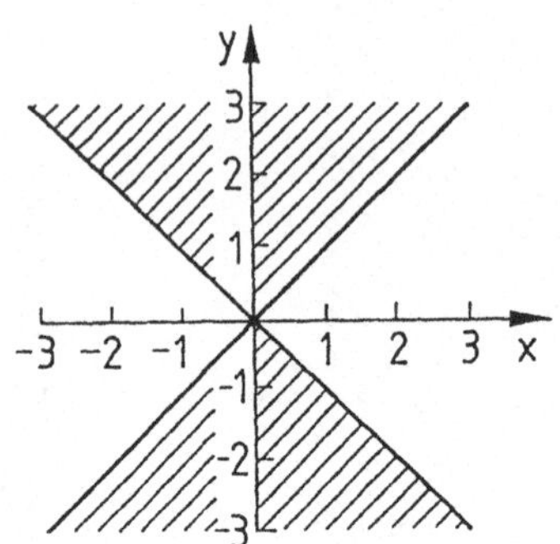

Bild 14.19

17. a) $\{-2; 8\}$ c) $\{-1\}$ e) $\{-7; \frac{1}{3}\}$ g) $\{0; 1\}$

18. a) $\{-3; 1 - \sqrt{2}; 1 + \sqrt{2}; 5\}$ c) $\{-2; 4\}$
e) $\{2 - \sqrt{2}; 2; 2 + \sqrt{2}\}$ g) $\{-\frac{1}{2}\}$

19. a) $\{-7; -\frac{1}{3}\}$

20. a) $(-1; 5)$ c) $(-\infty; 1]$ e) $R \setminus [\frac{1}{5}; 9]$ g) $[2; 4]$

21. a) $[-5; 3]$
c) $(-\infty; -2 - \sqrt{11}) \cup (-2 - \sqrt{7}; -2 + \sqrt{7}) \cup (-2 + \sqrt{11}; \infty)$
e) $\varnothing$ g) $R \setminus \{-1\}$

22. a) $(0; 3) \setminus \{1\}$ c) $(-\infty; 1] \setminus \{-4\}$ e) $(-2; -\frac{2}{5}] \cup [6; \infty)$

23. a) siehe Bild 14.20 c) siehe Bild 14.21
e) siehe Bild 14.22 g) siehe Bild 14.23

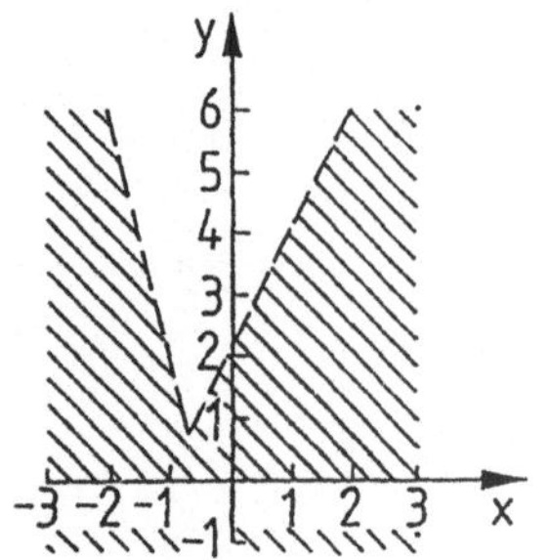

Bild 14.20

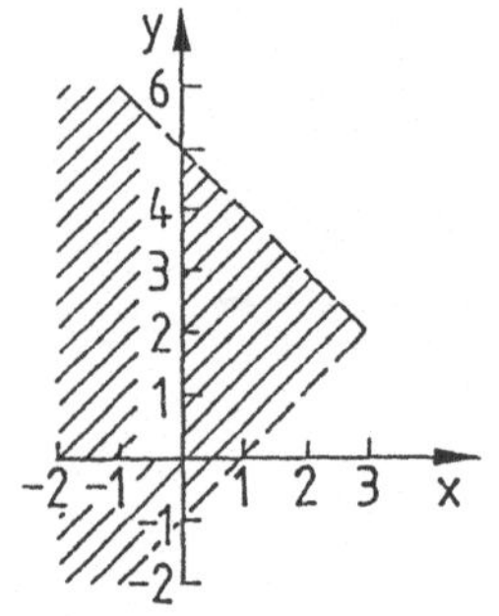

Bild 14.21

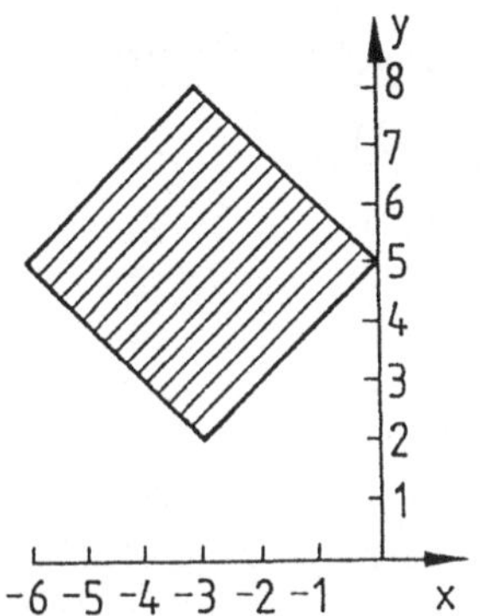

Bild 14.22

Bild 14.23

Abschnitt 15

C_u	untere Schranke,	x_P, x_{Pi}	Pol 1. Ordnung,
C_o	obere Schranke,	$x_{Pi,j}$	Pol 2. Ordnung,
x_N, x_{Ni}	Einfachnullstelle,	x_L	Lücke
$x_{i.i}$	Zweifachnullstelle,	$(i, j, k \in N)$	
$x_{i,j,k}$	Dreifachnullstelle,		

1.2.
a) $m = 2$; $\varphi = 63{,}4°$ b) $m = 1$; $\varphi = 45°$
c) $m = 0{,}6$; $\varphi = 31{,}0°$ d) $m = -0{,}25$; $\varphi = 166{,}0°$
e) $m = 0{,}4$; $\varphi = 21{,}8°$ f) $m = 0{,}5$; $\varphi = 26{,}6°$
g) $m = -\frac{2}{3}$; $\varphi = 146{,}3°$ h) $m = -0{,}7$; $\varphi = 145{,}0°$
j) $m = 1{,}5$; $\varphi = 56{,}3°$

2.1.
a) $y = x + 3$ b) $y = 0{,}5x + 2$ c) $y = -\frac{1}{3}x$
d) $y = -4x - 4$ e) $y = -\frac{2}{3}x + 1$ f) $y = 0{,}25x - 2$

2.2.
a) $x_N = -3$ b) $x_N = -4$ c) $x_N = 0$
d) $x_N = -1$ e) $x_N = 1{,}5$ f) $x_N = 8$

3.1. g_1: $y = \frac{1}{3}x + 2$; g_2: $y = -x + 2$; g_3: $y = 2x - 4$; g_4: $y = -\frac{2}{3}x - 4$

3.2.
$\measuredangle P_2P_1P_4 = 52,\ 13°$ $\measuredangle P_1P_2P_3 = 116{,}57°$
$\measuredangle P_2P_3P_4 = 108{,}43°$ $\measuredangle P_3P_4P_1 = 82{,}87°$

4.

Aufgabe	x_{N1}	x_{N2}	$S(x_S; y_S)$	f(0)
a	-4	2	(-1; -3)	$-\frac{8}{3}$
b	-6	2	(-2; 4)	3
c	-1	1	(0; 2)	2
d	2	(Doppelnullstelle)	(2; 0)	4
e	-	-	(3; 3)	12
f	-	-	(3; -3)	-12
g	-3	2	(-0,5; -1,25)	-1,2
h	-4	(Doppelnullstelle)	(-4;0)	-4

5. a) $C_u \leq -9$ b) $C_o \geq 6$ c) $C_u \leq -2$
d) unbeschränkt e) $C_u \leq -0{,}5$; $C_o \geq 1{,}5$ f) $C_u \leq 1$, $C_o \geq 3$

6.1.

a) $x \in (-\infty; 0) \cup (0; \infty)$ streng monoton fallend

b) $x \in (-\infty; 0)$ streng monoton wachsend,
$x \in (0; \infty)$ streng monoton fallend

c) $x \in (-\infty; 0]$ streng monoton wachsend,
$x \in [0; \infty)$ streng monoton fallend

d) $x \in (-\infty; 0]$ streng monoton wachsend,
$x \in [0; \infty)$ streng monoton fallend

e) $x \in (-\infty; 0]$ streng monoton fallend,
$x \in [0; \infty)$ streng monoton wachsend

f) $x \in (-\infty; -1]$ streng monoton fallend,
$x \in [-1; 1]$ streng monoton wachsend,
$x \in [1; \infty)$ streng monoton fallend

g) $x \in (-\infty; 0]$ streng monoton fallend,
$x \in [0; \infty)$ streng monoton wachsend

h) $x \in (-\infty; \infty)$ streng monoton wachsend

i) $x \in (-\infty; \infty)$ streng monoton fallend

j) $x \in (-\infty; \infty)$ streng monoton fallend

k) $x \in (-\infty; 0]$ streng monoton fallend,
$x \in [0; \infty)$ streng monoton wachsend

l) $x \in (-\infty; 0]$ streng monoton wachsend,
$x \in [0; \infty)$ streng monoton fallend

6.2. b, c, d, e, g, k, l — Funktionsbilder verlaufen axialsymmetrisch - gerade Funktionen

a,f — Funktionsbilder verlaufen zentralsymmetrisch - ungerade Funktionen

h, i, j — weder gerade noch ungerade Funktionen

7. a, c, d, g, h — gerade Funktionen
b, i — ungerade Funktionen
e, f, j — weder gerade noch ungerade Funktionen

Verallgemeinerung:

Die Summe gerader (ungerader) Potenzfunktionen ist eine gerade Funktion. Das Produkt gerader (ungerader) Potenzfunktionen ist eine gerade Funktion. Der Quotient zweier gerader (ungerader) Potenzfunktionen ist eine gerade Funktion. Der Quotient aus einer geraden und einer ungeraden Potenzfunktion ist eine ungerade Funktion.

8. a) f gerade Funktion, g ungerade Funktion

c) $D_f = (-\infty; \infty)$, $W_f = [2; \infty)$,
$D_g = (-\infty; \infty)$, $W_g = (-\infty; \infty)$

9. a) $y = z^2, \quad z = x^2 - 1$ b) $y = z^2, \quad z = 3x^2 + x$

c) $y = \cos z, \quad z = 2x - \pi$ d) $y = \sin z, \quad z = x^2$

e) $y = 2^z, \quad z = x^3 + 1$ f) $y = e^z, \quad z = 2x$

g) $y = e^z, \quad z = x^2$ h) $y = e^z, \quad z = \tan x$

i) $y = z^2, \quad z = \cot x$

10. a) $y = 2^z, \quad z = u^3, \quad u = x^2 + 1$

b) $y = e^z, \quad z = \sin u, \quad u = x^2$

c) $y = z^2, \quad z = \cos u, \quad u = \frac{x}{2} + \frac{\pi}{4}$

d) $y = 2^z, \quad z = -u, \quad u = 3x - 0{,}5$

e) $y = e^z, \quad z = \sin u, \quad u = 3x - 2$

f) $y = z^2, \quad z = \tan u, \quad u = \pi - x$

11. a) $y = (x - 4)^2$ b) $y = 2^{3x^2}$ c) $y = \sin^2 (\frac{x}{3} - \frac{\pi}{2})$

d) $y = 5^{-(x^2 - 3)}$ e) $e^{\cos (2x - \pi)}$

12. a) f^{-1}: $y = 0{,}5x + 0{,}5$; $D_{f^{-1}} = (-\infty; \infty)$, $W_{f^{-1}} = (-\infty; \infty)$
b) f_1^{-1}: $y = \sqrt{2x - 2}$; $D_{f_1^{-1}} = [1; \infty)$, $W_{f_1^{-1}} = [0; \infty)$
f_2^{-1}: $y = -\sqrt{2x - 2}$; $D_{f_2^{-1}} = [1; \infty)$, $W_{f_1^{-1}} = (-\infty; 0]$

c) f_1^{-1}: $y = \sqrt[3]{x}$; $D_{f_1^{-1}} = [0; \infty)$, $W_{f_1^{-1}} = [0; \infty)$

f_2^{-1}: $y = -\sqrt[3]{-x}$; $D_{f_2^{-1}} = (-\infty; 0]$, $W_{f_2^{-1}} = (-\infty; 0]$

d) f_1^{-1}: $y = \sqrt[3]{2x + 2}$; $D_{f_1^{-1}} = [-1; \infty)$, $W_{f_1^{-1}} = [0; \infty)$

f_2^{-1}: $y = -\sqrt[3]{-(2x+2)}$; $D_{f_2^{-1}} = (-\infty; -1]$, $W_{f_2^{-1}} = (-\infty; 0]$

e) f_1^{-1}: $y = \sqrt[4]{x - 2}$; $D_{f_1^{-1}} = [2; \infty)$, $W_{f_1^{-1}} = [0; \infty)$

f_2^{-1}: $y = -\sqrt[4]{x - 2}$; $D_{f_2^{-1}} = [2; \infty)$, $W_{f_2^{-1}} = (-\infty; 0]$

f) f_1^{-1}: $y = \sqrt[5]{x}$; $D_{f_1^{-1}} = [0; \infty)$, $W_{f_1^{-1}} = [0; \infty)$

f_2^{-1}: $y = -\sqrt[5]{-x}$; $D_{f_2^{-1}} = (-\infty; 0]$, $W_{f_2^{-1}} = (-\infty; 0]$

g) f^{-1}: $y = \ln(x + 2)$; $D_{f^{-1}} = (-2; \infty)$, $W_{f^{-1}} = (-\infty; \infty)$

h) f^{-1}: $y = \frac{\lg(x - 1)}{\lg 2}$, $D_{f^{-1}} = (1; \infty)$, $W_{f^{-1}} = (-\infty; \infty)$

13. a) Parabeläste, $D_f = [0; \infty)$ b) Parabeläste, $D_f = [0; \infty)$
c) Hyperbeläste, $D_f = (0; \infty)$

14. a) 0,6632 b) -1,1345 c) $\frac{\pi}{3}$ d) $-\frac{\pi}{4}$ e) 0,9599

f) 2,7628 g) 1,4538 h) $\frac{\pi}{6}$ i) -1,5394 j) 0,3875

15. a) 0,3073 b) -0,9078 c) $-\frac{1}{2}\sqrt{3}$ d) 0,8329

e) $-\frac{1}{2}\sqrt{2}$ f) -0,0819 g) 1,4118 h) -15,88

i) $\sqrt{3}$ j) 4,3672 k) -10,20

Abschnitt 16

1. a) $l = \sqrt{5}$, $\varphi = 26,5°$ b) $l = \sqrt{2}$, $\varphi = 45°$
c) $l = 5$, $\varphi = 53,1°$ d) $l = \sqrt{17}$, $\varphi = 104,0°$

2. $\overline{AB} = c = 5\sqrt{2}$, $\overline{AC} = b = \sqrt{65}$, $\overline{BC} = a = \sqrt{73}$, $\gamma = 50,3°$, $\beta = 61,3°$, $\alpha = 68,4°$

3. a) $y = \frac{1}{2}x$, $2y - x = 0$ b) $y = x$, $y - x = 0$

c) $y = \frac{4}{3}x - \frac{4}{5}$, $4x - 3y = 4$ d) $y = -4x + 9$, $y + 4x = 9$

e) $y = x\sqrt{3} - \sqrt{3} - 3$; $x\sqrt{3} - y - (3 + \sqrt{3}) = 0$

f) $y = -x + 1$, $x + y - 1 = 0$ g) $y = -2x + 8$, $2x + y - 8 = 0$

4. $a = -\frac{C}{A}$; $b = -\frac{C}{B}$; $m = -\frac{A}{B}$

5. $a = 3\sqrt{2}$; P_3 (3; 6); P_4 (6; 3)

$y = -x + 3$; $y = -x + 9$; $y = x + 3$; $y = x - 3$

6. a) S (3; 4); $\delta = 5{,}2°$ b) S (7; 1); $\delta = 55{,}6°$

7. $2y + x - 11 = 0$

8. $6y + 9x - 25 = 0$

9. a) $\sqrt{2}$, (2; 2) b) $2\sqrt{2}$, (1; 3) c) $\sqrt{2}$, (1; 3)

10. Man arbeitet zweckmäßig mit einer Hilfsgeraden, die durch der Ursprung und senkrecht zu beiden Geraden verläuft.

a) $d = 3$ b) $d = \sqrt{2}$

11. $x_0 = 1$; $y + 3x = 8$ und $3y - x = 14$

12. Nein, da sich alle in einem Punkt schneiden.

13. $\eta = 2\xi + 7$

14. $A = 26{,}5$

15. Nein, da alle auf einer Geraden liegen.

16. a) M (-1; -1) $r = \sqrt{\frac{13}{2}}$ b) M (8; 8) $r = 2\sqrt{6}$

c) M $(2; \frac{1}{6})$ $r = \frac{1}{6}\sqrt{145}$

17. a) $(x + 1)^2 + (y - 7)^2 = 205$ b) $(x - 5)^2 + (y - 11)^2 = \frac{841}{50}$

c) $(x + 2)^2 + (y - 4)^2 = 20$ und $(x - 4)^2 + (y - 2)^2 = 20$

d) $x^2 + y^2 - 10y = 0$ e) $x^2 + y^2 - \frac{10}{3}x = 0$

f) $(x - 3)^2 + (y + 2)^2 = \frac{49}{2}$, $P_b\,(-\frac{1}{2}; \frac{3}{2})$, $r = \frac{7}{2}\sqrt{2}$

18. S_1 (0; -7) und S_2 (0; 1) mit $\varphi_y = 63{,}4°$

$S_3\,(2 - \sqrt{11}; 0)$ und $S_4\,(2 + \sqrt{11}; 0)$ mit $\varphi_x = 47{,}9°$

19. a) $\frac{(x+1)^2}{9} + \frac{(y-2)^2}{1} = 1$, kein Schnitt mit der x-Achse. $S_{1,2}\ (0;\ 2 \pm \frac{2}{3}\sqrt{2})$

b) y-Achse wird bei -4 berührt, $S_1\ (\frac{24}{5};\ 0)$, $S_2\ (\frac{6}{5};\ 0)$

20. a) $a = \frac{3}{2}$, $b = 4$, $F_{1,2}\ (0;\ \pm \frac{1}{2}\sqrt{55})$

21. $S_1\ (0;\ 4)$, $S_2\ (2;\ 3)$

22. b) M (-3; 4), a = 3, b = 4, e = $\sqrt{7}$ (in y-Richtung, keine Schnittpunkte) Berührungen $B_1\ (0;\ 4)$, $B_2\ (-3;\ 0)$

23. Bei a) und b) je zwei Lösungen, z. B.

a) $\frac{x^2}{25} + \frac{y^2}{16} = 1$ und $\frac{x^2}{19{,}97} + \frac{y^2}{28{,}97} = 1$

c) eine Lösung: $23x^2 + 7y^2 - 63x - 41y + 34 = 0$

24. a) M (1; 1), imaginäre Halbachse: a = 2, reelle Halbachse: b = 2, e = $2\sqrt{2}$, Asymptoten: $y = x$ und $y = -x + 2$

b) M (3; 0), reelle Halbachse: a = 6, imaginäre Halbachse: b = 2, e = $2\sqrt{10}$, Asymptoten: $y = \frac{1}{3}x - 1$ und $y = -\frac{1}{3}x + 1$

c) M (-2; -2), reelle Halbachse: $a = \frac{2}{3}\sqrt{3}$, imaginäre Halbachse: b = 1, $e = \frac{1}{3}\sqrt{21}$, Asymptoten: $y = \frac{3}{4}x + \frac{1}{2}$ und $y = -\frac{3}{4}x - \frac{5}{2}$

d) keine Hyperbel, aber zwei sich schneidende Geraden $y = -3 \pm \frac{3}{2}(x - 1)$, Schnittpunkt S (1; -3)

25. a) Hyperbel $3x^2 - 4y^2 - 15x - 8y + 12 = 0$

b) Kreis $x^2 + y^2 + 3y - 4 = 0$

26. Schnittpunkte mit der Hyperbel: $P_1\ (-\frac{10}{3};\ -4)$, $P_2\ (-2;\ 0)$

Schnittpunkte mit den Asymptoten: $P_3\ (-\frac{4}{3};\ 2)$, $P_4\ (-4;\ -6)$

$\overline{P_1P_4} = \overline{P_2P_3} = \frac{2}{3}\sqrt{10}$

27. Sie haben die gemeinsamen Asymptoten $y = \pm x$.

28. $S_{1,2}\ (\frac{23}{9};\ \pm \frac{4}{9}\sqrt{35})$, Berührung bei B (1; 0)

29. (re, li, ob, unt bezeichnet die Öffnungsrichtung)

a) $S\,(-1;\,2)$, re, $p = \frac{3}{2}$ b) $S\,(5;\,-1)$, re, $p = 2$

c) $S\,(0;\,3)$, li, $p = -\frac{1}{2}$ d) $S\,(5;\,1)$, ob, $p = \frac{7}{2}$

e) $S\,(3;\,-2)$, unt, $p = 2$ f) $S\,(0;\,-3)$, unt, $p = -1$

30. a) $(x-1)^2 = 3\,(y + \frac{4}{3})$, $(y - \frac{7}{6})^2 = -\frac{10}{9}(x - \frac{169}{40})$ vierter Punkt: $P_4\,(4;\,\frac{5}{3})$

b) $P_4 = P_3$, also Berührung

31. Berührung im Scheitelpunkt

32. $S_1\,(\frac{1}{2} + \frac{1}{2}\sqrt{5};\,\frac{1}{2} + \frac{1}{2}\sqrt{5})$, $S_2\,(\frac{1}{2} - \frac{1}{2}\sqrt{5};\,\frac{1}{2} - \frac{1}{2}\sqrt{5})$, $S_3\,(-1;\,0)$, $S_4\,(0;\,-1)$

Abschnitt 17

1. $\mathbf{AB} = (-3\ -1\ -2)^T$, $\mathbf{s}_A = \mathbf{CA} + \frac{1}{2}\mathbf{AB} = \frac{1}{2}(-1\ -5\ 8)^T$

2. c) $\mathbf{r}_x = (0\ \ 4\ \ 2)^T$, $\mathbf{r}_y = (-3\ \ 0\ \ 2)^T$, $\mathbf{r}_z = (-3\ \ 4\ \ 0)^T$

3. Bild 17.15; a bis c zur Orientierung

a) $\mathbf{AB} = -\,\mathbf{CD} = \begin{pmatrix} -3 \\ 3 \\ 0 \end{pmatrix}$, $\mathbf{AE} = \mathbf{FC} = \begin{pmatrix} -3 \\ 0 \\ 3 \end{pmatrix}$ usw.

b) $\mathbf{AB} = -\,\mathbf{CD} = \begin{pmatrix} -s \\ 0 \\ 0 \end{pmatrix}$, $\mathbf{AE} = \mathbf{FC} = \frac{1}{2}\begin{pmatrix} -s \\ -s \\ 6 \end{pmatrix}$ usw.

c) $\mathbf{AB} = \frac{1}{2}\sqrt{6}\begin{pmatrix} -1 \\ \sqrt{3} \\ 0 \end{pmatrix}$, $\mathbf{BD} = \frac{1}{3}\begin{pmatrix} 0 \\ -\sqrt{18} \\ 6 \end{pmatrix}$ usw.

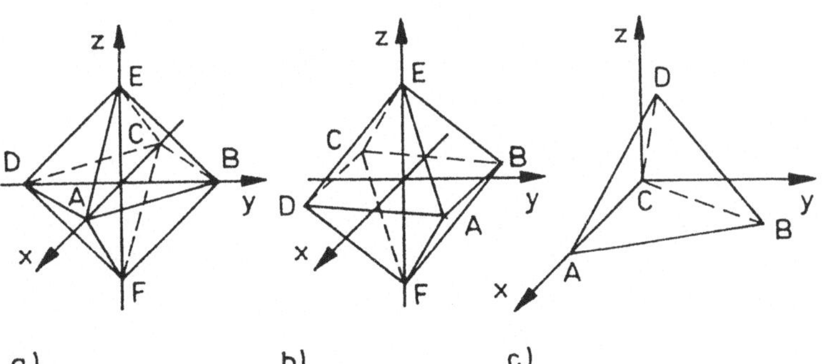

Bild 17.15

4. a) $|\mathbf{a}| = 3\sqrt{14}$ b) $|\mathbf{a}| = \sqrt{3}$ c) $|\mathbf{a}| = 9$ d) $|\mathbf{a}| = 3$

5. a) P (7 - 640 w; 3 - 2560 w; -2 + 3840 w) mit $w = \frac{1}{\sqrt{53}}$

6. $2\sqrt{5 + 2\sqrt{3}}$, $2\sqrt{5 - 2\sqrt{3}}$

7. $\mathbf{x} = (3\ \ 2\ \ {-1})^T + t\,(1\ \ {-6}\ \ 4)^T$

8. A ja, B nein

9. a), b), c) und h) eindeutig lösbar, z. B.

a) S (-1; 7; 1) h) S (4; -7; -3)

d) identische Geraden e) parallele Geraden

f) und g) windschiefe Geraden

10. z. B. D_{xy} (-8; -1; 0)

11. x - 2y = 8; 3y + z = -5; 3x + 2z = 14

12. $\mathbf{a}^2 = 21$, $\mathbf{a} * \mathbf{b} = -38$, $\mathbf{a} * \mathbf{c} = 8$, $\mathbf{a} * \mathbf{d} = -4$ usw. **b** ist orthogonal zu **c** und **d**.

13. $\varphi = 77{,}39°$

14. Achtung! Je nach Orientierung der Vektoren erhält man Innen- oder Außenwinkel der Dreiecke!

a) $A = \frac{1}{2}\sqrt{101}$, $a = \sqrt{14}$, $b = \sqrt{13}$, $c = 3$, $\alpha = 68{,}25°$, $\beta = 63{,}50°$, $\gamma = 48{,}25°$

15. Ansatz: $\mathbf{c} = \begin{pmatrix} c_1 \\ c_2 \\ c_3 \end{pmatrix}$ und $\mathbf{d} = \begin{pmatrix} d_1 \\ d_2 \\ d_3 \end{pmatrix}$, $|\mathbf{r}| = 1$ und $|\mathbf{s}| = 5$, $\mathbf{r} * \mathbf{a} = 0$,

$\mathbf{r} * \mathbf{b} = 0$, $\mathbf{s} * \mathbf{a} = 0$. Determinante aus **s**, **a** und **b** verschwindet.
$\mathbf{r}_{1,2} = \pm\,(0\ \ 1\ \ 0)^T$, $\mathbf{s}_{1,2} = \pm\,(4\ \ 0\ \ 3)^T$

16. Beweis mittels zweier Skalar- oder zweier Vektorprodukte

17. **c** und **d** sind kollinear, $\mathbf{a} \times \mathbf{b} = 8\begin{pmatrix} 0 \\ -2 \\ 1 \end{pmatrix} = -(\mathbf{b} \times \mathbf{a})$,

$\mathbf{a} \times \mathbf{c} = 2\begin{pmatrix} -14 \\ -9 \\ 1 \end{pmatrix} = -(\mathbf{c} \times \mathbf{a})$ usw.

18. $A = |\mathbf{a} \times \mathbf{b}| = 33{,}18$

19. Man arbeite mit der Definition des Skalarproduktes und dem Betrag des Vektorproduktes. $\varphi = 13{,}18°$

20. Ansatz mittels zweier Skalarprodukte oder in der Form $\mathbf{b} \times \mathbf{c} = \lambda * \mathbf{a}$.
$y = -\frac{2}{11}$, $z = -\frac{38}{11}$

Abschnitt 18

1. Bestimmung von $n_0(\varepsilon)$

1.1. a) $a = \frac{1}{2}$, $n_0(\varepsilon) = \frac{1}{2\varepsilon}$ c) $a = \frac{1}{2}$, $n_0(\varepsilon) = \frac{1}{8\varepsilon}$

2. Berechnung des Grenzwertes von Zahlenfolgen

2.1. a) $a = -\frac{1}{2}$ c) bestimmt divergent ($+\infty$)

e) $a = \frac{1}{4}$ g) $a = 0$

i) $a = 0$ k) $a = \frac{1}{5}$

2.2. a) $a = e^4$ c) $a = e^{\frac{1}{c}} = \sqrt[c]{e}$

e) $a = \frac{1}{e}$ g) $a = 1$

2.3. a) $a = 0$ c) $a = 1$

e) $a = 2$

Abschnitt 19

1. Grenzwerte von Funktionen

1.1.1. a) 2 c) - 2 1.1.2. a) 12 c) - 4

1.1.3. a) 1 c) $\frac{1}{2}$ 1.1.4. a) 1 c) 1

1.1.5. a) 0 c) 3 e) 0 g) $\frac{5}{2}$

i) - 1 k) - 1

1.2. a) 0 für $x \to -0$, ∞ für $x \to +0$

c) ∞ für $x \to 1-0$, 0 für $x \to 1+0$

e) - 1 für $x \to -0$, +1 für $x \to +0$

g) 0 für $x \to 1-0$, ∞ für $x \to 1+0$

i) 1 für $x \to 1-0$, 0 für $x \to 1+0$

k) $+\infty$ für $x \to -1-0$, $-\infty$ für $x \to -1+0$

2. Stetigkeit von Funktionen

a) $x = 1$, Sprungstelle
c) $x = 1$, Lücke, behebbar, $f(1) = 1$
$x = -1$, Polstelle
e) $x = 3$, Lücke, $f(3) = 4$
g) $x = 0$, Sprungstelle
i) $x = 0$, $f(0) = 0$
k) $x = 0$, Lücke, $f(0) = 0$

Abschnitt 20

1. a) $f'(x_0) = x_0\,(3x_0 - 4)$ c) $f'(x_0) = \frac{3}{2}\sqrt{x_0}$ für $x_0 \geq 0$

e) $f'(x_0) = -\frac{1}{(x_0-1)^2}$ für $x_0 \neq 1$

2. Der Körper erreicht bei $t = 5$ seine größte Höhe $h = 75$. Die Anfangsgeschwindigkeit hat den Wert von $v_0 = 30$.

3. Aus der vollständigen Tabelle ist ersichtlich, daß $\lim\limits_{\Delta t \to 0} \frac{\Delta s}{\Delta t} = 6$ ist.

4. a) $y' = -2x^3 + x^2 - 4x - \frac{1}{x^2}$ für $x \neq 0$

c) $y' = \frac{1}{x^3}\left(\frac{10}{x^3} - \frac{9}{x} + 1\right)$ für $x \neq 0$

e) $y' = 1$ für $x \geq 0$

g) $y' = 3x^2 + \frac{5}{2}x\sqrt{x} - 2x - \frac{3}{2}\sqrt{x}$ für $x \geq 0$

i) $y' = -\left(\frac{1}{3x^2} + \frac{2}{3x^3}\right)$ für $x \neq 0$

k) $y' = \frac{1}{6\sqrt[6]{x^5}}$ für $x > 0$

5.1. a) $y' = -4x^3 + 3x^2 + 1$

c) $y' = \frac{1}{6}\sqrt[6]{x^5}\,(13\sqrt[3]{x} - 11)$ für $x \geq 0$

5.2. a) $y' = 1 - \frac{2\,(2x+1)}{(x^2+x+1)^2}$ c) $y' = 0$ für $x \neq 4$

e) $y' = \frac{-\sqrt{3}}{(\sqrt{3}\,x + \sqrt{2})^2}$ für $|x| \neq \sqrt{\frac{2}{3}}$

g) $y' = \dfrac{1}{2\sqrt{x}\,(1 - \sqrt{x})^2}$ für $x > 0,\ x \neq 1$

i) $y' = \dfrac{2\,(x^4 + x^3 - 5x\,\sqrt[3]{x} - \sqrt[3]{x})}{x^2\,(2x + 1)^2}$ für $x > 0$

5.3. a) $y' = \dfrac{1}{2\sqrt{x}} \sin x + \sqrt{x} \cos x$ für $x > 0$

c) $y' = \sin 2x$ e) $y' = 2\,(2 \sin x + x \cos x)$ für $x \neq k\pi$

g) $y' = \dfrac{(1 + x) \sin x + (1 - x) \cos x}{1 + \sin 2x}$ für $x \neq \dfrac{3\pi}{4} + k\pi$

i) $y' = \tan^2 x + \cot^2 x$ für $x \neq k\,\dfrac{\pi}{2}$

5.4. a) $y' = \dfrac{1 - x}{e^x}$

c) $y' = e^x\,(\tan^2 x + \tan x + 1)$ für $x \neq \dfrac{\pi}{2} + k\pi$

5.5. a) $y' = \dfrac{1 - \ln x}{x^2}$ für $x > 0$ c) $y' = x\,(2 \ln x + 1)$ für $x > 0$

5.6. a) $y' = 5^x \ln 5 + 2^x \ln 2$ c) $y' = 2^x \ln 2 - 2$

5.7. a) $y' = 8\,(2x + 1)^3$ c) $y' = \dfrac{8}{x^2}\left(1 - \dfrac{1}{x}\right)^7$ für $x \neq 0$

5.8. a) $y' = \dfrac{x}{\sqrt{x^2 - 1}}$ für $|x| > 1$ c) $y' = \dfrac{-3}{4\,(x - 1)\,\sqrt[4]{(x - 1)^3}}$ für $x > 1$

e) $y' = \dfrac{1}{(1 - x)\sqrt{1 - x^2}}$ für $|x| < 1$ g) $y' = \dfrac{1}{1 - x^2 + \sqrt{1 - x^2}}$ für $|x| < 1$

5.9. a) $y' = 10x\,(\sin 2x + x \cos 2x)$ c) $y' = \dfrac{\cos\sqrt{\dfrac{x}{2}}}{4\sqrt{\dfrac{x}{2}}}$ für $x > 0$

e) $y' = \dfrac{\sin \dfrac{1}{1 + x}}{(1 + x)^2}$ für $x \neq -1,\ x \neq \dfrac{2}{(2k + 1)\,\pi} - 1$

g) $y' = 3\,[1 + \cot^2 (1 - 3x)\,]$ für $x \neq \dfrac{1 - k\pi}{3}$

i) $y' = \dfrac{1 + \tan^2 x}{2\sqrt{\tan x}}$ für $2k\pi < x < (4k + 1)\,\dfrac{\pi}{2}$ und $(2k + 1)\pi < x < \left(\dfrac{3}{2} + 2k\right)\pi$

k) $y' = \frac{2 \sin 2x}{(1 + \cos^2 x)^2}$

m) $y' = \frac{\cos x}{\sin^2 x}\left(5 - \frac{6}{\sin x}\right)$ für $x \neq k\pi$

o) $y' = -\frac{2 \cos \sqrt[3]{\frac{3}{x}}}{x \sqrt[3]{9x}}$ für $x > 0$

5.10. a) $y' = \frac{1}{\sqrt{a^2 - x^2}}$ für $|x| < |a|,\ a \neq 0$

c) $y' = -\frac{1}{x^2 + 1}$ für $x \neq 0$

e) $y' = \frac{1}{1 + x^2}$ für $|x| \neq 1$

g) $y' = \frac{1}{x^2 + 1}$ für $\left|\frac{x}{\sqrt{x^2 + 1}}\right| < 1$

i) $y' = -\frac{1}{1 + x^2}$ für $x \neq 1$

k) $y' = \frac{1}{x\sqrt{x^2 + x - 1}}$ für $x^2 + x - 1 > 0,\ x \neq 0$

5.11. a) $y' = e^{\cos x}(1 - x \sin x)$

c) $y' = x\, e^{\sqrt{x}}\left(2 + \frac{1}{2}\sqrt{x}\right)$ für $x > 0$

e) $y' = -\frac{4}{(e^x + e^{-x})^2}$ für $x \neq 0$

g) $y' = e^{-\cos x}\left(1 - \frac{\cot x}{\sin x}\right)$ für $x \neq k\pi$

i) $y' = e^{-2x}\left(\frac{1}{2}\cos\frac{x}{2} - 2 \sin\frac{x}{2}\right)$

5.12. a) $y' = \frac{1}{x}$ für $x > 0$

c) $y' = \frac{2}{x}\ln x$ für $x > 0$

e) $y' = \frac{1}{2x\sqrt{\ln x}}$ für $x > 1$

g) $y' = \frac{2}{\sin 2x}$ für $2k\pi < x < (4k + 1)\frac{\pi}{2}$ und

$(2k + 1)\pi < x < \left(\frac{3}{2} + 2k\right)\pi$

i) $y' = -\frac{1}{\sin x}$ für $4k\pi < x < (4k + 1)\pi$ und

$2\,(2k + 1)\pi < x < (3 + 4k)\pi$ sowie $x \neq k\pi$

k) $y' = \frac{1}{1 - x^2}$ für $|x| < 1$

m) $y' = \frac{1}{x\,(x^2 + x\sqrt{x^2+1} + 1)}$ für $x > 0$

o) $y' = \frac{1}{\sqrt{x\,(2a + x)}}$ für $x \neq 0$ sowie $x > 0, a < 0$ und $x < 0$, $a > 0$

q) $y' = -\left(\frac{7}{12(x+2)} + \frac{13}{20\,(x-2)}\right)$ für $x > 2$

5.13. a) $y' = 1$, für $x > 0$, $y' = -1$, für $x < 0$

c) $y' = \frac{1}{x}$ für $x \neq 0$

e) $y' = \frac{1}{x \ln x}$ für $x > 0$, aber $x \neq 1$ $y' = \frac{1}{x \ln(-x)}$ für $x < 0$, aber $x \neq -1$

5.14. a) $y' = \frac{\sqrt[x]{x}}{x^2}(1 - \ln x)$ für $x > 0$

c) $y' = x^{x(x^{x-1} + 1)}\left(\ln x\,(\ln x + 1) + \frac{1}{x}\right)$ für $x > 0$

e) $y' = (\cos x)^{1 + \sin x}(\ln \cos x - \tan^2 x)$ für $\cos x > 0$

g) $y' = x^{e^x}\, e^x \left(\ln x + \frac{1}{x}\right)$ für $x > 0$

i) $y' = (\arctan x)^x \left(\ln \arctan x + \frac{x}{(1 + x^2)\arctan x}\right)$ für $x > 0$

6. a) $\varphi = 26{,}6°$ c) $\varphi = 0°$ e) $\varphi = 70°$
g) $\varphi = 90°$ i) $\varphi = 45°$ k) $\varphi = 28.4°$

7. Die Kurvenpunkte, in denen die Tangenten an die Kurve die x-Achse unter einem Winkel von 45° [135°] schneiden, werden mit $P_1\,(x_1;\, y_1)$ bzw. $P_{11}\,(x_{11};\, y_{11})$ und $P_{12}\,(x_{12};\, y_{12})$ [$P_2\,(x_2;\, y_2)$ bzw. $P_{21}(x_{21};\, y_{21})$ und $P_{22}\,(x_{22};\, y_{22})$] bezeichnet.

a) $P_1\left(\frac{1}{2};\, \frac{1}{4}\right)$, $P_2\left(-\frac{1}{2};\, \frac{1}{4}\right)$

c) $P_{11} = P_{22}$, $P_{12} = P_{21}$
$P_{11}(1;2)$, $P_{12}(2;\, 2)$

e) $P_{21}(0{,}82;\, 5{,}49)$
$P_{22}(-4{,}82;\, -11{,}49)$

8. a) $y' = n\,x^{n-1}$
$y'' = n\,(n-1)\,x^{n-2}$
$y''' = n\,(n-1)\,(n-2)\,x^{n-3}$
...

e) $y' = \frac{1}{(1-x)^2}$
$y'' = \frac{2}{(1-x)^3}$
$y''' = \frac{6}{(1-x)^4}$
...

$y^{(n)} = n!,\ n \geq 1$, ganz $\qquad y^{(n)} = \frac{n!}{(1-x)^{n+1}}$ für $x \neq 1$

i) $y' = -2\cos(1-2x)$

$y'' = -4\sin(1-2x)$

$y''' = 8\cos(1-2x)$

m) $y' = e^x(\sin x + \cos x)$

$y'' = 2e^x \cos x$

$y''' = 2e^x(\cos x - \sin x)$

q) $y' = \frac{2x}{3(1+x^2)}, \qquad y'' = \frac{2(1-x^2)}{3(1+x^2)^2}, \qquad y''' = \frac{4x(x^2-3)}{3(1+x^2)^3}$

9.1. a) $y = 2x$

$y = -2x$

c) $y = -\frac{1}{4}x + \frac{5}{4}$

$y = \frac{1}{4}x - \frac{5}{4}$

9.2. a) $y = -x + 1$

c) $y = x$

$y = x + 4$

10. a) $\left.\frac{dx}{dy}\right|_{y_0 = -\frac{29}{6}} = \frac{1}{8}$

c) $f'(x_0) = 0,\ \left.\frac{dx}{dy}\right|_{y = y_0}$ existiert nicht!

e) $y = f(x)$ ist an der Stelle $x_0 = 1$ ist nicht differenzierbar.

g) $\left.\frac{dx}{dy}\right|_{y_0 = 0} = \frac{\sqrt{2}}{2}$

i) $\left.\frac{dx}{dy}\right|_{y_0 = 0} = -\frac{1}{2}$

k) $\left.\frac{dx}{dy}\right|_{y_0 = 0} = -\frac{2}{\pi}$

m) $\left.\frac{dx}{dy}\right|_{y_0 = 1} = 1$

o) $\left.\frac{dx}{dy}\right|_{y_0 = -2e} = \frac{1}{e}$

q) $\left.\frac{dx}{dy}\right| = x_0 + 1$

s) $\left.\frac{dx}{dy}\right| = \frac{x_0^2}{\sqrt[x_0]{x_0}\,(1 - \ln x_0)}, \quad x_0 \neq e$

11. a) y ist stetig und differenzierbar für alle $x \neq 0$.
c) y ist stetig für alle x, differenzierbar für $x \neq 1$.
e) y ist stetig und differenzierbar für alle x.

g) y ist stetig für alle x, differenzierbar für $x \neq 0$.
i) y ist stetig und differenzierbar für $x \neq 0$.
k) y ist stetig und differenzierbar für $|x| \neq 1$.
m) y ist stetig und differenzierbar für $|x| < \frac{\pi}{2}$.
o) y ist stetig für $0 \leq x < 4$, differenzierbar für $0 < x < 4$.
q) y ist stetig für $0 < x \leq 1$, differenzierbar für $0 < x < 1$.

12. Zur Kontrolle werden nur die Extremwertstellen x_E sowie die Abszissen der Wendepunkte x_W angegeben.

a) $x_E = 1$ (Min.)

c) $x_E = 6$ (Max.), $x_{W_1} = 0$, $x_{W_2} = 4$.

e) $x_{E_1} = -1$ (Min.), $x_{E_2} = 1$ (Max.),
$x_{W_1} = -\sqrt{3}$, $x_{W_2} = 0$, $x_{W_3} = \sqrt{3}$.

g) $x_{E_1} = -1$ (Min.), $x_{E_2} = 1$ (Min.), $x \neq 0$.

i) $x_{E_1} = \frac{a^2}{a+b}$, $x_{E_2} = \frac{a^2}{a-b}$, $x \neq 0, x \neq a, |a| \neq |b|$,
$(a - x_w)^3 + \frac{b^2}{a^2} x_w^3 = 0$. (Die Art der Extrema ist abhängig von den Vorzeichen von a und b.)

k) $x_{E_1} = \frac{\pi}{4} + 2k\pi$ (Max.), $x_{E_2} = \frac{3\pi}{4} + 2k\pi$ (Max.),
$x_{E_3} = \frac{5\pi}{4} + 2k\pi$ (Min.), $x_{E_4} = \frac{7\pi}{4} + 2k\pi$ (Min.), $x_w = k * \frac{\pi}{2}$.

m) $x_{E_1} = \frac{3\pi}{4} + 2k\pi$ (Max.), $x_{E_2} = \frac{7\pi}{4} + 2k\pi$ (Min.), $x_w = \frac{\pi}{2} + k\pi$.

o) $x_{E_1} = n$ (Max.), $x_{E_2} = 0$ (Min.), $x_{W_{1,2}} = n \pm \sqrt{n}$.

q) $x_E = \ln 2$ (Max.), $x_w = \ln 4$.

s) $x_{E_1} = 1$ (Min.), $x_{E_2} = \frac{1}{e^2}$ (Max.), $x_w = \frac{1}{e}$.

13. Kurvendiskussion
Die Angaben werden nach folgender Gliederung vorgenommen:
1. Nullstellen,
2. mögliche Extremwertstellen,
3. Abszissen möglicher Wendepunkte,
4. Extremwertpunkte und Art der Extrema,
5. Wendepunkte und Art derselben,
6. Punkte, die einer besonderen Untersuchung bedürfen.

13.1. a) 1. $x_1 = 2, x_2 = -1$
2. $x_3 = \frac{1}{2}$
4. $f''\left(\frac{1}{2}\right) = 2 > 0.$
Min. in $P_3\left(\frac{1}{2}; -\frac{9}{4}\right)$

h) 1. $x_1 = 1$
3. $x_2 = 2$
5. $f'''(2) = -6 < 0,$
links - rechts Wendepunkt
(l.-r.-Wp.) in $P_2(2; -2)$

13.2. c) 1. $x_1 = 3,\ x_2 = -3,\ x_3 = 1,\ x_4 = -1$
2. $x_5 = 0,\ x_6 = \sqrt{5},\ x_7 = -\sqrt{5}$
3. $x_8 = \frac{\sqrt{15}}{3},\ x_9 = -\frac{\sqrt{15}}{3}$
4. $f''(0) = -20 < 0,$ Max. in $P_5(0; 9)$,
$f''(\sqrt{5}) = 40 > 0,$ Min. in $P_6(\sqrt{5}; -16)$,
$f''(-\sqrt{5}) = 40 > 0,$ Min. in $P_7(-\sqrt{5}; -16)$,
5. $f'''\left(\frac{\sqrt{15}}{3}\right) = 8\sqrt{15} > 0,$ r.-l.-Wp. in $P_8\left(\frac{\sqrt{15}}{3}; -\frac{44}{9}\right)$,
$f'''\left(-\frac{\sqrt{15}}{3}\right) = -8\sqrt{15} < 0,$ l.-r.-Wp. in $P_9\left(-\frac{\sqrt{15}}{3}; -\frac{44}{9}\right)$,

h) 1. $x_1 = -2,\ x_2 = 1$
2. $x_3 = -2,\ x_4 = -\frac{4}{5},\ x_5 = 1$
3. $x_6 = 1,\ x_7 = -0{,}07,\ x_8 = -1{,}54$
4. $f''(-2) = -54 < 0,$ Max. in $P_3(-2; 0)$,
$f''\left(-\frac{4}{5}\right) = 19{,}44 > 0,$ Min. in $P_4\left(-\frac{4}{5}; -8{,}4\right)$,
$f''(1) = 0$
5. $f'''(1) = 54 > 0,$ r.-l.-Wp. in $P_6(1; 0)$,
$f'''(-0{,}07) = -31{,}39 < 0,$ l.-r.-Wp. in $P_7(-0{,}07; -4{,}56)$,
$f'''(-1{,}54) = 75{,}34 > 0$ r.-l.-Wp. in $P_8(-1{,}54; -3{,}44)$

13.3. g) 1. $x_1 = 4,\ x_2 = 1$
2. $x_3 = 7,\ x_4 = 3$
4. $f''(7) = 1 > 0,$
Min. in $P_3(7; 9)$,
$f''(3) = -1 < 0,$
Max. in $P_4(3; 1)$
6. $x_5 = 5$

l) 1. $x_1 = 0$
2. $x_2 = 1,\ x_3 = -1$
3. $x_4 = 0,\ x_5 = \sqrt{3},$
$x_6 = -\sqrt{3}$
4. $f''(1) = -1 < 0,$
Max. in $P_2(1; 1)$,
$f''(-1) = 1 > 0,$
Min. in $P_3(-1; -1)$

5. $f'''(0) = -12 < 0$,
l.-r.-Wendepunkt in $P_4(0,0)$
$f'''(\pm\sqrt{3}) = \frac{99}{10^4} > 0$
r.-l.-Wendepunkt in $P_5(1,73;\ 0,87)$
und $P_6(-1,73;\ -0,87)$

13.4. e) 2. $x_1 = 0$
4. $f''(0) = 1 > 0$,
Min. in $P_1(0;\ 1)$

k) 1. $x_1 = 0$
2. $x_2 = 0$
3. $x_3 = 0$
4. $f''(0) = 0$
5. $f'''(0) = -\frac{9}{4} < 0$,
l.-r.-Wp. in $P_2(0;0)$

13.5. d) 1. $x_1 = 1$
3. $x_2 = 1,13$
5. $f'''(1,13) = \pm 53,8$, r.-l.-Wp. in $P_2(1,13;\ 0,46)$,
l.-r.-Wp. in $P_3(1,13;\ -0,46)$

e) 1. $x_1 = 0, \quad x_2 = 1$
2. $x_3 = 0, \quad x_4 = \frac{3}{4}$
3. $x_5 = 0,32$
4. $f''(0)$ ist nicht definiert,
$f''\left(\frac{3}{4}\right) \lessgtr 0$, Max. in $P_4\left(\frac{3}{4};\ 0,32\right)$,
Min. in $\overline{P_4}\left(\frac{3}{4};\ -0,32\right)$

5. $f'''(0,32) \gtrless 0$, l.-r.-Wp. in $P_5(0,32;\ 0,15)$,
r.-l.-Wp. in $\overline{P_5}\ (0,32;\ -0,15)$

13.6. d) 2. $x_1 = k * \frac{\pi}{2}$
3. $x_2 = \frac{\pi}{4} + k * \frac{\pi}{2}$ $\quad x_3 = \frac{3\pi}{4} + k * 2\pi$
$x_4 = \frac{5\pi}{4} + k * 2\pi$, $\quad x_5 = \frac{7\pi}{4} + k * 2\pi$
4. $f''\left(k * \frac{\pi}{2}\right) = -2 < 0$ für gerades k, Max. in $P_1\left(k * \frac{\pi}{2};\ 2\right)$,
$f''\left(k * \frac{\pi}{2}\right) = 2 > 0$ für ungerades k, Min. in $\overline{P_1}\left(k * \frac{\pi}{2};\ 1\right)$

5. $f'''\left(\frac{\pi}{4} + k * 2\pi\right) = 4 > 0,$ r.-l.-Wp. in $P_2\left(\frac{\pi}{4} + k * 2\pi; \frac{3}{2}\right)$,

$f'''\left(\frac{3\pi}{4} + k * 2\pi\right) = -4 < 0,$ l.-r.-Wp. in $P_3\left(\frac{3\pi}{4} + k * 2\pi; \frac{3}{2}\right)$,

$f'''\left(\frac{5\pi}{4} + k * 2\pi\right) = 4 > 0,$ r.-l.-Wp. in $P_4\left(\frac{5\pi}{4} + k * 2\pi; \frac{3}{2}\right)$,

$f'''\left(\frac{7\pi}{4} + k * 2\pi\right) = -4 < 0,$ l.-r.-Wp. in $P_5\left(\frac{7\pi}{4} + k * 2\pi; \frac{3}{2}\right)$

i) 1. $x_1 = k\pi$

2. $x_2 = \frac{\pi}{4} + k * \frac{\pi}{2}$, $x_3 = \frac{2\pi}{3} + k * 2\pi$, $x_4 = \frac{4\pi}{3} + k * 2\pi$

3. $x_5 = k\pi$

4. $f''\left(\frac{\pi}{4} + k * \frac{\pi}{2}\right) = -2(1 + \sqrt{2}) < 0$ für $k = 4n$, Max.,
$= 2(1 - \sqrt{2}) < 0$ für $k = 4n + 1$, Max.,
$= 2(\sqrt{2} - 1) > 0$ für $k = 4n + 2$, Min.,
$= 2(\sqrt{2} + 1) > 0$ für $k = 4n + 3$, Min.

5. $f'''(k\pi) = -14 < 0$ für gerades k, l.-r.-Wp.,
$= 7 > 0$ für ungerades k, r.-l.-Wp.

13.7. b) 1. $x_1 = 0$
2. $x_2 = 1$
3. $x_3 = 2.$
4. $f''(1) = -\frac{1}{e} < 0,$

Max. in $P_2\left(1; \frac{1}{e}\right)$

5. $f'''(2) = \frac{1}{e^2} > 0,$

r.-l.-Wp. in $P_3\left(2; \frac{2}{e^2}\right)$

d) 1. $x_1 = 1$, $x_2 = -1$
2. $x_3 = 0{,}41$, $x_4 = -2{,}41$
3. $x_5 = -0{,}27$, $x_6 = -3{,}73$
4. $f''(0{,}41) = 4{,}21 > 0,$

Min. in $P_3(0{,}41; -1{,}25)$,

$f''(-2{,}41) = -0{,}25 < 0,$

Max. in $P_4(2{,}41; 0{,}43)$

5. $f'''(-0{,}27) \neq 0,$
Wp. in $P_5(-0{,}27; -0{,}71)$,
$f'''(-3{,}73) \neq 0,$
Wp. in $P_6(-3{,}73; 0{,}31)$

13.8. b) 1. $x_1 = \sqrt{2}$, $x_2 = -\sqrt{2}$
6. y nicht differenzierbar für $|x| < 1$.

d) 1. $x_1 = e$, $x_2 = 1$
2. $x_3 = \sqrt{e}$
3. $x_4 = e\sqrt{e}$

4. $f''(\sqrt{e}) = \frac{2}{e} > 0$, Min. in $P_3\left(\sqrt{e}; -\frac{1}{4}\right)$

5. $f'''(\sqrt{e^3}) = \frac{-2}{e^4\sqrt{e}} < 0$, l.-r.-Wp. in $P_4\left(e\sqrt{e}; \frac{3}{4}\right)$

14. Extremwertaufgaben

14.1. a) Die beiden Summanden sind $x = y = \frac{a}{2}$.

b) Die beiden Summanden sind $x = \frac{ma}{m+n}$ und $y = \frac{na}{m+n}$.

14.2. b) Die Seiten des Rechtecks sind um den Wert $x = \frac{a-b}{2}$ zu verändern.

Das gesuchte Rechteck ist ein Quadrat mit der Seitenlänge $s = \frac{a+b}{2}$.

d) Die auf dem Kreisdurchmesser liegende Rechteckseite muß den Wert $2x = \sqrt{2}\, r$ haben.

Die andere Rechteckseite ist $y = \frac{\sqrt{2}}{2} r$.

g) Die auf c liegende Seite des Rechtecks ist $x = \frac{c}{2}$. Die andere Seite ist $y = \frac{h_c}{2}$.

Der Flächeninhalt des Rechtecks beträgt $A = \frac{1}{4} h_c * c$.

14.3. a) Der Zylinder muß die Abmessungen $h = 2r = \sqrt[3]{\frac{V}{2\pi}} * 2$ haben.

c) Der Durchmesser des gesuchten Kreiskegels beträgt $\frac{4}{3}r$, seine Höhe $\frac{1}{3}h$.

14.4. a) Die beiden Seiten müssen gleich lang sein, Das Dreieck ist ein gleichschenkliges.

c) Wenn der Neigungswinkel $\varphi = 60°$ ist, wird der Querschnitt am größten.

d) Das geforderte Dreieck muß ein gleichschenkliges sein. (Bei gegebenem c ist $a = b$.)

14.5. b) Die Annäherung der beiden Fahrzeuge ist dann am größten, wenn seit dem Passieren der Kreuzung durch das erste Fahrzeug 2,77s vergangen sind.

c) Der Punkt P liegt so auf g, daß $\sphericalangle$ APB von dem durch P gehenden Lot l auf g halbiert wird (Reflexionsgesetz).

Abschnitt 21

1. a) $\frac{1}{4}x^4 + \frac{a}{3}x^3 + \frac{b}{3}x^3 + \frac{ab}{2}x^2 + C$ b) $\tan x - x + C$

c) $-\frac{5}{t} - \frac{t^3}{15} + C$ d) $a^2 x + \frac{ab}{2}x^4 + \frac{b^2}{7}x^7 + C$

e) $\frac{x^2}{2} + 4\ln|x| - \frac{2}{x^2} + C$ f) $\sqrt{2t} + C$

g) $\frac{1}{2}\arctan x + C$ h) $\frac{4}{7}x\sqrt[4]{2x^3} + C$

i) $\frac{(3e)^x}{1 + \ln 3} + C$ k) $\tan x - \frac{2}{3}\cot x + C$

2. a) $x^4 - \frac{2}{3}x^3 + 4x + C$ c) $-4x + \frac{x^2}{4} - e^x + C$

e) $\frac{x^3}{3a} - \frac{a}{x} + C$ g) $x^2 + x^5 - \frac{3}{8}x^8 + C$

i) $\frac{1}{5}\left(\frac{x^4}{4} - 2\ln|x| - \frac{3}{x} + \frac{7}{2}x^{-2}\right) + C$

l) $\frac{3}{8}x^{\frac{8}{3}} - \frac{12}{5}x^{\frac{5}{3}} + 6x^{\frac{2}{3}} + C$

n) $\frac{n}{(1+n)^2}x^{n+1} + C$ p) $2x - \tan x + C$

r) $\frac{x}{t} - \ln|x| - 9x^{-\frac{1}{3}} + C$ t) $\ln|x| + \arctan x + C$

3. a) 2 b) $-\frac{4}{3}$ c) $\frac{10}{3}$

d) $\frac{7}{12}$ e) $\frac{2}{15}(47\sqrt{2} - 28) = 5.14$

f) $\frac{3}{2}$ g) $\frac{1}{2}(\sqrt{2} - 1)$ h) $5 - e$

i) $\ln 4$ k) $\frac{\pi}{6}$

4. a) $\frac{1}{5}\ln|\sin(5x - 2)| + C$ c) $-\frac{1}{3}(3x - 7)^{-1} + C$

e) $\frac{1}{3}(x^2 + 1)^{\frac{3}{2}} + C$ g) $(2x^2 + 3)^{\frac{1}{2}} + C$

i) $\frac{1}{3}(\ln x)^3 + C$ l) $2 \ln|\ln x| + C$

n) $\frac{1}{2}\ln(x^2 + 2x + 3) + C$

5. a) $-\frac{1}{2}e^{-2x}$ c) $-3e^{-x} + 4x + C$

e) $\frac{1}{3}\sqrt{3}\arcsin(x\sqrt{3}) + C$ g) $\arcsin(e^x) + C$

i) $\frac{1}{2}(\arccos x)^2 - \sqrt{1 - x^2} + C$

6. $I = -\sqrt{1 - x^2} + \arcsin x + C$

7. a) $\frac{1}{5}(e^{15} - e^5)$ b) $\frac{1}{2}$ c) 0

d) $\sqrt{3} - \frac{1}{3}$ e) $\frac{3}{2}$ f) $\frac{1}{2}(\ln 7)^2$

g) $\frac{1}{18}\ln\left(\frac{16}{7}\right)$ h) $\frac{\pi}{24}$ i) $\frac{a^2}{5} - \frac{2}{3}ab + b^2$

k) $\frac{\pi}{9}$ l) $\frac{1}{1 + \ln 2}(2^{1+\ln 2} - 1)$ m) $\frac{1}{4}\sqrt{2}$

n) $\frac{1}{2}\sqrt{3} - \frac{\pi}{6}$ o) $\frac{3}{2}\pi + 4$ p) $\frac{1}{3}\ln 4$

q) $\frac{1}{16}$ r) $\frac{1}{2}(\ln 3)^2$ s) $\frac{1}{2}\ln 3$

t) $\frac{1}{2}(\ln 7 - \ln 2)$ u) $\frac{1}{2}\sqrt{2}\arctan 2$ v) $\frac{\pi}{9}\sqrt{3}$

w) substituiert: $t = \frac{3}{4}x$; $\frac{\pi}{18}$ x) substituiert: $t = \ln x$; $\frac{2}{3}(2\sqrt{2} - 1)$

y) substituiert: $t = e^x$; $\arctan(2 - \frac{\pi}{4})$ z) substituiert: $t = \cos x$; $\frac{3}{2}\sqrt{2} - 2$

8. a) $\frac{64}{15}$ b) $\sqrt{3}$

9. a) $e^x(x^2 - 2x + 2) + C$ c) $2x\cos x + (x^2 - 2)\sin x + C$

e) $x \arccos x - \sqrt{1 - x^2} + C$ g) $\left(\frac{x^2}{2} - \frac{1}{4}\right)\arccos x - \frac{x}{4}\sqrt{1 - x^2} + C$

i) $\frac{1}{2}(x - \sin x \cos x) + C$ l) $(-x - 1)e^{-x} + C$

n) $\frac{1}{2}e^{-x}(-\sin x - \cos x) + C$ p) $x(\ln x)^2 - 2x\ln x + 2x + C$

r) $\frac{1}{3}x^3\left(\ln x - \frac{1}{3}\right) + C$

10. a) $\frac{1}{4}(e^2 + 1)$ b) 1 c) $\ln 4 - 1$

d) $\frac{\pi}{2} - 1$ e) $\pi^2 - 4$

f) $\frac{1}{2}\left[(x^2 + 1)\arctan x - x\right]\Big|_0^1 = \frac{\pi}{4} - 1$

g) $\frac{\pi}{6}$ h) $\frac{2}{5}\left(\frac{1}{2} - e^{-\pi}\right)$

11. a) $\frac{32}{3}$ b) $A_I = \int_{-3}^{-2} f(x)\,dx = \frac{7}{12}$, $A_{II} = \left|\int_{-2}^{1} f(x)\,dx\right| = \frac{45}{4}$

c) $A_I = A_{II} = \frac{243}{4}$ d) $A_I = \left|\frac{1}{2} - \ln 2\right|$, $A_{II} = \frac{1}{2} - \ln\frac{3}{2}$

e) $a\,b\,\pi$

f) $A_1 = \left|\int_{-5}^{-1} f(x)\,dx\right| = \frac{7936}{30} = 264{,}53$

$A_2 = \int_{-1}^{1} f(x)\,dx = \frac{592}{30} = 19{,}73$

$A_3 = \left|\int_{1}^{3} f(x)\,dx\right| = \frac{848}{30} = 28{,}27$

g) $10\ln 10 - 9$ h) 18 i) $2 + \frac{1}{2}\pi^2$ k) $\frac{32}{15}$

l) $4\ln 4$ m) $\frac{4}{3}$ n) 18

12. Der Integrand besitzt im Intervall [a, b] nur negative Funktionswerte, also muß das Ergebnis negativ sein. Durch die Rechnung wird das bestätigt. Man erhält $\frac{1}{12}(a + b)(a - b)^3$.

13. $A = \ln 10$, $a = \sqrt[3]{10}$, $b = \sqrt[3]{100}$

15. a) $\frac{8}{3} a^3 \pi$ b) $\frac{1}{2} \pi^2$ c) $\frac{4}{3} a b^2 \pi$ d) $\frac{16}{3} \pi$

16. $V_y = \pi \int_{y_0}^{y_1} g(y)^2 \, dy$

17. a) $\frac{4}{3} a^2 b \pi$ b) 32π c) $\frac{64}{15} \pi$ d) $\frac{1}{2} \pi (e^4 - e^{-4})$

18. a) $b^3 \pi^2$ b) $\frac{2}{3} \pi (1 + \sqrt{5})$ c) $4 \pi \sqrt{3}$

d) $\frac{4096}{315} \pi \sqrt{2} \approx 57{,}8$ e) $\frac{8}{3} \pi$ f) $\frac{9}{4} \pi^2 + 2 \pi$

g) Von dem Volumen $V = \pi \int_1^4 \left(\frac{4}{y}\right)^2 dy = 12\pi$ ist noch das Volumen 3π eines Zylinders (dessen Achse die y-Achse ist) zu subtrahieren, da der Bereich $0 \le x \le 1,\ 1 \le y \le 4$ nicht zum Flächenstück gehört. Ergebnis: 9π

h) $\frac{\pi}{3}$

Sachverzeichnis

H

T

U

V

Mathematik für Ingenieure und Naturwissenschaftler

N.SIEBER, H.-J. SEBASTIAN, beide Leipzig, und G. ZEIDLER, Dresden

Grundlagen der Mathematik, Abbildungen, Funktionen, Folgen

9. Auflage. 1990
195 Seiten mit 99 Bildern.
Kartoniert DM 13,50
ISBN 3-322-00293-4

E.-A. PFORR und W. SCHIROTZEK, beide Dresden

Differential- und Integralrechnung für Funktionen mit einer Variablen

8. Auflage. 1990
224 Seiten mit 106 Bildern.
Kartoniert DM 15,50
ISBN 3-322-00295-0

H.-J. SCHELL, Chemnitz

Unendliche Reihen

8. Auflage. 1990
116 Seiten mit 21 Bildern.
Kartoniert DM 9,-
ISBN 3-322-00408-2

K.-H. KÖRBER und E.-A. PFORR, beide Dresden

Integralrechnung für Funktionen mit mehreren Variablen

7. Auflage. 1989
160 Seiten mit 91 Bildern.
Kartoniert DM 14,-
ISBN 3-322-00365-5

H. WENZEL und G. HEINRICH, beide Dresden

Übungsaufgaben zur Analysis 1

4. Auflage. 1990
76 Seiten mit 34 Bildern.
Kartoniert DM 6,50
ISBN 3-322-00366-3

H. WENZEL und G. HEINRICH beide Dresden

Übungsaufgaben zur Analysis 2

4. Auflage. 1990
84 Seiten mit 57 Bildern.
Kartoniert DM 7,-
ISBN 3-322-00367-1

K. MANTEUFFEL, E. SEIFFART beide Magdeburg, und K. VETTERS, Dresden

Lineare Algebra

7., bearbeitete Auflage. 1990
208 Seiten mit 55 Bildern.
Kartoniert DM 13,50
ISBN 3-322-00364-7

E.-A. PFORR, L. OEHLSCHLAEGEL und G. SELTMANN, alle Dresden

Übungsaufgaben zur linearen Algebra und linearen Optimierung

4. Auflage. 1990
92 Seiten mit 16 Bildern.
Kartoniert DM 8,-
ISBN 3-322-00373-6

B.G. Teubner Verlagsgesellschaft
Stuttgart · Leipzig

TEUBNER-TASCHENBUCH der Mathematik

Bronstein/Semendjajew
Taschenbuch der Mathematik

Im Vorwort zur ersten deutschen Auflage, die 1958 im Verlag B.G. Teubner Leipzig erschien, heißt es zur Zielsetzung des Werkes:

Mit der Herausgabe der deutschen Übersetzung des Taschenbuches der Mathematik von Bronstein und Semendjajew hofft der Verlag, den angehenden und in der Praxis stehenden Ingenieuren und darüber hinaus auch Physikern und Mathematikern ein wirklich brauchbares Nachschlagewerk in die Hand zu geben und damit eine empfindliche Lücke in der deutschen mathematischen Literatur zu schließen. Auch als Repetitorium der Mathematik dürfte das Buch gute Dienste leisten.

Seine Vorzüge hat das Werk wohl am besten dadurch unter Beweis gestellt, daß seither 25 Auflagen mit über 800.000 Exemplaren erschienen sind.

Aus dem Inhalt:

Tabellen und graphische Darstellungen - Elementarmathematik - Analysis - Mengen, Relationen, Funktionen, Vektorrechnung, Differentialgeometrie, Fourierreihen, Fourierintegrale, Laplacetransformation - Wahrscheinlichkeitsrechnung und mathematische Statistik - Lineare Optimierung - Numerik

Von **Ilja N. Bronstein** und **Konstantin A.Semendjajew**, Moskau

Herausgegeben von Günter Grosche, Leipzig, Viktor Ziegler und Dorothea Ziegler, Leipzig

25. Auflage. 1991. XII, 840 Seiten mit 390 Bildern. 14,5 x 20 cm.
Gebunden DM 48,-
ISBN 3-8154-2000-8

Alleinauslieferung:
B.G. Teubner Stuttgart

B.G. Teubner Verlagsgesellschaft
Stuttgart · Leipzig